2014年版

电能计量
技能考核培训教材

陈向群　主编

中国电力出版社
CHINA ELECTRIC POWER PRESS

内 容 提 要

电能计量是电力企业生产经营管理及电网安全运行的重要环节,其技术水平和管理水平不仅关系到电力企业发展、形象,而且关系到电能贸易准确、可靠,关系到广大电力客户和居民的切身利益,因此提高电能计量人员的业务素质和工作技能就成为当务之急。现根据新颁 DL/T 448—2000《电能计量装置技术管理规程》和 DL/T 825—2002《电能计量装置安装接线规则》等标准规程和针对当前电能计量的实际情况,组织专家和技术人员编制了《电能计量技能考核培训教材》一书,并与《电能计量技术手册》、《电能计量技术问答》相配合使用。本书突出先进性、实用性、针对性和知识严谨性,以操作技能为主线,并配备大量实例习题与分析题。

本书共分 15 章,主要内容有:计量基础和法规知识,感应式电能表,电子式电能表、各种电子式电能表介绍,电能表检验及检验装置,测量用互感器,互感器检验及检验装置,互感器应用,电能表接线,二次回路安装,电能计量装置分类、计量装置误差来源及减小误差的方法,电能计量装置接线检查及差错电量计算,电能计量装置安装及运行维护,现代化电能管理等,每章后均附各类练习题。

本书作为全国供电企业从事电能计量、用电检查、用电营业、报装接电、电能表修校等人员的岗位培训和技能考核指定教材,也可作为电力设计人员、计量设备设计人员及相关专业师生等参考书。

图书在版编目（CIP）数据

电能计量技能考核培训教材/陈向群主编. —北京:
中国电力出版社,2003.3（2023.1重印）
ISBN 978-7-5083-1352-8

Ⅰ. 电…　　Ⅱ. 陈…　　Ⅲ. 电能-电量测量-技术培训-教材　　Ⅳ. TM933.4

中国版本图书馆 CIP 数据核字（2002）第 105513 号

中国电力出版社出版、发行
（北京市东城区北京站西街 19 号　100005　http://www.cepp.sgcc.com.cn）
三河市百盛印装有限公司印刷
各地新华书店经售

*

2003 年 3 月第一版　　2023 年 1 月北京第十六次印刷
787毫米×1092毫米　16开本　30印张　759千字
印数39501—40500册　定价95.00元

序

电能计量作为计量工作的一个重要组成部分，是电力企业生产经营管理及电网安全运行的重要环节，其技术水平和管理水平不仅事关电力工业的发展和电力企业的形象，而且影响电能贸易结算的公平、公正和准确、可靠，关系到电力企业、广大电力客户和老百姓的利益，其工作好坏是客观经济环境的一个重要组成部分。因此，大力开展电能计量人员岗位培训，提高电能计量人员的业务素质和工作技能，是电能计量工作教育培训的重点之一。

技能岗位培训需要好的切合实际和适合工作需要的教材，然而随着社会的进步和技术的发展，特别是电子技术的飞速发展，新的计量器具层出不穷，新的计量手段不断更新，传统的电能计量教材已远远落后于工作实际，与现场工作严重脱节，如分时计量的普遍应用、集中抄表的逐渐推广、计量装置状态监测的提出，使电子式电能表得到了广泛的应用；又如两网改造和"一户一表"工程使得居民表计越来越多，长寿命技术电能表得以出现和推广。但传统的教材主要讨论的还是目前已处于淘汰和半淘汰的 DD28、DD86 等普通感应式电能表。这使广大电能计量人员和培训工作者感到无所适从，工作中主要依靠自学，从而带来了不少困难。

由国家标委会委员陈向群主持编著的《电能计量技能考核培训教材》，站在当前电能计量技术的最前沿，紧密结合电能计量工作的实际，比较全面地阐述了当代电能计量工作的方方面面，适时填补了当代电能计量技术和电能计量管理方面的空白。因此，从该教材一开始组织策划起，就得到了中国电力出版社的大力支持和广大电能计量同行的广泛关注。

《电能计量技能考核培训教材》特点较突出。一是坚持了先进性和实用性相结合。突出专业技能，倡导先进的管理模式，注重电能计量新技术、新设备、新工艺的实际应用，其中很多内容是首次编入教材，新的内容占了整个篇幅的 1/3 左右。电子式电能表的内容更是首次在篇幅上超过了感应式电能表。二是坚持了知识的严谨性。它以《电能计量装置技术管理规程》和各种标准、规程为依托，力求使教材达到与规程、规范、制度的有效统一。三是编写形式符合工人技能培训特点。从电力生产实际需要和工人实际水平出发，以操作技能为主线，通过大量的例题加以阐述，并辅以习题，具有较强的实用性和针对性。四是培训教材编写、出版阵容较强。组织了多位省、地（市）级电能计量专家和技术人员，其中有全国电工仪器仪表标准化技术委员会委员 5 人，他们都具有相当丰富的实际工作经验和较高的专业理论水平。

本培训教材通过编写者的精心策划，精雕细琢，并且由我国唯一专门为电力行业服务的大型专业出版社——中国电力出版社出版发行，应该说质量是较高的。《电能计量技能考核培训教材》的这些特点决定了它既可作为电能计量人员培训、考核的教材，也可作为现场工程技术人员的工具书，还可作为设计人员的参考资料。

《电能计量技能考核培训教材》的出版发行，必将对电能计量培训和考核工作的有效开展以及电能计量人员素质的提高，产生积极的影响。随着现代科学技术的高速发展，应用工程技术日新月异，学习、运用、推广新技术、新设备、新工艺更是广大计量工作者的使命和职责，因而我们殷切地期待着电能计量战线的专家和技术骨干，不断有高水平的吐纳和修正，不断有好的作品问世，不断朝着更高的目标迈进。

2003 年 3 月

前 言

笔者曾多次参加技能鉴定的出题工作，由于没有一本贴近目前实际工作的教材，有些老师特别是一些大专院校的老师在出题时严重偏离工作实际，有些题目的说法早已被抛弃，有些计量器具早已被淘汰，有些答案甚至与当今的各种标准、规范、政策相抵触。由此作者蒙发了要撰写一本与当今电能计量工作情况更贴近，能较好地指导电能计量人员进行实际工作，并为电能计量人员的岗位培训和技能考核提供参考的书。

电能计量是电能能源管理中的一项重要工作，它的公平、公正、准确、可靠直接关系到供、用双方的利益，是社会广泛关注的焦点，具有广泛的社会性，同时电能计量是电力营销的技术支持工作，政策性强，技术含量高。因此，电能计量总是站在当今科学技术发展的前沿，用最新的技术武装自己。由此，新的计量技术不断涌现，新的计量器具层出不穷，但我们过去的一些教材由于成书较早，没有跟上时代的发展。如，过去的教材在讨论电能表时主要讨论的是目前已被国家明令淘汰的DD28和已较少采用的DD86等感应式电能表，而近几年新出现的、计量电量占了总电量60%以上的多功能表，在居民用户中得到广泛使用的长寿命技术电能表和单相电子表、黑白表则基本上没有涉及。近几年网络技术在计量上的运用，如远方抄表、本地抄表技术及电量计量信息管理等更是没有谈及。

本书克服了过去教科书的缺点，在编著过程中，从工作实际出发，运用了最新的计量技术和科研成果，介绍最新的计量器具和计量方法。在篇幅上，电子式表的内容首次超过了感应式表。为保证一定的前瞻性，本书在理论上作了一些探索，阐述了一些可能的计量方法。本书在编著过程中，还结合电能计量人员技能培训的特点，运用了大量例题进行讲解，并给出了相当的练习题，可直接指导计量工作。

全书由陈向群编著,并有5位全国电工仪器仪表标准化技术委员会委员参加了撰稿编写工作。其中,第一章、第十一章由陈向群编写,第十二章由胡仕雄编写,第二章由唐湘平、袁昆编写,第三章由罗志坤、陈向群编写,第四章由攸宝成编写,第五章由陈向群、雷惠博编写,第六章由徐植坚编写,第七章由吴孟德编写,第八章由杨亿杰、陈向群编写,第九、十章由杨亿杰编写,第十三章由尹柳青编写,第十四章由尹晓强编写。另外,岳涛、郑健、许胜、张曼琴、杨漾、粟晗、郭华、项学丽、罗小寅、黄稳根等在本书编写中也做了大量的工作。

全书由王学信审稿。在编著过程中，还得到了周绍文、贺锡强、何兆成、方耀明、吕海平、秦红三、章建、齐光胜、李湘祁、杨潮、罗立平、周纲等同志的垂注和指导。此外，国家电力公司、湖南省电力公司、中国电力出版社也都对本书的出版给予了大力支持，在此作者谨致以诚挚的感谢。

限于经验和水平，加之成书时间仓促，不足之处恳请读者批评指正。

作者

2003年3月于长沙

目 录

第一章

计量基础知识

第一节 概　述

计量是一门古老的学科，是自然科学的一个重要分支。

早在 100 多万年以前，人类的祖先在劳动和分吃食物时，就萌发了长短、轻重、多少的概念。起初，他们只是靠眼、手等感觉器官进行分辨估量，而后自然而然过渡到以人体的某一部分为标准，再发展到以某一物体为基准的计量体系。据《史记》记载，"禹，声为律，身为高，称以出"，即说大禹以自己的身长作为当时的长度标准。古代英国以英王查理曼大帝的足为"一英尺"，以英王亨利一世的手臂向前平伸时，从他的鼻尖到指尖的距离为"一码"。公元前 359 年，秦始皇颁布政令统一全国的度量衡，极大地推动了生产力的发展，同时，也标志着我国的计量管理，开始步入了法制管理。

近代，随着牛顿力学和热力学理论的建立，"米制"最先于十九世纪初在法国出现，并于清朝咸丰八年（1858 年）传入中国。1915 年 1 月，中华民国北洋政府公布《权度法》决定推行"米制"和"营造尺库平两制"两制。把米制叫做乙制，中文名称用"公"冠在旧名上，即公尺、公斤等，作为标准制；而把"营造尺库平两制"称为甲制，作为过渡时期的辅制。国民政府成立后，设立了度量衡局，组织度量衡标准委员会，发布了度衡法、度量衡局组织条例、度量衡制造所规程、全国度量衡划一程序，并在《刑法》中专门制订了《伪造度量衡罪》一章。1954 年经全国人大常委会批准，我国专门设立了国家计量局，归口管理全国的计量工作，使计量工作得到了前所未有的发展。

当代，随着科学技术的进步，计量科学得到了飞速发展。从单纯的单项测试扩展到系统的检测；从单纯的静态计量扩展到动态检测；从单纯的量值测量过渡到测量过程的控制；从手工测量过渡到全自动、高速测量。计量工作进入到了全自动、高等级、专业化的新阶段。

电能计量工作人员是从事电能计量工作的人员。那么什么叫电能计量呢？首先要搞清什么是量。量，又称之为可测的量，它是现象，是物体或物质的可以定性区别和定量确定的一种属性。量有广义的量和特定的量之分，广义的量是指长度、质量、温度、时间等，特定的量是指特定物体的特定量值，如一匹布的长度，一根导线的电阻等。量值是由数值和计量单位的乘积表示量的大小，如，26℃、86kg、13s、24m 等。以确定量值为目的的一组操作叫测量。

计量是实现单位统一和量值准确、可靠的测量，也就是说，计量是为了保证计量单位统一和量值准确、可靠这一特定目的测量。它虽然只是测量中的一种特定形式，却是具有重大现实意义的测量。它是以公认的计量基准、标准为基础的，是依据计量法规和法定的计量检定系统表进行量值传递来保证测量准确的测量。因此，计量是一种准确的测量。

计量器具是指单独或与辅助设备一起用以进行测量的器具。计量器具的种类很多，按用途可分为计量基准器具、计量标准器具、工作计量器具。计量器具具有很多特征，概括起来主要有三点：

（1）用于测量。

（2）能确定被测对象的量值。

（3）器具本身是一种计量技术装置。

判别一种设备或装置是否属于计量器具，应按照计量器具的以上三个特点来判断。电能表测量电能，并给出电能值，是一种计量器具。电话计费器通过测量通话的时间来计算电话费用，因此，根据计量器具的特点和定义，电话计费器是计量器具。通过数据口抄读数据的远方抄表系统和本地抄表系统，因为其本身不进行测量，也不确定被测对象的量值，它只是通过数据口读取电能表内的测量数据，因此，它不是计量器具。虽然，这种数据的抄读也可能存在差错，但这种抄读的差错只涉及到抄读的正确性，而不涉及到测量的准确性，因为人去抄表也可能会抄错，而人不是计量器具，两者道理是一样的。诚然，远方抄表系统和本地抄表系统需要进行测试才能投运，但这种测试主要是针对抄读正确性的测试。当然，如果电能表只发脉冲，集中器对脉冲进行计数，则这时的集中器就属于计量器具了。这里需要特别说明的是，计量技术装置和计量器具是两个不同的概念，计量技术装置是指用于计量活动的技术装置，它可能是计量器具，也可能不是。如耐压台、校表电源、电磁兼容设备等，属于计量技术装置，但这些设备不能进行测量，因此，他们不是计量器具。

电能计量是指对消耗的电能进行的准确测量。一般来说，对电能进行测量必须安装专门的电能计量装置。电能计量装置包括电能表、互感器及其二次回路。本书将着重讨论电能计量人员必须掌握的有关电能计量装置各个部件的知识，为电能计量人员服务。由于电力工业是国民经济的基础产业，其产品就是电能，而电能一般不能储存，电力企业的生产和销售是同时完成的，电能计量工作责任重大，电能计量工作人员的好坏直接关系到电力企业和电力消费者的利益，其责任是重大的，任务是艰巨的，工作是光荣的。

第二节　计量法律和法规

在我国，法的整体一般由法律、法规和国家行政机关颁发的规章等组成，称为法规体系或法群，俗称法规。计量法规体系就是国家在计量方面的法律、法规、计量管理规章以及要强制执行的计量技术法规。

我国计量法规体系如图 1-1 所示框图。

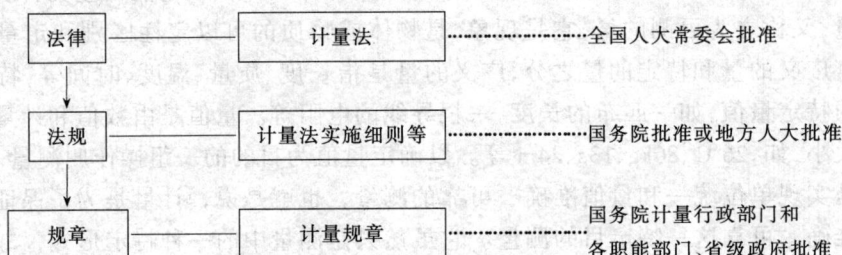

图 1-1　计量法规体系框图

一、计量法律

我国计量管理的根本大法是《中华人民共和国计量法》（以下简称《计量法》）。《计量法》是 1985 年 9 月 6 日由第六届人大常委会第十二次会议通过的，自 1986 年 7 月 1 日起施行。《计量法》首次用法律的形式明确了计量管理工作中应遵循的基本准则，是计量管理的根本大法。所有计量法规和规章、技术法规，均是为保证实施《计量法》而制定、发布的子法。在中华人民共和国境内，建立计量基准器具、计量标准器具，进行计量检定，制造、修理、销售、使用计量器具必须遵守《计量法》。《计量法》共分六章，包括总则，计量基准器具、计量标准器具和计量检定，计量器具管理，计量监督，法律责任和附则，共35条。

1. 计量监督与强制检定

《计量法》中提出了两个重要概念，即计量监督和强制检定。

（1）计量监督是按计量法律、法规的要求所进行的计量管理，计量监督是计量工作领域中的执法监督工作。

（2）强制检定是指国家对社会公用计量标准器具，部门和企业、事业单位使用的最高计量标准器具，以及用于贸易结算、安全防护、医疗卫生、环境监测方面的列入强制检定目录的工作计量器具实行强制性检定。即不带个人或单位是否愿意都必须进行检定，这是国家的一种强制性行为。属于强制检定的计量器具，都必须经过检定才能使用。强制检定计量器具除包括社会公用计量标准器具及企、事业单位的最高计量标准外，还包括列入强检目录的用于贸易结算、安全防护、医疗卫生、环境监测的工作计量器具，即"两标四强"。"两标"指社会公用计量标准器具及企、事业单位的最高计量标准；"四强"指用于贸易结算、安全防护、医疗卫生、环境监测的工作计量器具。需要注意的是，并不是所有的工作计量器具都是强制检定工作计量器具，只有用于贸易结算、安全防护、医疗卫生、环境监测这四种情况的工作计量器具才是强制检定工作计量器具。电能表、互感器列入了强检目录，因此，用于贸易结算的电能表、互感器属于强制检定计量器具；若不用于贸易结算则不是。电力部门与用户结算的电能表属强制检定计量器具，而工厂内部各个车间用于内部考核的电能表则不属于强制检定器具。

2. 量值传递与溯源

计量检定必须按照国家计量检定系统表进行，国家计量检定系统表是自上而下进行量值传递的依据。所谓量值传递，就是通过对计量器具的检定和校准，将国家基准所复现的计量单位量值通过各等级计量标准传递到工作计量器具，以保证对被测对象所测得的量值的准确和一致的过程。量值传递是计量技术管理的中心环节，要保证量值在全国范围内准确一致，都能溯源到国家基准，就必须建立一个全国统一的科学的量值传递体系。这就一方面需要确定量值传递管理体制，另一方面要指定各种国家计量检定系统表。

量值传递必须要能溯源。所谓量值溯源，又叫量值溯源性，是指通过具有规定不确定度的连续的比较链，使测量结果或标准的量值能够与规定的计量标准、通常是国家或国际计量基准，相联系起来的特性。溯源性是对计量器具最基本的要求，利用计量器具进行测量必须能与国家计量基准乃至国际计量基准建立量值溯源关系。如不能溯源，不管计量器具如何精密，测量重复性如何好，这种测量都不可能准确，测量数据也缺乏可比性，量值也无法统一。因此，任何计量器具或测量设备都必须通过检定、校准或其他溯源方式确定准确的量值，即具有可追溯性，只有可溯源时才会有效。

量值传递和量值溯源使计量量值管理构成了一个有效的封闭环路系统，两者在本质上都是确保量值准确、可靠、统一。量值传递是从国家基准出发，按检定系统表和检定规程逐级检定，把量值自上而下传递到工作计量器具。而量值溯源则是：从下至上追溯计量标准直至国家的和国际的基准。量值传递与溯源的示意图见图1-2。

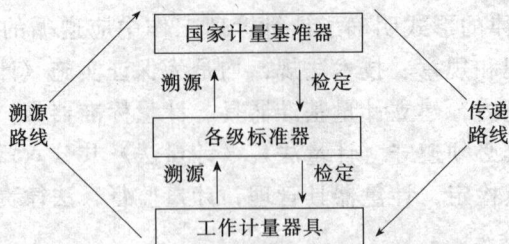

图 1-2　量值传递与溯源的示意图

3．计量检定

按照《计量法》要求，计量检定工作必须执行计量检定规程。国家计量检定规程由国务院计量行政部门制定，国家计量检定规程没有的，由国务院有关主管部门和省、自治区、直辖市人民政府计量行政部门制定部门计量检定规程或地方检定规程，并向国务院计量行政部门备案。计量检定工作应当按照经济合理原则，就地就近进行。

使用实行强制检定计量标准器具的单位和个人，应当向主持考核该项计量标准的有关人民政府计量行政部门申请周期检定。不得无证检定。

县级以上人民政府行政部门可以根据需要设置计量检定机构，或者授权其他单位的计量检定机构，执行强制检定和其他检定、测试任务。1986 年计量法颁布后，经国务院批准，颁发了《水利电力部门电测、热工计量仪表和装置检定、管理的规定》，授权水利电力部门对业务属水利电力部门的电测、热工计量仪表和装置进行强制检定和其他检定、测试任务，它是电力部门进行强制检定的法律根据。

发生计量纠纷时，应以国家计量基准器具或社会公用计量标准检定的数据为准。

4．制造、修理计量器具

按照《计量法》的要求，凡制造以销售为目的计量器具，或者对社会开展经营性修理计量器具业务，必须取得《制造计量器具许可证》或者《修理计量器具许可证》，如果制造不是以销售为目的计量器具，或不是开展经营性修理计量器具业务，则不需要取得《制造计量器具许可证》或《修理计量器具许可证》。取得《制造计量器具许可证》者生产的产品，应按规定在产品上注明标志符号，标志符号为"CMC"。凡制造在全国范围内从未生产过的计量器具新产品，必须经过定型鉴定。在全国范围内已经定型而本单位未生产过的计量新产品，应当进行样机试验。凡未取得定型鉴定合格证书或样机试验合格证书的，不准生产。制造、修理计量器具许可证在法律上具有项目效力、生产地效力、时间效力和销售效力。

（1）项目效力。制造、修理计量器具许可证只对批准的项目有效。凡新增项目或产品结构发生重大变化，都应重新取得许可证。

（2）生产地效力。许可证仅对所考核的生产、修理条件有效，因生产、修理场地迁移等原因，生产、修理条件发生变化，应重新申请许可证。

（3）时间效力。许可证的有效期为 3 年。已取得许可证的单位，在有效期满前 3 个月内，应重新申请许可证才可继续生产。

（4）销售效力。凡取得制造许可证的，准予在全国销售，各部门各地区不得以任何形式进行限制。

未取得许可证制造、修理计量器具的，有关部门应责令其停止生产、停止营业，封存制造、修理的计量器具，没收全部非法所得，可并处相当其违法所得百分之十至百分之五十的罚款。

二、计量法规

我国的计量行政法规有国家计量行政法规和地方计量行政法规两种。国家计量行政法规一般由国务院计量行政部门起草，经国务院批准后直接发布或由国务院批准后由国家计量行政部门发布。在我国的计量法规中影响最大、最重要的法规是《中华人民共和国计量法实施细则》。《中华人民共和国计量法实施细则》是对计量法的细化，更详尽，更具有可操作性，共十一章六十五条。

此后，又颁布了《水利电力部门电测、热工计量仪表和装置检定、管理的规定》，具有法规性质。

三、计量规章、技术法规

计量规章可分为三类，一是国家计量行政部门批准发布的全国性计量规章，如《工业企业计量工作定级、升级办法》；二是国务院有关主管部门制定发布的部门行业性或专业性计量规章制度；三是各省级政府制定的规章。

技术法规是规定技术要求的法规，直接规定或引用包括标准、技术规范或规程的内容而提供技术要求的法规。《计量法》第十条明确规定"计量检定必须执行计量检定规程"。

计量检定规程是指对计量器具的计量性能、检定项目、检定条件、检定方法、检定周期以及检定结果处理所做的技术规定。由于《计量法》赋予它们具有法律效力，使其成为我国的技术法规，因此是国家法定性的技术文件。

检定规程一般应包括以下内容：①标准的适用范围；②技术要求，包括计量性能、安全性、可靠性等内容；③检定条件，即检定时计量标准装置及被检计量器具所处的技术条件和环境条件；④检定方法，受检项目具体的操作方法和步骤；⑤检定结果的处理；⑥检定周期。

我国检定规程的统一代号为 JJG（汉语拼音缩写）。地方或部门计量器具检定规程的统一代号为 JJG 后面加一个带括号的地方或行业中文简称。国家检定规程的编号规则如下：

$$ JJG \times\times\times \quad \times\times\times \quad \times\times\times\times $$

发布顺序号　　　发布年份　　　规程名称

电能计量方面的检定规程主要有：

JJG307——1988　交流电能表（电度表）检定规程

JJG596——1999　电子式电能表检定规程

由于电能计量直接涉及到贸易结算，深受各方关注。因此，有关电能计量器具的技术标准非常繁多，有国家标准、机械工业部标准、电力工业部标准、电子工业部标准、水利电力部标准等。各部门的技术标准均以该部门汉语拼音缩写作为标准代号，标准代号后的 T 代表推荐性标准，各标准代号见表 1-1：

表 1-1	各部门技术标准代号
GB/T	国家标准（由国家质量监督检验检疫总局颁发）
DL/T	原电力工业部标准（电力部撤销后，为电力行业标准，由国家经贸委颁发）
SD/T	原水利电力部标准
JB/T	原机械工业部标准
DE/T	原电子工业部标准

以上标准大多为产品制造标准，主要用于指导产品制造和生产，在同类标准中，各部门标准的技术要求不能低于国家标准。机构改革中已取消的部门，只要其标准没有废除，仍然有效，并应作为行业自律标准。

考虑到与国际接轨，GB标准基本是等同采用IEC标准（国际电工委员会），即通常将IEC标准翻译过来稍作调整作为GB标准。按照《消费者权益保护法》，产品合格与否按照GB标准判定。由于电能贸易结算直接关系到电力企业和消费者的利益，因此DL标准项目最多、最全，也是最严格的。虽然大多数标准是推荐性的，但若在该行业或该系统内强制施行，则在该行业或系统内就成为了强制性标准。

由于技术标准种类繁多，各种标准之间、标准与检定规程之间，可能存在不一致的地方，那么它们之间的关系是怎样的呢？

（1）检定规程是技术法规，具有法律效力，是强制性的。任何标准与之矛盾，都应以检定规程为准。

（2）GB标准是国家标准，其他部门标准及行业标准的技术要求不能低于GB标准的要求。

（3）产品检定合格与否以检定规程为准，产品合格与否以GB标准为准，产品符合要求与否以消费者提出的技术要求为准。因此，合格的产品及符合要求的产品不一定是检定合格的产品，检定合格的产品不一定是符合要求的产品。例如，满足IEC标准的国际品牌产品，因其个别功能与参数可能与检定规程不一致，可能检定为不合格，因此检定不合格的产品不一定是伪劣产品。但伪劣产品必是检定不合格。同时检定合格的产品其技术要求也不一定能满足消费者的要求。

表 1-2 与电能计量有关常用的技术标准

标准代号、发布顺序号及年份	名　　称	标准代号、发布顺序号及年份	名　　称
GB/T 15283—1994	0.5、1、2级交流有功电度表	JJG691—1990	分时记度（多费率）电能表检定规程
GB/T 16934—1997	电能计量柜	JJG2074—1990	交流电能计量器具检定系统
GB/T 15284—1994	费率（分时）电度表	JJG1027—1991	测量误差数据处理技术规范
GB/T 15282—1994	无功电度表	JJG169—1993	互感器检验仪检定规程
GB 1207—1997	电压互感器	JJG313—1994	测量用电流互感器检定规程
GB 1208—1997	电流互感器	JJG314—1994	测量用电压互感器检定规程
GB/T 17442—1998	1级和2级直接接入静止式交流有功电度表验收检验	JJG596—1999	电子式电能表检定规程
GB/T 17215—1998	1级和2级静止式交流有功电度表	SD109—1983	电能计量装置检验规程
GB/T 17889—1999	2级和3级静止式交流无功电度表	DL460—1992	电能表检定装置检定规程
GB/T 17883—1999	0.2S级和0.5S级静止式交流有功电度表	DL/T566—1995	电压失压计时器技术条件
GB/T 3925—1983	2.0级交流电度表的验收方法	DL/T585—1995	电子式标准电能表技术条件
GB/T 15239—1994	批计数抽样检验程序及抽样表	DL/T614—1997	多功能电能表
JJG307—1988	交流电能表（电度表）检定规程	DL/T645—1997	多功能电能表通信规约
JJG569—1988	最大需量电能表（电度表）检定规程（试行）	DL/T725—2000	电力用电流互感器订货技术条件
JJG597—1989	交流电能表检定装置检定规程	DL/T726—2000	电力用电压互感器订货技术条件

在我国有"产品检定合格"与"产品合格"两个不同的概念。这是因为按照《计量法》，检定必须执行检定规程，而按照《消费者权益保护法》产品合格与否则以国家标准为准。《计量法》与《消费者权益保护法》在法律地位上是平等的，而国家标准与检定规程可能存在不一致的地方，这就导致产生"产品检定合格"与"产品合格"两个不同的概念。例如：按照 JJG307-88 的要求，感应式电能表的起动在额定频率、额定电压和功率因数为 1.0 的条件下，加起动电流，转盘应连续转动且在规定时间内不少于 1r（转）。而按照 GB/T 的要求，只要求连续转动，并没要求在规定时间内不少于 1r。因此，若某生产厂的一批产品起动不满足 JJG307—88、但满足 GB/T 的要求，则该批产品为检定不合格产品，不能安装和用于贸易结算，但不能将该批产品定为不合格产品，也不能对该厂家处罚。因此，计量器具的消费者在订购产品时，一定要制订好产品的技术条件或说明应符合的技术标准，同时应协商好验收的办法或验收应遵守的标准，从而避免不必要的商业纠纷。

为方便工作，现将与电能计量有关常用的技术标准列于表 1-2。

从表 1-2 中看出，关于电表的名称有叫电能表的，也有叫电度表的。这是因为在上世纪八十年代，我国法定计量单位中取消了度做为电能的计量单位，于是不少地方将电度表改称电能表，而实际上电度表做为产品名称不涉及计量单位，是合法的，于是也有些人仍然叫电度表，从而出现了电度表和电能表混用的现象。为保持统一，本书在叙述中将采用目前使用较普遍的电能表的说法。

第三节 法定计量单位

一、计量单位

用以定量表示同种量量值而约定采用的特定量叫计量单位。

计量单位具有明确的名称、定义和符号，并命其数值为 1。如，我们把光在真空中 1/299792458 秒所经过的距离作为量度长度的标准，并称为米。这个标准长度就是长度的计量单位。计量单位的符号，简称单位符号，是表示计量单位的约定记号。

计量单位可分为三类：基本单位、辅助单位、导出单位。

1. 基本单位

在一个单位制中基本量的主单位称为基本单位。它是构成单位制中其他单位的基础。

基本量是为确定一个单位制时选定的彼此独立的那些量。在国际单位制中，以长度、质量、时间、电流、热力学温度、物质的量，发光强度这七个量为基本量。目前国际通用的基本单位是七个，即：米（长度）、千克（质量）、秒（时间）、安培（电流强度）、开尔文（热力学温度）、摩尔（物质的量）、坎德拉（发光强度），这些单位的基本定义见表 1-3。

2. 辅助单位

国际上把即可作为基本单位又可作为导出单位的单位单独作为一类，称为辅助单位。如角速度单位为弧度每秒，这里弧度作为单位，但在用弧度、半径求圆心角时，弧度 = 弧长/半径，就具有导出单位的性质了。国际上通用的辅助单位只有 2 个，即弧度和球面度。

3. 导出单位

在选定了基本单位后，按物理量之间的关系，由有关基本单位相乘、相除的形式构成的单位称为导出单位。如速度由长度除以时间导出，体积由长度的三次方导出，密度由质量除以体积导出等等。

表 1-3　　　　　　　　　　　基本单位的名称、符号及定义

量的名称	基本单位名称	单位符号	单 位 定 义
长 度	米	m	是光在真空中 1/299 792 458s 时间间隔内所经路径的长度
质 量	千克（公斤）	kg	等于国际千克原器的质量
时 间	秒	s	是铯 – 133 原子基态的两个超精细能级间跃迁所对应的辐射 9 192 631 770 个周期的持续时间
电流强度	安［培］	A	在真空中，截面积可忽略的两根相距 1m 的无限长平行圆直导线内通过等量恒定电流时，若导线间相互作用力在每 1m 长度上为 2×10^{-7}N，则每根导线中的电流为 1A
热力学温 度	开［尔文］	K	水三相点热力学温度的 1/273.16
物质的量	摩［尔］	mol	是一系统的物资的量，该系统中所包含的基本单元数与 0.012kg 碳 12 的原子数目相等。在使用摩尔时，基本单元应予指明，可以是原子、分子、离子、电子及其他粒子，或是这些粒子的特定组合
发光强度	坎［德拉］	cd	是一光源在给定方向上的发光强度，该光源发出频率为 540×1012Hz 的单色辐射光，且在此方向上的辐射强度为 1/683W/sr

导出单位包括具有专门名称的导出单位和组合形式的导出单位。具有专门名称的导出单位，如 $1J = 1N \cdot m$，$1W = 1J/s$。

组合形式的导出单位是指由两个或两个以上的单位相乘、除的形式组合而成的新的单位，如电量的单位为"千瓦·时（kWh），"压力单位为"牛顿每平方米（N/m^2）"等。

二、单位制和国际单位制

1.单位制

在选定基本单位后，按一定的物理关系可以构成一系列的导出单位，这样，由基本单位和导出单位构成的一个完整的单位体系，称为单位制。

同一个量制，因为基本单位选择的不同，而产生不同的单位制，如：

（1）厘米、克、秒制（LGS 制），这是选定长度以厘米（cm）、质量用 克（g）、时间用秒（s）作为基本单位的单位制。

（2）米、千克、秒制（MKGS），这是选定长度以米（m）、质量用千克（kg）、时间用秒（s）作为基本单位的单位制。

2.国际单位制

由于各国发展历史不一样，各国之间甚至各国内部的计量单位都存在很大差别，这给经济发展和科学技术进步带来了很大的阻碍，为此，在 1960 年第十一届国际计量大会提出和通过了国际单位制。

所谓国际单位制，就是选用米（m）、千克（kg）、秒（s）、安培（A）、开尔文（K）、摩尔（mol）和坎德拉（cd）为七个基本单位所构成的单位制。缩写符号为"SI"，因此又把国际单位制叫做 SI 制，或"SI"单位制。

尽管国际单位制的历史不长，但已被国际标准化组织（ISO）制订成国际标准（ISO

1000）及 ISO31/0～ISO31/13，被各国际组织和绝大多数国家采纳、使用，是目前国际上最广泛使用的计量单位制。

国际单位制（SI）由 SI 单位、SI 词头和 SI 单位的十进倍数和分数单位三部分组成的。构成情况见下表：

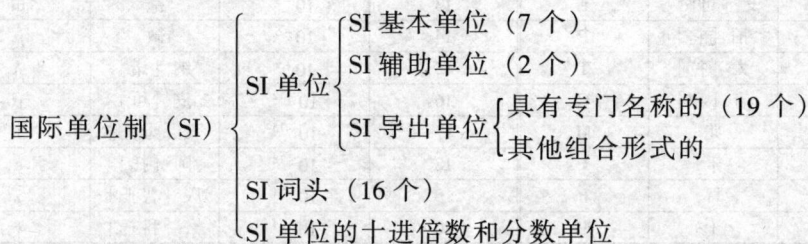

$$
\text{国际单位制（SI）}
\begin{cases}
\text{SI 单位}
\begin{cases}
\text{SI 基本单位（7 个）}\\
\text{SI 辅助单位（2 个）}\\
\text{SI 导出单位}
\begin{cases}
\text{具有专门名称的（19 个）}\\
\text{其他组合形式的}
\end{cases}
\end{cases}\\
\text{SI 词头（16 个）}\\
\text{SI 单位的十进倍数和分数单位}
\end{cases}
$$

基本单位见表 1-3。

导出单位中具有专门名称的导出单位有 19 个，见表 1-4。它们中大多采用该领域中著名科学家的名字命名，因此，这些导出单位的符号，第一个字母须用大写体。

表 1-4　　　　　　　　　　国际单位制中具有专门名称的导出单位

量的名称	单位名称	单位符号	量　纲	被纪念科学家的国籍、生期
频率	赫［兹］	Hz	s^{-1}	德国（1857—1894）
力；策略	牛［顿］	N	$kg \cdot m/s^2$	英国（1643—1727）
压力；压强；应力	帕［斯卡］	Pa	N/m^2	法国（1623—1662）
能量；功；热	焦［耳］	J	$N \cdot m$	英国（1818—1889）
功率；辐射通量	瓦［特］	W	J/s	英国（1736—1819）
电荷量	库［仑］	C	As	法国（1736—1806）
电位；电压；电动势	伏［特］	V	W/A	意大利（1745—1827）
电容	法［拉］	F	C/V	英国（1791—1867）
电阻	欧［姆］	Ω	V/A	德国（1787—1854）
电导	西［门子］	S	A/V	德国（1816—1892）
磁通量	韦［伯］	Wb	$V \cdot s$	德国（1804—1891）
磁通量密度，磁感强度	特［斯拉］	T	Wb/m^2	美国（1857—1943）
电感	亨［利］	H	Wb/A	美国（1799—1878）
摄氏温度	摄氏度	℃		（1948 年第 9 届 CGPM 通过采用）
光通量	流［明］	lm	$cd \cdot sr$	（1960 年第 11 届 CGPM 通过采用）
光照度	勒［克斯］	lx	lm/m^2	（1960 年第 11 届 CGPM 通过采用）
放辐性活度	贝可［勒尔］	Bq	s^{-1}	法国（1852—1908）
吸收剂量	戈［瑞］	Gy	J/kg	英国（1905—1965）
剂量当量	希［沃特］	Sv	J/kg	瑞典（1896—1966）

以上 SI 单位为主单位，SI 单位的十进倍数与十进分数单位称为倍数（或分数）单位。所谓倍数（或分数）单位是指按约定比率，由主单位形成的一个更大（或更小）的单位。倍数单位或分数单位一般都加有词头，词头有 20 个，称为 SI 词头，其名称和符号见表 1-5。

表 1-5　　　　　　　　　　　用于构成十进倍数和分数单位的词头

序　号	所表示的因数	词头名称	词头符号	序　号	所表示的因数	词头名称	词头符号
1	10^{24}	尧［它］	Y	11	10^{-1}	分	d
2	10^{21}	泽［它］	Z	12	10^{-2}	厘	c
3	10^{18}	艾［可萨］	E	13	10^{-3}	毫	m
4	10^{15}	拍［它］	P	14	10^{-6}	微	μ
5	10^{12}	太［拉］	T	15	10^{-9}	纳［诺］	n
6	10^{9}	吉［咖］	G	16	10^{-12}	皮［可］	p
7	10^{6}	兆	M	17	10^{-15}	飞［母托］	f
8	10^{3}	千	k	18	10^{-18}	阿［托］	a
9	10^{2}	百	h	19	10^{-21}	仄［普托］	z
10	10^{1}	十	da	20	10^{-24}	幺［科托］	y

由上可知，SI 单位包含 SI 基本单位、SI 辅助单位和 SI 导出单位三个部分。SI 单位不能称为国际单位制单位，二者是有区别的。SI 单位有主单位的含义，它只是国际单位制中成为一贯制的那一部分单位。而国际单位制的单位还包括 SI 单位的十进倍数单位。例如：A、Ω 和 m/s 等都是 SI 单位，而 MA、kΩ、km/s 等就不是 SI 单位，但它们是国际单位制的单位。所以，不能把 SI 单位称为或等同为国际单位制单位。

因国际单位制具有很多优越性，而在国际上得到了普遍的认可，其优越性主要表现在：

（1）统一性　适合各行各业各个领域，而且国际通用。

（2）简明性　取消了大量单位（例如用一个帕斯卡取代了不同单位制中的几十个压力单位），简化了物理量的表示形式（例如，单位焦耳适用于功、能、热三个量），使计算大为简化。

（3）实用性　SI 单位的大小适中，便于使用。个别领域需要较大或较小单位时，可以用加词头的方式解决。

（4）合理性　一个物理量对应一个 SI 单位，避免了多种单位并用。由于采用词头，组合方便，不需另起一套名字。

（5）科学性　各单位都有严格科学的定义。结构科学，构成导出单位的方法简明、严格。SI 单位属一贯单位制，科学、方便。

（6）精确性　基本单位都能以较高的准确度保存和复现。

（7）继承性　SI 单位是米制的现代化，它继承了米制的优点，一些基本单位和导出单位保留了通用的米制单位和名称。

（8）长期适用性　国际单位制是在淘汰其它许多单位制后，在米制的基础上发展起来的，它是建立在严密的科学基础上的一个完整的体系，且已被世界各国所接受。可以预计，国际单位制将随着科技的进步而不断发展完善，将有一个相当长的使用期和稳定性。

三、法定计量单位

由国家以法令形式规定允许使用的计量单位叫法定计量单位。

1984 年 2 月 27 日，国务院发布了《关于在我国统一实行法定计量单位的命令》。该命令明确规定"我国计量单位一律采用《中华人民共和国计量单位》"。

（一）我国法定计量单位的构成

我国的法定计量单位是以国际单位制为基础，同时选用一些符合我国国情的非国际单位制单位构成的，其构成如下：

（1）国际单位制的基本单位（7个）。

（2）国际单位制的辅助单位（2个）。

（3）国际单位制中具有专门名称的导出单位（19个）。

（4）国家选定的非国际单位制单位，共 15 个，包括分、小时、天（时间），度、角分、角秒（平面角），转每分（旋转速度），海里（长度），节（速度），吨、原子质量单位（质量），升（体积），电子伏（能），分贝（级差），特克斯（线密度），公顷（面积）。

（5）由以上单位构成的组合形式的单位，是由 SI 单位与选定的非 SI 单位按需要依据《中华人民共和国法定计量使用方法》（1984 年 6 月 9 日颁发）构成。

（6）由词头和以上单位所构成的十进倍数和分数单位。

（二）法定单位的使用方法

1984 年 6 月 9 日，国家计量局颁布了《中华人民共和国法定计量单位使用方法》，具有法律效力，其主要内容如下。

1. 法定单位的名称

（1）组合单位的中文名称与其符号表示的顺序一致。符号中的乘号没有对应的名称，除号的对应名称为"每"字，无论分母中有几个单位，"每"字只出现一次。例如：比热容单位的符号是 J/（kgK），其单位名称是"焦耳每千克开尔文"而不是"每千克开尔文焦耳"或"焦耳每千克每开尔文"。

（2）乘方形式的单位名称，其顺序应是指数名称在前，单位名称在后。相应的指数名称由数字加"次方"二字而成。例如：截面惯性矩的单位 m^4 的名称为"四次方米"。

（3）如果长度的 2 次和 3 次幂是表示面积和体积，则相应的指数为"平方"和"立方"并置于长度单位之前，否则应称为"二次方"和"三次方"。例如：体积单位 m^3 的名称是"立方分米"，而截面系数单位 m^3 的名称是"三次方米"。

（4）书写单位名称时不加任何表示乘或除的符号或其他符号

例如：电阻率单位 $\Omega \cdot m$ 的名称为"欧姆米"，而不是"欧姆·米"、"欧姆一米"、"［欧姆］［米］"等；密度单位 kg/m^3 的名称为"千克每立方米"而不是"千克/立方米"。

2. 法定单位和词头的符号

（1）在初中，小学课本和普通书刊中，有必要时可将单位的简称（包括带有词头的单位简体）作为符号使用，这样的符号称为"中文符号"。

（2）法定单位和词头的符号，不论拉丁字母或希腊字母，一律用正体，不附省略点，且无复数形式。

（3）单位符号的字母一般用小写体，若单位名称来源于人名，则其符号的第一个字母用大写体。例如：时间单位"秒"的符号是 s；压力、压强的单位"帕斯卡"的符号是 Pa。

（4）词头符号的字母当其所表示的因数小于 10^6 时，一律用小写体，大于或等于 10^6 时用大写体。

（5）由两个以上单位相乘构成的组合单位，其符号有下列两种形式：N·m、Nm。

若组合单位符号中某单位的符号同时又是某词头的符号，并有可能发生混淆时，则应尽量将它置于右侧。例如：力矩单位"牛顿米"的符号应写成 Nm，而不宜写成 mN，以免误解为"毫牛顿"。

（6）由两个以上单位相乘所构成的组合单位，其中文符号只是一种形式，即用居中圆点代表乘号。例如：动力粘度单位"帕斯卡秒"的中文符号是"帕·秒"，而不是"帕 秒"

"（帕）（秒）"、帕·（秒）、"帕—秒"、"帕（秒）"、"帕斯卡·秒"等。

（7）由两个以上单位相除所构成的组合单位，其符号可用下列三种形式之一：kg/m^3、$kg·m^{-3}$、kgm^{-3}

当可能发生误解时，应尽量用居中圆点或斜线（/）的形式。例如：速度单位"米每秒"的符号用 $m·s^{-1}$ 或 m/s，而不宜用 ms^{-1}，以免误解为"每毫秒"。

（8）由两个以上单位相除所构成的组合单位，其中文符号可采用以下两种形式之一：千克/米^3、千克·米$^{-3}$。

（9）在进行运算时，组合单位中的除号可用水平横线表示。例如：速度单位可以写成 m/s 或米/秒。

（10）分子无量纲而分母有量纲的组合单位即分子为1的组合单位的符号，一般不用分式而用负数幂的形式。例如：波数单位的符号 m^{-1}，一般不用 $1/m$。

（11）在用斜线表示相除时，单位符号的分子和分母都与斜线处于同一行内。当分母中包含两个以上单位符号时，整个分母一般应加圆括号。在一个组合单位的符号中，除加括号避免混淆外，斜线不得多于一条。例如：热导率单位的符号是 $W/(K·m)$ 不是 $W/K·m$ 或 $W/K/m$。

（12）词头的符号和单位的符号之间不得有间隙，也不加表示相乘的任何符号。

（13）单位的词头的符号应按其名称或者简称读音，而不得按字母读音。

（14）摄氏温度的单位"摄氏度"的符号℃，可作为中文符号使用，可与其他中文符号构成组合形式的单位。

（15）非物理量的单位，如：件、台、人、圆等，可用汉字与符号构成组合形式的单位。

这里需要特别说明的是，单位名称和单位符号是两个完全不同的概念，单位名称就是对单位的称呼或读法。在我国，所谓单位名称当然是指单位的中文名称。单位名称有全称和简称之分。例如电流单位 A 的名称是安［培］，即其全称是安培，简称是安。单位名称一般只在述性文字中使用。全称和简称都可以使用。例如可以说"电场强度是 0.4 伏特每米"，也可以说"……是 0.4 伏每米"。

单位符号是一个单位的简明标记，以便于使用。单位符号也有国际单位符号和中文符号两种。国际单位符号是全世界通用的符号，我国法定计量单位就是把国际单位符号作为法定单位符号。中文符号是把国际单位符号中的单位用中文简称取代而构成的，只供在小学或初中教科书、普及书刊中作为符号采用。

单位符号在公式、图表、铭牌等需要简单明了的地方使用。也用于叙述性文字中。例如在叙述性文字中可以写成"电场强度是 0.4V/m"，在初中课本和普及书刊中还可以写成"电场强度是 0.4 伏/米"。

3．法定单位和词头的使用规则

（1）单位与词头的名称，一般只宜在叙述性文字中使用。单位和词头的符号，在公式、数据表、曲线图、刻度盘和产品铭牌等需要简单明了表示的地方使用，也可用于叙述性文字中，且应优先采用符号。

（2）单位的名称或符号必须作为一整体使用，不得拆开。

例如；摄氏温度单位"摄氏度"表示的量值应写成"20 摄氏度"，不得写成或读成"摄氏 20 度"。30km/h 应读成"三十千米每小时"。

（3）选用 SI 单位的倍数单位或分数单位，一般应使量的数值处于 0.1～1000 范围内。例如：1.2×10^3N 可以写成 1.2kN；0.00394m 可以写成 3.94mm；11401Pa 可以写成 11.401kPa；3.1×10^{-8}s 可以写成 31ns。

某些场合习惯使用的单位可以不受上述限制。例如：大部分机械制图使用的长度单位可以用"mm（毫米）"；导线截面积使用的面积单位可以用"mm^2（平方毫米）。"

在同一个量的数值表中或叙述同一个量的文章中，为对照方便而使用相同的单位时，数量不受限制。词头 h、da、d、c（百、十、分、厘），一般用于某些长度、面积和体积的单位中，但根据习惯和方便也可用于其他场合。

（4）有些非法定单位，可以按习惯用 SI 词头构成倍数单位或分数单位。例如：mci、mGaI、mR 等。

法定单位中的摄氏度以及非十进制的单位，如平面角单位"度"、"［角］分"、"［角］秒"与时间单位"分""时"、"日"等不得用 SI 词头构成倍数单位或分数单位。

（5）不得使用重迭词头。例如：nm，不该用 mμm；am 不应该用 μμm，也不应该用 nnm。

（6）亿（10^8）、万（10^4）等是我国产惯用的数词，仍可使用，但不是词头。习惯使用的统计单位，如万公里可记为"万 km"或"10^4km"；万吨公里可记为"万 t·km"或 10^4t·km。

（7）只是通过相乘构成的组合单位在加词头时，词头通常加在组合单位中的第一个单位之前。

（8）只通过相除构成的组合单位或通过乘和除构成的组合单位在加词头时，词头一般应加在分子中的第一个单位之前，分母中一般不用词头，但质量的 SI 单位 kg，这里不作为有词头的单位对待。例如：摩尔内能单位 kJ/mol 不宜写成 J/mmol。比能单位可以是 kJ/kg。

（9）当组合单位分母是长度、面积和体积单位时，按习惯与方便，分母中可以选用词头构成倍数单位或分数单位。例如：密度的单位可以选用 g/cm^3。

（10）一般不在组合单位的分子分母中同时采用词头，但质量单位 kg 这里不作为有词头对待。例如：电场强度的单位不宜用 kV/mm，而用 MV/m；质量摩尔浓度可以用 mmol/kg。

（11）倍数单位和分数单位的指数，指包括词头在内的单位的幂。例如：$1cm^2 = 1 (10^{-2} \times m)^2 = 1 \times 10^{-4}m^2$，而 $1cm^2 \neq 10^{-2}m^2$。$1\mu s^{-1} = (10^{-6}s)^{-1} = 10^6 s^{-1}$。

（12）在计算中，建议所有量值都采用 SI 单位表示，词头应以相应的 10 的幂代替（kg 本身是 SI 单位，故不应换成 10^3g）。

（13）将 SI 词头的部分中文名称置于单位名称的简称之前中文符号构成时，应注意避免与中文数词混淆，必要时应使用圆括号。例如：旋转频率的量值不得写为 3 千秒$^{-1}$。如表示"三每千秒"，则应写为"3（千秒）$^{-1}$"（此处"千"为词头）；如表示"三千每秒"则就写为"3 千（秒）$^{-1}$"（此处"千"为数词）。

又如体积的量值不得写为"2 千米"，表示"二立方千米"，则应写为"2（千米）^{3}"（此处"千"为词头）；如表示"二千立方米"，则应写为"2 千（米）^{3}"（此处"千"为数词）。

为方便起见，现将应废除的常用计量单位与法定计量单位的换算罗列如下：

3［市］尺 = 1m（米）；3 寸 = 1dm（分米）；3［市］分 = 1cm（厘米）；1 费密 = 1fm（飞米）；1 埃（A）= 0.1nm（纳米）；1 码（yd）= 91.44cm（厘米）；1 英尺（ft）= 30.48cm（厘米）；1 英寸（in）= 2.54cm（厘米）；1［市］亩 = $666.6m^2$（平方米）；1 靶恩（b）= $10^{-28}m^2$（平方米）；1 伽（Gal）= $1cm/s^2$（厘米/秒^2）；1 达因（kdn）= 10^{-5}N（牛顿）；1 千克力，公斤力（kgf）= 9.80665N（牛顿）；1 巴（bar）= 0.1Mpa（兆帕）；1 标准大气压（atm）= 101325Pa（帕）；1 毫米汞柱（mmHg）= 133.322Pa（帕）；1 工程大气压（atm）=

98066.5Pa（帕）；1 尔格（erg）= 10^{-7}J（焦）；1［米制］马力 = 735.49875W（瓦）；1 国际蒸汽表卡（cal）= 4.1868J（焦）；1 英加仑（UKgal）= 4.546dm³（立方分米）；1 英蒲式耳（bushei）= 36.3687dm³（立方分米）；1［米制］克拉 = 200mg（毫克）；1 盎司（常衡，oz）= 28.3495g（克）；1 盎司（药、金衡）= 31.1035g（克）；2 市斤 = 1kg（千克）；1 两 = 50g（克）；1 钱 = 5g（克）；1 磅（1b）= 453.59g（克）。

第四节 误 差 理 论

一、测量

测量是对客观事物取得数量概念的一种认识过程。人们借助专门的设备，通过实验方法，得出以测量单位表示被测量的数值大小。

测量分绝对测量和相对测量。绝对测量指当被测量是通过对一个或数个基本量的直接测量或利用物理常数值进行测量时的测量，绝对测量主要用于基准的建立。由于其操作复杂，实际工作中很少采用。实际工作中一般采用相对测量，所谓相对测量，是指将被测量与作为单位的量进行比较的过程。通常工程和科学技术中所进行的测量一般都是相对测量。

测量按测量方式可分为直接测量、间接测量、组合测量。

1. 直接测量

将被测量与作为标准的量直接比较，或用事先刻度好的测量仪表进行测量，从而直接测得被测量的数值，这种测量方式称为直接测量。例如，用电压表测电压，用功率表测功率等。直接测量在工程技术测量中应用最多。

2. 间接测量

测量中，通过与被测量有一定函数关系的几个量进行直接测量，然后再按这个函数关系计算出被测量的数值，这种方式称为间接测量。例如，测量电阻系数 ρ，由于电阻系数 ρ 无法通过直接测量求得，只有通过间接测量，可在测量出电阻 R、导体截面 S 及长度 L 后，根据 $\rho = R\dfrac{L}{S}$ 计算出 ρ 值。当被测量不便于直接测量时，可考虑采用间接测量。

3. 组合测量

如果被测量有多个，而且能以某些可测量的不同组合形式表示时，可先通过直接或间接地测量这些组合的数值，再通过解方程组求得未知的被测量数值，这种测量方式称为组合测量。例如，导体的电阻 R_t 随温度 t 而变，两者之间的函数式为

$$R_t = R_{20}[1 + \alpha(t - 20) + \beta(t - 20)^2]$$

要确定某种导体与温度之间的关系式，就应求出 R_{20}、α、β。为此可以在三个不同温度下测量电阻 R，列出三组方程，求得 R_{20}，α、β，从而得出某种导体与温度之间的函数式。

二、测量中的常用术语

准确度——是指测量结果与被测量真实值间相接近的程度，它是测量结果准确程度的量度。

精密度——是指在测量中所测数值重复一致的程度。它表明在同一条件下进行重复测量时，所得到的一组测量结果彼此之间相符合的程度，它是测量重复性的量度。

灵敏度——是仪器仪表读数的变化量与相应的被测量的变化量的比值。

分辨率——是指仪器仪表所能反映的被测量的最小变化值。

误　差——是指测量结果对被测量真实值的偏离程度。

量程（量限）——是指仪器仪表在规定的准确度下对应于某一测量范围内所能测量的最大值。

（测量结果的）重复性——在相同测量条件下，连续多次对被测量进行测量，所得测量结果的一致性。

引用误差——测量仪器的误差除以仪器的特定值。

分辨力——显示装置能有效辨别的最小的示值差。

测量不确定度——表征合理地赋予被测量之值的分散性，与测量结果相联系的参数。

以上概念中准确度与误差本身的含义是相反的，但两者又是紧密联系的，测量结果的准确度高，它的误差就小，因此在实际测量中往往采用误差的大小来表示准确度的高低。

准确度与精密度的含义是不同的，两者容易相混淆。精密度是指测量结果的一致性，精密度高的，准确度不一定高，这就好比一个人打靶，他若老是打在偏离靶心的某一个特定地方，其打靶的精密度很高，但由于他老打在偏离靶心的地方，其准确度很差。可见精密度不能保证准确度，然而精密度都是一定准确度的前提，计量器具有什么样的准确度等级，也就要求有什么样的精密度相适应，精密度低，准确也不会高。

三、测量误差及其分类

不管采用什么测量方法，运用什么测量设备，使用什么测量手段，测量的结果与被测量的真实值之间总是存在着差别，这种差别叫测量误差。

测量误差的来源有很多，根据误差的性质可分为系统误差、随机误差、粗大误差三类。

1. 系统误差

在测量过程中所产生的一些误差，假如它们的值是固定不变的、或者是遵循着一定的规律变化的，那么就称这种误差为系统误差。

系统误差按其表现出来的特点，可分为恒值误差和变值误差两种。而变值误差又可分为累进误差、周期性误差以及按复杂规律变化的误差三种。恒值误差（恒差）是指在测量过程中其数值和符号都保持不变；累进误差是指在整个测量过程中是逐渐增加或逐渐减小的；周期性误差则是指按照某种规律周期性地改变自己的数值和符号；按复杂规律变化的误差其变化虽然可能相当复杂，但却有一定规律，并可用一定的公式和曲线表示出来。

系统误差又可以按其误差来源分为：

（1）基本误差，是指由于测量仪器仪表本身结构和制作上的不完善而产生的误差。

（2）附加误差，是指由于使用仪器时未能满足所规定的使用条件而发生的误差，例如仪器安装位置、温度、电压、频率和外磁场等都会引起这种附加误差。

（3）方法误差，也称为理论误差。这是由于测量方法不完善或者由于测量所依据的理论不完善等原因而造成的误差。

（4）人身误差，也称为个人误差。这是由于测量人员的感觉器官不完善所导致的误差，这类误差往往因人而异，并与个人当时的心理和生理状态有密切关系。

系统误差决定了测量的准确度。系统误差越小，测量结果越准确。

对于基本误差和附加误差等引起的系统误差可以采取一些措施加以消除，一般可引入修正值，即在测量前对测量中所使用的计量标准用更高标准进行校准，作出计量标准的修正曲线或修正表格，在测量时，根据这些曲线或表格，可以对测试数据进行修正。很显然，修正值与测量误差绝对数值相同，符号相反。

为减少测量结果中的系统误差,应选择准确度等级和量限合适的计量器具,此外还可采用一些特殊的测量方法,常用的有零位测量法、替代测量法、微差测量法、异号法和换位法等。

2. 随机误差

也称为偶然误差。当在同一条件下对同一对象重复进行测量时,在极力消除一切明显的系统误差之后,每次测量结果仍会出现一些无规律的随机性变化,如果测量仪器的灵敏度或分辨能力足够高,那么就可以观察到这种变化。这种误差是由于周围环境对测量结果的影响,如电磁场的微变、冷热起伏、空气扰动、大地微震等所引起的。由于存在随机误差,即使在同一条件下,多次重复测量同一个量,所得到的结果也是不相同的。随机误差就个体而言,是没有确定的规律的,是难以估计的,然而如果在同一条件下对同一个量进行多次重复测量时(即进行一系列等精度测量),可以发现这一系列测量中出现的随机误差,就其总体来说,它们服从统计规律。利用概率论和统计学的方法,可以研究随机误差的规律,确定随机误差对测量结果的影响。

随机误差决定了测量的精密度,随机误差越小,测量结果的精密度就越高。

由于存在随机误差,每次测得的数值 a_1、$a_2 \cdots a_n$ 与被测值 A_0 是有差别的,测量值与实际值的差值就称为随机误差,以 δ 表示,即

$$\begin{cases} \delta_1 = a_1 - A_0 \\ \delta_2 = a_2 - A_0 \\ \delta_n = a_n - A_0 \end{cases} \tag{1-1}$$

$\varphi(\delta)$ 为随机误差概率密度函数,根据 $\varphi(\delta)$ 便可以说明随机误差出现的可能性,若以曲线表示,$\varphi(\delta)$ 即如图 1-3 所示。这条曲线称为随机误差正态分布曲线。根据概率理论,这条曲线的数学表达式为

$$\varphi(\delta) = \frac{1}{\sigma\sqrt{2\pi}} e^{-\frac{\delta^2}{2\sigma^2}}$$

式中 σ 称为均方根误差,$\sigma = \sqrt{\frac{1}{n}(\delta_1^2 + \cdots + \delta_n^2)}$。

从图 1-3 中可以看出,随机误差具有以下统计特性:

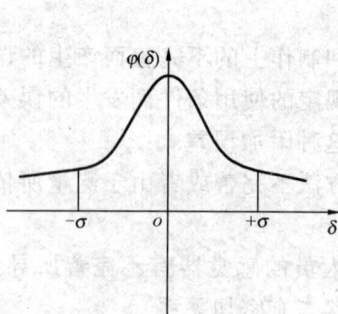

图 1-3 随机误差正态分布曲线　　　图 1-4 不同 σ 值所具有的正态分布曲线

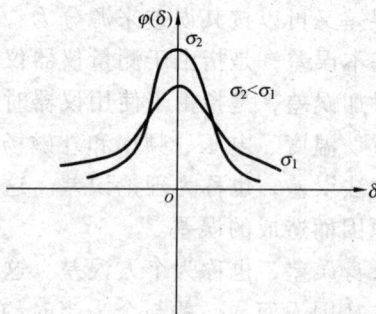

(1) 对称性,绝对值相等的正、负误差出现的机会相同;

(2) 单峰性,小误差比大误差出现的机会要多;

(3) 有界性,绝对值很大的误差出现的机会趋近于零。

(4) 抵偿性,在同一条件下对某一量进行多次测量时,随着测量次数增多,随机误差的

代数和为 0，或误差平均值极限为 0。

显然，均方根误差 σ 越小，曲线的峰值越高，也越细长，如图 1-4 所示。可见，σ 值较小的一组测量，出现小误差的机会较多，从而相对应的测量精度也较高，因此完全可以用均方根误差 σ 来表征测量精度。

在系统误差很小的情况下，在无限多次重复测量中，所取得一系列数值的算术平均值 $\overline{A}$ 作为测量结果，则 $\overline{A}$ 是最可信赖的结果，因为

$$\overline{A} = \frac{a_1 + a_2 + \cdots + a_n}{n} = \frac{(A_0 + \delta_1) + (A_0 + \delta_2) + \cdots + (A_0 + \delta_n)}{n}$$

$$= A_0 + \frac{\delta_1 + \delta_2 + \cdots + \delta_n}{n}$$

当测量次数无限时，根据随机误差的特性，绝对值相等的正、负误差出现的机会相同，即

$$\frac{\delta_1 + \delta_2 + \cdots + \delta_n}{n} = 0$$

则

$$\overline{A} = A_0$$

在实际测量中，测量次数总是有限的，这时 A_0 是不可知的，按式（1-1）不能求出随机误差。然而根据概率理论可知测量数据的均方根误差

$$\sigma = \sqrt{\frac{1}{n}(\delta_1^2 + \delta_2^2 + \cdots + \delta_n^2)} = \sqrt{\frac{1}{n-1}(v_1^2 + v_2^2 + \cdots v_n^2)}$$

上式中 v_1、v_2、v_n 表示各次测量的剩余误差，即

$$\begin{cases} v_1 = a_1 - \overline{A} \\ v_2 = a_2 - \overline{A} \\ v_n = a_n - \overline{A} \end{cases}$$

σ 是测量数据的均方根误差，它用来衡量多次测量中单独一次的测量精度，表明了一系列测量数据的离散程度，根据随机误差的统计特性可知，随机误差越大，产生该误差的机会越少，可以证明，产生大于 3σ 数值的随机误差的概率仅为 0.3%，因此在实际测量中就以 3σ 作为测量的最大误差，若某次测量剩余误差大于 3σ，就可作为粗大误差剔除。

在精密测量中总是取多次测量数据的算术平均值 $\overline{A}$ 作为测量结果。理论上可以证明，测量结果 $\overline{A}$ 的均方根误差 σ_r，仅为测量数据均方根误差 σ 的 $1/\sqrt{n}$。很显然，随着测量次数的增多，测量结果的精度也随之提高，但因 σ_r 与 $\sqrt{n}$ 成反比，σ_r 的减小随 n 的增加而越来越慢，所以在实际测量中，一般测量次数取 10 至 20 次即可。

为使测量结果的随机误差减少或削弱，在开始测量之前，应采取一些技术措施（如选择稳定性好的电源，严格控制环境条件等），但实验室条件一经确定，随机误差的分布也就确定了，所以测量过程中的随机误差是不能消除或削弱的。但是通过相同实验条件下的多次测量，并用概率论和统计学的处理方法，可以减少随机误差对测量结果的影响。

3. 粗大误差

由于测量过程中操作、读数、记录和计算等方面的错误而引起的误差称为粗大误差。很显然，凡是含有粗大误差的实验数据是不可靠的，应当舍去。

四、测量误差的表示方法

1. 绝对误差

测量值与被测量实际值之间的差值称为绝对误差，如果用 A_x 表示测量结果，A_0 表示

被测量的实际值，则绝对误差 Δ 可表示为

$$\Delta = A_X - A_O$$

绝对误差的单位与被测量的单位相同。

2. 相对误差

相对误差是绝对误差 Δ 与被测量的实际值 A_O 之间的比值，它通常是以百分数 γ 表示，即：

$$\gamma = \frac{\Delta}{A_O} \times 100\%$$

在相对误差的实际计算中，有时难于求得被测量的实际值，这时也就用测量结果 A_X 代替实际值 A_O，从而近似求得

$$\gamma \approx \frac{\Delta}{A_X} \times 100\%$$

相对误差便于对不同测量结果的测量误差进行比较，所以它是误差中最常用的一种表示方法。

例如：用两个电流表测量两个大小不同的电流，一个在 50A 时，绝对误差为 1A，另一个在测量 10A 时，绝对误差为 0.5A，在这里，从绝对误差来看，前者误差大些，后者误差小些。但如果从绝对误差对测量结果的影响来看，前者的绝对误差只占测量结果的 2%（此即相对误差的数值），而后者绝对误差却占测量结果的 5%，可见，前者的测量结果的相对误差小些，测量的准确度要高些。因此，在工程上凡是遇到要求测量结果的误差或是估价测量结果的准确度时，一般地都是采用测量结果的相对误差表示。

3. 引用误差

引用误差是用来表明仪表本身性能的好坏的，它表明了仪表基本误差的数值，引用误差 γ_m 规定为绝对误差 Δ 与仪表量程 A_m 的比值，并以百分数表示，即

$$\gamma_m = \frac{\Delta}{A_m} \times 100\%$$

为什么要采用引用误差这样一种误差的表示方法呢？这是因为对于同一个指示仪表来说，它的基本误差以最大绝对误差来衡量。这时若以相对误差来表示，则在仪表标度尺的各个不同部位，相对误差不是一个常数，而且变化很大，例如，用一只测量上限为 250W 的功率表进行测量，其在标度尺的"200W"处的绝对误差为 2W，则该处的相对误差 $\gamma_1 = 1\%$（即 $\gamma_1 = \frac{2}{200} = 1\%$）；若在标度尺的"10W"处的绝对误差为 2W，则该处的相对误差为 20%（即 $\gamma_2 = \frac{2}{10} = 20\%$）。比较 γ_1、γ_2 可以看出，用相对误差来表示仪表的基本误差的大小是不适合的。分析 γ_1、γ_2 之所以变化很大，主要是因为在计算相对误差时分子近乎一个常数，而分母却是一个变数的缘故。如果我们用仪表的量程作为分母就解决了上述问题，因此指示仪表的准确度通常采用"引用误差"来表示。

【例 1-1】　用一个量程为 100V，准确度为 2 级的电压表测量电压，读数为 10V，求测量结果的准确度。

解：
$$E = \pm \frac{2\% \times 100}{10} \times 100\% = \pm 20\%$$

五、有效数字

1. 测量数据有效数字

在测量和数据计算中，确定该用几位数字来代表测量或计算的结果是很重要的。通常，

每一数据都只应保留一位欠准数字，即最后一位前的各位数字必须是准确的，这位欠准数字及欠准数字前面的数字（不包括最前一位非 0 数字前的 0）组成了该测量数据的有效数字。

如图 1-5 所示，指针读数为 5.6，数字 5 是确定数字，6是估读数字，有效数为 2 位。又如 0.96 是二位有效数字，6 是估读位，9.87 是三位有效数字，7 是估读位。

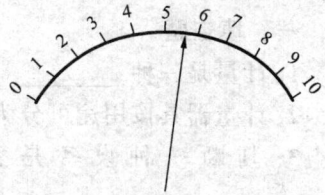

数字 0 可以是有效数字，也可以不是有效数字，当是有效数字时，0 不可以省。如：9.020 是四位有效数字，2 前和2 后的 0 都是有效数字，不能省略。非有效数字的 0 也不是都可以省略，9.020 中 9 前面的无数个 0 可以省略，但 0.860数字中 8 前的 0 则不可以省略。

图 1-5　有效数字读取示意图

当容易引起误会时，为清楚表示有效数字位数，应采用科学记数法，如有效数字为三位时，电压 10000V，应记为 1.00×10^4。

表示常数的数字其有效数字位数为无限制，如 $X = 4y$，4 为常数，其有效数字位数为无限制。

2．有效数字的运算

（1）加减运算。在加减运算时应分三步：

1）将各项数据修约到比小数点后位数最少的那个数多保留 1 位有效数字。

例：$9.203 + 1.2 + 4.31 = ?$

其中 1.2 为一位小数位，故取 9.203→9.20，4.31 不变。

2）进行加减运算。

例：$9.20 + 1.2 + 4.31 = 14.71$

3）将结果修约到小数点后的位数与原各项中小数点后位数最少的那个数相同。

例：结果 14.71 只留一位小数为 14.7。

（2）乘除运算。在乘除运算时应分三步：

1）将各项数据修约到比有效数字位数最少的那个数多保留一位有效数字。

例：$5.2 \times 4.312 \times 4.35 = ?$

其中 5.2 为二位有效数字，4.312→4.31，4.35 不变。

2）进行乘除运算：

例：$5.2 \times 4.31 \times 4.35 = 97.4922$

3）将结果修约到有效数字最少的那个数字的位数。

例：97.4922 保留二位有效数字为 97。

【例 1-2】　0.003 及 1.003 的有效数字各为多少位？

解：0.003 的有效数字为一位

1.003 的有效数字为四位。

【例 1-3】　测得电阻串联电路在电阻 1 上的电压降为 10.1V，在电阻 2 上的电压降为0.003V，求电路在两个电阻上的压降为多少？

解：$10.1 + 0.003 = 10.1 + 0.00 = 10.10 = 10.1$（V）。

【例 1-4】　测得某电阻上的电流为 10.02A，电压为 6V，求电阻上消耗的功率为多少？

解：$P = UI = 6 \times 10.02 = 6 \times 10$（W）。

一、填空题

1. 计量是一种_____的测量。

2. 计量器具按用途可分为_____、_____、_____三类。

3. 判断一种设备是否是计量器具的标准有：_____、_____、_____。

4. 《中华人民共和国计量法》是_____年9月6日由第_____届全国人民代表大会第十二次会议通过的。自_____年7月1日起施行。

5. 《计量法》共_____章_____条。

6. 计量法实施细则是由_____批准、国家计量局发布的，自_____年2月1日执行。

7. 计量检定必须按照_____进行，必须执行_____。

8. 计量检定工作应当按照_____原则，_____进行。

9. 凡制造以_____为目的计量器具，或者对社会开展_____性修理计量器具业务必须取得制造或修理计量器具许可证。

10. 制造计量器具许可证具有_____效力、_____效力、_____效力、_____效力。

11. 我国大多数国家制造标准是等同采用_____标准。

12. 国际单位制中的七个基本单位是_____、_____、_____、_____、_____、_____、_____。

13. 国际单位制中的二个辅助单位是_____、_____，其单位符号分别是_____、_____。

14. 国际单位制中具有专门名称的导出单位（不包括2个辅助单位）有_____个，用于构成倍数单位的词头有_____个。

15. 强制检定的计量标准器具是指_____计量标准器具和部门，企事业单位使用的最高计量标准器具。

16. 在列入强制检定目录中的工作计量器具是指用于_____、_____、_____、_____方面的工作计量器具。

17. 取得《制造计量器具许可证》的标志符号由_____三字组成。

18. 我国的法定计量单位包括_____和_____。

19. 加速度 m/s^2 的中文单位名称是_____，中文符号是_____。10m/s^2 应读成_____。

20. m^4 的中文单位名称是：_____。

21. 20℃应读成_____。

22. 词头纳是十的负_____次方。

23. 国际单位制包括_____单位、_____词头和_____单位三部分。

24. 电阻率单位 Ω·m 的中文名称是_____，中文符号是_____，8×10^{-8}Ω·m 读作_____。

25．发电煤耗单位写成"克／（千瓦·小时）"是不对的，因为＿＿＿＿＿＿，该改为＿＿＿＿＿＿。

26．按测量方法分，测量可分为＿＿＿＿＿＿、＿＿＿＿＿＿、＿＿＿＿＿＿。

27．测量误差可分为＿＿＿＿＿＿误差、＿＿＿＿＿＿误差和粗大误差三类。

28．服从正态分布的随机误差有 4 个特点，它们是＿＿＿＿＿＿、＿＿＿＿＿＿、＿＿＿＿＿＿、＿＿＿＿＿＿。

29．一只电流表，其示值为 10A，经检定，其实际值为 9.9A，则该电流表在 10A 该度点的测量误差是＿＿＿＿＿＿ A。

30．一只电流读数是 10A，标准表读数是 9.9A，则该电流表的修正值为＿＿＿＿＿＿ A。

31．剩余误差是＿＿＿＿＿＿与＿＿＿＿＿＿之差。

二、选择题

1．全国量值最高依据的计量器具是：＿＿＿＿＿＿。

（a）计量基准器具；（b）强制检定的计量标准器具；（c）社会公用计量标准器具；（d）以上答案都不是。

2．国家法定计量检定机构是指＿＿＿＿＿＿。

（a）有权或被授权执行强制检定的计量检定机构；（b）按隶属关系进行计量传递的上级计量检定机构；（c）县级以上人民政府计量行政部门依法设置的检定机构或被授权的专业性或区域性计量检定机构；（d）以上答案均不对。

3．以下不属于计量器具的是：＿＿＿＿＿＿。

（a）电话计费器；（b）互感器；（c）脉冲计数器；（d）走字台。

4．以下不属于强制检定计量器具的是：＿＿＿＿＿＿。

（a）接地电阻仪；（b）计费用互感器；（c）线损考核用电能表；（d）单位最高计量标准表。

5．以下属于强制检定计量器具的是：＿＿＿＿＿＿。

（a）单位所有的计量标准；（b）绝缘电阻；（c）科学试验用互感器；（d）商店销售的所有电能表。

6．强制检定由哪个部门执行？＿＿＿＿＿＿。

（a）由计量行政部门依法设置的法定计量检定机构进行，其他检定机构不得执行强制检定；（b）由法定计量检定机构进行；（c）按行政隶属关系，由用户上级的计量检定机构进行；（d）有检定能力的计量检定机构进行。

7．下述说法正确的是：＿＿＿＿＿＿。

（a）强制检定必须按国家计量检定系统表进行，非强制检定可根据具体情况，自行确定量值传递程序；（b）无论是强制性检定还是非强制性检定，都必须按照国家计量检定系统表进行；（c）国家检定系统表是参考性文件，计量检定不一定必须执行；（d）以上说法均不正确。

8．以下需要重新申请《制造计量器具许可证》的是：＿＿＿＿＿＿。

（a）产品结构发生重大变化；（b）已有许可证，改为异地生产；（c）一个取得许可证的企业法人分为几个法人，每个法人又单独生产同一种计量器具的；（d）以上均需要重新申请。

9．以下需要申请制造或修理计量器具许可证的是：＿＿＿＿＿＿。

(a) 样机试验所需要的计量器具样品； （b) 计量检定机构进行调试，修理计量器具；
(c) 修理自家用非强制检定电能表；（d) 以上均不需要申请。

10．以下属于电力行业标准代号的是：_____。

(a) DL；(b) GB；(c) SD；(d) JB。

11．行业标准与国家标准的关系是：_____。

(a) 行业标准的技术规定不得高于国家标准；(b) 行业标准的技术规定不得低于国家标准；(c) 行业标准的技术规定个别条文可以高于或低于国家标准；(d) 行业标准的技术规定可以高于或低于国家标准，关键是要经行业主管部门批准。

12．"一切属于国际单位制的单位都是我国的法定单位"这句话_____。

(a) 不正确；(b) 基本正确，但不全面；(c) 基本正确，个别单位不是；(d) 完全正确。

13．以下不属于 SI 单位的是_____。

(a) 米；(b) 焦耳；(c) 千安；(d) 球面度。

14．以下属于法定单位名称的是：_____。

(a) 公尺；(b) 公斤；(c) 公分；(d) 公升。

15．以下符号可以作为长度单位法定符号的是：_____。

(a) M；(b) CM；(c) km；(d) KM。

16．以下单位符号书写正确的是：_____。

(a) Hz；(b) kW；(c) VA；(d) kWh。

17．以下不正确使用法定单位的是：_____。

(a) 电阻消耗的功率 $P = 220 \times 1 \times 1 = 20W$；(b) 电阻消耗的功率为 220W；(c) 电阻消耗的功率为 220W；(d) 电阻消耗的功率为 $P = 220 \times 1 \times 1 = 20W$。

18．以下正确使用法定单位的是：_____。

(a) $H = 10 \times 7 = 70$ 安培/米；(b) 这台电焊机的功率是 2 千千瓦；(c) $P = 20 \times 1 \times 1 = 20kkW$；(d) 今天气温摄氏 20 度。

19．以下正确的是：_____。

(a) 平面角的 SI 单位是度；(b) "万"和"千"都是 SI 词头；(c) 电能的 SI 单位是千瓦时；(d) 2 千千克不能写成 "2kkg"。

20．以下叙述不正确的是：_____。

(a) 磁场强度单位的中文名称"安培每米"，简称"安每米"；(b) 磁场强度单位的中文符号是"安/米"或"安·米$^{-1}$"；(c) 电阻率的中文名称是"欧姆·米"，简称"欧·米"；(d) 电阻率的中文符号是"欧·米"。

21．关于密度单位 kg/m^3 叙述正确的是：_____。

(a) 中文名称是"千克每立方米"；(b) 中文名称是"千克每三次方米"；(c) 中文符号是"千克/立方米"；(d) 中文符号是"千克（米）^{3}"。

22．以下叙述正确的是：_____。

(a) 通过重复测量，可以消除系统误差；(b) 恒定系统误差可以进行修正；(c) 因为系统误差可以修正，只有随机误差不能修正，所以真值测量不出来。

23．为使测量更准确，测量 9V 电压时，应选用以下哪个量限的电压表：_____。

(a) 10V；(b) 50V；(c) 25V；(d) 100V。

24．某物品的质量真值是 10kg，测量结果是 10.5kg，则_____。

（a）物品的质量误差是 5%；（b）测量误差是 5%；（c）计量器具的准确度等级是 5%；（d）测量误差是 4.76%。

25．当试验条件确定后，为提高测量的精密度，应当_____。

（a）适当增加测量次数；（b）采用合理的方法，消除随机误差；（c）测量次数越多越好；（d）采用修正值减少随机误差。

26．测量结果服从正态分布时，随机误差大于 0 的概率是：_____。

（a）99.7%；（b）68.3%；（c）50%；（d）0%。

27．精密测量中，适当增加测量次数的目的是：_____。

（a）减少系统误差；（b）减少随机误差；（c）减少平均值的实验标准差和发现粗大误差；（d）减少实验标准差。

28．两只 0.1 级的电阻串联后其合成电阻的最大可能相对误差是：±_____。

（a）0.1%；（b）0.2%；（c）0.3%；（d）0.4%。

29．已知电压为 10.2V，电流为 2.1A，则功率为_____W。

（a）21；（b）21.4；（c）21.42；（d）20。

30．电阻 1 为 100.2Ω，电阻 2 为 0.08Ω，电阻 3 为 6.2Ω，则三个电阻串联后电阻为_____Ω。

（a）106.48；（b）106.5；（c）106；（d）1×10^3。

三、计算及问答题

1．什么叫量值传递？

2．什么叫强制检定？

3．什么叫溯源性？

4．量值传递与量值溯源的区别与联系是什么？

5．制造计量器具许可证在法律上具有哪些效力？

6．SI 单位的基本单位包括哪些？辅助单位包括哪些？

7．SI 单位由哪几部分组成？

8．什么叫法定计量单位？我国的法定计量单位包括哪几部分？

9．测量按测量方式可分为哪几类？

10．什么叫引用误差？

11．什么叫测量不确定度？

12．什么叫测量结果的重复性？

13．简述准确度和精密度的区别与联系？

14．根据误差来源的性质，测量误差可分哪几类？

15．什么叫基本单位？

16．什么叫辅助单位？

17．国际制单位和 SI 单位的区别与联系是什么？

18．国际单位制有哪些优越性？

19．如何消除或减弱系统误差？

20．遵从正态分布的随机误差具有哪些特点？

21．测量某一功率 6 次测量结果为 100.0、100.1、100.2、100.3、100.4、100.5，试求其

平均值及均方根误差？

    22．用量限为 100W 的 0.5 级功率表，测量 50 瓦功率时，最大可能测量误差是多少？

    23．测量电阻 1 上电压为 110.11V，消耗功率为 15.2W，电阻 2 上电压为 100.02V，消耗功率为 30W，则两阻串联后的阻值为多少？

<h2 align="center">参 考 答 案</h2>

一、填空题

    1．准确；2．计量基准，计量标准，工作计量器具；3．用于测量，能给出量值，是一种计量技术装置；4.1985，6，1986；5．六章，35；6．国务院，1987；7．国家计量检定系统表，计量检定规程；8．经济合理，就地就近；9．销售，经营；10．生产地，时间，项目，销售；11.IEC；12．米、千克、秒、安培、达尔文、摩尔、坎德拉；13．弧度、球面度、rad、sr；14.19、16；15．社会公用，最高；16．贸易结算、安全防护、医疗卫生、环境监测；17.CMC；18．国际单位制单位和国家选定的其他非国际制单位；19．米每二次方秒，米/秒^2 或米·秒$^{-2}$，10 米每二次方秒；20．四次方米；21.20 摄氏度；22.9；23．SI、SI、SI 倍数；24．欧姆米或欧米，欧·米，8×10^{-8} 欧姆米（欧米）；25．中文符号不应含有单位的全称"小时"，克/（千瓦·时）；26．直接测量，间接测量，组合测量；27．系统误差，随机误差；28．单峰性、有界性、对称性、抵偿性；29．0.1；30．-0.1；31．测量结果、算术平均值。

二、选择题

    1.a；2.c；3.d；4.c；5.b；6.b；7.b；8.d；9.d；10.a；11.b；12.d；13.c；14.b；15.c；16.c；17.a；18.b；19.d；20.c；21.a；22.b；23.a；24.b；25.a；26.c；27.c；28.a；29.a；30.b。

三、计算及问答题

1～20 题答案略。

21．解：平均值 $\overline{A} = \dfrac{100.0 + 100.1 + 100.2 + 100.3 + 100.4 + 100.5}{6}$

$$= 100.25$$

$$v_1 = 100.0 - 100.25 = -0.25$$
$$v_2 = 1001 - 100.25 = -0.15$$
$$v_3 = 100.2 - 100.25 = -0.05$$
$$v_4 = 100.3 - 100.25 = 0.05$$
$$v_5 = 100.4 - 100.25 = 0.15$$
$$v_6 = 100.5 - 100.25 = 0.25$$

则 $S = \sqrt{\dfrac{(-0.25)^2 + (-0.15)^2 + (-0.05)^2 + 0.05^2 + 0.15^2 + 0.25^2}{6-1}}$

$$= 0.01\sqrt{350} = 0.187$$

22．解：$100 \times 0.5\% = 0.5W$

$$\frac{0.5}{50} \times 100\% = 1\%$$

23．解：$R_1 = 110.11^2/15.2$

$$= 12124.2121/15.2$$
$$= 1.212 \times 10^4/15.2$$
$$= 797.6455328$$
$$= 797 \ (\Omega)$$
$$R_2 = 3.3 \times 10^2$$
$$R = R_1 + R_2$$
$$= 797 + 3.3 \times 10^2$$
$$= 1127$$
$$= 1.1 \times 10^3 \ (\Omega)$$

第二章

感应式电能表

电能表是测量电能的专用仪表，是电能计量最基础的设备，广泛用于发电、供电和用电的各个环节，本章介绍感应式电能表的结构、原理、使用、误差及调整等。

在学习电能表的结构、原理、使用、误差及调整之前，首先我们介绍电能表的分类、型号及铭牌标志符号的含义。

1. 常用电能表的分类

电能表按其使用的电路可分为直流电能表和交流电能表，交流电能表按其相线又可分为：单相电能表、三相三线电能表和三相四线电能表。

电能表按其工作原理可分为电气机械式电能表和电子式电能表（又称静止式电能表、固态式电能表）。电气机械式电能表是用于交流电路作为普通的电能测量仪表，可分为感应型、电动型和磁电型。其中最常用的是感应型电能表；电子式电能表可分为全电子式电能表和机电式电能表，也有将机电式电能表单独列为一类的。

电能表按其结构可分为整体式电能表和分体式电能表。

电能表按其用途可分为有功电能表、无功电能表、最大需量表、标准电能表、复费率分时电能表、预付费电能表、损耗电能表和多功能电能表等。

电能表按其准确度等级可分为普通安装式电能表（0.2、0.5、1.0、2.0、3.0级）和携带式精密级电能表（0.01、0.02、0.05、0.1、0.2级）。

2. 电能表的型号及铭牌标志符号的含义

（1）型号及其含义。电能表型号是用字母和数字的排列来表示的，内容如下：

$$类别代号 + 组别代号 + 设计序号 + 派生号$$

1）类别代号　D—电能表。

2）组别代号　表示相线：D—单相；S — 三相三线；T — 三相四线。

表示用途分类：A—安培小时计；B—标准；D—多功能；H—总耗；J—直流；M—脉冲；S—全电子式；X—无功；Z—最大需量；Y—预付费；F—复费率。

3）设计序号用阿拉伯数字表示。

4）派生号有　T—湿热、干燥两用；TH—湿热带；TA—干热带用；G —高原用；H—船用；F—化工防腐用。例如：

DD——表示单相电能表，如 DD862 型，DD701 型，DD95 型；

DS——表示三相三线有功电能表，如 DS864 型等；

DT——表示三相四线有功电能表，如 DT862 型，DT864 型；

DX——表示无功电能表，如 DX862 型，DX863 型；

DJ——表示直流电能表，如 DJ1 型；

DB——表示标准电能表，如 DB2 型，DB3 型；

DBS——表示三相三线标准电能表，如 DBS25 型；

DZ——表示最大需量表，如 DZ1 型；

DBT——表示三相四线有功标准电能表，如 DBT25 型；

DSF——表示三相三线复费率分时电能表，如 DSF1 型；

DSSD——表示三相三线全电子式多功能电能表，如 DSSD-331 型；

DDY——表示单相预付费电能表，如 DDY59 型。

（2）铭牌，如图 2-1 所示。

如图 2-1 所示为电能表的铭牌，其内容分述如下：

1）商标。

2）计量许可证标志（CMC）。

3）计量单位名称或符号，如：有功电能表为"千瓦·时"或"kWh"；无功电能表为"千乏·时"或"kvarh"。

4）字轮式计度器的窗口，整数位和小数位用不同颜色区分，中间有小数点；若无小数点位，窗口各字轮均有倍乘系数，如 ×100，×10，×1 等。

5）电能表的名称及型号。

6）基本电流和额定最大电流。基本电流（老的标准叫标定电流）是确定电能表有关特性的电流值，以 I_b 表示；额定最大电流是仪表能满足其制造标准规定的准确度的最大电流值，以 I_{max} 表示。如 1.5（6）A 即电能表的基

图 2-1 单相电能表的铭牌标志
1—商标；2—计量许可证标志；3—字轮式计度器窗口；4—计量单位名称或符号；5—准确度等级；6—单相二线有功电能表符号；7—制造标准；8—出厂编号；9—条形码；10—生产厂家；11—电表常数；12—频率；13—参比电压；14—基本电流和额定最大电流；15—电能表的名称及型式

本电流值为 1.5A，额定最大电流为 6A。如果额定最大电流小于基本电流的 150% 时，则只标明基本电流。对于三相电能表还应在前面乘以相数，如 3×5（20）A；对于经电流互感器接入式电能表则标明互感器次级电流，以/5A 表示，电能表的基本电流和额定最大电流可以包括在型式符号中，如 FL246-1.5-6 或 FL246-5（6），若电能表常数中已考虑互感器变比时，应标明互感器变比，如 3×1000/5A。

7）参比电压。指的是确定电能表有关特性的电压值，以 U_N 表示。对于三相三线电能表以相数乘以线电压表示，如 3×380V；对于三相四线电能表则以相数乘以相电压/线电压表示，如 3×220/380V；对于单相电能表则以电压线路接线端上的电压表示，如 220V。如果电能表通过测量用互感器接入，并且在常数中已考虑互感器变比时，应标明互感器变比，如 3×6000/100V。

8）参比频率。指的是确定电能表有关特性的频率值，以赫兹（Hz）作为单位。

9）电能表常数。指的是电能表记录的电能和相应的转数或脉冲数之间关系的常数。有功电能表以 kWh/r（imp）或 r（imp）/kWh 形式表示；无功电能表 kvarh/r（imp）或 r（imp）/kvarh 形式表示。两种常数互为倒数关系。

10）准确度等级。以记入圆圈中的等级数字表示，如 ⓪.⑤①，无标志时，电能表视为 2 级。

11）相数、线数的符号。

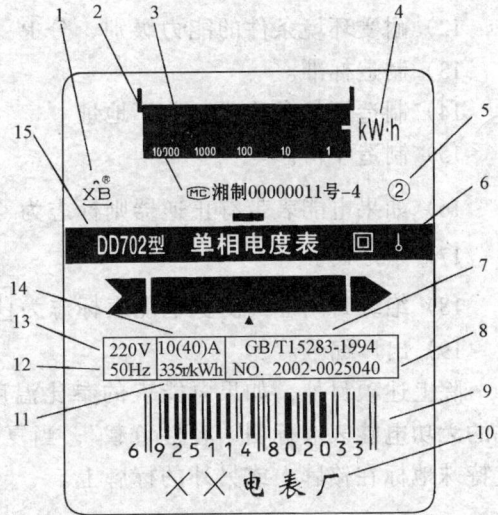

①单相二线有功电能表符号：

②三相三线有功电能表符号：

③三相四线有功电能表符号：

④三相四线无功电能表符号：

⑤三相三线无功电能表符号：

12）耐受环境条件的能力级别，分 P、S、A、B 四组。

13）制造标准。

14）制造厂的名称或制造厂地址。

15）制造年份。

16）如果电能表带有止逆器则标志为 ◇止逆

17）条形码。

18）绝缘封闭 Ⅱ 类防护电能表标志为 □

19）出厂编号。

除上述项目外，如果电能表的参比温度不是 23℃时，也应在铭牌上标出；用于容性负载的无功电能表应标明"容性负载"；当复费率电能表的切换磁铁的电压不同于参比电压时，应特殊地标在铭牌上或另外的标牌上。

第一节 感应式电能表结构

感应式电能表有很多种类，但它们的基本结构大同小异，一般都由驱动元件、转动元件、制动元件、基架、轴承、计度器、铭牌、端钮盒、表壳等构成，结构如图 2-2 所示。

1. 驱动元件

驱动元件由电流元件和电压元件构成，如图 2-3 所示。被测电路的电压和电流作用于电压元件和电流元件，产生移进的磁通与其在圆盘内产生的感应电流相互作用，从而产生驱动力矩，推动圆盘转动。

（1）电压元件。电压元件由电压铁芯、电压线圈、磁分路及调整机构组成。电压铁芯是采用导磁率高、涡流损耗小的硅钢片叠成，常用硅钢片按成分有高矽和低矽两种，按生产工艺又分为冷轧和热轧两种。硅钢片一般厚度为 0.3～0.5mm。

电压元件有半封闭式和分离式两种型式。

半封闭式电压铁芯。由整块硅钢片冲压而成，磁路稳定，磁路间隙容易控制，但与电压线圈组合时必须插片，容易变形。

分离式电压铁芯。由冲片与小冲片组合而成，与电压线圈组合较方便，缝隙较大，间隙不容易控制，

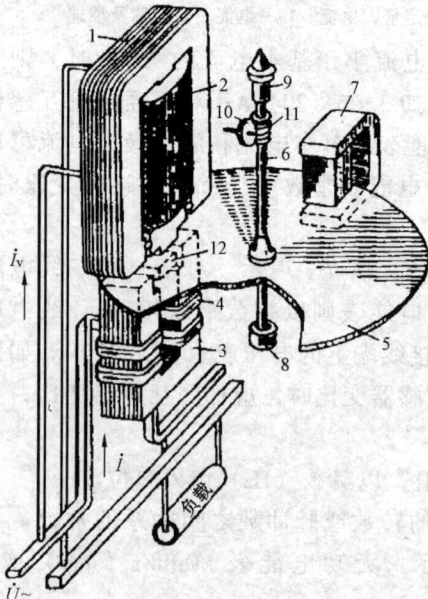

图 2-2 单相电能表内部结构示意图
1—电压铁芯；2—电压线圈；3—电流铁芯；4—电流线圈；5—转盘；6—转轴；7—制动元件；8—下轴承；9—上轴销；10—蜗轮；11—蜗杆；12—磁分路

很难保证磁路对称。

（2）电流元件。电流元件是由电流铁芯和电流线圈组成。为了改善电能表在小负载下的误差特性，电流铁芯用含硅量较多的优质硅钢片叠成。电流线圈通常是分为匝数相等的两组，分别绕在 U 形铁芯的两个铁芯柱上，如图2-4所示，一组按顺时针方向绕，另一组按逆时针绕，DD862-4型电能表在电流铁芯的上还装着相位角调整装置的因数线圈。

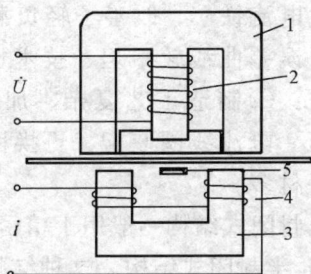

图 2-3　驱动元件示意图
1—电压铁芯；2—电压线圈；
3—电流铁芯；4—电流线圈；
5—磁分路

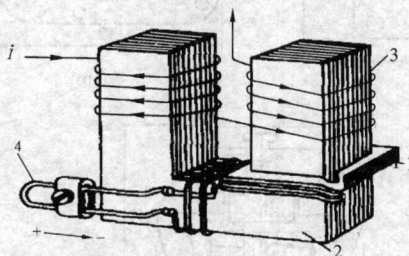

图 2-4　电流元件示意图
1—短路环；2—电流铁芯；3—电流线圈；
4—相位角调整装置

为了改善电能表的负载特性，减少电流抑制力矩引起的误差，电流线圈一般选取的匝数较少，线径的大小由电能表基本电流的大小而定。国产电能表的安匝数一般在 50~80 安匝之间。对于同一型号的电能表尽管它的基本电流不同，为了保证恒定的电磁转矩，电流线圈的安匝数总是保持不变的。例如 DD862 型单相电能表，在基本电流 2.5A 时电流线圈的总匝数是 32 匝，当基本电流 5A 时电流线圈的总匝数是 16 匝。电流线圈接入被测电路后，与负载是相串联的，所以电流回路又称为串联电路。DD862 型电能表的相位角调整装置和过负载补偿都装在电流元件上。

（3）电能表电流元件与电压元件的组合形式。电能表驱动元件的布置形式分为径向式（辐射式）和正切式（切线式）两种。径向式和正切式的区别在于电压元件的安装位置与圆盘的半径方向是垂直，还是与半径方向一致。径向式这种结构在国外生产的电能表中可以见到，如图2-5所示。

我国采用的大多是正切式，如图2-6所示。它具有结构简单、体积小、便于生产和安装、技术特性好等优点。正切式驱动元件按照结构的不同又可分为分离式、全封闭式和半封闭式等几种基本结构。

1）分离式铁芯结构。这种结构的电压铁芯与电流铁芯是彼此分开的，如图2-6（a）所示。

电压铁芯和电流铁芯在基架上组合成整体，电压元件的工作磁通经磁分路形成回路。国产普通型电能表多采用这种结构，它具有：体积小、质量轻、加工方便、形状简单、线圈和铁芯组装方便、便于检修及更换、成本低、耗用材料少等优点。

缺点是由于电压、电流元件分离，装配过程中电流与电压铁芯之间的间隙不容易控制，很难保证磁路对称，容易引起电能表潜动。为了改善轻载特性，有的电能表采用回磁板型式来使电压磁路、电流磁

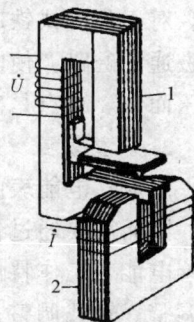

图 2-5　径向式铁芯的
布置结构图
1—电压元件；
2—电流元件

29

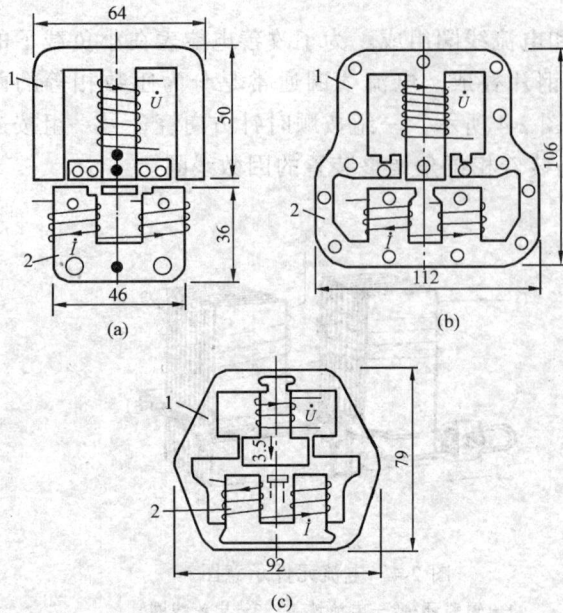

图 2-6　正切式铁芯的布置结构图
（a）分离式；（b）全封闭式；（c）组合封闭式
1—电压元件；2—电流元件

路形成补偿回路。

2）全封闭式铁芯结构。图 2-6（b）所示为全封闭式的铁芯结构。这种结构中的电压铁芯和电流铁芯是用整块硅钢片冲成的，它具有工作间隙固定、磁路对称性好、不易产生潜动等优点。可以用电压工作磁通磁化电流铁芯，改善了轻负载时的误差特性。误差曲线较平坦、技术性能好。但缺点是：①制造工艺复杂、加工难度大；②电压、电流线圈装配、更换困难；③硅钢片耗材多。

全封闭式结构一般用于精密电能表。

3）半封闭式结构。这种结构中的电压铁芯和电流铁芯是用螺钉联成了一个整体，但又可将电流铁芯从整体中分离出来，如图 2-6（c）所示。

半封闭式结构既保留了全封闭式磁路对称、稳定、轻负载误差特性好的优点，又解决了线圈装配困难的问题。它所具有的优点有：①工作气隙固定，磁路对称性好，不易产生潜动。②电压、电流线圈装配比较容易，又能获得较好的技术特性。

电压线圈是由直径为 0.08~0.17mm 的高强度漆包线绕在塑料骨架上，然后装在电压铁芯的中间柱上，用来产生电压磁通。因为电压线圈长期处于通电状态，为了减少消耗，要求电压元件的功耗要尽量小，在保证所需要匝数的条件下，电压线圈应选取较多的匝数，一般按每伏 25~50 匝来考虑。在国家标准 GB/T15283—1994《0.5、1 和 2 级交流有功电能表》中规定：对于 2.0 级有功电能表，在参比电压及参比频率条件下，当电流线圈无电流时，每个电压线圈允许的有功功率消耗不应超过 2W，视在功率消耗不应超过 2.5VA；对于长寿命电能表总功耗要求低于 1W。为了提高线圈的绝缘性能，很多电能表采用线包塑封或者注胶工艺。对于分离式铁芯，在电压铁芯上还固定着磁分路，磁分路的作用是作为磁极构成电压工作磁通的磁路，使电压工作磁通穿过圆盘后经磁分路形成回路，它是由厚 1.5~2mm 的钢片冲压而成。缺点是硅钢片消耗量较大、铁芯质量大、必须插片安装、容易变形。

2．调整装置

感应式电能表由于结构、原材料以及制造和装配工艺方面的因素造成了电能表的计量误差，因而需要通过各种调整装置进行在不同负荷和功率因数情况下的误差调整。调整装置是改善电能表工作特性和满足误差要求不可缺少的组成部分。感应式电能表的调整装置都有满载调整、轻载调整、相位角调整和防潜装置。有些电能表还装有过载和温度补偿装置。

（1）满载调整装置又称为制动力矩调整装置。它是通过改变电能表永久磁钢的制动力矩来改变圆盘的转速，用于调整 20%~100% 基本电流范围内电能表的误差。调整误差时，要求电能表运行在参比电压、参比频率和 100% 的基本电流以及功率因数 $\cos\varphi = 1$ 或 $\sin\varphi = 1$ 的条件下进行。一般电能表满载调整装置的调整裕度不小于 ±4%。

（2）轻载调整装置。轻载调整装置又叫补偿力矩调整装置。轻载调整装置主要是用来补偿电能表在 5% ~ 20% 基本电流范围内运行时的摩擦误差和电流铁芯工作磁通的非线性误差以及由于装配的不对称而产生的潜动力矩。轻载调整装置一般装在电压元件上。调整误差时，要求电能表运行在参比电压、参比频率和 10% 基本电流以及功率因数 $\cos\varphi = 1$ 或 $\sin\varphi = 1$ 的条件下。轻载调整装置的调整裕度，一般不小于 ±4%。

（3）相位角调整装置。相位角调整装置又称为力率调整装置。主要是用于调整电能表电压工作磁通 $\dot{\Phi}_U$ 与电流工作磁通 $\dot{\Phi}_I$ 之间的相位角使它们之间的相角差满足 $\varphi = 90° - \varphi$ 的要求（φ 为电压与电流之间的相位角），以保证电能表在不同功率因数的负载下都能正确计量。

调整误差时，要求电能表运行在参比电压、参比频率和 100% 基本电流以及功率因数 $\cos\varphi = 0.5$ 或 $\sin\varphi = 0.5$ 条件下。相位角调整装置的调整裕度一般不小于 ±1%。相位调整装置有：

1）回线调整形式　在电流铁芯上装因数线圈回路，采用康铜丝调整损耗角，如 DD862 型电能表。

2）金属片调整形式　在电压回路工作磁路中装可调整的金属片（一般为铜片）调整损耗角，如 DD701 型、DD58 型电能表。

（4）潜动调整装置。潜动调整装置的作用是制止电能表无负载时的空转现象。防止潜动的方法有两种。

1）在电能表圆盘适当位置打 1 ~ 2 个 1mm 左右的小孔，利用小孔周围的涡流变化与磁通之间产生附加制动力矩，防止潜动。

2）利用改变电压铁芯上的磁化铁片与圆盘转轴上铁丝或铁片之间的距离，改变它们之间防潜力矩的大小，达到防止潜动的目的。

调整电能表潜动时，要求电能表在电流线圈无电流，电压线圈两端的电压为参比电压的 80% ~ 100% 的情况下，圆盘的转动不能超过一整圈。

（5）过载补偿和温度补偿装置。有些电能表还有过载补偿和温度补偿装置。过载补偿一般固定在电流元件上。温度补偿一般固定在磁钢或电压线圈及磁推轴承上。

3．转动元件

如图 2-7 所示，转动元件是由铝质的圆盘和转轴组成。

转动元件的作用是，在驱动元件建立的移进磁场的作用下，在圆盘上产生驱动力矩使圆盘转动，并把转动的转数传递给计度器。

为了使电能表圆盘有较大的转动力矩和较小的摩擦力矩，要求圆盘采用导电性能好、质量轻、耐腐蚀的材料制成。目前国产电能表的圆盘都采用厚度为 0.8 ~ 1mm、直径 90 ~ 105mm 的纯铝板制成。

转轴一般是用铝合金棒制成。转轴的上端装有上轴帽，下端与轴承的轴套相吻合。对于 DD862 型电能表转轴上还装有用钢丝绕制或用铁板冲制的防潜针和蜗杆。对于长寿命电能表则直接在转轴上车制出蜗杆丝，蜗杆

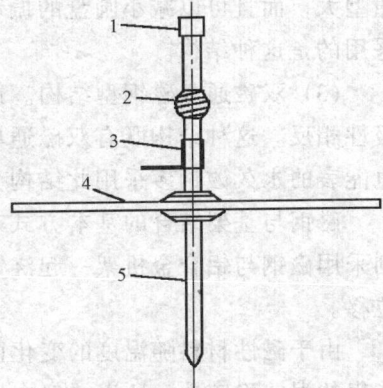

图 2-7　转动元件结构
1—上轴帽；2—蜗杆；3—防潜针；
4—圆盘；5—转轴

与计度器上的蜗轮相啮合，当圆盘受驱动力矩作用而转动时，把圆盘的转动转数传递给计度器，累计成被测电量值。无防潜针，防潜作用由圆盘表面上的防潜孔来产生，有的长寿命电能表在转轴上装有磁推轴承。

4. 制动元件

制动元件由永久磁钢及其调整装置组成。制动元件的作用是，产生与驱动力矩方向相反的制动力矩，以使圆盘的转动速度与被测电路的功率成正比。

电能表的制动力矩主要是由永久磁钢产生的，所以永久磁钢的材料性质、质量对电能表的电气性能是否稳定有着很重要的意义。对于电能表的永久磁钢，要求它有较高矫顽力、金属组织稳定、热处理后材料性质变化小。充磁后磁性要恒定，受温度变化以及外磁场影响小。一般来讲，国产电能表的永久磁钢多采用的是高剩磁感应强度的磁材料——铝镍合金、铝镍钴合金。

永久磁钢的结构型式如图 2-8 所示的几种型式。

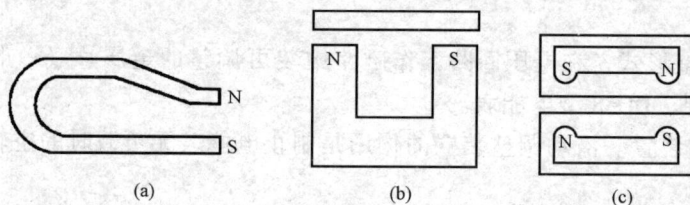

图 2-8 制动元件的结构型式

(a) 单磁通型；(b) 双磁通单磁钢型；(c) 双磁通双磁钢型

（1）单磁通型结构。单磁通型磁钢的形状多为 C 形，如图 2-8（a）所示。这种型式制动元件的特点是：制动磁通只穿过圆盘一次，磁钢气隙上下比较对称、机械强度高、形状简单、加工方便，但容易引起圆盘的振动。此结构常用于老式电能表。

（2）双磁通单磁钢型结构。双磁通型磁钢的形状多为 U 形，如图 2-8（b）所示，这种型式制动元件的特点是：永久磁钢在圆盘的一侧，圆盘的对应位置另一侧装一块软铁片作为磁通的通路，使制动磁通两次穿过圆盘。这种结构便于装磁分路，不但可以使制动力矩比单磁通型大，而且可以减小圆盘的振动。已被淘汰的国产 DD28 型电能表中永久磁钢结构大多数采用的是这种结构。

（3）双磁通双磁钢型结构。这种结构是用两块永久磁钢对称地布置在圆盘上下两侧，其极性相反。这种结构既有双磁通单磁钢型结构的优点，又有改善磁场的分布情况，目前国产电能表的永久磁钢多采用此结构。

磁钢与基架结合的基本方式有：3 点定位方式、2 点定位方式、1 点定位方式。电能表则采用磁钢与铝合金机架一起浇铸成整体方式。磁钢的调节采用螺钉调节、磁钢位移及钢板位移。

由于磁性材料随温度的变化而有一定的变化，因此会引起制动力矩的变化，从而影响电能表的误差稳定性，所以一般在制动元件上必须加温度补偿材料抵消温度的变化，材料通常为镍铬铁材料等。

5. 轴承

轴承是感应式电能表的主要元件，通常可分为钢珠宝石轴承和磁力轴承两种。

（1）钢珠宝石轴承及轴屑。上轴屑位于转轴上端，主要对转动元件起定位和导向作用。它由轴针和上轴销帽组成，如图 2-9 所示，轴针一般采用硬质钢丝制成。轴销帽安装在转动元件转轴的上端。轴针要求有一定的强度和弹性，有较高的光洁度。

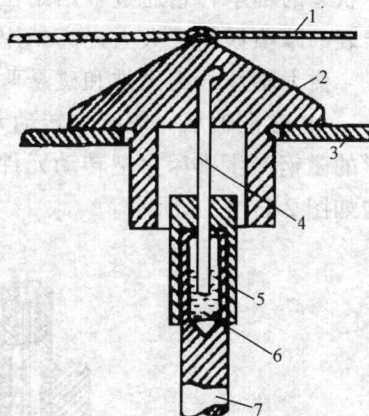

图 2-9　常用的上轴承的结构图
1—弹簧片；2—针挟持器；3—基架；
4—钢针；5—轴套；6—储油室；7—转轴

下轴承位于转轴下方，主要用来支撑转动元件。下轴承的质量好坏，直接影响电能表的准确度和使用寿命。它由钢珠和宝石组成，它支撑转动元件的全部质量。虽然转动元件质量很轻，但由于它和下轴承的接触面很小，一个单圆盘电能表的下轴承所承受的压力约 9.8MPa 左右，转动体每小时旋转几百转甚至上千转，这就要求下轴承既要摩擦力小，又要耐磨损。

钢珠一般用铬钢或不锈钢等材料研磨而成，直径为 0.8~1.5mm。宝石大部分采用的是人造宝石，俗称钢玉，即由三氧化二铝制成，硬度约为莫氏 9 度，其曲率半径一般为 1~1.7mm。

图 2-10 所示是几种不同钢珠宝石下轴承的结构示意图。图 2-10（a）和图 2-10（b）是单宝石结构，老式电能表常采用此结构，宝石与钢珠相对运动时，只有半个球面接触宝石。正宝石结构钢珠镶在轴承座上，宝石镶在支撑上，宝石处在钢珠的下方；倒宝石结构钢珠镶在支撑上，宝石镶在轴承座上，宝石处在钢珠的上方，宝石凹面向下，灰尘不易落入球穴内，且磨损比正宝石轴承要小。

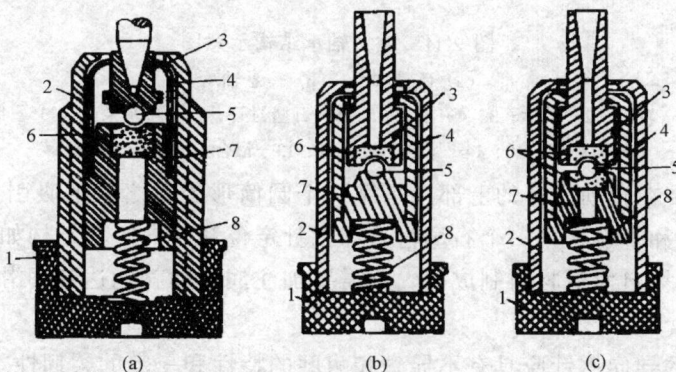

图 2-10　钢珠宝石下轴承结构的示意图
（a）正宝石结构；（b）倒宝石结构；（c）双宝石结构
1—螺帽；2—衬套；3—轴承；4—卡套；5—钢珠；6—宝石；7—支承；8—弹簧

图 2-10（c）是双宝石结构，DD862 型电能表采用此结构。用两只宝石分别镶在轴承座和支撑上。钢珠在两只宝石之间可以自由运动。因珠子表面受磨损是均匀的，所以钢珠的寿命要比单宝石结构长得多。它与单宝石轴承结构相比，制造工艺比较复杂，倾斜误差大。因此在检定和安装双宝石轴承电能表时，一定要注意倾斜影响。

（2）磁力轴承。磁力轴承是利用两个环形的永久磁钢的磁力使电能表的转动元件处于悬浮状态的轴承，它通过轴销定位。由于消除了钢珠与宝石间的机械摩擦力矩，因而减少了电能表的摩擦误差，大大提高使用寿命。

磁力轴承分为磁推和磁悬两种形式，如图 2-11 所示。

1) 磁推轴承一般装在转动元件的下部，如 DD701 型、DD104 型电能表，是靠两个圆筒形的磁钢产生排斥力把转动元件推起的，在磁钢的中部靠钢针和石墨衬套定位和导向，其结构如图 2-11（a）所示。

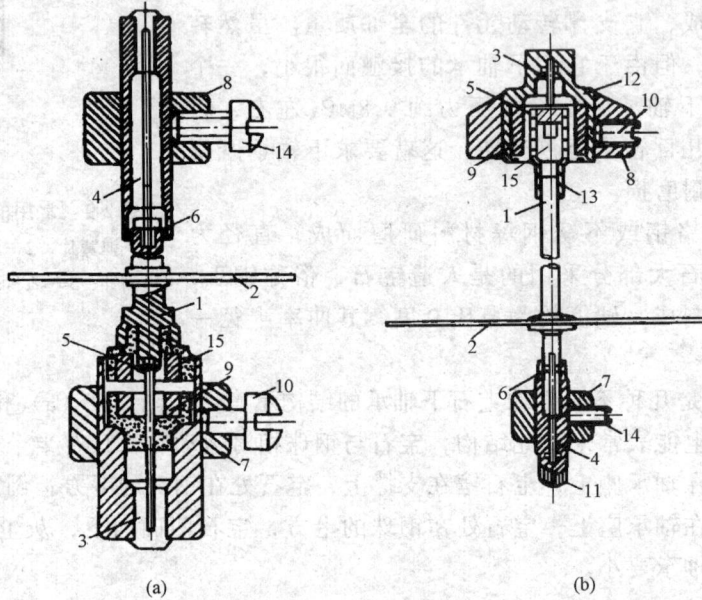

图 2-11　磁力轴承结构示意图
（a）磁推轴承；（b）磁悬轴承
1—转轴；2—转盘；3、4—轴销；5、6—石墨衬管；7、8—基架；9、15—圆
筒形磁钢；10、14—紧锁螺钉；11、13—铝合金管；12—软铁罩

2) 磁悬轴承装在转动元件的上部，是靠两个圆筒形磁钢之间的吸引力将转动元件悬空的，在圆盘的上端和下端各用一个石墨衬套和钢针定位和导向，其结构如图 2-11（b）所示。由于衬套是用石墨等自润滑材料制成的，不需要加注润滑油就能达到润滑效果，使电能表延长了使用寿命。

3) 磁推轴承的导向钢针应具有不导磁和耐磨的特性和一定的柔韧性。

4) 磁推轴承有全封闭式和分离式两种形式。其中全封闭式可以减少杂物及灰尘进入工作间隙，但对于加工要求高；分离式容易装配。目前只有少数出口电能表采用封闭磁推。

5) 磁推轴承的磁性材料采用高性能铝镍钴或稀土材料。

6. 计度器

计度器是用来显示电能表记录电量的多少，它可以累积电能表圆盘的转数，通过齿轮传动指示出相应的电量。常用感应式电能表所使用的是字轮式计度器，它由数字鼓轮、进位轮、传动齿轮、轴、支架组成，如图 2-12 所示。

每个数字鼓轮的周围印有 0～9 十个数字。几个鼓轮排列组成了个位、十位、百位等各位数字。这种计度器的字轮、进位轮以及齿轮多采用工程塑料压铸而成，也有的是采用铝合金压铸成形。横轴多数是用硬质不锈钢制成。

这种计度器具有制造方便、结构简单、读数清晰的优点，但当几个数字轮同时进位时，由于这时的摩擦力较大，容易造成卡字。事实上由于字轮加工工艺的提高，而且计度器绝大部分时间是只有一位字轮在转动，所以这种故障发生的机率较小。我国各种型号的电能表中均采用这种计度器结构。

计度器的传动过程：当圆盘转动时，固定在转轴的蜗杆 G 就会带动计度器的蜗轮 A 转动，与蜗轮同轴的主动轮 B 带动另一轴上的从动轮 C 和主动轮 D 同时转动，D 又带动从动轮 E，这样带动字轮转动。当字轮转动一周时，字轮上的槽 9 与进位轮上的长齿 6 相啮合带动进位轮转动，从而拨动相邻的第二位字轮销齿 8 使之走一个字，依次传递下去，就完成了计数进位的过程。

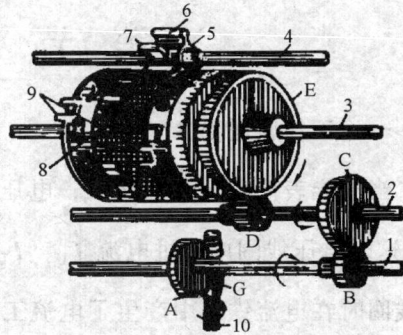

图 2-12 字轮式计度器

G—蜗杆；A—蜗牛轮；B、D—主动轮；
C、E—从动轮；1~4—横轴；5—进位轮；
6—长齿；7—短齿；8—销齿；
9—槽齿；10—转轴

7. 基架

电能表的驱动元件、制动元件、上下轴承、计度器等主要元件都要固定在基架上，要求各种元件本身和元件与元件之间的相对位置安装必须精确、牢固，所以要求基架有足够的机械强度和精密的加工工艺。基架一般是用钢板冲压或用铝合金压铸成型的。

8. 铭牌

铭牌有的装在表壳上，有的固定在计度器上，我国生产的电能表铭牌统一都装在计度器上，有螺钉固定和压卡式两种结构。

铭牌上规定要注明的内容有：制造厂家、表的型号、基本电流、额定最大电流、参比电压、参比频率、线数相数、准确度等级、制造标准编号、电能表常数、出厂日期、出厂编号、使用范围、转动方向等。长寿命电能表还要求有条形码。

9. 外壳

表壳、表底组成电能表的外壳。为了防止潮气和灰尘进入表内，要求外壳有良好的密封性能，因此大多数在表壳与表底之间装有橡胶或其他材料做成的密封垫。

表壳与表底一般是用工程塑料、胶木或金属材料制成的。为了便于观察圆盘的转动和抄读计度器的读数，表壳应具有一定的耐高温、抗冲击、防紫外线能力。表壳一般可分为整体式和分体式，整体式表壳采用透明塑料，如聚碳酸脂，长寿命电能表就是采用这种透明表壳；分体式表壳在对应铭牌的位置装有玻璃窗口。表壳和表底采用螺丝连接，螺丝上留有穿铅封丝用的孔洞。

10. 端钮盒

电能表的端钮盒是用酚醛塑料压制而成的，电压、电流线圈的接线端钮都直接压铸在盒体内，有着良好的绝缘性能和机械性能。电能表的电流、电压回路都是通过端钮和外部电路连接的，端钮盖上印有电能表的接线原理图。端钮盖上的螺丝留有封表用的孔洞，可以防止用户私自开启端钮盒影响电能表的正确计量和危及人身安全。长寿命电能表一般采用整体式底座，即端钮盒与底座为一体式结构，更有利于密封。

第二节　感应式电能表工作原理

一、工作原理简介

当电能表接入交流电路后，电压线圈的两端加上线路电压 $\dot{U}$，电流线圈通过负载电流 $\dot{I}$。这时电压线圈中通过电流 $\dot{I}_U$，$\dot{I}_U$ 在电压铁芯中产生了电压工作磁通 $\dot{\Phi}_U$；电流 $\dot{I}$ 通过电流线圈时在电流铁芯中产生了电流工作磁通 $\dot{\Phi}_I$。$\dot{\Phi}_U$、$\dot{\Phi}_I$ 穿过圆盘时，分别在圆盘上感应出滞后于它们 90° 的感应的电动势 $\dot{E}_U$ 和 $\dot{E}_I$，$\dot{E}_U$ 和 $\dot{E}_I$ 又分别在圆盘上产生了涡流 $\dot{I}_U$ 和 $\dot{I}_I$。

由于电压工作磁通 $\dot{\Phi}_U$ 和电流工作磁通产生的涡流 $\dot{I}_I$、电流工作磁通 $\dot{\Phi}_I$ 和电压工作磁通产生的涡流 $\dot{I}_U$ 在空间上不相重合，而且在时间上存在着相位差，根据电磁学原理，它们分别为一对在时间上有相位差，且在空间相对位置不同的电流和磁通，因此都会产生力的作用。这个力在圆盘上产生转动力矩，使电能表的圆盘按一个方向不停地转动。

二、电能表驱动力矩的产生

1. 磁通分布情况

电能表磁通分布情况如图 2-13 所示。电压线圈 A 加上电压 $\dot{U}$ 时，线圈中流过电流 $\dot{I}_U$，在电压铁芯中产生了电压磁通 $\dot{\Phi}_{\Sigma U}$。$\dot{\Phi}_{\Sigma U}$ 包括两部分：一部分磁通 $\dot{\Phi}_U$ 从电压铁芯的中柱向上，在铁芯上部磁轭沿两个边柱、经过回磁板、再通过回磁板和电压铁芯间的气隙穿过圆盘回到电压铁芯的中柱形成回路，这部分穿过圆盘的磁通就是电压工作磁通；另一部分磁通 $\dot{\Phi}_{UF}$ 因不穿过圆盘，称之为电压非工作磁通。电压非工作磁通分为两部分，一部分沿电压铁芯中柱、上磁轭、两边柱和下磁轭构成回路，另一部分是电压线圈的漏磁通。电压非工作磁通 $\dot{\Phi}_{UF}$ 要比工作磁通 $\dot{\Phi}_U$ 大得多，大约是工作磁通的 3~6 倍。

当负载电流 $\dot{I}$ 通过电流线圈 B 时，在电流铁芯中产生的电流磁通，其中一部分磁通沿着电流铁芯、穿过空气隙及圆盘，经电压铁芯，再穿过圆盘回到电流铁芯的另一个柱，这部分

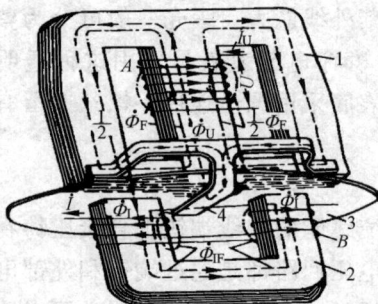

图 2-13　电能表内各磁通分布情况
A—电压线圈；B—电流线圈；1—电压铁芯；
2—电流铁芯；3—圆盘；4—回磁板

磁通就是电流工作磁通 $\dot{\Phi}_I$。而另一部分没有穿过圆盘的磁通 $\dot{\Phi}_{IF}$，称为电流非工作磁通。电流非工作磁通又分为两部分：一部分沿电流铁芯、回磁板到电流铁芯的另一柱构成回路；另一部分是电流线圈的漏磁通。电流非工作磁通 $\dot{\Phi}_{IF}$ 比电流工作磁通 $\dot{\Phi}_I$ 大，虽然它与电能表的驱动力矩无直接关系，但对于改善电能表的负载特性有着很大的作用。

从图 2-13 可看出，电压工作磁通 $\dot{\Phi}_U$ 一次穿过圆盘，而电流工作磁通从不同位置两次穿过圆盘，相当于有大小相等、方向相反的两个电流工作磁通 $\dot{\Phi}_I$ 和 $\dot{\Phi}'_I$

作用在圆盘上面，这样电压和电流工作磁通就相当于有三束磁通作用在圆盘上，所以电能表也称为"三磁通"型电能表。

2．驱动力矩的方向及公式

（1）驱动力矩的方向。磁通 $\dot{\Phi}_I$、$\dot{\Phi}_{I'}$ 和 $\dot{\Phi}_U$ 和方向和大小随时间在不断地变化，为了便于分析，忽略了电磁元件中的铁芯损耗和漏磁通，并假设磁通和感应电流都按正弦规律变化，负载为纯电阻性质，电流工作磁通 $\dot{\Phi}_{I'}$ 滞后 $\dot{\Phi}_I$180°，电压工作磁通 $\dot{\Phi}_U$ 的相位滞后于 $\dot{\Phi}_I$90°，这时电能表工作磁通的变化曲线和相量关系如图 2-14 所示。

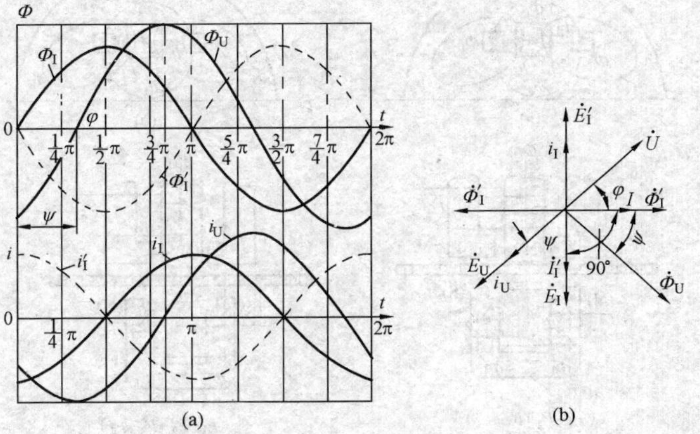

图 2-14　工作磁通变化曲线及相量关系
（a）关系曲线；（b）相量图

由楞次定律得知，变化的磁通穿过闭合回路时，将在闭合回路中产生感应电流，该感应电流产生的磁通方向总是阻碍原穿过闭合回路磁通的变化的。因此，若知道原磁通变化的趋势，就可采用右手螺旋定则确定感应电流的方向，再用左手定则，便可判转盘上所受电磁力的方向。下面把变化曲线在一个周期内划分为四个时段来分析。

1）在 $\omega t = 0 \sim \pi/4$ 范围内，电流磁通 $\dot{\Phi}_I$ 为正值，$\dot{\Phi}_{I'}$ 为负值，它们随时间的变化都为趋向增加，电压磁通 $\dot{\Phi}_U$ 为负值，并随时间的变化在趋向减小。这时候磁通 $\dot{\Phi}_I$ 与 $\dot{\Phi}_{I'}$ 在圆盘上的感应电流 $\dot{i}_I$ 和 $\dot{i}_{I'}$ 由于电流磁通在这一段时间内是处于增加状态，所以 $\dot{i}_I$ 与 $\dot{i}_{I'}$ 产生的附加磁通方向与原磁通方向相反，即电流铁芯左柱为 S 极，右柱为 N 极。用右手螺旋定则可确定感应电流 $\dot{i}_I$ 和 $\dot{i}_{I'}$ 的方向，如图 2-15（a）所示。而这时候电压铁芯中柱呈 S 极（电压磁通为负值）。电压工作磁通 $\dot{\Phi}_U$ 与感应电流 $\dot{i}_I$ 和 $\dot{i}_{I'}$ 的相互作用产生电磁力 F_1、F_2 的方向可用左手定则判定，这时作用力 F_1、F_2 将使圆盘向逆时针方向转动。

另一方面，因为磁通 $\dot{\Phi}_U$ 的变化是负的减小状态，所以 $\dot{\Phi}_U$ 在圆盘上产生的感应电流 i_U 产生的附加磁通方向与原磁通 $\dot{\Phi}_U$ 方向相同，即电压铁芯中柱也呈 S 极，由此也可确定感应电流 i_U 的方向。此时电流工作磁通 $\dot{\Phi}_I$ 为正值，电流铁芯左柱呈 N 极，即磁通穿出圆盘；$\dot{\Phi}_{I'}$ 为负值，电流铁芯右柱呈 S 极，即磁通穿入圆盘。$\dot{\Phi}_I$ 和 $\dot{\Phi}_{I'}$ 与感应电流 i_U 之间的作用力

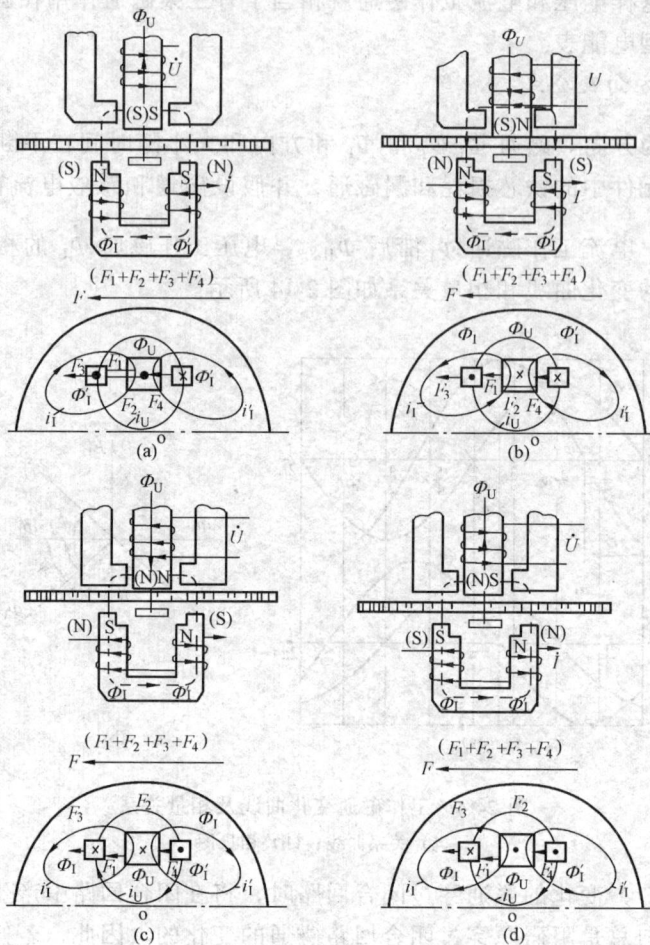

图 2-15　产生电磁力的图解

(a) $\omega t = 0 \sim \pi/4$ 时的电磁力；(b) $\omega t = \pi/2 \sim 3\pi/4$ 时的电磁力；

(c) $\omega t = \pi \sim 5\pi/4$ 时的电磁力；(d) $\omega t = 3\pi/2 \sim 7\pi/4$ 时的电磁力

F_3 和 F_4 同样可以用左手定则判定。可知，F_3、F_4 也是使圆盘转动的方向仍为逆时针。

2）在 $\omega t = \pi/2 \sim 3\pi/4$ 范围内，$\dot{\Phi}_I$ 为正值，$\dot{\Phi}_{I'}$ 为负值，它们随时间的变化是在逐渐减小。$\dot{\Phi}_U$ 为正值并随时间的变化在逐渐增加。这时候 $\dot{\Phi}_I$ 和 $\dot{\Phi}_{I'}$ 在圆盘上的感应电流 i_I 和 $i_{I'}$ 因原磁通 $\dot{\Phi}_I$、$\dot{\Phi}_{I'}$ 在减小，所以感应电流产生的附加磁通方向与磁通方向相同，即电流铁芯左柱呈 N 极，右柱呈 S 极。同样用右手螺旋定则确定 i_I 与 $i_{I'}$ 的方向，如图 2-15（b）所示。而此时因电压磁通为正值，电压铁芯中柱呈 N 极，用左手定则判定磁通 $\dot{\Phi}_U$ 与感应电流 i_I 和 $i_{I'}$ 之间的作用力 F_1 和 F_2，使圆盘转动的方向仍为逆时针方向。

另一方面，$\dot{\Phi}_U$ 的变化是正的增加状态，所以磁通 $\dot{\Phi}_U$ 在圆盘上的感应电流 i_U 产生的附加磁通方向与原磁通 $\dot{\Phi}_U$ 方向相反，即电压铁芯中柱为 S 极，由此可确定感应电流 i_u 的方向，如图 2-15（b）所示。此时电流磁通 $\dot{\Phi}_I$ 为正值，电流铁芯左柱为 N 极，即磁通 $\dot{\Phi}_I$ 穿出圆盘；$\dot{\Phi}_{I'}$ 为负值，电流铁芯右柱呈 S 极，即磁通穿入圆盘。用左手定则判定磁通 $\dot{\Phi}_I$ 和 $\dot{\Phi}_{I'}$ 与感应电流 i_U 作用产生的作用力 F_3、F_4，使圆盘转动的方向仍为逆时针方向。

3）在 $\omega t = \pi \sim 5\pi/4$ 范围内，$\dot{\Phi}_I$ 为负值，$\dot{\Phi}_{I'}$ 为正值，且它们随时间的变化是在逐渐增加。$\dot{\Phi}_U$ 为正值，随时间的变化是在逐渐减小。按上述分析方法，这些磁通与感应电流 i_I、$i_{I'}$ 及 i_U 作用产生的作用力 F_1、F_2 和 F_3、F_4 的方向如图 2-15（c）所示。

4）在 $\omega t = 3\pi/2 \sim 7\pi/4$ 范围内，$\dot{\Phi}_I$ 为负值，$\dot{\Phi}_{I'}$ 为正值，它们随时间的变化是在逐渐减小。$\dot{\Phi}_U$ 为负值，随时间的变化是在逐渐增加。按同样的方法，可确定这些磁通与感应电流 i_I、$i_{I'}$ 及 i_U 作用产生的作用力 F_1、F_2 和 F_3、F_4 的方向如图 2-15（d）所示。

5）全周期分析。由图 2-15 可见，$\dot{\Phi}_U$、$\dot{\Phi}_I$ 和 $\dot{\Phi}_{I'}$ 三个不同空间和相位的磁通，在一个周期内最大磁通值及极性的变化都是按同一方向从一个磁极柱移到下个磁极柱。这种周而复始的在各磁极面下朝一个方向移动的磁通，称之为移进磁通。以上分析结果表明，电能表每一瞬时均有电压工作磁通 $\dot{\Phi}_U$ 与电流工作磁通 $\dot{\Phi}_I$ 所感应的电流 i_I 与 $i_{I'}$ 相互作用、电流工作磁通 $\dot{\Phi}_I$ 与 $\dot{\Phi}_{I'}$ 与电压工作磁通 $\dot{\Phi}_U$ 所感应的电流 i_U 相互作用，作用的结果使圆盘始终朝一个方向（逆时针方向）转动。

实际上在某些时刻也会出现电磁力方向不一致的情况，但是由于圆盘的转动是有惯性的，而且其转动方向是由一个周期内平均电磁场力的方向决定的，取决于多数时刻电磁力的方向，所以圆盘可以在平均电磁力矩形成的驱动力矩作用下按一定的方向转动。

（2）驱动力矩公式。从以上分析可以看出，作用在圆盘上的转动力矩共有四个，即电压磁通 $\dot{\Phi}_U$ 与电流磁通 $\dot{\Phi}_I$、$\dot{\Phi}_{I'}$ 在圆盘中产生的感应电流 i_I 与 $i_{I'}$ 相互作用产生的电磁力形成的转矩 M_1、M_2，电流磁通 $\dot{\Phi}_I$、$\dot{\Phi}_{I'}$ 与电压磁通 $\dot{\Phi}_U$ 在圆盘中产生的感应电流 i_U 相互作用产生的电磁力形成的转矩 M_3、M_4。根据电磁学原理，载流导体在磁场中受到的电磁力与磁场中的磁通量 $\dot{\Phi}$ 和电流 I 的乘积成正比，而驱动力矩的大小又和电磁力的大小成正比，所以驱动力矩也和磁通与电流的乘积成正比。它的瞬时力矩值可以表示为

$$M_t = K\Phi_t i \tag{2-1}$$

式中　K——比例常数；

　　　Φ_t——穿过圆盘磁通的瞬时值；

　　　i——感应电流的瞬时值。

若设各磁通的瞬时值为

$$\begin{aligned}
\psi_I &= \sqrt{2}\,\Phi_I \sin\omega t \\
\psi_{I'} &= \sqrt{2}\,\Phi_{I'} \sin(\omega t - 180°) \\
\psi_u &= \Phi_u \sin(\omega t - \psi)
\end{aligned} \tag{2-2}$$

式中　ψ_I、$\psi_{I'}$、ψ_u——电流和电压工作磁通的瞬时值；

　　　Φ_I、$\Phi_{I'}$、Φ_u——电流和电压工作磁通的有效值；

　　　ω——正弦交变磁通的角频率；

t——磁通变化经历的时间。

以上各交变磁通将在圆盘内产生相位滞后它们 90°的感应电动势和相应的感应电流，若忽略圆盘的感抗，则各感应电流的瞬时值可表示为

$$i_{\text{PI}} = \sqrt{2}\,I_{\text{PI}}\sin(\omega t - 90°)$$

$$i_{\text{PI'}} = \sqrt{2}\,I_{\text{PI'}}\sin(\omega t + 90°) \tag{2-3}$$

$$i_{\text{PN}} = \sqrt{2}\,I_{\text{Pu}}\sin(\omega t - 90° - \psi)$$

式中　i_{PI}、$i_{\text{PI'}}$、i_{Pu}——感应电流瞬时值；

　　　I_{PI}、$I_{\text{PI'}}$、I_{Pu}——感应电流瞬时值。

将上面的 ψ_1、$\psi_{\text{I'}}$、ψ_{u}、i_{PI}、$i_{\text{PI'}}$、i_{Pu} 代入式（2-1）可得瞬时力矩 M_1、M_2、M_3、M_4 所以总的瞬时力矩可表示为

$$M = M_1 + M_2 + M_3 + M_4$$

而决定圆盘转动的是瞬时力矩在一个变化周期内的平均值。瞬时力矩的平均值可表示为

$$M_{\text{Q}} = \int_0^T M\,\mathrm{d}f \tag{2-4}$$

经计算可得到下面结果，

$$M_{\text{Q}} = K\Phi_{\text{u}}\Phi_{\text{I}}\sin\psi \tag{2-5}$$

式中　ψ——电流工作磁通超前电压工作磁通的相位；

　　　K——驱动力矩常数。

驱动力矩常数又可表示为

$$K = c\delta\gamma f \tag{2-6}$$

式中　K——比例常数；

　　　c——几何常数，它与铁芯之间、铁芯和圆盘之间的相对位置以及圆盘的半径等因素有关；

　　　δ——圆盘的厚度；

　　　γ——圆盘材料的导电率；

　　　f——电网频率。

式（2-6）是电能表驱动力矩的最终表达式。从式（2-6）和以上论述可以看到以下上几点：

1）要产生转动力矩，至少应该有两个同频率的移进磁通，它们彼此在时间上和空间上应该有差异。转矩的大小与这两个移进磁通的大小成正比，磁通间的夹角为 90°时，转矩最大。

2）圆盘的转动方向与两个磁通在空间上的位置、电气相位角 Ψ 有关。转动方向是由超前磁通指向滞后磁通的方向。如果两个磁通在空间上位置不变，当翻转一个磁通的相位时，圆盘的转动方向也将随之改变。

3）从式（2-6）看似乎感应型电能表的转矩与电网频率成正比，但因为磁通 $\dot{\Phi}_{\text{U}}$ 与电网频率成反比，所以在理论上来说，应该不受频率影响。

3. 驱动力矩与负载功率关系的分析

（1）如果忽略了电压和电流铁芯的损耗及非线性影响，则可以认为电压工作磁通 $\dot{\Phi}_{\text{U}}$ 与

产生它的电压 $\dot U$ 成正比，电流工作磁通 $\dot\Phi_I$ 与产生它的电流 $\dot I$ 成正比，即

$$\Phi_U = K_u U \tag{2-7}$$

$$\Phi_I = K_I I \tag{2-8}$$

式中　K_u、K_I 分别为比例常数。

（2）如果电能表所接负载为感性负载，电流滞后于电压的相位差为 φ。忽略铁芯损耗，并且把电压线圈当作是纯电感元件，电流线圈当作纯电阻元件，那么外加电压 $\dot U$，电压线圈中的电流 $\dot I_U$、负载电流 $\dot I$、电压工作磁通 $\dot\Phi_U$ 和电流工作磁通 $\dot\Phi_I$ 之间的相位关系如图 2-16 所示。这个相量图称为单相电能表的条件相量图。从图 2-16 可以看出 $\dot\Phi_U$ 和 $\dot\Phi_I$ 之间的相位差为 Ψ，它与负载功率因数角 φ 之间的关系为

$$\Psi = 90° - \varphi \tag{2-9}$$

图 2-16　单相电能表的
条件相量图

把式（2-7）～式（2-9）代入式（2-6）中，驱动力矩的公式又可表达为

$$\begin{aligned}
M_Q &= K(K_U U)(K_I I)\sin(90° - \varphi) \\
&= K_W U I \cos\varphi \\
&= K_W P
\end{aligned} \tag{2-10}$$

式中　K_W——比例常数；

　　　　P——负载有功功率。

（3）正确的测量条件。式（2-10）说明了驱动力矩 M_Q 与负载的有功功率是成正比的，因此感应式测量机构还可以测量电功率。实现正确的测量条件是：

1）应满足电压工作磁通 $\dot\Phi_U$ 正比于外加电压 $\dot U$；

2）应满足电压工作磁通 $\dot\Phi_I$ 正比于外加电流 $\dot I$；

3）应满足 $\Psi = 90° - \varphi$（感性时），当负载为容性时应满足 $\Psi = 90° + \varphi$。在电能表中，$\Psi = 90° \pm \varphi$ 这一条件称为 90°相位角条件。

由以上分析可以看出感应式电能表的驱动力矩是与被测电路中的负载功率成正比的，当功率改变时转矩也会随之改变，圆盘的转速也就相应改变了。

但是仅有驱动力矩作用时，圆盘将作加速运动，使圆盘越转越快，破坏了驱动力矩与负载功率成正比的关系。为了在一定的转矩下使圆盘以一定的速度匀速转动，还需要在圆盘上加一个与转动力矩大小相等、方向相反的反作用力矩，以保证圆盘转动速度始终与负载功率成正比。这也就是电能表中装设永久磁钢的作用。

三、单相电能表的相量图及内外部接线图

1. 电能表的相量图

电能表的相量图，实际上就是驱动元件的相量图。电能表的总相量图反映电能表内全部电磁量的关系，比较复杂。在分析电能表的工作状态、运行特性时，只需分析电能表内磁通的相位关系，使用电能表的简化相量图比较方便。如图 2-17 是电能表的简化相量图。

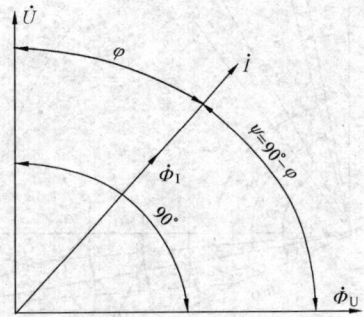

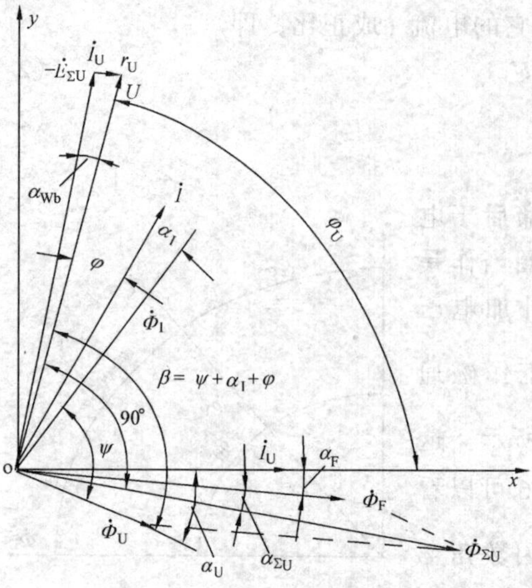

图 2-17 电能表的简化相量图

在直角坐标上沿横轴 X 画出电压线圈内的电流 $\dot{I}_U$，电压非工作磁通 $\dot{\Phi}_F$ 因铁芯通路上的磁滞损耗滞后 $\dot{I}_U$ 一个 α_F 角（一般为 $1° \sim 2°$）。电压工作磁通 $\dot{\Phi}_U$ 的磁路中除了铁芯的磁滞损耗外还有圆盘中感应电流引起的损耗，但因为 $\dot{\Phi}_U$ 的损耗大于 $\dot{\Phi}_F$ 的损耗，所以 $\dot{\Phi}_U$ 滞后 $\dot{I}_U$ 的角度 α_u 大于 α_F。为了满足 $90°$ 相位条件，还在 $\dot{\Phi}_U$ 的路径上设置了短路铜框，使 α_u 达到 $20° \sim 25°$。由于电压工作磁通 $\dot{\Phi}_U$ 穿过圆盘，其通过路径长，气隙磁阻大于 $\dot{\Phi}_F$ 磁路的磁阻，使 $\Phi_F \approx (3 \sim 6) \Phi_U$。把 $\dot{\Phi}_U$ 和 $\dot{\Phi}_F$ 相加，得到电压元件的总磁通 $\dot{\Phi}_{\Sigma U}$，$\dot{\Phi}_{\Sigma U}$ 滞后于 $\dot{I}_U$ 的角度为 $\alpha_{\Sigma U}$。总磁通 $\dot{\Phi}_{\Sigma U}$ 在匝数为 W_U 的电压线圈中将产生滞后于 $\dot{\Phi}_{\Sigma U}$ $90°$ 的感应电动势 $\dot{E}_{\Sigma U}$。为了作图方便，在相量图中以感应电动势 $-\dot{E}_{\Sigma U}$ 来表示。$\dot{E}_{\Sigma U}$ 超前 $\dot{\Phi}_{\Sigma U}$ $90°$ 与外加电压 U 之间的相位差为 α_{WU}，通常为 $2° \sim 6°$。由于电压线圈的感抗较大，电压 $\dot{U}$ 超前电流 $\dot{I}_U$ 的角度 φ_U 一般为 $75° \sim 80°$ 左右。

因为负载为感性，负载电流 $\dot{I}$ 滞后于电压 $\dot{U}$ 功率因数角 φ。如果负载为纯电阻，则 $\dot{I}$ 与 $\dot{U}$ 同相位。

电流工作磁通 $\dot{\Phi}_I$ 路径上除了在铁芯中产生磁滞和涡流损耗外，因为 $\dot{\Phi}_I$ 穿过圆盘，并在圆盘上产生感应电流，因此 $\dot{\Phi}_I$ 滞后于 $\dot{I}$ 一个 α_I 角，一般 α_I 在 $5° \sim 15°$ 左右。

串联电路阻抗的变化，只引起电路的功率消耗和电流线圈上电压的变化，对电流总磁通，特别是对电流工作磁通是没有影响的。所以在简化相量图中只画出与电能表运行有直接关系的电流 $\dot{I}$ 和磁通 $\dot{\Phi}_I$。

电压线圈中的电流 $\dot{I}_U$ 滞后于外加电压 $\dot{U}$ 的角度 φ_U 在 $75° \sim 80°$ 左右，而不是等于 $90°$，这是因为电压线圈虽然感抗很大，匝数又多，但还有电阻的存在，并不能看作纯电感。

上面提到的角度符号较多，在此再一并归纳说明如下：

α_F：$\dot{\Phi}_F$ 滞后 $\dot{I}_U$

α_U：$\dot{\Phi}_U$ 滞后 $\dot{I}_U$

$\alpha_{\Sigma U}$：$\dot{\Phi}_{\Sigma U}$ 滞后 $\dot{I}_U$

α_I：$\dot{\Phi}_I$ 滞后 $\dot{I}$

β：$\dot{\Phi}_U$ 滞后 $\dot{U}$

ψ：$\dot{\Phi}_U$ 滞后 $\dot{\Phi}_I$

φ：$\dot{I}$ 滞后 $\dot{U}$

单相电能表的内外部接线如图 2-18 所示。

2. 单相电能表的接线

单相电能表的电压线圈是并联在电路中的，电流线圈是串联在电路中的，安装使用时，单相电能表的电压线圈和电流线圈是通过电能表端钮盒中的连接片连在一起的。试验室进行电能表误差检定时，若需要电压、电流线圈分别接入试验电流，只要把连接片打开，就可以满足试验的要求。有的检定装置也能适应并线接线方式进行检定。

图 2-18 中接线端子 1、3 是电流线路的接线端钮，2、4 是电压线路的接线端钮，端钮 1、2 之间的连接片称为电能表的电压勾，即上面讲到的电压和电流的连接片。

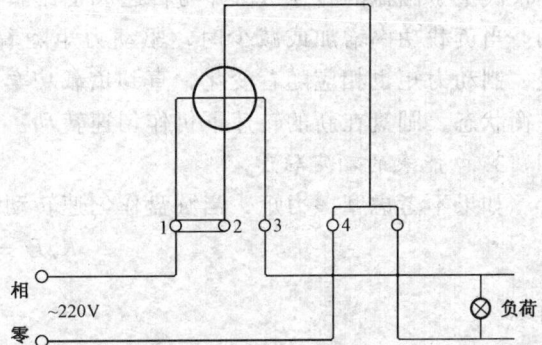

图 2-18　单相电能表内外部接线

四、电能表的电能测量

1. 永久磁钢的作用

电能表装设永久磁钢主要是为了产生与驱动力矩方向相反的制动力矩，使圆盘在一定的功率下作匀速转动，以保证驱动力矩和负载功率成正比。

如图 2-19 所示，永久磁钢的磁通 $\dot{\Phi}_T$ 从磁钢的 N 极通过气隙、圆盘回到磁钢的 S 极，沿着永久磁钢的磁轭构成回路。电能表的圆盘不转动时，磁通 $\dot{\Phi}_T$ 是不变化的，只有当圆盘在驱动力矩 M_Q 的作用下转动时，圆盘才切割磁力线 $\dot{\Phi}_T$，在圆盘上产生感应电流 $\dot{I}_T$，$\dot{I}_T$ 的方向可以用右手定则判断。$\dot{I}_T$ 与 $\dot{\Phi}_T$ 作用产生的制动力矩 M_T 使圆盘受到制动，实现了在一定功率下的匀速转动。

2. 制动力矩公式

感应电流 $\dot{I}_T$ 和磁通 $\dot{\Phi}_T$ 相互作用产生的制动力矩 M_T 可表示为

$$M_T = K_T \Phi_T I_T \tag{2-11}$$

式中：K_T 为制动力矩常数，由永久磁钢的几何形状和磁极中心对圆盘中心的相对位置决定。

由于感应电流 $\dot{I}_T$ 和磁通 $\dot{\Phi}_T$ 及圆盘的转速 n 成正比，即

$$I_T \propto \Phi_T n$$

所以制动力矩又可表示为

$$M_T = K_T \Phi_T^2 n = K'_T n \tag{2-12}$$

这是因为 $\dot{\Phi}_T$ 和大小是不变的，所以制动力矩 M_T 的大

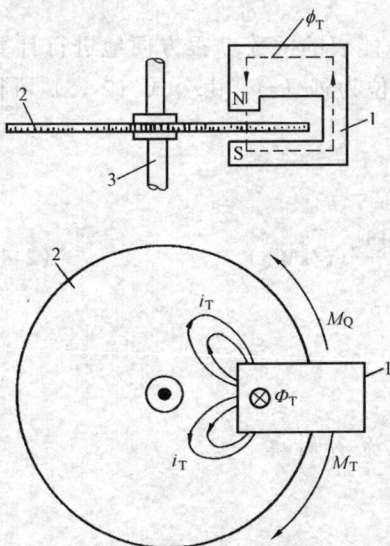

图 2-19　永久磁钢制动力矩图解

1—永久磁钢；2—圆盘；3—转轴

小仅决定于圆盘的转速 n，并与转速成正比。驱动力矩与制动力矩保持平衡，圆盘作匀速转动。当负载功率增加或减少时，驱动力矩随着增加或减小，圆盘的转速成也随着变快或变慢，制动力矩也相应随着变化，直到负载功率不再改变时，驱动力矩和制动力矩保持在新的平衡状态，圆盘在新的转速下仍作匀速转动。

3. 电能表的额定转速

如果不考虑摩擦力矩，当圆盘作匀速转动时，$M_Q = M_T$。则力矩公式也可以表示为

$$K_w P = K'_T n$$

所以

$$n = \frac{K_w}{K'_T} P \tag{2-13}$$

假定某一段时间内负载功率保持不变，并设这段时间 T 内圆盘转过 N 转，则

$$N = nT$$

4. 电能表常数

将公式（2-13）等到号两边同乘以 T，可求得圆盘转数和负载消耗的电能成比的关系式

$$N = \frac{K_w}{K'_T} PT = \frac{K_w}{K'_T} W = CW \tag{2-14}$$

其中

$$C = \frac{K_w}{K'_T}$$

式中　C——电能表常数，单位是 r/kWh，它表示电能表指示 1kWh 的电能时转盘应转的转数；

　　　W——时间 T 内通过电能表的电量，kWh。

式（2-14）表明电能表在一定功率下运行、经过时间 T、圆盘转过的转数，是与这段时间内通过电能表的电量成正比的，所以用电能表的圆盘转数可以代表电能量的多少。虽然这是在负载功率不变的情况下导出的，但是对于负载变化的情况也同样适用。

由式（2-14）可以求得

$$C = \frac{N}{W} = \frac{N}{PT} \tag{2-15}$$

利用上面的公式可以把电能表的转数 N、功率 P 和电能表的常数 C 很方便地进行计算。通常功率取额定功率 P_N，单位为瓦特（W）；时间 T 的单位为秒（s）。由公式（2-15）可得

$$C = \frac{N}{\dfrac{P_N}{1000} \times \dfrac{T}{3600}}$$

$$= \frac{3600 \times 1000 N}{P_N T} = \frac{3600 \times 1000 n_N}{P_N} (\text{r/kWh}) \tag{2-16}$$

式中　P_N——电能表的额定功率，W；

　　　n_N——电能表的额定转速，r/s。

5. 电能表的额定功率

通常，P_N 可根据铭牌上标注的参比电压 U_N 和基本电流 I_b 计算

单相电能表　　　　　　　　$P_N = U_N I_b$

三相四线电能表　　　　　　$P_N = 3 U_N I_b$

三相三线电能表　　　　　　$P_N = \sqrt{3} U_N I_b$

额定转数 n_N 可按下式计算

$$n_N = \frac{N}{T}$$

式中　N——电能表在额定功率 P_N 下运行 T 时间内所转的转数，r

　　　T——运行时间，s。

6．计度器的积算原理

计度器是电能表积算圆盘转数的机构。圆盘转动转数的多少，可以反映出负载所消耗电能的多少。计度器是以千瓦时为单位的，一般计度器的字轮的位数是五位，如果需累积的电能量大于五位数或远远小于五位数，为了计量的准确，应合理进行计度器的选择。

这里首先要了解计度器的计时容量、计度器的系数，以及电能表常数和传动比之间的关系。

（1）计度器的传动比。计度器的传动比是指计度器最末位字轮转一圈时相应的圆盘转数，一般用 K 表示。

$$K = \frac{主动轮齿数之积}{从动轮齿数之积}$$

（2）计度器的系数。电能量的单位是"千瓦时"，为了使计度器示数变为以"千瓦时"为单位的电量数，一般应乘以一个换算系数，这个换算系数称为计度器系数，也叫计度器倍率，通常用符号 CJ 表示。

计度器系数 CJ 的定义是：末位字轮走一个字代表的千瓦小时数。必须注意，对于经互感器接入式的电能表，有的电能表铭牌上标示的 CJ 是指末位字轮走一个字所代表互感器一次侧实际负载所消耗的千瓦小时数，因而铭牌上还标明了电压、电流互感器的额定变比 K_u、K_v。有的电能表铭牌上标示的 CJ 指的是末位字轮走一个字所代表通入电能表的电能量（千瓦小时数），一般铭牌上则不标示 K_u、K_I。

为了抄读方便，计度器系数 CJ 取 10 的整数次幂。通常令 $CJ = 10^a$，其中 a 可为正整数，也可为负整数或零。

1）当 $a > 0$ 时，则 $CJ = 10^1$、10^2、10^3 等，这时计度器累积的电量应为计度器示数乘以 10、100、1000 等，电能表的铭牌子上应相应标出 ×10、×100、×1000 的字样。

2）当 $a < 0$ 时，则 $CJ = 10^{-1}$、10^{-2}、10^{-3}等。这时，计度器累积的电量应为计度器示数乘 0.1、0.01、0.001 等。象这种情况，计度器的窗口都设置了小数位，并用不同的颜色与整数位相区别。一般小数涂成红色，整数位是黑色。

3）当 $a = 0$ 时，计度器的示数就是以"千瓦时"为单位的电量数，铭牌上可不作标记。

（3）计度器的计时容量。计度器右侧的第一位字轮的转速最高。当电能表通过负载电流时，圆盘在驱动力矩的作用下转动，通过齿轮机构的传动，计度器开始计数。当末位字轮转一圈时，第二位字轮便走一个字；当第二位字轮转一圈时，第三位字轮走一个字。这样一直传递到首位字轮。当首位字轮也转动了一圈，则计度器的各位字轮都完成了从"0"到"9"的改变，也就是计度器翻转一次。计度器翻转一次需要多长时间是由计度器字轮位数的多少、圆盘的额定转速、计度器的传动比以及通过电能表的功率大小所决定的。计度器翻转一次所需时间的长短是用计度器的计时容量来表示的。

计度器的计时容量的定义，是电能表在额定最大功率下运行时，计度器各位字轮的示数都从"0"到"9"所需要的时间，称为计度器的计时容量。计度器计时容量的单位为 h。

计度器的计时容量大，说明计度器翻转一次所需的时间长。计度器计时容量小，说明计度器翻转一次所需的时间短。不同国家对不同型号的计度器的计时容量都作了规定。我国规定计度器的计时容量应不小于1500h。

计度器翻转一次积算的最大电量，可以通过计度器的计时容量算出。其计算公式为

$$W_J = \frac{K_U K_I P_{max}}{1000} \times T_Z \tag{2-17}$$

式中　　W_U——计度器积算电量；

　　　　K_I——电能表铭牌上标注的电压互感器的额定变比；

　　　　K_L——电能表铭牌上标注的电流互感器的额定变比；

　　　P_{max}——电能表允许的最大功率（一般按电能表铭牌上标注的参比电压与额定最大电流计算），W；

　　　　T_Z——计度器的计时容量，h。

（4）电能表的常数。电能表的常数指的是计度器指示 1kWh 的电能时，电能表的转盘应转过的转数。一般用 C 表示，单位为 r/kWh 。

那么电能表的常数是如何确定的呢？对于直接接入式的电能表，其常数可利用式（2-16）计算求得。

对于经互感器接入式的电能表，如果计度器的示值即为互感器一次侧的实际负载所消耗的电能量，也就是计度器系数 CJ 已将铭牌上标明的电压、电流互感器变比 K_U、K_I 考虑进去时，则电能表常数按式（2-18）计算，

$$C = \frac{3600 \times 1000 N}{K_I K_U P_N T} = \frac{3600 \times 10^3 n_N}{K_I K_U P_N} \tag{2-18}$$

如果计度器的示值即为通入电能表的电能量，则电能表常数可按式（2-16）计算。

必须注意，在检定电能表时，若电能表铭牌上标明的常数是按式（2-16）计算出的，被检表的常数取铭牌标示的 C 值；若电能表铭牌上标示的常数按式（2-18）计算出的，被检表的常数应取铭牌上标示的 C 值、K_I 值和 K_U 值之积计算。

由于计度器的传动比 K 值代表计度器最末字轮转一圈时相应的圆盘转数，而计度器系数 CJ 是指最末一位字轮走一个字代表的千瓦时数，当末位字轮转一圈时正好是 10 个字，因此 $10CJ$ 正好是末位字轮转一圈所代表的千瓦时数。故电能表常数 C 与计度器传动比 K 和计度器系数 CJ 之间的关系为

$$C = \frac{K}{10CJ}$$

则　　　　　　　　　　　　$K = 10CJC = 10^{a+1} C \tag{2-19}$

利用以上公式就可以核对电能表的常数、计度器的系数和传动比。

第三节　感应式有功电能表误差特性及调整

一、轻载误差、灵敏度及防潜动

1. 轻载误差及其调整

轻载误差是电能表在 5% ~ 20% 基本电流范围内运行时的误差。它主要由电能表运行时的摩擦误差和电流铁芯工作磁通引起的非线性误差及装配不对称产生的潜动力矩产生。为了补偿这个误差，在电能表中设置轻载调整装置（又称补偿力矩调整装置），用来形成和驱动

力矩方向相同的补偿力矩。

轻载调整装置一般安装于电压铁芯上，利用可移动的导磁片或不导磁的金属片（如铝或铜片）将电压工作磁通分裂成两部分，造成电压磁通分布的不对称，以形成补偿力矩，其原理如图 2-20 所示。

图 2-20 所示为电压磁极下设置铜片 A 以形成补偿力矩。铜片 A 的位置相对电压铁芯磁极中心是不对称的，一部分电压工作磁通 Φ''_u 穿过铜片引起涡流损耗，导致 Φ'_u 滞后另一部分电压工作磁通 Φ'_u 一个 α_B 角，这两部分磁通在转盘内相互作用形成补偿力矩 M_B，表示为

$$M_B = K_B f \Phi''_u \Phi'_u \sin\alpha_B \qquad (2\text{-}20)$$

式中 K_B——补偿力矩常数；

　　　f——电网的频率。

因为 $\dot\Phi''_u$ 和 $\dot\Phi'_u$ 正比于 $\dot\Phi_u$，而 $\dot\Phi_u$ 正比于工作电压 $\dot U$，所以式（2-20）可化为

$$M_B = K_B U^2 \sin\alpha_B \qquad (2\text{-}21)$$

式（2-21）表明补偿力矩与电压的平方成正比。当电压不变，力矩 M_B 的大小与铜片的尺寸、材料、位置有关。一旦铜片造定后则补偿力矩只由铜片的位置决定，方向由 Φ'_u 指向 Φ''_u。

根据以上基本原理设计了形式多样的补偿力矩调整装置，如图 2-21、图 2-22 及图 2-23 所示。

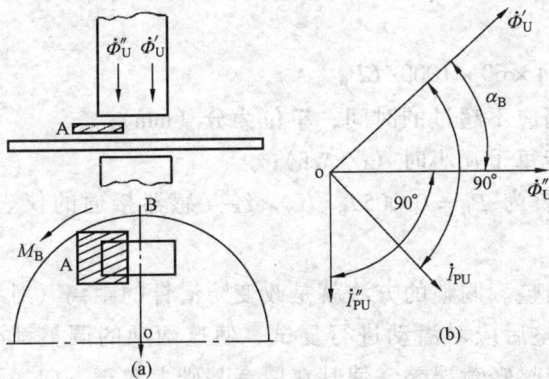

图 2-20　形成补偿力矩的基本原理图

（a）结构简图；（b）相量图

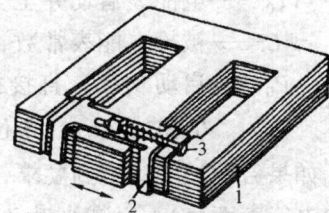

图 2-21　移动短路框片
的轻载调整装置
1—电压铁芯；2—短路框片；
3—调整螺钉

这是常见的几种类型的轻载调整装置。对于不同的制造厂，其装置的结构形式往往有所差异，其调整的范围和方便程度各有不同，对相位角调整的影响也不同。

轻载误差的调整方法如下：

（1）补偿力矩的预调。补偿力矩的预调是保证正确地进行满载调整的必要条件，它可以补偿掉计度器和轴承的摩擦力矩，或由于电磁元件装配不完全对称和电压、电流铁芯有轻微倾斜现象而造成的潜动力矩。

（2）轻载调整。经过补偿力矩预调和满载调整后，在参比电压、$\cos\Phi = 1.0$、10% 基本电流情况下，调整轻载调整装置，使电能表的误差在允许范围内。如果调整不能满足要求或

误差不稳定时，应检查电磁元件位置及电磁元件与磁钢的间隙有无铁屑等物，计度器字轮是否处于几位同时进位的状态以及计度器、轴承零件质量是否符合要求等。

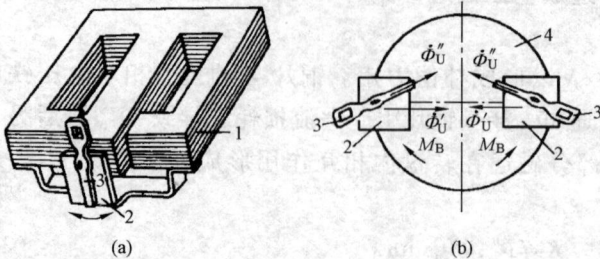

图 2-22　移动铁磁部件的轻载调整装置

（a）结构图；（b）调整原理图

1—电压铁芯；2—回磁板；3—调整铁片；4—转盘

图 2-23　调整铁磁部件与转盘的距离的轻载调整装置

1—电压铁芯；2—调整铁片；3—支架；

4—调整铁片；5—调整螺钉

2. 灵敏度

电能表的灵敏度试验也称为启动试验。以 2.0 级有功电能直接接通的 86 系列电能表出厂检验为例，在被校表加参比电压、$\cos\varphi = 1.0$ 时，加以 0.005 倍基本电流（I_b）进行启动试验，电能表应启动并能连续转动。其他等级的电能表、周期检定的电能表及经电流互感器接通的电能表的启动电流分别执行标准中的不同规定。

长寿命电能表除上述要求外，还要求在规定的时间 T_0 应连续转动不少于 1 圈，T_0 的计算方法为

$$T_0 = 1.4 \times 60 \times 1000/CP_0 \qquad (2\text{-}22)$$

式中　　T_0——电能表启动并至少旋转一周应不超过的时间，单位为分（min）；

C——被检电能表常数，单位为转每千瓦小时（r/kWh）；

P_0——启动功率，直接接通的仪表为 $P_0 = 0.005 I_b \cdot U_N$，经互感器接通的仪表 $P_0 = 0.003 I_b \cdot U_N$，单位为瓦（W）。

如果启动试验达不到要求，需进行调整。调整的方法就是改变防潜针的距离（对有防潜针的电能表而言），以减小潜动力矩。调整后应对潜动进行复试，使这两项的调整都满足标准要求。如果仍不能满足要求则可重新调整轻载误差，使其在原有基础上向正方向稍微调整一些，再重新进行潜动和启动电流试验，直到全部达到要求。

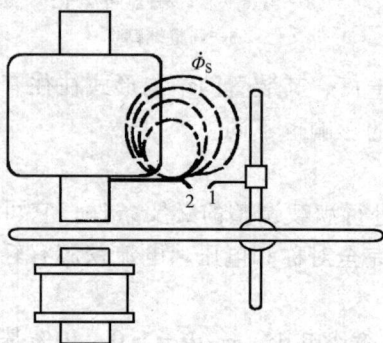

图 2-24　防潜装置结构示意图

3. 潜动

电能表在加以额定电压、电流线路中无电流时，电能表转盘应停止转动。但由于电压电路补偿力矩的存在，转盘也会缓慢转动，这一现象叫做潜动。为了消除潜动，在电能表中装设了防潜装置。一般采用防止潜动的方法有以下两种。

（1）利用改变电压线圈铁芯上的磁化铁片与圆盘转轴上铁丝或铁片之间的距离，改变它们之间的防潜力矩的大小，以防止潜动，如图 2-24 所示。

图 2-24 中，电能表的转轴上固定一个铁丝或铁片

"1"，在电压线圈下固定一个小铁片"2"。由于小铁片 2 被电压铁芯的播散磁通所磁化，所以当转轴因潜动而转动到铁丝 1 靠近铁片 2 时，铁片 2 对铁丝 1 的吸引力也渐增大。当它们正对着时，由于力的平衡附加力矩为零；当转轴继续向前转动时，反向附加力矩的增大会把转轴拉回，使转轴停留在平衡位置。改变铁丝和铁片的距离就可以调整防潜动力矩的大小。此方法的优点是防潜力矩的大小可以调整，缺点是增加了调整工艺。

（2）在电能表圆盘上适当位置打 12 个 1mm 左右的小孔，利用小孔周围的涡流变化与电压磁通之间产生附加制动力矩，防止潜动。

电能表用这种方法防潜动，不需要调整，简化了调整工艺。但由于防潜动力矩的大小不能调整，所以对防潜孔的大小及其到转盘中心的距离要求比较严格，目前 DD701、DD702 长寿命表采用的就是这种方法。

潜动试验是在电能表施加参比电压的 80％和 110％之间的任意电压，电流线路中无电流（电流电路开路）条件下，仪表转子不应旋转 1 整圈。如不满足要求时，要调整装在电压铁芯上的防潜针的相对距离（对有防潜针的电能表而言），距离近，防潜力距大；距离远，防潜力距小。调整时，应注意使其和起动电流都符合要求。

二、相位误差及其调整

1. 相位误差产生的原因

由相量分析可知：要正确计量电能，相位关系应满足 $\varphi + \Psi = 90°$。因为 $\varphi + \Psi = \beta - \alpha_I = 90°$，所以 $\beta - \alpha_I = 90°$，就可达到正确计量电能的要求。

当 $\beta - \alpha_I \neq 90°$时，电能表产生的误差称为相位误差。

在机械制造上，由于工作磁通和非工作磁通不能理想地按设计要求分配、装配上的差异、材料性能和尺寸精度等原因，都可能产生相角误差。

2. 相角误差公式

当 $\beta - \alpha_I \neq 90°$时，相位误差用相对误差可表示为

$$r_\varphi \approx \text{tg}\varphi\sin\alpha$$

式中，$\alpha = 90° - \beta + \alpha_I$。由此可以得出，相位误差随负载功率因数的降低而增大。

当 $\cos\varphi = 1.0$ 时 $r_\varphi = 0$；

而 $\cos\varphi = 0.5$ 时 $r_\varphi = 1.732\sin\alpha$。

因此校验相角误差时，一般在 $\cos\varphi = 0.5$ 的情况下进行。

3. 相位误差的调整

根据 $\alpha = 90° - \beta + \alpha_I$ 关系，相位角调整装置可分为两大类型，一类是调整负载电流 $\dot{i}$ 和电流工作磁通 $\dot{\Phi}_I$ 之间的相位角 α_I；另一类是调整电压 $\dot{U}$ 与电压工作磁通 $\dot{\Phi}_U$ 之间的相位角 β。

（1）调整电流工作磁通相位角 α_I 角的调整装置。

如图 2-25 所示，它分粗调和细调两部分。粗调是通过改变短路片的片数来调整。当短路片减少时，损耗减小，电流工作磁通 $\dot{\Phi}_I$ 变成 $\dot{\Phi}'_I$ 且 $\dot{\Phi}'_I > \dot{\Phi}_I$，损耗角 α_I 也变为 α'_I 且 $\alpha'_I < \alpha_I$，调整结果是使电能表转速变快。调整时，剪断其中一片或 n 片短路片，就相

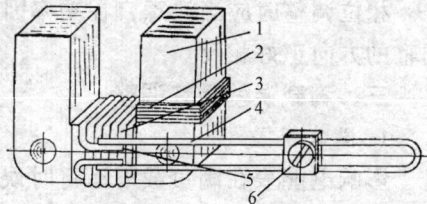

图 2-25 α_I 角调整装置

1—电流铁芯；2—短路环；3—α_I 角的调整线圈；
4—康铜电阻线；5—焊锡；6—夹子

当于减少短路片片数。

细调装置是在电流铁芯的下方用铜漆包线绕一个 3～5 匝的线圈 3，称为因数线圈。此附加线圈再通过一段康铜电阻丝 4 闭合，康铜丝上有一可移动的短路滑片（夹子）6，通过移动短路片就可以改变闭合回路的电阻值，从而改变 α_I 的大小。当滑片 6 向"＋"方向（右）移动时因线圈中电阻值增加，感应电流值减小，有功损耗减小，使 $\dot\Phi_I$ 略有增加变成 $\dot\Phi'_I$，损耗角 α_I 减小为 α'_I，电流电压工作磁通间的相位角由 Φ 增加到 Φ'，驱动力矩增大，使电能表转速变快。当滑片 6 向"一"方向（左）移动时，电能表转速变慢。相角误差调整时，要求电能表运行在参比电压，参比频率和 100％ 基本电流以及功率因数 $\cos\varphi = 0.5$ 或 $\sin\varphi = 0.5$ 条件下。相位角调整装置的调整裕度一般不小于 ±1％。

（2）调整电压工作磁通相位角 β 角的调整装置与（1）原理相同。在电压元件主磁路上安装如图 2-26 所示装置，可达到同样的调节作用。

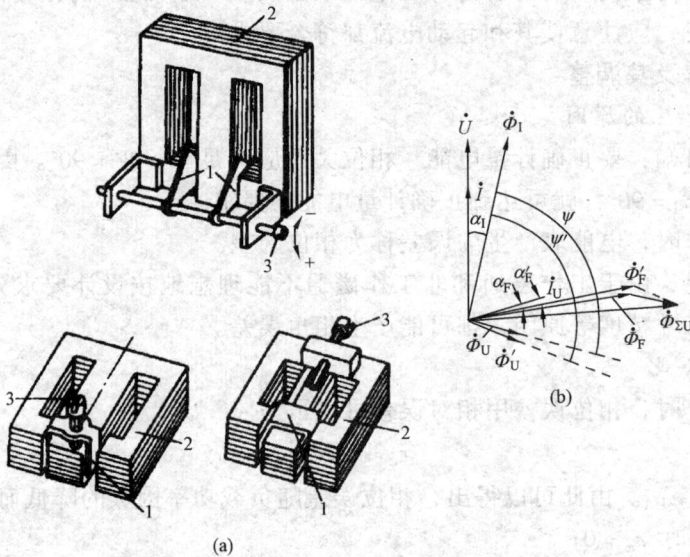

图 2-26　调整 α_F 角的相位角调整装置

（a）几种结构图；（b）相量图（感性负载时）

1—金属片；2—电压铁芯；3—调整螺钉

目前，国产单相电能表绝大多数采用改电流工作磁通相位角 α_I 的相位调整装置。

相位调整时应当注意，在功率因数滞后和超前的状态下，相角调整装置作用是相反的，调整的方向正好相反。

三、满载误差及其调整

1．满载误差

影响电能表在满负载下运行时误差的主要因素是制动力矩，包括永久磁钢产生的制动力矩、摩擦力矩、电流和电压自制动力矩。在基本电流、$\cos\varphi = 1.0$ 时，永久磁钢产生的制动力矩占整个制动力矩的 95％。因此在满载时，主要用调永久磁钢制动力矩的方法来改变转盘的转速以达到调满载误差的目的。

2．误差调整装置及调整原理

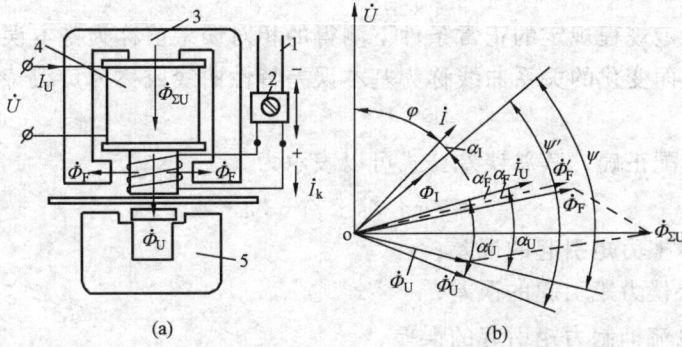

图 2-27 调整 α_U 角的相位角调整装置

（a）结构图；（b）相量图（感性负载时）

1—电阻丝；2—短路滑块；3—电压铁芯；4—电压线圈；5—电流铁芯

在参比电压、参比频率、基本电流、$\cos\varphi = 1.0$（或 $\sin\varphi = 1.0$）的条件下，调整电能表转动元件转速的机构，称为满载调整装置。它一般由磁钢及调整部件等组成。磁钢一般有单极与双级之分，单极磁钢形状简单、加工方便、工艺性好，但易使转动元件产生的振动大，所以国内电能表一般采用高矫顽力的铝镍钴合金制成的双极磁钢。

永久磁钢的制动力矩公式为

$$M_T = K_T \Phi_T^2 n$$

式中　K_T——制动力矩常数，与磁钢磁极端面几何形状和磁极对转盘中心的相对位置有关；

　　　Φ_T——穿过转盘的制动磁通；

　　　n——磁极等效中心处的转盘速度，为线速度。

在上述参数中，磁钢磁极端的几何形状要进行变动是比较困难的，因此调整制动力矩一般采用改变磁通的大小或永久磁钢相对于转盘的位置来实现。

（1）改变磁钢相对于转盘的位置实现调整制动力矩的目的。回转整个永久磁钢的满载调整装置如图 2-28 所示。

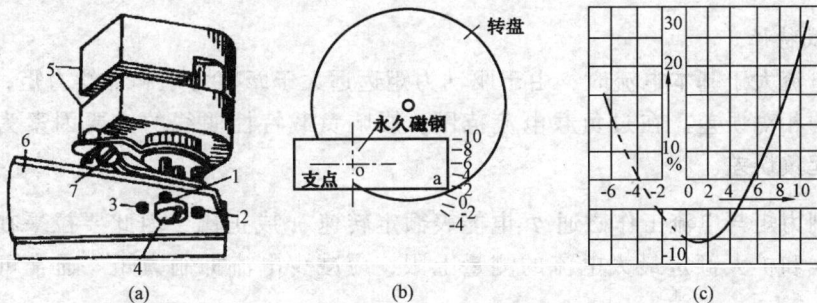

图 2-28 回转整个永久磁钢的满载调整装置

（a）结构图；（b）调整原理图；（c）永久磁钢位置与满载误差的关系

1，2，3—平衡螺钉；4—固定螺钉；5—永久磁钢；6—支架；7—细调螺钉

（2）改变磁通的大小。实现调整制动力矩的目的。

四、负载特性

电能表在其检定规程规定的正常条件下测得的相对误差值称为基本误差。基本误差随负载电流和功率因数而变化的关系曲线称为基本误差特性曲线或称为负载特性曲线。

1. 误差公式

假定电能表装配正确，其总误差公式可以表示为

$$\gamma = \gamma_M + \gamma_B + \gamma_I + \gamma_\mu + \gamma_{\alpha I} \tag{2-23}$$

式中　γ_M——由摩擦力矩引起的误差；

　　　γ_B——由补偿力矩引起的误差；

　　　γ_I——由电流抑制力矩引起的误差；

　　　γ_μ——由电流工作磁通非线性引起的误差；

　　　γ_{α_I}——电流工作磁通损耗角改变引起的误差。

2. 负载特性

理想的电能表的驱动力矩应与负载功率成正比，且只有驱动力矩及制动力矩，即电能表转盘的转速与负载电流的大小应始终成正比，这样不同负载电流下的基本误差应该是一致的。也就是理想电能表的负载特征曲线应该是比较平坦的。但实际并不是如此，主要是因为还有式（2-23）列举的几个产生误差的因素，并且这些误差是随负载电流的变化而变化的，这就使得电能表的驱动力矩与负载功率之间不严格地成正比关系。因此，典型的电能表负载特性曲线如图 2-29 所示。

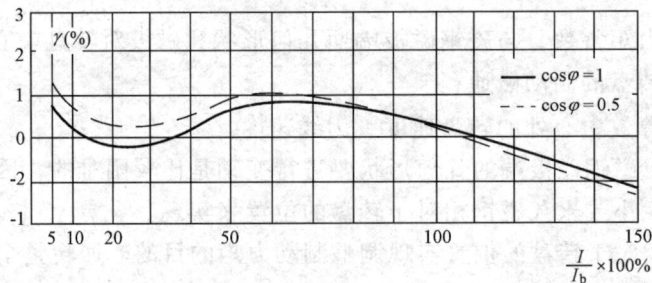

图 2-29　典型的电能表负载特性曲线

3. 过负载特性

当负载电流大于基本电流时，由于驱动力矩远远大于摩擦力矩和补偿力矩，因此可忽略由它们引起的相对误差。在过负载电流范围，影响负载特性曲线的主要因素为电流抑制力矩，它将引起负误差。

电流抑制力矩与电流工作磁通 $\dot{\Phi}_I$ 电能表额定转速 n 成正比，因此要拉平在负载电流范围的特性曲线和扩大额定最大电流的测量上限，应减少电流抑制力矩。通常可采用下列方法：

（1）减少 $\dot{\Phi}_I$，即减少电流磁路的安匝数。为了保证一定的转动力矩，在减少 $\dot{\Phi}_I$ 的同时应适当加大电压工作磁通 $\dot{\Phi}_u$。设计电能表时可增大电压铁芯中间柱截面积及减少 $\dot{\Phi}_u$ 磁路气隙。

（2）采用高矫顽力和高剩磁感应的制动磁钢以降低电能表的额定转速，但计度器中的摩

擦力随转速降低有所增加，故转速降低应适当。

（3）采用电流铁芯过载补偿装置，即在电流铁芯上设置磁分路，在负载电流大于基本电流时，利用磁分路人为地增大电流铁芯磁化曲线非线性引起的正误差，用来补偿电流抑制力矩所引起的负误差。

图（2-30）所示为两种磁分路的原理图。

五、外界条件对误差的影响

由电能表的负载特性曲线反映的只是电能表在检定规程规定的检定条件下，基本误差随负载电流及功率因数变化而改变的情况。在电能表实际运行时，所处的外界条件与检定条件可能有所不同，例如，电能表安装外的环境温度和电网电压都可能在一定的范围内变化，交流电频率也会随时偏离额定频率等。因而电能表的误差就会改变，由外界条件引起的误差改变量叫做电能表的附加误差。

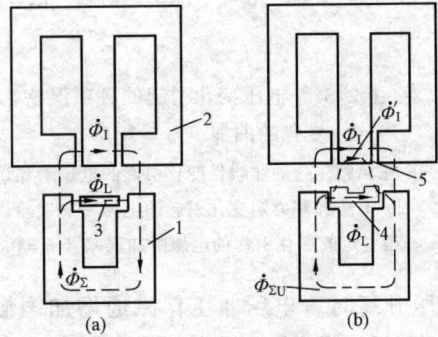

图 2-30　磁分路的原理图
(a) 简单型；(b) 磁级型
1—电流铁芯；2—电压铁芯；3—磁分路；
4—磁极型磁分路；5—电压铁芯磁极

以下将论述各项附加误差形成的原因及减少误差的一般方法。在叙述某项改变量引起的附加误差时，假定其他量都为额定值或在允许范围内。

1. 电压影响

由于电压的变化会引起电压工作磁通变化，从而影响电压抑制力矩、补偿力矩与驱动力矩的比例关系，因而产生附加误差，称为电压附加误差。

产生电压附加误差的因素：

（1）电压抑制力矩的变化。由电压抑制力矩公式可知，式中的转速 n 和电压工作磁通 $\dot{\Phi}_u$ 都与工作电压成正比，因此电压抑制力矩与电压的三次方成正比的。而驱动力矩只随电压成正比的变化，这样，当电压升高时，电压抑制力矩比驱动力矩增加得快，因而产生负误差；当电压降低时，电压抑制力矩比驱动国矩降低得快，因而产生正误差。人们把电压抑制力矩随电压变化引起的误差称为电压抑制误差。

电压抑制误差随电压变化的关系，如图 2-31 的曲线所示。当电压由额定值变化 ±10% 时，电压抑制误差变化 0.5% ~ 1.5%。

为了补偿这种电压抑制误差，可减小电压抑制力矩 M_u。一是降低转速 n。虽然减小电压工作磁通 ϕ_u 也能达到目的，但前面曾叙述改善大负载电流特性曲线的方法是降低电流工作磁通 ϕ_I，为保证一定的驱动力矩，相应地要增加 ϕ_u。为此，一般是将转速 n 降低得更多一些；另外一种方法就是减少电压抑制力矩 M_u 的几何常数 K_u，因为 K_u 与电压工作磁通磁极截面等效半径和转盘半径的比值成反比，所以在转盘半径不变的情况下，尽量选择大的电压工作磁通磁极面。

（2）电压回路磁通的非线性变化。电压回路中的电压总磁通分为电压工作磁通 $\dot{\Phi}_u$ 和电压非工作磁通 $\dot{\Phi}_F$，$\dot{\Phi}_F$ 比 $\dot{\Phi}_u$ 大 3 ~ 6 倍。由于非工作磁通的磁路中，通过铁芯截面积较少，且空气磁阻也较小，因此较容易处于饱和状态。在饱和状态下，当电压升高时，非工作磁通的增加速度较慢，使得工作磁通相对地增加较多，驱动力矩也相应地有所增加，使电能表形成正误差。反之，电压降低时，非工作磁通比工作磁通减少得慢，因而产生负误差。这种因

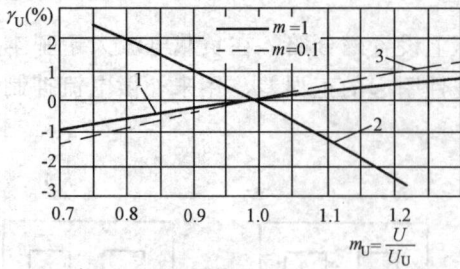

图 2-31 电压变化引起的各项误差
变化的曲线 （$m = I/I_b$）

1—电压回路磁通的非线性变化引起的电压附加误差；
2—电压抑制力矩变化引起的电压附加误差；
3—补偿力矩的变化引起的电压附加误差（$m = 0.1$ 时）

$\dot{\Phi}_u$ 和 $\dot{\Phi}_F$ 随电压变化的速率不同而引起的电压与电压工作磁通的非线性关系，将使电能表产生附加误差，该非线性误差，见图 2-31 所示的曲线 1。

由图 2-31 可看出，曲线 1 和曲线 2 的误差方向正好相反，两者叠加后能减少电能表因电压变化而引起的附加误差，因此有时利用电压回路磁通的非线性现象对电压抑制误差作电压变化时小范围的补偿。采用的方法是设置饱和部分，如图 2-32 所示。在电压非工作磁路部分开孔［见图 2-32（a）］或收缩截面［见图 2-32（b）］，使电压非工作磁通磁路因空气磁阻增加更容易饱和。当电压升高时，电压非工作磁通增加缓慢，相应地使驱动力矩的增大率大于电压的增大率，从而使电压抑制力矩增大所引起的负误差得到补偿。但上述的驱动力矩增大毕竟比不上电压抑制力矩按电压的三次方关系增长，因此这类补偿方法只适用于在参比电压 10% ~ 20% 范围内的补偿。

（3）补偿力矩的变化。在电能表轻载运行时，为了补偿摩擦力矩及电流铁芯磁化曲线的非线性所引起的误差，设置了轻载调整装置，使其产生和驱动力矩方向相同的附加力矩，即补偿力矩 M_B。由于补偿力矩与电压的平方成正比，比驱动力矩随电压而变化的快。因此电压升高时，将受到补偿力矩的影响产生正误差；反之，当电压减小时，将产生负误差。

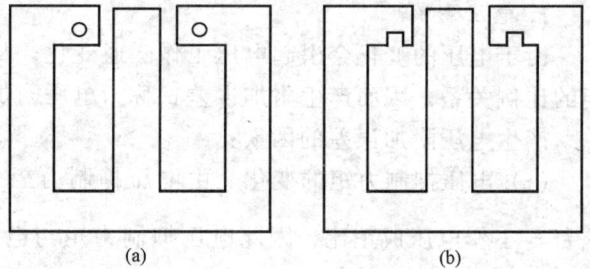

图 2-32　电压非工作磁通路径上设置磁饱和段

一般只要减小电流铁芯磁化曲线的非线性误差和降低摩擦力矩，使得补偿力矩的量很小，则对轻负载范围内电压变化的影响就小。

上述三种因素在电压变化的情况下引起的综合附加误差如图 2-33 所示。从图 2-33 可知，在额定负荷（$m = 1$）下，电压抑制力矩的影响大，电压附加误差的主要决定因素是电压抑制力矩的变化和电压回路磁通的非线性变化。电压大于 U_N 时，电能表产生的综合附加误差是负的；电压小于 U_N 时，电能表产生的综合附加误差是正的。

在轻负载（$m = 0.1$）下，补偿力矩的影响较大，电压附加误差的主要决定因素是补偿力矩的变化和电压回路磁通的非线性变化。电压大于 U_N 时，电能表产生的综合附加误差是正的；电压小于 U_N 时，电能表产生的综合附加误差是负的。

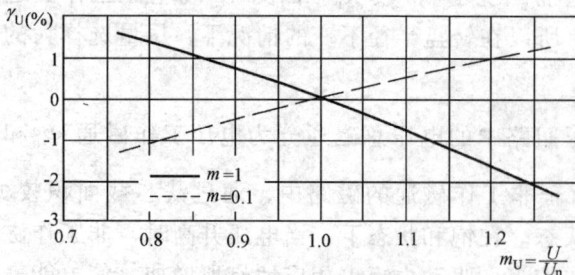

图 2-33　电压附加误差特性曲线

2．频率影响

如果电网频率与其参比频率不同，就要产生附加误差，称之为频率附加误差，简称频率误差。

当 $\cos\varphi = 1.0$ 时，电流、电压工作磁通和有关力矩随频率变化引起的频率误差称为幅值频率误差；当 $\cos\varphi = 1.0$ 时，电压、电流工作磁通间的相位角 ψ 随频率变化引起的频率误差称为相位频率误差。

（1）幅值频率误差产生的主要原因有以下几个方面。

1）电压工作磁通。由经验公式可知，铁芯的磁滞损耗约与频率成正比，涡流损耗约与频率的平方成正比。由于电压工作磁通 ϕ_U 是穿过转盘的，在转盘上要引起涡流损耗，与频率平方成正比。而电压非工作磁通 ϕ_F 在铁芯中引起磁滞损耗，与频率成正比。因此，当电压不变，电网频率高于电能表参比频率时，ϕ_F 引起的磁路损耗比 ϕ_U 引起的磁路损耗要增加的少，也就是说，电压工作磁通 ϕ_U 减少得多，于是导致驱动力矩减小，使电能表产生负误差。图 3-33 曲线 1 就反映了电压工作磁通变化引起的幅值频率误差随频率变化的关系。

2）电流工作磁通。同样，电流工作磁通 ϕ_I 在磁路中产生的损耗（主要是转盘中的涡流损耗）也和频率的平方成正比，当负载电流 I 不变时，由于频率升高，致使电流工作磁通 ϕ_I 的磁路损耗增加，损耗角 α_I 也随之增大，如图 2-17 所示。电流工作磁通由 ϕ_I 减小到 ϕ'_I，损耗角由 α_I 增加到 α'_I，则使内相角 ψ 因此而减小。由于 ϕ_I、ψ 的减小，所以驱动力矩要减小，于是产生负误差。反之，当频率降低时，驱动力矩增加，将产生正误差。图 2-34 的曲线 2 反映的是由于频率变化使电流工作磁通变化而引起的幅值频率误差随频率变化的情况。

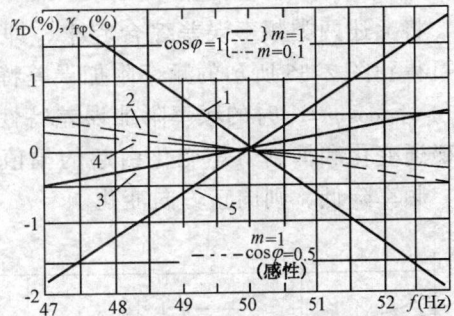

图 2-34　频率变化引起的各项误差变化的曲线（$m = I/I_b$）

3）抑制力矩。根据上述理由，频率改变将导致电流、电压工作磁通的改变，而电压抑制力矩和电流抑制力矩都与各自的工作磁通的平方成正比，当频率增加时，电流工作磁通 ϕ_I、电压工作磁通 ϕ_U 将减小，则抑制力矩随之减小，因而电能表产生正附加误差；反之，频率降低时，ϕ_I、ϕ_U 将增大，抑制力矩随之增大，故产生负附加误差。图 2-34 的曲线 3 反映的是抑制力矩因频率变化造成附加误差的情况。

4）补偿力矩。由补偿力矩公式 $M_B = K'_B f \phi'_U \phi''_U \sin\alpha_B$ 得知，因为 $\phi'_U \propto \phi_U$，$\phi''_U \propto \phi_U$，且 $\phi_U \propto U/f$，故补偿力矩随频率升高而减小，电能表转速变慢。反之，则变快。

前已所述，补偿力矩在负载电流或 $\cos\varphi$ 愈小的情况下，作用愈显著，因此由频率变化引起补偿力矩变化而产生的误差也就愈大。所以一般采用轻负载（$m = 0.1$）条件补偿力矩随频率变化而引起误差变化的关系曲线来反映，如图中 2-34 的曲线 4。

综上所述，由图 2-34 可看出，在基本电流时，补偿力矩引起的频率误差影响很小，通常可以忽略。这时总的幅值频率误差，主要决定于电流、电压工作磁通的变化和抑制力矩的变化，将这三个因素的频率误差特性曲线叠加即可得到。频率升高时，引起负的幅值频率误差；频率降低时，引起正的幅值频率误差。

（2）相位频率误差。当频率改变时，电能表相量图中角 α_I、α_U、α_F、φ 及 α_{wU} 均将发生

变化，因而使磁通 ϕ_U 和 ϕ_I 之间的相位角 φ 改变。

$$\psi = \beta - \alpha_I - \varphi = 90° - \alpha_{WU} + \alpha_U - \alpha_{\Sigma U} \tag{2-24}$$

这是由于磁通 $\dot{\Phi}_I$、$\dot{\Phi}_U$、$\dot{\Phi}_F$ 引起的磁滞损耗和涡流损耗随频率增加的结果。α_I 增加，虽会使 α_F 有所减小，但 α_U 随频率增加的比例是主要的，而 α_{WU} 角在频率升高后，由于电压线圈中的感抗 X_U 增加，阻抗角 φ_U 的增加而使 α_{WU} 有所减小。因此当频率升高时，内相角 ψ 将增大。内相角 ψ 随频率变化引起的频率附加误差称之为相位频率误差，即

$$\gamma_{fph} = \Delta\psi \mathrm{tg}\varphi \tag{2-25}$$

式中 $\Delta\psi$——内相角的改变量；

φ——功率因数相位角。

根据公式（2-25）可看出：功率因数愈高，则相位频率误差愈小；功率因数越低，则相位频率误差越大。当 $\cos\varphi = 1$ 时，则 $\gamma_{fph} = 0$，无相位频率误差。当负载为感性时，频率升高，引起正的相位频率误差；频率降低，引起负的相位频率误差。当负载为容性时，γ_{fph} 的正、负与感性时的情况相反。图2-34中曲线5反映的是感性负载时的相位频率误差。

将上述两类频率误差综合起来，即为总的频率附加误差。将图2-34中各曲线叠加后，就可得到图2-35所示的频率附加误差特性曲线。图2-35中，曲线1为在基本电流负载（$m = 1$）下 $\cos\varphi = 1$ 时的频率附加误差特性曲线。这时总的频率误差主要决定于电流、电压工作磁通变化和抑制力矩变化引起的幅值频率附加误差，随频率升高，频率误差向负方向变化；频率降低，则向正方向变化。

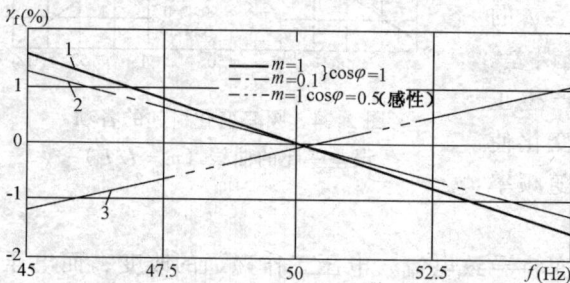

图 2-35 频率附加误差特性曲线（$m = I/I_b$）

曲线2为在轻负载（$m = 0.1$）下 $\cos\varphi = 0.5$（感性）时的频率附加误差特性曲线。这时总的频率误差主要决定于补偿力矩变化引起的幅值频率误差，因此比基本电流负载时的特性曲线倾斜得小一些。

曲线3为在基本电流负载（$m = 1$）下 $\cos\varphi = 0.5$（感性）时的频率附加误差特性曲线。这时主要受相位频率误差的影响，所以这时的特性与相位频率误差随频率变化一致，即频率升高时，频率误差向正方向变化，频率降低时，则向负方向变化。

（3）改善电能表频率特性的方法有以下几种：

1）电压铁芯通过采用低损耗硅钢片，适当减小非工作磁隙，来降低整个电压元件的损耗。

2）增大工作磁通间隙，可增大空气磁阻，这样对电流元件来看可以减小相角 α_I，当频率改变时，可减小因 $\dot{\Phi}_I$ 变化而引起的附加误差；并且从转盘涡流来看，电压、电流铁芯间的工作气隙越大，涡流回路的感抗越小。当频率改变时，涡流回路感抗变化也越小，涡流变化亦小，造成驱动力矩有较小的改变，从而减小频率附加误差。

3）减小转盘厚度，既可降低工作磁路的损耗，又可增加了涡流回路的电阻分量，从而降低了涡流回路电抗变化的影响，达到改善了频率误差特性的效果。

4）对 $\cos\varphi = 0.5$ 时频率附加误差的改善，应减小电压线圈的电阻，借以减小相角 α_{WU}。

可将电压线圈的匝数适当减小，导线适当加粗，以及增加相位角调整装置的短路片或短路电阻丝的电阻。

以上所述为电能表频率特性补偿的几种措施。一般由于电网频率较稳定，所以对电能表改善频率误差特性的要求并不高。

3. 温度影响

(1) 产生温度误差的因素。当环境温度改变时，下列因素发生相应的变化，从而引起电能表的误差，称为温度附加误差。

1) 制动磁通的变化。由于制动磁钢的温度系数 α_t 为负值，所以温度升高时，制动磁通将减小，导致电能表的驱动力矩大于制动力矩，使电能表转速变快，即产生正温度误差。反之，当温度降低时，则产生负温度误差。

2) 电流工作磁通的变化。温度升高时，电能表转盘的电阻增大，因而在转盘中的感应电流引起的涡流损耗将减小，所以电流工作磁通 ϕ_I 将增大，且 ϕ_I 与总电流 I 之间的相位角 α_I 将减小。由于电能表的驱动力矩 $M_Q = K\Phi_I\Phi_U\sin\psi$，且 $\psi = \beta - \alpha_I - \varphi$，所以驱动力矩将增大。此外，电流工作磁通 Φ_I 的变化也会引起电流抑制矩的变化，磁通 Φ_I 增大，电流抑制力矩 M_I 也增大。但这正好与驱动力矩方向相反，两者互相抵销。因而，温度变化引起电流工作磁通的变化影响的电能表误差并不显著，可以忽略。

3) 电压工作磁通的变化。当温度升高时，电能表转盘的电阻及相位补偿环的电阻都增大，因而电压工作 $\dot{\Phi}_U$ 磁通和电压右面工作磁通 $\dot{\Phi}_F$ 所经路径的有功损耗将降低，则 $\dot{\Phi}_U$ 和 $\dot{\Phi}_F$ 磁路中的磁阻也随之减小，因 Φ_F 不经过转盘，磁阻减小得少，这样 $\dot{\Phi}_U$ 和 $\dot{\Phi}_F$ 将重新分布，使 Φ_U 增加，导致驱动力矩增大，电能表转速变快，因而引起正温度误差。反之，温度降低，则引起负的温度误差。

当温度变化时，上述三种因素所引起的温度误差，通常称为幅值温度误差，它在任何功率因数下都存在。

4) 内相角 ψ（即电流、电压工作磁通间相位角）的改变。当温度改变时，会引起各相角 α_{WU}、α_I、α_U、α_F、$\alpha_{\Sigma U}$ 等的改变，从而引起内相角 ψ 的改变，使得电能表产生附加误差，通常称之为相位温度误差。它在 $\cos\varphi \neq 1$ 时存在。

当温度升高时，电压线圈的电阻增大，电压线圈中的电流 $\dot{I}_U$ 滞后 U 的角度 φ_U 减小，总磁通 $\dot{\Phi}_{\Sigma U}$ 和电压降— $\dot{E}_{\Sigma U}$ 沿反时针方向变动，α_{WU} 增大。同时，α_I、α_U、α_F 都要随相应磁通路径上的有功损耗减小而减小。由于 α_U 减小得多，α_I、α_F 变化小，使得内相角 ψ 也减小。当电流线圈中的电流 $\dot{I}$ 滞后于电压线圈中的电压 $\dot{U}$ 时，如图 2-36（b）所示，这时 $\psi < 90°$，ψ 减小，$\sin\psi$ 也随之减小。人们知道，一组电磁元件的驱动力矩 $M_Q = K\Phi_I\Phi_U\sin\psi$，所以驱动力矩将减小，即电能表转速变慢，结果是电能表将产生负的附加误差。当电流线圈中的电流 $\dot{I}$ 超前于电压线圈中的电压 $\dot{U}$ 时，如图 2-36（a）所示，这时 $\psi > 90°$，ψ 减小，$\sin\psi$ 却增大，电能表将产生正的附加误差。

当温度降低时，结果与上述情况正好相反。

综上所述，当 $\cos\varphi = 1.0$ 时，电能表的温度附加误差主要是幅值温度误差，制动磁通随温度的变化是引起其温度误差的主要原因。温度升高时，电能表转速变快，产生正附加误

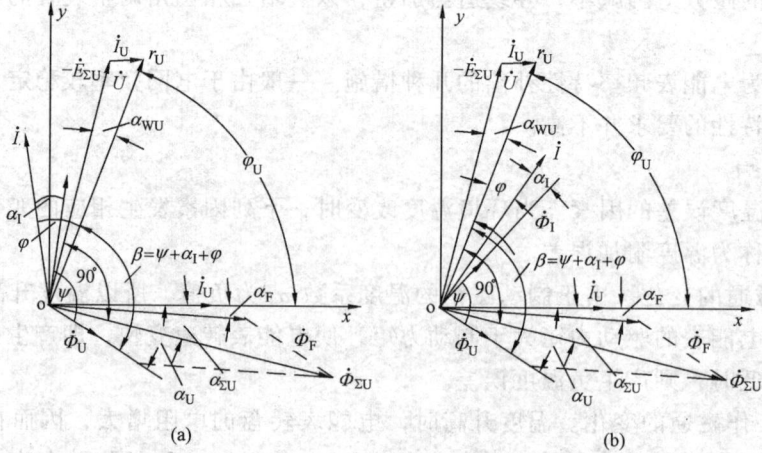

图 2-36　单组电磁元件简化相量图

（a）电流超前电压；（b）电流滞后电压

差；温度降低时，电能表转速变慢，产生负附加误差。温度附加误差特性曲线如图 2-37 所示。

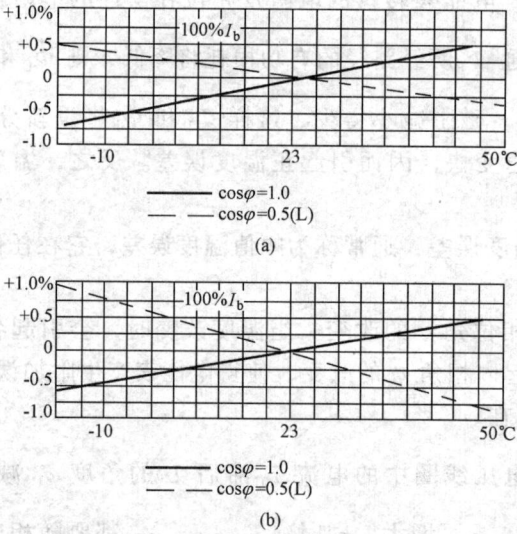

图 2-37　温度附加误差特性曲线

（a）有功电能表；（b）无功电能表

当 $\cos\varphi \neq 1.0$ 时，电能表的温度附加误差是由幅值温度误差和相位温度误差综合决定的，而电压线圈电阻随温度变化而引起其温度误差是主要的原因，所以功率因数 $\cos\varphi$ 值愈低，温度误差的作用愈显著。

对于有功电能表来说，感性负载时，由于每组电磁元件的电流线圈中的电流 $\dot{i}$ 滞后于电压线圈中的电压 $\dot{U}$，所以 $\cos\varphi = 0.5$ 时，温度变化、电能表转速变化的趋势与 $\cos\varphi = 1$ 的情况相反，因此有功电能表总的温度误差为幅值温度误差与相位误差的代数和，实为相减。温度误差特性曲线如图 2-37（a）所示。但容性负载时，由于电流 $\dot{i}$ 超前于电压 $\dot{U}$，所以，$\cos\varphi = 0.5$ 时温度升高，电能表的转速变快；温度降低，电能表的转速变慢，与 $\cos\varphi = 1$ 时的温度误差变化趋势一致，两者相加。

（2）温度误差的补偿方法。由于电能表使用场所的环境温度变化范围大，电能表的温度误差可能达到不能忽略的程度。所以在电能表中除了要适当选择 90°相位条件的有关角度（特别是较小的 α_I 和 α_{WU}）外，往往还有必要采用温度补偿装置以减小温度误差，而且温度补偿的好坏直接影响电能表的误差特性。下面介绍几种温度误差补偿方法。

用于补偿幅值温度误差的热磁合金一般有铜镍热磁合金和镍铬铁热磁合金等。热磁合金的特性是随温度升高导磁率却急剧降低，当温度为 50~70℃时，则失去导磁性能。

根据热磁合金的这一特性，在电能表的有关磁路中安装热磁合金片，当温度变化时，它能控制磁通增减。如图 2-38（a）所示，热磁合金片装配在制动磁钢气隙旁，当温度升高时，热磁合金片的导磁率降低，流过磁分路的磁通减少，穿过转盘的制动磁通将增加，补偿了制动磁钢因温度升高而减少的制动磁通。

在图 2-38（b）、（c）中，热磁合金片 1 装配在电压工作磁通 Φ_U 和电流工作磁通 Φ_I 的路径上，当温度升高时，由于热磁合金片的导磁率降低，使得电流、电压工作磁通磁路的磁阻增加，驱动力矩也随之减小，补偿了正的幅值温度误差，反之，温度降低时，补偿负的幅值温度误差。

此外，在电流工作磁通 Φ_I 的路径中设置的热磁合金片，同时也能略微补偿相位温度误差。当温度升高时，由于热磁合金片导磁率降低，使电流工作磁路总磁阻增加，造成 α_I 减速小。当 $\cos\varphi = 1$ 时，$\psi = \beta - \alpha_I \approx 90°$，$\alpha_I$ 减小，对 $\sin\psi$ 值变化不大，影响驱动力矩不明显；而当 $\cos\varphi = 0.5$ 时，$\psi = \beta - \alpha_I - \varphi \approx 30°$，$\alpha_I$ 减小，$\sin\psi$ 值变化较大，使驱动力矩有较大增加，则对相位温度误差取得正的补偿量。

（3）温度误差的修正。由于温度变化对电能表基本误差的影响较大，并且温度补偿也是以电能表的标准温度为基准进行补偿的。为此，电能表基本误差的测定必须在其制造标准（如 GB/T15283—1994）规定的温度允许偏差范围内进行。根据 GB/T15283—1994 规定，温度影响量必须满足标准温度 ±2℃偏差的条件。电能表基本误差的测定必须在满足上述条件下检定。标准温度一般在电能表铭牌上不标注，根据制造标准规定的参比条件作为默认值，如 GB/T15283—1994 中规定标准温度为 +23℃；特殊情况，标准温度则标注在电能表铭牌上。若试验室温度 t 在 10℃≤t<21℃或 25℃<t≤35℃时，不满足温度偏差要求，则在电能表的工作温度范围内，必须引入温度修正误差计算基本误差。

当试验室实际温度为 t 时，测得的电能表基本误差为 γ'，假定温度修正误差为 γ_t，那么电能表在影响量规定允许偏差范围内的基本误差

$$\gamma = \gamma' + \gamma_t$$

且

$$\gamma_t = |t - 23℃| K_t \qquad (2\text{-}26)$$

式中，K_t——温度系数，温度系数 K_t 值参见表 2-1，其正负可由温度差特性曲线决定。

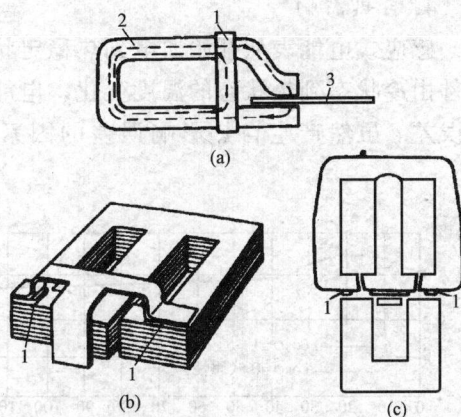

图 2-38 用热磁合金片补偿幅值温度误差
（a）热磁合金片装在制动磁钢旁；
（b）热磁合金片装 Φ_U 磁路上；
（c）热磁合金片装 Φ_I 磁路上
1—热磁合片；2—永久磁钢；3—转盘

表 2-1   有功电能表温度系数

电流值	功率因数	各等级仪表的平均温度系数（%℃）		
		0.5	1	2
$0.1I_b \sim I_{max}$	1	0.03	0.05	0.10
$0.2I_b \sim I_{max}$	0.5（滞后）	0.05	0.07	0.15

4. 自热影响

感应式电能表从开始通电到热稳定状态需要一段时间，在这段时间内，随着电能表内部元件由冷状态到热状态的温度变化，电能表的误差也不断变化，这种误差的改变称为自热影响误差。虽然产生自热影响误差的因素与产生温度附加误差的因素相似，但也有不同之处。

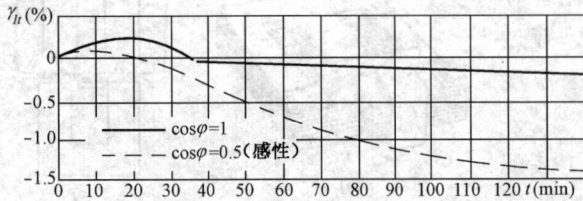

图 2-39　电能表的自热误差曲线

（1）自热影响误差与温度附加误差的区别。产生自热影响附加误差的因素与产生温度附加误差的因素基本相同，区别在于自热影响误差是在电能表内部元件未稳定的条件下测试的，并且自热过程中表内各部件温升的时间也不一致，从通电开始，首先电压、电流线圈温度升高，然后铁芯升温，再之，转盘和永久磁钢等其他元件升温，因而在这段时间里，随着自热时间的变化，各元件升温的情况不同，从而造成影响电能表误差的作用也不同。电能表的自热影响误差随时间变化的曲线如图 2-39 所示。由图 2-39 可知，在较低功率因数下，自热误差的变化要更大一些，时间要更长一些。所以，电能表的检定规程 JJG307—1988 中规定，在测定电能表基本误差前必须经过一定时间的预热。如果预热时间不充分，电能表未达到热稳定状态就开始校验调整电能表误差，就可能造成调整完毕重新复验时发现电能表误差变大了，尤其在 $\cos\varphi = 0.5$ 时，误差变化更大。

温度附加误差是在电能表各元件处于热稳定状态后才开始测试的，测得电能表随着环境温度的变化而影响电能表误差的变化。

（2）改善自热影响误差的方法。电能表的自热误差不同于温度误差，采用一般的温度误差补偿方法不会完全消除，必须通过降低电能表内部热源、加速电能表内部热平衡来达到，具体措施如下：

1）加大电流、电压线圈的截面积，铁芯采用低损耗硅钢片，以降低电能表的内部功耗，减少内热源。

2）电压、电流线圈浸漆有助于线圈散热，从而加快电压线圈、电流线圈的热传导。

当然，尽量改善温度附加误差特性也能改善自热误差的影响，因为温度附加误差小的电能表，其自热误差也相应的较小。

5. 波形影响

（1）波形影响误差的因素。通入电能表的电压、电流若为正弦波时，理论上讲驱动力矩则由基波电压、电流工作磁通相互作用而产生。但实际上，即使电压、电流是正弦波形，但电压、电流工作磁通由于铁芯材料的非线性，也会造成其波形为非正弦波形。非正弦波可分解成基波和一系列频率的谐波，因而电能表的驱动力矩除基波电压、电流工作磁通相互作用产生外，还有由各同频率的谐波电压、电流工作磁通相互作用产生的力矩，还有由不同频率的谐波电压、电流工作磁通相互作用产生的力矩，以及它们之间相互作用产生的力矩。另外，负载电流的高次谐波工作磁通也产生抑制力矩，这些因素都将导致电能表转速改变，即产生波形畸变影响的附加误差。这种误差可能是正误差、也可能是负误差，主要与下列因素有关：

1）电压工作磁通中谐波的含有率及谐波次数；

2）负载电流中谐波的含有率及谐波次数；

3）驱动力矩与谐波频率、谐波含量有关，与负载功率因数有关；

4）力矩与非正弦波分解后不同频率的各次谐波间的相位角有关。

（2）降低波形畸变引起的附加误差的措施：

1）降低铁芯使用的磁通密度，采用导磁率较好的磁性材料，使工作点远离饱和点，降低铁芯磁化曲线的非线性度；

2）尽量降低在磁路中对饱和现象进行补偿的量。应尽量改善电流过载特性。如果过载特性差，采用大磁流的磁分路进行补偿，将造成电流非工作磁通途径中存在非线性磁阻，恶化电流工作磁通的波形。

6. 倾斜影响

电能表在使用或检定时，如果偏离垂直位置，其误差要发生变化。产生倾斜影响误差的原因，主要是由于转动元件在轴承的边接不够精密，电能表倾斜时，造成转动元件在轴承中发生位移，在转动元件上产生侧压力，影响了驱动力矩和制动力矩之间的平衡关系，使电能表转速发生变化，引起误差。在大负载情况下，尤其起动试验时，倾斜引起的误差则不可忽视，可能造成起动试验不合格。

减小倾斜误差的方法是合理地选择驱动元件和制动磁钢对转盘的相对位置，并减小转动元件在轴承中产生的位移。此外，在检定及安装电能表时应保持垂直，以减小倾斜误差。

测定电能表倾斜附加误差，应将电能表挂于标有挂表位置刻度的检定装置挂表架上，从刻度上可读取挂表倾斜角度。通过测定电能表在正常工作位置和倾斜位置时的相对误差来确定倾斜附加误差。

7. 不稳定冲击负载运行的影响

瞬时功率随时间而急剧变化或频繁波动的负载称为冲击负载，如轧钢机械、电焊机负载等。在这种负载条件下，电能表的误差也会产生变化。产生这种误差的原因是，当负载电流由小到大瞬时建立时，因转动元件有惯性，从原来转速达到新的稳定转速要经过一段时间，按反指数函数规律才可达到。因而电能表在这段时间内所计量的电能要比负载在同一时间内消耗的电能少一些，则产生负的附加误差；当负载电流由大的到小瞬时建立时，也因转动元件有惯性，电能表转速由大到小也要经过一段时间，使得电能表在这段时间内所计量的电能比负载在同一时间内消耗的电能多，则产生正的附加误差。

在冲击负载下，电能表的负载电流随时由小到大或由大到小地变化，因在电能表转盘转动时具有惯性，阻止转盘的力矩比原有制动力矩要大得多，因而由原来转速达到新的稳定转速所需的时间要长得多。所以负载电流频繁波动变化时，产生的正、负附加误差并不一定相等，不能互相抵消。

通常，在测定电能表基本误差时，在改变负载电流值后，一般必须在该负载电流下运行一段时间后，使电能表转速稳定，才可以测定电能表基本误差，这主要是为了减少冲击负载影响的附加误差。

测定冲击负载影响的附加误差时，一般在参比条件下，保持电压不变，在电流线路施加短时过电流后，测定电能表的相对误差。该误差相对未加过电流时的误差变化量不得超过表3-2 中的规定值。

表 2-2　　　　　　　　　　短时过电流引起的改变（有功电能表）

仪表用于	电流值	功率因数	各等级仪表的百分数误差极限		
			0.5	1	2
直接接入式	I_b	1	—	1.5	1.5
经电流互感器接入式	I_b	1	0.3	0.5	1.0

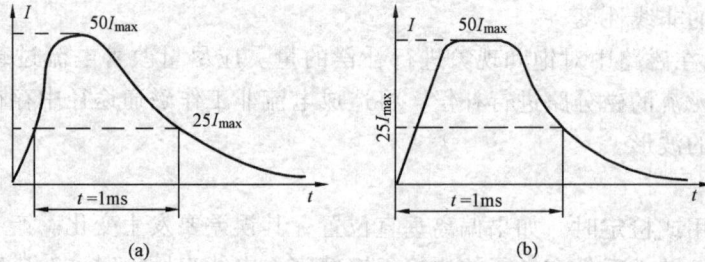

图 2-40　脉冲电流波形（直接式电能表）

（a）雷电波；（b）方波

对于直接接入式电能表，可采用电容器放电或硅可控整流电源对电能表施加峰值等于50 倍额定最大电流（或 7000A，取低值），并保持 25 倍最大额定电流（或 3500A，取低值）1ms。脉冲电流波形如图 2-40 所示。若采用方波进行试验较采用雷电波进行试验要求更严格。

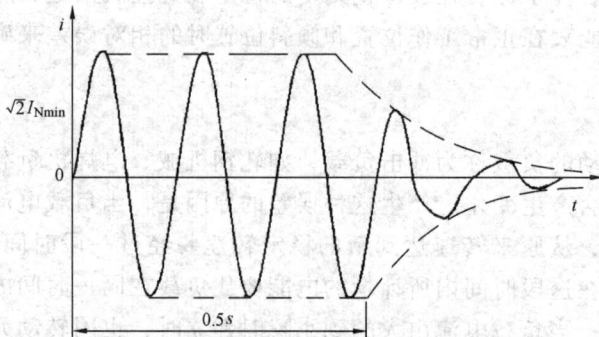

图 2-41　脉冲电流波形（经互感器电能表）

对于经电流互感器接入式的电能表，试验线路应尽量减小电感，以减小线路时间常数。对电能表施加有效值为 10 倍额定最大电流、经 0.5s 后迅速减小到零的脉冲电流，其波形如图 2-41 所示，试验装置采用有峰值保持器的电流表监测脉冲电流值，在 0.5s 内电流表的峰值电流除以 $\sqrt{2}$ 应等于 10 倍的额定最大电流。

六、三相有功电能表的误差特性和调整

三相电能表由单相电能表演变而来，它的基本结构与单相电能表的结构相似，区别在于每个三相电能表有两组或三组驱动元件，它们形成的电磁力作用于同一个转动元件上，并由一个计度器来累积三相电能。可将三相电能表看成两个或三个单相电能表的组合。因此三相电能表具有单相电能表的一切基本特征，工作原理与单相电能表相似。但是，三相电能表各组驱动元件之间存在相互影响，所以它还具有一些特殊的性能。三相电能表的基本误差与各驱动元件相对位置及处于的工作状况有关，当三相负载不平衡或电压不对称或相序改变时，都会影响其误差特性。为此，在每组驱动元件上都分别安装了平衡调整装置，以补偿各组元件的驱动力矩不平衡所引起的误差。

电力系统供电网大多采用三相三线制或三相四线制电路。目前一般采用的是由两组驱动元件制成的三相三线电能表及由三组驱动元件制成的三相四线电能表。图 2-42 为三相三线有功电能表内部接线及外部接线图。

由电工原理可知，在三相三线电路中各相电流之和为零，故有

$$\dot{I}_U + \dot{I}_V + \dot{I}_W = 0$$

则

$$\dot{I}_V = -(\dot{I}_U + \dot{I}_W) \qquad (2-27)$$

而三相电路中的总瞬时功率

$$P = \dot{U}_U \dot{I}_U + \dot{U}_V \dot{I}_V + \dot{U}_W \dot{I}_W \qquad (2-28)$$

将式（2-27）代入式（2-28）可得

$$P = \dot{U}_U \dot{I}_U + \dot{U}_V(-\dot{I}_U - \dot{I}_W) + \dot{U}_W \dot{I}_W$$

$$= (\dot{U}_U - \dot{U}_V)\dot{I}_U + (\dot{U}_W - \dot{U}_V)\dot{I}_W$$

$$= \dot{U}_{UV}\dot{I}_U + \dot{U}_{WV}\dot{I}_W$$

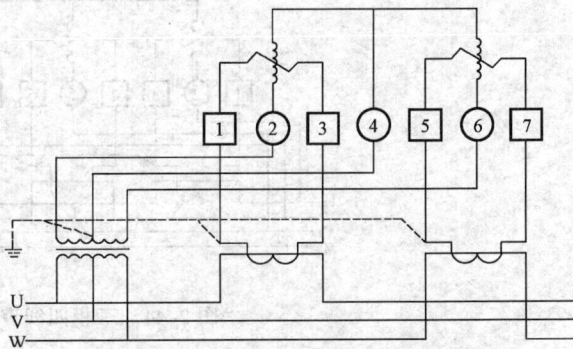

图 2-42 三相三线有功电能表内部接线及外部接线图

所以其总平均功率为

$$P = U_{UV}I_U\cos(U_{UV}, I_U) + U_{WV}I_W\cos(U_{WV}, I_W)$$

由图 2-42 及图 2-43 可知，三相三线有功电能表两组电磁元件所测量的总有功功率为

$$P = U_{UV}I_U\cos(U_{UV}, I_U) + U_{WV}I_W\cos(U_{WV}, I_W)$$

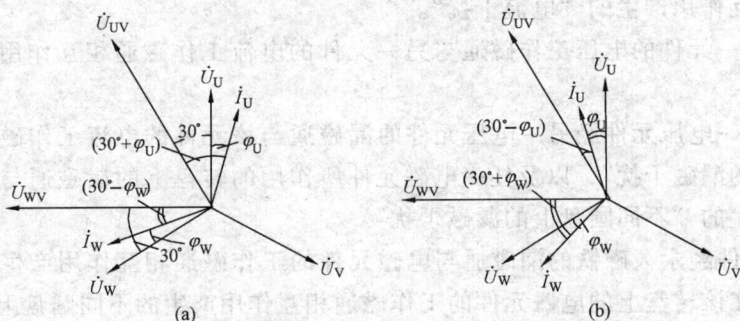

图 2-43 三相三线有功电能表相量图

(a) 感性负载；(b) 容性负载

所以三相三线有功电能表可测量三相三线制电路中的有功电能，而且不管三相电路是否对称，都能正确计量有功电能。

三相四线有功电能表的内部接线及外部接线图，见图 2-44。

如前，三相电路中总瞬时功率为

$$P = \dot{U}_U \dot{I}_U + \dot{U}_V \dot{I}_V + \dot{U}_W \dot{I}_W$$

对于三相电路而言，总平均功率等于各相平均功率的总和，即

$$P = P_U + P_V + P_W = U_U I_U\cos\varphi_U + U_V I_V \cos\varphi_V + U_W I_W\cos\varphi_W$$

由图 2-44 可以看出，三相四线有功电能表的三组电磁元件所能测量的总功率为

$$P = U_U I_U\cos\varphi_U + U_V I_V\cos\varphi_V + U_W I_W\cos\varphi_W$$

所以，三相四线电能表可测量三相四线电路中产有功电能，而且不管电路是否对称，都能正确计量有功电能。

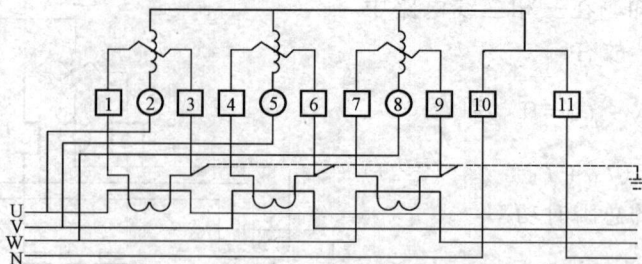

图 2-44　三相四线有功电能表接线图

影响三相电能表误差的因素分析如下。

1. 元件间的电磁干扰

（1）由于三相电能表几个电磁元件装在一个外壳内，有的几个元件共用一个转盘，各组电磁元件之间相互作用在电能表转盘上产生的附加力矩，引起附加误差，一般称这种影响为三相电能表之间的电磁干扰。可分为以下几种组成。

1）单圆盘多元件的一个元件工作磁通与另一元件工作磁通在转盘上感应的电流相互作用产生的"涡流干扰"。

2）同圆盘不同驱动元件的电压工作磁通相互产生的"电压干扰"及不同驱动元件的电流工作磁通相互作用产生的"电流干扰"。

3）同圆盘一元件的电压工作磁通与另一元件的电流工作磁通相互作用产生的"电流电压干扰"。

4）同圆盘一电压元件经另一电压元件的漏磁通与该元件的电流工作磁通相互作用产生的"同圆盘上的漏磁干扰"，以及任一电磁元件所作用的转盘上的漏磁通与该元件的工作磁通相互作用产生的"不同圆盘上的漏磁干扰"。

5）电磁元件经永久磁铁的漏磁通与电磁元件的工作磁通相互作用产生的同圆盘上经永久磁铁与作用在该转盘上的电磁元件的工作磁通相互作用产生的不同圆盘上经永久磁铁的漏磁干扰。

（2）一般可采用下列几种方法对干扰进行补偿和消除。

1）从转盘上消除涡流干扰的方法有：

①采用叠层转盘消除涡流干扰；

②采用空心转盘消除涡流干扰；

③适当增大转盘直径减小涡流与漏磁干扰。

2）采用磁通屏蔽消除和减小各种漏磁干扰有：

①在电压线圈外侧设置磁通屏蔽；

②采用磁屏蔽磁铁减少经永久磁铁的漏磁干扰。

3）采用补偿线圈补偿电流、电压的涡流干扰。

4）利用人为漏磁解决涡流干扰。

5）在电能表装配时要将元件对称布置，电压元件保持磁通完全相等。

6）对于多转盘的三相电能表，在调平衡时，应尽量将误差调至互相接近。

7）三相电能表元件间的相互干扰，在相序变化时其干扰误差也随之改变，所以三相电能表应该校验相序，使其和运行相序相同。

2. 相位误差及其调整

三相电能表的调整原理方法与单相电能表的调整方法原理相似，所要注意的是三相电能表要分组调整。那么分组调整时每组元件的误差要调整到多大才合适？三相组合调整有何要求？

（1）分组平衡时的调整。对于三相三线有功电能表，在正相序的三相对称电路中，如果 U 相元件的误差为 γ_U，W 相元件的误差为 γ_W，根据转矩公式，两组元件的合成转矩为

$$M'_Q = K'UI\left[\cos\left(30° + \varphi\right)\left(1 + \gamma_U/100\right) + \cos\left(30° - \varphi\right)\left(1 + \gamma_W/100\right)\right] \quad (2\text{-}29)$$

若两组元件没有误差，即 $\gamma_U = \gamma_W = 0$ 时，

$$M_Q = K'UI\sqrt{3}\cos\varphi$$

因两组元件的误差而引起的电能表的总误差为

$$\gamma = \frac{M'_Q - M_Q}{M_Q} \times 100\% = \frac{1}{2}\left(\gamma_U + \gamma_W\right) - \frac{1}{2\sqrt{3}}\left(\gamma_U - \gamma_W\right)\mathrm{tg}\varphi$$

则当 $\cos\varphi = 1$ 时，$\gamma = \frac{1}{2}\left(\gamma_U + \gamma_W\right)$，电能表的误差为两组元件误差的平均值，当 $\cos\varphi = 0.5$（感性负载）时，$\mathrm{tg}\varphi = \sqrt{3}$，表的误差 $\gamma = \gamma_W$；当 $\cos\varphi = 0.5$（容性负载）时，$\mathrm{tg}\varphi = -\sqrt{3}$，表的误差 $\gamma = \gamma_U$。所以三相三线有功电能表在正相序。感性负载时，应将 W 相元件的误差调整到略小于 U 相元件的误差；而在容性负载时，则应将 U 相元件的误差调到略小于 W 相元件的误差。

同理，三相三线有功电能表在逆相序的三相电路中有

$$\gamma = \frac{1}{2}\left(\gamma_U + \gamma_W\right) - \frac{1}{2\sqrt{3}}\left(\gamma_U - \gamma_W\right)\mathrm{tg}\varphi$$

则 $\cos\varphi = 0.5$（感性时）$\gamma = \gamma_U$；则 $\cos\varphi = 0.5$（容性时）$\gamma = \gamma_W$。所以在不同相序、不同负载性质时，电能表的误差将发生变化。为此，在进行分相调整时，应将两组元件的误差调整到接近相等。

除上述要求外，对于三相三线电能表，在进行分相调整时，应将两组元件的误差尽可能调到在不平衡负载基本误差限的 1/3 以内。一般要求应使两组元件的误差彼此相差不超过平衡负载基本误差限的 1/2 以内。

对于三相四线有功电能表，电能表的误差 $\gamma = \frac{1}{3}\left(\gamma_U + \gamma_V + \gamma_W\right)$ 与 $\cos\varphi$ 的大小无关。为了避免测量负载所消耗的电能时可能引起较大的误差，也应将每组元件的误差调整到接近相等。并且尽可能在不平衡负载基本误差限的以内，一般要求各元件的误差彼此相差不超过平衡负载基本误差限。

2）分组相位调整。对于三相表，一般情况下，调整各组元件的相位角调整装置，将每组元件的相位角误差调到不超过不平衡负载基本误差的 1/3，并等于不平衡负载分组调整时 $\cos\varphi = 1$ 的误差，或两者相差不超过平衡负载基本误差限的 1/5。

3）三相组合调整。一般要求满载调整使误差调到基本误差限的 1/5 以内（宽负载表调到 0 ~ -1/5 以内）。测定轻负载误差时，如有超差，应均衡地调节各元件的轻载调整装置，使误差调到在基本误差限的（-1/5 ~ +2/5）范围内。

测定相角误差时，应与同样条件下 $\cos\varphi = 1$ 的误差接近相等。若误差相差稍大，对于三

相三线有功表，正相序时则稍加调整 U 相元件（感受性负载）或 W 相元件（容性负载）的相角装置；对于三相四线有功表，则可对任一相元件略作调整。

3．转矩不平衡对误差的影响

在三相三线及三相四线电能表中，由于本身结构参数相异或是在调整时未能调好，使各相电磁元件参数不等，将引起每相转矩不同，从而引起了不平衡负载时的附加误差。

例如三相三线两元件电能表，当一相负载电流为零时，由于两相转矩不同等原因，使电能表的转速不是三相平衡负载的一半，结果产生了附加误差。

为了减少该项附加误差在结构设计与装配制造时，应尽量保持每相电磁元件参数一致，在调整校验时做到各相误差平衡。

第四节　感应式无功电能表工作原理

电力系统中，不仅要正确记录有功电能，还要记录无功电能，由此来求得某一段时间内用户的平均功率因数。当负载功率因数（$\cos\varphi$）愈低时，输电线路电流会增大，传输导线、变压器和发电机都将增加附加的电能损失；由于电流的加大将造成输电导线和电气设备导线截面加大，增加电力设备总投资；而且线路电压损失增大而导致发电机、变压器和其他电器设备运行电压的提高。所以为提高负载功率因数，正确测量无功电能有重要的意义。

电力系统中，一定容量的同步发电机发出的视在功率 S 为一个常数且 $S = \sqrt{P^2 + Q^2}$。显然，若无功功率增大，势必相应减低有功功率 P 的发送容量，而且，经过远距离的输电线路传输大量的无功功率，必将引起较大的有功、无功损耗和电压损耗。所以靠同步发电机供给负载无功功率，在技术经济上是不合理的。

通常在用户附近装设无功补偿装置使无功就地供给。但是，无功补偿也必须恰当，无功功率的平衡是维持电压质量的关键。当无功功率不足时，电网电压将降低；当无功功率过剩时，电网电压将上升。电压水平的高低会影响电网的供电质量，也会影响各类用电设备的安全经济运行。

由此看来，无功电能的测量对电力生产、输送、消耗过程中的管理是必要的。同时，通过对用户消耗的有功电能 W_P 和无功电能 W_Q 的测量，可考核负载的平均功率因数

$$\cos\varphi = \frac{W_P}{\sqrt{W_P^2 + W_Q^2}} = \frac{1}{\sqrt{1 + \left(\dfrac{W_Q}{W_P}\right)^2}}$$

无功电能 W_Q 越小，平均功率因数越高。根据用户的负载平均因数的高低减收或增收电费，以经济手段来促使大工业用户合理补偿无功以提高用电设备负载的功率因数。

一、正弦无功电能表

单相电能表的一组电磁元件所产生的驱动力矩

$$M_Q = K\phi_I\phi_U\sin\psi$$

式中　ϕ_I——电流工作磁通；

　　　　ϕ_U——电压工作磁通；

　　　　ψ——电流工作磁通超前电压工作磁通的角度；

K——驱动力矩常数。

由于电压工作磁通 $\dot{\Phi}_U$ 和电流工作磁通 $\dot{\Phi}_I$ 间的相位角 $\psi = \beta - (\varphi + \alpha_I)$，则驱动力矩可写成为

$$M_Q = K\phi_U\phi_I \sin (\beta - \alpha_I - \varphi)$$

上式中 $\phi_U \propto U$，$\phi_I \propto I$。因此，为了能使驱动力矩正比于无功功率 $Q = UI\sin\varphi$，只要使 $\sin (\beta - \alpha_I - \varphi) = \sin\varphi$，即使 $\beta - \alpha_I = 180°$ 或 $\beta - \alpha_I = 0°$ 就可实现。

一般情况下，选择 $\beta = \alpha_I$，驱动力矩 $M_Q = - K\phi_U\phi_I\sin\varphi = - KUI\sin\varphi$，这时电能表反转。只要将通入电流线圈的电流反接，就可使驱动力矩为正值，电能表就正转。

那么如何使 $\beta = \alpha_I$ 呢？首先在电流线圈中并联一个电阻 R_I，如图 2-45 所示，使流入电流元件的电流 $\dot{i}$ 分成 $\dot{i}_R$、$\dot{i}_Q$，由于电流线圈有感抗，所以 $\dot{i}_Q$ 滞后于 $\dot{i}_R$，两者和相量为 $\dot{i}$，电流工作磁通 $\dot{\Phi}_I$ 实际是 $\dot{i}_Q$ 产生的，它滞后于 $\dot{i}$ 的相位角增大了；然后在电压线圈中串联一个电阻 R_U，以增大并联电路的电阻分量，从而减小 β 角。只要适当选择 R_I、R_U，就可使 $\beta = \alpha_I$，这时该电磁元件的驱动力矩

$$M_Q = K\phi_I\phi_U\sin (180° - \varphi) = KUI\sin\varphi$$

与无功功率成正比，则能测量无功电能。

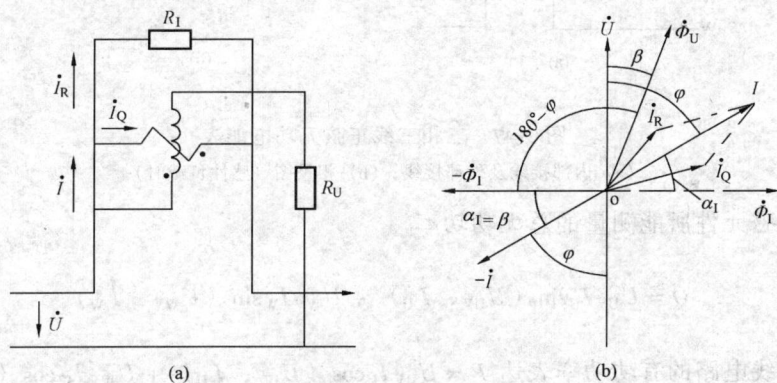

图 2-45　正弦无功电能表单相电磁元件的接线

(a) 原理接线图；(b) 简化相量图（感性负载时）

如果测量三相四线电路中的无功电能，则应采用由上述三组电磁元件组成的三相四线正弦无功电能表，其内部接线及外部接线如图 2-46（a）所示，其相量图如图 2-46（b）所示。

该三相电磁元件测量的总无功功率

$$Q = U_U I_U \sin\varphi_U + U_V I_V \sin\varphi_V + U_W I_W \sin\varphi_W$$

因此，三相四线正弦无功电能表能正确计量三相电路的无功电能，并且不会因三相电路的不对称而产生测量三相无功电能的附加误差。

如果测量三相三线电路中无功电能，则应采用由上述二组电磁元件组成的三相三线正弦无功电能表，其内部接线及外部接线如图 2-47（a）所示，其相量图如图 2-47（b）所示。

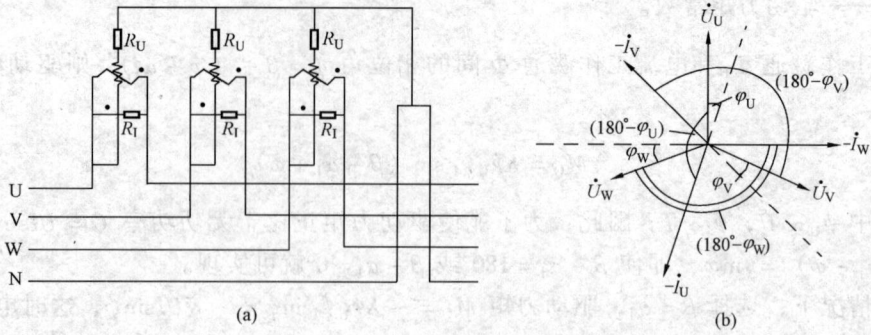

图 2-46 三相四线正弦无功电能表

(a) 内部接线及外部接线；(b) 相量图（感性负载时）

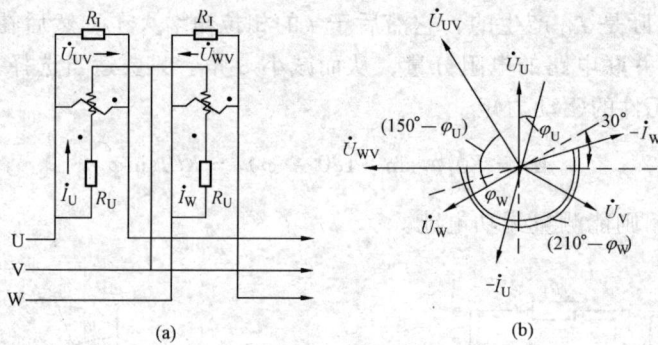

图 2-47 三相三线正弦无功电能表

(a) 内部接线及外部接线；(b) 相量图（感性负载时）

该两组电磁元件所能测量的总无功功率

$$Q = U_{UV} I_U \sin (\dot{U}_{UV}、\dot{I}_U) + U_{WV} I_W \sin (\dot{U}_{WV}、\dot{I}_W) \tag{2-30}$$

由三相三线电路的有功功率表达 $P = U_{UV} I_U \cos (\dot{U}_{UV}、\dot{I}_U) + U_{WV} I_W \cos (\dot{U}_{WV}、\dot{I}_W)$ 可知，三相三线电路的无功功率表达式应为

$$Q = U_{UV} I_U \sin (\dot{U}_{UV}、\dot{I}_U) + U_{WV} I_W \sin (\dot{U}_{WV}、\dot{I}_W) \tag{2-31}$$

从式（2-30）和式（2-31）可以看出，三相三线正弦无功电能表能正确测量三相三线电路的无功电能，而且三相电路不对称时也能正确测量，不会产生附加误差。当三相三线电路对称时，即 $U_{UV} = U_{WV} = U_L = \sqrt{3} U_{ph}$，$I_U = I_W = I_{ph} = I_L$，$\varphi_U = \varphi_V = \varphi_W = \varphi$，则三相三线正弦无功电能表所测量的无功功率为

$$Q = U_{UV} I_U \sin (150° - \varphi_U) + U_{WV} I_W \sin (210° - \varphi_W)$$

$$= \sqrt{3} U_L I_L \sin \varphi$$

由此可见，三相正弦无功电能表不仅能在三相电路对称的情况下正确地测量三相电路无功电能，而且在三相电路不对称的情况下也能正确地测量。但是，这种三相正弦无功电能表

制造复杂，而且本身功耗大，一般不采用这种类型的电能表作为安装式无功电能表。

二、内相角 60°型三相三线无功电能表

这种无功电能表结构与三相三线有功电能表相似，区别在于有功电能表驱动元件的电压工作磁通滞后于电压 90°。而无功电能表驱动元件的电压线圈串联一个电阻 R，使电压 $\dot{U}$ 与它所产生的工作磁通 $\dot{\Phi}_U$ 间的相角 β 减小，使内相角 $\beta - \alpha_I = 0$ 因此，这种无功电能表称为内相角 60°型的无功电能表（简称 60°无功电能表）。适用于三相三线电路中，其内、外部接线如图 2-48 所示。

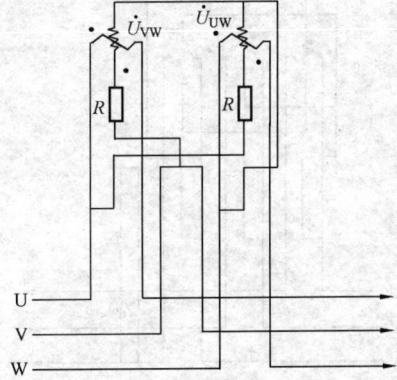

图 2-48　内相角 60°型三相三线无功电能表接线原理图

在画 60°无功电能表的相量图时，可相对地将无功电能表电压线圈中的电量以逆时针旋转 30°，得到图 2-49（a）所示的相量图。由图 2-49（a）的相量图可知，60°无功电能表的两组电磁元件所能测量的总平均功率

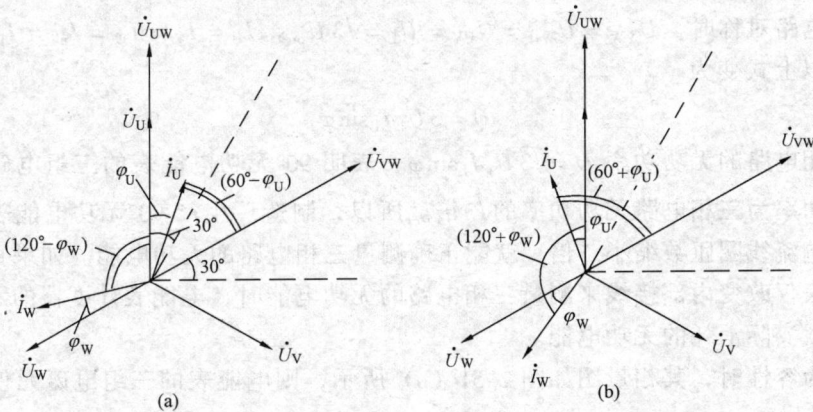

图 2-49　内相角 60°型三相三线无功电能表的相量图
（a）感性负载时；（b）容性负载时

$$Q = U_{VW} I_U \cos（60° - \varphi_U）+ U_{UW} I_W \cos（120° - \varphi_W）\tag{2-32}$$

当三相电路对称时，$U_{VW} = U_{UW} = U_L = \sqrt{3}\, U_{ph}$，$I_U = I_W = I_{ph} = I_L$，$\varphi_U = \varphi_W = \varphi$，所以式（2-32）变为

$$Q = U_L I_L（\cos60°\cos\varphi_W + \sin60°\sin\varphi + \cos120°\cos\varphi_W + \sin120°\sin\varphi）$$
$$= \sqrt{3}\, U_L I_L \sin\varphi \tag{2-33}$$

由式（2-32）及式（2-33）可以看出，60°无功电能表的两组电磁元件测量的总平均功率正好是三相对称电路的总无功功率，所以 60°无功电能表可准确测量三相三线对称或简单不对称电路的无功电能，所谓简单不对称电路即三相电压或三相电流只有一方是不对称的电路，通常为三相电压对称。

如果三相三线无功电能表接容性负载时，其相量图如图 2-49（b）所示。60°无功电能表的两组电能元件所能计量的总平均无功功率

$$Q = U_{VW} I_U \cos（60° - \varphi_U）+ U_{UW} I_W \cos（120° - \varphi_W）\tag{2-34}$$

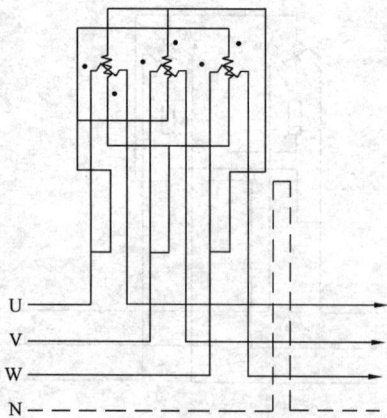

图 2-50　跨相 90°型三相四线无功
电能表接线原理图

当三相三线电路对称时，$U_{VW} = U_{UW} = U_L = \sqrt{3}\,U_{ph}$，$I_U = I_W = I_{ph} = I_L$，$\varphi_U = \varphi_W = \varphi$，所以式（2-34）变为

$$Q = U_L I_L\,(\cos 60°\cos \varphi_W - \sin 60°\sin \varphi$$
$$+ \cos 120°\cos \varphi_W - \sin 120°\sin \varphi)$$
$$= -\sqrt{3}\,U_L I_L \sin \varphi \qquad (2\text{-}35)$$

由式（2-35）可知，当 60°无功电能表接容性负载时，所测量的总平均功率为负值，所以电能表将反转。

三、跨相 90°型三相四线无功电能表

这种无功电能表的结构与三相四线有功电能表完全相同，区别在于内部接线不同，其内部接线如图 2-50 所示。用以测量三相三线和三相四线电路中的无功电能。这种无功电能表称为 90°无功电能表。

根据图 2-50 的接线方式，当负载为感性时，画出相量图如图 2-51（a）所示，则 90°无功电能表的三个电磁元件所能测量的总的平均功率

$$Q = U_{VW} I_U \cos\,(90° - \varphi_U) + U_{WU} I_V \cos\,(120° - \varphi_V) + U_{UV} I_W \cos\,(90° - \varphi_W)$$

当三相电路对称时，$U_{VW} = U_{WU} = U_{UV} = U_L = \sqrt{3}\,U_{ph}$，$I_U = I_V = I_W = I_{ph} = I_L$，$\varphi_U = \varphi_V = \varphi_W = \varphi$，所以上式变为

$$Q = 3 U_L I_L \sin \varphi$$

由于三相电路的无功功率 $Q = \sqrt{3}\,U_L I_L \sin \varphi$，表明 90°无功电能表的三组电磁元件所能测量的总平均功率为三相电路无功功率的 $\sqrt{3}$ 倍。所以，制造厂生产 90°无功电能表时，将各组电磁元件的电流线圈匝数缩小 $\sqrt{3}$ 倍，就能正确测量三相电路的无功电能。如果直接用三相四线有功电能表仅改变内部接线来测量三相电路的无功电能时，电能表计度器的示数应除以 $\sqrt{3}$ 才能得到负载实际消耗的无功电能。

当负载为容性时，其相量图如图 2-51（b）所示，则电能表的三组电磁元件所能测量的总平均功率

$$Q = U_{VW} I_U \cos\,(90° + \varphi_U) + U_{WU} I_V \cos\,(90° + \varphi_V) + U_{UV} I_W \cos\,(90° + \varphi_W)$$

同样，当三相电路对称时

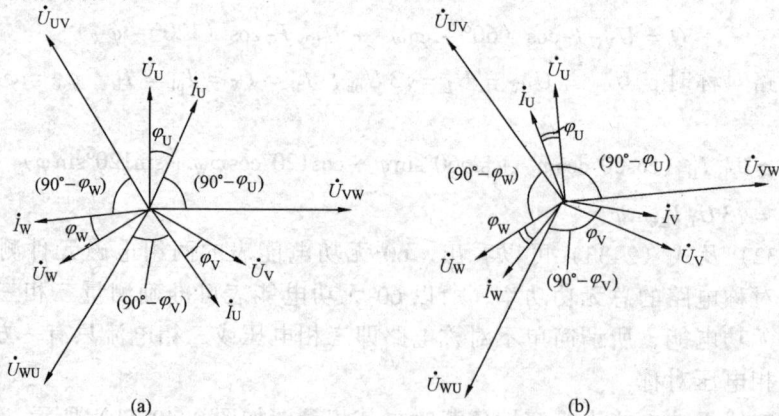

(a)

(b)

图 2-51　跨相 90°型三相四线无功电能表的相量图
（a）感性负载时；（b）容性负载时

$$Q = -3U_L I_L \sin\varphi$$

由于 Q 为负值，因而无功电能表接容性负载时将反转。

四、无功电能表的特点

测量无功电能是为了考核电力系统无功功率平衡的状况，也可用于考核用户无功补偿的合理性。一般无能电能表内安装止逆装置，只计量感性负载消耗的无功电能，而为容性负载时，电能表反转时止逆器使仪表停走，无法计量容性负载消耗的无功电能。

当用户采用无功补偿装置时，因过多补偿容性无功，可使无功电能表因反转而停走，以致于无功电能表的示值较小，则根据此无功电量求得的平均功率因数较高，但此时的无功补偿并不合理，将会向系统倒送无功，造成系统电压过高，对系统不利。

为了能通过无功电能表计量的无功电量正确了解用户补偿无功的合理性，可采用在负载计量点安装两只带止逆器的无功电能表，其中一块电能表电流进出线反接。这样，两只无功电能表就能分别计量感性和容性的无功电能。

三相无功表在进行误差调整时，必须保证标准电能表、被校无功表具有相同的线路附加误差。在调整校验正弦型三相无功电能表时，要特别将三相电压、电流调至对称。

无功电能表的满载调整、轻载调整的潜动、灵敏度的调整与三相有功表相似，而在相位角调整时，调整装置的调整方向与调整有功电能表时正好相反。

第五节　感应式电能表调整

一、单相电能表的调整

1. 调整的顺序

（1）补偿力矩的预调。在电能表电压线路加参比电压、断开电流回路的情况下，调整轻载调整装置，在防潜针远离磁化钢片时，应使转盘向正方向蠕动；在防潜针靠近磁化钢片时，转盘应不动。对在转盘上打二个小孔作为防潜动作用的电能表（如长寿命表 DD701、DD702）而言，也是当小孔远离电压铁芯时，转盘应向正方向蠕动。当小孔靠近电压铁芯时，转盘应不动。

（2）满载调整。在 $\cos\varphi = 1.0$ 的情况下，加参比电压、100% 的基本电流，调整电能表永久磁钢（粗调）和分磁滑块或分磁螺丝（细调）的位置，使电能表在满载时的误差达到要求。

（3）相位角调整。电能表经过满载调整后，调移相器，使 $\cos\varphi = 0.5$，加参比电压、100% 基本电流进行相位角再调整。一般国产单相电能表多数采用改变电流工作磁通相位角的相位角调整装置。调整时先调整电阻值。如果调整裕度不够时，就要采用增加或减少电流铁芯上的短路片的办法进行调整。增加短路片数转速变慢，减少短路片数转速变快。

相位调整时应注意，在功率因数滞后和超前的状态下，相角调整装置的作用是相反的，调整的方向正好相反。

（4）轻载调整。在 $\cos\varphi = 1.0$、加参比电压、10% 的基本电流情况下，调整电能表的轻载调整装置，使电能表的误差达到要求（一般这一点的误差要略正一些）。

（5）潜动调整。在被校表加 80% ～ 110% 参比电压、断开电流线路的情况下，转盘不应转一整圈。如不合格，则调整防潜针和防潜钢片的相对距离。调整时，应注意使其和启动电流都符合要求。

（6）启动电流调整。在 $\cos\varphi = 1.0$ 时，加参比电压、0.5% 基本电流（其他具体见标准）情况下电能表应起动并连续转动。如不符合要求，应调整防潜力矩，使其和潜动都符合要求。

2. 调整时应注意的问题

（1）满载误差调整时应注意的问题如下。

1）表快调不慢（调整装置裕度不够）：①永久磁铁失磁，应充磁或更换磁钢。满载调整装置失灵或装配位置不当。永久磁钢间隙偏大；②电压与电流铁芯间隙小，应调整间隙；③电压线圈有匝间短路现象，应更换。

2）表慢：①满载调整装置是否失灵或装置位置不当；②永久磁钢间隙偏小；③电压与电流铁芯的间隙偏大。④电流线圈有匝间短路现象。

（2）相角误差调整时应注意的问题如下。

1）表慢调不快电流铁芯上的短路片偏多：①电压线圈可能有匝间短路；②电压铁芯锈蚀，造成铁芯中柱接缝磁阻增加，应清除打磨生锈部分或更换铁芯；③相位调整失灵。

2）表快调不慢：①相角调表电阻线上的短路滑片接触不良或电阻线氧化，应打磨；②相角调整短路片少，应增加；③相角调整电阻脱焊，应重新焊接；④相角调整装置失灵。

（3）轻载误差调整时应注意的问题。

表慢调不快：①磁钢间隙有杂物、铁屑。应清除；②转盘轻微触磁钢、电压、电流元件，应调整间隙或清除间隙中的杂物、铁屑等；③计度器与蜗杆啮合太深；④上下轴承质量不合格；⑤电压、电流铁芯装置不对称；⑥回磁板装配位置不当。

（4）潜动调整时应注意的问题。

1）正向潜动：①检查防潜针的距离，如正常，则为原补偿力距过大，应重新调整轻载补偿力距；②电流线圈右边线圈有匝间短路现象，应更换线圈；③电流、电压铁芯间隙不均匀（左边小，右边大），应重新调整。

2）反向潜动：①重调轻载调整装置；②电流线圈左边线圈有匝间短路现象；③电流、电压铁芯间隙不均匀（左边大，右边小），应重新调整。

（5）启动试验不合格时应注意的调整问题：

1）应重新调整潜动；

2）计度器摩擦力矩大，如取下计度器启动正常，则应重新检修计度器；

3）上下轴承摩擦力过大，应检查上下轴承质量是否合格。

二、三相电能表的调整

1. 调整的顺序

（1）三相四线有功电能表的调整顺序。

1）轻载预调（补偿力矩预调）。被校表加额定电压、无电流，在防潜针远离制动片时，调整轻载装置，使转盘有轻微正转。

调整时应注意两相平衡调整。

2）平衡初调。被校表在额定电压、功率因数为 0.1 时，调两相平衡。即两相通以大小相等，方向相反的电流时，调整两相平衡螺钉，使圆盘停止转动，调整时分别调 UW 相和 VW 相。

调整时同一元件上的两只平衡螺钉的长度应基本一致，并留有足够的裕度。

3）单相调整。被校表加额定电压，任一相通入标定电流，功率因数为 1.0 或 0.5 时，调基本误差使其满足规定要求。

V相调整　$\cos\varphi = 1.0$ 时调整磁钢的相对位置和细调螺钉，使误差满足规定要求。$\cos\varphi = 0.5$ 时调整回线卡子，使误差满足规定要求。

U相调整　$\cos\varphi = 1.0$ 时不允许调磁钢，应调整 U 相平衡螺钉。$\cos\varphi = 0.5$ 时与 V 相调整方法相同。

W相调整，调整方法与 U 相相同。

调整时应注意磁钢螺钉、平衡螺钉及回线卡子必须拧紧，满载和相角调整裕度应满足要求。

4）轻载调整（分相调整）。在额定电压，20%标定电流，$\cos\varphi = 1.0$ 时分别调整 U、V、W 三相的轻载调整装置使误差满足要求。

5）单相复调。因三相之间的相互影响，应反复调整 3）、4）项误差。

6）联合调整。被校表在额定电压、$\cos\varphi = 0.5$ 三相通入 100% 标定电流及 $\cos\varphi = 1.0$ 时三相通入 5% 标定电流，分别使误差满足要求。

$\cos\varphi = 1.0$ 时调整磁钢的细调螺钉来满足规定要求。$\cos\varphi = 0.5$ 时平衡调整三相的相角补偿装置来满足要求。5% 标定电流时，平衡地调整各相轻载补偿装置来满足要求。

7）逆相序检查。在逆相序情况下，误差应满足规定要求。如达不到要求，要重新调整正相序误差。

8）防潜调整。与单相电能表相同。

9）灵敏度调整。与单相电能表相同。

（2）三相三线有功表调整。

1）轻载预调。与三相四线表的调整相同。

2）平衡初调。与三相四线表调整相同，只是调 U、W 相的平衡。

3）单相调整。与三相四线表的调整相同，只是 U 相满载时调磁钢的相对位置和细调螺钉，使误差满足规定要求；W 相满载调整时，不允许调磁钢，应调 W 相平衡螺钉来满足规定要求。

4）轻载调整

U、W 相分别调整。

5）单相复调

与三相四线表相同。

6）U、W 相元件的联合调整。与三相四线表相同，满载 $\cos\varphi = 1.0$ 时，调整磁钢细调螺钉来满足规定要求。$\cos\varphi = 0.5$ 时如不满足要求，平衡调整 U、W 相元件的相位调整装置。轻载不满足要求时，平衡调整 U、W 相元件的轻载调整装置。

7）逆相序检查。在逆相序时，如不满足规定要求，应重新调整电表正相序误差。

8）防潜调整。与单相表相同。

9）灵敏度调整。与单相表相同。

第六节　长寿命技术电能表

感应式电能表经过不断的改进和实践，新材料、新技术、新的电能计量检测设备、试验方面新工艺的进步，目前感应式电能表已进入到长寿命技术电能表的大量生产及应用阶段。

一、长寿命电能表基本概念

（1）长寿命电能表是指平均不修理的有效使用时间在 20 年及以上的机电式电能表。

（2）以上所指平均不修理的有效使用时间是指采用定时定数截尾的试验室可靠性验证试验时，其平均失效前时间（MTTF），又称平均寿命或通过现场试验获得其平均失效前时间。

（3）以上所指不修理的产品可能是可修理的或是不可修理的，机电式电能表从价值量考虑为不可修理的产品。

（4）失效是指产品终止完成规定功能的能力的事件，作为长寿命电能表在规定的时间内如误差、绝缘、起动、潜动等技术指标超差，即说明该电能表已失效。

二、我国长寿命技术电能表的发展情况

我国长寿命技术电能表的开发、研制、定型、生产从 20 世纪 90 年代开始，1993 年鉴定，1995 年改型，已有近十年的历史，安装投运量约 800 万块，已有一定的运行经验。上海电度表厂从 1990 年开始开发 FD90 型长寿命技术表，经过近五年时间的研制生产，发现了许多较难克服的技术问题，如磁悬轴承的磁力均匀性、过载的曲线幅度、倾斜影响、潜动、灵敏度等等。到 1995 年在 FD90 的基础上改为 FD95 型。国内其他厂家从 1995 年以后，投入大量的技术力量进行了攻关，先后开发出如华立 LD68 型、哈表 DD401 型、三星 DD202 型、长沙电表厂 DD701 型等多种类型的长寿命电能表，这些电能表吸收了美国 GE 公司、兰吉尔及西门子公司、斯伦贝谢公司等国际较先进的长寿命表技术和工艺，使我国的长寿命表技术迅速发展，成为目前两网改造中城网用表的主要品种。

三、长寿命电能表的主要技术参数特点

（1）功耗低。在参比温度、参比频率下，有功功耗和视在功率损耗，对于过载四倍，表不应大于 1.2W、6VA；对于 4 倍以上，表则不应大于 2W 和 8VA。

（2）准确度裕度大。误差储备为 2 倍以上。表 2-3 为 2 级长寿命电能表的误差限。

表 2-3 长寿命电能表误差限

负载电流	功率因数	误差	负载电流	功率因数	误差
$0.05I_b$	1.0	±1.6	$1I_b$	1.0	±0.8
$0.1I_b$	0.5L	±1.6	$1I_b$	0.5L	±0.8
$0.0I_b$	1.0	±0.8	I_{max}	1.0	±1.2
$0.2I_b$	0.5L	±1.2	I_{max}	0.5L	±1.2

（3）电流范围宽，一般为 4 倍及以上。最大电流为基本电流 I_b 的 4 倍以上，并在 $1.2I_{max}$ 运行时仪表不应损坏。

（4）寿命长。寿命为 20 年及以上。

（5）轻载稳定性好。电能表在轻载负载时（$0.05I_b\cos\varphi = 1.0$ 及 $0.1I_b\cos\varphi = 0.5$）的测量重复性的标准偏差估计值应不大于 ±0.3%。

（6）机械负载影响小。电能表的计度器在一个字轮运行时的机械负载影响引起的误差改变量不大于 0.3%。

（7）噪声小。当电压元件施加参比电压、电流在 $0 \sim I_{max}$ 之间，$\cos\varphi = 1.0$ 时，仪表产生的噪声应不大于 30dB。

四、长寿命电能表的主要结构要求

1. 表盖

应密封防尘，具有一定强度，能抗变形，采用抗腐蚀、抗老化、透明度高的阻燃材料组成的连续整体。一般采用聚碳酸酯透明材料。

2. 底座

底座应为延伸型底座，即底板与端钮盒板连接在一起的结构。这种结构具有防尘、密封性、稳定性、抗腐蚀性好等优点，目前采用酚醛模料注射成型。

3. 接线端、接线端座

电流接线端座连接表内电流线圈的方式应为焊接式、压接式或采用嵌入式双螺钉旋紧的方式，接线盒应能经受耐环境性能的试验而不腐蚀。

4. 计度器

（1）计度器的弯架应为高强度合金夹板制成，轴针应为不锈钢制成，轴孔不得加润滑油，字轮字高不小于 5mm，宽度不小于 3mm，并能耐阳光照射而不褪色，信息不改变。

（2）计度器的结构应保证固定在仪表基架上不产生位移，并有安全措施使蜗轮、蜗杆啮合深度在 1/3～2/3 齿高之间。

（3）计度器的摩擦力矩应小于 $0.05\mu Nm$。

5. 驱动元件

电压、电流元件与基架的组合应保证仪表运输到用户以后及在寿命期内不移动、不松动。紧固方式可以用铆压也可以用带有定位结构的螺钉固定的其他方式，但螺钉应加弹簧垫圈紧固。电压、电流铁芯的表面处理，应保证在寿命期内不产生影响性能的锈蚀。

6. 磁力轴承系统

（1）轴承座采用磁力轴承系统，磁力轴承系统由磁轴承和导向环、导向针组成。磁轴承的磁性元件应由高稳定度的不锈蚀的磁性材料制成，上下导针应由不锈钢材料构成，硬度 $HV \geqslant 680$；粗糙度应优于 $Ra0.1\mu m$；导向环和导向针之间不许添加润滑剂。

（2）轴承系统的阻力矩应不大于仪表基本驱动力矩的 0.1%。

（3）磁性均匀度 $\eta \leqslant 5\%$。

（4）上下轴承同心度应保证垂直。

7. 转轴

转轴与蜗杆应结合为一体，蜗杆应光洁，粗糙度应小于 $0.8\mu m$。

8. 圆盘

圆盘应平整，圆盘边缘应光洁、无裂纹、凹瘪、缺损和其他点，边缘在防潜孔相应的位置应涂有约 10mm 长的黑色计数标记，标志不应脱落、变色、且无反光。圆盘上表面边缘应有 100 个均匀分格标志线和 10 的倍数的分度数字。

9. 防潜装置

防潜装置为设置在圆盘上的防潜孔，在一个防潜孔应印有粗的黑色标志线，为圆盘分度线的起始线。

10. 阻尼磁钢

应采用高稳定度的铝镍钴磁性材料制造的双极强磁体。阻尼磁钢与基架的组合应采用不可位移调节的方法固定，一经组合不应产生位移和松动（一般采用铝镍钴 37 或优于铝镍钴 37 的材料）。

11．标牌

标志应清晰，能防紫外线辐射，不褪色，且具有条形码标志或预留有条形码标志位置。

12．表内配件

表内所有配件均应能防锈蚀、防氧化。

五、长寿命技术电能表关键指标的检测方法介绍

1．磁力轴承系统阻力矩及计度器摩擦力矩测试

磁力轴承系统阻力矩及计度器摩擦力矩测试以测量平均角加速度的方法进行。其步骤如下：

（1）轴承系统阻力矩的测量：

1）以同型号的无阻尼磁铁的基架，按同型号电能表的装配要求安装上电磁元件和可动部分，作为轴承系统阻力矩及计度器摩擦力矩的测试架使用，该测试架应经潜动和起动试验合格；

2）以被试表的轴承系统替换测试架上的轴承系统；

3）将测试架安装在专用阻力矩测试仪上，并使测试架保持垂直；

4）电压线路接通参比电压，电流线路施加适当电流，使圆盘以一定速度转动；

5）同时切断电压线路和电流线路供电，用光电采样方式测量圆盘惯性旋转平均角速度以 $2\pi/s$ 至 $0.6\pi/s$ 期间内的时刻 t_0 开始，其后的每转一转的时刻为 t_1，t_2，t_3，t_4，$\cdots t_i$（见图 2-52），测取 6~8 个数据。

按式（2-36）和式（2-37）计算其平均角速度和平均角加速度

$$\omega_i = 2\pi/\Delta_I \tag{2-36}$$

$$\alpha_i = 2\pi \left[1/\Delta_I - 1/\Delta_{I-1} \right] 1/\Delta_I \tag{2-37}$$

式中　ω_i——平均角速度，单位为弧度每秒（rad/s）；

　　　α_i——平均角加速度，单位为弧度每秒平方（rad/s²）；

　　　t_i——t_0 以后的第 i 时刻的时间，单位为秒（s）；

　　　Δ_I——距第 i 时刻前转盘转一转的时间间隔，$\Delta_I = t_i - t_{i-1}$，单位为秒（s）；

　　　Δ_{I-1}——距第 $i-1$ 时刻前的转盘转一转的时间间隔，$\Delta_{I-1} = t_{i-1} - t_{i-2}$，单位为秒（s）。

分别将测得的各点平均角速度 ω_i 和平均角加速度 α_i 画在直角坐标纸上，并以直线穿过各点形成区域的中央，该直线与纵坐标的交点即为平均角加速度 α_0。

6）计算轴承系统阻力矩

$$T_f = md^2\alpha_0/80 \tag{2-38}$$

式中　T_f——轴承系统阻力矩，Nm；

　　　m——圆盘的质量，g；

　　　d——圆盘直径，cm；

　　　α_0——平均角加速度，rad/s²。

（2）计度器摩擦力矩的测量：

1）在（1）项测试的步骤 2）完成后，装上被试表的计度器；

2）重复（1）项测试的步骤 3）~5）；用式（2-36）和式（2-37）计算 ω_{it} 和 α_{it}，并在纵坐标求得 α_{0t}；

（3）计算仪表的总的阻力矩 T_{ft}，计算式中 m、d 同于式（2-38）、α_{0t} 为本项测量所获得

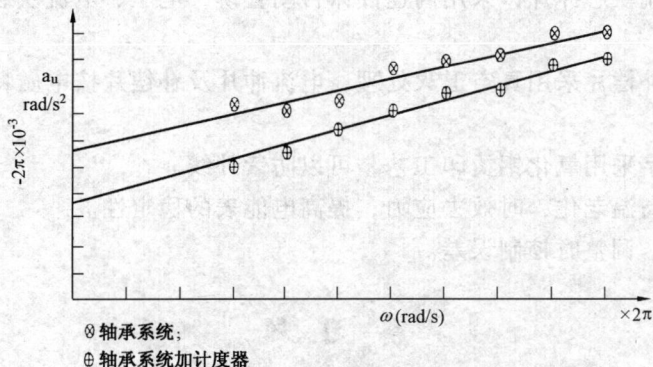

⊗ 轴承系统;
⊕ 轴承系统加计度器

图 2-52 圆盘惯性旋转平均角加速度测量的线

的平均角加速度，仪表的总阻力矩为

$$T_{ft} = - md^2 \alpha_{0t}/80 \tag{2-39}$$

（4）计度器的摩擦力矩

$$T_{fc} = T_{ft} - T_f \tag{2-40}$$

2. 轻载稳定性试验

（1）电压线路接参比电压，电流线路施加 5% 基本电流，功率因数为 1，连续测定其误差，共测 10 次，每次测量时，圆盘旋转 1 整转，记录 γ_{i1}。

（2）电压线路接参比电压，电流线路施加 10% 基本电流，功率因数为 0.5 时重复步骤（1），记录 γ_{i2}。

（3）计算：

1）计算 5%I_b 功率因数为 1 时的标准偏差估计值

$$S_{max.1} = \sqrt{\frac{\sum\limits_{i=1}^{n} (\gamma_{i1} - \overline{\gamma})^2}{n-1}}$$

式中　γ_{i1}——功率因数为 1 时的第 i 次测量时仪表的基本误差，%；

$\overline{\gamma}$—— 平均值，$\overline{\gamma} = \left(\sum\limits_{i=1}^{n} \gamma_{i1} \right) / n$；

n——重复测量的次数。

2）计算 10%I_b，功率因数为 0.5 时的标准偏差估计值

$$S_{max2} = \sqrt{\frac{\sum\limits_{i=1}^{n} (\gamma_{i2} - \overline{\gamma})^2}{n-1}}$$

式中　γ_{i2}——功率因数为 0.5 时的第 i 次测量时仪表的基本误差，%；

$\overline{\gamma}$—— 平均值，$\overline{\gamma} = \left(\sum\limits_{i=1}^{n} \gamma_{i2} \right) / n$；

n——重复测量的次数，$n = 10$。

取 S_{max1} 和 S_{max2} 中较大者为 S。

六、长寿命技术电能表生产制造过程中关键工艺介绍

（1）磁力轴承采用高、低温处理，有助于磁力轴承的稳定。

（2）电压、电流铁芯冲片，采用高速冲床自动叠铆，电压、电流铁芯冲片阴极电泳，可以长时间耐腐蚀。

（3）电流过载补偿片采用真空退火处理，电流冲片及补偿片按电磁特性分选、配选使曲线平坦、更稳定。

（4）计度器数字采用氧化铝烫印工艺，可以防紫外线。

（5）整机通电高温老化，时效去应力，提高电能表的稳定性。

（6）精度储备，调整时控制误差。

练 习 题

一、填空题

1. 电能表按工作原理可分为_____、_____等。

2. 电能表按相线可分为_____、_____和_____。

3. 感应式电能表测量机构的驱动元件包括_____和_____，它们的作用是将被测电路的交流电压和电流转换为穿过转盘的_____，在转盘中产生_____，从而产生电磁力，驱动转盘转动。

4. 电能表驱动元件的布置形式分为_____和_____两种。

5. 全封闭铁芯结构可以用_____磁化_____，以改善_____的误差特性。

6. 电能表的永久磁钢要求具有高_____、高_____、_____小、金属组织_____的性能好。

7. 钢珠宝石轴承分上下轴承、上轴承起_____和_____作用，下轴承的作用是_____。

8. 电能表转盘要求_____好、_____轻、不易变形，通常采用_____制成。

9. 为了产生转矩，感应式电能表至少要有两个移进磁通，它们彼此在空间上和时间上要有差异，转矩的大小与它两个磁通的大小成_____，当磁通间的相角为_____时，转矩最大。

10. 起动试验是测定电能表的_____、在检定规程中是用_____来衡量的。

11. 潜动是由于_____或_____引起的。

12. 电能表进行潜动试验时，电流线路_____，电压线路加_____电压，要求电能表的转盘转动不超过 1 转。

13. 单相电能表的相角调整是在 $\cos\varphi = 0.5$，被测试表加_____电压，_____基本电流和_____基本电流的情况下进行的。

14. 电压线圈有匝间短路现象时，电能表满载时误差为_____。

15. 电压与电流铁芯的间隙偏大时，电能表满载时误差为_____。

16. 永久磁钢间隙偏大时，电能表满载时误差为_____。

17. 电流线圈匝间短路时，电能表满载进误差为_____。

18. 电能表的转盘转轴应_____，转盘应_____，其_____与永久磁钢磁极端面平行，且位置适中。

19. 影响电能表基本误差的主要因素有摩擦力_____、_____、_____、_____和寄生力。

20．作用在电能表转动元件上的力矩，跟转动方向相同的有_____力矩，相反的力矩除了永久磁钢的制动力矩之外，还有_____力矩和_____力矩。

21．在轻载时，对电能表特性影响最大的有两个因素：一是_____；另一个是_____的非线性影响，也就是的与负载电流间的非线性影响。

22．由于影响电能表过载特性的因素是_____，因而应减少_____来改善电能表的过载特性。

23．增大电流磁路中的空气间隙或减小电流铁芯长度、增大铁芯截面、能改善_____时的特性曲线。

24．由于电压的变化引起_____变化，从而影响_____、_____与驱动力矩的比例关系，因而产生电压附加误差。

25．在轻载时，引起电压附加误差的主要因素是_____和_____；在额定负载时，引起电压附加误差的主要因素是_____和_____。当电压升高时，电能表产生_____方向的综合附加误差；当电压减小时，电能表产生_____方向的综合附加误差。

26．产生幅值频率误差的主要因素为_____、_____、_____、_____，在基本电流时，频率升高，产生_____方向的幅值频率误差，频率降低，产生_____方向的幅值频率误差。

27．当环境温度改变时，_____、_____、_____发生相应的变化，从而使电能表引起的附加误差，称之为幅值温度附加误差；各相角的改变从而引起_____的改变，使得电能表产生的附加误差称之为相位温度误差。

28．在电压铁芯非工作磁通的磁路上给铁芯打孔，这种孔称为_____，其作用就是有意增大_____的非线性，用以补偿电压_____变化引起的误差。

29．电能表的永久磁钢由于其温度系数为_____，在温度升高时，使得永久磁钢的磁通_____，而制动力矩与_____成正比，所以电能表的误差将向_____方向变化。

30．电能表自热的稳定性是由其本身的功率消耗以及由于这种消耗引起电磁元件达到_____状态所需_____决定的。

31．一般用两种办法改善电能表的过载误差特性。一是增大_____，以降低转盘转速；另一个办法是给_____加磁分路。

32．长寿命电能表是指平均不修理的有效使用时间在_____年及以上的感应式电能表。

33．长寿命电能表在轻载负载时（$0.05I_b$　$\cos\varphi=1.0$ 及 $0.1I_b$　$\cos\varphi=0.5$）的测量重复性的标准偏差估计值应不大于_____。

34．为了有助于长寿命电能表磁力轴承的稳定，磁力轴承应采用_____处理。

35．长寿命电能表的计度器数字采用_____烫印工艺，可以防紫外线。

36．为了提高长寿命电能表的稳定性，整机应_____以去应力。

37．为了保持长寿命电能表的精度，蜗杆应光洁，粗糙度应小于_____。

二、选择题

1．在一定时间内累积_____的方式来测得电能的仪表称为有功电能表。

（a）有功电能；（b）瞬间功率；（c）平均功率；（d）电量。

2. 当功率因数低时，电力系统中的变压器和输电线路的损耗将_____。

(a) 减少；(b) 增大；(c) 不变；(d) 不一定。

3. 最大需量是指用户一个月中每一固定时段的_____指示值。

(a) 最大功率；(b) 平均功率的最大；(c) 最大平均功率；(d) 最大负荷。

4. 复费率电能表为电力部门实行_____提供计量手段。

(a) 两部制电价；(b) 各种电价；(c) 不同时段的分时电价；(d) 先付费后用电。

5. 多功能电能表除具有计量有功（无功）电能量外，至少还具有_____以上的计量功能，并能显示、储存多种数据，可输出脉冲，具有通信接口和编程预置等各种功能。

(a) 一种；(b) 二种；(c) 三种；(d) 四种。

6. _____可测量变压器功率损耗中与负荷无关的铁芯损耗。

(a) 铁损电能表；(b) 铜损电能表；(c) 普通电能表；(c) 伏安小时计。

7. _____可测量变压器绕组的电能损耗，该损耗是随负荷而变化的。

(a) 铁损电能表；(b) 铜损电能表；(c) 普通电能表；(d) 伏安小时计。

8. 铭牌标志中 5（20）A 的 5 表示_____。

(a) 基本电流；(b) 负载电流；(c) 最大额定电流；(d) 最大电流。

9. 有功电能表的计量单位是_____，无功电能表的计量单位是_____。

(a) kW·h；(b) kW·h；(c) kvar·h；(d) kvar·h。

10. 穿过圆盘的电流磁通称为_____。

(a) 电流非工作磁通；(b) 电压工作磁通；(c) 电压漏磁通；(d) 电压总磁通。

11. 三相电能表除具备单相电能表的一切基本特性外，影响其基本误差的外界条件还包括_____。

(a) 三相电压的对称与否；(b) 驱动力矩的变化；(c) 三相负载的不平衡；(d) 以上都不是。

12. 下列_____项措施无法减少三相电能表的相间干扰。

(a) 采用多层切槽叠片转盘；(b) 加磁分路；(c) 在电压线圈上加一个补偿线圈；(d) 在各元件间装磁屏蔽。

13. 在三相电能表结构中有时采用两个制动元件并按转动元件轴心对称位置安装，这主要是为了_____。

(a) 增加制动力矩；(b) 减少转盘转动时产生的振动；(c) 降低转速；(d) 保证磁路对称。

14. 采用磁力轴承，必须保证轴承永久磁钢的磁力_____和磁钢的磁性长期稳定不变，不退磁，这样才能确保电能表的准确度和寿命。

(a) 均匀；(b) 大；(c) 尽量小；(d) 稳定。

15. 三相三线有功电能表能准确测量_____的有功电能。

(a) 三相三线电路；(b) 对称三相四线电路；(c) 不完全对称三相电路；(c) 三相电路。

16. 在三相对称电路中不能准确测量无功电能的三相电能表有_____。

(a) 正弦型三相无功电能表；(b) 60°三相无功电能表；(c) 跨相90°接线的三相有功电能表；(d) 三相有功电能表。

17. 余弦型三相无功电能表适用于_____。

(a) 三相电路；(b) 三相简单不对称电路；(c) 三相完全不对称电路；(d) 三者均不可以。

18．并线表与分线表的根本区别在于_____。

(a) 内部结构；(b) 计量原理；(c) 端钮接线盒；(d) 检定方式。

19．当三相三线电路的中性点直接接地时，宜采用_____的有功电能表测量有功电能。

(a) 三相三线；(b) 三相四线；(c) 三相三线或三相四线；(d) 三相三线和三相四线。

20．使用_____电能表不仅能考核用户的平均功率因数，而且还能用于有效地控制用户无功补偿的合理性。

(a) 三相无功；(b) 三相三线无功；(c) 三相四线无功；(d) 双向计度无功。

21．电能表的摩擦力矩与其转动元件的转速_____。

(a) 有关，转速高，摩擦力矩大；(b) 无关；(c) 一部分有关，即变化的部分，与转速成正比，另一部分无关，仅与结构、质量有关；(d) 不一定。

22．影响电能表轻载时误差的主要因素，除了摩擦力矩之外，还有_____。

(a) 补偿力矩；(b) 电磁元件装置的几何位置；(c) 转盘的上下位移；(d) 电流工作磁通与负载电流的非线性关系影响。

23．影响电能表过载时误差的主要因素是_____。

(a) 摩擦力矩；(b) 补偿力矩；(c) 电流抑制力矩；(d) 电压抑制力矩。

24．从选择材料角度来看，_____对改善电流非线性误差有显著作用。

(a) 使用高剩磁感应强度的磁材料的永久磁钢；(b) 采用高矫顽力的永久磁钢；(c) 电流铁芯选择导磁率低的材料；(d) 电流铁芯选择初始导磁率低的材料。

25．从制造工艺来看，提高_____的加工制造工艺可减小摩擦力矩及其变差。

(a) 转盘；(b) 轴承和计度器；(c) 电磁元件；(d) 蜗杆与蜗轮。

26．当工作电压改变时，引起电能表误差的主要原因是_____。

(a) 电压铁芯产生的抑制力矩改变；(b) 电压工作磁通改变，引起转动力矩的改变；(c) 负载功率的改变；(d) 以上均不是。

27．基本误差是指电能表在_____条件下测试的相对误差值。

(a) 正常工作；(b) 工作极限范围；(c) 检定规程规定的参比；(d) 常温。

28．电能表内轻载调整装置所产生的补偿力矩，通常补偿轻载时因_____引起的负误差。

(a) 电压变化；(b) 摩擦力矩及电流铁芯磁化曲线的非线性；(c) 温度变化；(d) 潜动力矩。

29．随着负载电流的增大，电流抑制力矩将引起_____误差，通常称为电流抑制误差。

(a) 正；(b) 负；(c) 正和负；(d) 正或负。

30．电压抑制力矩与电压_____关系。

(a) 成正比；(b) 成反比；(c) 平方成正比；(d) 立方成正比。

31．没有穿过圆盘的电流磁通称为_____。

(a) 电流工作磁通；(b) 电流非工作磁通；(c) 电流漏磁通；(d) 电流总磁通。

32．永久磁钢产生的制动力矩的大小和圆盘的转速成_____关系。

(a) 反比；(b) 正比；(c) 正弦；(d) 余弦。

33．某一型号的感应式电能表，如果基本电流为5A时的电流线圈的总匝数是16匝，那么基本电流为 10A 时的电流线圈的总匝数是_____匝。

(a) 16；(b) 32；(c) 8；(d) 4。

34．DD862 型单相电能表的驱动元件的布置形式为_____。

(a) 径向式；(b) 正切式；(c) 封闭式；(d) 纵向式。

35．宽负载电能表是指其过载能力_____及以上的电能表。

(a) 150%；(b) 120%；(c) 200%；(d) 300%。

36．如果一只电能表的型号为 DSD9 型，这只表应该是一只_____。

(a) 三相三线多功能电能表；(b) 三相预付费电能表；(c) 三相最大需量表；(d) 三相三线复费率电能表。

37．电能表的运行寿命和许多因素有关，但其中最主要的是_____。

(a) 下轴承的质量；(b) 永久磁钢的寿命；(c) 电磁元件的变化；(d) 计度器的寿命。

38．长寿命技术电能表的寿命一般是指寿命不小于_____年。

(a) 10；(b) 15；(c) 20；(d) 30。

39．测定电能表基本误差时，负载电流应按_____的顺序，且应在每一负载电流下待转速达到稳定后进行。

(a) 逐次增大；(b) 任意；(c) 逐次减小；(d) 选择负载点。

40．新生产的长寿命技术电能表在额定电压、I_b 电流，功率因数为 1.0 时，允许误差限值百分数为：

(a) ±1.2；(b) ±1.0；(c) ±0.8；(d) ±0.6。

41．当采用三相三线有功电能表测量三相四线电路中 V 有功电能时，所测量到的有功电能为_____。

(a) 零；(b) 多计量；(c) 少计量；(d) 不一定。

42．三相电能表在调整平衡装置时，应使两颗螺钉所处的位置大致相同，否则要产生_____。

(a) 驱动力矩；(b) 潜动力矩；(c) 制动力矩；(d) 位置不平衡。

43．在进行三相三线有功电能表的分组调整时，若在正相序、感性负载下运行，则应将 U 相元件的误差调到_____ W 相元件的误差；若在正相序、容性负载下运行，则应将 U 相元件的误差调到_____ W 相元件的误差。

(a) 相等；(b) 略大于；(c) 略小于；(d) 无法确定。

44．电能表的轻载调整装置_____。

(a) 是由铁磁材料制成，其作用是分裂电压磁通，产生附加力矩；(b) 是由导磁材料制成，其作用是使电压非工作磁通磁路损耗不等的两部分磁通作用产生补偿力矩；(c) 选用导磁或导电材料均可；(d) 可选用任何材料。

45．电能表的自热稳定性是由其本身的消耗以及由它引起的各元、部件达到热平衡状态所需的时间而定。对同一只电能表来讲，热稳定的时间_____。

(a) 电流元件比电压元件长；(b) 电压元件要比电流元件长；(c) 电压元件、电流元件一样；(d) 不一定。

46．因为非正弦系三相无功电度表，当三相不对称时，有着不同的线路附加误差，所以测定它们的相对误差时，要求_____。

(a) 标准电能表没有线路附加误差或线路附加误差要尽可能地小；(b) 三相检定电路完

全对称；（c）标准电能表与被试无功电能表具有相同的线路附加误差；（d）三相电压对称。

47. 在使用检定装置检定电能表时，电流回路的_____会引起电源的功率稳定度不满足要求，为此需采用自动调节装置来稳定电流或功率。

（a）负载大；（b）负载变化较大；（c）不对称；（d）三者都不会。

三、问答题

1. 电能表按其用途可分为哪些类型的电能表？

2. 电能表按其结构可分为哪几类电能表？

3. 感应式电能表测量机构的驱动元件由什么组成，有何作用？

4. 感应式电能表主要由哪几部分组成？

5. 电能表电流线圈线径的大小由什么决定？

6. 电能表分离式铁芯结构有何优缺点？

7. 电能表全封闭式铁芯结构有何优缺点？

8. 电能表半封闭式铁芯结构有何优缺点？

9. 电能表对永久磁钢的要求有哪些？

10. 电能表对转盘的要求有哪些？

11. 影响电能表运行寿命最主要的因素有哪些？

12. 单相电能表有哪些调整装置？

13. 感应式电能表一般采用哪些轴承？

14. 电能表实现正确测量的条件有哪些？

15. 有功电能表的驱动力矩与负载有功功率有什么关系？

16. 永久磁钢产生的制动矩的大小和圆盘的转速成什么关系？

17. 什么叫做宽负载电能表？

18. 感应式电能表中为什么要安装永久磁钢？可否将永久磁钢按极性相反的方向安装？

19. 作用在电能表圆盘上的作用力矩有哪几个？

20. 为什么电能表的圆盘始终能朝一个方向转动？

21. 感应式电能表在轻载负载时影响基本误差的主要因素有哪几个？

22. 画出轻载调整装置的原理图并说明其调整原理。

23. 单相电能表有哪些调整装置？

24. 一般要求电能表轻载调整装置的调整裕度为多少？

25. 造成电能表轻载误差始终偏快的原因有哪些？

26. 造成电能表轻载误差始终偏快的原因有哪些？

27. 电能表轻载时误差变化较大，时快时慢，可能存在哪些原因？

28. 电能表起动试验有哪些规定？

29. 长寿命电能表的起动试验有何要求？

30. 电能表灵敏度不好的原因是什么？

31. 电能表的潜动试验有哪些规定？

32. 做潜动和起动试验时，对电能表的计度器字轮转动有何要求？

33. 产生潜动的根本原因是什么？

34. 防止感应式电能表潜动的方法有几种，作用原理是什么？

35. 单相电能表的相角调整在什么条件下进行？

36. 一般要求相角调整装置的调整裕度为多少？

37. 相角调整不满足规定要求时原因有哪些？

38. 电能表相位调整装置有哪几类？

39. 单相电能表满载调整在什么条件下进行？

40. 一般要求满载调整装置的调整裕度为多少？

41. 电能表满载调整不满足规定要求时，其原因有哪些？

42. 影响电能表满载时误差的主要因素是什么？

43. 一般电能表满载调整装置按其调整方式有哪两种？

44. 一般采用什么方法来改善电能表的过载特性？

45. 影响电能表过载时的误差的主要因素是什么？

46. 感应式电能表过载补偿装置一般采用什么方法？

47. 电能表附加误差主要由什么原因产生？工作电压升高和降低时，电压附加误差有何不同？

48. 一般采用什么方法改善电能表电压附加误差？

49. 产生幅值频率误差的主要因素有哪些？

50. 产生相位频率误差原因是什么？

51. 改善电能表频率特性的方法有哪些？

52. 产生温度误差的主要因素有哪些？分哪两种温度误差？

53. 改善电能表温度误差特性的方法有哪些？

54. 温度升高时，电能表的误差将如何变化？

55. 简述电压变化对电能表误差的影响。

56. 简述自热影响误差与温度影响误差的区别？

57. 改善电能表波形畸变引起的附加误差的方法有哪些？

58. 冲击大电流对感应式电能表会产生哪些不利影响？

59. 三相电能表的平衡调整装置主要作用是什么？

60. 三相电能表除具有单相电能表的一切基本特征外，影响基本误差的外界条件还有哪些？

61. 减少三相电能表的相间干扰有哪些措施？

62. 三相三线有功电能表在分组调整时，U、W相元件的误差应怎样调整？

63. 为什么三相三线电能表合理的调整就是要使得两组元件误差的差值尽可能的小？

64. 单相电能表的调整顺序是怎样的？

65. 三相三线电能有功表的调整顺序是怎样的？

66. 三相四线有功电能表的调整顺序是怎样的？

67. 灵敏度调整不合格时一般有哪些原因？

68. 潜动不合格时一般有哪些原因？

69. 轻载调整不合格时一般有哪些原因？

70. 满载调整不合格时一般有哪些原因？

71. 相位调整不合格时一般有哪些原因？

72. 简述无功电能表的测量意义？

73. 一般无功电能表为什么都加装止逆器？

74. 电路中无功功率的变化将怎样影响线路电压？

75. 用户用电的平均功率因数是怎样计算的？

76. 无功电能表的误差调整与有功电能表有何区别？

77. 三相电路完全不对称情况下，什么类型的无功表测量无功电能不会引起线路附加误差？

78. 无功表在调整时应注意什么问题？

79. 什么叫长寿命电能表？

80. 长寿命电能表对有功功耗和视在功率损耗有何要求？

81. 长寿命电能表对准确度有何要求？

82. 长寿命电能表对表盖、底座和接线端、接线端座有何要求？

83. 长寿命电能表的磁力轴承系统有何要求？

84. 长寿命电能表的防潜装置是怎样的？

85. 长寿命电能表对阻尼磁钢有何要求？

86. 长寿命电能表对轻载稳定性有何要求？

参 考 答 案

一、填空题

1. 机械式电能表、电子式电能表；2. 单相电能表、三相三线电能表、三相四线电能表；3. 电压元件、电流元件、移进磁通、感应电流；4. 正切式、径向式；5. 电压工作磁通、电流铁芯、轻负载时；6. 矫顽力、剩磁感应强度、温度系数、稳定；7. 定位、导向、以支撑转动元件的全部质量；8. 导电性能、质量、铝板；9. 正比、90°；10. 灵敏度、最小启动电流；11. 电磁元件装配不对称、轻载补偿力矩过大；12. 无电流、加 80% ~ 110% 参比；13. 100% 参比、100%、20%；14. 偏快；15. 偏慢；16. 偏快；17. 偏慢；18. 垂直、平整、平面；19. 电流铁芯磁化曲线的非线性、补偿力矩、抑制力矩、转盘位置；20. 驱动、摩擦、抑制；21. 摩擦力矩和补偿力矩之差值、电流抑制力矩过负载；22. 电流抑制力矩、电流抑制力矩；23. 轻负载；24. 电压工作磁通、电压抑制力矩、补偿力矩；25. 补偿力矩、电压回路磁通的非线性、电压抑制力矩、电压回路磁通的非线性、负、正；26. 电压工作磁通、电流工作磁通、抑制力矩、补偿力矩、负、正；27. 制动磁通、电流工作磁通、电压工作磁通内相角；28. 饱和孔、电压非工作磁通磁路、升高时抑制力矩增大；29. 负值、减少、制动磁通的平方、正；30. 热稳定、时间；31. 永久磁钢的制动力矩、电流铁芯；32. 20；33. ±0.3%；34. 高低温；35. 氧化铝；36. 通电高温老化；37. 0.8μm

二、选择题

1. a；2. b；3. b；4. c；5. b；6. a；7. b；8. a；9. a、c；10. b；11. a、c；12. b；13. b；14. a；15. a；16. d；17. b；18. c；19. b；20. d；21. c；22. d；23. c；24. a；25. b；26. a；27. b；28. b；29. b；30. d；31. b；32. b；33. c；34. b；35. c；36. b；37. d；38. d；39. c；40. c；41. d；42. c；43. b、c；44. c；45. b；46. c；47. b；48. b；49. a

三、问答题

略

第三章

全电子式电能表

感应式电能表作为一种传统的电能表，在电能计量工作中发挥了极大的作用。二十世纪八十年代，随着电力逐步走向市场，用电营销对电能计量工作提出了更高的要求，电能计量表计要承担的功能也越来越多，如在电力系统中，为引导用户更为有效、合理、均衡地利用电能，避免尖峰负荷的出现，提高系统的负荷率，达到电网经济运行的目的，需要对用户实行分时计量；又如，为对电能计量装置进行在线监测、远方遥控，需要对电能表进行远方通信等。同时，随着社会的发展，交易的电量越来越大，供、用双方对自身的权益也越来越关心，这就对电能计量表计的准确度等级提出了越来越高的要求。

普通感应式电能表受其结构和原理上的制约，要进一步提高准确度和拓展其功能已很困难。此时，微电子技术和单片机应用技术的发展和普及，为电能表多功能高精度的实现创造了有利条件，正是在这种背景和条件下，电子式电能表得以出现并得到了飞速发展。电子式电能表与普通感应式电能表相比，具有以下几个特点。

1. 功能强大

通过对单片机程序软件的开发，电子式电能表可实现正、反向有功、四象限无功、复费率、预付费、远程集中抄表等功能。特别是采用 A/D 转换的电能表，其功能的拓展更是简单、方便、快捷。有时装用一块电子式电能表可相当于几块感应式电能表，如装用一块功能较全的电子式多功能表，可相当于装用二块正向有功表、二块正向无功表、二块最大需量表，一块失压计时仪。即一块多功能表可相当于七块表，并能实现这七块表所不能实现的分时计量、数据自动抄读等功能，同时，表计数量的减少，有效地降低了二次回路的压降，提高了整个计量装置的可靠性和准确性。

2. 准确度等级高且稳定

感应式电能表的准确度等级一般为 0.5 级到 3 级，并且由于机械磨损，误差很容易发生变化，而电子式电能表可方便地利用各种补偿轻易地达到较高的准确度等级，并且误差稳定性很好，电子式电能表的准确度等级一般为 0.2 级到 1 级。

3. 启动电流小且误差曲线平整

感应式电能表要在 $0.3\% I_b$ 下才能启动并进行计量，而电子式电能表非常灵敏，在 $0.1\% I_b$ 电流下就能开始启动进行计量，且误差曲线好，在全负荷范围内误差几乎为一条直线，而感应表的误差曲线变化较大，尤其在低负荷时误差较大。

4. 频率响应范围宽

感应式电能表的频率响应范围一般为 45～55Hz，而电子多功能表的频率响应范围为 40～1000Hz。

5. 受外磁场影响小

感应式电能表是依靠移进磁场的原理进行计量的，因此外界磁场对表计的计量性能影响很大。而电子式电能表主要是通过乘法器进行运算的，其计量性能受外磁场影响小。

6. 便于安装使用

感应式电能表的安装有严格的要求，若悬挂水平倾度偏差大、甚至明显倾斜，将造成电能计量不准。而电子式电能表采用的是静止式的计量方式，无机械旋转部件，因此不存在上述问题，加上体积小，质量轻，便于使用。

7. 过载能力大

感应电能表是利用线圈进行工作的，为保证其计量准确度，一般只能过载 4 倍。而全电子式多功能表可过载 6～10 倍。

8. 防窃电能力更强

窃电是我国城乡用电中一个无法回避的现实问题，感应式电能表防窃电能力较差。而目前较新型的电子式电能表从基本原理上实现了防止常见的窃电行为。例如 AD7755 能通过两个电流互感器分别测量相线、零线电流，并以其中大的电流作为电能计量依据，从而实现防止短接电流导线等的窃电方式。可为国家电力部门减少经济损失。

但电子式电能表也存在如下一些弱点：

（1）维修较复杂。全电子式电能表线路较复杂，维修工作需要具有一定电子技术的专业人员来承担。

（2）若质量不过关，表计容易死机，从而造成极其严重的计量数据混乱。

（3）单块表计价格较高。

（4）受目前电子器件寿命的制约，电子式电能表的寿命大约为 10 年，与长寿命技术电能表相比寿命还不长。

因此，在目前具体运用中，需要计量功能较多的计量点一般以采用电子式表为主；在居民等计量功能较单一的计量点，则是感应式电能表和电子式电能表并存。

表 3-1 列出了两种电能表的性能比较。

表 3-1 　　　　　　　　　　**两种类型表计的性能比较**

类　　别	感应式电能表	电子式电能表
准确度（级）	0.5～2.0	0.01～2.0
频率范围（Hz）	45～55	40～2000
启动电流	$0.003I_b$	$0.001I_b$
外磁场影响	大	小
安装要求	严格	无
过载能力	4 倍	6～10 倍
功耗	大	小
电磁兼容性	好	差
寿命	普通表 5～10 年，长寿命表 20～25 年	10 年（待抽查验证）
日常维护	简单	较复杂
功能	单一、难扩展	完善、可扩展

第一节　电子式电能表工作原理与基本结构

一、电子式电能表工作原理

电子式电能表也称静止式电能表（Static-Watthour Meter）。较早是在标准电能表的基础上发展的，其基本功率表达式 $P = UI\cos\varphi$，电能量是 P 对时间的积分。电子式电能表按其工作原理的不同，可分为模拟乘法器型电子式电能表和数字乘法器型电子式电能表。模拟乘法器型电子式电能表工作原理如图 3-1 所示。被测的电压 U、电流 I 经电压和电流采样转换后送至乘法器 M，完成电压和电流瞬时值相乘，输出一个与一段时间内的平均功率成正比的直流电压 $U_{\circ}$，然后利用 U/f 转换器将 $U_{\circ}$ 转换成相对应的脉冲频率信号 $f_{\circ}$，一路送单片微机处理计数，显示相应的电能，另一路再由分频器分频输出供检定用。

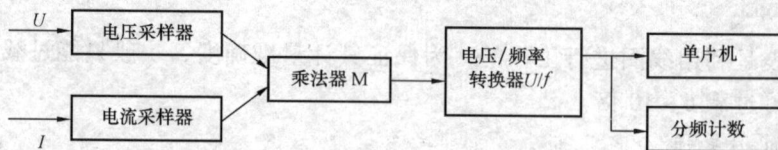

图 3-1　模拟乘法器型电子式电能表工作原理

图 3-2 所示为数字乘法器型电子式电能表工作原理。其工作原理与模拟乘法器不同的是，采样电压、采样电流经数字乘法器 M 输出的是一个与功率成正比的数字量，这个数字量经 D/f 转换器转换成相应的脉冲频率信号。

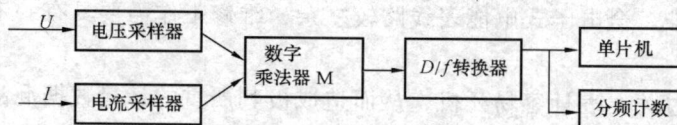

图 3-2　数字乘法器型电子式电能表工作原理

以上电压采样器和电流采样器构成了表计的输入级，电子式表计的电压采样可采用电压互感器或分压电阻，电流采样可采用电流互感器或分流器，它们与乘法器、U/f 转换器共同构成了电子式电能表的核心部分——电能测量单元。各部分的结构和功能将在后面章节中具体介绍。

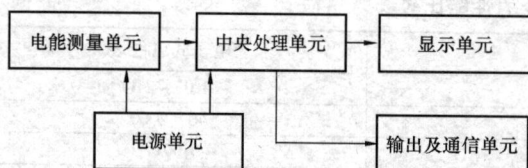

图 3-3　电子式电能表各部分连接关系

二、电子式电能表的基本结构

电子式电能表按相线数可分为单相电子式电能表、三相电子式电能表；按功能可分为预付费表、基波表、载波表、多用户表、多功能表等。一般来讲，从基本机构来看，各种类型的电子式电能表基本上由电源单元、显示单元、电能测量单元、中央处理单元（单片机）、输出及通信单元等 6 个部分组成，各部分的连接关系如图 3-3 所示。

第二节　电　源　单　元

电子式电能表交流供电通常有工频电源（即变压器降压）、阻容电源（电阻和电容降压）、开关电源三种方式。无论哪种电源方式，都应该着重解决如下几个问题：

（1）将 50Hz 的电网 220V 交流高电压变换成电子电路所需的直流低电压 ±5V；

（2）将电子式电能表与外界交流电网实现电气隔离，避免电网噪声的侵入；

（3）提供后备电池，确保电网停电时重要数据不丢失；

（4）将电网瞬间的掉电信号提供给单片机进行处理。

一、工频电源

这是最常见的供电方式。它采用小型 C 型铁芯变压器，能量转换率在 80% 左右，静态空载电流 4 ~ 10mA，初次级绝缘强度在 2kV 左右。此种电源方式的优点是结构简单、电气隔离好、传统可靠，缺点是体积大，不容易解决掉相故障。

图 3-4 是一种典型的工频电源电路图。变压器 T 将 220V 交流电降压，送整流桥 UR，经三端稳压管（如：7805）输出直流 5V 工作电源。

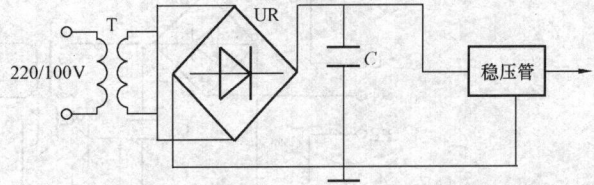

图 3-4　工频电源电路图

二、阻容电源

这种电源方式适合于液晶显示等一些要求工作电流很小的场合。电阻降压方式结构简单，允许输入电压动态范围宽，缺点是电气无隔离，电源效率低。电容降压方式的电能转换效率较高，但一旦电容击穿将造成严重后果，因此安全性有待加强。图 3-5 所示是一种典型的阻容降压电路图。

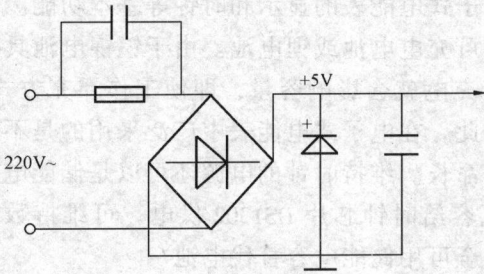

工频电源和阻容电源都属于线性电源。

图 3-5　一种典型的阻容降压电源电路图

三、开关电源 SMR（Switch Mode Rectifier）

随着电力电子技术的高速发展，电力电子设备与人们的工作、生活的关系日益密切，而电子设备都离不开可靠的电源，进入 20 世纪 80 年代计算机电源全面实现了开关电源化，率先完成计算机的电源换代。进入 90 年代，开关电源相继进入各种电子、电器设备领域，程控交换机、通信、电力检测设备电源、控制设备电源等都已广泛地使用了开关电源，更促进了开关电源技术的迅速发展。开关电源是利用现代电力电子技术，控制开关晶体管开通和关断的时间比率，维持稳定输出电压的一种电源。开关电源一般由脉冲宽度调制（PWM）控制 IC 和 MOSFET 构成。开关电源和线性电源相比，两者的成本都随着输出功率的增加而增长，但两者增长速率各异。线性电源成本在某一输出功率级上，反而高于开关电源，这一点称为成本反转点。随着电力电子技术的发展和创新，使得开关电源技术也在不断地创新，成本反转点日益向低输出电力级移动，这为开关电源提供了广阔的发展空间。开关电源发展方向是高频、高可靠、模块化、抗干扰、低噪声。与其他电源相比，开关电源具有效率高（75%）、体积小和输入电压动态范围宽等优点，但有故障点多和不易做到可靠性高等缺点。在价格较高的电子式电能表中，开关电源应用较普遍。

开关电源种类很多，按变换器电路结构可分为串联式和直流变换式；按激励方式可分为自激和它激式；按开关管的组合可分为桥式、半桥式、推挽式等。但无论哪种开关电源都是利用半导体器件的开和关来工作的，并以开和关的时间来控制输出电压的高低，它通常在 20kHz 的开关频率下工作。

图 3-6 所示是一种典型的开关电源框图。控制开关控制三极管 V3 的通断，V3 导通时，输入电源通过整流滤波后给负载提供能量。当控制开关使三极管 V3 截止时，续流二极管 V2 继续提供能量，使得负载有持续的能量获得。三极管开关通断的周期时间决定直流输出的电

压平均值，并利用通断时间比率的控制来得到稳定的电压输出。其方式有脉冲宽度调制、脉冲频率调制和当今最流行的 PWM 调制三种。

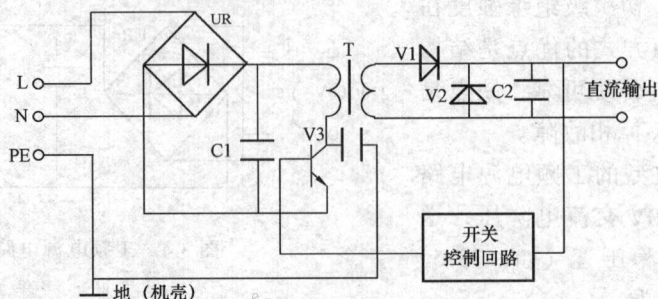

图 3-6 开关电源框图

四、电池

电子式电能表中在停电时需要利用电池维持电子式电能表的显示和时钟等基本功能。因此在电子式电能表中，可经常看到表计中嵌入镉镍可充电电池或锂电池。由于镉镍电池具有很不好的记忆效应，当电池放电未达终止时又重新充电就会影响容量，即使工作浮充方式，也可能使电池的实际容量下降很快，寿命缩短。因此，在电子式电能表中广泛采用的是不可充电的锂电池。其特点是工作温度范围宽、储存寿命长。维持时钟的电源还可以是储能电容（0.1～1F），它有很低的放电率，若用 1F 的储能电容给时钟芯片 DS1302 供电，可维持数据长达 1 月。在不需要特别长的维护时间情况下，完全可用储能电容替代电池。

作为电子式电能表的电源，必须具备掉电检测的功能，它主要有两点：一是当电网断电的瞬间产生一个掉电信号，通知单片机，由于储能元件大电容的存在，仍可维持一个短暂时间（例如几十毫秒）使单片机能完成保护当前工作现场、保存重要数据到非易失存储器单元；二是电网恢复上电时，产生上电信号，通知单片机由后备或初始状态进入正常工作状态。现在已出现不少专用的集成电路芯片具备此功能，例如 美国 MAXIM 公司生产的 MAX813，不仅具备看门狗（WATCHDOG）功能，同时能进行电源监测，即在电源掉电和上电时它的一个输出端可以输出一个脉冲信号，通知单片机进行相应的动作，并且它的电压"门坎"值和输出的脉冲信号均可调节，该芯片在电能表电子线路中用得极为普遍。

第三节 显 示 单 元

电子式电能表主要利用 LED 数码管和 LCD 液晶显示器来显示电能表的电能量。机械计度器容易卡字，主要在价格较低、电量较小的单相电子式电能表中使用。数码管则主要在价格较低的单相电子式电能表和单相复费率表中使用。LCD 由于其独特的汉字显示、功耗低等优点，而在三相电子式电能表和多功能电子式电能表中使用。表 3-2 比较了后两者的特性。

表 3-2　　　　　　　　　　　两种类型的显示器性能比较

显示类型	工作电压（V）	功耗	使用温度（℃）	对比度	寿命	视角	功能	价格
LED	5	高	-40～+85	10:1	长	>150°	单一	便宜
LCD	1～6	低	-20～+70	20:1	短	<120°	多，且支持汉字和图形显示	较高

一、LED 数码管显示器

其主要机理是当电流通过发光二极管时便会发出可见光。图 3-7 所示为数码管显示器原理图。图 3-7（a）为发光二极管图形符号，图 3-7（b）中是把 8 只发光二极管按一定规则排列成 8 字形，只要有选择地点亮其中的一只或几只，就可以显示不同的字形，如 0，1，2，…，9。利用微控制器点亮相应的发光二极管字段，即可显示数字。具体应用有共阳极和共阴极两种接法，见图 3-7（c）、（d）所示。对于共阳极 LED，若公共极接直流 + 5V，阴极接 0V 的发光二极管将点亮，其他不接 0V 或也接到 + 5V 的发光二极管将不亮；如果公共阳极不加正电压，则不论阴极电平是高是低，也不会发亮。对共阴极 LED，若公共极接地，阳极接 + 5V 的发光二极管将点亮，其他不接 + 5V 或接地的发光二极管将不亮；如果公共极接 + 5V，则不论阳极电位是高是低，也不会发亮。总之是通过控制阴极与阳极之间的电位差来控制数码管的发光。

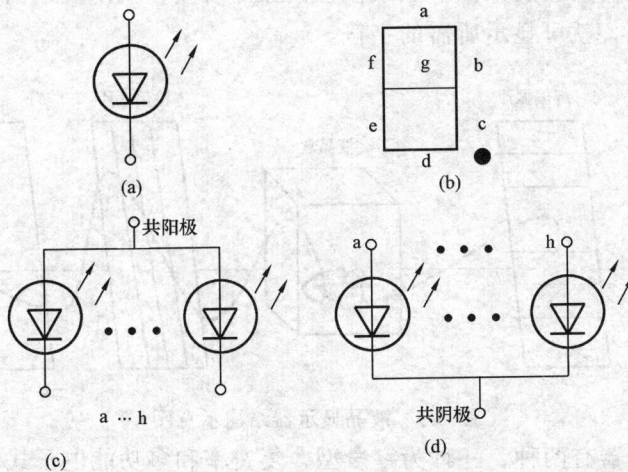

图 3-7　数码管显示器原理图

（a）数码管显示原理；（b）LED 符号；（c）共阳极接法；（d）共阴极接法

图 3-8 所示是一种典型多位数数码管显示电路。图中，D1 ～ Dn 是单片机输出的数码管的位选线，a ～ h 则是单片机输出的数码管的段选线，比较常见的用法是将位选由单片机的 I/O 口控制，而段选由数据总线输出。

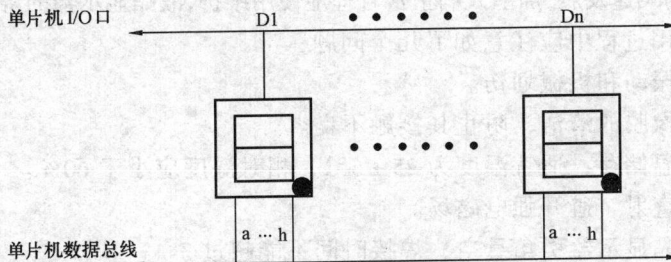

图 3-8　典型多位数数码管显示电路

二、LCD 液晶显示器

液晶显示器 LCD（Liquid Crystal Display）是一种利用液态晶体产生显示效果的器件，即液态晶体在外电场或电流的作用下，其光学性质（透射、反射、偏振）会发生变化。它只有在一定温度范围内才能有液态和晶体两种属性，因此液晶显示器的使用温度范围较小。液晶显示器是一种不发光的显示器，但在明亮的场合下有很高的对比度。其视角、对比度与驱动电压密切相关。因此液晶显示器还可随个人的爱好进行调整。

液晶显示器结构示意图如图 3-9 所示，其中用玻璃片做成的液晶盒，两壁内侧采用表面处理，液晶分子在前后透明导电玻璃上呈水平排列，但前后玻璃基板上液晶分子的指向是相互垂直的，并且慢慢扭曲。这样的结构使液晶对光产生旋光作用，即把直线旋转 90°。在液晶盒前后配置起偏振片和检偏振片，两者偏振方向互相垂直安放。正常光线穿过水平起偏振片后，在液晶盒内液晶分子的指向扭曲了 90°，因此把水平方向的偏振光旋转 90°就能顺利通过与起偏振片方向成 90°的检偏振片到达发射膜，发射膜将光按原路返回，这样我们仅看到白底。如果再在液晶盒两端施加一定的电压，由于电场的作用，具有极性的液晶分子转为与玻璃垂直的方向，从而失去旋光性，以致被检偏振片吸收，就出现了白底黑字，如果用电路控制所加字段的电压，就可显示所需的字符。

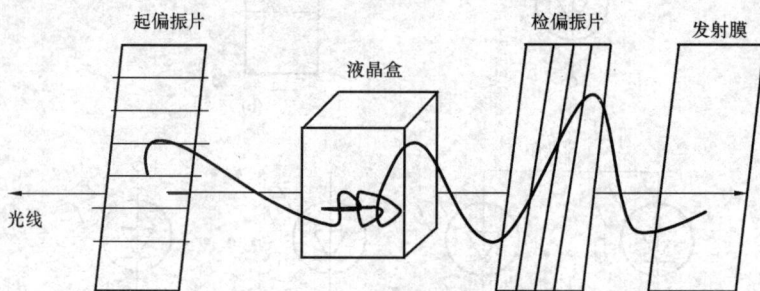

图 3-9　液晶显示器结构示意图

常用的液晶显示器有两种，一种为字段型，复费率和多功能电子式电能表多采用这种显示；另一种为点阵型，在掌上电脑和较复杂的电器设备中应用较多，其成本较高。

液晶显示器驱动虽然比较复杂，但因为功耗很低，用大规模 CMOS 集成电路很容易实现驱动，不但有专用的液晶显示驱动芯片，如 PCF8566、MC14500，同时也有带液晶显示控制器的单片机，如 MC68HC05LI、Upd75308B。

现代的电子式多功能电能表，LED 显示器已经不能满足显示要求，LCD 显示器是首选。尤其是大屏幕汉字提示的液晶显示器，受到设计者的青睐。液晶显示器的寿命问题已越发受到关注。随着电子技术和工艺的飞速发展，加上人们正常合理地使用维护，液晶显示器的寿命将越来越长。

液晶显示器使用过程中应注意如下几个问题：

（1）避免强烈振动和机械划伤。

（2）保持导电橡胶的清洁，防止其接触不良。

（3）避免高低温储存，适宜温度为 25±5℃，相对湿度应小于 60%。

（4）避免强光直射、避开强电磁场。

（5）不允许液晶显示器引角悬空，焊接时间不能超过 3s。

第四节　电能测量单元

电能测量单元的作用是将输入电压与电流变换成与功率成一定比例关系的脉冲信号，送至分频和计数。它是电子式电能表的关键，其测量精度直接决定电能表的精度和准确度。电磁感应测量机构是感应式电能表的电能测量单元，而电子式电能表的电能测量单元则种类繁多，其中乘法器又是该单元的核心组成部分。乘法器的类型决定了电子式电能表电能测量单元的结构。由此大体可分为以模拟乘法器为核心和以数字乘法器为核心的两类。模拟乘法器的又分为热电转换型、霍尔效应型、时分割型等；数字乘法器则以微处理器为核心的高精度A/D型为代表。初期的电子式电能表以时分割型为主的较多，目前的电子式电能表则以数字乘法器为主。

一、测量机理

电能测量的有功电能测量可简单地描述如下。

设交流电压、电流的表达式为

$$u(t) = u_\mathrm{m}\sin\omega t = \sqrt{2}U\sin\omega t \tag{3-1}$$

$$i(t) = I_\mathrm{m}\sin(\omega t - \varphi) = \sqrt{2}I\sin(\omega t - \varphi) \tag{3-2}$$

式中　$u(t)$——t 时刻电压瞬时值；

　　　$i(t)$——t 时刻电流瞬时值；

　　　U_m——电压峰值；

　　　I_m——电流峰值；

　　　U——电压有效值；

　　　I——电流有效值；

　　　φ——电压与电流相位差；

　　　ω——角频率。

则一个周期内的平均有功功率 P 为

$$
\begin{aligned}
P &= \frac{1}{T}\int_0^T u(t)i(t)\mathrm{d}t \\
&= \frac{1}{T}\int_0^T U_\mathrm{m}\sin\omega t I_\mathrm{m}\sin(\omega t - \varphi)\mathrm{d}t \\
&= \frac{1}{T}\int_0^T UI[-\cos(2\omega t + \varphi) + \cos\varphi]\mathrm{d}t \\
&= UI\cos\varphi
\end{aligned}
\tag{3-3}
$$

一个周期内的电能 W 可用下式计算

$$W = \int_0^T u(t)i(t)\mathrm{d}t = TUI\cos\varphi \tag{3-4}$$

各种乘法结构的电能测量单元都是以式（4-4）为理论基础形成的。

二、乘法器

1. 热电转换型

热电变换型的电能测量单元是将电能变成热能，再由热电偶转换成热电势。热电势的值正比于所消耗的电功率。这种测量单元输出的是与电功率成正比的热电势。加拿大GUIDLING 公司的 0.01 级 7200 型精密标准电能表就是基于这种原理制作的。此种结构的电子式电能表目前已经比较少见。

2. 霍尔乘法器

霍尔效应 1879 年被发现以来至今已有 100 多年历史，随着微电子技术发展及制造工艺

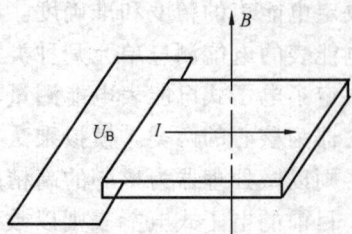

图 3-10 霍尔元件示意图

的进步，霍尔器件得到了很广泛的应用。各种霍尔传感器在控制、测量领域发挥了重大作用。瑞士兰地斯公司（LANDIS&GYR）利用基于霍尔效应的 DFS 传感元件（Direct Field Sensor)测量电能就是一个成功的例子。

霍尔元件是如图 3-10 所示的半导体薄片，当它处于磁场感应强度为 B 的磁场中时，如果在它相对的两端通以控制电流 I，则在半导体另外两端将会产生一个大小与控制电流和磁感应强度乘积成正比的电势 U_H。$U_H = K_H I_B$，其中 K_H 为霍尔元件的灵敏度，U_H 为霍尔电势。设霍尔元件厚度为 d。则霍尔电势 U_H 可表示为 $U_H = R_H BI/d$，R_H 称为霍尔系数。

根据霍尔乘法原理实现的静止式电能表可以用图 3-11 表示。霍尔乘法器输出的为瞬态功率信号。瞬态功率信号可以通过变换很容易产生有功电能、无功电能等所需的数据。图 3-11所示的属于直接检测式霍尔乘法器。这种结构在轻载时误差较大。霍尔乘法器具有很宽的频率响应，从直流到 100kHz 都有良好的线性，可用于测量波形畸变很大的电路电能。

霍尔元件在实际应用时，存在多种因素影响其测量精度。由于半导体的固有特征以及制造工艺的缺陷，霍尔元件表现为零位误差和温度引起的误差。零位误差是霍尔元件在控制电流为零或者外加磁场为零时出现的霍尔电势，温度误差主要表现为霍尔元件输入输出电阻随温度而变化以及霍尔元件灵敏度随温度而变化，而且温度上升到一定程度，这种温度影响会迅速增大。

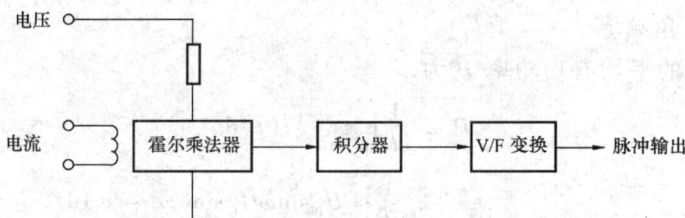

图 3-11 霍尔乘法器型静止式电能表

为了提高霍尔元件的测量精度，一方面要严格控制生产工艺，另一方面是在应用时进行补偿，包括无源及有源的补偿。常用补偿方法有用平衡电桥消除零位误差、用热敏器件补偿温度误差。

霍尔乘法器实现的静止电能表主要优点是频率响应宽，可以不需要电流互感器，不存在引入互感器的误差，电压电流回路彼此独立，检测和校准相对容易，且线性也较好。主要缺点是工艺复杂，精度也不容易达到很高。

在实际应用中，存在诸多的因素将影响其测量精度，例如零位误差和温度误差等。同时，其误差重复性也很难保证。为了提高测量精度，一方面要严格控制生产工艺，另一方面应用中要进行补偿，消除影响。

3. 时分割乘法器

时分割乘法器是许多电子式电能表的关键部分，它又称 PWM 乘法器。它实质上是一个脉宽、幅度调制器，输入两路信号的一路对脉宽进行调制，另一路对幅值进行调制，被调制脉冲信号的直流分量就是两路输入信号的乘积。

通常时分割乘法器由三角波发生器、比较器、调制器、滤波器四个部分组成。图 3-12 所示是时分割乘法器原理及波形。

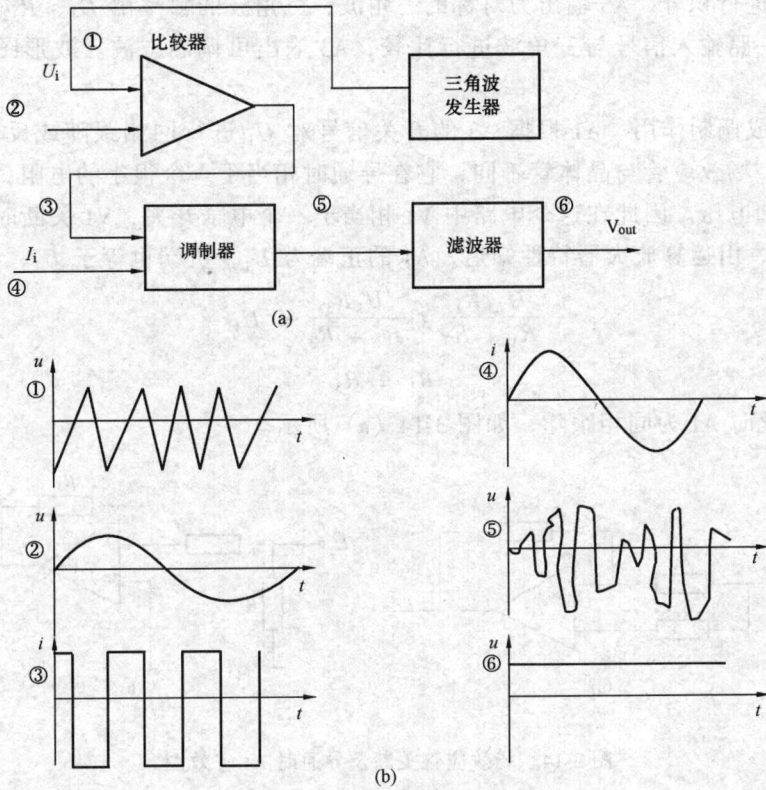

图 3-12 时分割乘法器原理及波形
（a）构成原理；（b）各点波形

图 3-13（a）所示为最简单的由运算放大器组成的时分割乘法器电路。以此为例说明时分割乘法器原理。这个电路使用最常用的元器件，载波频率设计为 5kHz，使用在电子式电

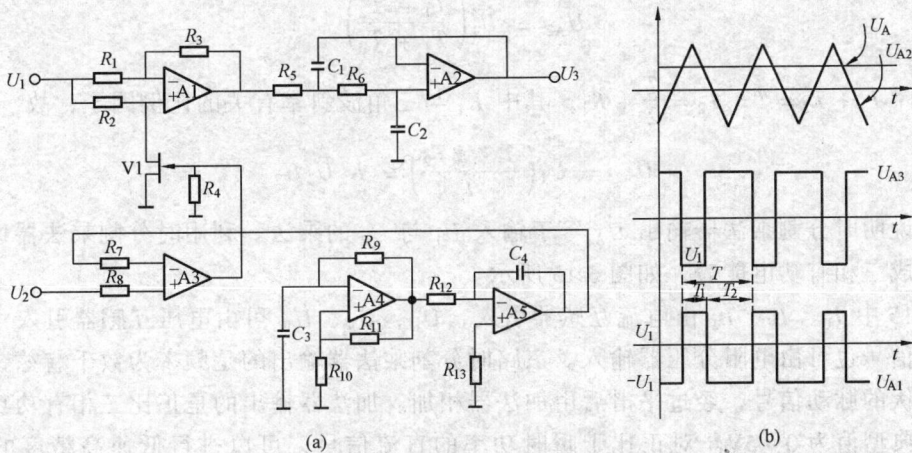

图 3-13 由运算放大器组成的时分割乘法器
（a）时分割乘法器原理电路；（b）波形图

能表中，最高能达到 1% 的精度。电路中所有电阻均为 100kΩ。U_1、U_2 为两路输入信号，U_3 为输出。A4 组成方波发生器，方波频率由 R_9、C_3 决定，A4 输出占空比 1:1 的对称方波。A5 对方波进行积分，A5 输出为对称的三角波，三角波的斜率由 C_4、R_{12} 决定。A3 构成比较器，它将一路输入信号与三角波进行比较，A3 输出可调制方波。波形图如图 4-13（b）所示。

A1 主要完成调制作用。A1 根据 A3 的开关信号对 U_1 进行同相跟随或反相跟随。V1 为结型场效应管，场效应管与晶体管不同，它在导通时相当于一个很小的电阻，并没有类似晶体管的导通饱和电压。因此在这个电路中 V1 相当于一个电子开关，V1 关断时相当于开路。

V1 关断时，由运算放大器特性知道，A1 的正端为 U_1，负端也等于 U_1，于是

$$\frac{U_{A1} R_1}{R_1 + R_3} + \frac{U_1 R_3}{R_1 + R_3} = U_1$$

$$R_1 = R_3$$

则 $U_{A1} = U_1$。此时 A1 为同相跟随，如图 3-14（a）所示。

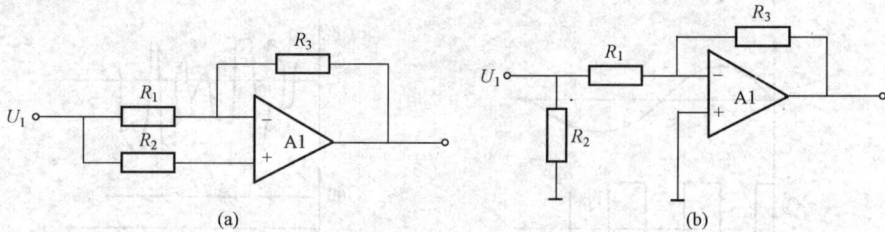

图 3-14　场效应管关断及导通时 A1 等效图

（a）V1 关断；（b）V1 导通

V1 导通时，运算放大器负端必须是零，则

$$U_{A1} = - U_1$$

此时 A1 为反相跟随器，如图 3-14（b）所示。

A2 为低通滤波器，A2 的截止频率约为 100Hz，A2 输出脉冲波的平均值可表示为

$$U_{A2} = U_1 \left(\frac{T_1 - T_2}{T_1 + T_2} \right)$$

因为　$T_1 + T_2 = T$，$T_2 = \frac{T}{2} + K_1$，其中 K_1 与三角波斜率有关的比例因子，故

$$U_{A2} = U_1 \left(\frac{T - 2 T_2}{T} \right) = K_2 U_1 U_2$$

上式说明时分割乘法器输出 U_{A2} 等于输入 U_1 与 U_2 的乘法。利用时分割乘法器这个原理可以设计成三相有功电能表，如图 3-15 所示。

图 3-15 中 I_U、I_V、I_W 由电流互感器引入，U_U、U_V、U_W 可由电压互感器引入，单相电表的电压信号也可由电阻分压器输入。三路时分割乘法器输出的是频率为数千赫兹、幅度为正负若干伏的脉动信号，经过平滑后由加法器相加。加法器输出的是正比三相有功功率的直流信号，典型值为 0～5V。对正比于瞬时功率的直流信号，可以进行低速高精度的积分式 A/D 变换，也可以转换为频率信号，即进行 V/F 变换，将 0～5V 的直流信号转换为 0～100kHz 的频率信号。

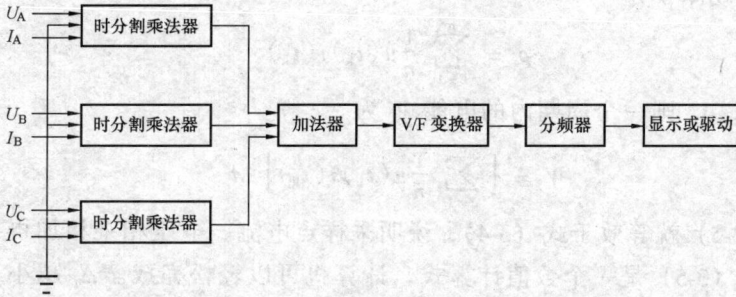

图 3-15 时分割乘法器型电子式电能表

V/F 变换输出频率正比于功率，但不能直接用于计数或驱动步进电机。分频的作用是把频率较高的信号分频为低频信号，其中极低频用于计数或驱动步进电机，低频或中频可以驱动发光二极管或作为校表脉冲。

初期，采用时分割乘法器的全电子式电能表占比例相当大，与其他类型的模拟乘法器相比，时分割型的制造技术成熟且工艺性好，原理先进，具有更好的线性度，更突出的优点是具有很高的准确度，可达 0.01 级。但与数字乘法器型电子式电能表相比，功能扩展较难。

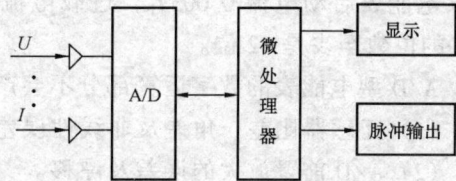

图 3-16 高精度 A/D 型电能表结构框图

4.高精度 A/D 型乘法器

高精度 A/D 型乘法器结构的电子式电能表是近年兴起的新型安装式电能表。高精度 A/D 型电能表结构框图如图 3-16 所示。它是对电流、电压、相位、频率进行精确采样，得到的数字信号送入微处理器进行一系列的运算处理。这种电能表可很容易地实现其他电能表难以实现的其他功能，如四象限无功计量、失压报警等。

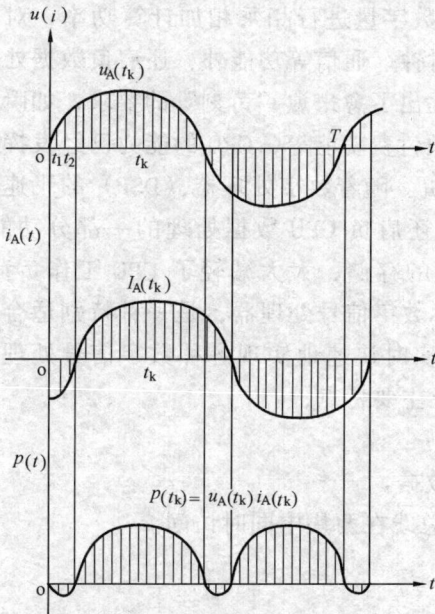

图 3-17 分时采样与采样点功率

这种电能表也是以式(3-4)为理论依据的。实际上用户负荷是不断变化的，无法快速而精确地测量每个周期的电压有效值和电流有效值以及它们之间的夹角，但人们可以用瞬时采样值求和来代替式(3-3)的积分运算。利用作图法可求得一个周期内各采样点的功率，图 3-17 为分时采样与采样点功率。

从图 3-17 可看到各采样点功率 $p(t_k)$ 为

$$p(t_k) = u_A(t_k) i_A(t_k)$$

一个周期 T 内平均功率 p 为

$$p = [u_A(t_1) i_A(t_1) + \cdots + u_A(t_k) i_A(t_k) + \cdots$$
$$+ u_A(t_n) i_A(t_n)] \frac{1}{n}$$
$$= \sum_{k=1}^{n} \frac{1}{n} u_A(t_k) i_A(t_k)$$

即各采样点功率 $p(t_k)$ 为

$$p(t_k) = u(t_k) i(t_k)$$

97

则一周期 T 内平均功率 p 为

$$p = \sum_{k=1}^{n} \frac{1}{n} u(t_k) i(t_k)$$

令 $\Delta t = t_k - T_{k-1}$，则一个周期内的电能 W 为

$$W = \left[\sum_{k=1}^{n} \frac{1}{n} u(t_k) i(t_k) \right] \Delta t \tag{3-5}$$

若 $\Delta_t \to 0$，则式（3-5）就等效于式（3-4），说明采样点电流、电压相乘相加再乘以采样周期就是平均电能。式（3-5）是一个数值计算式，计算机可以轻松完成。Δ_t 越小，计算得到的电能数值就越准确。而 A/D 变换器的取样周期 Δ_t 决定了电能表的频率响应范围，因为工频电网中电流电压并不是单纯的正弦波，除了 50Hz 的基波外，还有一定数量的谐波。电能表为了全面真实地计量其有功电能，必须具有较高的采样速率，如电能表希望计量 4kHz 以内的功率，根据采样定律，A/D 转换器至少 2 倍即 8k 次/s 的采样速率，即要求 A/D 转换器的转换速率小于 $125\mu s$。

另外一个与电能表性能密切相关的指标是 A/D 的位数。这取决于 I_{max} 和 I_{min} 比值。例如若某电能表启动电流 $0.003I_b$，过载电流为 $10I_b$，比值为 3333。而 $2^{11} < 3333 < 2^{12}$，即要求 A/D 的位数至少是 12 位。

A/D 型电能表的数字运算部分不会产生误差，整表的误差来源主要是以下三个方面：

（1）互感器比差、角差及非线性误差。

（2）A/D 前置放大的误差及漂移。

（3）A/D 变换器的误差及漂移。

这三方面误差可以由微处理器进行数字补偿，因此高精度 A/D 型电能表的一个突出特点是可以进行软件修正误差，不需进行硬件的修改。

5. DSP 型乘法器

上面介绍的 A/D 型模数转换器的作用，就是对输入来的交流电压电流波形进行分时采样，把模拟量变成数字量，然后由 CPU 对电压、电流数字量进行相乘相加计算功率，对时间积分得到电能。因此，CPU 除具有显示、键处理、时钟、通信等功能外，还肩负数据处理的任务。而目前的电力用户对全电子式多功能电能表提出了愈来愈 "苛刻" 的要求，如瞬时功率的采集与通信、多费率电能计量的组合与计算、预付费功能等，CPU 的能力已经发挥应用到极限，随之而来的是 CPU 不堪重负而经常性的死机。随着数字处理器（DSP）的飞速发展，DSP 芯片除取代了 A/D 转换器交流采样功能外，还肩负 CPU 数据处理的一部分功能，如某些 DSP 有一定的存储器空间，可进行数据和程序的存储，大大减轻了 CPU 工作负荷，同时使得整机的功能得到进一步加强。DSP 芯片，也称数字信号处理器，是一种特别适合于进行数字信号处理运算的微处理器具。其主机应用是实时快速地实现各种数字信号处理算法。根据数字信号处理的要求，DSP 芯片一般具有如下主要特点：

（1）一个指令周期内可完成一次乘法和一次加法。

（2）程序和数据空间分开，可以同时访问指令和数据。

（3）片内具有快速 RAM，通常可通过独立的数据总线在两块中同时访问。

（4）具有低开销或无开销循环及跳转的硬件支持。

（5）快速的中断处理和硬件 I/O 支持。

（6）具有在单周期内操作的多个硬件地址产生器。

（7）可以并行执行多个操作。

（8）支持流水线操作，使取指、译码和执行等操作可以重叠执行。

图 3-8 所示是一个典型的 DSP 型电能表结构框图。在图示的电路中，电压电流信号经过变换之后，直接送入 DSP，是因为目前随着 DSP 技术的日益发展，较先进的 DSP 芯片中已经具有模数转换（A/D）的功能，如美国德州仪器公司的 TMS320LF02，含有 8 通道 10 位的 A/D。经过 DSP 运算后的各种信号，如有功、无功、相位角、断相失压等数据量送给下一级的 CPU 进行处理。如此结构使得电子式电能表的结构更加简单可靠。

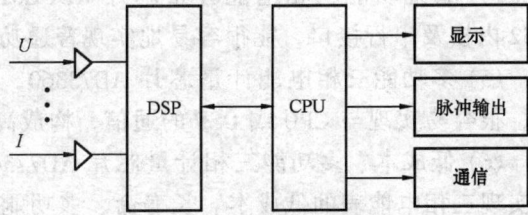

图 3-18　典型的 DSP 型电能表结构框图

几种电能测量单元的比较见表 3-3。

表 3-3　　　　　　　　　　　　　　　几种电能测量单元的比较

项目	A/D 采样型	DSP 型	时分割乘法器型	霍尔乘法器型	热电转换型
精度	高	高	高	一般	较高
启动电流	小	小	小	一般	小
频率响应	<10kHz	<10kHz	<10kHz	0~100kHz	0~100kHz
电磁兼容性	好	好	好	好	好
时间漂移	好	好	较好	较好	较好
功能扩展性	强	很强	一般	一般	一般
抗外磁场干扰	好	好	好	差	好
制造成本	较高	高	一般	一般	高

产品的整体性能与许多因素有关，如电路设计及结构设计、元器件选择、生产工艺、出厂检测等。从目前情况看，国内 A/D 采样设计应用比较成熟，国外时分割乘法器型静止式电能表最为成熟，国内时分割乘法器的单相电子式电能表也较好。

6．电能测量芯片介绍

从理论上来说，电子元件越少其稳定性及可靠性就越高。要使电子表成批量生产，就需要将上述原理框图的电子元件尽可能集成，这样就形成了计量芯片。计量芯片的主要功能是用于计量，是电子式表的核心部件。计量芯片的出现使单相电子式表的设计变得非常简单，只要在计量芯片外加一些简单的外围电路，就可形成一个电子式电能表。计量芯片的面世使电子式表得到了飞速发展。

简单介绍几种常见电能测量芯片。

（1）普通单相电能计量芯片 AD7755，由内部两路模拟输入、16 位 A/D 转换电路、DSP 乘法器及数字频率转换器组成，可直接驱动步进电机和计数器，并有可供校验用的高频脉冲输出。外围简单，可组成单相普通型电子式电能表。

（2）复费率、预付费及集中抄表单相专用芯片 AD7756，在 AD7755 基础上，增加了串行输出（SPI）接口，结合单片机技术，可方便地实现复费率（黑白表）、预付费（卡表）及集中抄表功能。

（3）防窃电单相专用计量芯片 AD7751，同样在 AD7755 基础上，增加一路模拟输入通道，可测量相、零线上的电流，并自动选择较大的电流值作为计量依据，从而达到防窃电的目的。

（4）普通功能三相电能计量芯片 ADUC812，具有 8 通道、12 位 A/D 转换、8KFLASH、8052 内核及串行接口，能很容易地实现普通功能的三相电子式电能表。

（5）多功能三相电能计量芯片 AD73360，6 通道、16 位同步采样 A/D 转换器及串行接口，很容易实现与 CPU 或 DSP 的通信，构成高精度、多功能的三相电子式电能表。

（6）低成本、多功能三相计量芯片 AD7754，集成了 3 个 AD7756 的三相电能计量芯片，以实现三相电能表的低成本、长寿命、多功能和高精度。

（7）美国 CIRRUS LOGIC 公司的 CS5460A 芯片，由 16 位 A/D 加上 DSP 技术构成的乘法器，精度可到达 2‰，只是目前价位较高。

三、U/F 转换器

该单元应用于模拟乘法器构成的电能测量单元，其作用是产生正比于有功功率的电能脉冲。U/F 转换器原理框图如图 3-19 所示。输入直流信号 $U(t)$，输出脉冲信号 f_o。A1 为积分器，产生对应于 $U(t)$ 的三角上升斜波，VF 为下降沿触发场效应开关管，A2 为比较器，D 为 D 触发器，输出正比于 $U(t)$ 的频率信号，即

$$f(t) = k U(t)$$

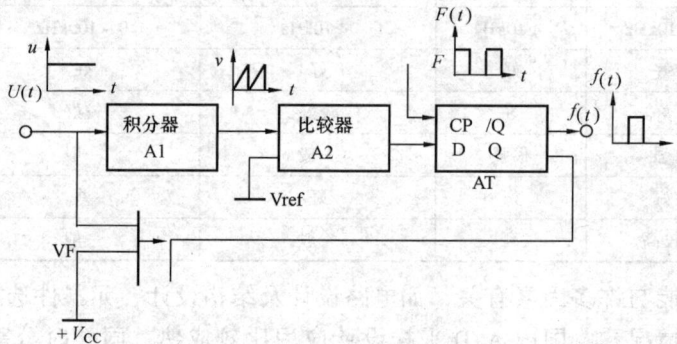

图 3-19 U/F 转换器原理框图

四、分频器

U/F 转换器输出的脉冲信号频率较高，为了兼容常规感应式电能表的转盘常数和正常的校表习惯，必须有分频单元对 $f(t)$ 进行 2^n 分频，将其转变为低频信号 f_P，即 1600r/kWh 或 5000r/kWh 的脉冲常数，即

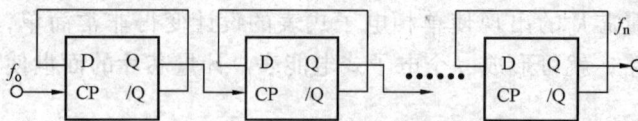

图 3-20 分频器电路图

$$f_P = f_o/2^n$$

式中，n 为分阶系数。分频器电路图如图 3-20 所示。

五、D/F 转换器

图 3-21 所示以数字乘法器构成电子式电能表的电能测量单元中，数字频率转换器D/F的作用是将数字乘法器输出的数字量 $P(n)$ 变换成代表有功功率信号的频率脉冲信号$f_p(t)$，供单片机计数和分频输出检定用。

D/F 分频器原理框图如图 3-21 所示。计数器按代表功率的数值 $P(n)$ 来计数固定频率

的时钟 f，当计数器计数到 $P(n)$ 个即发出一个脉冲，数字表达式为

$$f_p(t) = f/P(n)$$

式中　$P(n)$ ——有功功率的数字量；

　　　$f_p(t)$ ——低频脉冲频率信号；

　　　f——满足精度要求的时钟信号。

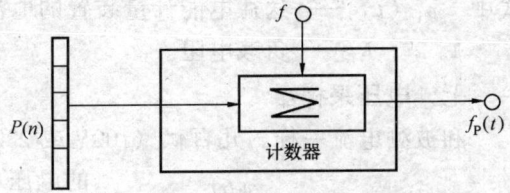

图 3-21　D/F 分频器原理框图

六、电流采样器

要测量几安培乃至几十安培的交流电流，必须要将其转变为等效的小信号的交流电压（或电流），否则无法测量。直通电能表一般采用锰铜分流片，而经互感器接入式电能表内部，一般采用二次互感器级联，以达到表内前级互感器二次侧不带强电的目的。

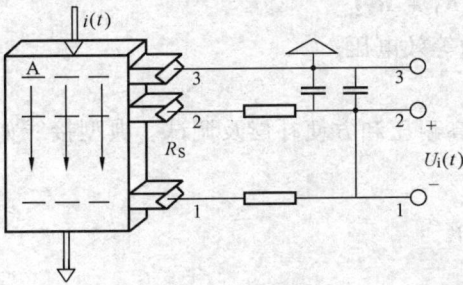

图 3-22　锰铜分流器测量电气原理图

1. 锰铜片分流器

以锰铜片作为分流电阻 R_s，当大电流 $i(t)$ 流过时，会产生相应的成正比的微弱电压 $U_i(t)$，其数学表达式为

$$U_i(t) = i(t) R_s$$

该小信号 $U_i(t)$ 送入电能计量单元，供测量流过电能表的电流 $i(t)$。其原理图如图 3-22 所示。

锰铜分流器和普通电流互感器相比，具有线性好和温度系数小等优点。

锰铜分流器 A 选用 F2 锰铜片，厚度为 2mm，电阻率为 $0.44 \pm 0.04\Omega mm^2/m$，分流器的取样电阻 R_s 选 $175\mu\Omega$，则当标定电流为 5A 时，1、2 之间的取样信号 $U_i = 0.875mV$。

2. 电流互感器（TA）

采用普通（电磁）互感器的最大优点是电能表内主回路和二次回路、电压和电流回路可以隔离分开，实现供电主回路电流互感器二次侧不带强电，并可提高电子式电能表的抗干扰能力。电流互感器电气原理图如图 3-23 所示。

电流互感器一次、二次电流的关系是

$$i(t) = K_I i_T(t)$$

式中　$i(t)$ ——流过电能表主回路的电流；

　　　$i_T(t)$ ——流过电流互感器二次侧的电流；

　　　K_I ——电流互感器的变比，$K_I = N_2/N_1$，N_2 为二次圈数，N_1 为一次圈数。

输至电能计量装的电流等效电压与主回路电流的关系是

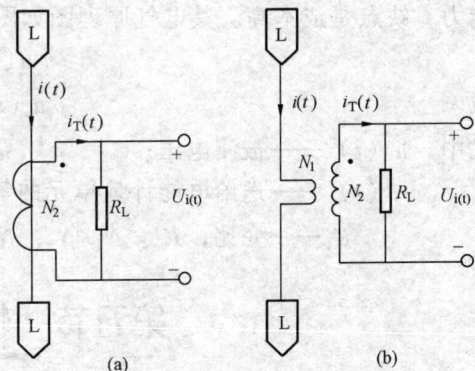

图 3-23　电流互感器电气原理图
(a) 穿线式；(b) 接入式

$$u_i(t) = i_T(t) R_L = i(t) 1/K_I R_L$$

式中　$u_i(t)$——送往电能计量装置的电流等效电压；

　　　　R_L——负载电阻。

七、电压采样器

　　和被测电流一样，几百伏（100V 或 220V）电压必须经分压器或电压互感器转变为等效的电压小信号，方可送入电能计量单元进行电压测量。电子式电能表内使用的分压器一般为电阻网络或电压互感器（TV）。

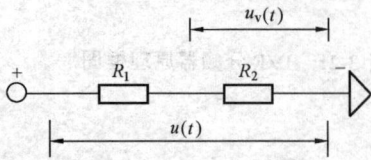

图 3-24　电阻分压原理图

1. 电阻网络

　　采用电阻网络的最大优点是线性好和成本低；缺点是无法实现电气隔离。电阻网络是采用最简单的电阻分压原理构成的，如图 3-24 所示。计算式为

$$u_v(t) = u(t) R_2 / (R_1 + R_2)$$

式中　$u_v(t)$——送入电能计量单元供测量电压的等效电压；

　　　　$u(t)$——被测量电压。

　　实用中一般采用多级（如 3 级）分压，以便提高耐压和方便补偿及调试。典型接线如图 3-25 所示。

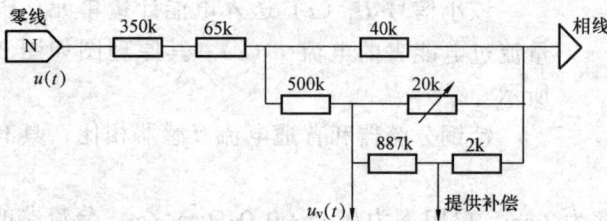

图 3-25　典型电阻网络接线图

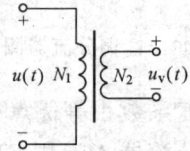

图 3-26　互感电气原理图

2. 电压互感器（TV）

　　采用电压互感器的最大优点是可实现初级和次级的电气隔离，并可提高电能表的抗干扰能力，缺点是成本高。其电气原理图如图 3-26 所示。

$$u(t) = K_v u_v(t)$$

或

$$u_v(t) = 1 / K_v u(t)$$

式中　$u(t)$——被测电压；

　　　　$u_v(t)$——送给电能计量单元的等效电压；

　　　　K_v——变比，$K_v = N_1 / N_2$，N_1 为一次绕组圈数，N_2 为二次绕组圈数。

第五节　输出及通信单元

　　电子式电能表的输出及通信单元，包括脉冲输出、远红外口、RS485 口、RS232 口，后三者在单片机中介绍，这里主要介绍脉冲输出。电能脉冲输出可供校表或远方监测用，其输出形式有两种：一种是有源输出，电压幅值 $5 \pm 0.5V$，脉宽 $40 \sim 80ms$，与电能计数器有电气公共节点，适合实验室校表；另一种是无源输出的开关信号，与外界没有电气连接，是通过光电耦合隔离的，适合长距离传送。图 3-27 画出了两者的示意图。

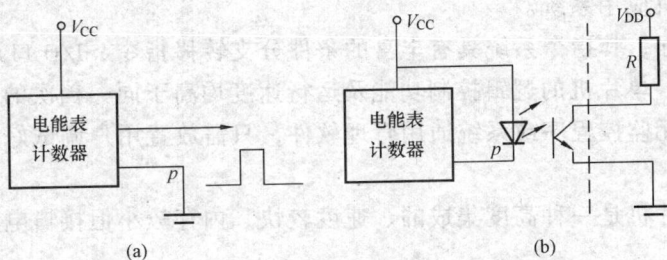

图 3-27　脉冲输出原理框图
(a) 有源脉冲；(b) 无源脉冲

电子式电能表产生电能脉冲主要是由单片机产生，其脉宽可由软件调整，但一旦单片机出现故障，脉冲输出肯定也不正常，此时表计也就不能正常工作。同时要注意对无源脉冲输出电能表的现场或实验室校验。通常在脉冲正端施加一个 $V_{DD} = +5 \sim 12V$ 的直流电源，有的现场校验仪或电能表检定装置具有这一电源，中间串联 $R = 5 \sim 10k\Omega$ 的电阻，再输入给检定脉冲回路。如图 3-27（b）的虚线右边所示。

第六节　单 片 机

一、概述

在我国，单片机已不是一个陌生的名词，它的出现是近代计算机技术发展史上的一个重要里程碑，因为单片机的诞生标志着计算机正式形成了通用计算机系统和嵌入式计算机系统两大分支。在单片机诞生之前，为了满足工控对象的嵌入式应用要求，只能将通用计算机进行机械加固、电气加固后嵌入到对象体系（如舰船）中构成诸如自动驾驶仪、轮机监控系统等。由于通用计算机的巨大体积和高成本，所以无法嵌入到大多数对象体系（如家用电器、汽车、机器人、仪器仪表等）中。单片机则应嵌入式应用而生。单片机的单芯片的微小体积和极低的成本，可广泛地嵌入到如玩具、家用电器、机器人、仪器仪表、汽车电子系统、工业控制单元、办公自动化设备、金融电子系统、舰船、个人信息终端及通信产品中，成为现代电子系统中最重要的智能化工具。

电子式电能表的发展方向是多功能、智能化。作为一种智能仪表，其计量、时段切换、费率控制、通信集成都是由内部智能控制单元来完成的。内部的智能控制单元实质上就是通常所指的单片机。单片机最开始来源于 Single-Chip Microcomputer 一词，其定义就是将微型计算机所具备的几个基本功能，如中央处理单元（CPU）、程序存储器（ROM）、数据存储器（RAM）、定时计数器（Timer/Counter）、输入输出接口（I/O）等，集成到一块芯片中而构成小型计算机。它们通过地址总线（AB）、数据总线（DB）和控制总线（CB）连接起来。我们通常所称的微控制器（Microcontroller）、微处理器（Microprocessor）、微计算机（Microcomputer）等，都指的是单片机。目前较多的英文简称是 MPU（MicroProcess Unit）。

一般来讲，单片机具有如下特点：

（1）受集成度限制，片内存储器容量较小，但可通过外部扩展，通常 RAM/ROM 可扩展至 64K 字节。

（2）可靠性好，其本身按工业测、控设计的，抗工业噪声优于一般 CPU。

（3）易于扩展，芯片外部有许多供扩展用三总线及并行、串行输出输入管脚，很容易构成各种规模的计算机应用系统。

（4）控制功能强，其指令系统具有丰富的条件分支转移指令、I/O 口逻辑操作以及位处理功能。一般来说，单片机的逻辑控制功能及运行速度均高于同一档次的微处理器。

（5）单片机内无监控程序或系统通用管理软件，只需放置用户调试好的应用程序，非常方便实用。

综上所述，单片机是一种高度集成的、速度较快、内存较小但接口电路很齐全的微型计算机。

二、发展趋势

单片机的发展从较早的 Z80 单板机系列到非常普及的 MCS51 系列，然后是 MCS96，到目前百花齐放的各式各样的单片机，如 ATMEL 公司的 89CXX、MOTOLORA 公司的 M68HCXX、PHILIPS 公司的 51LPC 系列、Microchip 公司的 P78 系列，它们除了具有以上基本功能外，还嵌入了中断输入（IRQ）、模数转换（A/DC）、数模转换（D/AC）、脉冲调宽 PWM、看门狗（WATCHDOG）、各种串行通信接口（I^2C、SPI、SCI）以及大量 I/O 口、大容量非易失性的 EEPROM 和高速 RAM 等，与其说是一个单片机芯片，还不如说是一个具备基本功能和扩展功能的小型计算机测控系统。可以讲，单片机在电子式电能表中的应用导致了电能表功能上质的变化。单片机的更新和发展直接导致了电子式电能表的飞速前进。近些年，单片机制造商的竞争不仅体现在价格上，更重要是体现在单片机的体系结构和独具应用特色上，其发展趋势主要表现在如下几个方面。

1. 完善的总线结构

新一代单片机最重要的进展是配置了芯片间的总线，如并行三总线（AB、DB、CB）、串行通信总线（UART）等，通过这些总线可方便地扩展外围单元和外围接口，因此为单片机应用系统设计提供了更加灵活的方式，同时为单片机系统功能的扩展打下了良好的基础。PHILIPS 公司的 80C51 系列 80C592 单片机，引入了具备较强功能的设备间网络系统总线——CAN 总线，更是当今最具特色的单片机。总线方式的单片机在不使用外部并行总线时，外部并行总线可作为 I/O 口用。采用总线方式单片机的电子式电能表特别适用于现场要求较复杂、远程和集中抄表的电能量采集系统。

2. 外部功能进一步扩展

单片机的发展已经远离了"单片"的概念，因为向单片形式发展是一切领先电子系统都在追求的目标，并不是单片机所专有。除了以上介绍的一部分单片机嵌入的新功能外，最新的单片机还具有数字处理单元（DSP）、高速 I/O 单元、可编程逻辑单元（FPGA）等。"硬件解决"的思想在单片机的日新月异中体现得淋漓尽致。

3. 低功耗设计

许多单片机应用系统要求工作在低电源、低功耗状态，同时还应具备待机方式。电子式电能表就有这个要求。当线路停电时，需要单片机处于待机的低功耗状态，但同时支持数据的可靠保存和抄表。CMOS 的单片机本身具有功耗小的特点，现在又配置了 WAIT 和 STOP 两种工作模式，好的低功耗单片机在这两种方式下的工作电流可分别达到 mA 和 nA 级。

4. 开发环境的改善

MCS51 系列的单片机以单片机汇编语言为主，直接对单片机内核进行操作，速率高，程序短，缺点是编程效率低，特别是涉及到数据较多的运算处理时，编程难度较大。为此，诞生了简单指令集（RISC）单片机。以 Microchip 公司的 8 位机为代表，这种机器的指令总线宽度为 12 ~ 16 位,指令周期与执行周期重叠,指令种类少,执行速度快,易于编程和运算处理。同时 C 语言的开发应用为单片机的应用环境带来了极大的方便。C51 是汇编低级语言和 C 高级语言的完美结合,进一步推动了单片机在各种复杂电子领域的应用。

5. 高集成度

微电子的集成度一直遵循摩尔定律高速发展(即每 18 个月集成度翻一番)。目前大多数 8 位及以下档次的单片机采用 $1.0\mu m$ 及以上线宽工艺,16 位及以上档次的单片机采用 $0.50\mu m$ 及以下线宽工艺,今后的方向是向 $0.25\mu m$ 和 $0.18\mu m$ 技术转移。

在对功能要求不断扩充和技术革新的推动下,管芯上集成的晶体管不断增加,而其尺寸却随之减小,如 IBM 公司的 PowerPC602 用 $0.5\mu m$ 4 层金属 CMOS 工艺做成,100 万个晶体管被集成在很小的 $7 \times 7mm^2$ 的芯片里。

三、结构

单片机就是将计算机的外部功能尽可能地集成到一块芯片中。一般来讲,其结构主要由如图 3-28 所示的几个部分组成。

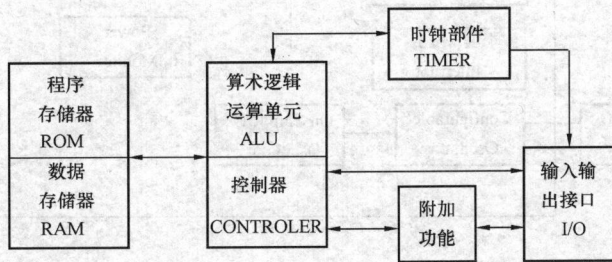

图 3-28　单片机结构原理框图

为更好地说明单片机的内部结构,现以 PHILIPS 公司最新生产的 68HC05L5CPU 为例,它经常被应用于三相多功能电子式电能表的数据处理,采用 HCMOS 集成电路技术,是 8 位的新型单片机,CPU 内核为 80C51,其内部结构方框图如图 3-29 所示。

图内英文标识说明:

　　Accelerated 80C51CPU——增强型 80C51;

　　Internal Bus——内部总线;

　　4k Byte Code EPROM——4KB 代码的程序存储器;

　　128 Byte Data RAM——128B 数据存储器;

　　Port2 Configurable I/Os——可编程输入/输出口 P2;

　　Port1 Configurable I/Os——可编程输入/输出口 P1;

　　Port0 Configurable I/Os——可编程输入/输出口 P0;

　　Keypad Interrupt——键盘中断;

　　Configurable Oscillator——可编程晶体振荡器;

　　On Chip R/C Oscillator——片内 R/C 振荡器;

　　Crystal or Resonator——外接晶体或振荡器;

　　UART——异步串行通信;

　　I^2C——总线结构;

　　Timer0,1——定时器 0,1;

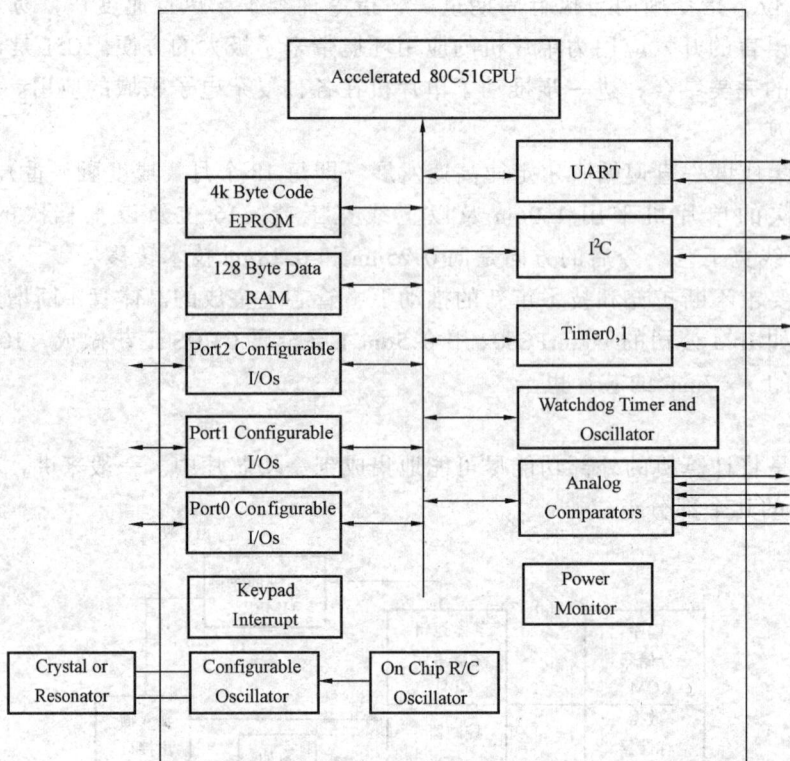

图 3-29 P87LPC764 内部结构方框图

Watchdog Timer and Oscillator——看门狗定时器和振荡器；

Analog Comparators——模拟比较器；

Power Monitor——电源监控器。

四、种类

单片机自 Intel 公司 1971 年首次推出 4004 型 4 位微处理器以来，单片机技术得到了日新月异的飞速发展，特别是 20 世纪 90 年代，单片机在集成度、功能、速度、可靠性和应用领域全方位向更高水平发展。单片机的种类可以说是百花齐放、应有尽有。具体可按如下几个标准进行分类。

1．按数据总线的宽度进行分类

它有 4、8、16、32 四种类型。

单片机的位数越高则其运算速度越快，功能也越强大。从世界范围内市场销售额来看，4 位机呈明显下降趋势，但没有完全被淘汰；又由于 16 位单片机存在的种种问题，其发展速度很是缓慢，而 32 位机将以较快的速度发展并逐渐加大市场占有份额；惟独 8 位机，虽市场份额相对略有下降，但仍占有相当大比重，极有发展前景并爆发出蓬勃生机，而且也是各主要 CPU 生产厂商角逐的重要阵地。一些主要的芯片制造商，如 MOTOROLA、PHILIPS、MICROCHIP、NEC 等，把主要精力都投入到 8 位 8051 结构为基础提高其 MCU 性能，8051 已成为世界集成电路设计中最广泛使用的一种单片机结构。因此市场大量发展和采用的仍然是 8 位 MPU 和低档 16 位 MPU。

2．按内部结构功能模块不同组合分类

以目前最新型 PHILIPS 80C51XP 系列 16 位单片机为例，说明该种分类方式。

其命名方法为：

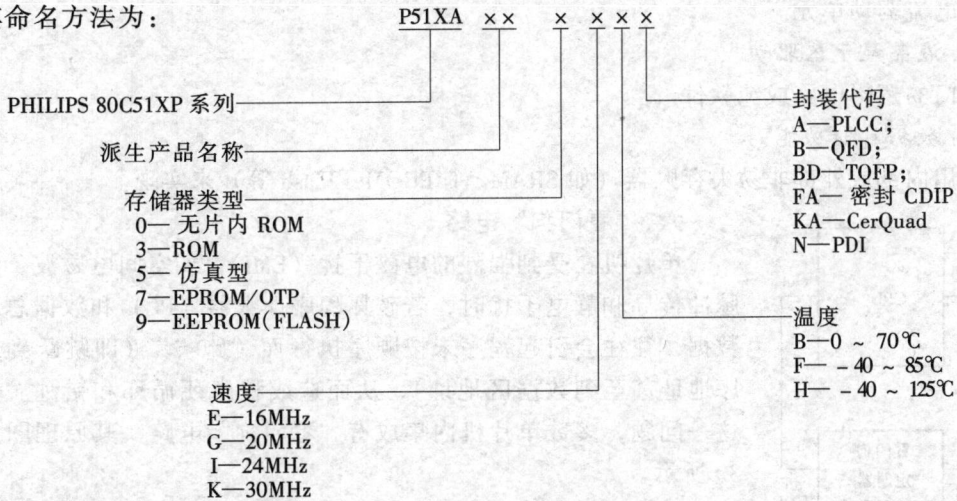

```
                        P51XA ××    × × ×

PHILIPS 80C51XP 系列───┘  │ │    │ │ │              封装代码
派生产品名称──────────────┘ │    │ │ │              A—PLCC；
存储器类型──────────────────┘    │ │ └──────        B—QFD；
  0— 无片内 ROM                  │ │                BD—TQFP；
  3—ROM                          │ │                FA— 密封 CDIP
  5— 仿真型                      │ └──────          KA—CerQuad
  7—EPROM/OTP                    │                  N—PDI
  9—EEPROM(FLASH)                └──────────        温度
                                                    B—0 ~ 70℃
          速度──                                    F— - 40 ~ 85℃
          E—16MHz                                   H— - 40 ~ 125℃
          G—20MHz
          I—24MHz
          K—30MHz
```

3．按指令集可分为精简指令集（RISC）和复杂指令集

RISC 以 Microchip 公司生产的 PIC 系列单片机为代表，这种机器的特点是指令总线为 12 ~ 16 位，指令周期与执行周期重叠，指令种类少，执行速率快。

根据上述情况，使用时根据智能产品的功能和复杂程度而选择位数不同、编程指令不同和不同内部组合的单片机，因地制宜，但必须考虑适当的冗余设计，即当功能需要扩展、程序需要加长时，而不需更改主 MPU，只需修改完善软件即可。

五、单片机的功能

如前所述，单片机（Single Chip Microcomputer）也称微控制器（MCU MicroControll Unit），是中央处理单元（CPU）、ROM/RAM/EPROM/E^2PROM 存储器、并行 I/O 口、串行 I/O 口、定时/计数器、"看门狗"等基本功能单元和各种外围功能电路的高度集成，应用时只需另加极少的一些外部器件就可构成应用系统，故而有强大全面的功能，综述如下：

1．算术运算

一般有加减比较功能，功能强大的单片机具有乘除运算指令。

2．逻辑运算

指二进制的与、或、非三种逻辑运算。

3．数字信号的输入和输出

其中包括 I/O、串行通信接口（SCI）、串行外围接口（SPI）。

4．模拟信号处理接口

即模/数（A/D）转换器、数/模（D/A）转换器。

5．频率（或时间间隔）测量

采用输入捕捉技术。

6．频率信号输出

通过定时器单元和软件来实现。

7．实时时钟发生器

通过定时器单元和软件来实现。

8．脉冲调宽（PWM）

通过定时器单元和软件来实现。

9.发光二极管驱动

大电流驱动单元。

10.液晶显示器驱动

专门的逻辑电路或纯软件。

11.数据存储功能

利用内部或外部非易失存贮器（如 SRAM、E^{2}PROM、Flash 等）来实现。

六、"看门狗"电路

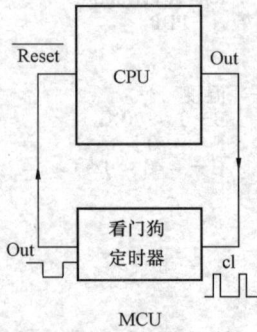

图 3-30　看门狗原理框图

单片机在受到强烈的电磁干扰（EMI），如空间电磁波、电源电脉冲传导和静电干扰时，若破坏程序计数器（PC）和数据总线中的数据，往往会引起程序未按顺序执行而"跑飞"（即跳跃到其他程序地址甚至到数据区地址），从而造成程序死循环和错乱。为解决这一问题，多数单片机内集成有"看门狗"电路，其原理图如图 3-30 所示。

在 CPU 正常处理程序过程中定时重复运行复位（cl）程序，使得看门狗定时器不断复位归零，只要整个程序一直正常运行，则看门狗定时器一直无法输出能使 CPU 复位的有效脉冲。一旦程序受到干扰而"跑飞"，则复位程序不能运行，这时"看门狗"定时器会复位 CPU，强行使 CPU 从头开始执行程序。由此看出，"看门狗"是软硬件的合成单元，而并非只是单纯的软件或硬件。

Motorola 公司的 68HC05L5 的"看门狗"结构框图如图 3-31 所示。

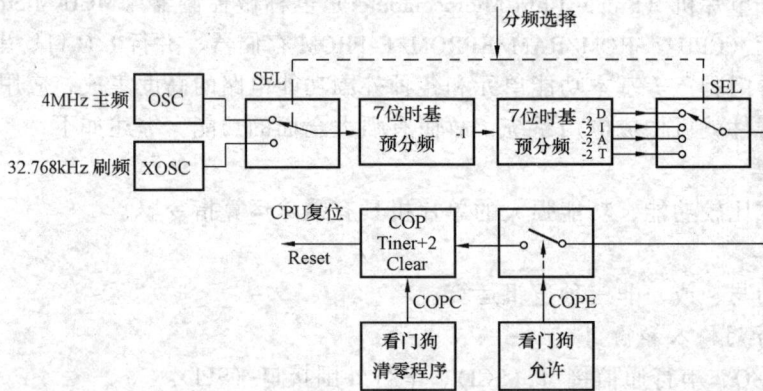

图 3-31　68HC05L5 的"看门狗"结构框图

高速主频和低速副频由 2 级 7 位时基预分频产生低频的较宽时间间隔的毫秒乃至秒级的计时输入信号，被可控制地送至看门狗定时器（COP TIMER）中用来计时，若到一定时间内该定时器未被"看门狗"清零、复位程序清零，即代表主程序已"跑飞"，此时该定时器溢出并产生使主 CPU 复位的 RESET 信号，CPUS 被强行从头复位执行。

"看门狗"是一种非常有效的抗干扰措施，以单片机为核心的嵌入式单元电路或模块在恶劣的环境下工作，要求高抗干扰能力，配有"看门狗"是非常必要的。

七、单片机的通信

现代电子产品普遍向集成化、网络化方向发展，电子式电能表也不例外。以单片机为核心的电子式电能表要求它与抄表器通信、与其他表计通信，同时也要求它与外围单元进行数据通信，而单片机在通信方面的的灵活性能为电能表的通信构造了良好条件。

电子式电能表中单片机的通信包含两层含义：一是电能表内部单片机与外围器件之间的通信，二是单片机构成的电能表作为一个整体与抄表的通信。

单片机与外围器件的通信，就是通过单片机的 I/O 口与外部 ADC、DAC、时钟芯片、按键、电源监控等外围器件进行数据交换，单片机既要写入数据，又要从中读出数据。随着电子式多功能电能表功能的不断增强，单片机与外围器件通信的接口解决的一般方法是：

（1）采用通用的并行总线接口技术通过地址编码器来选择不同功能的外围器件。

（2）增加单片机的 I/O 数目，以便连接更多的外围器件。

（3）开发专用单片机，把尽可能多的功能集成到单片机内部。

（4）采用串行总线并开发相应的总线器件，近年来 PHILIPS 开发的 I2C 总线和 MOTORO-LA 开发的 SPI 总线均得到了广泛地应用。

电能表作为一个整体与抄表系统的通信一般采用异步通信接口。这是一种广泛使用的通信接口，主要遵循 EIA RS-232C 标准和 RS485 或 RS422 电气标准。RS232C 标准采用共模方式传输，抗干扰能力差，传送距离一般不超过 15m，主要用于计算机的外围设备之间的通信或数据终端与调制解调器（MODEM）之间的通信。RS485 或 RS422 电气标准克服了 RS232C 共模传输的缺点，采用差动传输，传送距离较远，速度快，适用于工业现场，是一种使用日益广泛的现场总线。目前在多功能电能表的通信中已普遍应用。

单片机的通信方式分为串行和并行通信两种，前者接线简单、距离长、但速度慢；后者接线多、通信距离短、速度快。由于单片机资源有限，且目前智能化电气设备都要求体积小、功耗低、通信距离长，因此单片机的串行通信方式越来越受到设计者的青睐。现仅对串行通信做详细介绍。

（一）全双工、半双工和单工

串行通信按通信双方"握手"和数据传递时序分为全双工、半双工和单工三种模式。其定义描述和示意图如图 3-32 所示。

全双工——信号的发送和接收分别使用不同传输线并且可同时实现发送和接收的操作模式，如图 3-32（a）所示。

半双工——信号的发送和接收采用一根线，在同一时刻只能一方发送，另一方接收，这样的通信模式称为半双工，见图 3-32（b）。

单工——一根传输线只能发送或只能接收的通信模式，见图 3-32（c）。

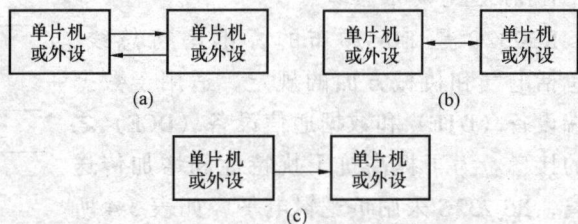

图 3-32　三种通信模式示意图
(a) 全双工；(b) 半双工；(c) 单工

采用何种通信模式可根据需求和硬件的资源决定，如现场对数据传输要求快而且单片机又有丰富的 I/O 口闲置，可采用全双工或半双工通信模式。

（二）调制和解调

当传输的数字信号为阶跃脉冲式，对通信的频率要求很高，同时要求通信距离较远时，此时可以采用非屏蔽双绞线（如电话线）或特殊通信媒质（如电力线）作为通信工具，其衰减和畸变非常严重，为此可以考虑调制解调技术的应用。

它的基本原理是利用调制器（Modulator）把数字信号按设定关系转换为模拟信号，该模拟信号较数字信号频宽大为降低，在普通非屏蔽线或电力线上传输时不易衰减和畸变。当达到目的地时，再由解调器（Demodulator）按反的设定对应关系逆变为数字信号，过程可见示意图图3-33。将调制器和解调器统称为调制解调器（Modem），该种方式已经成功地应用到电力系统载波通信的集中抄表系统中。

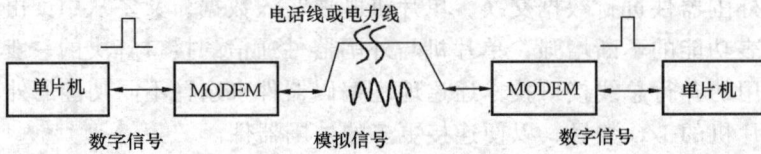

图 3-33　调制解调器示意图

（三）同步和异步

按通信的"队列"控制方式又划分为同步和异步两种。

异步——在发送每一个字符时，必须在数据位前加上一起始位，在数据后设1位或2位停止位，在数据位和停止位之间可以有1位奇偶校验位，起始位为"0"，停止位为"1"，数据流之间允许不定长度的空闲位。

同步——用一个或两个字符将前后两个数据块连接起来，在数据块的末尾、同步字符前还可附加一个或两个校验字符。目前，美国远方自动抄表系统所采用的电力线载波通信也是基于这种通信规约。

两者对比，异步通信效率低而同步通信容易受到干扰。

（四）串行通信的几种标准接口

智能仪表包括电子式电能表之间的串行通信标准，最普遍采用的是 RS-232 和 RS-485，手抄器与电子式电能表的通信，通常采用红外光学接口，而单片机应用系统内部单元之间的的数据交换则流行采用 SCI、SPI、I^2C 接口。RS-232C 和 RS-485 标准接口均是 EIA 颁布的标准接口总线，它包括电气和机械方面的规定。

1. RS-232C 标准接口

RS-232C 是 EIA 颁布的标准串行总线，它包括电气和机械方面的规定，适用于数据终端设备（DTE）和数据通信设备（DCE）之间的接口。为了提高抗干扰特性和增加传送距离，RS-232C 采用负逻辑电平，如表 3-4 所示。

表 3-4　RS-232C 的电信号规定

	信号电压	
	$-5 \sim -25V$	$+5 \sim +25V$
二进制逻辑	1	0
信号条件	Mark（传号）	Space（空号）
功能	OFF	ON

RS-232C 标准规定要使用 D 型 9 针或 D 型 25 针的连接器，两个远距离数据经数据终端设备（DTE）相取时，需要通过 RS-232C 接口经调制解调器（MODEM）与市话线相连，如图 3-34 所示。

在两台数据终端设备相距较近（<30m）时，可对称交叉（交叉转换器也称零调制解调器）直接相连，如图 3-35 所示。

RS-232C 线路驱动采用非平衡双向电流交换模式(一根导线为地,另一根导线携带双向信号电流,且对地大小相等、相位相反),故直接传输(不通过 MODEM)距离较短(<30m),速率较慢(115.2kbps)。非平衡数字接口电路(EIA:RS-232C)原理图如图 3-36 所示。

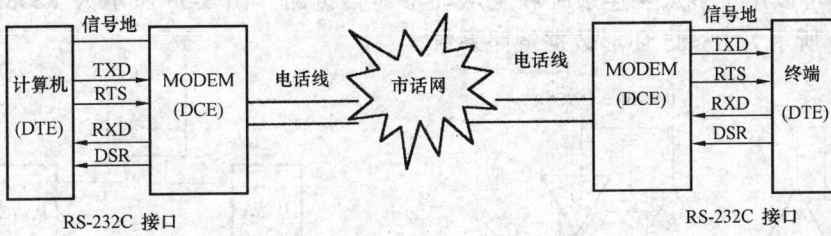

图 3-34　数据终端（DTE）使用 RS-232C 通过 MODEM、电话线的连接方法

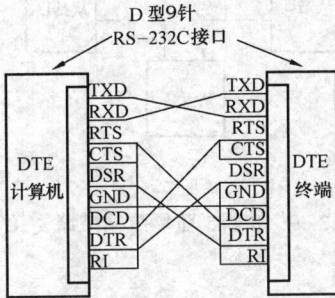

图 3-35　两个数据终端设
备（DTE）直接交叉相联

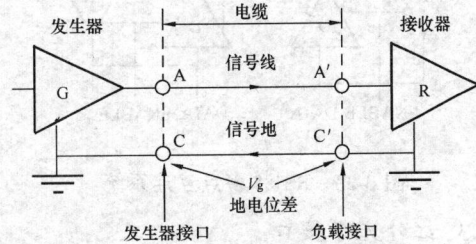

图 3-36　非平衡数字接口电路
（EIA：RS-232C）原理图

因为发送端和接收端的大地之间干扰迭加到信号地上，导致接收端干扰增加，故而抗干扰能力差，传输距离小，且通信速率慢。

2.RS-485 标准接口

为克服 RS-232C 抗干扰差、传输距离短、速率低和难以实现多机通信等缺点，从而形成 RS-485 标准串行总线。

RS-485 采用双端平衡传输方式，如图 3-37 所示。

输入输出均为差动方式，其中一条线是逻辑 1 时，另一条线为逻辑 0。由于两条双扭线传送是一对互补信号，大地电位差未迭加到信号中，故而抗干扰能力强，传输速率高。应用 RS-485 驱动器和接收器时，最大传输速率为 10Mbps，这种情况下传输长度为 120m。传输速率降低时，传输速率可达 1200m。RS-485 允许一个驱动器驱动多个接收器，主要用于多机通信系统。

RS-485 也采用负逻辑电平，如表 3-5 所示。

表 3-5　RS-485 的电信号规定

	电压信号	
发送侧（A 相对 B）	– 2 ～ – 6V	+ 2 ～ + 6V
接收侧（A′相对 B′）	– 0.2 ～ – 6V	+ 0.2 ～ + 6V
二进制逻辑	1	0
信号条件	Mark（传号）	Space（空号）
功能	OFF	ON

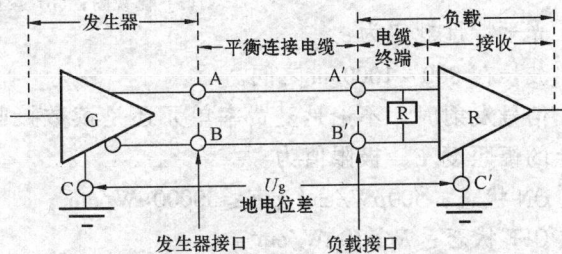

图 3-37　平衡数字接口电路（EIA：RS-485）

RS-485 还可以用于多点互连系统和主从环形通信链路。图 3-38 所示为 RS485 多点互连系统。图 3-39 所示为 RS485 环形数据链路系统。

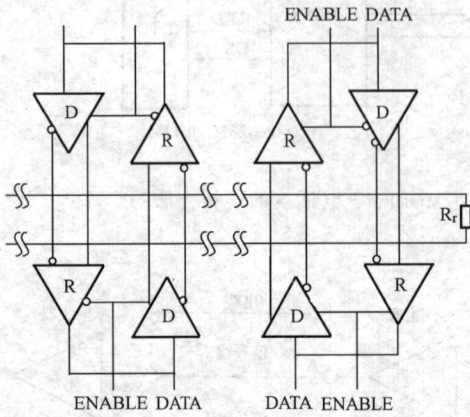

图 3-38 RS485 多点互连系统

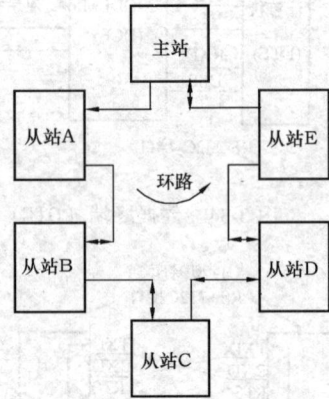

图 3-39 RS485 环形数据链路系统

3. 红外光学接口

在 IEC1107-1992 中，就直接本地数据交换问题，规定了手持单元与费率装置间的连接规范，该标准规定这种连接可以是永久的，也可以是暂时的；可以是电气的，也可以是光学的。

IEC1107 的光学接口是直接红外光。由于这种连接方式信噪比小，抗干扰力差，因此标准要求读数头用磁吸附的形式，紧贴到复费率单元的光学接口上。

读数头的结构形式如图 3-40 所示。

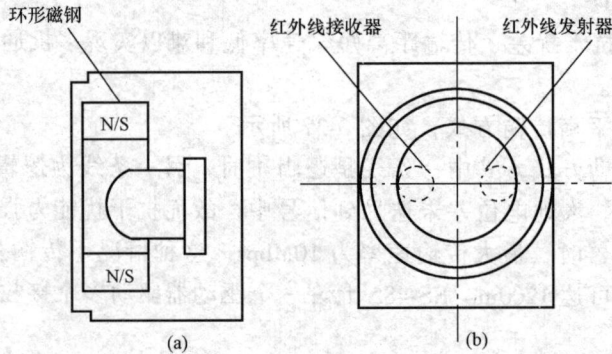

图 3-40 读数头的结构形式
(a) 侧视图；(b) 读数头透视图

光学特性规定为：

波长在 800～1000nm 之间。

信号发射时，不论是复费率单元还是读数接收头，在发光头 10mm（±1mm）处，参考面上的幅照度 E，极限值为

ON 状态：$500\mu W/cm^2 \leqslant E \leqslant 50000\mu W/cm^2$；

OFF 状态：$E \leqslant 10\mu W/cm^2$。

信号接收时，在红外接收头 10mm（±1mm）处，接收器在满足如下辐照度 E 的前提下，应该处在如下可靠的接收状态：

ON 状态：$E > 200\mu W/cm^2$；

OFF 状态：$E < 20\mu W/cm^2$。

最大传输速度应至少为 2400 波特。

虽然没有规定机械调准法，但在实验条件下仍可取得最佳的数据传输，方法是：当读数头位于正确位置（电缆下垂）时，调准费率装置中的红外线接收器使其正对着读数头中的红外线发射器，读数头中的红外线接收器使其正对着费率装置中的红外线发射器。位置上的微小偏差应不会对性能有较大的影响，但若是有较大的偏差可能会引起光学性能的降低。

4. I^2C 简介

目前，单片机应用系统的外围扩展已从并行方式为主过渡到以串行方式为主的时代。许多新型外围器件都带有串行扩展接口。通常的串行扩展接口和串行扩展总线有 UART 的移位寄存器方式、MOTOROLA 公司的 SPI、NS 公司的 Microwire、Dallas 公司的 1Wire 和 Philips 公司的 I^2C 总线等。其中，I^2C 总线提供了较完善的总线协议、最简单的串行连接方式，并提供了总线操作的状态处理软件包，因而得到了广泛的应用。串行扩展总线在单片机系统中的应用是目前单片机技术发展的一种趋势。在目前比较流行的几种串行扩展总线中，I^2C 总线以其严格的规范和众多带 I^2C 接口的外围器件而获得广泛的应用。I^2C 总线的特点主要表现在以下几个方面：

第一，硬件结构上具有相同的硬件接口界面。I^2C 总线系统中，任何一个 I^2C 总线接口的外围器件，不论其功能差别有多大，都是通过串行数据线（SDA）和串行时钟线（SCL）连接到 I^2C 总线上。这一特点给用户在设计应用系统中带来了极大的便利。用户不必理解每个 I^2C 总线接口器件的功能如何，只要将器件的 SDA 和 SCL 引脚连到 I^2C 总线上，然后对该器件模块进行独立的电路设计，从而简化了系统设计的复杂性，提高了系统抗干扰的能力，符合 EMC（Electromagnetic Compatibility）设计原则。

第二，总线接口器件地址具有很大的独立性。在单主系统中，每个 I^2C 接口芯片具有唯一的器件地址，由于不能发出串行时钟信号而只能作为从器件使用。各器件之间互不干扰，相互之间不能进行通信，各个器件可以单独供电。MCU 与 I^2C 器件之间的通信是通过独一无二的器件地址来实现的。

第三，器件操作的一致性。由于任何器件通过 I^2C 总线与 MCU 进行数据传送的方式是基本一样的，这就决定了 I^2C 总线软件编写的一致性。

第四，HILIPS 公司在推出 I^2C 总线的同时，也为 I^2C 总线制定了严格的规范，如接口的电气特性、信号时序、信号传输的定义等。规范的严密性，结构的独立性和硬、软件接口界面的一致性，极大地方便了 I^2C 总线设计的模块化和规范化，伴随而来的是用户在使用 I^2C 总线时的"傻瓜"化。

（1）硬件结构。I^2C 总线是 PHILIPS 公司推出的芯片间串行传输总线。它以 1 根串行数据线（SDA）和 1 根串行时钟线（SCL）实现了全双工的同步数据传输。典型的 I^2C 总线结构如图 3-41 所示。

为了避免总线信号的混乱，要求设备连接到总线的输出端必须是开路输出或集电极开路输出。I^2C 总线与设备的连接电路如图 3-42 所示。

I^2C 总线数据传送率可达每秒 10 万位，高速方式可高达每秒 40 万位。总线上允许连接设备以总线上的电容量不超过 400pF 为限。

（2）数据传输。在 I^2C 总线传输过程中，将两种特定的情况定义为开始和停止条件（见

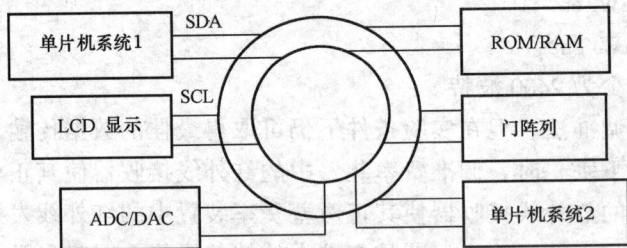

图 3-41 典型的 I²C 总线结构

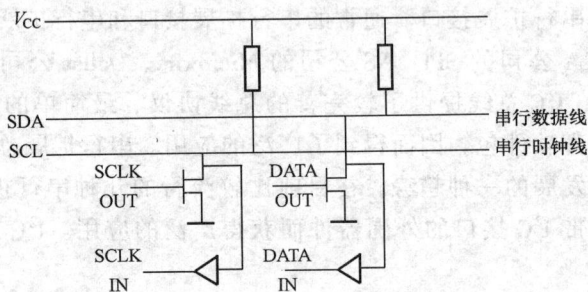

图 3-42 I²C 总线与设备的连接电路

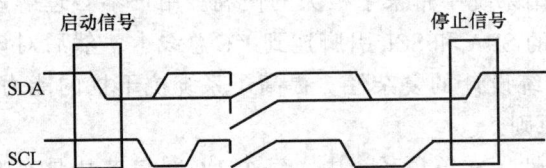

图 3-43 开始和停止信号

图 3-43）：设 SCL 保持为高，SDA 由高变低为开始条件；SCL 保持为高，SDA 由低变高为停止条件；开始和停止条件由主控器产生。使用硬件接口可以很容易地检测到开始和停止条件。

主-从机之间一次数据称为一帧，由启动信号、若干数据字节和应答位以及停止位信号组成。数据传送的基本环节是一位数据的传送。I²C 总线规定时钟线 SCL 上一个时钟周期只能传送一位数据，而且要求串行数据线 SDA 上的信号电平的 SCL 的高电平期间必须稳定（除启动和停止信号），数据线上的信号变化只允许在 SCL 的低电平期间发生，如图 3-44 所示。

数据字节的传送与一位数据的传送基本相似，只不过一个数据字节由 8 位组成。数据传送首先是最高位（MSB），依次往接下位传送，直至最低位（LSB）。一帧数据的传送也是一样。

总而言之，I²C 总线是各种单片机通信方式中信号线最少、接线最简单、具有自动寻址、多主机时钟同步功能，是最具特色的一种总线，因而在智能仪表包括电子式电能表的设计中得到广泛的应用。

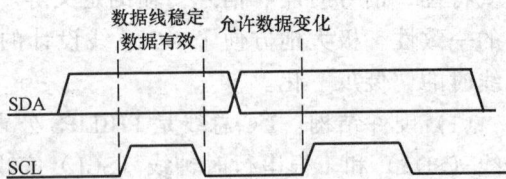

图 3-44 I²C 总线上一位数据的传送时序图

（五）通信协议

通信协议是发、收双方事先约定的共同遵守的规则。主要规定有：①通信方式；②通信接口；③字符格式；④通信速率；⑤差错控制；⑥帧格式。

电子式多功能电能表与外界的通信方式大都采用串行异步半双工的通信方式。通信接口主要有 RS-232-C、RS-485 和直接光学接口三种方式。其典型格式如图 3-45 所示，起始与停止位是功能码。奇偶校验位判断是否存在传输错误，叫差错控制码。D0 D1 D2 D3 D4 D5 D6 D7 为数据码，是传送的主体。其 D0 ~ D7 为 0、1 两种状态。连续 8 个 0/1，如 10001111 在不同的码制中代表不同的含义。在 16 进制中代表 8F。在 ASCIIC 码中，0001111 代表英文字母 "0"；一般在数码后加 B 代表二进制，加 H 代表 16 进制、ASCII 码后不加后缀。

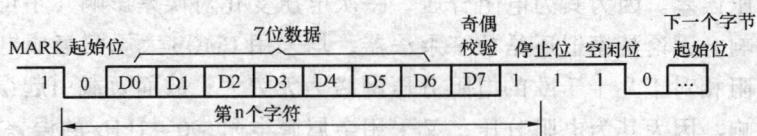

MARK 起始位		7位数据							奇偶校验	停止位	空闲位	下一个字节 起始位
1	0	D0	D1	D2	D3	D4	D5	D6	D7	1	1 1	0 ...

第n个字符

图 3-45　通信字符格式

图 3-39 是典型的主台与电能表进行本地数据通信的示意图。属于主、从通信方式，一对 n，即一个主台计算机通过 RS-485 口与 n 个电能表通信。所以每个电能表都要有自己的表号，代表通信对象的名址。

主台与电能表通信的目的主要有两个：一是抄表，另一是设置参数。一般设四个命令：第一，查询命令，用于抄表；第二，设置命令，用于对某个表设置参数；第三，广播命令，为所有的表设置参数。第四，打包命令。

所谓帧格式就是上述四条命令及其回答的格式。不同的通信协议帧格式的规定不同。

第七节　电子式电能表误差及其调整

一、误差来源

电子式电能表具有精度高、线性好、量程宽等优点。但它也有自己的误差来源，主要分布在电流采样器、电压采样器和模拟/数字乘法器三个部分。

1. 电流采样器带来的误差

电流采样器分为分流器和电流互感器两种，当前多数单相电子式电能表的电流采样器由锰铜合金板制成，其温度系数小，电阻随温度变化而发生非线性变化，如图 3-46 所示。这会引起电子式电能表误差对温度影响呈现非线性变化。因为锰铜为纯电阻，若其阻值选择很小（电子式电能表一般选 35 ~

图 3-46　锰铜电阻温度曲线

$88\mu\Omega$），电流在一定范围内变化（$5\% \sim 600\% I_b$）时，其阻值不会发生变化，即其对电流的非线性几乎为零。

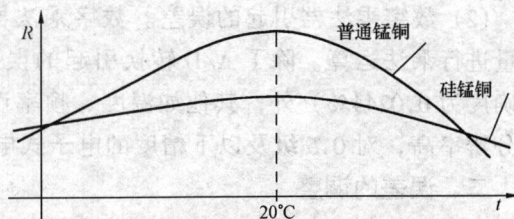

随着电子技术的发展和高精度的要求，出现了霍尔器件和带电子补偿的高精度电流互感器，其误差主要与一次回路电流、二次负载和工作频率有关。

（1）一次回路电流与误差绝对值及相位误差成反比。

（2）二次负载与误差绝对值成正比，与相位误差成反比。

（3）频率（25～1000Hz）对误差的影响很小。

电流互感器的误差特性参见"互感器"一章。

2．电压采样器带来的误差

电压采样器分为分压器和电压互感器两种。电压互感器的误差特性参见第七章测量用互感器的内容。对于分压器来说误差情况如下。

（1）温度误差。电子式电能表分压器一般选用1%精度的金属膜电阻，其温度系数 $\alpha \leqslant 50 \times 10^{-6}$，故对于0.5级以下精度的电表，其误差随温度变化可以忽略不计。

（2）一次电压误差。因为其为电阻分压，一次电压变化对误差影响几乎可忽略不计。

（3）负载影响。无论是模拟还是数字乘法器，均采用CMOS大规模集成电路，其电压回路输入电路的电阻相对于几十千欧的电阻分压网络为无穷大，故而负载引起误差几乎为零。

（4）频率影响。因为其为电阻分压，又采用金属膜电阻，0～1kHz的误差几乎为零。

根据对电压互感器原理的分析，电磁感应电压互感器的误差特性也存在上述几个方面，但都不如电阻网络分压器。

3．乘法器带来的误差

（1）模拟乘法器引起的误差包括以下几方面：

1）输入电压误差特性。模拟乘法器由运算放大器和大规模集成电路实现，故其误差随输入电压的变化有非线性变化的特性，如图3-47所示。

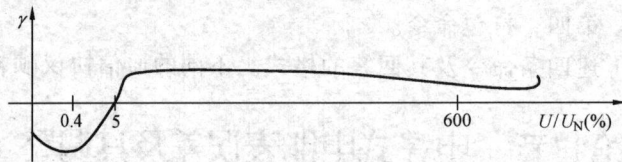

图3-47　模拟乘法器的输入电压误差特性曲线

2）输入频率误差特性。模拟乘法器在很宽的频率范围内误差特性稳定。

3）温度误差特性。其温度在（－40～85℃）范围内，误差变化基本可以忽略不计。

（2）数字乘法器引起的误差。数字乘法器采用高精度A/D转换进行数字化，然后对数字量进行乘法运算。除了A/D转换引起的误差（高精度电子式电能表一般采用12位A/D，准确度为0.0244%）外，其他如温度、频率误差都忽略不计。采用12位A/D，由于其转换分辨率高，对0.5级及以下精度的电子式电能表也可忽略不计。

二、误差的调整

电子式电能表的误差调整可以分为硬件和软件调整。目前生产的单相电子式电能表以硬件调整为主，而电子式三相电能表以软件调整为主。特别是多功能电能表的误差更是以软件调整为主。

（1）硬件调整。单相电子式电能表一般以硬件调整为主。由于其电压、电流采样主要采用分压器、分流器，因此其误差主要是幅值误差，硬件调整主要调整采样电阻。下面以ADI公司的AD7755为核心器件的某单相电子式电能表为例，说明单相电子式电能表的误差调整。

如图3-48所示，通过短接虚线框内9个采样电阻，来调整AD7755电压输入端 U_P 的采样电压幅值，达到调整单相表误差的目的。

（2）软件调整。三相电子式电能表由于采用了互感器，其误差包括相位误差和幅度误差。因此其误差一般采用软件调整。

图 3-48　单相电子式电能表的误差调整电路

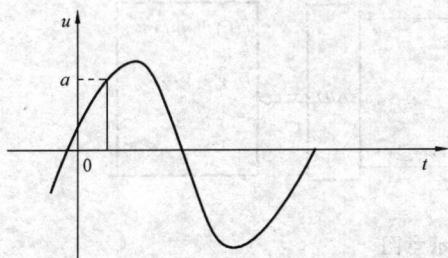

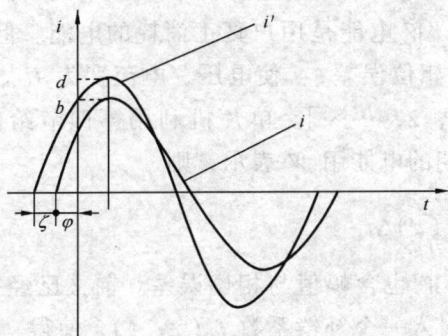

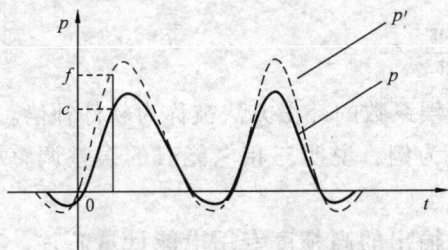

$W = TUI\cos\varphi$ 是没有附加误差时一个周期之内电能计算公式，其中，T 代表正弦波周期，U、I 是电流、电压的有效值，φ 为相差。假定由 TV、TA 或 A/D 采样引起一个相位误差 ξ，那么电能计算式就变成

$$W' = TUI\cos(\varphi + \xi)$$

电能表误差用 δ 表示，得

$$\delta = \left(\frac{W' - W}{W}\right) \times 100\% = \frac{TUI\cos(\varphi + \xi) - TUI\cos\varphi}{TUI\cos\varphi} = (\cos\xi - 1) + \sin\xi\,\mathrm{tg}\varphi$$

式中　φ——电流、电压相位差；

ξ——附加相位差。

上式说明电能表误差不但与 φ 有关，还与附加相位差有关。

一般情况，既有幅值误差又有相位误差时，令

$$W' = TU'I'\cos(\varphi + \xi)$$

$$\delta = \frac{W' - W}{W} \times 100\%$$

$$= \frac{TU'I'\cos(\varphi + \xi) - TUI\cos\varphi}{TUI\cos\varphi}$$

式中　U'——实际电压幅值；

I'——实际电流幅值；

U——理论电压幅值；

I——理论电流幅值。

令 $\gamma = \dfrac{U'I'}{UI}$，则

$$\delta = \gamma\frac{\cos(\varphi + \xi)}{\cos\varphi} - 1$$

$$= \gamma(\cos\zeta - \mathrm{tg}\varphi\sin\xi) - 1$$

幅值与相位误差的影响可从分时采样求瞬时功率的图 3-49 中看出。当没有附加相位差时

$$\overline{oc} = \overline{oa} \times \overline{ob}$$

式中　$\overline{oc}$——表示瞬时功率；

$\overline{oa}$——表示理论电压瞬时值；

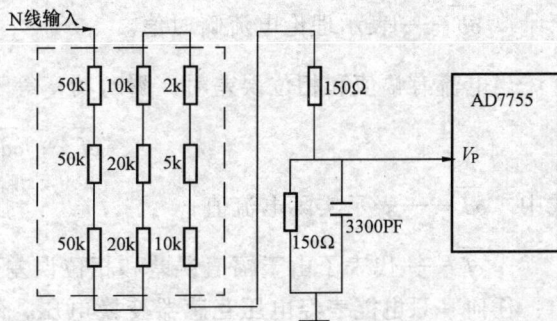

图 3-49　幅值误差、相位误差对瞬时功率的影响

117

$\overline{ob}$ ——表示理论电流瞬时值。

当电流有幅值和相位误差时，瞬时功率等于 $\overline{of}$

$$\overline{of} = \overline{od} \times \overline{oa}$$

式中 $\overline{od}$ ——表示实际电流值；

$\overline{of}$ ——代表了由于幅值误差和相位误差引起的功率误差。

任何一只电能表经电压互感器变换电压，经电流互感器变换电流、又经 A/D 的前置运算器放大，由于元器件的分散性，A/D 采样的电压、电流之间都会存在一个相位误差 ξ 和一个 UI 乘积的幅值误差 γ。实际上电能计量芯片都是按 $W' = TU'I' \cos(\varphi + \xi)$ 计算电能的。

所谓软件补偿方法就寻找一个 ξ、γ 的函数 $f(\xi, \gamma)$，使得按采样计算电能计算公式算出的 $W' = TU'I' \cos(\varphi + \xi)$ 乘以 $f(\xi, \gamma)$ 近似等于实际电能 $W = TUI \cos\varphi$，即

$$W'f(\xi, \gamma) \approx W$$

软补偿过程，参见图 3-50。

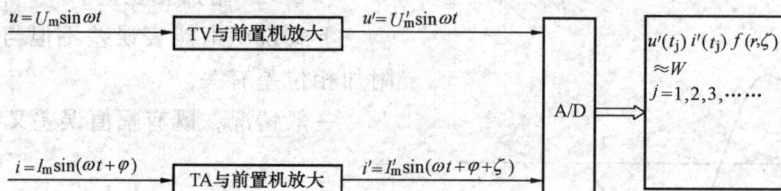

图 3-50 软件补偿示意图

外线电压、电流是标准的正弦波，相位差为 φ。一个周期的电能 $W = TUI \cos\varphi$。我们把 U，I，φ，W 叫理论值。因为按 U，I，φ 计算出的 W 电能是用户真正消耗的电能。但是，TV，TA 与 A/D 的前置放大器引起了幅值误差 γ 和相位误差 ξ，使电压、电流变为 U'、I'，经 A/D 采样变为数字量 $[U'(t_j)$、$I'(t_j)$，$j = 1$，2，……$]$。单片机利用第四节给出的 A/D 采样，用计算机进行数值计算求电能，一个周期的电能用 W' 表示，则

$$W' = \sum_{j=1}^{n} u'(t_j) i'(t_j) \Delta t$$

因为 u'，i' 含幅值与相位误差，所以计算所得电能 W' 也含幅值与相位误差。前文已经把含误差的 W' 称为采样计算电能。如果在 CPU 运算时引入一个补偿系数 $f(\gamma, \xi)$，使得

$$\left[\sum_{j=1}^{n} u'(t_j) i'(t_j)\right] f(\gamma', \xi) = W$$

即

$$f(\gamma', \xi') = \frac{W}{W'}$$

$f(\gamma', \xi')$ 就叫做软件补偿系数。采用软件补偿系数的补偿方法被称为软件补偿。

下面以 ADI 公司的新型电能计量芯片 ADE7756 为例，说明三相电能表的误差调整的具体方法。

ADE7756 是一个带串行外围接口（SPI）和脉冲输出的高精度专用电能计量芯片，其典型的特征之一是支持功率偏差、相位及输入偏差校准。为了系统校正，应具有通道偏差校正

寄存器（CH1OS CH2OS）、相位校准寄存器（PHCAL）、和功率偏差寄存器（APOS）。它们的简单电气连接见图 3-51。

通过 SPI 接口（片选 CS、数据入 DIN、数据出 DOUT 和时钟 SCLK），单片机 80C196 与 ADE7756 进行误差的调整。单片机通过向 ADE7756 的相位调节寄存器 PHCAL 写入"相位误差值"，由测量通道的相位环节来实现相位误差校正。相位误差计算为

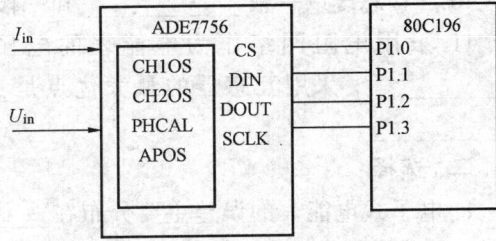

图 3-51　ADE7756 与单片机的连接

$$Error = \frac{P_c - P_j}{P_j}$$

$$Error_{PHASE} = -\arcsin\frac{Error}{\sqrt{3}}$$

式中：P_c 为测量功率；P_j 为计算功率。

计算功率 P_j 是由 ADE7756 的参考电压和电流计算而得到的。

对于通道偏差的调整，其偏差计算公式为

$$Channel offset = \frac{CODE(ADC) \times U_{REF}}{396362}$$

单片机将 ChannelOffset 的值写入 ADE7756 的通道偏差寄存器 CH1OS 和 CH2OS，由 ADE7756 的通道偏差校准电路进行校准。

练习题

一、填空

1. 电子式电能表按其工作原理不同，可分为————————型和＿＿＿＿＿＿型电子式电能表。

2. 一般来讲，电子式电能表由六个部分构成，它们是＿＿＿＿＿＿、＿＿＿＿＿＿、＿＿＿＿＿＿、＿＿＿＿＿＿、＿＿＿＿＿＿、＿＿＿＿＿＿。

3. 正常供电时，电子式电能表的工作电源通常有三种实现方式：＿＿＿＿＿＿、＿＿＿＿＿＿、＿＿＿＿＿＿。

4. 电子式电能表的显示单元主要分为＿＿＿＿＿＿和＿＿＿＿＿＿两种，后者功耗低，并支持汉字显示。

5. 时分割乘法器是许多电子式电能表的关键，它通常由＿＿＿＿＿＿、＿＿＿＿＿＿、＿＿＿＿＿＿四个部分组成。

6. 电压频率转换器组成的电能测量单元，其主要作用是＿＿＿＿＿＿＿＿＿＿。

7. 单片机是将微型计算机的几个基本功能如＿＿＿＿＿＿、＿＿＿＿＿＿、＿＿＿＿＿＿、＿＿＿＿＿＿等集成到一块芯片中的小型计算机。

8. 单片机的总线可以分为三种，它们是＿＿＿＿＿＿、＿＿＿＿＿＿、＿＿＿＿＿＿。

9. 单片机按照数据总线的分类可以分为四种类型＿＿＿＿＿＿、＿＿＿＿＿＿、＿＿＿＿＿＿、＿＿＿＿＿＿。目前最为流行采用的是＿＿＿＿＿＿。

10. I²C 总线以一根_____和一根_____实现了全双工的同步数据传输。

11. 采用电阻网络作为电能表的电压采样器的最大优点是_____，缺点是_____；采用互感器的最大优点是_____，并可提高_____，缺点是_____。

二、选择

1. 电子式电能表的误差主要分布在_____。

（a）分流器；（b）分压器；（c）乘法器；（d）CPU。

2. 电子式三相电能表的误差调整以_____调整为主。

（a）软件；（b）硬件。

3. 在同一时刻可以同时发送和接收数据的串行通信模式称为_____。

（a）半双工；（b）全双工；（c）单工。

4. 电子式电能表的关键部分是_____。

（a）工作电源；（b）显示器；（c）电能测量单元；（d）单片机。

5. 若某电子式电能表的启动电流是 $0.01I_b$，过载电流是 $6I_b$，则 A/D 型的电能表要求 A/D 转换器的位数可以是_____。

（a）10；（b）9；（c）11；（d）8。

三、问答与计算

1. 简要说明电子式电能表电能测量的机理。

2. 要对输出脉冲频率进行 4 分频，请画出电路图，并说明原理。

3. 试简单描述检定无源脉冲电能表误差。

4. 请举出几种典型的电能表的通信方式。

参 考 答 案

一、填空

1. 模拟乘法器、数字乘法器；2. 电源单元、显示单元、电能测量单元、中央处理单元（单片机）、输出单元、通信单元；3. 工频电源（即变压器降压）、阻容电源（电阻和电容降压）、开关电源；4. LED、LCD；5. 三角波发生器、比较器、调制器、滤波器；6. 是产生正比于有功功率的电能脉冲；7. 中央处理单元（CPU）、程序存储器（ROM）、数据存储器（RAM）、定时计数器（Timer/Counter）、输入输出接口（I/O）；8. 地址总线（AB）、数据总线（DB）和控制总线（CB）；9. 4、8、16、32，8；10. 串行数据线（SDA）串行时钟线（SCL）；11. 线性好和成本低，无法实现电气隔离，可实现初级和次级的电气隔离，电能表的抗干扰能力，成本高。

二、选择

1. a、b、c；2. a；3. b；4. c；5. b。

三、问答与计算

（略）

第四章

各种电子式电能表介绍

第一节 多功能电能表

一、概述

20 世纪 80 年代末、90 年代初，国外大公司推出全电子式多功能电能表，如斯伦贝谢、LANDIS & GYR 和美国 GE 公司。1993 年我国以湖南威胜电子有限公司为代表，以自己的专利技术为基础，开始研制自己的电子式多功能电能表，1994 年 8 月 18 日第一台三相全电子式多功能电能表研制成功，并通过电力工业部、机械电子部组织的国家级技术鉴定。

那么什么叫多功能表呢？根据电力行业标准 DL/T614—1997 对多功能电能表的定义："凡是由测量单元和数据处理单元等组成，除计量有功（无功）电能外，还具有分时、测量需量等两种以上功能，并能显示、储存和输出数据的电能表"，都可称为多功能电能表。定义中明确四点：第一，由测量单元和数据处理单元组成；第二，能计量电能（有功或无功，或同时计量有功与无功）；第三，能显示、储存和输出数据；第四，具有两种以上功能。因为只需要有两种以上功能即可，所以市场上的多功能表千差万别。

多功能电能表可分为两大类：一类叫机电式多功能电能表，其电能测量单元由感应式电表组成，数据处理单元由单片机组成；另一类电能测量单元和数据处理单元都是由大规模集成电路组成的，叫做电子式多功能电能表或称固态式多功能电能表、静止式多功能电能表或全电子多功能电能表。

机电式多功能表基本工作原理如图 4-1 所示。

$$U \rightarrow \boxed{感应式表} \rightarrow \boxed{光电采样器} \rightarrow \boxed{单片机} \rightarrow \boxed{显\ 示}$$
$$I \nearrow$$

图 4-1 机电式多功能表基本工作原理框图

机电式多功能表基于感应式电能表对输入的 U 和 I 进行电能的计量，光电采样器从感应式电能表的转盘上采取圆盘转速信号，并形成正比于功率的脉冲信号输入单片机，单片机对脉冲进行计数和计量电能，并将电能通过显示器显示。在这里光电采样器是将感应式电能表与电子元件联系起来的纽带，其原理如图 4-2 所示。

电发光管 VL 发送一束光线到转盘，再反射到光电耦合三极管 VTL 上，带有黑色的光线吸收条的经改造的转盘每转过一周时，接收管 VTL 输出的电信号就产生一个低电平，如图 4-3 所示。

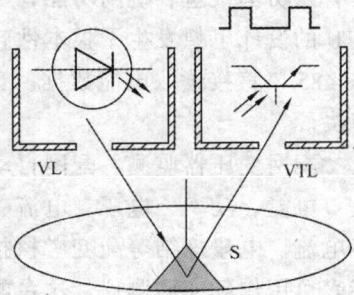

图 4-2 光电采样原理图

这样就测量出转盘的角频率 $\omega_s(n) = 2\pi/T(n)$，而功率 $P(n) = k\omega_s(n) = 2k\pi/T(n)$。

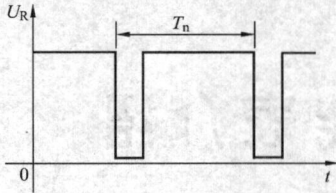

$$f(n) = 1/T(n) = \omega_s(n)/2\pi$$
$$\omega_s(n) = 2\pi/T(n)$$

图 4-3　光电耦合接收三极管工作电压波形图

机电式多功能表是全电子多功能表生产初期的一种过渡产品。在全电子多功能表生产初期，由于技术不过关，单片机受外界干扰容易死机，一旦死机，电量就丢失了，给电量结算带来了极大的麻烦。而机电式多功能表中的单片机虽然一样会死机，但死机后其基表仍能正常工作，电量也不会丢失，显示了一定的优越性。然而，随着技术的进步，全电子多功能表中单片机死机问题基本得到解决，这时机电式多功能表的弊端也就显现出来了。一则机电式多功能表的故障率远高于全电子多功能表，因为机电式多功能表既有电子元件又有感应式电能表，发生故障的可能远高于全电子多功能表，特别是基本的机—电转换部分—光电采样器，尤其容易发生故障。再则感应式电能表的机械计度器和电子部分的计度器总是存在电量差异，这是因为脉冲在介质上传递中可能会丢失，这样往往会造成电量结算出现争议。三是感应式电能表的准确度等级比全电子式多功能表低，功能比全电子式多功能表差。因此，目前机电式多功能电能表已基本被淘汰。在后面谈到的预付费表、载波表、单相复费率表都存在机电式结构的，其原理都是用感应式表做为电能测量单元，除单相复费率表中的特例黑白表还少量使用机电式结构外（主要是为了减少投资，后面黑白表将作介绍），其他类型表计的机电式结构的已基本淘汰。同时考虑到机电式结构的机理都相同，故在后面除讨论机电式黑白表外，其他类型的机电式电能表不再讨论。

电子式多功能电能表的应用领域很广，由于电子式多功能表具有强大的通信功能，使多功能表广泛用于远方抄表，为电量远方自动采集和自动计费、电厂竞价上网、电力商业化运营、大型企业内部能源自动化管理打下基础。

电子式多功能电能表的诞生与推广给调度自动化，县调综合自动化带来革命性的变化。从采集脉冲跃为数据通信，在远方读取电能数据，同时还可以读到电压、电流、功率的瞬时值。

在电子式多功能电能表出现以后，负荷控制概念上发生了根本性的变化。多功能表本身具有超功率报警、跳闸功能，可以当电力定量器用。而且多功能电能表的出现使得负控终端RTU的设计思想发生了根本性转变，即再不用从脉冲电能表取脉冲，累积计算电能，而是从RS-485口直接读取电能数据。丢失脉冲的问题没了；主站与计量表计不一致的问题得到了解决。

配网变压器监测、配网自动化是电子式多功能电能表又一应用领域。配网变压器监测参数：电能、功率、电压、电流、功率因数等，多功能表都可以提供，而且像电压合格率、零序电流、电量冻结等配变考核指标，多功能表也能提供。从这个意义上讲，电子式多功能电能表可用作配变监测仪。这台配变监测仪是经过型式试验有计量许可证的，用电子式多功能表测得参数进行线损计算、平衡分析、指导业扩报装、指导无功补偿是非常合适的、非常方便的、非常精确的。

电子式多功能电能表可以采用多种方法监视偷电：可以用远方抄表的方式 24h 监视偷

电；多功能表反向有功可以计入正向，防止偷电；全失压记录帮助追补电量；表内数十种事件记录像飞机的黑匣子一样，记录偶然故障和不规用电行为。

电子式多功能电能表还可以具有预付费功能，可以在一定程度上解决收费难的问题。

二、结构特点

1. 外形特点

任何产品的造形，固然有美化设计的功劳，但主要由其功能决定。电子式多功能电能表与传统的感应式电能表外形上既保持相似，又有明显的差异，也是由功能决定的。

典型的电子式多功能电能表外形如图 4-4 所示。它由底盒、上盖、面板、端盖、铅封螺钉、接线插孔等部分组成。这些部分和传统的感应式电能表是一致的，特别是电子式多功能电能表的对外接线方式，和感应式电能表一致，如图 4-5 所示。这就保证了电子式多功能电能表在实际应用中不会发生因接线错误造成破坏表计或发生计量错误。

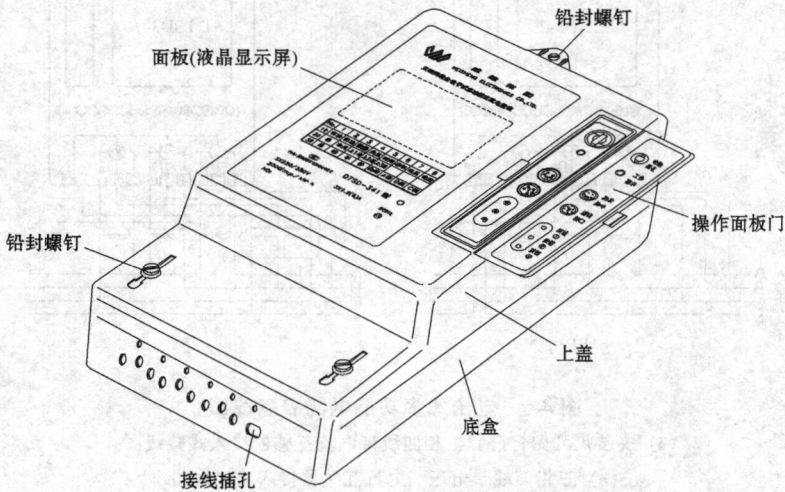

图 4-4　电子式多功能电能表外形

但是由于"多功能"这一特点，电子式多功能电能表外形上出现许多与传统感应式电能表不同的地方。

首先是计度器，一个机械计度器显然不能满足既计有功，又计无功，还要计需量，又要分时计度的要求。现在的多功能表已经达到 100 多项功能，别说机械计度器，就是发光二极管 LED 显示器也不能满足电子式多功能电能表的要求，于是只有求助于液晶显示器 LCD。威胜公司早在 1992 年，就利用方块汉字便于组合的特点，在世界上首创了汉字提示大屏幕液晶显示器见图 4-6，成功地解决了电子式多功能电能表的显示问题。中国式大屏幕汉字提示的液晶显示和国外同类型窄条数字编码的液晶显示比较，中国式大屏幕液晶显示优点是非常明显的，受到抄表工人的普遍欢迎。

多功能表外形上第二个特点是表脉冲输出方式与传统的感应式电能表不同。传统感应式电能表是通过光电管读取转盘旋转圈数与标准表比较来计算误差的。多功能表是全电子式的，功率脉冲可以直接给出。于是出现了两种输出功率脉冲的方式：一种直接接入法，多功能电能表的功率脉冲输出（见图 4-4 的操作面板）与标准表直接相连；另一种是在电能表面板上装一个发光二极管，发光二极管的闪烁与功率成正比。

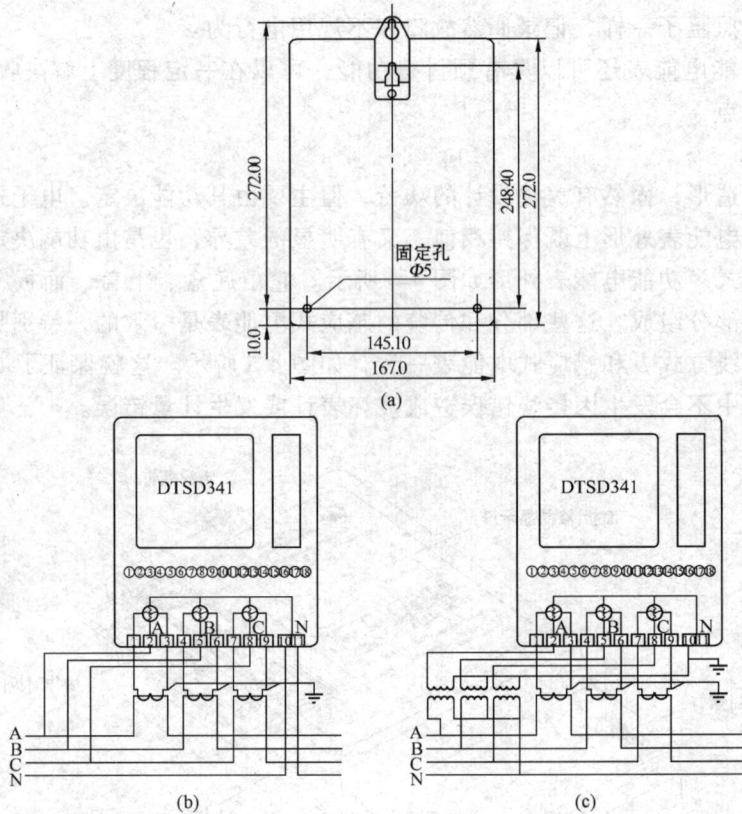

图 4-5　电子式多功能电能表接线图

（a）安装尺寸图；（b）三相四线带电流互感器接入式接线图；

（c）三相四线带电压、电流互感器接入式接线图

图 4-6　液晶显示画面全屏

多功能表外形的第三个特点是传统感应式电能表没有的，就是为了输出其"多功能"，需要一个辅助端子，如图 4-7 所示。电子式多功能电能表的时段控制功能、脉冲输出功能、通信功能、报警跳闸功能都能通过端子输出。

多功能表外形的第四个特点是具有多种抄表接口，如电钥匙（或 IC 卡）抄表接口（见图 4-4）、红外抄表接口等，也可以通过通信口（见图 4-7）进行远程或本地抄表。

多功能表外形第五个特点为适应预付费的需要设有电钥匙（见图 4-4）或 IC 卡插口，并通过辅助端子报警、跳闸输出。

电子式多功能电能表外型很有特点，它既保存了传统感应式电能表的固有优点，又增加了许多与功能相适应的新特点，这些特点是：①大屏幕液晶显示；②两种方式校表功率脉冲输出；③多种输出辅助端子；④预付费抄表插口。

2．内部结构

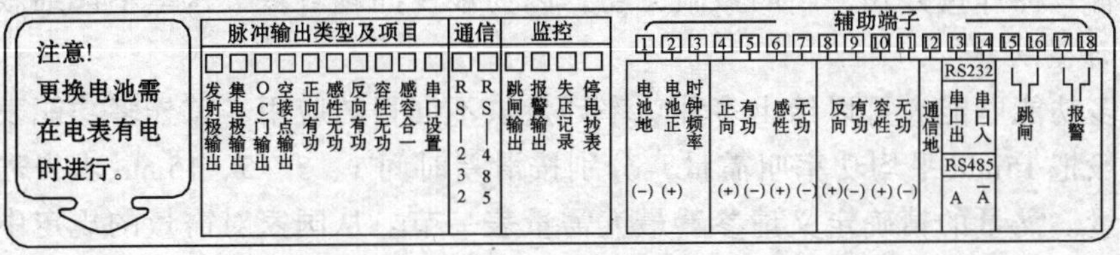

注意! 更换电池需 在电表有电 时进行。	脉冲输出类型及项目					通信		监控		辅助端子

图 4-7 多功能表的辅助端子

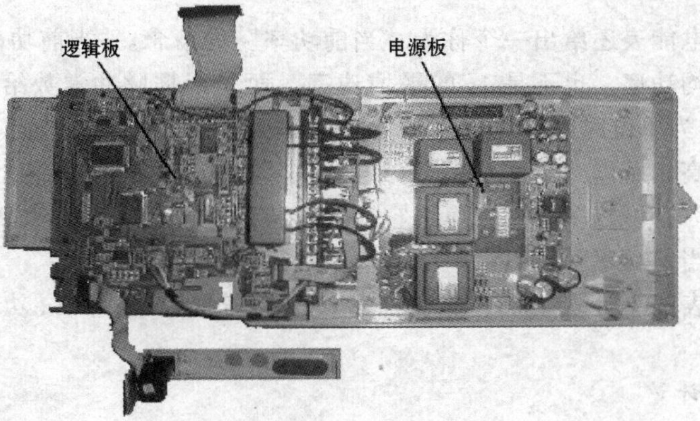

脉冲输出类型及项目：发射极输出 集电极输出 OC门输出 空接点输出 感性无功 容性合一 正向有功 反向有功

通信：串口设置 RS-232 RS-485

监控：失压记录 跳闸输出 报警输出 停电抄表

辅助端子：① ② 电池地(-) 电池正(+) ③ ④ 时钟频率 ⑤ ⑥ ⑦ ⑧ 正向有功(+)(-) 无功性(+)(-) ⑨ ⑩ ⑪ ⑫ 反向有功(+)(-) 容性(+)(-) ⑬ ⑭ RS232 通信地 串口入 串口出 RS485 A Ā ⑮ ⑯ 跳闸 ⑰ ⑱ 报警

图 4-8 电子式电能表内部结构

（标注：逻辑板、电源板）

电子式多功能电能表内部结构比较简单，由两块 PCB 印制板组成：底层是一块电源板；上面是一块逻辑板，如图 4-8 所示。逻辑板完成计量及所有管理功能，详见上一章全电子式电能表内容。

三、功能

用户选择多功能电能表或者在编写招标技术文件时，选择哪些功能，是一个颇费脑筋的问题。这里把多功能电能表到目前为止能够达到的功能进行比较全面地列举。但不是功能越多越好，功能多可靠性要下降，考虑目前应用及发展要求，够用即可。电子式多功能电能表功能列举如下。

1．电能计量功能

一块表能同时计量正向有功、反向有功、感性无功和容性无功。这就是所谓的"一表四"，一块多功能表等于四块传统意义的感应式电能表。

反向电量有四种计量方式：

（1）反向电量计入正向电量中，同时反向总电量单独计量并显示；

（2）反向电量计入正向电量中，同时反向总电量单独计量、不显示；

（3）反向电量、正向电量单独计量，反向总电量显示；

（4）反向电量、正向电量单独计量，反向总电量不显示。

容性无功计量方式也有四种：

（1）容性无功电量计入感性无功电量中，同时容性无功总电量单独计量，并显示；

（2）容性无功电量计入感性无功电量中，同时容性无功总电量单独计量、不显示；

（3）容性无功、感性无功单独计量，容性无功显示；

（4）容性无功、感性无功单独计量，容性无功不显示。

无功还有一种计量方式，叫四象限无功，因为涉及问题较多，这里不详细叙述。

2．功率计量功能

电子式多功能电能表可以给出多种功率计量供不同目的应用。首先多功能表可以计量需量。国家一般把 15min 平均功率叫需量，分别按滑差时间 1、3、5、15min 求得需量的最大值称为最大需量。需量的精确定义请参看最大需量表一节。从国家对需量的规定中看出，需量是一种功率计量或者确切的说是一种平均功率。最大需量应用于大用户计费考核。

负荷控制一般考核 1min 平均功率，电子式多功能表一般可从 RS-485 通信口读到 1min 的平均功率。

电子式多功能电能表还给出一个称为"当前功率"的概念。"当前功率"不是瞬时功率，不是一个周波的平均功率，也不是 1s 的平均功率，而是根据脉冲常数给出的一个脉冲所代表的能量值除以 μs 为单位时间计算出来的平均功率。因为脉冲能量值已被标定，单片机测量出的时间精度很高，所以"当前功率"与电能表具有同等的精度等级，是非常准确的。明确当前功率概念之后，可以多方面去应用它。如新装表，可以用当前功率核对一下接线是否有错，检查老表"当前功率"可以大致了解该表运行是否正常。

总之，多功能表功率计量功能包括：需量、最大需量计量；1min 功率计量；当前功率计量。

3．电压、电流计量

电子式多功能电能表可以提供总电压、电流和分相电压、电流值，也可提供零序电流。电流、电压精度等级单独标定。一般把电压、电流称为瞬时参数。

4．时段控制功能

首先，在电子式多功能电能表内部设计了一个日计时误差相当准确的百年日历，实时时钟，没有 Y2K 问题，能够显示实际时间年、月、日、时、分、秒，受权人通过专用介质可对时钟进行调节。

其次，具有以内部时钟为基础进行分时计量功能或者称电子式多功能电能表具有复费率功能。绝大多数电子式多功能表不但对正、反向有功进行分时计量，也对感性、容性无功（或四象限无功）分别进行分时计量，最大需量也分时计量。虽然国家政策现在只对有功进行分时计费，但是据有关专家分析，无功分时计费对降低电网电压，降低网损有好处。无功分时、最大需量分时计量作为一种技术储备已经设计到电子式多功能电能表中。分时计量的另一个问题是费率多少？现在一般提供四费率：尖、峰、平、谷。早期只有三费率。再多怎么办？后面有一揽子解决办法。另一个问题是一年分几个时区，一日分几个时段。早期提法是四时区 8 时段。现在时区、时段限制仅受内存容量的影响，以一个时区的一个时段为一个存贮单元，一般表内为时区、时段准备了 200 个存储单元，留有足够的发展余量。分时计费的基本思想就是把电能作为一种商品，利用经济杠杆，用电高峰期电价高，低谷时电价低，以便削峰填谷，改善供电质量，提高综合经济效益。从电能是商品符合价值规律角度考虑，节假日，双休日都应该使用价格政策。为预留这种发展余地，有些地方要求考虑双休日、节假日的时段问题。最新的分时计量把费率、时区、时段、节假日进行了一揽子考虑。

第三种时段控制功能就是电量冻结功能。规定一个特定时间把电量存起来，把这个特定时间叫做电量冻结时间。早期每月有一个电量冻结日，也叫结算日。规定每月 1～28 日和月末任何一天的零点为电量冻结时间，不能把冻结时间规定为 29 日、30 日或 31 日零点，因为如果那样规定有些月电量就无法冻结了。现在有些用户提出零点冻结不好，最好规定到其他时间，新的多功能表电量冻结的日期和时间都是可设的。

第四种时段控制就是记录代表日的整点功率。早期设计每月可把某一日整点功率记录下来作为代表日。现在可以存储超过一个月的功率曲线，存储间隔可设，用时段控制记录功率问题得到较圆满的解决。

人们给电子式多功能电能表规定了一个时间表，告诉什么时间应该按什么费率计量电量，这叫分时计量；什么时候把电量存起来，这叫电量冻结；什么时候记录功率值，叫做记录负荷曲线，电子式多功能电能表内的单片机像一名勤勤恳恳的工作人员，不断地在那里看表（内部时钟），到时候一丝不苟的完成记录的任务。

5. 预置功能

在时段控制功能中已经讲了，表内单片机是一名忠实的仆人，时刻在那里看表，但是什么时间完成什么任务是要人告诉它的。向电能表内单片机交待任务的过程就叫"参数预置"。

哪些参数需要预置？上面提到的时区、时段、冻结日、代表日，还有清需量日、清需量方式、滑差步进时间、时段功率限额、时段费率、报警限额、跳闸延时、用户级别、循环显示、表号等等。

用什么方法预置？可以用电钥匙（或 IC 卡），可以通过红外抄表口，也可以通过 RS-485口。

6. 监控功能

电子式多功能电能表已经不是一个单纯的计量设备，它已经发展成为对内、对外较强的监视与控制设备。

它不断地监视外线路功率，超功率限额报警，超功率时间大于设定值时给出跳闸信号。在这里电子式多功能电能表起电力定量器作用。应用于预付费时，剩余电量小于限额值大于零时，给出报警信号；小于等于零时，发生跳闸信号。跳闸延时间可预置，跳闸延时一般在0~15ms 内任选。并可手动、自动解除跳闸状态，恢复供电。当线路出现失压时，液晶屏上有相应相（U、V 或 W）字母闪烁，同时有"失压"汉字显示。

电子式多功能电能表对自己的运行状态有很强的监视、控制和自检功能。如多数多功能表内电池欠压时，液晶上将出现电池图案，提示更换电池；又如威胜表能对硬件故障进行监视，当 A/D 坏时，液晶上出现"Err1000"显示；当内卡坏时，液晶上显示"Err0100"；当时钟坏时，显示"Err0010"；当电池工作超过 6 年时，显示"Err0001"。

7. 数据显示

各种不同生产厂，不同类型的多功能电表的显示方式和显示内容是不一样的。显示方式分为循环显示和固定画面显示两种。

循环显示一个画面一项内容，利用方块汉字便于组合的性能，画面的含义十分清楚，如第一个画面上方显示"本月"、"正""有功"几个字，中间是一排阿拉伯数字，数字后跟着单位 kWh，那么任何人都清楚这是本月正向有功电度若干度的意思。一个画面一个画面的循环下去，显示出用户关心的所有内容。一般可循环显示的项目很多，如威胜表可循环显示的项目达 106 项，用户并不需要每次把 106 项都循环一遍，用户选择哪些项参加循环显示是可设的，循环显示时间间隔也是可设的。其他未参与循环显示的内容随时可用按钮切换的办法显示出来。

由于有些用户只关心有功尖、峰、平、谷和无功总五个量。这些用户希望用一个五行固定的画面显示这五个量。五行固定画面抄表一目了然，不必像循环显示那样，抄表员要等待画面一个一个的循环。五行固定显示画面也可用按钮进行切换，转换显示其他内容。

两种方法各有优缺点，威胜公司 I 型表采用循环显示，II 型表采用五行固定画面显示。

多功能电能表能显示哪些内容？能显示总、本月、上月的正反向有功和感、容性无功的分时电量和总电量；能显示正反向的分时最大需量和总最大需量出现的时间；能显示时区设置数据和失压记录；能显示实时时间和功率等等。

8. 数据传输

电子式多功能电能表可通过三种方式和外界进行数据交换。第一种通过专用介质与外界数据交换，专用介质一般选用数据电钥匙或 IC 卡。可以通过这些专用介质对多功能表进行参数预置、预付电费。在预置参数、预付电费的同时也把多功能表内的用电数据及其他有关数据写到专用介质中。利用专用介质，即利用电钥匙或 IC 卡实现了多功能表对外界的数据交换。由于预付电费具有货币性质，所以介质中的数据有严格的加密措施，对用户手中的介质有防复制功能。第二种数据传输途径是红外抄表口，一般使用掌上电脑，通过红外口和多功能电能表进行数据交换。第三种通过 RS232 或 RS485 在一定的通信规约下进行本地或远程通信，实现本地或远方抄表和参数预置。

9. 脉冲输出

多功能电能表通过辅助端子输出电量脉冲。一般包括正向有功脉冲输出、反向有功脉冲输出、感性无功脉冲输出和容性无功脉冲输出。输出方式可采用光学电子线路输出、继电器触点输出、电子开关元件输出等。

10. 预付费功能

某些电子式多功能电能表还具有预付费功能，能通过专用介质（电钥匙或 IC 卡）预购电量或预购电费，欠费提供报警信号和跳闸信号。预付费多功能电能表必须具备记忆功能，保证剩余电量或剩余电费不丢失；必须具有辨伪功能，当使用非指定介质时，预付费多功能电表不应接受或不工作，且应有所记录；必须具有叠加功能，表内剩余电量和新购电量进行代数相加运算。

11. 存储功能

（1）存储月用电数据。电子式多功能表都必须做到能存上月的用电数据。转存日以结算日或称冻结日为界，结算日冻结时间可设。由于多功能表可存上月数据，给抄表、电费结算带来很多方便，也大大提高了成本核算、线损计算的精确度。有些地方认为只存上月数据不够，要求能存前几个月的数据，威胜公司 III 型表适应这种要求，设计成最多可存前 9 个月的用电数据。

（2）存储负荷曲线。存储负荷曲线是多功能表的一种扩展功能。DL/T614—1997 标准规定，数据保存量 1~36 天。标准没有规定记录项目、记录时间间隔、记录方法、抄读办法。威胜 III 型电子式多功能电能表可储存负荷曲线，且给出了详细的抄读办法。负荷曲线记录项目分六类数据（电压/电流/频率、有无功功率、功率因数、总电量、四象限无功、当前需量）；记录时间间隔最小 5min；常规容量 48K 字节，可扩展为 96、192K 字节。负荷曲线可由串口抄出。

12. 事件记录功能

所谓事件记录就是多功能电能表某些参数出现异常时，记录下发生异常情况的时间、异常情况下多功能表的状态，以备分析异常原因，追补电量；可监视多功能电表是否出现故障；使用条件是否正常；有没有窃电行为等等。从这些意义上讲，事件记录确实像飞机上的"黑匣子"。记录的事件越全面越好。电力部部颁标准 DL/T614—1997，仅对两种事件提出记录的要求。对每种事件也仅提出记录 1 次发生时间的要求。现在记录事件已扩展到 40 余种，记录次数达到 10 次之多。下面概括事件记录功能达到的水平。

现在的电子式多功能表可以记录 1 至 10 次事件发生的时间及内容：

（1）能记录 1～10 次 U、V、W 各相欠压时间及欠压时的功率，且能分清此时电流有无；

（2）能记录 1～10 次超功率跳闸的时间及当时功率；

（3）能记录 1～10 次 U、V、W 各相失压恢复时间及当时的功率；

（4）能记录 1～10 次掉电时间；

（5）能记录 1～10 次清需量时间及清需量前的最大需量；

（6）能记录 1～10 次清零时间及清零前的功率；

（7）能记录校对时钟的时间及校时钟前表内时钟的年、月、日、时、分；

（8）能记录 1～10 次设置初始电量的时间及设置前有功电量值；

（9）能记录 1～10 次不平衡恢复时间及恢复前的不平衡率；

（10）能记录 1～10 次逆相序发生时间及当时功率；

（11）能记录 1～10 次上电时间；

（12）能记录 1～10 次复位时间；

（13）能记录 1～10 次 U、V、W 各相过电压时间及当时电压；

（14）能记录 1～10 次 U、V、W 各相过电压恢复时间及恢复前的电压值；

（15）能记录 1～10 次 U、V、W 各相过电流及恢复过流的时间及当时的功率；

（16）能记录 1～10 次调校多功能电表精度的时间。

13. 电压合格率

电子式多功能电能表能够给出在线实时记录电压合格率数据，这个功能对提高供电质量、改进工作会有作用。

14. 失压记录

电流大于基本电流的 10%，电压小于参比电压的 78% 称为失压。失压与停电或欠压概念不同。失压是指在不停电时，由于故障或窃电造成电能表电压回路掉电或电压幅值失真。停电是指供电中断。欠压是指由于供电质量造成电压幅值达不到规定要求。电子式多功能表可对失压情况进行全面记录，可记录一相失压时间及一相失压时电能表计量的有功电量，二相失压时间和二相失压电表计量的有功电量，以及三相失压时间。多功能表的失压记录可以代替失压记时仪，多功能表又给出一相失压电量和两相失压电量数值，说明多功能表失压记录功能强于失压记时仪。多功能表失压记录功能丰富了失压追补电量的方法。

15. 记录失流功能

有些地方提出了"失流"概念。失流包含两层意思：一种情况，当电流小于基本电流 2% 时判为"失流"；另一种情况是当三相电流不平衡超过某个限定值时判为"失流"，限定值软件可设。用户没用电、TA 开路都被记录为第一种失流。第二种失流情况可能是真的三相负载不平衡，也可能是某项 TA 开路。失流概念及应用有待进一步开发。

16. 停电抄表

电子式多功能电能表本身需要电源，一旦断电，多功能表内 CPU 不工作，液晶屏无显示，现场人工抄表出现问题。这一点是电子计度器（液晶 LCD 和发光二极管 LED）共同的缺点。解决停电抄表方法有两种。一种是抄表时外加电池使 CPU 工作，使液晶显示读表，这是外加电池法。把这种外接电池做成手持装置，称为停电抄表器。抄表工随身携带停电抄表器，对停电表计进行抄表。另一种是电子式多功能表内部安装高能电池，可在外线停电时由高能电池供电使 CPU 工作。由于 CPU 耗电较高不宜长时间由高能电池供电，一般把 CPU 设计成在停电时处于低功耗的睡眠状态，抄表时抄表人用一红外遥控器唤醒 CPU 使液晶显示，实现读表。

四、电原理框图

从多功能电能表的定义知道，多功能表由电能计量单元和数据处理单元两大部分组成。计量单元又分为感应式和电子式两类。人们把计量单元使用感应式电能表的，称为感应式多功能电能表；把计量单元使用大规模集成电路芯片的，称为电子式多功能电能表。电能计量芯片可以是专用的，如 BL0932；也可以利用通用的 CPU 单片机对外线电压、电流分时采样，通过数值计算计量有功电能、无功电能及其他参数。为了完成分时计量、计算需量、搜索最大需量等工作，电子式多功能表内必须设计一个单片机进行数据处理工作，如果计量工作也由单片机完成，计量与数据处理可合并为一个单片机。只有一个单片机，既负责电能计量又负责数据处理的电子式多功能电能表，简称为"单芯片的电子式多功能表"；把使用专用芯片进行电能计量，使用单片机进行数据处理的电子式多功能电能表，称为"双芯片电子式多功能电能表"。下面分别对"单芯片电子式多功能电能表"和"双芯片的电子式多功能电能表"的电原理框图进行介绍。

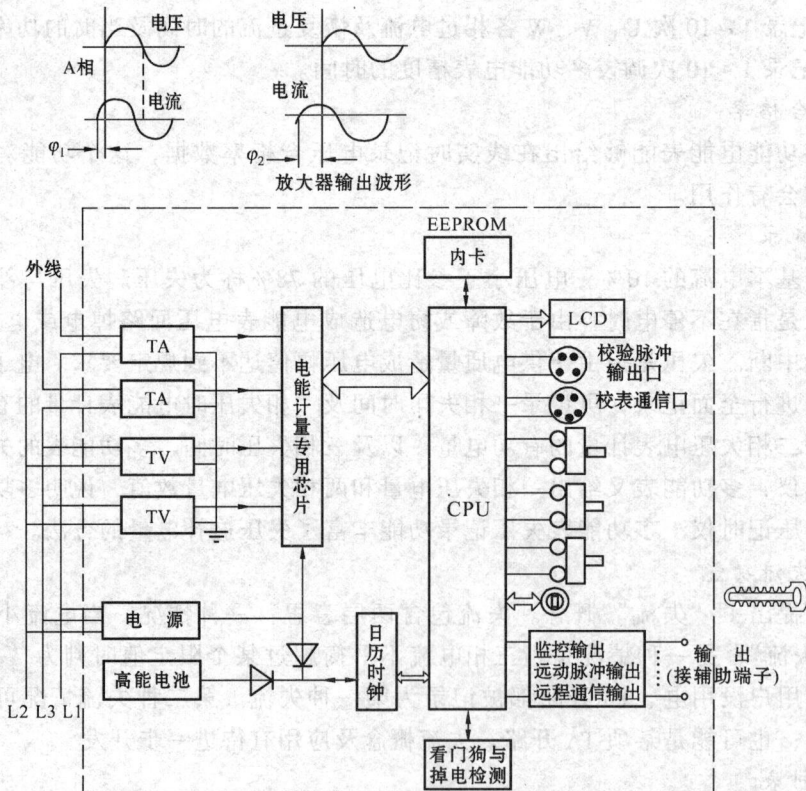

图 4-9　单芯片电子式多功能电能表电原理框图

1. 单芯片电子式多功能电能表

单芯片电子式多功能电能表电原理框图，如图 4-9 所示。

单芯片电子式多功能电能表由电流互感器 TA、电压互感器 TV、运算放大器 OP 模数转换器 A/D、单片机 CPU、内卡 EEPROM、看门狗、电源、高能电池、日历时钟、液晶显示器 LCD、校验脉冲输出口、校表通信口、按钮、插口、监控输出端子，远动脉冲输出、远程通信输出端子等组成。

外接电流、电压都是频率 50Hz 的交流电（见图 4-9）。其幅值与相位角反映了用户的用电情况。相电压一般为交流 220V 或交流 100V。多功能电能表内工作电压为 ±5V，为使电压匹配表内设计了电压互感器 TV、电流互感器 TA 和其后的运算放大器，它们的作用是进行电压变换。运算放大器的输出仍然是一个交流 50Hz 的正弦波形（见图 4-9），最大幅值降到 5V 以下。电流变换线路放大器输出相角变为 φ_2，形成（$\varphi_2 - \varphi_1$）的附加相移。A/D 模数转换器的作用就是对从放大器输入来的交流正弦波形进行分时采样，把模拟量变成数字量。CPU 把电压、电流数字量进行相乘相加计算功率，功率对时间积分得到电能。计算机计量结果一方面送液晶 LCD 显示；一方面定时送内卡，保存当前电量。内卡是一种不易失电的可擦除 EEPROM，能反复读写一百万次以上，数据可保存 10 年。LCD 和内卡共同起着计度器的作用。多功能表不只是计量总电量，还有分时计量的作用。为了分时，表内设有百年日历实时时钟，有电时，日历时钟芯片由电能表电源供电，无电时由高能电池供电。CPU 还肩负数据处理功能，分时计度就是一项典型的数据处理任务。CPU 内和内卡内保存一个年时区、日时段的时间表，CPU 不断的访问日历时钟并与 CPU 内的时间表对照，判断当前处于哪个时段，假如当前处于平时段，CPU 就将刚刚计算出来的电量加到平费率计度单元中，同时也写到总计度单元中。也就是说，在 CPU 的内存中有 4 个存贮单元，分别存放峰、平、谷、总电量。内卡中也有对应的峰、平、谷、总电量的存贮单元。由于电子式多功能电能表有一个内部日历时钟；又由于 CPU 能判别当前处在哪个时段、是什么费率，CPU 能把刚刚计算出的电量加到当前费率和总电能中，实现了分时计度。内卡中也记录总电量及各费率电量，内卡和 LCD 配合，不仅能显示总电量，也能显示各费率电量，内卡与 LCD 构成一种多功能计度器。逻辑板上还装有看门狗与掉电检测电路。看门狗的作用是防止 CPU 死机。掉电检测的作用是监视电源电压降落情况，保证 CPU 留有足够时间把内存 RAM 中数据送到内卡中去，防止丢失数据。校验脉冲输出口和校表通信口是为校验表用的。按钮主要作用是切换显示画面。电钥匙插口或 IC 卡插口主要用于预付费，也用于参数预置和抄表。辅助端子上有跳闸、报警输出，有远动脉冲输出，还有 RS485 或 RS232 接口。电能表通过这些接口与远方主台进行数据通信。

2. 双芯片电子式多功能电能表

双芯片电子式多功能电能表电原理框图，如图 4-10 所示。

双芯片电子式多功能电能表由电流互感器、运算放大器、电压采样网络、补偿电路、电能计量专用芯片等组成电能计量单元；由内卡、数据处理单片机、看门狗与掉电检测、日历时钟组成数据处理单元；由电源、高能电池组成供电系统；由 LCD、校验表输出口、按钮、外卡插口、辅助端子组成输出系统。

双芯片系统突出特点是计量单元与数据处理单元严格分开。电能计量由专用的计量芯片完成。专用的电能计量芯片种类很多，有以模拟电路为基础的模拟乘法器；有以霍尔器件为基础的霍尔乘法器；还有模拟数字电路混合制造的乘法器。不管使用什么器件，基于什么原

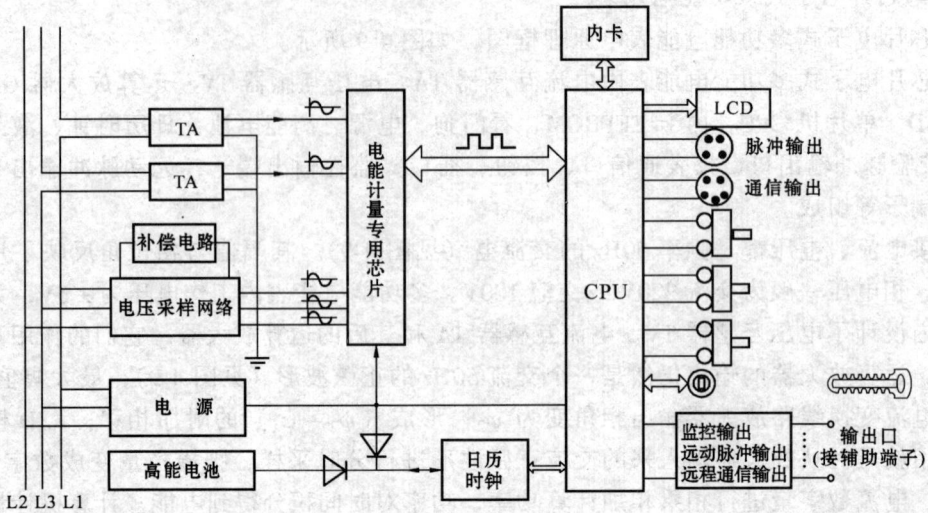

图 4-10 双芯片电子式多功能电能表电原理框图

理，电能计量专用芯都必须完成一项最基本的任务——计主电路功率。即有两个以上的输入，两个输入都是 50Hz 的正弦波，一个代表电压，另一个代表电流；两个正弦波有一个相位差，由功率因数决定，至少有一个输出，输出是一个脉冲量，输出脉冲频率与两个正弦波乘积成正比，即输出脉冲频率与主电路消耗功率成正比。数据处理单片机接收电能计量单元输入脉冲，乘以时间，就能计算出总电量。数据处理单元其他工作，如分时计量、计算需量、搜索最大需量、显示、脉冲输出、利用 RS232 口或 RS485 口与外界通信等，都和单芯片的电子式多功能电能表一样。

五、典型功能的实现原理

1. 无功电能计量原理

（1）90°电子移相法计量无功。对于采用 A/D 采样数值计算方法计量有功的电子式多功能电能表，还可以同时计算无功。

现在假设一个函数 $Q(t)$，使

$$Q(t) = U_m \sin\left(\omega t + \frac{\pi}{2}\right) I_m \sin(\omega t - \varphi)$$

$$= UI\left[\cos\left(\varphi + \frac{\pi}{2}\right) - \cos\left(2\omega t - \varphi - \frac{\pi}{2}\right)\right]$$

$$= -UI\sin\varphi + UI\cos\left(2\omega t - \varphi - \frac{\pi}{2}\right)$$

用 Q 表示一个周期积分的平均值，则

$$Q = \frac{1}{T}\int_0^T Q(t)\mathrm{d}t = \frac{1}{T}\int_0^T U_m \sin\left(\omega t + \frac{\pi}{2}\right) I_m \sin(\omega t - \varphi)$$

$$= UI\sin\varphi \tag{4-1}$$

式（4-1）说明 Q 就是电压有效值为 U、电流有效值为 I，两者相位差为 φ 时，一个周期无功平均功率。

对比式（3-3）和式（4-1）有

$$P = \frac{1}{T}\int_0^T U_{\text{m}}\sin(\omega t) I_{\text{m}}\sin(\omega t - \varphi)\mathrm{d}t = UI\cos\varphi$$

$$Q = \frac{1}{T}\int_0^T U_{\text{m}}\sin\left(\omega t - \frac{\pi}{2}\right) I_{\text{m}}\sin(\omega t - \varphi)\mathrm{d}t = UI\sin\varphi$$

说明对于相角为 φ，电流有效值为 I，电压有效值为 U，一个周期内的平均有功功率 P 等于 t 时刻电压、电流瞬时值的乘积积分的平均值；无功功率 Q 等于超前 $\frac{\pi}{2}$ 时刻的电压值与 t 时刻电流值乘积积分的平均值。

例如：电压、电流波形如图 4-11 所示，50Hz 交流电，每个周期为 20ms，20ms 对应 2π，$\frac{\pi}{2}$ 相应 5ms，共取样 20 次。那么利用计算机的存贮功能，每次电压采样数值存起来，现在的电流采样值与前 5ms 电压采样值相乘，即是无功功率。

$$P = \frac{1}{20}\left[U(t_0)I(t_0) + U(t_1)I(t_1) + \cdots + U(t_{19})I(t_{19}) \right]$$

$$Q = \frac{1}{20}\left[U(t_{-5})I(t_0) + U(t_{-4})I(t_1) + \cdots + U(t_{14})I(t_{19}) \right]$$

（2）利用有功电能表改接线方法。令 P 为有功功率，Q 为无功功率，则

$$P = U_{\text{U}}I_{\text{U}}\cos\varphi_{\text{U}} + U_{\text{V}}I_{\text{V}}\cos\varphi_{\text{V}} + U_{\text{W}}I_{\text{W}}\cos\varphi_{\text{W}}$$

$$Q = U_{\text{U}}I_{\text{U}}\sin\varphi_{\text{U}} + U_{\text{V}}I_{\text{V}}\sin\varphi_{\text{V}} + U_{\text{W}}I_{\text{W}}\sin\varphi_{\text{W}}$$

式中　U_{U}、U_{V}、U_{W}——分别为 U、V、W 各相电压有效值；

$\quad\quad I_{\text{U}}$、I_{V}、I_{W}——分别为 U、V、W 各相电流有效值；

$\quad\quad \varphi_{\text{U}}$、$\varphi_{\text{V}}$、$\varphi_{\text{W}}$——U、V、W 各相相角。

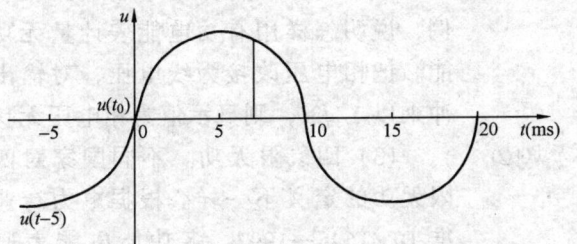

图 4-11　i 滞后于 u 为 φ 的电流、电压波形图　　　　图 4-12　对称三相电压电流相量图

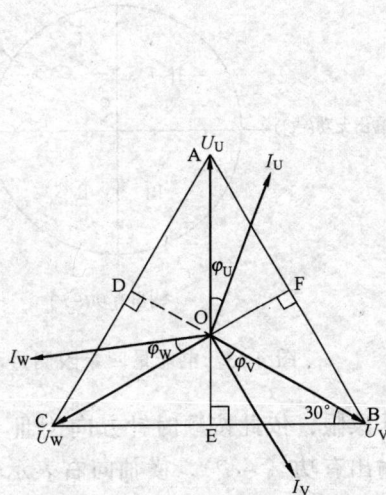

由图 4-12 相量图可知，因为三相电压、电流对称时，△ABC 为等边三角形，∠ABC ＝ ∠BCA ＝ ∠CAB ＝ 60°；OA 垂直、BC，OB 垂直 AC、OC 垂直 AB，且

$$OA = \frac{1}{\sqrt{3}}BC, \qquad OB = \frac{1}{\sqrt{3}}AC, \qquad OC = \frac{1}{\sqrt{3}}AB$$

令线段$\overline{OA}$表示 U 相电压有效值 U_U，$\overline{OB}$表示 U_V，$\overline{OC}$表示 U_W，那么线段$\overline{BC}$则表示线电压 U_{VW}，$\overline{AC}$表示 U_{UW}，$\overline{AB}$表示 U_{UV}，则有下面的关系式

$$U_U = \frac{1}{\sqrt{3}}U_{VW}, \qquad U_{VW} = \sqrt{3}\,U_U$$

$$U_V = \frac{1}{\sqrt{3}}U_{UW}, \qquad U_{UW} = \sqrt{3}\,U_V$$

$$U_W = \frac{1}{\sqrt{3}}U_{UV}, \qquad U_{UV} = \sqrt{3}\,U_W$$

线电压 U_{VW} 与 U 相电流 I_U，线电压 U_{UW} 与 V 相电流 I_V 和线电压 U_{UV} 与 W 相电流 I_W 之间的有功功率用 P_L 表示，则

$$P_L = U_{VW}I_U\cos(90° - \varphi_U) + U_{UW}I_V\cos(90° - \varphi_V) + U_{UV}I_W\cos(90° - \varphi_W)$$

$$= U_{VW}I_U\sin\varphi_U + U_{UW}I_V\sin\varphi_V + U_{UV}I_W\sin\varphi_W$$

$$= \sqrt{3}(U_UI_U\sin\varphi_U + U_VI_V\sin\varphi_V + U_WI_W\sin\varphi_W)$$

$$= \sqrt{3}\,Q$$

$$Q = \frac{1}{\sqrt{3}}P_L \tag{4-2}$$

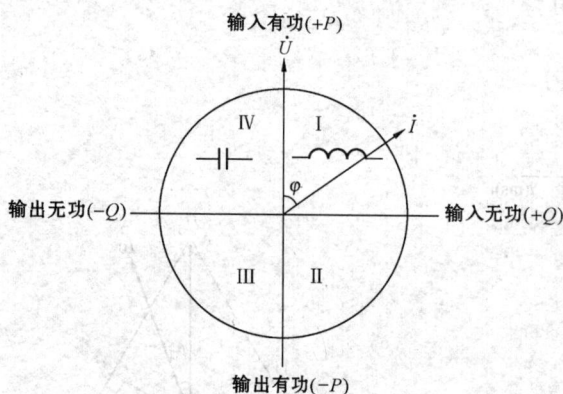

图 4-13　电能量四象限测量示意图

式（4-2）说明相电压无功可以通过线电压有功求得。以时分割乘法器三相表为例，说明怎样用有功电能表计量无功电能。把相电压改接为线电压，对输出脉冲乘以 $1/\sqrt{3}$，则显示值为相电压无功。

（3）四象限无功。不同国家对四象限无功的定义不一样。根据电力行业标准 DL/T645—1997，多功能电能表通信规约对电能测量四象限的定义如图 4-13 所示。

首先把测量平面用竖轴和横轴划分为四个象限，右上角为 I 象限，右下角为 II 象限，依此按顺时针方向为 III、IV 象限。竖轴向上表示输入有功（$+P$），竖轴向下表示输出有功（$-P$），横轴向右表示输入无功（$+Q$），横轴向左表示输出无功（$-Q$）。

电压相量用 $\dot{U}$ 表示，固定在竖轴上。电流相量用 $\dot{i}$ 表示，其位置表示当前电能的输送方向。在图 4-13 中，$\dot{i}$ 位于第 I 象限，$\dot{i}$ 与 $\dot{U}$ 相位角为 φ（φ 顺时针为正），表示输入有功（$+P$）和输入无功（$+Q$）。所谓"输入"、"输出"是相对于电网的用户边而言的。对于有

功输入，输出的概念是：输入有功功率，是电网向用户送电，是用户用电功率；输出有功功率是用户向电网送电，是指用户发电。

无功概念比较复杂，对于用电用户来讲，用户是负载，分为感性负载和容性负载两种，根据 IEC 标准、1972 年 13A 出版物推荐，当负荷是"感性负荷"时，无功功率为正。容性负荷无功为负。在四象限无功（见图 4-13）上，上半图（Ⅰ、Ⅳ象限）表示了这些情况。四象限有功、无功含义是：

Ⅰ象限　输入有功功率 P，输入无功功率 Q，用户为阻感性负荷；

Ⅱ象限　输出有功功率 P，输入无功功率 Q，用户负荷相当于一台欠励磁发电机；

Ⅲ象限　输出有功功率 P，输出无功功率 Q，用户负荷相当于一台过励磁发电机；

Ⅳ象限　输入有功功率，输出无功功率，用户为阻容性负荷。

假定一个用户既用电又发电，是一个双方向用户，安装了一台威胜 DTSD341-ⅢTH 型能计量正、反向有功和四象限无功的电子式多功能电能表。又假定该用户在用电时，使用自动无功补偿装置对无功进行补偿；或在发电时对同步电机的励磁系统进行自动调节，调整无功输出。其运行功率情况如图 4-14 所示。

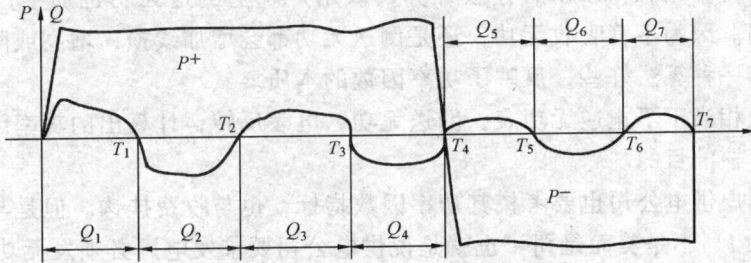

图 4-14　四象限无功应用示意图

在直角坐标系上，纵轴向上，代表正向有功和正向无功，横轴表示时间。

在 0 到 T_4 这段时间，用户用电，有功为正，用 P^+ 表示，在 T_4 到 T_7 这段时间里用户发电，有功为负，用 P^- 表示。

根据四象限无功的定义，有功为正、无功也为正时，为第Ⅰ象限无功，如果把第一象限无功用 $Q_Ⅰ$ 表示，即 $Q_Ⅰ = Q_1 + Q_3$；第二象限无功如果 $Q_Ⅱ$ 表示，$Q_Ⅱ$ 应该等于有功为负时正无功的总和，即 $Q_Ⅱ = Q_5 + Q_7$；第三象限无功如果 $Q_Ⅲ$ 表示，按定义 $Q_Ⅲ$ 应等于有功为负时负无功的总和，即 $Q_Ⅲ = Q_6$；第四象限无功用 $Q_Ⅳ$ 表示，按定义 $Q_Ⅳ$ 应等于有功为正时负无功的总和，即 $Q_Ⅳ = Q_2 + Q_4$。因为该用户安装的是威胜 DTSD341-ⅢTH 双方向四象限电子式多功能电能表，所以上述 6 个数据 P^+、P^-、$Q_Ⅰ$、$Q_Ⅱ$、$Q_Ⅲ$、$Q_Ⅳ$ 都能从该电能表中读出。

计量无功主要目的之一是计算功率因数。功率因数 $\cos\varphi$ 可由下式求得

$$\cos\varphi = \frac{P}{\sqrt{Q^2 + P^2}}$$

式中　P——有功功率；

Q——无功功率。

对于用电用户供电公司要考核其功率因数指数并与收费挂钩，如执行功率因数高于 0.95 奖励，低于 0.95 罚款的政策。对于图 4-14 所示用户的用电情况可有 3 种计算功率因数

的方法：

第一种情况，$\cos\varphi_1 = \dfrac{P^+}{\sqrt{(Q_1 + \mid Q_2 \mid + Q_3 + \mid Q_4 \mid)^2 + (P^+)^2}}$

第二种情况，$\cos\varphi_2 = \dfrac{P^+}{\sqrt{(Q_1 + Q_3)^2 + (P^+)^2}}$

第三种情况，$\cos\varphi = \dfrac{P^+}{\sqrt{(Q_1 - \mid Q_2 \mid + Q_3 - \mid Q_4 \mid)^2 + (P^+)^2}}$

第一种情况，相当于威胜公司感性无功等于感性加容性无功的显示模式。为了降低力率，感性无功和容性无功都不能大，所以需使用无功补偿装置。这种计算方法与提高利率的目的是吻合的。

第二种情况，相当于止逆无功表，只记正向无功。因为一般用户负载都是感性的，如果不加电容器进行无功补偿，没有容性无功，利用这个公式计算的结果与第一种情况一样。但是就怕有些用户用手动方法进行无功补偿电容器的投切，白天投上去，晚上不拉开，晚上负载很轻，出现倒送无功。这种情况下，按照 $\cos\varphi_2$ 的方法计算出的功率因数大，接近 1，应该受到奖励。但如果按 $\cos\varphi_1$ 的办法计算，该用户晚上倒送无功也加上，功率因数会变小，可能会受罚。因为不管吸收无功，还是倒送无功都会增加线损，增高或降低电压，对电网不利。所以第一种算法好些，反映了功率因数的本质。

第三种情况相当于不止逆无功表，倒送无功，电表反转，计算出的功率因数更小，更达不到功率因数考核的目的。

对于发电用户供电公司也要考核其功率因数指标，也与收费挂钩。但是与用电用户相反功率因数越接近 1，不是奖而是罚。也就是说供电公司要求发电厂必须发无功。

对于图 4-14 所示用户，在 $T_4 \sim T_7$ 这段时间属于发电运行，计算这段时间的功率因数也有三种方法：

第四种情况　　$\cos\varphi_4 = \dfrac{P^-}{\sqrt{(Q_5 + \mid Q_6 \mid + Q_7)^2 + (P^-)^2}}$

第五种情况　　$\cos\varphi_5 = \dfrac{P^-}{\sqrt{(Q_5 + Q_7)^2 + (P^-)^2}}$

第六种情况　　$\cos\varphi_6 = \dfrac{P^-}{\sqrt{(Q_5 + Q_7 - \mid Q_6 \mid)^2 + (P^-)^2}}$

分析四、五、六三种情况后认为，按 $\cos\varphi_4$ 考核发电用户比较合理。

图 4-14 所示的用户，在 $0 \sim T_7$ 这段时间里又用电又发电，怎样考核其功率因数更合理呢？根据上面的分析得知，作为用电用户是我们要求其功率因数大些，作为发电用户我们要求其功率因数小些，互相矛盾，因此一定要把用电、发电分开。双方向四象限电子式多功能电能表能把用电有功数据和发电有功数据分开。P^+ 是用电数据，P^- 是发电数据。双方向四象限电子式多功能电能表也能把该用户用电时的无功和发电时的无功分开。Q_{I} 和 Q_{IV} 是用电时的无功。如果令 $\cos\varphi\mid_{用电}$ 表示用电时功率因数，$\cos\varphi\mid_{发电}$ 表示该用户发电时功率因数，可以利用 $\cos\varphi\mid_{用电}$ 奖罚该用户用电时完成功率因数的情况，用 $\cos\varphi\mid_{发电}$ 奖罚发电功率因数完成情况。

$$\cos\varphi\mid_{用电} = \frac{P^+}{\sqrt{(Q_{\mathrm{I}} + \mid Q_{\mathrm{IV}} \mid)^2 + (P^+)^2}}$$

$$\cos\varphi \mid_{发电} = \frac{\mid P^- \mid}{\sqrt{(Q_{II} + \mid Q_{III} \mid)^2 + (P^-)^2}}$$

如果双方向电能表不是计量四象限无功，而是仅计量正向无功和反无功，就没有办法把该用户的用电功率因数与发电功率因数分开。如令 Q^+ 为正向无功，Q^- 为反向无功，对于图 4-14 所示用电情况有

$$Q^+ = Q_1 + Q_3 + Q_5 + Q_7$$

$$Q^- = Q_2 + Q_4 + Q_6$$

Q^+ 包括用电时吸收的无功，也包括发电时吸收所的无功，Q^- 包括用电时送出的无功，也包括发电时送出的无功。没办法求出 $\cos\varphi\mid_{用电}$ 和 $\cos\varphi\mid_{发电}$ 来，只能求出总平均功率因数

$$\cos\varphi = \frac{P^+ + \mid P^- \mid}{\sqrt{(Q^+ + \mid Q^- \mid)^2 + (P^+ + \mid P^- \mid)^2}}$$

这种公式无法评估功率因数的优劣。

2. 最大需量

（1）定义。定义如下：需量周期——连续测量平均功率相等的时间间隔，也叫窗口时间。

需量——需量周期内测得的平均功率叫需量。

最大需量——在指定的时间区内需量的最大值叫最大需量。

滑差式需量——从任意时刻起，按小于需量周期的时间递推测量需量的方法，所测得的需量叫滑差式需量。递推时间叫滑差时间。

区间式需量——从任意时刻起，按给定的需量周期递推测量需量的方法，所测得的需量叫区间式需量。

我国一般需量周期规定为 15min，滑差时间 1、3、5、15min 任选。滑差时间为 15min 称为区间式需量。

（2）需量计算方法。不管单芯片电子式多功能电能表，还是双芯片电子式多功能电能表，电能计量结果都以脉冲的形式输出给数据处理单元。每个脉冲代表负荷消耗一定量的电能，如电表常数 5000r/kWh 时，则每个脉冲代表 0.2Wh。需量的计算工作由数据处理单元完成。计算需量的方法如下。

设：P_{15} 为 15min 的平均功率，即需量（kW），K 为脉冲常数（imp/kWh），$\Delta T = T_{j+1} - T_j$ 为需量周期（h），N 为脉冲个数。

则
$$P_{15} = \frac{N \cdot \frac{1}{K}}{\Delta T} = \frac{N}{\Delta TK}$$

计算 N 的个数有两种方法。一种是严格地按需量周期计算电能脉冲个数 N，如图 4-15（a）所示。这种方法只注意在需量周期内脉冲个数，在 T_0 时刻开始时脉冲 P_0 已过，T_1 结束时刻 P_5 立刻就到。T_2 时，又同 T_0 类似，脉冲 P_9 刚过。在相同的脉冲速率情况下，T_0 到 T_1 的 15min 内只数到 4 个脉冲，而 T_1 到 T_2 之间却有 5 个脉冲。这两次计算的需量显然不同。当脉冲频率很低时误差较大。改进的办法是按脉冲周期计算脉冲个数，如图 4-15（b）所示。用脉冲启动计时器，超过 15min。再来一个脉冲，立即停止计时和脉冲计数。后一种计算方法精度要高些。

以滑差式最大需量计算为例，设窗口时间为 15min，滑差时间为 1min。15min 需量就是

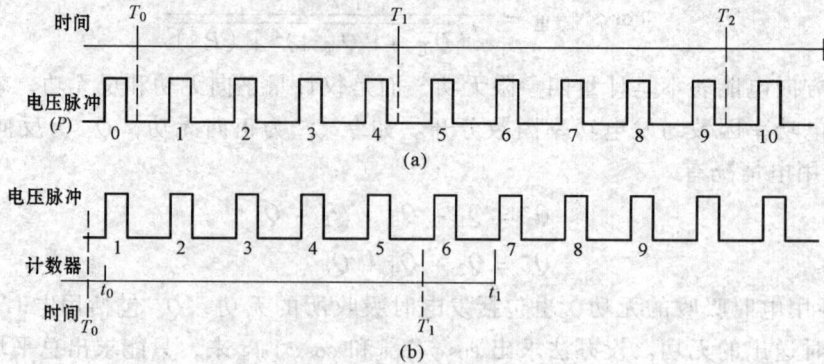

图 4-15 脉冲个数 N 的计算方法

(a) 严格按需量周期计算；(b) 按脉冲周期计算

15min 内的平均功率。把每分钟采集的电能脉冲数 N_i 存到表 4-1 的表格中，第 1min 为 N_1 个脉冲，第 2min 有 N_2 个电能脉冲，第 3min 有 N_3 个脉冲，依此类推，第 15min 为 N_{15} 个脉冲。

表 4-1 脉 冲 计 数 表

分钟数	脉冲计数 N
1	N_1
2	N_2
3	N_3
4	N_4
5	N_5
⋮	⋮
14	N_{14}
15	N_{15}
16	N_{16}
17	N_{17}

根据表 4-1 中的脉冲个数，求从第 1min 开始到 15min 的平均功率即需量 P_1 为

$$P_1 = \frac{1}{\Delta T} \sum_{i=1}^{15} N_i \frac{1}{k}$$

从第 2min 开始到 16min 的需量 P_2 为

$$P_2 = \frac{1}{\Delta T} \sum_{i=2}^{16} N_i \frac{1}{k}$$

一般情况，从第 $j$min 开始到 $j+14$min 的需量 P_j 为

$$P_j = \frac{1}{\Delta T} \sum_{i=j}^{j+14} N_i \frac{1}{k} (j = 1,2,3\cdots)$$

式中 ΔT——计算需量的窗口时间，h；

k——脉冲表常数，imp/kWh；

N_i——第 i 分钟的脉冲数。

按上述步骤，第一次计算 $1 \sim 15\text{min}$ 的平均功率 P_1，并保存到最大需量 P_M 的单元中，第二次计算 $2 \sim 16\text{min}$ 的平均功率 P_2，如果 $P2 > (P_1)$，则将以 P_2 取代 P_1 中的值，如此类推。最大需量 P_M 单元中始终保持 15min 平均功率的最大值——最大需量。

3. 电压有效值计算

在我国工业电网中电压是 50Hz 的正弦波，它的数学表达式为

$$U = U_m\sin\omega t$$

$$\omega = 2\pi f = \frac{2\pi}{T} = 100\pi\,(1/\text{s})$$

式中：U_m 为电压最大值；f 为频率，50Hz；T 为周期，20ms。

它的波形如图 4-16 所示。

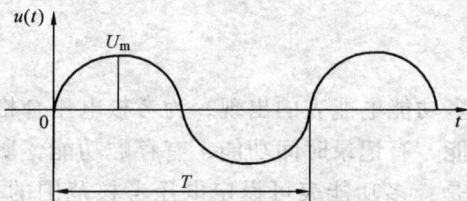

图 4-16 正弦波电压波形

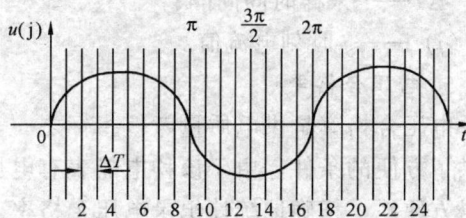

图 4-17 电压采样

在前面已经讲过，可以用 A/D 采样的方法对变化的正弦波电压模拟信号进行逐点采样并量化为数值，如图 4-17 所示。每隔一个很小的时间间隔 ΔT 采样一次电压值 $U\,(j)$，并把这些数据存放在存储器中。根据电工原理可知，正弦交流电压的有效值可用下式求得

$$U^2 = \frac{1}{T}\int_0^T u^2\mathrm{d}t$$

$$= \frac{1}{T}\sum_{j=0}^n U^2(j)\Delta T$$

$$\Delta T = \frac{T}{n}$$

式中　T——正弦波周期时间；

n——一个周期内的采样次数；

U——电压有效值；

ΔT——采样时间间隔；

$U\,(j)$——在 j 时刻的电压瞬时值。

4. 电流有效值计算

正弦交流电流数学表达式为

$$I = I_m\sin(\omega t + \varphi)$$

$$\omega = 2\pi f = \frac{2\pi}{T} = 100\pi\,(1/\text{s})$$

式中　I_m——电流最大值；

ω——电角速度；

φ——初相角。

它的波形如图 4-18 所示。

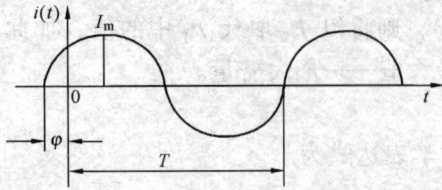

图 4-18　正弦交流电流波形

在电子式多功能电能表内，像对电压信号处理方法一样，通过 A/D 转换器对之进行采样并数值化。采样数据存入存储器，并根据电工原理用下式计算电流有效值 I

$$I^2 = \frac{1}{T}\int_0^T i^2 \mathrm{d}t \approx \frac{1}{T}\sum_{j=0}^n I^2(j)\Delta T$$

$$\Delta T = \frac{T}{n}$$

式中　T——正弦波形周期，20ms；

　　　n——在一个周期内采样次数；

　　ΔT——采样时间间隔；

　$I(j)$——j 时刻电流值。

5．电压合格率

电压合格率是供电质量考核指标之一。电子式多功能电能表的出现，为考核电压合格率提供了方便的条件。由于该种电能表有电压测量功能，有记录时间功能，有存贮功能，所以可以方便地、精确地统计纪录电压合格率。其方法是：多功能表可设定电压考核范围的上、下限，电压合格率考核范围的上、下限，并记录考核范围内的运行时间。

图 4-19 是一个典型的电压运行图。$0 \rightarrow t_0$ 这段时间未进入考核范围。$t_1 + t_2 + \cdots + t_6$ 为运行时间。t_1、t_5 为超合格下限运行时间，t_3 为超合格上限运行时间，t_2、t_4、t_6 为合格运行时间。根据原电力工业部规定

$$电压合格率 = \frac{合格电压运行时间}{电压考核范围内的运行时间} \times 100\%$$

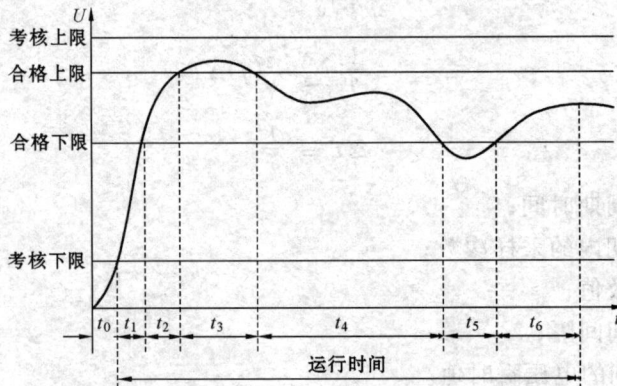

图 4-19　电压运行图

则图 4-19 所示的电压运行合格率为

$$电压合格率 = \frac{t_2 + t_4 + t_6}{t_1 + t_2 + t_3 + t_4 + t_5 + t_6} \times 100\%$$

六、程序框图

前面介绍了电子式多功能电能表的电原理框图、功能及计量原理，现以双芯片电子式多功能电能表为例，介绍电子式多功能电能表的程序框图。

一般电子式多功能电能表的程序分为两大部分，一部分叫主程序，包括被它调用的各类

程序，另一部分是中断服务程序，它由单片机内部、外部中断信号启动执行。

1. 主程序框图

电子式多功能电能表主程序框图如图 4-20 所示。

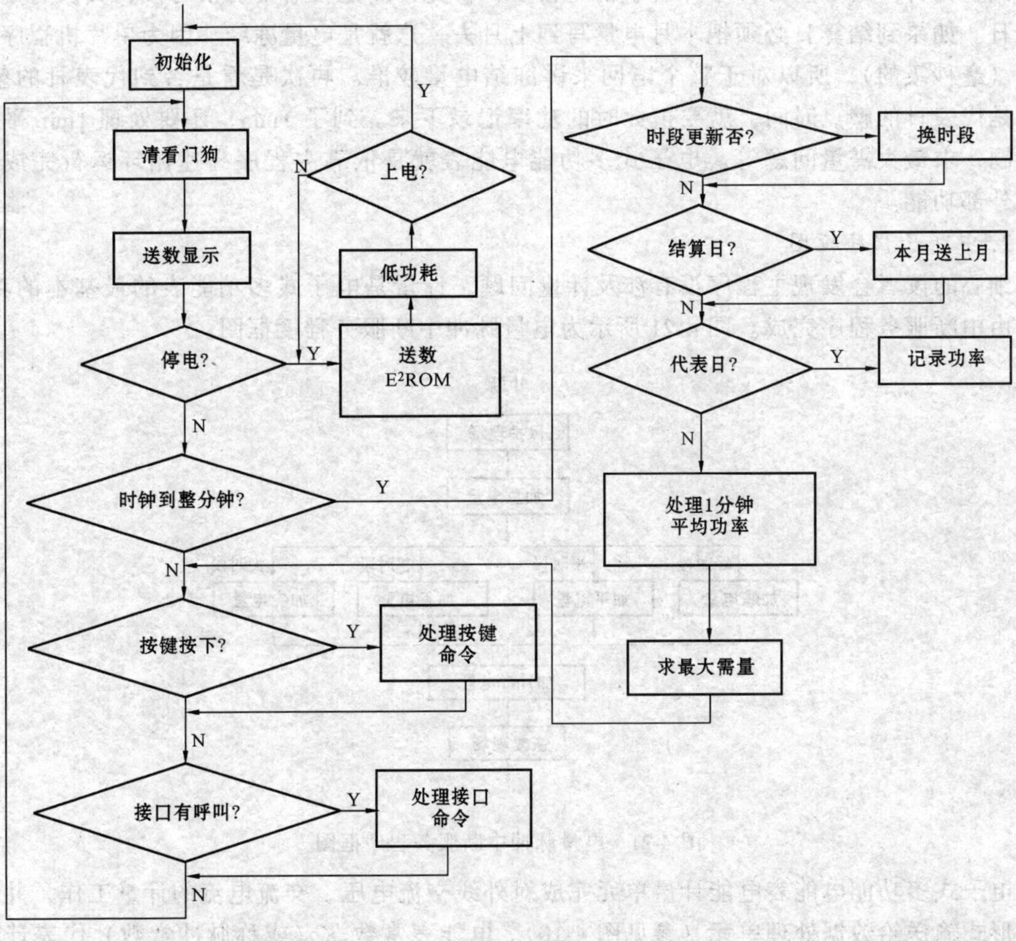

图 4-20 电子式多功能电能表主程序框图

单片机初始化后首先清看门狗。看门狗相当一个定时器，定时周期为 T，定时器自由运行时输出周期为 $2T$ 的对称方波。而单片机的应用程序是循环运行的，其循环周期小于 T。在单片机的循环程序中设置这条清看门狗指令，于是在时间间隔 T 内看门狗至少被清除一次。单片机正常运行时不停地送出清看门狗信号，看门狗不会溢出。看门狗的输出端连接单片机的复位端。看门狗不溢出，即单片机复位端始终是非复位状态。当单片机运行不正常时，如程序进入死循环或程序停留在某条不应停留的指令上，程序可能执行不到清除看门狗指令，此时看门狗产生溢出，输出时间宽度为 T 的复位信号，单片机复位重新开始运行，使程序回到正常的循环中去。

下面程序为送数显示和对停电的判断，如果停电，单片机进入低功耗的睡眠状态。单片机低功耗状态还能不断地监视是否上电，如果没上电则保持低功耗状态，如果上电重新启动单片机。如果未停电，单片机运行下一个程序，即判断时钟是否为整分钟。如果是整分钟，单片机就转而处理时段更新问题、结算日问题和代表日问题、1min 平均功率问题、求最大需量问题等等。最后查询按键有无按下，接口有无呼叫。

从上面的介绍中看到，主程序就是电子式多功能电能表经常性的工作，包括不断送数去显示，不断查看有无按钮按下，查看接口有无呼叫信号，是否掉电等。特别要不断的看时钟是否到整分钟。到了整分钟单片机事情比较多，首先判断是否需要切换时段，其次看是否到结算日。如果到结算日必须把本月电量写到上月去，这就是电量冻结。因为单片机程序循环很快（毫秒级的），所以对于整个电网来讲冻结电量较准。再次是看是否到代表日的整点，如果是代表日的整点时间，就要把此时的功率记录下来。到了 1min，还要处理 1min 平均功率问题，求最大需量问题等。电子式多功能电能表就是依靠主程序高速循环运行完成其内部、外部功能。

2. 中断子程序框图

细心的读者会发现主程序没有涉及计量问题，计量是电子式多功能表的最基本的功能，计量由中断服务程序完成。图 4-21 所示为电量脉冲中断服务程度框图。

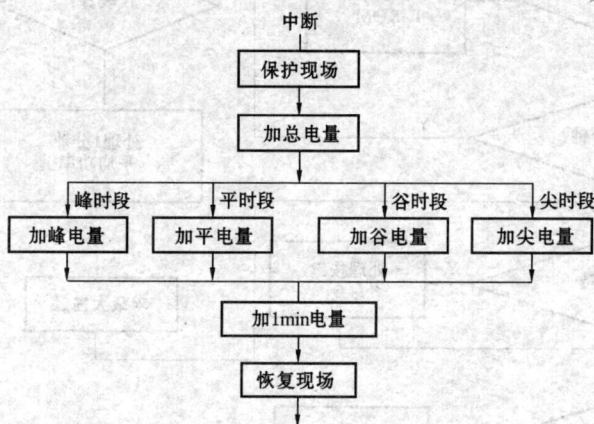

图 4-21　电量脉冲中断服务程序框图

电子式多功能电能表电能计量单元完成对外线交流电压、交流电流的计量工作，并以脉冲的形式输送给数据处理单元（参见图 4-10）。电能表常数 K（或称脉冲常数）代表计量特性。K 用每千瓦时多少个脉冲表示，即 imp/kWh。如 $K = 5000$imp/kWh，则每个脉冲代表 0.2Wh。当电子式多功能电能表计满 0.2Wh 时发出一个脉冲，并向单片机发出中断请求。单片机响应中断后，中断主程序，进入中断服务程序。

中断服务程序第一项任务是保护现场，就是把主程序运行参数送入先进后出的堆栈，以便恢复主程序时使用。第二项任务就是把这个脉冲所代表的电量加到总电量之中，这条程序实现了总电量的计量。第三项任务是根据主程序告诉的时段特性把这个脉冲所代表的电量再写到相应的费率时段中。这条程序实现了分时计费功能。第四项任务是把这个脉冲所代表的电量再写到"1min 功率的存贮单元"中。这项工作是为求得 1min 平均功率和求最大需量做准备的。

假设 1min 内有几个脉冲计入"1min 平均功率"存贮单元中，那么，1min 平均功率 $\overline{P_1}$ 为

$$\overline{P_1} = \frac{n\dfrac{1}{k}}{1/60} = \frac{60}{k} \quad (\text{kWh})$$

同样，令 P_2 等于第 2 个"1min 平均功率"，P_3 等于第 3 个"1min 平均功率"，P_j 等于第 j min 的"1min 平均功率"，则

$$P(1) = (\overline{P_1} + \overline{P_2} + \cdots + \overline{P_{15}})/15$$

$$P(2) = (\overline{P_2} + \overline{P_3} + \cdots + \overline{P_{16}})/15$$

$$\vdots$$

$$P(j) = (\overline{P_j} + \overline{P_{j+1}} + \cdots + \overline{P_{j+14}})/15$$

$P(1)$、$P(2)$、$\cdots P(j)$ 是滑差时间为 1min 的需量，其中最大者为这段时间内的最大需量。即

$$P_m = \max[P(1), P(2), \cdots, P(j)]$$

式中：P_m 为最大需量。

滑差时间为 3、5、15min 时，只是 P_j 中序号 j 有所区别而已。综上所述，填写"1min 平均功率存贮单元"是中断程序的工作；取走"1min 平均功率"，用"1min 平均功率"求最大需量是主程序的工作。

至此，用主程序框图和中断数据服务程序框图，说明了电子式多功能电能表是怎样计量电能的，是怎样计量分时电能的，怎样计算功率的，怎样求得最大需量的。对照多功能电能表的定义：由测量单元和数据处理单元组成，除计量有功（无功）电能外，还具有分时、测量需量等两种以上功能，并能显示、储存和数据输出的电能表。致此，本节内容对多功能电能表的绝大多数内容都已进行了详细地介绍。

第二节 基波电能表

随着生产的发展，特别是电力电子技术的发展，大功率整流在电气化铁道中得到普遍应用，在炼钢中也普遍使用电弧炉等，这些技术的运用有力地提高了劳动生产率，促进了生产力的发展，创造了巨大的经济效益，但与此同时也带来了负面效应，即电网中有大量谐波的存在。谐波不但对电力设备、电力用户和通信线路造成了有害的影响，而且还会影响到常用仪表的测量、计量，当然这其中就包括影响到电能表的准确计量。

一、谐波对计量的影响

为了便于说明谐波对电能计量的影响，在图 4-22 简化电网中给出了有功功率潮流的分布情况，包括基波功率源（发电机）、非谐波源用户以及谐波源用户的基波功率和谐波功率。发电机发出的基波功率 P_{1G} 被其两个用户（非谐波源用户和谐波源用户）分别消耗掉基波功率 P_{1M} 和 P_{1R}，谐波源（谐波源用户）送出的谐波功率 P_{hR} 同时送给发电机和非谐波源用户，它们分别消耗的谐波功率为 P_{hG} 和 P_{hM}。如果在非谐波源用户以及谐波源用户侧安装电表进行计量，则非谐波源用户侧实际指示的消耗电功率为 $P_{1M} + P_{hM}$，而谐波源用户侧实际指示的消耗电功率为 $P_{1R} - P_{hR}$。这就导致正常使用电能的非谐波源用户不但由于吸收由谐波源用户产生的、对自身运行毫无用处、甚至有危害的谐波功率，还得为这一部分电能支付一定的费用；相反的，谐波源用户不但将吸收的一部分基波电能转化

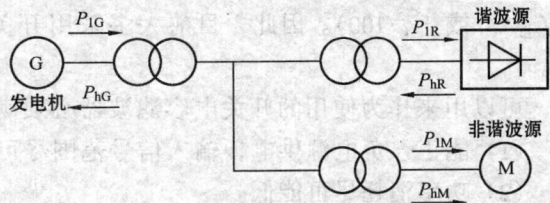

图 4-22 简化电网中的基波和谐波有功潮流分布

为谐波电能污染了电网，而且还因此少支付这一部分的费用；同时，当发电机消耗较多谐波功率时，不仅会降低电力系统经济效益，还影响电网的安全运行，这样显然是不合理的。

基波表就是针对这种情况而研制的，它能滤掉谐波电量，只计量基波电能，从而消除谐波对电能表计量的影响，公平、公正地解决了谐波严重影响电能计量的问题。

二、三相基波表（硬件方式）基本原理

实现滤波功能的手段可以有硬件和软件实现两种方式。软件实现方式由专门的滤波算法来完成，一般采用傅氏算法剔除谐波而保留基波。软件实现方式的硬件同普通表一样，只是完全由软件实现滤波功能，并且能够计算出各次谐波的含有率、总谐波畸变率。但软件实现需要功能强大的 DSP 以及较为完善的算法来进行相应的处理。由硬件实现则是通过硬件低通滤波器，合理地选择转折频率，可以直接滤除二、三次以上谐波而保留基波，在现场应用中可以得到较为理想的滤波特性，但是它难以实现显示各次谐波的含有率、总谐波畸变率。

下面对由硬件低通滤波器实现的三相基波表原理作较为详细的说明（以三相四线式表为例，三相三线式表类同，不另作说明）。

图 4-23 为三相四线式基波表原理框图。

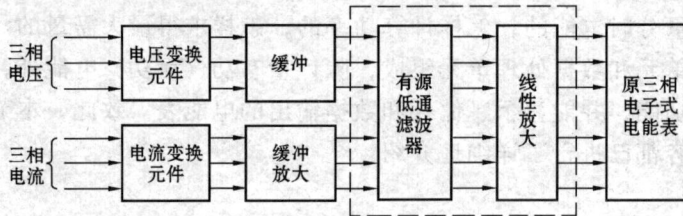

图 4-23　三相四线式基波表原理框图

从图 4-23 可看出，基波表与普通表相比，只增加了虚线框内的电路，即增加了低通滤波器电路。在具体实施时，原电能表内电源板上电压通道的电阻分压电路参数以及电流放大通道的放大倍数需作相应调整。在此可以很清楚地看到，在原有电能表硬件、软件几乎没有改动的基础上，增加一块附加的低通滤波器、线性放大的小电路板即可完成基波表的计量功能。

下面着重介绍有源低通滤波器。

现在有源滤波器的设计可以采用连续有源和开关电容滤波器构成，这两种方案都有相应的集成电路选取。采用开关电容滤波器构成的有源低通滤波器，可以比连续有源低通滤波器获得更稳定的中心频率 f_0，如果对中心频率 f_0 的稳定性提出更高要求，则可以采用外加时钟的控制方式。利用稳定的晶体振荡器，特别是在时钟频率不是很高的情况下，可以获得稳定的外部时钟，从而精确、稳定地控制中心频率 f_0。由开关电容滤波器构成的有源低通滤波器外围电路设计简单，中心频率 f_0 调整方便（只需调整外加的时钟频率即可，中心频率 $f_0 = f_{clk}/50$ 或 $f_{clk}/100$）。因此，目前大多采用开关电容滤波器来设计基波表的有源低通滤波器。

可以用来作为使用的开关电容滤波器必须满足以下几点技术要求。

（1）能正、负电源供电，输入信号范围尽可能大。

（2）功率消耗尽可能低。

（3）通带内频率响应尽可能平直，转折频率后的衰减尽可能大。

（4）外围电路需简单，电路所占空间不大。

生产滤波器电路的厂商有 MAXIM、LINEAR、TI、NS 等等几家，它们的产品基本上都可以满足以上几个要求。

图 4-24 为由滤波器芯片构成的有源低通滤波器原理示意图。

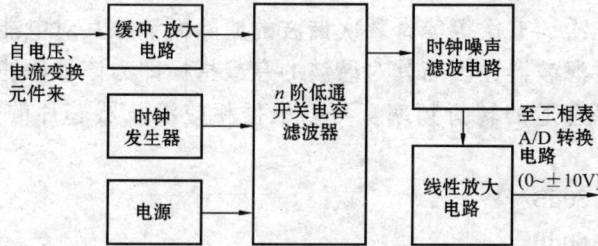

图 4-24　由滤波器芯片构成的有源低通滤波器原理示意图

1. 缓冲、放大电路

缓冲、放大电路完成滤波器输入信号调理的功能。

考察滤波器芯片允许的输入信号的最大范围为 $-0.3V \sim U_+ + 0.3V$。一般情况下在 $+5V$ 单电源供电时，输入信号范围取（$1 \sim 4$）$\pm 2.5V$；双电源供电时，输入信号幅度范围取 $\pm 2V$。如果输入信号超过此范围，总谐波失真 THD 和噪声就大大增加；同样，如果输入信号幅度过小（$U_{pp} < 0.5V$），也会造成 THD 和噪声的增加。因此，应将输入至滤波器芯片的待处理信号调理至 $\pm 2V$ 的范围，以满足滤波器芯片对输入信号幅值的要求。

对于电压变换元件，由于其二次侧输出电压为 7.5V，因此由电压变换元件输出的信号必须先行衰减至 $\pm 2V$ 的范围（峰值，且考虑有 1.2 倍的过压保险系数），其衰减比例系数 k 可按下式计算

$$1.2k \times \sqrt{2} \times 7.5 \leqslant 2$$

式中　1.2——TV 的过压保险系数；

　　　$\sqrt{2}$——换算为电压峰值的系数。

对于电流变换元件，由于其二次侧输出电流为 5mA，流经 20Ω 取样电阻后得到 0.1V 电压。因此，该信号送入滤波处理前需要经过线性放大处理。放大系数 A 可按照下式计算

$$6A \times \sqrt{2} \times 0.005 \times 20 \leqslant 2$$

式中　6——小电流变换元件最大工作电流与标称电流之比；

　　　$\sqrt{2}$——换算为电流峰值的系数。

以上的这一部分功能是由缓冲、放大电路来实现的。

2. 时钟发生器

为了得到精确的外部时钟信号，采用晶体振荡器构成时钟发生器。通过分频电路分频从而得到所需的时钟信号。如果滤波器芯片的 $f_0 = f_{clk}/100$，则晶振的频率应选为 $f_{csc} = f_0 \times 100N$（其中 f_0 为滤波器的转折频率，$N = 2^k$；k 为整数，N 为分频电路的分频次数）

3. 时钟噪声滤波

由于开关电容滤波器实质上是将时间上连续变化的模拟量离散化，因此输出的波形不是光滑的。通过外加 RC 滤波器可以将信号中的时钟噪声滤除掉。

4. 线性放大

滤波器输出的信号幅值不大于 2V，为了尽可能地利用 A/D 转换器的分辨率，将滤波器输出的信号进行线性放大，以达到 A/D 转换器 ±10V 的输入范围。

三、三相基波表技术指标

因三相基波表是在原来的三相电能表的基础上增加有源低通滤波器而成的，因此它的特点只是表现在通过对三次、五次等等奇数次谐波的滤除而消除其对电能计量的影响。

由于采用的是硬件滤波器，因而其对谐波的衰减指标即为该硬件滤波器相应的滤波特性指标。因此，通过选择合适的转折频率，可以根据相应滤波器芯片的数据手册得到以下数据：

三次谐波衰减， ≥30dB

五次谐波衰减， ≥60dB

第三节 单相普通电子式电能表

一、基本原理

单相电能表用于居民用户的用电计量、收费，它量大面广，直接关系到千家万户的利益，也关系到电力部门的稳定、安全运作。小小表计，对其要求很高。随着技术进步、社会的发展，单相电能表制造、设计水平也不断提高，由原来单一的机械表发展成了现在的长寿命机械表、机电式电能表、电子式电能表、多种功能电能表（预付费、复费率）等多种类型，满足了日益增长的市场需求。

普通单相电子式电能表原理框图见图 4-25，它一般由如下几部分构成。

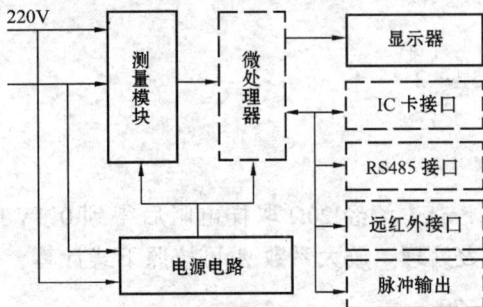

图 4-25 普通单相电子式电能表原理框图

（1）测量模块。由电压、电流变换以及电压电流乘法器构成，电压变换器一般为分压电阻，将外部 220V 交流电压变换为适合的低压；电流变换器一般为分流器或电流互感器，将流过的大电流变换为适合的小电流信号。乘法器由模拟或数字乘法器构成，它接收电压、电流信号，输出为频率随功率变化的脉冲信号，此部分为整个表计的核心部分（实框部分）。

（2）电源电路。提供整个表计的直流供电电源，它将外部输入的交流电源变换为直流输出，一般由线性或开关电源构成（实框部分）。在功能单一的单相电子式电能表中，一般采用机械计度器。

（3）显示器。可以由机械计度器或数码管或液晶显示器构成（实框部分）。

微处理器、RS485 通信接口、远红外通信接口、脉冲输出口、IC 卡接口等不是都需要的，只有在用户有需求时才配置（虚框部分）。

二、主要性能指标及功能

1. 相关标准

电子式单相电能表主要技术标准：

IEC1036—1996 ，1、2 级静止式交流有功电能表；

GB/T15284—1994，复费率（分时）电能表；

DL/T614—1997，电子式多功能电能表；

DL/T645—1997，多功能电能表通信规约。

2．主要性能指标

(1) 有功计量精度：1、2 级。

(2) 功耗：小于 2W，10VA。

(3) 寿命：不小于 10 年。

(4) 工作电压范围：70% ~ 120% U_b。

(5) 测量频率范围：50 ± 0.25Hz。

(6) 启动电流：4‰I_b。

(7) 工作电流：1.5 (6) A，2.5 (10) A，5 (20) A，10 (40) A，15(60)A,20(80)A。

(8) 时钟精度：0.5s/天。

(9) 掉电后的数据存储时间：不小于 10 年。

(10) 电池寿命：不小于 10 年。

(11) 电池容量要求：连续工作时间不低于 3 年。

(12) 温度、频率、电压变化、谐波等影响量符合标准要求。

(13) 电磁兼容性指标：静电放电抗扰度，按照 IEC1000—4—2 中规定，在试验电压为 8kV 试验条件下，电表计度器不发生大于规定的变化。高频电磁场抗扰度，按照 IEC1000—4—3 中规定，施加频率为 80 ~ 1000MHz、场强 10V/m 高频电磁场时，电表计度器不发生大于规定的变化。快速瞬变脉冲群试验，按照 IEC1000—4—4 中的规定，表计加电压、电流，施加 2000V 的群脉冲；表计加电压，不加电流，施加 4000V 的群脉冲；对参比电压超过 40V 的辅助端子，施加 1000V 的群脉冲；表计计度器不发生大于规定的变化。

(14) 无线电干扰：按 CISPR22B，进行试验。

3．主要功能

计量有功电能：计量有功电能，精度满足 1 或 2 级要求。

功率脉冲输出：一般为无源定宽、空触点脉冲输出，一般具有 LED 脉冲指示。

电能显示：为机械计度器、数码管、液晶显示器。

三、单相电能测量芯片

国内最初是在 20 世纪 90 年代初引进并改进了国外公司的技术，由珠海恒通公司最早生产出了以 0931 为测量芯片的电子式单相电能表。同时，上海贝岭公司也推出了 BL0932 系列单相计量芯片。由于其价格低，外围电路简单，性能较稳定，由其制作的单相表性能比机械表有很大的提高，在 20 世纪 90 年代中后期得到了很好的发展，在 1998 年年需求量达到了近 1000 万片。直接导致了国内对电子式单相电能表的大量需求，开拓出了一个新的、发展前景辉煌的电子式电能表的市场。

在 1998 年，很多国外集成电路制作公司，包括很多大公司也看中了中国测量芯片市场以及电能表市场，纷纷推出更高性能的测量芯片。最有代表性、最成功的测量芯片为美国 ADI 公司的 AD7755 系列芯片，其性能价格比较 BL0932 更高，很快取代了 BL0932，得到了广泛的使用。到 2000 年，它在中国的年销售量就达到了 1000 万片，而且还在不断增长，目前大多数的电子式单相表都是由 AD7755 构成的。最近美国的 CIRRUS LOGIC 公司的 CS5460A 芯片也较有代表性，它由 16 位 A/D、DSP 技术构成数字乘法器进行电能测量，它的测量范围可以达到1000∶1，精度可以达到2‰。目前只是价格比较高，限制了它的推广速度，但也是不可忽视的新的技术。

1．AD7755测量芯片

AD7755是美国ANALOG DEVICES公司生产的一种芯片，可用来生产低成本、高精度单相电能表。它是为单相两线制（可以符合其他特殊要求，如单相三线制）系统设计的。AD7755内部包括两路数模转换器，一个基准电压源和用来计算有功功率的信号处理电路。AD7755还包括直接驱动机电式计度器的数字频率转换器和用于检验和通信的高频脉冲输出电路，如图4-26所示。

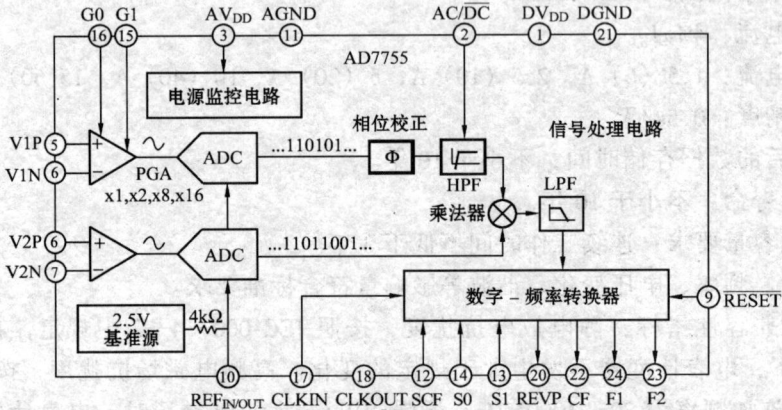

图4-26　AD7755芯片

（1）工作原理。数模转换器（16位Σ—△型）对来自电压、电流传感器的电压信号进行数字化转换，在电流通道中还设计了PGA（可编程增益调节）电路，同时在电流通道中设计了HPF电路（高通滤波器）滤掉直流分量，从而消除由于电压、电流失调引起的有功功率计算上的误差。

瞬时功率信号是电压、电流信号的直接相乘得到的，此瞬时功率信号经过低通滤波器得到有功功率，AD7755的功率脉冲输出是通过对上述有功功率信息的累计产生，即在2个输出脉冲之间经过一段时间的累加，输出频率正比于平均有功功率的脉冲。当这个平均有功功率信息进一步被累加后，就能获得电能计量信息。AD7755有低频、高频功率脉冲输出信号，它们只是累加时间长短的区别，它们的频率正比于有功功率。高频输出脉冲宽度为90ms，低频输出脉冲宽度为275ms，可以直接驱动机电计度器。

（2）主要指标。AD7755的电流测量范围设计指标为500∶1，推荐的主时钟频率为3.5795MHz。在此频率下，模拟输入的带宽为14kHz。同时在设计中为防潜动功能设置了空载阈值电路，当功率脉冲频率低于最小输出频率时，将使高频、低频脉冲没有输出。这个最小输出频率是满刻度输出频率对应的0.0014%。AD7755内带基准，其标称值为2.5V，一般无须外接基准。

AD7755的工作温度范围为－40～＋85℃，两路电源为模拟和逻辑直流＋5V，电源工作电流为模拟3mA，逻辑2.5mA。两路输入最大电压：$U1$为660mV，$U2$为470mV。

（3）应用电路。图4-27所示电路为典型的使用AD7755构成的单相电能表电原理图。其中电压转换采用分压网络，电流转换采用分流器。AD7755的F1、F2直接驱动机械计度器。CF高频脉冲输出可用LED和光电耦合器输出，它可以加快电表的校验过程。本设计采用电

阻网络改变输入电压值，用来校验电能表。在 AD7755 手册中，给出了低频脉冲的频率输出公式

$$F = (8.06 \times U1 \times U2 \times G \times F_{1-4}) \div U_{REF}^2$$

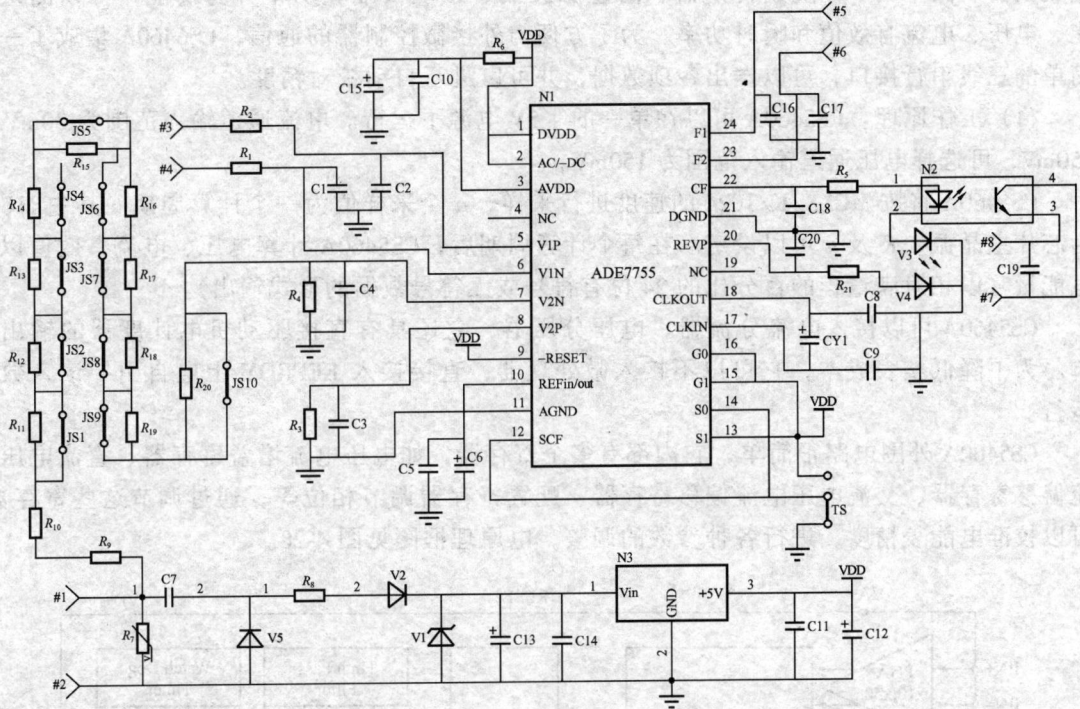

图 4-27　用 AD7755 设计的单相电能表原理图

式中：$U1$ 为加在 AD7755 上的电流输入电压；$U2$ 为电压输入电压；G 由 G_1、G_0 设定，可以在 1、2、8、16 中选择；F_{1-4} 是由主晶振获得的分频；U_{REF} 为基准电压值。

如主晶振 = 3.579MHz，电压 = 220V，I_{max} = 40A，I_b = 5A，计度器 = 100imp/kWh，仪表常数 = 3200imp/kWh，分流器阻值 = 350uΩ。

计算值为

$$U1 = 350 \text{ u}\Omega \times 5A = 1.75mV$$

选择 $G = 16$

$$U_{REF} = 2.5V$$

F（低频功率脉冲）为 100imp/kWh，在 I_b = 5A 时，其频率为

$$(220V \times 5A \times 100imp) \div (1000 \times 3600s) = 0.0305555Hz$$

F_{1-4} 按照手册上的选择，选为 3.4Hz（可以在 1.7、3.4、6.8、13.6 中选择）代入公式计算

$$0.0305555 = (8.06 \times 1.75 \times U2 \times 16 \times 3.4) / 2.5^2$$

得到 $U2 = 248.9$ mV

选取 SCF 输入为 $32 \times F1$，得到仪表高频脉冲输出为 3200imp/kWh。

2.CS5460A 测量芯片

CS5460A 芯片为美国 CIRRUS LOGIC 公司生产的电能测量芯片。它包含了一个可编程增益放大器、两个 Σ—△模数转换器、高速滤波器、系统校准和功率计算功能，可以测量电能、电压、电流有效值和瞬时功率。为了方便与外接微控制器的通信，CS6460A 集成了一个简单的三线串行接口，可以送出各项数据，并可以进行自动校对精度。

（1）工作原理。CS5460A 可以在单一的 +5V 电源下运行。电流通道输入范围为 30mV 或 150mV，可选择电压通道输入范围为 150mV。

CS5460A 将按 MCLK/K/1024 的速度进行采样，n 个采样值为一个计算周期。其中 MCLK 为芯片主晶振，K 及 n 可以设定。在每个计算周期后，CS5460A 计算电压、电流有效值以及电能量（以相对满量程的百分比的 24 位有符号或无符号数据的形式输出）。

CS5460A 可以接入电流分流器、电压分压器，它还具有直接驱动机电计度器的输出引脚。为了降低整表成本，它可以不接入微处理器，直接接入 EEPROM 上电自引导读入数据运行。

CS5460A 外围电路很简单，它内部有多个寄存器，如电压电流增益寄存器、直流电压电流偏移寄存器、交流电压电流偏移寄存器、配置寄存器调节相位等，通过调节这些寄存器，可以校准电能表精度，进行各种参数的调整，电原理框图见图 4-28。

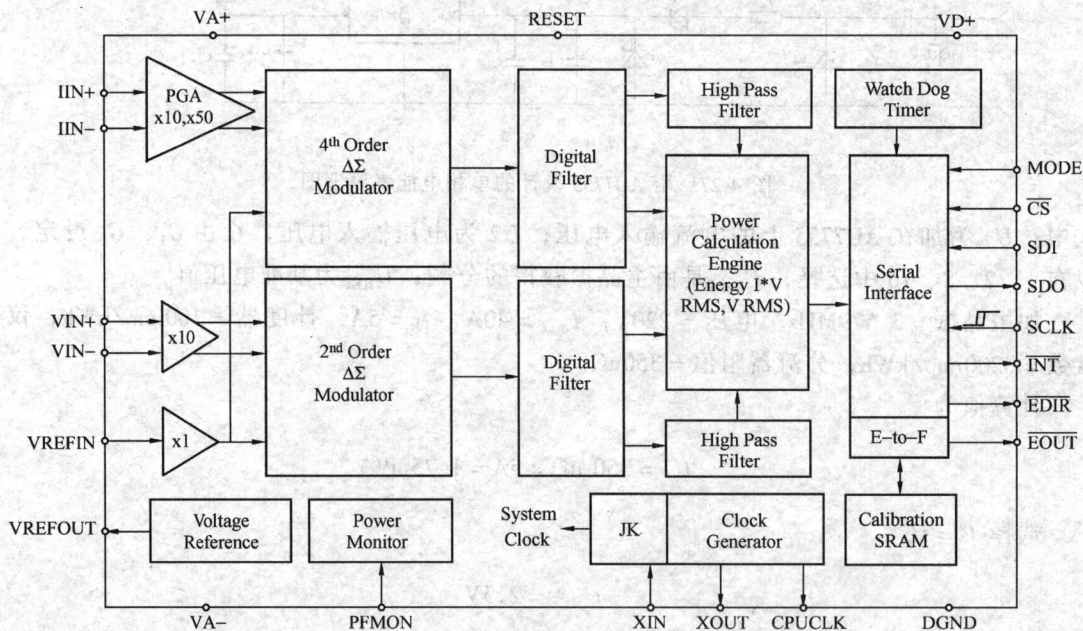

图 4-28 CS5460A 电原理框图

（2）主要指标及功能包括：

1）电能测量线性度，1000:1，动态范围内可以达到 0.1%。

2）可以测量电能、电压、电流的有效值。

3）可以从串行 EEPROM 智能自引导，无需微处理器。

4）AC 及 DC 系统校准、相位补偿。

5）功耗小于 12mW。

6）片内自带 2.5V 基准。

7）工作温度范围，－40～＋85℃。

8）主晶振频率，典型为 4.096MHz，最大为 20MHz。

如果按典型主晶振，$k=1$，$n=4000$，则每周波采样为 80 个点，而计算电能、电压、电流时间为 1s。

（3）应用电路。应用电路如图 4-29 所示。

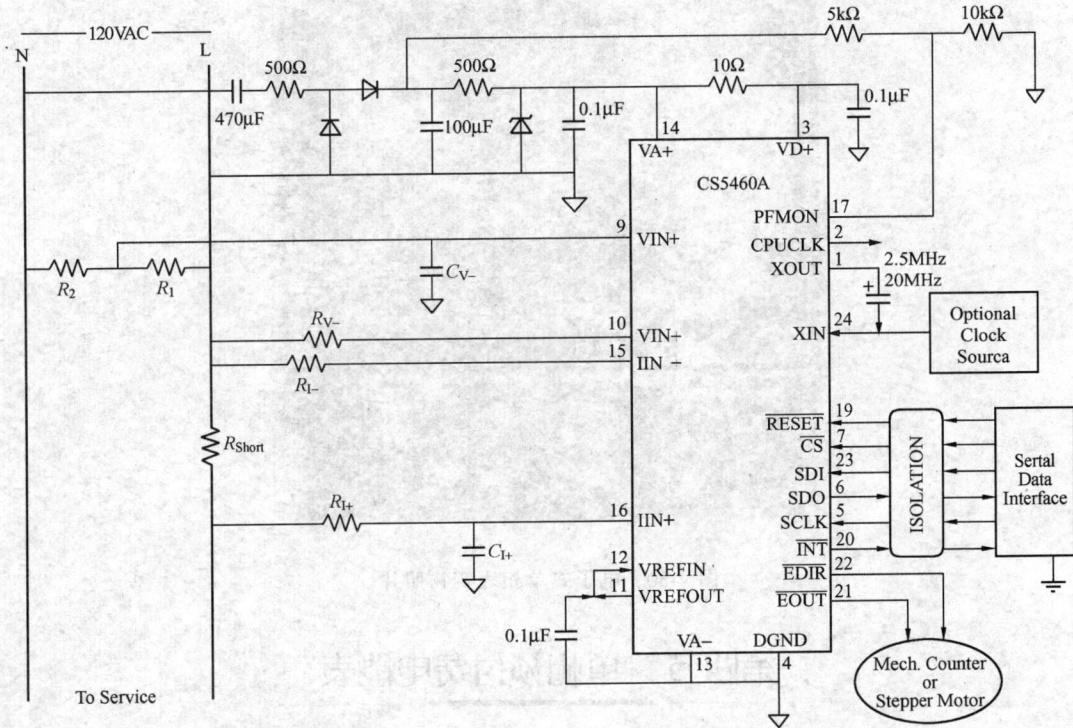

图 4-29　CS5460A 应用电路图

四、电子式电能表整机

电子式电能表的特点是成本低、构成简单，它具有电能计量显示、LED 及光耦功率脉冲输出功能。一般由机电计度器、锰铜分流器、电阻分压网络、电能测量芯片、电源电路等构成。其构成及工作原理如前所述。其实物照片（威胜公司 DDS102 电子式单相表）见图 4-30。

在电子式单相表中，分流器是重要的器件，它直接关系到表计的可靠性及精度稳定性，在选择时要考虑的问题有：第一，要使分流器的功耗最低，尽量降低温升，即尽量采用低阻值；第二，分流器采用低温度系数的锰铜合金材料构成，保证电能表的温度变化影响小；第三，要考虑电能表具有对相电压短路造成损害的防护能力；第四，保证锰铜与表端子良好接触，以及出线焊接良好，连接工艺要有所考虑。

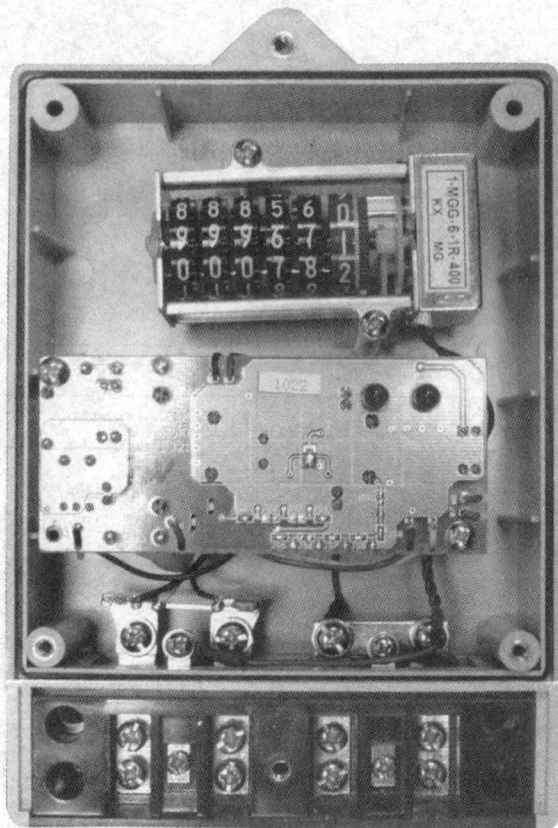

图 4-30　电子式单相表实物照片

第四节　单相预付费电能表

预付费电能表是在普通三相或单相电子电能表基础上增加了微处理器，增加 IC 卡接口、表内跳闸继电器以及数码管显示器或液晶显示器构成的。它通过 IC 卡进行电表电量数据以及预购电费数据的传输，通过继电器自动进行欠费跳闸功能，为解决抄表收费问题提供了有效的手段。

一、基本原理

预付费电能表原理框图如图 4-31 所示。

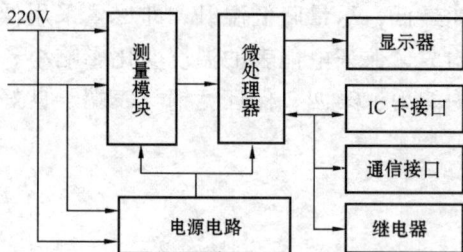

图 4-31　预付费电能表原理框图

测量模块为表计核心，它和普通电子式单相表采用相同技术，它输出功率脉冲到微处理器。微处理器接收到测量部分的功率脉冲进行电能累计，并且存入存储器中，同时进行剩余电费递减，在欠费时给出报警信号并控制跳闸。它同时随时监测 IC 卡接口，判断插入的卡的有效性以及购电数据的合法性，将购电数据读入、处理。此外它还将数据输出到相应的显示器中显示。

显示采用液晶（LCD）显示器或数码管（LED）显示。继电器一般为磁保持继电器，可以通断较大的电流。表计中可扩展 RS485 接口，进行数据抄读。

二、IC 卡技术

在预付费表中，IC 卡技术是一个关键技术。由于电能表挂在居民处，IC 卡购电由居民自行操作，卡口本身是不能封住的，这样就为破译卡或破坏卡口提供了条件。在预付费电表中，IC 卡的安全性设计以及卡口的防攻击能力是非常重要的。为此，将对此作简略介绍。

IC 卡是集成电路卡（Intergrated Circuit Card）的简称，它将集成电路镶在塑料卡片上，它与磁卡比较有接口电路简单、保密性好、不易损坏、存储容量大，寿命长的特点。IC 卡中的芯片分为不挥发的存储器（也称存储卡）、保护逻辑电路（也称加密卡）或微处理单元（也称 CPU 卡）。在电表上使用的卡，三种方式的都有。接口往往采用串行方式的接触式卡。表 4-2 为三种卡的性能比较。

表 4-2 三 种 卡 的 性 能 比 较

	存储卡	加密卡	CPU 卡
存储容量	大，1kB ~ MB	一般，1kB ~ 64kB	一般，1kB ~ 64kB
读写方式	电信号	电信号	电信号
安全性	一般，必须进行数据加密	较 好	最 好
价 格	低	较 低	较 高
寿 命	10 年	10 年	10 年
应用场合	文件、数据存储	电子钱包、收费卡	金融卡、收费卡、安全卡等

以下对各种卡的构成特点及使用特点作简单介绍。

1. 存储卡

在目前大量使用的存储卡中，可以分为以下 3 种。

（1）只读型。数据一次性写入存储器，不可更改。往往由 ROM 或 PROM 存储器构成。其价格非常低廉，但数据内容不可改变，适用于游戏卡、特定标识卡等场合。

（2）计数型。芯片采用熔丝方式的电路或存储单元锁死的电路，单元初始状态为 1（未熔断或未锁死），当需要改写时，把相关单元熔丝烧断，单元状态变为 0。计数卡简单可靠，数据内容不可改写，有很高的安全性，成本也较低。缺点是卡不可以改写，不能重复充值使用。适用于电话卡、加油收费卡等。

（3）充值型。芯片采用电可擦除的存储电路，可以重复改写多次（一般为 1 万次以上），数据保持时间一般大于 10 年。适用于卡的数据需要反复改写的场合，如收费卡、公路卡等，是大量使用的一种 IC 卡。

以 ATMEL 公司的 AT24C04 存储卡为例，其参数见表 4-3。

表 4-3 ATMEL 公司的 AT24C04 存储卡参数

容 量	4kB（4k 位，512 字节）	可擦写次数	1 万次
供电电压	可以选择为 3、2、5V 多种	数据保持时间	100 年
读写电气接口	串行双向接口（I^{2}C 总线）		

2. 加密卡

加密卡由电可擦除存储单元和密码控制逻辑单元所构成，对于存储区数据的读写受到逻辑单元的控制不能任意进行，必须先核对密码后才可以操作，否则卡将被锁死。这样可以大大提高卡的安全保密性能。

以 SIEMENS 公司的 SLE4442 加密卡为例，参数见表 4-4。

表 4-4　　　　　　　　　SIEMENS 公司的 SLE4442 加密卡参数

容　　量	2kB（2k 位，256 字节）	可擦写次数	1 万次
供电电压	可以选择为 3、2、5V 多种	数据保持时间	不小于 10 年
读写电气接口	串行双向接口（I²C 总线）		

在 SLE4442 中，分主存储区、保护存储区、加密存储区三部分，其中主存储区数据可以任意读写；保护存储区数据可以任意读出，但改写需要先送"检验字"，芯片将检验字与存在加密存储区的密码比较，当检验结果一致时，控制逻辑打开存储器，可以进行写入。检验字比较次数限定 4 次，如果连续 4 次检验出错，芯片将锁死，整个芯片只能读出，不能再使用；加密存储区为存放密码和比较计数值的区域，此区域在校验字未比较成功前不能读写。

3.CPU 卡

在卡上集成了存储器及微处理器。由于有了微处理器，可以进行各种较为复杂的运算，而且从总线上直接进行检验字比较变为间接的卡的认证和识别，这样就排除了从总线上破译密码的可能，安全性能大大提高。目前 CPU 卡已在金融卡中广泛使用。IEC7816 国际标准中，对 CPU 卡的结构、数据接口都有规定。

CPU 卡的认证及数据传输过程比较复杂，简述如下：

（1）PSAM 卡。首先由卡的发行部门制作一个 CPU 卡（将来卡的认证主密钥及数据加解密主密钥就放在其内），并且交由表的生产厂家将其置入表内，这一过程非常安全，表厂也无法破译此密钥。

卡片产生一随机数（Random），并用其内部存储的卡片认证密钥（Auth-Key-Card）与随机数作加密运算（DES 或 3DES），得到卡片认证密码（Crypto-Card）。Crypto-Card = Function（Random，Auth-Key-Card）。

卡片将随机数（Random）传给表计。表计将随机数发给 PSAM 卡，PSAM 卡用其内部存有的终端认证密钥（Auth-Key-Terminal）与该随机数一起，做同样的加密运算得到终端认证密码（Crypto-Terminal）。Crypto-Terminal = Function（Random，Auth-Key-Terminal），传给表计。

表计将其 PSAM 卡的认证密码（Crypto-Terminal）递交给卡片，由卡片比较 Crypto-Card? = Crypto-Terminal。如相等，则卡片认为该终端是合法的终端，并可继续执行终端发出的交易指令。否则，拒绝执行。

（2）终端认证卡片（Internal Authentication）。由表计产生一个随机数（Random），并将其递交给卡片。卡片使用其内部存储的卡片认证密钥（Auth-Key-Card）与该随机数作加密运算（DES 或 3DES），得到卡片的认证密码 Crypto-Card。

表计读取卡片的认证密码，并与 PSAM 产生的认证密码进行比较 Crypto-Terminal? = Crypto-Card，以比较结果来确认卡片是否合法。

由此可见，要确保认证合法成功，则终端保存的认证密钥和卡片的认证密钥必须一致，即 Auth-Key-Terminal = Auth-Key-Card。

（3）购电交易（将卡中的购电量读入）。购电交易是指表计从卡中读取交易金额。在一般的应用中，此交易必须在相互认证成功后才可进行。在交易实施过程中，必须用到专门的交易密钥进行运算确认。对于不同的应用或是卡片，交易细节的实现是不同的，或是应用交易密钥计算做进一步的卡片—终端认证，或是利用交易密钥做安全信息传送（SECURE MESSAGING）。

由以上智能卡安全机制的实现过程可见，密钥起着关键的作用，而且存储于 PSAM 的密钥与卡片中对应的密钥必须一致。

PSAM、CPU 卡中的各种密钥是由主密钥分散生成，此主密钥在与卡的身份码运算生成各种认证和交易密码。在银行智能卡应用中，如何管理主密钥是一个相当敏感而重大的课题。目前已有非常完善的系统解决方案。

三、主要性能指标及功能

1. 主要参数

主要参数见表 4-5。

2. 主要功能

（1）计量功能。计量有功电量，有功 = 正向 + 反向。

（2）功率脉冲输出。有功，脉冲宽度 80 ± 5ms，空触点输出，同时有脉冲 LED 指示。

（3）负荷控制。具有超功率自动断电的负荷控制功能，可以设置功率限额以及允许次数，当平均功率大于限额后，电表跳闸并显示当时的功率。使用用户购电卡插入电表可以恢复供电。但当超功率跳闸次数超过设定的允许次数时，电表将不可恢复供电，只有使用了参数设置卡改变了功率限额后，才恢复供电。

表 4-5　　主　要　参　数

精　度	有功：1 级、2 级
电压规格	220V
电流规格	5（20）A，10（40）A
电压回路功耗	＜2W，10VA，典型值 1.4W，3.5VA
工作电压范围	70% U_b ~ 130% U_b
脉冲常数	5（20）A：3200imp/kWh；10（40）A：1600imp/kWh
设计寿命	15 年
外形尺寸（长×宽×高）222mm×132mm×70mm	
起　动	4‰ I_b
卡类型	ATMEL 加密卡

（4）防窃电功能。具有自动检测短接电流回路的防窃电功能，当短接进出线时，电表显示"¤"，并且记录窃电次数（防窃电功能设计参考防窃电电能表）。

（5）显示。LCD 显示，可以设置自动及手动（按钮切换）方式显示如下几项数据：01：有功总电量；02：剩余电费；03：费率；04：剩余电费，报警限额；05：功率限额；06：允许过载跳闸次数；08：电表常数；09：电表编号。

（6）报警显示。当电表自检出现故障时，显示：

E1 ××××——存储器故障；

E2 ×××××——继电器故障；

E3 ××××——时钟故障。

（7）预付费功能。使用购电卡可购电，送入电表，电表按设定的费率递减，当剩余电费小于设定的报警门限时，电表跳闸，提醒用户去购电；此时插入购电卡可以恢复供电。当剩余电费小于 0 后，电表将跳闸，直到购电后才恢复供电。

四、IC 卡的种类

（1）新表设置卡。在电表安装前进行插卡，它可以设置电表的底度、剩余电费报警门限、功率限额、允许超功率次数、费率以及购电量。因为这些数据是非常重要的，为提高表计的保密性能，预付费表在设计时往往还采用硬件加密的方式，即设置时，必须打开表计铅封，短接硬件辅助端子才能成功设置。

（2）维护卡。在制造厂里进行电表常数设置，可以一卡多表使用。

（3）购电卡。进行购电操作和抄表，可以携带功率限额参数，在购电时送入电表。

（4）参数设置卡。设置电表的各项参数。

五、IC 卡表的优缺点

1. 预付费电能表的使用特点

预付费电能表的出现和发展是与一定历史条件和环境有关的，它也是为满足不同管理模式、不同用户需求应运而生的，同时它也是电子技术高度发展的必然结果。预付费电能表的使用有如下特点。

（1）不需要人工抄表。随着国民经济的不断发展，人民的物质生活水平得到了极大的提高，不少省份实现了村村通电，但中国地域辽阔，有些用户比较分散，甚至有些地方离供电部门较远，对这些用户的抄表就显得比较费劲，且效率较低。而预付费电能表采用的是用户持卡到供电管理部门买电，然后才能用电，因此不需要采用人工抄表，有效地解决了抄表问题。

目前，电力部门为加强电力销售，正在紧锣密鼓投巨资开展城网、农网改造，同时国家为拉动内需，实现城乡电网同网同价，要求电力部门实行"一户一表"。随着"一户一表"的实行，电力部门管理的表计将急剧增加。以湖南为例，目前全省电力部门管理的表计为 146 万块表，当实现"一户一表"后，表计将增加到将近 1000 万块表，即增加近 20 倍。对于这么多表计的抄表管理，安装预付费电能表无疑是其中的手段之一。

（2）可以解决一些用户的收费问题。随着经济的发展和文化的交流，流动人口越来越多，由于流动人口活动的不确定性，抄收人员很难找到他们，这些人的电费收缴很困难。特别是一些出租门面、出租房屋及公寓等房主变动频繁的用户及经常出外做生意或经常出差而找不到房主的用房，他们的电费收缴显得尤其困难。而预付费电能表实行的是先购电后用电的方式，有效地解决了电费回收的问题。同时，它也能很好地解决零散居民用户、临时用电用户、经常欠费用户的收费问题。

（3）具有一定的防窃电能力。预付费电能表对反向用电的处理方式，是将反向用电计入正向用电。因此，当用户采取反接电流进出线或采用窃电器窃电时，都是无法得逞的，其反转电量还会叠加在正向电量中去。另外，全电子式预付费电能表由于电流采用锰铜片分流，电流回路的电阻很小，当用户在表外短接电流回路时，基本上不起作用。另外，有些厂家在设计时，还采取了一些其他防窃电措施。

同时，预付费售电系统可以对用户的用电情况进行监视，当用户超过预期时间不来买电时，预付费售电系统可以自动生成清单，有关人员可根据清单进行核查。因此，预付费电能表因其表计本身的结构、设计原理及预付费售电系统的软件设计，而使预付费电能表具有一定的防窃电能力。

（4）有利于用户增强电是商品的意识。电是一种绿色能源，是一种商品，商品交换的一个最大原则就是实行等价交换，也就是当你使用、占有商品时，就必须支付一定的货币。长期以来，由于计划经济的影响，很多人头脑中还没有电是商品的概念，因此"偷电不是偷"、"欠电费不算欠"还很有市场，于是居高不下的线损、罕见的高额欠费深深困扰着电力部门，甚至危及到了电力系统的正常运作。据不完全统计，全国一年因窃电而造成的电费损失超过50 亿元，截止 1998 年底，全国电力系统欠费更是高达 250 亿元。

预付费电能表实行的是先买电后用电，完全是按商品交换的原则进行，改变了过去先用电后交费的方式，有利于增强用户电是商品的意识。

（5）有利于用电管理部门提高现代化管理水平。随着科学技术的发展，计算机深入到了各个行业、各个部门，用电管理工作也将由传统的管理模式向现代化管理模式转变，实现无纸化管理。预付费电能表的使用必须配合计算机管理才能进行，因此它有利于用电管理部门提高计算机管理水平，提高劳动生产率。

当然，预付费电能表也有其局限性，主要表现在以下几方面。

（1）投资较大。目前，单相预付费电能表的市场价格为 300 元左右，寿命约为 5～10 年，而国产长寿命表市场价格为 105 元左右，寿命约为 20～25 年，从表计投资来看，在同一时期内，使用预付费电能表是使用长寿命表投资的近 10 倍。

（2）跟长寿命表相比功耗较大。单相预付费电能表电压线圈的允许功耗为 3.5W，而长寿命表的允许功耗为 0.8W，预付费电能表功耗是长寿命表功耗的 4.4 倍。全国城市人口 3.7 亿，大约一亿户，若实行"一户一表"采用预付费电能表，将比使用长寿命表表计损耗多 25 万 kW，相当于多损耗了一个电厂。

（3）需要增加营业网点。由于是先购电后用电，电力管理部门必然要设置营业柜台，进行电力销售。这势必要增加营业网点，增加投资。

（4）一些表计的设计可能会使线损无法统计，电价变化时无法进行调整，从而给电力管理部门带来电费损失。

总之，各个用电管理部门应根据自己的实际情况选用预付费电能表，充分发挥预付费电能表的长处，克服它的短处。流动性较大的用户、零散用户、临时用电用户、经常欠费用户等宜安装预付费电能表，实行抄表收费的多元化发展，因地制宜使用预付费电能表。

第五节　单相复费率电能表

复费率电能表是在普通电子电能表基础上增加了微处理器，增加时钟芯片、数码管显示器或液晶显示器、通信接口电路等构成的。它根据设置的时段参数对电能进行分时计量，并将其显示出来，同时能通过数据通信接口传输数据。它为实现居民用户电量分时计费提供了手段。

一、基本原理

复费率单相电子式电能表原理框图如图 4-32 所示。

测量模块测量有功电能，并将功率脉冲发出。

微处理器接收到测量部分的功率脉冲进行电能累计，并且存入存储器中，同时读取时钟信号，按照预先设定好的时段分时计量电能，并将数据输出到相应的显示器中显示，并且随时接收串行通信口的通信信号进行数据传输。

显示可为液晶（LCD）显示器、数码管显示器（LED）或机械计度器。

串行通信接口一般有远红外及 RS485 接口。

时钟模块提供标准时间，为保证 0.5s/天的精度，要求其晶振误差很小（在 5ppm 之内），时钟一般有自动闰年识别，有百年日历功能。

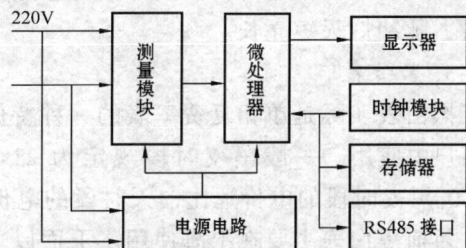

图 4-32　复费率单相电子式电能表原理框图

二、主要性能指标及功能

1. 主要参数

主要参数见表4-6。

表 4-6   **主 要 参 数**

精度	有功：1级、2级
电压规格	220V
电流规格	5（30）A，10（40）A，10（60）A
电压回路功耗	＜2W，10VA，典型值1.2W，3VA
工作电压范围	70%U_b～130%U_b
脉冲常数	5（30）A：3200imp/kWh，10（40）A 10（60）A：1600imp/kWh
设计寿命	15年
外形尺寸（长×宽×高）195mm×131mm×71mm	
时钟精度	＜0.5s/d
起动	4‰I_b（1级表）
电池工作时间	连续工作时间＞5年

2. 主要功能

（1）计量功能。计量有功电量，有功＝正向＋反向，反向可以单独存储，分时计量功能，三费率，八时段设置；每年可以分枯、丰两个时区，时区分界线可以设置，在分界线可以记录分时电量并抄出。

（2）按月计量。可以设置结算日时，在结算日时进行电量数据过月处理。最大存储12个月的分时电量，月电量为月绝对值，可以显示并抄出各月电量。

（3）功率脉冲输出。有功，脉冲宽度80±5ms，空触点输出；红色LED功率脉冲指示。

（4）通信接口。RS485接口：规约为DL/T645部颁规约＋扩展，通信速率1200；远红外数据通信接口：规约与RS485相同，通信距离最大可达6m，通信时液晶"¤"点亮，指示正在通信。电表初始编程密码为111111，无超级密码，密码重新设置后必须记住，否则将不能解锁。在参数设置时，需按下编程按钮（20s后失效），液晶显示"P"提示；如果不按下编程按钮，时钟1天只能校对1次，幅度为5min。

（5）事件记录。可以记录电表掉电、功率反向的起始时间和结束时间（记录10次），清零、参数设置次数及最后1次执行时间。

（6）显示。平时为自动循环显示，显示方案可在四种中选择一种。按动按钮显示内容，当在20s内无按钮按下，电表将自动返回循环显示。

（7）时钟频率输出信号。频率为0.1Hz。

（8）报警显示。当发生时钟、内卡、时段设置错误、电池欠压时，液晶显示报警画面；电池欠压、反向用电时，液晶专用符号点亮；正向用电时，功率脉冲闪烁灭长亮短，反向用电时，脉冲灯灭短亮长。

3. 黑白表

黑白表实际是单相复费率表的一种特例，即只有白天和黑夜两个时段和费率，主要在居民用户中使用。一般黑夜时段规定为23：00到第二天的7：00，白天时段规定为7：00到23：00。黑夜时段的电价远比白天时段的电价低，其主要目的是引导用户在黑夜多用电。

目前黑白表主要在上海使用。下面以上海使用的黑白表为例，介绍黑白表。

黑白表是在普通电子式电能表的基础上加上时钟芯片、存贮芯片、双计度器（也可用其它显示器）设计制造而成。因此把它叫做电子式黑白表。也可在感应式电能表的基础上加光电转换器、时钟芯片、单片机、存贮芯片和双计度器组成。把它叫做机电式黑白表。下面分别加以叙述。

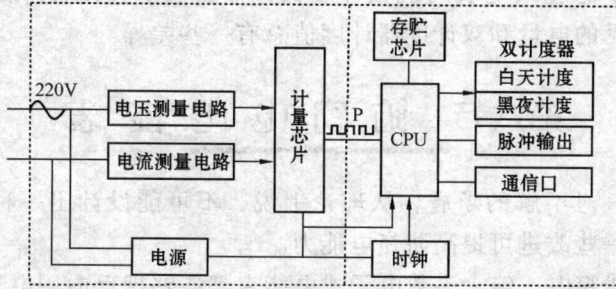

图 4-33　电子式黑白表电原理框图

（1）电子式黑白表。从图 4-33 电原理框图上可以看到，黑白表框图分为左右两部分，左面部分发出的功率脉冲如果直接推动计度器就是一个普通的电子式电能表。黑白表功率脉冲 P 送给 CPU，CPU 在对功率脉冲分时的同时访问时钟，判定所处时段，如果是白天，CPU 把功率脉冲 P 送到白天计度器中计度，如果是夜晚，送入黑天计度器，从而实现黑夜、白天分时计度的目的。

（2）机电式黑白表。由于原来在用户处已安装了感应式电能表，且数目十分庞大，为了执行黑白电价，若全部更换成电子式黑白表，投资将十分巨大。为了充分利用现有资源，一种折衷的方案是在原有感应式电能表上安装电子模块，形成机电式黑白表。

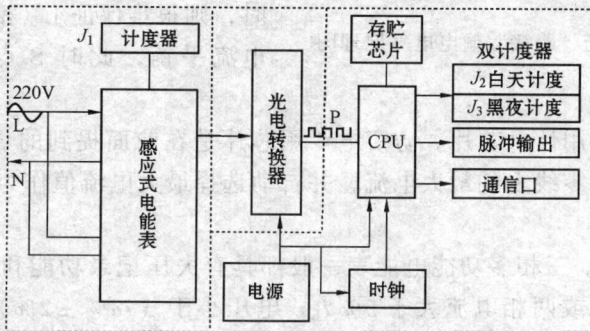

图 4-34　机电式黑白表电原理框图

图 4-34 所示机电式黑白表原理框图由三部分组成。第一部分是一个传统的感应式电能表。由感应式电能表实现电能计量，并以一个机械计度器计度。第二部分是一个光电转换器。第三部分是一个以 CPU 为核心的数据处理部分，在原理上与电子式黑白表完全一样。CPU 对光电转换器输入的功率脉冲积分计算电能。靠时钟芯片提供的时间信息判别电能应送到白天（平）计度器、还是黑夜（谷）计度器。上海黑白表在把电能送到黑、白计度器的同时，也送入由 E^2PROM 构成的存储芯片中，把电能计量信息储存起来。现在这类黑白表有两种不同的计度器：一种是传统感应式电表上的计度器 J_1，另一种是双计度器 J_2、J_3。J_1 相当于总电量，J_2 记录平电量，J_3 记录谷电量。存储芯片中也记录平电量，假定平电量叫 J_4，谷电量叫 J_5，J_4、J_5 可从通信口中抄得。这五个计度数从理论上应有如下关系

$$J_1 = J_2 + J_3 \qquad J_2 = J_4 \qquad J_3 = J_5$$

实际上由于光电转换误差、机械计度误差等影响，上述关系很难保证。当然，可以用上述关系判别黑白表计度器是否准确，但是，如果上述关系不成立就会引起电费纠纷。所以上海机电式黑白表取消了感应式电表的机械计度器，只留有双计度器。由存储芯片可读取电量，但从存储芯片抄见的电量和双计度器计度值总有一些差异。

第六节 防窃电电能表

窃电与防窃电是一对不解的矛盾，从理论上说，不可能设计出一种万能的防窃电电能表。可在电子表上做一些改进可提高防窃电能力。

（1）防反接电流线窃电。绝大多数电子式电能表都能够把反向用电计入正向，有效地预防了反接电流线的窃电方式。

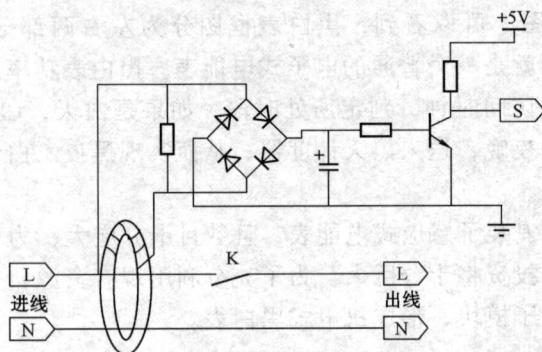

图 4-35 电流失衡法防"跨接"偷电电气原理图

（2）防表外短接电流线窃电。有些电流表采用锰铜片分流，电流回路电阻很小，当用户在表外短接时，分流作用不明显，较成功的预防了表外短接电流线的窃电方法。另外一种方法是采用专用回路判别，其原理如图 4-35 所示。

上图 4-35 中，正常时流过 L（相）线和流回 N（零）线的电流应完全相等（平衡），则 S 点应为高电平。一旦跨接偷电时，则很难保证 L（相）线和 N（零）线的电流平衡，此时 S 点为低电平，则可判"跨接"窃电。

（3）使用防窃电专用计量芯片。防窃电专用芯片是在前面提到的 AD7751 增加一路模拟输入通道，可测相线与零线上的最大电流，并自动选择最大电流值作为计量依据，从而达到了防窃电的目的。

（4）防断 TV 窃电。三相多功能电能表一般都具有失压记录功能和全失压计时功能。所谓失压记录是指某一相或两相电流大于 $5\% I_b$，电压小于（$78\% \pm 2\%$）U_n 时，叫做该相失压。电能表不但能记录失压开始到结束的累计时间，而且能记录失压时所用电量，用一相失压累计电量和两相失压累计电量表示，为追补电量创造了条件。如果三相表三相 TV 都被切断，电表本身没有了电源，电表无法进行计量工作。在三相 TV 都被切断的情况下，如果电流线中电流为零，电表不计量是正常的，一般把这种情况叫断电。在电能表的事件记录中，电表能自动记录最近几次断电时间和断电时的功率，上电时间和上电功率及断电次数。但如果 TV 切断而电流线中有电流，电表不能正常计量，但用户照常用电。此种情况或者是用户在窃电，或者是 TV 故障。这种情况，电子式电能表称为"全失压"。不管是窃电还是故障，都需要追补电量。多功能电能表给出了全失压累计时间和全失压累计次数两种数据，为结合实际情况追补电量创造了条件。

（5）防软件窃电。这是一种高级窃电方法。电子式电能表具有丰富的参数设置功能，强大的通信功能和高级的软件校表功能。窃电份子利用清零功能、清需量功能、设置电表底数功能、时区时段设置功能、调时钟功能等，改变电能表的用电数据、时钟、误差，达到窃电的目的。防止软件窃电方法有三种。第一种是软件加密法。不同地区使用不同的密钥，防止跨地区窃电，不同级别的管理人员有不同的权限，高级管理人员密级最高，不但赋于参数设置、调校误差的权限，而且可以修改下一级的密码；中级人员只有抄表权，调校时钟、清需量、装表时清零权；低级管理人员只有抄表权。第二种是硬件加密法，即要使用与电量、时间有关的功能必须打开表盖，接触某些硬件才能实现，为此表盖是被铅封的。如预付费表，以前可用新表设置卡窃电，只要有一套售电软件，制造一个新表设置卡，就可以改变剩余电费数值，进行窃电。现在的预付费电表，必须供电局人员亲临现场，打开表盒，接触表内某些硬件，电表才能认新卡。利用硬件防范软件窃电也很有效。第三种是"安全认证"法，赋予电子式电能表智能化，安全认证的电子式电能表可以分清现在处于实验室状态，还是现场安装使用状态。在实验室状态可以对电表进行参数设置，如清零、设底度、调时钟、调误差等，在现场状态只允许抄表，每天调时钟不许超过一次，一次调整不许超过 5s，最大限度控制了软件窃电。

（6）利用远方通信实时监测防窃电。已经发现有的窃电份子智商很高，既不断 TV，也不在表外短接 TA，也不利用软件窃电，而是在表内装无线遥控窃电器的方法窃电，因此供电部门很难发现这种窃电。所以，可以利用多功能电能表功能强大的特点，对电子式电能表实行远方实时通信，监视不规矩的用电行为，其方法有两个：一是两路信息比较法；一是三路信息比较法。

两路信息比较法原理见图 4-36 框图。电子式多功能电能表（含复费率表、预付费表、最大需量表等）对外都有 RS485 口和脉冲输出口。把 RS485 与脉冲同时接到远方通信终端 RTU 上。RTU 收到两路信息。一路是 RS485 口来的数字信息 D，令 D 代表当前总电量，D_1 为峰电量，D_2 为平电量，D_3 为谷电量，则

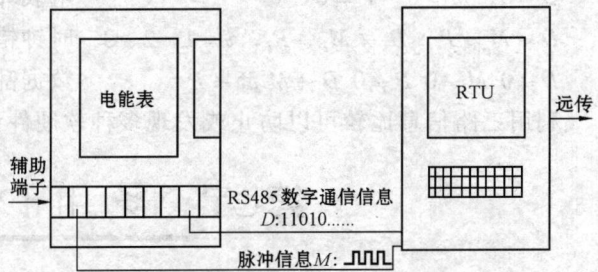

图 4-36 两路信息比较法原理

$$D = D_1 + D_2 + D_3$$

另外，要求 RTU 设计得复杂些，RTU 要有自己的百年日历、实时时钟。RTU 可以对从电能表读回的脉冲，进行分时计度（在没有 RS485 通信之前就是这样做的）。令 M 代表 RTU 对脉冲积累计度结果，且令 M 等于总有功电量，M_1 为峰有功，M_2 为平有功，M_3 为谷有功，则

$$M = M_1 + M_2 + M_3$$

现在从 RTU 远方传回总台上有两种电量，一种是从 RS485 口传回的表码 $D/D_1/D_2/D_3$；一种是 RTU 自己靠脉冲积累的 $M/M_1/M_2/M_3$。当然我们是用表码 D 进行计费、进行线损计算等工作，可以用 M 判别 D 有无错，即

$D \approx M$	正常情况
$D \neq M$	不正常（窃电或故障）
$D \neq M$ 且 $D \neq D_1 + D_2 + D_3$	内卡坏或修改底度
$D \approx M$，但 $D_1 \neq M_1$、$D_2 \neq M_2$、$D_3 \neq M_3$	时钟错

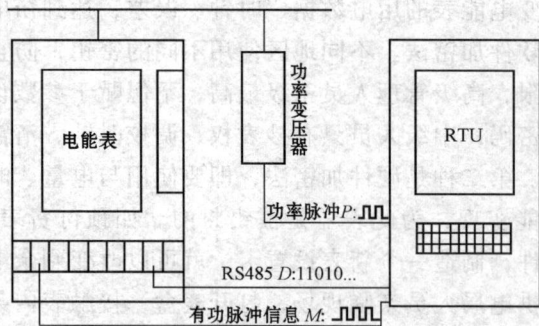

图 4-37　三路信息比较法原理框图

上述比较说明：虽然窃电分子可以修改数据，但不能修改脉冲，一但出现靠软件修改数据窃电现象，可立刻从 $D \neq M$ 比较中被发现；当窃电份子靠修改时钟窃电时，窃电份子只能修改电表时钟，不能修改 RTU 时钟，则窃电行为被 $D_1 \neq M_1$、$D_2 \neq M_2$、$D_3 \neq M_3$ 发现，利用这种方法不但可以发现窃电，也可以发现相应的故障，这种做法对可靠运行好处很大。

虽然两信息比较法可以发现软件窃电或相应故障，但如果断 TV 或短接 TA 窃电，上述方法就无能为力了。于是就产生了三路信息比较法，其原理框图如图 4-37 所示。

D—电能表示值的数字信息，$D/D_1/D_2/D_3 =$ 总/峰/平/谷；

M—RTU 对电能表脉冲累计分时信息，$M/M_1/M_2/M_3 =$ 总/峰/平/谷；

P—RTU 对功率变送器累计分时信息，$P/P_1/P_2/P_3 =$ 总/峰/平/谷。

D、M、P 比较结果如下：

$D \approx M \approx P$	正常；
$D = 0$，$M = 0$，$P \neq 0$	电表坏或窃电；
$D \approx M \approx P$，$D_i \neq M_i \neq P_i$，$i = 1$、2、3	时钟错；
$D \neq 0$ $M \neq 0$ $P \neq 0$ $D \neq M$ $M \neq P$	数据乱、内卡坏。

利用三路信息比较可以防止或发现多种软硬件窃电方法。

第七节　多用户电能表

1. 基本原理

多用户表是近几年正在研制的电能表，即由一块表对多个用户进行计量。其原理框图见图 4-38。从上图可看出，多用户表是由多个电能测量模块对多个用户进行电能测量，由单片机处理后，送显示器显示。显然，多用户表实际上是一个以单片计算机作为中央处理器的，具有多个测量输入通道，共用电源模块，循环显示，有的又有红外抄表、远方抄表、分时计费、预付费等功能的多功能、多用途电能表。

现在一块多用户表可对多达 36 户的用电情况进行集中检测，循环显示。各户的用电量可以就地读取或者是由红外抄表器采集数据并打印出来，也可以使用配套的"多用户电能表计算机网络自动抄表系统"进行远距离自动抄表。由于电子式多用户电能表采用了"分户用电、集中检测"的方式，有效地防止了偷漏电行为和抄表过程中人为伪数据的产生，而且整机体积小、质量轻、安装方便、工程费用低。但多用户表共用一个微处理器，当表计可靠性不高时，可能会造成所有用户电量数据丢失，因此，目前多用户表还很少使用。

2. 多用户表测量通道

多用户表有多个测量通道，测量通道可由 AD7755、BL0932 等计量芯片组成，也可由高精度 TA、TV 精密采样组成。

3. 多用户表显示

多用户表显示器可以由 LED 显示器构成, 也可以由 LCD 液晶显示器构成。LED 显示 8 位, 前两位为分户号, 后 6 位为分户用电量。所显示的用电量与分户号相对应, 最高显示数为 9999.99kWh, 分户循环显示, 每户切换霎时间为 3～5s。

4. 电能表接线方式

电子式多用户电能表不但可以分户单相供电, 而且还可以分户三相四线制供电。也就是说, 电子式多用户电能表既可以作为单相有功电能表使用, 又可作为三相四线制有功电能表使用。它具有检定输入和输出端子, 便于现场校表。

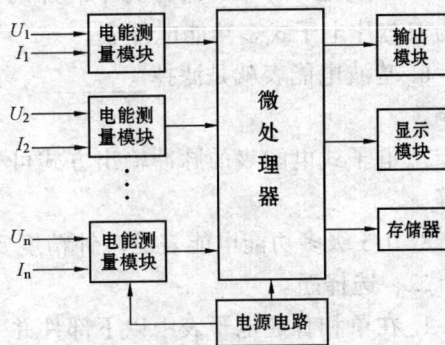

图 4-38 多用户表原理框图

5. 多用户表基本参数

(1) 精度等级, 1.0～2.0 级;

(2) 工作电压, 160～250V;

(3) 基本电流, 5 (20) A, 5 (40) A;

(4) 尺寸, 12 户以下: 大约 426mm × 286mm × 115mm;

12～24 户: 大约 461mm × 286mm × 115mm;

25～36 户: 大约 496mm × 286mm × 115mm;

(5) 环境条件, 温度: −20～+55℃; 湿度: ≤85%;

(6) 功耗, <7VA;

(7) 启动电流, <0.02%;

(8) 电磁兼容性能, 满足电子式电能表的要求。

6. 多用户表的检定

出厂前或使用一段时间后, 需要对电子式多用户表进行检定时, 只需将工作状态或检验状态开关转换检验状态, 就可以检定多用户电能表所显示用户的计量精度。将总进线端子上 U_U、U_V、U_W 连接起来, 检定电压加在此端子与零线之间, 从检定脉冲信号输出端引出脉冲信号, 即可对多用户相应用户精度进行鉴定。

7. 多用户表的附加功能

多数多用户表具有红外抄表功能、远程传输功能, 有的还具有分时功能、预付费功能。

练 习 题

一、填空

1. AD7755 是美国_____公司生产的电能测量芯片; 推荐的主频率_____; 工作温度范围_____; 两个_____位 Σ—△ 型模数转换器。

2. 在预付费表中常用的 IC 卡有三种, 即_____; _____; _____。

3. 单相复费率电子表与普通单相电子表在结构上最大区别在于增加了_____电子模块。

4. 我国计算需量窗口时间最常用为_____; 滑差时间最常用为_____。

5．一般把_____简称为单芯片的电子式多功能电能表；把_____电子式电能表简称为双芯片电子式多功能电能表。

6．基波电能表就是滤掉_____，只记录_____电能，从而消除谐波对电能计量的影响。

7．电子式电能表的脉冲输出方式可采用_____输出，_____输出，和_____输出等。

8．0.5级多功能电能表的时钟精度要求是_____。

二、选择题

1．在单相普通电子表中以下部件并不是一定需要的：_____。

（a）显示器；（b）测量模块；（c）单片机；（d）电源电路

2．黑白表只有_____费率。

（a）1个；（b）2个；（c）3个；（d）4个

3．在以下计量芯片做成的电能表能准确测量电压、电流的是：_____。

（a）AD7755；（b）BL0931；（c）BL0932；（d）CS5460

4．在电能表使用的IC卡中，以下三种安全性能最好的是：_____。

（a）存储卡；（b）加密卡；（c）CPU卡

三、问答题

1．简述6种电子式电能表防窃电办法。

2．什么叫复费率电能表？

3．什么叫预付费电能表？

4．什么叫多功能电能表？是否可以把二种以上功能的电能表都叫做多功能电能表？

5．什么叫需量？什么叫最大需量，区间式最大需量有时为什么会比滑差式最大需量小？

6．简单描述90°电子移相法计量无功的原理。

7．什么叫四象限无功？

8．简述光电采样器的工作原理。

9．什么叫电量冻结？

10．简述失压、停电、欠压之间的不同点。

11．什么叫失流？

12．画出单芯片多功能表电原理框图。

13．画出双芯片多功能表电原理框图。

14．简述滑差式最大需量的含义是什么？

15．什么叫电压合格率？

16．画出三相基波表（硬件方式）原理框图。

17．简述谐波对电能计量的影响。

18．画出普通单相电子表原理框图。

19．简述存储卡、加密卡、CPU卡的特点。

20．简述IC卡表的优缺点。

21．画出电子式黑白表原理框图。

22．画出多用户表原理框图。

23．画出电流失衡法防窃电原理图。

24．简述防软件窃电的方法。

25．什么叫多用户表？

参 考 答 案

一、填空

1．ANALOG DEVICES（AD）　　3.5795MHz　　$-40℃\sim85℃$，16；2．存储卡　加密卡　CPU卡；3．微处理器；4.15min、15min；5．只有一个单片机既负责电能计量又负责数据处理的电子式多功能电能表　把使用专用芯片进行电能计量，使用单片机进行数据处理的；6．谐波　基波；7．光学电子线路输出、继电器触点输出、电子开关元件输出；8．0.5S/d。

二、选择

1．c；2．b；3．d；4．c。

三、问答题

（略）

第五章
电能表的检验及检验装置

前几章对感应式电能表和电子式电能表的结构、工作原理和误差调整作了比较详细的介绍，本章将主要讨论感应式电能表和电子式电能表的室内检定、大批量产品验收、型式试验和现场校验，同时将介绍各种检验和检定装置。

第一节 电能表检定装置

一、概述

我国使用和生产电能表的历史十分久远，电能表检定装置总是与电能表形影相随，密不可分。在 20 世纪 70 年代之前，电能表检定装置十分简陋，信号源就是市电电源，用自耦调压器和变压器进行电压调节，用自耦调压器和升流器进行电流调节，用感应式移相器改变相位，用 0.5 级或 0.2 级感应式电能表作为标准表，用手动开关控制校验，人工计算误差。这种装置的稳定度、失真度、对称度等性能完全取决于市电，无法进行控制，频率也不能调节。进入七十年代后期，开始用变压器移相器代替庞大笨重的感应式移相器，用磁饱和式稳压器及以后出现的分立元件电子式稳压器对市电电压进行稳压，并且开始使用光电采样器和控制器，但装置的基本性能并未发生根本性改变。后来将这类产品称为电工式电能表检定装置。

八十年代中期，国产电子式标准功率电能表诞生，随后电子式高稳定度功率源问世，使电能表检定装置的性能发生了革命性变化。这种电子式检定装置的诞生使该行业出现了一个空前辉煌的时期，从此新技术不断涌现，新产品琳琅满目，一片勃勃生机，至今仍呈方兴未艾之势。目前全国电工式电能表检定装置已经基本停止生产，本书将主要介绍电子式检定装置。考虑到个别单位还存在少量电工式电能表检定装置，本书对电工式电能表检定装置也作简要的介绍。

二、结构

电工式电能表检定装置一般由低通滤波器、电子稳压器、变压器移相器、自耦调压器、升压器、升流器、标准电压互感器、标准电流互感器、标准电能表、光电采样器、控制器、挂表架等组成。

电子式电能表检定装置的构成则一般由电子式程控功率源、电子式多功能标准表（或标准功率电能表）、标准电压互感器和标准电流互感器（有些装置不需要互感器）、误差计算器（有的产品做在标准表内）、误差显示器、数字式监视表、光电采样器、手动控制器、计算机、挂表架等组成。

挂表架的表位数根据用户需求确定。三相检定装置的表位数一般有 3、6、8、12、16、24 等；单相检定装置的表位数一般有 6、12、16、24、32、48 等。

功率源的负载能力（输出容量）由表位数决定。电压输出一般按每只表 12VA 配置，电流输出一般按每只表 20～30VA 配置。

挂表架上一般配置有专用的电流接线柱（平时用短接片短接）和标准表输出脉冲接口，供检验检定装置时接入标准表用。

挂表架上一般配置有对色标按钮，供手动对色标用。对标方式有电压对标和电流对标两种。电流对标方式较复杂，但效果较好。

为了方便操作，通常采用集中翻转光电头方式。

为了对机械式电能表进行倾斜影响试验，检定装置上一般都设置有一个可调节挂表角度的表位。

自动检定时，全部操作都在计算机操作软件的控制下进行。手动操作时，通过手动控制器或标准键盘完成。

三、基本工作原理

（一）原理框图

图 5-1 是典型的电工式三相电能表检定装置的原理框图。电源首先经低通滤波器滤除市电电源中的高次谐波，以改善波形。然后经电子稳压器进行稳压，经稳压后的电源分二路，一路采用变压器移相器改变电压相位，以获得所要求的功率因数。电压调节包括自耦调压器和升压器，电流调节包括自耦调压器和升流器。升压器、升流器用于扩展电压、电流量程，同时起隔离市电的作用。经电流调节、电压调节的电压、电流，一路直接供被检电能表，一路经标准电流互感器、标准电压互感器供标准电能表。电压互感器和电流互感器的主要作用在于扩展标准表的量程，使标准表电压、电流标准化。光电采样器通过对感应式电

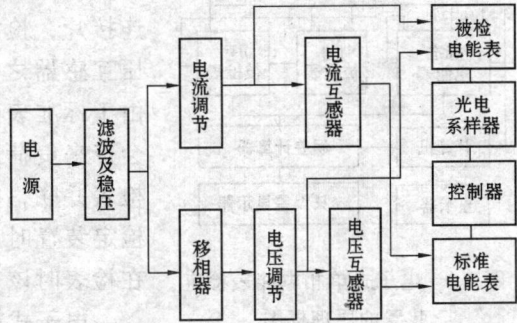

图 5-1 典型的电工式三相电能表检定装置的原理框图

能表转盘光滑边沿及其色标对光线的不同反射作用，将转盘转数转换为电脉冲信号，供控制器进行累计，当达到控制器的预定转数时，切断标准表电压线路，再根据标准表脉冲读数与设定读数计算被检表误差。

电子式三相电能表检定装置原理框图见图 5-2。程控三相功率源根据计算机发出的指令，输出设定大小和角度的电压、电流，一路直接送被检表，一路经标准电压、电流互感器接于标准电能表。计算机根据标准表脉冲读数与设定脉冲读数计算出被检表误差。在这里电压、电流量程切换的作用，主要是根据电压、电流的大小选择标准电压、电流互感器的额定一次电压或电流。随着程控功率源和多功能标准表自动量程切换技术的逐步成熟，现在一些电能表检定装置产品已经不再使用互感器，不仅降低了成本，减小了体积和质量，而且避免了互感器比差、角差、量程切

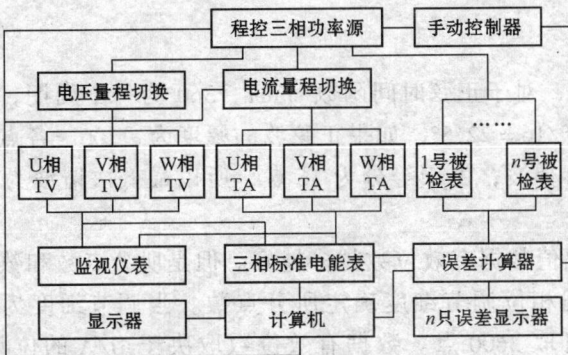

图 5-2 电子式三相电能表检定装置原理框图

换继电器接点压降等引起的误差，提高了装置的精度。另外，使用多功能标准表的装置，所有监视量都在标准表界面上和计算机操作界面上显示，而且具有标准表的测量精度，传统的监视仪表已无存在的必要。

由于计算机的使用，在电子式电能表检定装置中，各个表位的电能表常数往往可以不同，计算机可以根据输入的不同表位的不同常数自动算出不同表位的设定脉冲数。现代的电子式电能表检定装置已逐步成为智能设备，不但能够按照有关计量检定规程的要求，自动检定全部项目，自动计算误差，自动进行数据修约和判定检定结论，打印检定证书和检验记录，而且能够与计算机网络连接，实现区域性计量管理。

电子式电能表检定装置一般还配备有手动控制器，以便在计算机或其软件发生故障时，仍能进行手动操作。

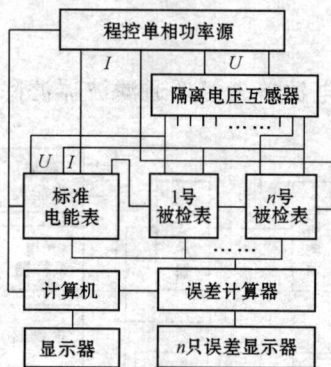

电子式单相电能表检定装置的原理框图见图 5-3（不带互感器），与三相装置的不同之处是使用了隔离电压互感器，以便检定电子式单相电能表。因为电子式单相电能表的电压回路与电流回路采用固定连接方式，没有可拆卸的连接片，检定装置难以同时检定多只电能表。使用隔离电压互感器之后，互感器的每个二次绕组只接一只被检表。由于标准表的功耗比被检表小得多，若独占一个绕组，将会带来负荷不平衡误差。为此，通常将标准表与某一只被检表并联，共用一个绕组，因此在使用电子式单相电能表检定装置时，必须弄清标准电能表接在哪个表位，以避免在检表时该表位空接。

图 5-3　电子式单相电能表检定
装置的原理框图

电子式程控功率源和电子式标准表是电能表检定装置的两大支柱，因此，介绍电能表检定装置的工作原理，主要是介绍功率源和标准表的工作原理。

（二）电子式程控功率源

早期的电子式功率源采用模拟信号发生电路，由集成器件组成工频振荡器，产生工频正弦信号，通过可变电阻实现电压、电流调幅和调频，采用裂相电路实现移相，通过线性电压放大和功率放大电路获得必要的功率输出。模拟电路稳定性差，不易实现程控。

现在的电子式程控功率源几乎全部采用数字波形合成、数字调幅、数字变频、数字移相技术。信号放大和功率放大一般采用线性电路。为保证输出稳定度，一般都使用了稳幅电路。下面简要介绍其工作原理。

1. 数字波形合成

图 5-4 是一个正弦波形数字合成示意图，对于正弦时间函数 $\sin\omega t$，360°为一个周期，假定将一个周期 16 等分，则每等分为 $n = 360°/16 = 22.5°$，如果正弦波的幅度为 ±100，各点的量化值注于图中。合成后的波形如图中的阶梯波，由于等分为 16 点，所以最低次谐波为 16 次。

要使波形逼真，一个周期所分点数和幅值数据有效位数越多越好。但是所分点数和数据有效位数越多，所需数据量越大。一般根据相位调节细度确定所分点数。当调节细度为 1°时，可取 360 点；当调节细度为 0.1°时，可取 3600 点。数据有效位数取决于 D/A 的位数，对于 8 位 D/A，数据分辨率为 1/256，谐波含量较高，需要使用低通滤波器，而低通滤波器会产生附加相移；对于 12 位 D/A，数据分辨率为 1/4096，可不使用低通滤波器。

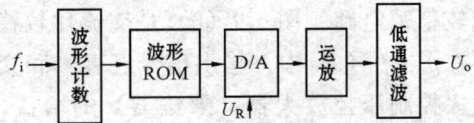

图 5-5 是数字波形合成方框图，由波形计数器提供地址，读出波形 ROM 中储存的正弦波形数据，供 D/A 进行数—模转换，转换后的模拟量经运放进行信号放大，再经低通滤波器滤波后，即得到正弦波形模拟量输出。

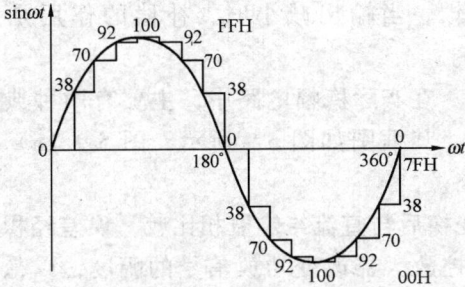

图 5-4　正弦波形数字合成示意图　　　　图 5-5　数字波形合成方框图

2. 数字调幅

在图 5-5 中，要改变输出正弦波的幅度，只要改变 D/A 的基准电压 U_R 即可。如图 5-6 所示，U_R 是由 D/A2 提供的，U_{REF} 是 D/A2 的基准电压，只要改变 D/A2 输入的数字量 D，即可改变 U_R，从而实现程控。D/A2 的位数由调节细度决定。

3. 数字变频

由图 5-5 可知，通过改变波形计数器的计数频率 f_i 可以改变输出正弦信号的频率 f_o。正弦波形频率 f 与计数频率 f_i 有如下关系

$$f = f_i / N$$

N 是波形合成每个周期所选的点数。以上关系是通过图 5-7 所示频率合成电路来实现的。图中"÷N"是分频系数为 N 的分频器，接在锁相环的输出端与一个输入端之间，只要改变分频系数，即可调节频率。如果基准信号频率 f_o 是晶振频率或晶振频率分频后的频率，则 f_i 将具有与晶振频率同样高的稳定性。

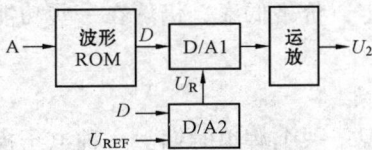

图 5-6　数字调幅电路　　　　　　图 5-7　频率合成电路

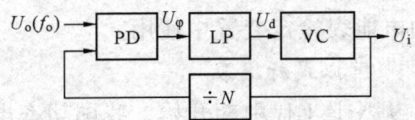

4. 数字移相

数字移相的实现，实际上是控制两相波形计数器清 0 脉冲的时间间隔，时间间隔用计数脉冲数来表示。如果波形计数器每计数 3600 次合成正弦波形的一个周期，正弦函数一个周期为 360°，所以每个计数脉冲对应 0.1°。设相位差为 φ，对应的脉冲数为 $n = 10\varphi$，若 $\varphi = 60°$，则 $n = 600$。参考相 U 的波形计数器由第 3600 个计数脉冲清 0，V 相波形计数器由第 600 个计数脉冲清 0，即实现了 V 相波形滞后 U 相波形 60°的要求。数字移相原理框图如图 5-

8 所示。

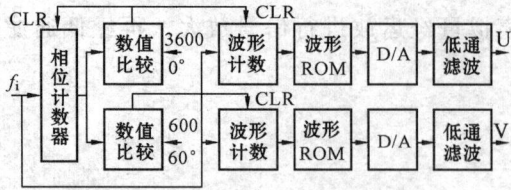

图 5-8　数字移相原理框图

5．稳幅电路

稳幅电路是保证输出稳定的重要措施，它的基本思想是将输出的变化量取出，补偿到输入端，当输出增大时，补偿的作用是负反馈，当输出减小时，补偿的作用是正反馈。

在实际稳幅电路中，主要有两种典型线路，其框图如图 5-9 所示，图 5-9（a）是直流比较稳幅电路，图 5-9（b）是交流比较稳幅电路。

在图 5-9（a）中，输出信号经衰减和交直流变换后与直流给定值相比较，误差经积分器放大去控制压控放大器（乘法器）的增益，由压控放大器改变功放信号的幅度，以稳定输出。直流给定值由直流基准电压产生，确保输出信号具有很高的稳定度和很好的线性，但是线路比较复杂。在图 5-9（b）中，输出交流信号经衰减后与交流给定信号相比较，误差经放大后与交流给定信号相加或相减，从而稳定输出。这种电路简练，由于是交流瞬时值比较，还可减小输出信号波形失真和相位偏移，缺点是输出信号与给定信号有静差。

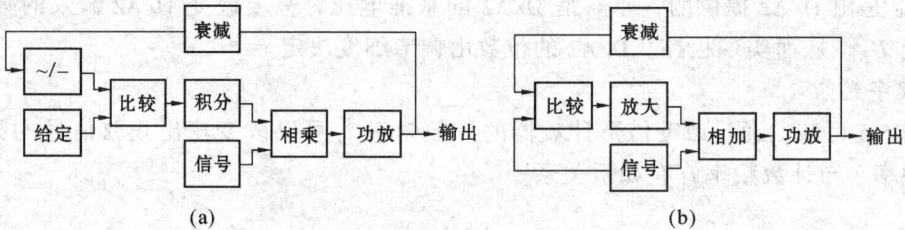

图 5-9　稳幅电路框图
（a）直流比较稳幅电路；（b）交流比较稳幅电路

（三）电子式标准表

我国标准电能表产品经历了从模拟乘法器技术向采样计算技术发展和转换的过程。目前采用采样计算技术的产品，凭借其先进的原理和优异的性能已经占据主流位置。采用模拟乘法器技术的产品在功能方面处于明显劣势，但因其性能稳定，价格低廉，仍然在一些功能单一的电能表检定装置中使用。

1．模拟式标准表

从八十年代中期开始，我国功率电能标准仪表产品出现了一个辉煌时期。一种电子模拟乘法器——时分割乘法器风靡全国，促使我国功率电能测量技术发生了重大进步。

模拟式标准表原理框图见图 5-10。被测电压、电流经电压互感器和电流互感器接入，每相电压、电流互感器的二次信号接到时分割乘法器的输入端，进行乘法运算。乘法器输出脉动的直流电压（或电流），经低通滤波器滤除交流成分，再经 U/f（或 I/f）变换器变换成方波脉冲信号。经单片机进行误差计算，由 LED 显示器显示电能误差和累计电能值。

时分割乘法器是所有模拟乘法器中准确度最高的一种，它的两个输入量都是模拟量（例如电压或电流），输出量也是模拟量（电压或电流），而且与输入量的乘积成正比。将交流电压、电流作为乘法器的输入量，则输出模拟量就与瞬时功率成正比。将乘法器输出进行滤

170

波，取其直流分量，即与平均功率成正比。将乘法器输出电压（或电流）进行 U-f（或 I-f）转换，变成方波脉冲，即成为数字量。脉冲频率与输入功率的平均值成正比，脉冲个数与输入电能成正比。这就是模拟式标准电能表的工作原理。由于时分割乘法器具有很好的线性，所以可以获得很高的测量精度，功率测量的精度可以达到 0.005%，电能测量的精度可以达到 0.01%。我国成功地使用和发展了这一技术，促使标准电能表制造行业发生了一场革命。尤其是 0.05 级及以下标准功率电能表产品，以席卷之势迅速发展，使用范围遍及全国，取代了进口仪表的地位。

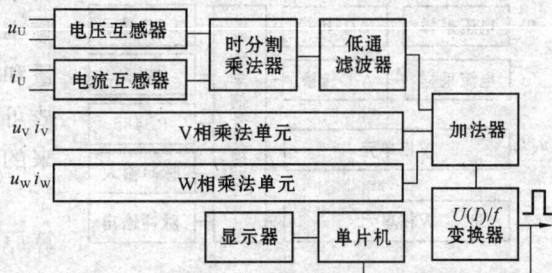

图 5-10　模拟式标准表原理框图

但是，由于测量原理的局限，模拟式标准表存在着先天不足，主要表现为功能单一。

进行功率电能测量时，电压一般保持额定值，变化范围很小，所以可以在较宽的负荷范围内保证测量精度。

如果用模拟乘法器进行电压、电流测量，可以将电压（电流）同时接入乘法器的两个输入端，则输出模拟量就与电压（电流）瞬时值的平方成正比，将其直流分量开平方，就得到电压（电流）的有效值。通过 U-f（或 I-f）转换，变成方波脉冲，即成为数字量。与功率、电能测量相比，进行电压、电流测量时，乘法器的两个输入量都在大范围内变化，导致测量线性变差。假定乘法器在输出量的 10%～100% 范围内保证精度，当用作功率电能测量时，允许电流在 10%～100% 范围内变化；当用作电压、电流测量时，只允许其在 31.6%（$\sqrt{10\%}=31.6\%$）～100% 的范围内变化。反过来说，如果输入电压、电流也在 10%～100% 范围内变化，则输出量将在 1%～100% 的范围内变化，乘法器的精度将大大降低。所以模拟乘法器只适合于测量有功功率、电能，不适合测量电压、电流，也不适合测量无功功率、电能。更不适合测量相位、功率因数、频率等参数。

此外，这种表用于测量功率、电能时，输出脉冲难以携带功率方向信息，也就是说，只能测量正向功率、电能，难以测量反向功率、电能。如果要测量反向功率、电能，需要另外设计功率方向判别电路。模拟乘法器的模拟特性还增大了程控的难度和成本。

早期的标准功率电能表都采用模拟乘法器技术。

2. 采样计算式标准表

进入九十年代，国外采用采样计算技术的多功能标准表进入我国市场。这种仪表以其多功能、宽量限和智能化的特点受到广大用户的欢迎，对采用模拟乘法器技术的标准功率电能表形成巨大冲击。国内厂家加速开发研究采用新技术的产品，目前不少厂家已经可以生产采用采样计算技术的 0.05 级多功能标准表。新技术的应用导致标准功率电能表产品发生了更新换代，目前，电子式多功能标准表已经稳居主导地位。

采样计算式标准表原理框图见图 5-11。其基本工作原理是：电压和电流经高精度信号采样电路和高精度、高速度 A/D 转换器，对交流电压、电流信号的瞬时值进行测量，由于分别得到了电压、电流的瞬时值，故可方便地使用高速数字信号处理技术（由 DSP 器件来实现），通过 FFT（快速傅立叶变换）和其他科学算法对数字信号进行分析处理，按被测参数的定义可十分方便地计算出各相电压、电流的幅度、相位和相位差，各相有功、无功、视在

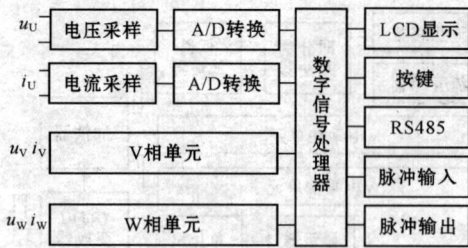

图 5-11 采样计算式标准表原理框图

功率和总有功、总无功、总视在功率、功率因数、频率等参数。还可计算电压、电流各次谐波的含量和失真度。由于得到的所有参数均是数字量，故可利用软件校准技术对测量方法和硬件电路带来的误差进行校正。

目前，电能表检定装置产品多数采用采样计算原理的多功能标准表，仪表检定装置和电量变送器检定装置几乎全部采用采样计算原理的多功能标准表。

（四）光电采样和色标定位

检定电能表时，需要采集电能表的电能信息，机械式电能表的转盘和电子式电能表的脉冲指示灯就是电能信息的载体，转盘的累计转数和光脉冲的累计数代表着测得的电能量。光电采样器（俗称光电头）就是采集转盘转数和光脉冲数的专用工具。按其用途可分为反射式和接收式，按固定方式可分为支架式、吸盘式、扣式、磁吸式等。

反射式光电头用于校验机械表，它有一个发光管和一个接收管，发光管的光线通过一个凸透镜聚焦，使焦点落到铝转盘边沿附近，铝转盘的光滑边沿将光线反射回来，通过接收管前的凸透镜聚焦后照到接收管。接收管可以是光耦合三极管，也可以是光敏电阻。当光电头正对着转盘上的色标（一般为黑色或红色）时，反射的光线明显减弱。根据接收管感受到的光线的强弱变化，可以将光脉冲变为电脉冲。其转盘只有一个色标，则转盘每旋转一周，产生一个电脉冲。

接收式光电头用于电子表，它只有一个接收管，没有光源，对准电能表上的脉冲灯，直接接收光脉冲信号，然后变成电脉冲信号。

在进行机械式电能表的启动和潜动试验时，需要确认机械表是否已经转了一圈，这就需要首先找到色标，这就是色标定位，俗称对色标。对色标的方法很简单，就是先给电能表通电，使转盘转起来，当用光电头检测到色标的前沿（或后沿）时，切断电源，转盘停止转动，色标暴露在正前方，以便下一步操作。切断电源的方式有切断电压和切断电流两种，前者称为电压对色标，后者称为电流对色标。

电压对标原理电路见图 5-12。原理十分简单，就是在每只被检表电压线路串联一个对标继电器的动断接点 K，对标继电器可以程控，也可以通过一个开关手动控制。手动对标时，给电能表通电，当色标转动到正前方时，合上对标开关，继电器动作，动断接点断开，表停转。当对标开关断开时，动断接点合上，电压回路接通恢复正常工作。电压对标的缺点是，对标继电器的动断接点永久性地串接在电压线路中，接点表面会氧化，通断时的火花也会使它受到损伤，这些因素使接点的接触电阻逐渐变大且不稳定，对装置的误差会产生影响，尤其对等级较高的装置，可能会达到不能容许的程度。

电流对标原理电路见图 5-13。每一个表位接有一个对标变流器 TL，变流器二次侧通过对标继电器的转换接点 K 接到被检表电流线圈上，不对标时接点处于将变流器二次短路位置。对标时，给电能表电压线路通电，合上对标开关，继电器动作，接点处于通过变流器给电能表电流线路通电位置，当色标转动到正前方时，断开对标开关，继电器失压，接点处于断开电流回路位置，表停转。显然，不存在电压对标产生的问题。

加到被检表上的对标电流比较小，一般不超过 10A。

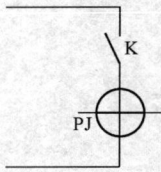

图 5-12　电压
对标原理电路

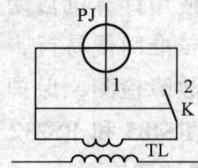

图 5-13　电流
对标原理电路

四、功能

现代电能表检定装置在计算机软件的支持之下，不仅实现了自动检定，提高了工作效率，而且功能大为扩展，除了满足有关标准和检定规程的全部要求之外，还实现了众多用户的一些实用性和个性化需求。现以深圳科陆公司的 CL3000 系列产品为例，说明其主要功能。

（1）可以检定电子式和机械式电能表、多功能电能表、多费率电能表、预付费电能表等。

（2）可以按照检定规程要求，对潜动、启动、直观检查、基本误差、标准偏差、24h 变差等检定项目实行全自动检定。

（3）可以进行电压影响、频率影响、谐波影响、逆相序影响、电压不平衡影响等影响量引起的改变量的测定。

（4）自动对色标。

（5）可以同时检定不同常数表。

（6）每一只被检表都有专用误差显示器。

（7）按规程要求自动计算启动试验等待时间和潜动试验等待时间。

（8）可以测量最大需量示值误差。

（9）可使用 GPS 系统校准被检表时钟。

（10）可以测量被检表时钟误差。

（11）全自动量程切换。

（12）可以进行走字试验。

（13）自动进行数据修约，打印各种报表，报表格式规范。

（14）大中子星版软件还支持条码输入、误差曲线图、用户系统、误差上下限设置、多种检定方案、管理权限设置、周检计划等。

（15）装置设有一个可调节挂表角度的表位，以便进行倾斜影响试验。

（16）可集中翻转光电采样器。

（17）可测量电压、电流、功率、功率因数、相位、频率等参数。

（18）可校验各种自然无功和人为无功表。

（19）可实时显示相量图。

（20）可显示同相电压、电流的波形图。

（21）可设置和测量 2～21 次谐波，测量失真度。

（22）自动测量各相电压、电流、功率和总功率的稳定度。

（23）自动测量三相电压对称度、三相电流对称度和三相相位差之间的最大差值。

（24）有标准电能脉冲输出，脉冲常数自动设置，也可人工设置。

（25）既可使用计算机自动检表，也可通过手动控制器检表。

（26）软件校准简便易行，性能稳定。

（27）自动故障检测，保护功能完善，防止误操作带来的危害。

（28）具有 RS485 和 RS232 通信接口。

五、技术参数要求

按照电能表检定要求，对电能表检定装置有以下技术参数要求。

1. 等级

国产电能表检定装置的等级有 0.01、0.02、0.05、0.1、0.2、0.3 级等。其中 0.01 级和 0.02 级装置在国标中未作规定，这些装置中的标准表多数采用进口多功能标准表，其他等级装置几乎全部采用国产表。装置中的功率源和操作软件一般都是国产的。

按照国标 GB/T 11150—2001 附录 C（提示的附录）要求，装置中配套的标准表的等级应比装置等级提升一个级别，例如，0.05 级装置应配 0.02 级标准表，0.1 级装置应配 0.05 级标准表等。这一要求增加了产品的技术难度和成本，对于带有互感器的装置来说，具有它的合理性；对于不带互感器的装置，显得苛刻了一些。鉴于这只是一个提示的附录，具有资料的性质，电能表检定装置国家检定规程 JJG 596 修订工作组拟对这一问题进行变通，分别对不同情况提出不同要求。

2. 基本误差

基本误差是指装置在参比条件下的测量误差。

3. 标准偏差估计值

标准偏差估计值是评价检定装置测量重复性的指标。

4. 输出电量

（1）量程及范围。输出电量的量程或范围应能满足检验各种常用规格电能表的需要。对于电压、电流量程自动切换的装置，电压、电流量程只是制造厂为满足装置的线性要求而设定的，与用户的使用关系不大，用户也不易觉察。

电压量程　至少包括 57.7、100、220、380V，多数实现了自动量程切换。

电流量程　一般在 0.1～100A 之间选取，量程比多为 2 比 1 左右，也有选得更小的，以保证良好的线性，有的产品已实现了自动量程切换。

移相范围　多数产品都能在 0°～360°范围内任意调整负载阻抗角，也就是说，可以设置四象限功率因数。

频率范围　45～65Hz。

（2）输出功率稳定度。改用功率稳定度的标准偏差估计值表示，按式（5-1）计算，用百分数表示的允许极限一般等于被检表等级指数的 1/5。例如，0.05 级装置的功率稳定度标准偏差估计值极限为 0.01%。

$$S_\mathrm{p} = \sqrt{\dfrac{\sum\limits_{i=1}^{n}\left(\dfrac{P_i - \overline{P}}{\overline{P}}\right)^2}{n-1}} \times 100 \tag{5-1}$$

式中　P_i——第 i 次输出功率（10s 内）的平均值；

$\overline{P}$——P_i 的平均值；

n——重复测量次数，通常等于 10。

（3）波形畸变因数。电能计量的实质是功率测量，而功率测量对波形是不敏感的。所以对装置输出电量波形的要求不高，0.05级装置的畸变因数不超过1%就可以了。畸变因数和失真度都是评价波形的技术指标，二者的定义略有不同，前者等于谐波有效值与畸变波形有效值之比，后者等于谐波有效值与基波有效值之比。对于同一波形，前者略小。

（4）三相电压电流对称度。按照电工原理的定义，三相电压（电流）对称度用负序电压（电流）与正序电压（电流）之比以及零序电压（电流）与正序电压（电流）之比来表示。但这一定义难以进行实用测量，为便于操作起见，在仪表、电能表国家标准和国家检定规程中采用如下定义：各相（线）电压与三相电压平均值的相对差值称为三相相（线）电压对称度；各相电流与三相电流平均值的相对差值称为三相电流对称度；各相电流与电压的相位差之间的最大差值称为三相相位差值，也作为评价三相电流对称性的指标之一。需要注意的是，三相电压对称度是由相电压对称度和线电压对称度共同表示的，缺一不可。

也有厂家用三相电压（电流）之间的夹角及允许偏差（例如 $120° ± 0.5°$）表示三相电压（电流）对称度，此种表示方法与国家标准的**表示方法**类同，例中给出的指标可以满足国标要求。

5. 装置产生的磁场

装置输出电流产生的磁场可能会对被检表和标准表的测量误差造成影响，因此 GB/T 11150 规定了相应指标。在 GB/T 11150—2001 中取消了过去对标准表安装位置磁场的要求（取消是合理的，因为对标准表的影响已包含在装置基本误差之中），只保留对被检表安装位置磁场的要求。GB/T 11150—2001 中具体要求如下：

磁感应强度指标

$I ≤ 10A$ 时， $B ≤ 0.025mT$ ；

$I = 200A$ 时， $B ≤ 0.05mT$ 。

10A 与 200A 之间采用内插法求得。

6. 调节设备

对调节设备的原则要求是所有输出量都应能调节到所需要的工作点，其偏差不应超过允许值。

7. 监视仪表

检定电能表时的参比条件是由监视仪表来指示的，电压、频率、功率因数、三相电压、电流对称度等影响量是否符合参比条件，都由监视仪表的准确度来保证。监视仪表的等级比装置的等级低得多。

在有些检定装置（例如科陆公司 CL3000 系列和 CL1000 系列产品）中，输出电量指示值全部取自多功能标准表，已不存在监视表，实际上也不需要对监视值按监视表要求进行检定，因为综合误差合格的装置，其监视值必然是合格的。对于这种装置，监视表的误差应由装置输出量的设定误差（即设定值与实际输出值的差值）来体现。

8. 多路输出一致性要求

多路输出一致性要求就是要求电能表在检定装置不同表位上所测得误差具有一致性。

多路输出一致性要求，对三相装置，相当于提出了电压降要求，对单相装置，除提出了电压降要求以外，相当于对隔离电压互感器的准确度提出了要求。

9. 影响量引起的改变量

GB/T 11150—2001 规定了各个影响量的标称使用范围和允许改变量（标准中称为变差）

极限。这些影响量有：环境温度、环境湿度、工作位置、测量线路电压、测量线路频率、测量线路相序、测量线路电压不对称（实为电流不对称）、电流线路中 3 次谐波、电压线路中 5 次谐波、电流线路中直流和偶数次谐波、电流线路中高次谐波、外磁场、辅助电源电压、辅助电源频率等。

10. 稳定误差

GB/T 11150—2001 对装置的稳定误差提出了详细而严格的要求，包括短期稳定误差（15min 变化值不超过等级指数的 20%）、长期稳定误差（7h 变化值不超过等级指数的 40%）和年稳定误差（一年变化值不超过等级指数的 100%）。

11. 电磁兼容性

电磁兼容性是指装置在其电磁环境中能正常工作且不对该环境中任何事物构成不能承受的电磁骚扰的能力。近年来，随着人们环保意识的增强，对产品电磁兼容性的要求越来越普遍，GB/T 11150—2001 首次规定了对电能表检定装置的电磁兼容性要求。

六、误差分析

电能表检定装置的系统误差主要来源于标准表误差、电压互感器误差、电流互感器误差、标准表与被检表电压端钮间的电压降引起的误差等。

电能表检定装置的随机误差主要来源于被测量随时间的变化（表现为功率源的功率稳定度），以及温度、湿度、电压、频率、波形、外磁场、外电场、电源电压及其频率等影响量的变化等。随机误差的表征值是标准偏差估计值，其允许极限为装置基本误差限的 1/10，根据微小误差准则，在将系统误差与随机误差进行合成时，随机误差可以忽略。所以决定装置等级的主要因数是系统误差。

1. 三相四线误差

带有互感器的三相电能表检定装置，在三相四线方式工作时，其综合误差可按式（5-2）计算

$$
\begin{aligned}
\gamma &= \gamma_m + \gamma_i + \gamma_u + \gamma_r \\
&= \gamma_m + \left\{ \frac{f_{i1} + f_{i2} + f_{i3} + f_{u1} + f_{u2} + f_{u3} + f_{r1} + f_{r2} + f_{r3}}{3} \right. \\
&\quad + \left. \frac{0.0291}{3} \left[(\delta_{i1} - \delta_{u1} - \delta_{r1}) + (\delta_{i2} - \delta_{u2} - \delta_{r2}) + (\delta_{i3} - \delta_{u3} - \delta_{r3}) \right] \mathrm{tg}\varphi \right\} \%
\end{aligned} \tag{5-2}
$$

式中　γ_m、γ_i、γ_u、γ_r——分别为电能表误差、电流互感器误差、电压互感器误差、标准表与被检表电压端钮之间电压降引起的误差；

f_{i1}、f_{i2}、f_{i3}——U、V、W 相电流互感器的比差，%；

f_{u1}、f_{u2}、f_{u3}——U、V、W 相电压互感器的比差，%；

f_{r1}、f_{r2}、f_{r3}——U、V、W 相电压端钮之间电压降引起的幅度误差，%；

δ_{i1}、δ_{i2}、δ_{i3}——U、V、W 相电流互感器的角差，′；

δ_{u1}、δ_{u2}、δ_{u3}——U、V、W 相电压互感器的角差，′；

δ_{r1}、δ_{r2}、δ_{r3}——U、V、W 相电压端钮之间电压降引起的角差，′。

装置系统误差中的主要因素是电能表误差，当采用与装置同等级的标准表时，为了保证装置的准确度，要求电压、电流互感器误差和电压降误差达到可以忽略的程度，所以国家标准和检定规程要求，互感器等级应为装置等级的 1/10，电压降与额定电压之比应不大于装

置基本误差限的 1/5。

不带互感器的三相电能表检定装置，在三相四线方式工作时，其综合误差为

$$\gamma = \gamma_m + \gamma_r$$

$$= \gamma_m + \left[\frac{f_{r1} + f_{r2} + f_{r3}}{3} - \frac{0.0291}{3}(\delta_{r1} + \delta_{r2} + \delta_{r3})\mathrm{tg}\varphi \right]\%$$

$$= \gamma_m + (f_r - 0.0291\delta_r\mathrm{tg}\varphi)\% \tag{5-3}$$

式中：f_r、δ_r 分别为标准表与被检表 U、V、W 相电压端钮之间电压降引起的幅度误差的平均值（%）及角差的平均值。

2. 三相三线误差

带有互感器的三相电能表检定装置，在三相三线方式工作时，其综合误差可按式（5-4）计算

$$\gamma = \gamma_m + \gamma_i + \gamma_u + \gamma_r$$

$$= \gamma_m + \left\{ \left[\frac{f_{i1} + f_{i3} + f_{u1} + f_{u3} + f_{r1} + f_{r3}}{2} + \frac{\delta_{i1} - \delta_{i3} - \delta_{u1} + \delta_{u3} - \delta_{r1} + \delta_{r3}}{119.1} \right] \right.$$

$$\left. + \left[\frac{f_{i3} - f_{i1} + f_{u3} - f_{u1} + f_{r3} - f_{r1}}{3.464} + \frac{\delta_{i1} + \delta_{i3} - \delta_{u1} - \delta_{u3} - \delta_{r1} - \delta_{r3}}{68.76} \right]\mathrm{tg}\varphi \right\}\% \tag{5-4}$$

式中 f_{u1}、f_{u3}——U_{uv}、U_{wv} 电压互感器的比差，%；

$\qquad f_{r1}$、f_{r3}——标准表与被检表 U_{uv}、U_{wv} 端钮之间电压降引起的幅度误差，%；

$\qquad \delta_{u1}$、δ_{u3}——U_{uv}、U_{wv} 电压互感器的角差，′；

$\qquad \delta_{r1}$、δ_{r3}——标准表与被检表 U_{uv}、U_{wv} 端钮之间电压降引起的角差，′。

其他符号的意义同式（5-2）。

不带互感器的三相电能表检定装置，在三相三线方式工作时，其综合误差为

$$\gamma = \gamma_m + \gamma_r$$

$$= \gamma_m + \left[\left(\frac{f_{r1} + f_{r3}}{2} - \frac{\delta_{r1} - \delta_{r3}}{119.1} \right) - \left(\frac{f_{r1} - f_{r3}}{3.464} + \frac{\delta_{r1} + \delta_{r3}}{68.76} \right)\mathrm{tg}\varphi \right]\% \tag{5-5}$$

当三相电压线路的长度、线径基本一致时，$f_{r1} \approx f_{r3} = f_r$，$\delta_{r1} \approx \delta_{r3} = \delta_r$，式（5-5）可简化为

$$\gamma = \gamma_m + (f_r - 0.0291\delta_r\mathrm{tg}\varphi)\quad \% \tag{5-6}$$

式中：f_r、δ_r 分别为标准表与被检表 U_{UV}、U_{WV} 端钮之间电压降引起的幅度误差平均值（%）和角差平均值。

比较式（5-6）与式（5-3）可见，二者相同。

七、检定装置的使用

在检定装置使用过程中可能会出现各种各样的问题，有的是由于使用不当引起的，有的是由于装置故障引起的，应仔细查明原因，妥善解决，避免盲目处理，扩大故障。建议注意以下事项：

（1）使用前仔细阅读使用手册，按要求操作，避免盲目操作。

（2）当装置不能正常工作时，按照提示进行检查。

（3）当检定装置保护电路动作、不能输出时，应按照故障提示，检查电压回路有无短路、电流回路有无开路或过载等情况。

（4）当装置保护熔体熔断时，检查输入线路是否存在短路、绝缘是否击穿等。

（5）当液晶显示不清晰或暗淡时，可按使用手册要求调整液晶的对比度或亮度。

（6）当功率源输出值与设定值之间的误差超过监视仪表要求时，可按使用手册要求对功率源各相电压、电流的幅度和相位进行校准。

第二节　感应式电能表检验

在标准条件下，利用各种检测设备，判断电能表是否合格的过程叫检验。检验的种类，根据项目的不同，可分为常规检验、验收检验、型式检验。其中型式检验也叫型式试验，项目最多，它全面、完整地从各个方面检测电能表的性能，以判别电能表是否合格。它所要求的检测设备繁多，时间较长，费用昂贵，一般只在产品设计定型及初次使用时采用。验收检验也叫验收试验，其检验项目比型式检验的项目要少，但比常规检验项目要多，主要在大批量购进产品时采用。常规检验的项目最少，但其检验项目是判断电能表是否合格最为关键的项目，电能表在安装使用前均要进行常规检验。型式检验其样品采用抽样或送样的方式，验收检验其样品的选用采用抽样的方式，通过抽样来判别整批产品的质量水平，而常规检验采用的是逐块检验的方式，对每一块电能表的质量进行判别。从检验项目上来说，验收检验项目包含常规检验的所有项目，型式检验项目包含验收检验的所有项目，三种检验的比较见表5-1。

表5-1　　　　　　　　　　　　三种检验的比较

检验名称	适用情况	样本选取	项目
常规检验	安装前	逐块	少
验收检验	产品验收时	抽样	多
型式检验	产品定型	送样或抽样	很多

以下分别就这三种检验项目进行介绍，重点介绍最普遍最常用的常规检验。

一、常规检验

常规检验是三种检验中最基础的一种检验。现将检验项目、检验条件、检验方法介绍如下。

（一）检定条件

检验条件包括两方面，一是在确定基本误差时应遵守的条件，二是对检定装置的要求。

1. 在确定电能表基本误差时应遵守的条件

（1）各种影响量及其允许偏差不应超过表5-2的规定。

表5-2　　　　　　　　　　　　影响量及其允许偏差

被检电能表准确度等级		0.1	0.2	0.5	1	2	3
影响量	额定值	影响量的允许偏差					
温　度	标准温度	±2℃	±2℃	±2℃	±2℃	±2℃	±2℃
电　压	额定电压	±0.5%	±0.5%	±0.5%	±1.0%	±1.5%	±1.5%
频　率	额定频率	±0.1%	±0.2%	±0.5%	±0.5%	±0.5%	±0.5%

被检电能表准确度等级		0.1	0.2	0.5	1	2	3
电压和电流波形	正弦波	波形失真度不大于					
		1%	1%	2%	3%	5%	5%
工作位置	垂直位置	0.5°	0.5°	0.5°	0.5°	1°	1°
		有水平仪或要求底座水平的应调至水平					
$\cos\varphi$（$\sin\varphi$）	规定值	± 0.01				± 0.02	

以上标准温度为 23℃，若环境温度超过规定值，在 10～30℃ 范围内，允许用电能表温度附加误差相对于标准温度修正检定结果。

（2）外磁场和铁磁物质及邻近表计影响，引起电能表误差的变化应不超过表 5-3 的规定。

表 5-3 　　　　　　　　　　　　外磁场和铁磁物质及邻近表计影响

影响量	电能表准确度等级					
	0.1	0.2	0.5	1	2	3
	电能表相对误差变化（%）					
外磁场	± 0.02	± 0.04	± 0.1	± 0.2	± 0.3	± 0.3
铁磁物质或邻近表计	± 0.01	± 0.02	± 0.05	± 0.08	± 0.1	± 0.1

外磁场影响的确定方法如下：单相电能表加额定电压和通 10% 标定电流，功率因数为 1，将电压线路和电流线路反接所测得的相对误差，与正接时的测得的相对误差之差的一半，为相对误差的变化。再通 20% 标定电流及在功率因数为 0.5 时，进行同样的试验。三相电能表加额定电压，通 10% 标定电流，功率因数为 1，在不改变相序的情况下，进行三次试验，每次将各相电压、电流相位同时改变 120℃，则每次测得的相对误差与三次相对误差的平均值的差值的最大值，为相对误差的变化。

（3）检定三相电能表时，三相电压、电流相序应符合接线图要求，并按接线图接线。三相电压、电流应基本对称，其对称条件不应超过表 5-4 要求。

表 5-4 　　　　　　　　　　　　三相电流和电压对称的基本条件

被检表准确度等级	0.1	0.2	0.5	1	2	3
每一相（线）电压对三相（线）电压平均值相差不超过（%）	± 0.5	± 0.5	± 0.5	± 1.0	± 1.0	± 1.0
每相电流对各相电流的平均值相差不超过（%）	± 1.0	± 1.0	± 1.0	± 2.0	± 2.0	± 2.0
任一相电流和相应电压间的相位差，与另一相电流和相应电压间的相位差相差不超过（%）	2°	2°	2°	2°	3°	3°

（4）无可以感觉到的振动和震动。

（5）计度器为字轮式的电能表，只有末位字能转动。

（6）在电能表测定误差前，应对电能表进行通电预热，确定通电预热时间的基本原则是：电能表内部达到热平衡时的误差与未达到热平衡时的误差之差不超过 20% 基本误差限。一般来说，在加盖的条件下，对于有功电能表在 $\cos\varphi = 1.0$，对于无功表在 $\sin\varphi = 1.0$ 的条件下，电压回路加额定电压 1h，对 0.1 至 1 级电能表电流线路通标定电流 30min，对 2 至 3 级电能表通标定电流 15min，然后按负载电流逐次减小的顺序测定基本误差。当然某一型式电能表的通电预热时间可按确定通电预热时间的原则适当增加或减少。

标准仪表及装置也可按其技术要求进行预热。

2. 对检定装置的要求

（1）检定装置的测量误差要求满足表 5-5 的规定。

表 5-5　　　　　　　　　　　检定装置允许的测量误差

被检电表准确度等级		0.1	0.2	0.5	1	2	3
检定装置准确度等级		0.03	0.05	0.1	0.2	0.3	0.50
检定装置允许的测量误差（%）							
$\cos\varphi$	1.0	± 0.03	± 0.05	± 0.1	± 0.2	± 0.3	—
	0.5（感性）	± 0.04	± 0.07	± 0.15	± 0.3	± 0.45	—
	0.5（容性）	± 0.05	± 0.1	± 0.2	± 0.4	± 0.6	—
$\sin\varphi$	1.0（感性或容性）	—	—	—	—	± 0.5	± 0.5
	0.5（感性或容性）	—	—	—	—	± 0.7	± 0.7
用户特别要求时	$\cos\varphi = 0.25$（感性）	± 0.1	± 0.2	± 0.4	± 0.8	± 1.0	—
	$\sin\varphi = 0.25$（感性）	—	—	—	—	± 1.0	± 1.0
三相电能表分组检定时 *	$\sin\theta = 1$ 和 0.5（感性）	± 0.05	± 0.1	± 0.25	± 0.5	± 1.0	—
	$\sin\theta$（$\cos\theta$）$= 1$ 和 0.5（感性或容性）					± 1.0	± 1.0

* $\sin\theta$ 适用于正弦式标准无功电能表；$\cos\theta$ 适用于余弦式标准无功电能表。

使用中的检定装置，若其测量误差超过表 5-4 的规定值，但未超过规定值的两倍时，可用已定系统误差修正检定结果。

（2）检定装置允许的标准偏差估计值要求满足表 5-6 的规定。

表 5-6　　　　　　　　　　　检定装置允许的标准偏差估计值

类　　别	功率因数 $\cos\varphi$（$\sin\varphi$）	检 定 装 置 准 确 度 等 级				
		0.03	0.05	0.1	0.2	0.3
		允 许 的 标 准 偏 差 估 计 值				
新生产的检定装置	1.0	0.003	0.005	0.01	0.02	0.03
	0.5（感性）	0.004	0.008	0.02	0.03	0.05
使用中的检定装置	1.0	0.004	0.006	0.015	0.03	0.04
	0.5（感性）	0.006	0.01	0.02	0.04	0.06

（3）检定装置中的监视仪表准确度等级应不低于表 5-7 的规定。

（4）电压、电流调节器，应能平衡地调到所需示值。在额定负载范围内，调节任何一相电压或电流，其余两相电压和电流的变化不应超过 ± 3%（当检定装置输出电流大于 30A 时允许为 ± 5%）。调节电压或电流时，调定的电流或电压无明显变化；调节相位时，引起电压或电流的变化不应超过 ± 1.5%。

表 5-7　　　　　　　　　　　　　　　　　　　　监　视　仪　表

被检电能表	检定装置	监　视　仪　表			
		电压表	电流表	功率表	频率表
		准　确　度　等　级			
0.1	0.03	0.5	0.5	0.5	0.1
0.2	0.05	0.5	0.5	0.5	0.2
0.5	0.1	0.5	0.5	0.5	0.2
1	0.2	1	1	0.5	0.5
2	0.3	1.5	1.5	1	0.5
2，3（无功表）	0.5	1.5	1.5	1	0.5

（5）检定装置带额定负载和轻负载时，同一相电压回路内，标准表同被检电能表两个对应电压端钮间的电位差之和，与被检表额定电压的百分比，应不超过检定装置准确度等级的20％。

（6）负载功率稳定度的要求不应超过表 5-8 的规定。

表 5-8　　　　　　　　　　　　　　　　　　　　负　载　功　率　稳　定　度

检定装置准确度等级	标准表法	检定装置准确度等级	标准表法
0.03	0.2	0.1	0.5
0.05	0.2	0.2	0.5

（7）影响量及其允许偏差、外磁场和铁磁物质及邻近表计影响，三相电压和电流系统的对称条件应满足表 5-2、表 5-3、表 5-4 的要求。

（二）检定项目

按照 JJG 307—1988《交流电度表（电能表）检定规程》要求，感应式电能表应检定以下项目：

（1）直观检查；

（2）工频耐压试验；

（3）潜动试验；

（4）启动试验；

（5）校核常数；

（6）基本误差的测定。

（三）检定的方法

1. 直观检查

对每只电能表应进行外部检查，可随机抽取一定数量的电能表（可按检定电能表总数的5％抽检）进行内部检查。

（1）外部检查。外部检查时，发现下列缺陷的电能表不予检定：

铭牌明显偏斜，标志不完整，字迹不清楚；

字轮式计度器上的数字约有 1/5 高度被字窗遮盖（末位字轮和处在进位的字轮除外）；

表壳损坏，颜色不够完好，玻璃窗模糊，固定不牢或破裂；

端钮盒固定不牢或损坏，盒盖上没有接线图，固定表盖的螺丝和端钮盒内的镙丝不完好或缺少，没有铅封的位置，表壳应接地的部分有漆层或锈蚀，固定电能表的孔眼损坏；

没有指示转盘转动的标记，当电能表加额定电压和10%标定电流及功率因数为1.0时转盘不转动或有明显跳动；

没有供计读转数的色标或色标位置（当防潜针距防潜钩最近时，色标应在正前方）或长度（它应为转盘周长的4%~6%）不适当；

（2）内部检查。内部检查时，发现下列缺陷应加倍抽检，若仍有缺陷者，则提交检定的全部电能表不予检定：

各部紧固螺丝松动或缺少必要的垫圈；

转盘和制动磁铁磁极等处有铁粉或杂物；

导线固定或焊接不牢，导线上的绝缘老化；

目测检查满载、轻载和相位角调整装置及平衡调整装置处在极限位置，没有调整余量；各制动磁铁磁极端面，显著地与转盘平面不平行，且对转盘中心的距离有显著差别；

转盘大约不在制动磁铁和驱动元件的工作气隙中间；

表盖密封不良，蜗轮与蜗杆不在齿高的1/2~1/3处啮合。

2．工频耐压试验

耐压试验装置，高压侧容量不少于500VA，且能平稳地将试验电压从零升到规定值。试验电压波形应为实际正弦波（波峰值与有效值之比为1.34~1.48）。试验电压应在5~10s内由零升到规定值，并保持1min，绝缘应不被击穿，随后试验电压以同样速度降到零。

（1）试验电压加在所有连接在一起的电压、电流线路、辅助线路端钮与外壳的接地螺钉（或紧固螺钉、紧靠电能表底座的金属平板）之间，并将端钮盒内的接线螺钉拧到固定最大直径导线的位置，盖好端钮盒盖。

（2）当进行不同电回路间的工频耐压试验时，试验电压加在连接在一起的所有电流线路与连接在一起的所有电压线路之间和不同电流线路之间（注意，解开端钮盒内电压线路与电流线路间的并线钩）。未予试验的线路与表壳金属部件连接。

耐压试验中，如出现电晕、噪声和转盘抖动现象，不应认为绝缘已被击穿。

所有线路对金属外壳间或外露金属部分间的试验电压为2kV（周期检定后的为1.5kV），工作电压不高于40V的辅助线路对外壳间的试验电压为500V，电流回路与电压线路间的试验电压为600V。

3．潜动试验

修理后的电能表加110%额定电压，新生产和重绕电压、电流线圈的电能表还应加80%额定电压（经互感器或万用互感器接入式的电能表，在周期检定时，电流回路可连成通路而不通负载电流；或者根据使用者需要，在功率因数为1.0的条件下，通1/5允许启动电流值，试验电压可提高到115%额定电压）转盘的转动不得超过1转。

潜动试验时，其试验条件同误差检定时一样。

4．启动试验

电能表在额定频率，额定电压和功率因数为1.0的条件下，负载电流升到表5-9的规定值后，转盘应连续转动且在时限 t_Q 内不少于1转。时限 t_Q 按下式确定

$$t_Q = 1.4 \times \frac{60 \times 1000}{CP_Q} \quad (\text{min})$$

式中　C——电能表常数，r/kWh（kvarh）；

P_Q——启动功率，W。

对单相电能表，$P_Q = U_{ph}I_Q$；对三相四线电能表，$P_Q = 3U_{ph}I_Q$；对三相三线电能表，$P_Q = \sqrt{3}U_1I_{Q0}$。其中，U_{ph} 为相电压（V）；U_1 为线电压（V）；I_Q 为允许的启动电流（A）。

启动功率的测量误差不超过 ±10%，启动电流的测量误差不超过 ±5%，字轮式计度器同时进位的字轮不多于两个。其试验条件同误差检定时一样。

表 5-9　　　　　　　　　　　　　　允许启动电流值

分　　类	被检电能表准确度等级					
	0.1	0.2	0.5	1	2	3
	允许启动电流值（A）					
无止逆器的电能表	$0.002I_b$	$0.0025I_b$	$0.003I_b$	$0.004I_b$	$0.005I_b$	$0.01I_b$
有止逆器的电能表	—	—	$0.008I_b$	$0.000I_b$	$0.01I_b$	$0.015I_b$
周期检定的单相电能表	—	—	—	—	$0.01I_b$	—

5．校核常数

电能表校核常数主要有以下三种方法：

（1）计数转数法。电能表在额定电压、额定最大电流和功率因数为 1.0 的条件下，计度器末位改变 1 个数字时，转盘转数应和下式的计算值相同，即

$$N_1 = 10^{-a}bc$$

式中　b——计度器倍率，未标注者为 1；

　　　a——计度器小数位数，无小数位时为零；

　　　C——电能表常数，r/kWh（kvarh）。

（2）恒定负载法。负载功率较稳定时，电能表在额定电压、额定最大电流和功率因数为 1.0 的条件下，记录通电时间（不少于 15min）和计度器在通电前、后的示值。负载功率的平均值与通电时间的乘积，应等于计度器在通电前后的示值之差。

（3）走字试验法。检定规范相同的一批电能表，可在测定基本误差后校核常数。为此选用误差较稳定（在试验期间误差的变化应不超过 1/5 基本误差限）而常数已知的两只电能表作为参照表。各表的同相电流线路串联而电压线路并联，加额定最大负载。当计度器末位改变不少于 10（对 0.5～1 级表）或 5（对 2～3 级表）个数字时，参照表与其他表的示数（通电前后示值之差）应符合下式要求

$$\gamma = \frac{D_i - D_0}{D_0} \times 100 + \gamma_0 \leqslant 1.5 \text{ 倍基本误差限}$$

式中　D_0——两只参照表示数的平均值；

　　　γ_0——两只参照表相对误差的平均值，%；

　　　D_i——第 i 只被检电能表的示数（$i = 1, 2, \cdots, n$）。

6．测定基本误差

通电后在同一电压电流量程下，对每一负载电流先后以不同功率因数，按负载电流逐次减小的顺序检定，中间过程不再预热。

通常应在表 5-10 及表 5-11 规定的负载功率下检定电能表。

电能表误差应满足表 5-12 和表 5-13 的要求。

表 5-10 　　　　　　　　检定安装式单相有功电能表和平衡负载下的
　　　　　　　　三相有功及无功电能表应调定的负载功率

接通方式	分　类	$\cos\varphi = 1.0$ $\sin\varphi = 1.0$ （感性或容性[①]）	$\cos\varphi = 0.5$（感性） $\sin\varphi = 1.0$ （感性或容性[①]）	$\cos\varphi = 0.8$ （容性[②]）
直接接 入式的	宽负载电能表*	$0.1I_b$，I_b，I_{max}	$0.2I_b$，I_b	$0.5I_b$，I_{max}
	有功电能表	$0.05I_b$，I_b，$1.5I_b$	$0.2I_b$，I_b	$0.5I_b$
	无功电能表	$0.1I_b$，I_b，$1.5I_b$	$(0.2I_b)^{**}$，$0.5I_b$，I_b	—
经互感器或 万用互感器 接入式的	宽负载电能表*	$0.1I_b$，$0.5I_b$，I_{max}	$0.2I_b$，I_b	$0.5I_b$，I_{max}
	有功电能表	$0.05I_b$，$0.5I_b$，I_b	$0.2I_b$，I_b	$0.5I_b$
	无功电能表	$0.1I_b$，$0.5I_b$，I_b	$(0.2I_b)^{**}$，$0.5I_b$，I_b	—

注　*宽负载单相、三相有功或无功电能表是指其 $I_{max} \geqslant 2I_b$ 的电能表。

　　**对无功电能表首次检定不在 $0.2I_b$ 的负载下检定，周期检定时可不在 $0.5I_b$ 的负载下检定。

　　①无功电能表如用来测量容性无功电能，才需在容性负载下检定，并在铭牌上加注 $\varphi < 0$ 的标记。

　　②只适用于 0.5 级和 1 级有功电能表。

表 5-11 　　　　对三相有功和无功电能表分组检定时应调定的负载功率[①]

每组元件功率因数	三相有功电能表	三相无功电能表[②]
	负　载　电　流	
$\cos\theta = 1.0$	$0.2I_b$（$0.5I_b$），I_b（I_{max}）*	—
$\cos\theta = 0.5$（感性）	I_b	—
$\sin\theta$（$\cos\theta$）$= 1.0$	—	$0.2I_b$，I_b
$\sin\theta$（$\cos\theta$）$= 0.5$（感性或容性）	—	I_b

注　①分组检定时电能表加对称的三相额定电压，先后分组通负载电流。

　　②对余弦式无功电能表在感性负载下分组检定时 $\cos\theta = 0.5$（容性）；在容性负载下分组检定时 $\cos\theta = 0.5$（感性）。$\sin\theta$ 适用于正弦式无功电能表。

　　*括号内额定最大流量 I_{max} 适用于 2 级宽负载电能表；$0.5I_b$ 适用于 0.1 级有功电能表。

表 5-12 　　　　　　安装式单相电能表和平衡负载时三相电能表的基本误差限

类　别	负载电流	功率因数[②]	准确度等级			
			0.5	1	2	3
			基本误差限（%）			
安装式有 功电能表	$0.05I_b$	$\cos\varphi = 1.0$	±1.0	±1.5	±2.5	—
	$0.1I_b \sim I_{max}$[①]	$\cos\varphi = 1.0$	±0.5	±1.0	±2.0	—
	$0.1I_b$	$\cos\varphi = 0.5$（感性）	±1.3	±1.5	±2.5	—
		$\cos\varphi = 0.8$（容性）	±1.3	±1.5		
	$0.2I_b \sim I_{max}$	$\cos\varphi = 0.5$（感性）	±0.8	±1.0	±2.0	—
		$\cos\varphi = 0.8$（容性）	±0.8	±1.0		
	用户特殊要求 时 $0.2I_b \sim I_b$	$\cos\varphi = 0.25$（感性）	±2.5	±3.5		
		$\cos\varphi = 0.5$（容性）	±1.5	±2.5		
安装式无 功电能表	$0.1I_b$	$\sin\varphi = 1.0$（感性或容性）	—	—	±3.0	±4.0
	$0.2I_b \sim I_{max}$	$\sin\varphi = 1.0$（感性或容性）	—	—	±2.0	±3.0
	$0.2I_b$[②]	$\sin\varphi = 0.5$（感性或容性）	—	—	±4.0	±5.0
	$0.5I_b \sim I_{max}$	$\sin\varphi = 0.5$（感性或容性）	—	—	±2.0	±3.0
	$0.2I_b \sim I_{max}$[③]	$\sin\varphi = 0.25$（感性或容性）	—	—	±4.0	±6.0

注　①I_b—标定电流；I_{max}—额定最大电流。

　　②周期检定时允许将 $\cos\varphi = 0.8$ 改成 $\cos\varphi = 0.866$，角 φ 是指相电压与相电流间的相位差。

　　③适用于使用中的无功电能表。

表 5-13 不平衡负载时安装式三相有功和无功电能表的基本误差限

负载电流	每组元件功率因数 $\cos\theta$ （$\sin\theta$）	有功电能表准确度等级			无功电能表准确度等级	
		0.5	1	2	2	3
		基本误差限（%）				
$0.2I_b \sim I_b$	1.0	± 1.5	± 2.0	± 3.0	—	—
$0.5I_b \sim I_b$	0.5（感性）	± 1.5	± 2.0	—	—	—
I_b	0.5（感性）	—	—	± 3.0	—	—
$> I_b \sim I_{max}$	1.0	—	—	± 4.0	—	—
$0.2I_b \sim I_b$	1.0	—	—	—	± 3.0	± 4.0
I_b	0.5（感性或容性）	—	—	—	± 3.0	± 4.0

表 5-14 电 能 表 常 数 换 算 表

铭牌上标注常数	换算为常数 C [r/kWh（kvarh）]的公式	铭牌上标注常数	换算为常数 C [r/kWh（kvarh）]的公式
$L_r = x$（W·s）	$C = 3600 \times 1000 / x$	$L_r = x$（kWh）	$C = 1/x$
$L_r = x$（W·h）	$C = 1000 / x$	$L_W = x$（r/s）	$C = 600x$

注 r：转；x 为标注的常数值。

目前测定基本误差大多采用标准法，即标准电能表测定的电能与被检电能表测定的电能相比较，确定被检电能表的相对误差。常用的方法有以下两种。

（1）固定转数法。即用被检电能表转完一定转数而停住标准电能表的方法检定电能表，此时被检电能表的相对误差 E（%）按下式计算

$$E = \frac{n_0 - n}{n} \times 100 + E_b$$

式中 E_b——标准电能表或检定装置在运行条件下的已定系统误差(%)，不需修正时 $E_b = 0$；

n——实测转数，当用三只或两只单相标准电能表检定三相电能表时，n 为各只单相标准电能表转数的代数和；

n_0——算定转数，即假定被检电能表没有误差时转 N 转，标准电能表应转的转数。

转数 n_0 按下式计算

$$n_0 = \frac{C_0 N}{C K_{TA} K_{TV} K_U K_I} \quad (r)$$

式中 K_{TA}、K_{TV}——被检电能表铭牌上标注的电流、电压互感器的额定变比,未标注者为 1；

K_I、K_U——同标准电能表联用的标准电流互感器和标准电压互感器使用的额定变比；

C——被检电能表常数 r/kWh（kvarh）；

C_0——标准电能表常数，r/kWh。

若用手动方法控制转数，在标定电流至额定量大电流和功率因数为 1.0 的条件，被检电能表转数 N 不少于表 5-15 规定，当负载功率不大于 50%额定功率时，可成倍减少转数。

表 5-15 手动控制转数时算定转数和选定转数的下限值

被 检 电 能 表 准 确 度 等 级		0.5	1	2	3
任 一 负 载 功 率	算定转数 n_0	4	3	2	
$I_b \sim I_{max}$和功率因数为 1.0	选定转数 N	20	15	10	

（2）光电脉冲法。即标准电能表和被检电能表都在连续转动的情况下，测量与标准电能表转数成正比的脉冲数的方法（即光电脉冲法）检定时，被检电能表的相对误差 E（%）按下式计算

$$E = \frac{m - m_0}{m} + E_b$$

式中　m——实测脉冲数；

　　　m_0——预置脉冲数。

　m_0 按下式计算

$$m_0 = \frac{C_m N}{CK_{TA} K_{TV} K_U K_I}$$

或　$m_0 = n_0 s$

式中　C_m——标准电能表的脉冲常数，p/kWh；

　　　s——标准电能表转一转，脉冲显示器应显示的脉冲数；

　　　n_0——算定转数。

在每一负载功率下，要适当选定被检电能表转数和标准电流互感器量程或标准电能表所发脉冲数的倍乘开关，使预置脉冲数不少于表 5-16 规定，而标准电能表不得少于 1 转。

表 5-16　　　　　　　　　　　　　　预置脉冲数的下限值

被检电能表准确度等级	0.1	0.2	0.5	1	2	3
预置脉冲数 M_0	30000	15000	6000	3000	2000	1500

（四）　检定结果处理和检定周期

（1）电能表的基本误差应进行化整处理（化整方法见本章第四节），相对误差的末位数应为化整间距的整数倍。相对误差的化整间距见表 5-17。

表 5-17　　　　　　　　　　　　　　相对误差的化整间距

被检电能表准确度等级	0.1	0.2	0.5	1	2	3
化整间距	0.01	0.02	0.05	0.1	0.2	0.2

（2）判别电能表是否超差以化整后的结果为准。

（3）在所有检验项目中只要有一项不合格，该表即为不合格。

（4）检定合格的电能表应由检定单位加上封印，不合格的不准保用。

（5）对电能表进行仲裁检定时，合格的发"检定证书"，不合格的发给"检定结果通知书"。

（6）使用中的电能表，其检定周期应遵守下表 5-18 的规定。

表 5-18　　　　　　　　　　　　　　使用中的电能表检定周期

安装场所或使用条件	检定周期
月平均计量电量为 5 万 kWh 以上的电能表	不超过 3 年
月平均计量电量为 5 万 kWh 以下的电能表	不超过 4 年
单宝石轴承单相电能表	不超过 5 年
双宝石轴承单相电能表	不超过 10 年

长寿命技术电能表的检定周期按生产厂家承诺的质量寿命周期或采用现场抽测控制质量的方式确定。

二、验收检验

（一）验收检验项目

验收检验项目除常规检验项目外，还包括以下几个项目：

（1）冲击电压试验；

（2）功率消耗试验；

（3）标志；

（4）基本误差试验（仅对长寿命技术电能表，因为长寿命技术电能表验收的基本误差试验与常规检验的要求不同）。

在所有检验项目中，不合格分为 A 类不合格和 B 类不合格。A 类不合格权值为 1，B 类不合格权值为 0.6，即 A 类不合格为否决性不合格，B 类不合格非否决性不合格，只有当一个样本出现二项 B 类不合格（$0.6 \times 2 = 1.2$）时，该样本才判定为不合格。

常规检验项目均为 A 类项目，验收项目中的冲击电压试验为 A 类项目，而功率消耗试验，标志属 B 类项目。

（二）验收检验的样本选取及合格判断

在验收检验中一般采用抽样的方法，抽样一般采用 GB 2828—1987 的一次抽样方案，见表 5-19。

表 5-19   验 收 抽 样 方 案

批量数	样本大小	A_c	R_c
501 ~ 1200	80	2	3
1201 ~ 3200	125	3	4
3201 ~ 10000	200	5	6
10001 ~ 35000	315	7	8
35001 ~ 150000	500	10	11
150001 ~ 500000	800	14	15
≥500001	1250	21	22

注 A_c 为样本验收数，即不出现大于该数量表计不合格时验收为合格。

　　R_c 为样本拒收数，即出现不少于该数量表计不合格数时验收为不合格。

（三）检定方法

1．冲击电压试验

试验在下述条件下进行：试验电压 6kV，波形为标准的 $1.2\mu s/50\mu s$ 脉冲，电压上升时间误差 $\pm 0.36\mu s$，电压下降时间 $\pm 20\%$，每次试验应分别在不同极性下施加 10 次冲击电压，各脉冲之间最小间隔时间为 3s。

在试验时，应分别在线路和线路之间及线路与地之间进行冲击试验。当进行线路和线路之间进行冲击试验时，应将正常使用中测量元件的电压线路和电流线路分别连接在一起，电压线路的一端接地，冲击电压施加电流线路端和地之间。当线路对地进行冲击试验时，电能表所有线路端均相互连接在一起，冲击电压施加于所有线路和地之间。

2．功率消耗试验

电能表电压线路通入额定电压，测得此时线路中的电流，根据 $S_u = UI_u$ 即可得到电压线路视在功耗。在不带电时可测得电压回路的电阻，根据 $P_u = I_u^2 R_u$ 即可得到电压线路中的有功功耗。

电能表电流线圈通入额定电流，测得电流线路的电压降，根据 $S_I = U_I I$ 即可得到电流线路中的视在功耗。

3. 标志

电能表应有以下标志：名称和型号、满足的标准编号、制造厂名称和商标、产品编号、准确度等级（置于一圆圈内）、制造年份、计量单位（kWh）、基本电流（标定电流）和额定最大电流、参比电压、参比频率、电能表常数。

4. 基本误差试验（仅对长寿命技术电能表）

该项试验仅对长寿命技术电能表而言，长寿命技术电能表的寿命要求是 25 年，这个时间是很长的，同时现场的环境也远比实验室恶劣，这就要求长寿命技术电能表的基本误差必须要有足够的裕度，该项试验的方法完全同于检定基本误差的试验方法，只是误差要求更严格，裕度达到了 60% 左右，其误差限必须满足表 5-20 的规定。

表 5-20 长寿命技术电能表误差限要求

负载电流	功率因数	误差限（%）	负载电流	功率因数	误差限（%）
$0.05 I_b$	1.0	±1.6	I_b	0.5（L）	±0.8
$0.1 I_b$	0.5（L）	±1.6	$0.5 I_{max}$	1.0	±1.2
$0.1 I_b$	1.0	±0.8	$0.5 I_{max}$	0.5（L）	±1.2
$0.2 I_b$	0.5（L）	±1.2	I_{max}	1.0	±1.2
I_b	1.0	±0.8	I_{max}	0.5（L）	±1.2

三、型式检验

型式检验也叫全性能试验，一般在产品取得计量生产许可证前或当产品结构、工艺、材料有较大变化或批量生产间断一年或正常生产定期或积累一定产量后周期性（三年）进行一次。

（一）型式检验项目

型式检验除包括验收检验的全部项目外，还包括以下项目：

（1）环境温度影响试验（B类）；

（2）频率影响试验（B类）；

（3）电压影响试验（B类）；

（4）倾斜影响试验（B类）；

（5）外磁场影响试验（B类）；

（6）谐波影响试验（B类）；

（7）机械负载影响（B类）；

（8）短时过电流影响（B类）；

（9）自然影响试验（B类）；

（10）温升影响试验（B类）；

（11）气候影响（B类）；

（12）弹簧锤试验（B类）；

（13）连续冲击及跌落试验（B类）；

（14）耐热和阻燃试验（A类）；

（15）可靠性试验（A类）。

（二）型式检验的样本选取及合格判断

型式检验的抽样方案一般按照 GB2829 进行，并选取判别水平 I、不合格质量水平 RQL = 30 的二次抽样方案，即

$$\begin{bmatrix} nA_CR_e \end{bmatrix} = \begin{bmatrix} 4 & 0 & 2 \\ 4 & 1 & 2 \end{bmatrix}$$

式中　n——样本数量；

　　　A_C——合格判定数；

　　　R_e——不合格判定数。

即，第一次选取 4 块表作为样本，若没有一块表不合格，则试验通过；若有不少于 2 块表不合格，则型式试验不合格；若有 1 块不合格，则应第二次选取 4 块表进行试验。若没有一块表不合格，试验仍然通过；若出现有不合格的表，则试验不通过。

（三）检定方法

1．环境温度影响试验

电能表加额定电压和基本电流（标定电流），在功率因数为 1 和 0.5（L）时，分别在不同温度下测得电能表的误差，计算好每摄氏度电能表误差变化量。在功率因数为 1 时，平均误差温度系数不得大于 0.10%/℃；在功率因数为 0.5（L）时，不得大于 0.15%/℃。

2．机械负载影响试验

电能表加额定电压，通以 5% I_b 电流，在功率因数为 1 时，测得带计度器和不带计度器时的误差，两者相对误差的差值即为机械负载影响。

3．弹簧锤试验

电能表以正常工作位置安装，弹簧锤以 0.22 ± 0.05Nm 的动能作用表盖和端盖的外表面上。

如果表壳和接线端没有出现可影响电能表功能的损坏并且仍不能接触到带电件，试验结果是合格的。允许有轻微损坏，但不应消弱对间接接触的防护或对异物、尘和水进入的防护。

4．连续冲击和跌落试验

在包装条件下，按表 5-21 规定进行。

试验后，电能表不应出现损坏，并能准确地工作。

5．耐热和阻燃试验

在下列温度下进行试验：

（1）接线端座，960℃ ± 15℃。

（2）接线端盖和表壳，650℃ ± 10℃。

表 5-21　　冲 击 和 跌 落 试 验

试验项目	试验参数	
连续冲击试验	加速度：10 ± 1g	
	相应的脉冲持续时间：11 ± 2ms	
	脉冲重复频率：60 ~ 100 次/分	
	冲击次数：1000 ± 10 次	
	冲击波形：近似半正弦波	
跌落试验	自由跌落	跌落高度：50mm
		跌落次数：4 次
	倾斜跌落	倾角：30°
		跌落次数：4 次

热丝可与任意部位接触，如果接线端座与表底座是一个整体，只需在接线端座进行试验。

表 5-22　高、低温和交变湿热条件试验

试验项目	试验参数
高温试验	$+55℃\pm2℃$，8h
低温试验	$-40℃\pm2℃$，8h
湿热试验	按 GB2423.4 试验 Db 规定，每周期为 24h，试验 2 个周期

6. 气候影响试验

电能表在包装条件下，按表 5-22 规定的试验参数及方法进行。试验后放置 24h 电能表不应出现损坏，并能准确地工作。

7. 短时过电流试验

试验线路应为近似无感的。在施加短时过载电流后，接线端仍保持电压，在电压线路通电条件下使电能表恢复到初始温度（约 1h）。电能表应能经受 $50I_{max}$（或 7000A，取低值），并保持 $25I_{max}$（或 3500A，取低值）1ms。试验后，误差改变量不超过 $\pm1.5\%$（$I=I_b$，$\cos\varphi=1.0$）。

8. 自热影响试验

电流线路无电流，电压线路接参比电压至少 1h 后，在电流线路中施加额定最大电流。在功率因数为 1 时，施加电流后立刻测量电能表误差，直到在 20min 内误差变化不大于 0.2% 时为止，试验至少进行 1h。

在功率因数为 0.5（L）重复上述试验。

由自热引起的误差改变量不应超过 $\pm1\%$（$I=I_{max}$，$\cos\varphi=1.0$）和 $\pm1.5\%$ [$I=I_{max}$，$\cos\varphi=0.5$（L）]。

9. 温升影响试验

电能表电流线路通以额定最大电流，电压线路施加 120% 参比电压，在环境温度 40℃，电能表的外壳和绕组的温升不超过 25K 和 60K。

在 2h 的试验期间，电能不应位于通风或阳光辐射处。

试验后，电能表不应出现损坏。

10. 电压、频率、倾斜、外磁场及谐波影响试验

电能表在不同的电流值及功率因数下，当以上五种因素单独变化时，可测得其误差变化值，其测定条件及最大允许改变限见下表 5-23。

表 5-23　电压、频率、倾斜、外磁场及谐波影响的误差变化量允许值

影响量	电流值	功率因数	允许改变极限（%）
电压改变 $\pm10\%$	$0.1I_b$	1	1.5
	$0.5I_{max}$	1	1.0
	$0.5I_{max}$	0.5（L）	1.5
频率改变 $\pm5\%$	$0.1I_b$	1	1.5
	$0.5I_{max}$	1	1.3
	$0.5I_{max}$	0.5（L）	1.5
倾斜悬挂 $3°$	$0.05I_b$	1	3.0
	I_b 和 I_{max}	1	0.5
外部 0.5mT 磁感应强度	I_b	1	3.0
电流波形中三次谐波 10%	I_b	1	0.8

第三节　电子式电能表检验

电子式电能表的检验与感应式电能表的检验一样，也分为常规检验、验收检验、型式检验。

一、常规检验

（一）常规检验条件

由于电子表没有转动元件，其对工作位置的垂直度几乎无要求（或按厂家要求），其他检验条件同感应式电能表完全一样。

（二）检定项目

按照 JJG596—1989《电子式电能表试行检定规程》的要求，电子式电能表应检定以下项目。

(1) 直观检查和通电检查；

(2) 工频耐压和绝缘电阻试验；

(3) 启动；

(4) 潜动；

(5) 停止试验；

(6) 基本误差测定；

(7) 标准偏差估计值测量；

(8) 24h 变差测量；

(9) 常数试验。

对于电子式多功能表还应进行功能及其他性能的检定，一般还包括以下项目：

(10) 电能计量功能；

(11) 最大需量功能；

(12) 费率和时段功能；

(13) 事件记录功能；

(14) 脉冲输出；

(15) 外接或内置编程器预置；

(16) 显示；

(17) 数据通信功能；

(18) 其他扩展功能；

(19) 计度器示值组合误差；

(20) 最大需量示值误差的测定；

(21) 日计时误差测定；

(22) 反向功率影响测定；

(23) 电源电压影响。

（三）检定方法

1.直观检查和通电检查

应对每台电能表进行外部检查，并随机抽取一定数量的电能表（可按提交检定的电能表总数的 5%抽检）进行内部检查。

（1）外部检查。外部检查时发现下列缺陷不予检定：

1）标志不完整，字迹不清楚，易被擦掉。

2）表壳损坏，颜色不够完好。

3）玻璃窗模糊，固定不牢或破裂。

4）端钮盒固定不牢或损坏，固定表盖的螺丝和端钮盒内的螺丝不完好或缺少等。

（2）内部检查时，发现下列缺陷应加倍抽检，若仍有缺陷者，则提交检定的全部电能表不予检定：

1）固定电子板的螺丝或专用卡具松动或脱落。

2）内部布线混乱。

3）焊接工艺及各部件间的连接固定很差。

4）备用电池的连接方式不可靠。

5）导线固定或焊接不牢，导线上的绝缘老化。

（3）通电检查发现下列缺陷不予检定：

1）对已编入程序的电能表自检不正常。

2）显示器件各字段（液晶显示器无异常）显示不清楚、不正确。

3）复零后不能正常工作。

同时开关、操作键、按钮等应灵活可靠，无卡死或接触不良情况。

2．工频耐压和绝缘电阻试验

工频耐压试验同感应式电能表。在周期检定时，电子式电能表可用1000V兆欧表测定绝缘电阻，在相对湿度不大于80%的条件下，辅助电源端子对表壳、输入端子对表壳、输入端子对辅助电源端子的绝缘电阻不低于100MΩ。

3．启动

在额定电压和功率因数为1的条件下，负载电流升到表5-24规定值时，电能表应启动并连续累计记数。

表 5-24　　　　　　　　　　　启 动 电 流 限 值

电能表准确度等级	0.2	0.5	1	2
启动电流值	0.2% I_b	0.3% I_b	0.4% I_b	0.5% I_b

如果电能表用于测量双向电能，则将电流线路反接，重复上述试验。

4．潜动

电流线路中无电流，电压线路中所加电压为额定值的115%，在最短的试验时间 Δt 内，其电能脉冲输出端不产生多于一个的脉冲。

对1级表：
$$\Delta t = \frac{600 \times 10^6}{C m U_n I_{max}}\ (\text{min})$$

对2级表：
$$\Delta t = \frac{480 \times 10^6}{C m U_n I_{max}}\ (\text{min})$$

式中　C——电能表常数，imp/kWh；

　　　m——被检表测量单元数；

　　　U_n——参比电压，V；

192

I_{max}——最大电流，A。

对 0.2S（0.2）和 0.5S（0.5）级表，有

$$\Delta t = 20 \times \frac{60 \times 1000}{CP_Q} \quad (\min)$$

式中　C——被检电能表常数，imp/kWh；

　　　P_Q——启动功率，W。

5. 停止试验

电能表启动并累计计数后，切断电压，电能表显示数字不应发生变化。

6. 基本误差测定

（1）测定的负载点。通电预热后，按表 5-25 和表 5-26 规定的负载点进行检定。

表 5-25　　检定单相及平衡负载时三相
电能表应调定的负载

功率因数	$\cos\varphi = 1.0$	$\cos\varphi = 0.5$ (L)	$\cos\varphi = 0.8$ (C)
负载点	$0.1I_b$，$0.5I_b$，I_b，I_{max}	$0.2I_b$，$0.5I_b$，I_b，I_{max}	$0.2I_b$，$0.5I_b$，I_b，I_{max}

表 5-26　　检定不平衡负载时三相
电能表应调定的负载

功率因数	$\cos\varphi = 1.0$	$\cos\varphi = 0.5$ (L)
负载点	$0.1I_b$，I_b	$0.2I_b$，I_b

（2）测定时脉冲数要求。检定时应使应标准表和被检表累计的脉冲数字不少于表 5-27 的规定。

表 5-27　　　　　　　各级电能表累计数字

电能表准确度等级	0.2	0.5	1	2
最少累计数	5000	2000	1000	500

（3）测定次数要求。在每一负载下，至少做两次测量，取其平均值做为测量结果。如计算值的相对误差等于该表基本误差限的 80% ~ 120%，应再做两次测量，取这两次和前几次测量的平均值做为测量结果。

（4）测定方法。一般采用高频脉冲数预置法。即标准表和被检表都在连续运行的情况下，计读标准表在被检表输出 n 个低频脉冲时输出的高频脉冲数 N，再与预定的（或预置）高频脉冲数进行比较，用下式计算被检表的相对误差 E（%）。

$$E = \frac{N_0 - N}{N} \times 100 + E_0 (\%)$$

$$N_0 = \frac{C_0 n}{CK_I K_u}$$

式中　E_0——标准表或检定装置已定系统误差，不需修正时 $E_0 = 0$；

　　　C_0——标准表高频脉冲常数；

　　　C——被检表低频脉冲常数；

K_I、K_u——标准表外接的电流、电压互感器变比，没有时，K_I、K_u 等于 1。

在选取 n 时，应注意使标准表的高频脉冲数 N 满足表 5-27 的规定。

（5）测定应满足的误差限要求。电能表测定的百分数误差不应大于表 5-28 规定。

表 5-28 　　　　　　　　　　　　　　　　电子式电能表误差限值

负载电流	功率因数	各等级电能表误差极限（%）			
		0.2	0.5	1	2
$0.05I_b \leqslant I \leqslant 0.1I_b$	1.0	± 0.3	± 0.75	± 1.5	± 2.5
$0.1I_b \leqslant I \leqslant I_{max}$		± 0.2	± 0.5	± 1.0	± 2.0
$0.1I_b \leqslant I \leqslant 0.2I_b$		± 0.3	± 0.75	± 1.5	± 2.5
$0.2I_b \leqslant I \leqslant I_{max}$	0.5（L），0.8（L）	± 0.2	± 0.5	± 1.0	± 2.0

7. 标准偏差估计值测定

在额定电压和基本电流（标定电流）下，对功率因数为 1 和 0.5（L）两个负载点分别做不少于 5 次的基本误差测量，根据化整后的基本误差值，按下式计算出标准偏差估计值 S（%）。

$$S = \sqrt{\frac{1}{n-1} \sum_{j=1}^{n} (E_i - \overline{E})^2} \quad （\%）$$

式中 n——测量次数，$n \geqslant 5$；

E_i——第 i 次测量的基本误差，%；

$\overline{E}$——各次基本误差的算术平均值，%。

电能表标准偏差估计值应满足表 5-29 的规定。

表 5-29 　　　　　　　　　　　　　　　电子式电能表标准偏差估计值要求

功率因数　　　表计等级 S（%）　　负载电流		0.2	0.5	1	2
1.0	$0.5I_b \sim I_{max}$	0.02	0.05	0.1	0.2
0.5（L）	$0.5I_b \sim I_{max}$	0.02	0.05	0.1	0.2

8. 24h 变差测量

即测得基本误差后将表置于常温下 24h，再置于标准条件下，待温度平衡后测量额定电压、基本电流（标定电流）下，功率因数为 1 和 0.5（L）两个负载点的误差。误差不得超过基本误差的限值，且误差变化量不得超过基本误差限绝对值的 20%。

只在首次检定时做 24h 变差测量。

9. 常数试验

一般采用走字试验法，试验方法同感应式电能表。

10. 电能计量功能

（1）技术要求如下：

1）电能表应能计量多时段的单向或双向有功电能、单向或双向或四象限无功电能并贮存其数据。

2）至少能贮存上二个月或上二个抄表周期的数据，数据转存分界时间为每月月末 24 时（月初零时）或其他抄表日的任意时刻。

（2）测试方法。通过通电显示检查电能表的电能计量功能。将电能表的日历调整为某月月末的 23：50 分左右（或设置在其他抄表日的任意时刻前的某一时间），通电运行过零点以后，检查电能表的本月各费率电能量读数和上一个月（或上一个抄表周期）各费率电能量的读数。

四象限电能表应将试验电源定时切换。四象限供电，并给定一功率因数，按上述第（1）条 1）的规定，待运行一段时间后，将电能表的各费率正向有功、反向有功、四象限无功电能值读出，检查运行结果的正确性。

11．最大需量功能

（1）技术要求如下：

1）在指定的时间区间内（一般为一个月），测量单向或双向最大需量、分时段最大需量及其出现的日期和时间，并贮存其数据。

2）至少贮存上二个月或上二个抄表周期的数据，数据转存分界时间为每月月末 24 时（月初零时）或其他抄表日的任意时刻。转存的同时，当月的最大需量值应自动复零；对非指定的抄表日，抄表时数据不转存，最大需量也不复零。

3）需量周期选择 15min，滑差式需量周期的滑差时间选择 1min。

4）最大需量值除每月月末 24 时（月初零时）或其他指定时刻能自动复零外，应有手动（或抄表器）复零。

5）应提供最大需量检测措施，如需量周期结束指示等。

（2）测试方法如下：

1）选择最大需量测量周期为 15min，滑差时间为 1min，将电能表的日历调整为某月结算日的 23∶40 分左右，通入额定电压、基本电流运行，当运行过零时以后，检查电能表的显示。当月的最大需量值应自动复零，当月值应转存为上月或上一个抄表周期的值；检查最大需量出现的日期和时间。

2）检查非抄表日抄表时最大需量数据不转存，其值也不应复零。

3）检查最大需量复零方式和复零累加次数。手动复零：按照使用说明书提供的操作方法进行操作，利用手动复零，检查当月最大需量是否清零并存入上月寄存器以及复零次数记录器的次数是否累加；自动复零：将日历调节至当月结算日，时钟调至 23∶59∶00，待 1min 后，检验电能表最大需量的复零次数是否累加；用抄表器或 PC 机复零：利用抄表器或 PC 机提供的程序进行复零，检查当月最大需量是否清零并存入上月寄存器以及复零次数记录器的次数是否累加。

4）检查防止非授权人操作最大需量复零装置的措施是否可靠。

5）检查电能表是否具有供最大需量检测用的措施。

6）对最大需量的积算周期、滑差时间进行组合检查。

7）最大需量测量方式的检查：建议按以下方法检查，需量测量周期为 15min，电能表施加额定电压，$\cos\varphi = 1.0$ 开始计时，在 $0 \sim 7.5min$ 期间内通入 $0.5I_{max}$，之后在 $7.5 \sim 22.5min$ 期间内通入 I_{max}，在 22.5min 后将电流降至 $0.5I_{max}$ 连续运行 30min，如图 5-14 所示。之后应显示区间式计量的最大需量约为 $0.75P_{max}$；滑差式计量的最大需量约为 $1.0P_{max}$。

其中 $P_{max} = \sqrt{3}\,U_L\,I_{max}$ （三相三线）或 $P_{max} = 3U_{ph}I_{max}$ （三相四线）。

12．费率和时段功能

（1）技术要求如下：

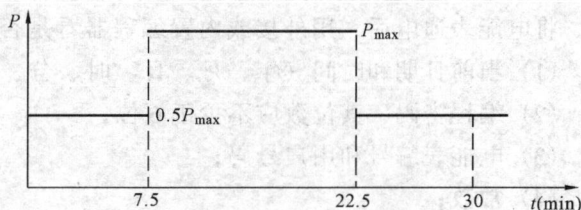

图 5-14　最大需量测量方式检查示意图

1）具有日历、计时和闰年自动切换等功能。

2）24h 内至少具有可以任意编程的四种费率和八个时段。

（2）测试方法如下：

1）任选百年历（公历）的某一闰年的年份，预先将电能表设置到闰年的年份和 2 月 28 日 23 点 58 分，观察电能表运行 2min 后，是否正确地切换到 2 月 29 日。

2）时段切换检查：以电能表最小编程时间间隔和最大时段切换数、按尖峰、峰、平、谷进行时段交替编制，并由人工按时抄录时段的实际切换时间。如果切换时间有误，应检查时段编制是否正确，时钟的时间是否正确。

13．事件记录功能

（1）技术要求为：

1）至少记录上月一个月的最大需量复零次数以及最后一次复零的时间和日期。

2）至少记录上月一个月的编程总次数以及最后一次改编程序的日期和时间。

3）辅助电源失电后，所有数据都不应丢失，且保存时间应不小于 180d。

4）工作时不允许发生死机。

（2）测试方法为：

1）通过编程器或 PC 机对电能表进行编程设置，通过不同的需量复零方式进行复零后，检查电能表的事件记录功能。

2）将辅助电源失电后再复电，看数据是否可以保存，观察在整个检定过程中是否有死机现象发生。

14．脉冲输出

（1）技术要求。应有电量脉冲输出，输出方式可采用光学电子线路输出、继电器接点输出或电子开关元件输出等。其输出电流应大于 5mA，反向耐压不小于 60V，脉冲宽度为 80ms 及以上。

（2）测试方法。应结合外电路，用示波器对电能表的脉冲输出进行检查，具体做法如图 5-15 所示。

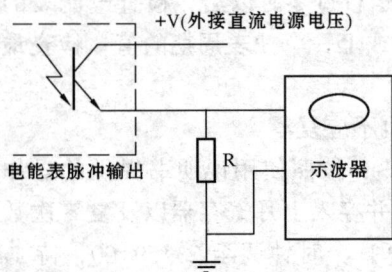

图 5-15　光电耦合型脉冲输出检查方法

电阻 R 按下式选择。

$$R = \frac{外接直流电源电压(V)}{电能表脉冲接口允许输出电流最大值(mA)}（kΩ）$$

外接直流电源电压应符合电能表说明书要求。

从示波器上读到的脉冲幅度应大于外接直流电源电压的 80%，根据示波器上设定的扫描速度可计算出脉冲宽度。

15．外接或内置编程器预置

将电能表通电后，用外接或内置编程器看是否可预置下列内容：

（1）当前日期和时间（年、月、日、时、分、秒）；

（2）编程密码，其位数应不少于 6 位；

（3）电能表编号和用户号码；

（4）常数；

（5）脉冲宽度；

（6）按月设定用电结算日（月末抄表日）；

（7）有功、无功电量起始读数；

（8）费率和时段；

（9）最大需量测量方式和需量周期及滑差时间；

（10）总最大需量计算方法（应为除特定时段外其余费率时段最大需量的最大值）；

（11）最大需量复零方式和自动复零的日期；

（12）显示方式和显示周期；

（13）显示内容和显示时间；

（14）电池工作时间或天数；

（15）需要时可预置电流、电压互感器额定变比；

（16）需要时可预置季节、节假日等的起始和结束日期。

16. 显示检查

将电能表通电后显示器的各项功能应满足如下要求：

（1）测量值显示位数应不少于6位（含1~3小数位），并可通过编程选定。

（2）显示的计量单位为：kW（kvar）、kWh（kvarh）或MW（Mvar）、MWh（Mvarh）。

（3）应有显示各种费率、电能量、需量及其方向、电量脉冲输出、需量周期结束等识别符号。

（4）有自检功能的报警信息码，报警码应在正常循环显示项目中第一项显示：①电池低电压；②电能方向改变。

（5）有自检功能的出错信息码，出错故障一旦出现，显示器必须立即停滞在某一信息码上：①电池使用时间的极限；②因干扰引起的内部程序出错；③时钟晶振频率错误；④储存器故障或损坏；⑤硬件故障。

（6）应能选择显示（10）项技术要求的①、②、（11）项技术要求的①、②及（13）项技术要求的①、②、③等要求的数据；

（7）需要时应能自动循环显示所有的预置数据；

（8）辅助电源失电后，能通过外接电源和接口或其他方式，显示当时的读数，供工作人员抄录。

17. 数据通信功能检查

有电气隔离的数据通信接口，能实现本地或远程信息采集和交换。通信规约应满足订货时双方约定的规约，可利用专用测试软件进行测试。

18. 扩展功能

（1）技术要求。根据订货时的要求，多功能表可有以下扩展功能：

1）记录并显示每月月末24时（月初零时）的平均功率因数或分时段的功率因数。

2）日负荷曲线记录，数据保存容量1~36d。

3）计量视在电能、铁损和铜损的功能。

4）按不同季度预置不同的时段及费率。

5）能预置周休和节假日对时段及费率的要求。

6）辅助电源失电后，应有失电次数及其日期记录。

7）逆相序判别和指示功能。

（2）测试方法。如果电能表具有扩展功能，将电能表根据使用说明书的要求进行编程后，检查其扩展功能的正确性。

1）记录并显示平均功率因数或分时段采用功率因数功能的检查。在参比电压，参比电流，某一功率因数下，将电能表设置为起始结算日，运行 10min 以上，然后再将电能表设置为结算日前 10min 以上，改变功率因数，观察电能表过结算日后，能否记录并正常显示平均功率因数。在参比电压，参比电流，某一功率因数下，将电能表设置为起始结算日，并以电能表最小编程时间间隔和最大时段切换数，按尖峰、峰、平、谷进行时段交替编制，运行 40min 以上，然后再将电能表设置为结算日前 40min 以上，改变功率因数，观察电能表过结算日后，能否正确记录并显示分时段平均功率因数。

2）日负荷曲线记录功能检查，在参比电压、一定功率因数下，每间隔 1h，改变一次电流大小，24h 后，电能表应有日负荷曲线记录。

3）计量视在电能、铁损和铜损的功能的检查，将电能表通以参比电压、参比电流，运行 10min 左右，电能表应有 UIt、U^2t、I^2t 的记录值。

4）按不同季度预置不同的时段及费率功能的检查，通过编程软件检查电能表能否按不同季度预置不同的时段及费率。

5）能预置周休和节假日对时段及费率的要求的功能检查，通过编程软件检查电能表能否预置周休和节假日对时段及费率的要求。

6）辅助电源失电后，失电次数及日期记录功能的检查，在参比电压下，将电能表的电池取下不少于 3 次，每次间隔不少于 1min，电能表应有失电次数及日期记录。

7）逆相序判别和指示功能的检查，将电能表接入逆相序参比电压，电能表应有逆相序判别和指示。

19. 计度器示值组合误差测定

检测方法如下：

（1）将尖、峰、平、谷 4 个费率时段任意交替编程，每 24h 切换 7 次以上；

（2）连续走字至计度器示值 100kWh（或 kvarh）及以上，且连续走字时间不应少于 120h。

（3）分别读取测量单元总电能示值和计度器各费率示值，按下式计算组合误差并判断其是否合格。

$$E = \frac{(E_j + E_f + E_p + E_g) - E_0}{E_0} \times 100\%$$

式中　E_j——计度器尖时段的电能示值，kWh（或 kvar）；

　　　E_f——计度器峰时段的电能示值，kWh（或 kvar）；

　　　E_p——计度器平时段的电能示值，kWh（或 kvar）；

　　　E_g——计度器谷时段的电能示值，kWh（或 kvar）；

　　　E_0——测量单元计度器的总电能示值，kWh（或 kvar）。

20. 最大需量示值误差的测定

检测方法如下：

（1）用标准功率表法进行检验时，测量电源稳定度为 0.05%/20min，标准功率表的准确度等级为 0.1 级及以上。在最大需量误差测量期间，应同时测量电能测量单元的实际误差 γ_b。测量应在参比条件和负荷电流为 $0.05 I_b$、I_b 和 I_{max} 且 $\cos\varphi = 1.0$ 三个负荷点下进行。

(2) 在被检电能表的需量复零同时，记录标准功率表的读数和电能测量单元的相对误差。每隔 1min 记录一次标准功率表读数，在一个需量周期结束时，读取被检电能表的最大需量示值 P，计算出标准功率表读数平均值 P_0，再按下式 计算出被检电能表的实际最大需量误差 γ_P，

$$\gamma_P = \frac{P - P_0}{P_0} \times 100\% - \gamma_b(\%)$$

式中　　P——被检电能表最大需量实际值，kW；

P_0——测量装置折算后的标准功率值，kW；

γ_b——电能测量单元在试验负荷点的实际误差，%。

每个负荷点应进行两次测量，取两次误差平均值作为测量结果并判断是否超差。

21. 日计时误差测定

检测方法如下：

(1) 用时间频率测量仪器或日计时误差测试仪（准确度为 10-7）在电能表时间信号输出端子上进行测试，每次测量时间为 2s，连续测量 10 次，取 10 次结果的平均值，即得到时间开关日计时误差。

(2) 可在进行组合误差测试的同时，将被检电能表连续运行 96h，根据标准报时台的标准报时，每隔 24h 读取一次时间，通过计算得到平均日计时误差。

(3) 当电能表使用备用电池工作 36h 后，根据标准报时台的标准报时，每隔 24h 读取一次时间，读取 4 次时间。每次通电读取时的时间应尽量的缩短，通过计算得到备用电池平均日计时误差。

22. 反向功率影响测定

电能表在参比电压、参比频率和电流为 $0.05I_b$ 及 $\cos\varphi = 1.0$ 条件下进行，试验过程中，工作时段不应改变。

电能表在试验中应切换功率（电流）方向，连续试验两次以上，电能表不应有误脉冲输出。

23. 电源电压影响

电能表处于工作及显示状态，调整电压分别为 $0.7U_n$ 及 $1.2U_n$，观察：

(1) 显示是否正常；

(2) 通过脉冲输出识别符号的显示，确定是否正常计数；

(3) 是否能按预置时段转换。

（四）检定结果处理

标准偏差估计值的化整间距与同等级误差化整间距一致。其他同感应式电能表。

二、验收检验

1. 验收检验项目

验收检验项目除常规检验项目外，还包括以下 5 项：

(1) 标志（B 类）；

(2) 冲击电压试验（A 类）；

(3) 计度示值误差（A 类）；

(4) 功率消耗试验（B 类）；

(5) 电源中断影响试验（A 类）。

2.验收检验的样本选取及合格判断

同于感应式电能表。

3.检验方法

标志、功率消耗试验、冲击电压试验方法同于感应式电能表。其他项目的检验方法如下：

(1) 计度示值误差。电能表加参比电压，额定最大电流，功率因数为1，运行24h，电能表的计度示值误差应满足

$$\Delta E = \left| \frac{n}{c} - E \right| < 5 \times 10^{-(\alpha+2)}$$

式中　n——计数器记录的累计电能表输出脉冲数；

　　　c——电能表常数；

　　　E——电能表计度累计值；

　　　α——电能表计度显示的小数位数。

(2) 电源中断影响试验。电能表加参比电压、基本电流（标定电流），然后同时将电流和电压中断1min，连续进行5次。电源中断试验时计度器不应产生误计数，测试输出不应产生误脉冲。

三、型式试验

(一) 型式试验项目

型式试验项目除包括验收试验项目外，还包括以下项目：

(1) 环境温度影响试验（B类）；

(2) 频率影响试验（B类）；

(3) 电压影响试验（B类）；

(4) 谐波影响试验（B类）；

(5) 外磁场影响试验（B类）；

(6) 短时过电流影响试验（B类）；

(7) 自热影响试验（B类）；

(8) 温升影响试验（B类）；

(9) 电压降落和电源短时中断影响试验（B类）；

(10) 高温试验（B类）；

(11) 低温试验（B类）；

(12) 交变湿热试验（B类）；

(13) 弹簧锤试验（B类）；

(14) 冲击试验（B类）；

(15) 振动试验（B类）；

(16) 耐热和阻燃试验（A类）；

(17) 静电放电抗扰度（A类）；

(18) 高频电磁场抗扰度试验（A类）；

(19) 电快速瞬变脉冲群抗扰度试验（A类）；

(20) 无线电干扰抑制试验（A类）；

(21) 可靠性（A类）。

以上众多项目实际可分为六大类：即影响量试验（含频率、电压、谐波、外磁场影响），气候影响试验（含高、低温，交变温湿热），电气要求试验（含功耗、短时过电流、自热、温升、交变电压、冲击电压等），机械要求试验（含弹簧锤、冲击、振动、耐热和阻燃），电磁骚扰抗扰度试验（又叫 EMC 试验，含静电放电、高频电磁场、电快速瞬变脉冲群、无线电干扰抑制），可靠性试验（又叫寿命试验）。

型式检验的样本选取及合格判断同于感应式电能表。

（二）检验方法

环境温度试验、电压影响、频率影响外磁场影响、谐波影响、短时过电流、自热影响、温升影响、气候影响、弹簧锤试验、冲击试验、耐热和阻燃、可靠性试验方法同于感应式电能表。对电子式产品来说，电磁兼容试验是尤为重要，它是判别电子式电能表在现场运行情况下是否可靠的一个重要试验。在此，我们主要介绍这一试验。

电磁兼容试验包括快速瞬变脉冲群试验、高频电磁场抗扰度试验、静电放电抗扰度试验及无线电干扰抑制。前三个试验是考核电子式电能表对电磁骚扰的抗扰度，即电子式电能表对外界干扰的不敏感性；无线电干扰抑制是考核电子式电能表对外界的影响，即不应发生能干扰其他设备的传导和辐射噪声。

电子式电能表的设计应能保证电磁骚扰不使电子式电能表损坏或对电子式电能表无实质性影响。

实质性影响是指电子式电能表的内存数据不被干扰及破坏，各项功能正常。

在所有抗电磁骚扰试验中，电子式电能表处于正常工作位置，装上表盖和端子盖。所有需接地的部件应接地。

1. 静电放电抗扰度试验

（1）技术要求。试验在下述条件下进行：①接触放电；②严酷等级　4；③试验电压 8kV；④放电次数　10。

电子式电能表为非工作条件：电压线路、电流线路和辅助线路不通电，所有电压端及辅助接线端连接一起，电流端应开路。静电放电作用后，电子式电能表不应出现损坏或信息的改变，并满足准确度的要求。

电子式电能表在工作条件下：电压和辅助线路加参比电压，电流线路中无电流，电流端应开路。在静电放电的作用下，计度器不应产生大于 X kWh 的变化，测试输出也不应产生大于 X kWh 的信号量

$$X = 10^{-6} \times m U_n I_{max} \tag{5-7}$$

式中　m——测量单元数；

　　　U_n——参比电压，V；

　　　I_{max}——最大电流，A。

（2）试验方法。试验室的试验台面应铺设一块厚度至少为 0.25mm 的铝或铜金属板作为参比底板，也可使用其他金属材料，但厚度至少 0.65mm，参比底板的最小面积为 1m²。参比底板的四周至少应超出电子式电能表或耦合板 0.5m，并应与保护接地系统相连。

电子式电能表应按要求进行配置和连接（包括按要求连接接地系统），并应该用约为 0.1m 厚的绝缘底座与参比底板绝缘。电子式电能表与试验室（除参比底板外）的四壁之间及其他金属结构之间必须有至少 1m 的间距。

静电放电发生器的放电回路电缆应以低阻抗方式连接参比底板。

为实施间接放电而采用耦合板。耦合板应采用与参比底板相同种类和厚度的材料制造，并应通过一根能承受放电电压两端各接一个加以绝缘的 470kΩ 电阻的电缆线接至参比底板。耦合板与电子式电能表的距离约为 0.1m。

静电施加于表计操作人员可能触及到的地方。

试验前后，分别检查表计的功能并读取表计的内存数据，应满足上面的技术要求。

2. 高频电磁场抗扰度试验

(1) 技术要求。试验在下述条件下进行：①电压和辅助线路加参比电压；②频率范围：80～1000MHz；③严酷等级：3；④试验场强：10V/m。

1) 电流线路无电流，电流端应开路。在高频电磁场的作用下，计度器不应产生大于 X kWh 的变化，测试输出也不应产生大于 X kWh 的信号量。X 的计算公式见式 (5-7)。

2) 在基本电流 I_b 或额定电流 I_n、功率因数为 1 条件下，敏感频率或主振频率点上，误差改变量应在表 5-30 范围内。

表 5-30　　　　　　　　　　高频电磁场抗扰度试验允许误差改变量

电　　流	功率因数	误差改变量极限（%）		
		0.5	1	2
I_b	1.0	2.0	2.0	3.0

(2) 试验方法。试验要求产生一个 10V/m 的电磁场，将被试电子式电能表置于此电磁场中并观察其工作状态，标准装置置于电磁场外。

对电子式电能表的全部试验都应在尽可能近似安装后状态的条件下进行，所有盖板（表盖、端子盖等）均应安装就位。进线和出线应使用不加屏蔽的双芯绞合线，并从被试装置连接点起留出 1m 长的线暴露在电磁辐射下。

支撑电子式电能表的物体或支架必须用非金属、非导电的材料制造。

1) 先在条件 1) 规定的条件下，用自动或手动方式，80～1000MHz 的全频带扫频，扫频速率不超过 1.5×10^{-3} decade/s，若扫频以步进方式进行，则步进幅度应不超过基本频率的 1%。尽可能近到敏感频率点。在敏感频率或主振频率点作以停顿，停顿时间不少于对电子式电能表进行一些功能性操作和表计作出响应所需的时间。电子式电能表的三个方向的每个方向面都应进行试验。

试验前后，分别检查表计的功能并读取表计的内存数据，应满足 1) 的要求。

2) 再进行条件 2) 试验，在条件 2) 规定的条件下，用定频或手动方式，将频率定在敏感频率或主振频率点，分别测量电磁场施加在电子式电能表在三个轴向上的误差，与无电磁场时的误差比较，其变差应满足表 5-30 的要求。

3. 快速瞬变脉冲群试验

(1) 技术要求。试验在下述条件下进行：

1) 试验电压应以共模方式加于地与下列线路间：①电压线路；②如果在正常工作时与电压线路分离的电流线路；③如果在正常工作时与电压线路分离的辅助线路。

2) 在基本电流 I_b 或额定电流 I_n，功率因数为 1 时，①电压和辅助线路加参比电压；②严酷等级为 3；③电流和电压线路的试验电压为 2kV；④参比电压超过 40V 的辅助线路试验电压为 1kV；⑤试验时间，在 10min 内等间隔地作用三次，每次作用 1s。试验时，电子式电能表的记录值相对于同一负载下无脉冲群作用时记录值的改变，对 1 级和 2 级表分别不应大于 4% 或 6%。

2）电流线路中无电流，电流端开路，①电压线路和辅助线路加参比电压；②严酷等级为 4；③电流和电压线路的试验电压为 4kV；④试验时间为 60s。在脉冲群的作用下，计度器不应产生大于 X kWh 的变化，测试输出不应产生大于 X kWh 的信号量，X 的计算公式见式（5-7）。

（2）试验方法。试验室的试验台面应铺设一块厚度至少为 0.25mm 的铝或铜金属板作为参比底板，也可使用其他金属材料，但厚度至少为 0.65mm。参比底板的最小面积为 1m²。参比底板的四周至少应超出电子式电能表或耦合夹 0.1m，并应与保护接地系统相连。

EFT/B 发生器和耦合/去耦网络放置在参比底板上并与保护接地系统相连。

电子式电能表应按要求进行配置和连接（包括按要求连接接地系统），并应该用约为 0.1m 厚的绝缘底座与参比底板绝缘。电能表与其他任何导电结构之间（除参比底板外）必须有至少 0.5m 的间距。

电能表应按要求连接接地系统，接地电缆与参比底板和所有搭接处的连接应达到最小电感，试验电压应由耦合装置施加。

耦合装置与电能表之间的集中线和电源线的长度应等于或小于 1m。

按上述技术要求将电子式电能表接放在试验台上的安放位置，用稳定的电源提供电压和电流。通过耦合/去耦网络将 2kV 脉冲群（正/负极性分别进行）直接耦合到电子式电能表的电压线路（正常工作时与电压线路分离的电流线路同样进行，正常工作时与电压线路分离的辅助线路按 1kV 进行）上，按上述技术要求规定的时间施加干扰。分别检查表计的功能并读取表计的内存数据，记录下电子式电能表在试验过程计量的计量值和运行时间，并与电子式电能表在正常条件（无干扰）、同一负载电流、相同运行时间计量的计量值比较，其结果应符合技术要求 1）的规定，计时单元在有干扰时也能正常运行。

按上述技术要求规定的条件将电子式电能表接放在试验台上的安放位置。通过耦合/去耦网络将 4kV 脉冲群（正/负极性分别进行）直接耦合到电子式电能表的电压线路（正常工作时与电压线路分离的电流线路同样进行）的 L、N 上，按技术要求 2）规定的时间分别施加干扰，在干扰作用下，计时单元应能正常运行。

试验前后，分别检查表计的功能并读取表计的内存数据，应满足技术要求 2）的规定。

4．无线电干扰抑制试验

电子式电能表不应产生能干扰其他设备的传导和辐射的噪声。该试验应按 CISPR22，B 级设备要求进行。

（1）当频率在 0.15 至 30MHz 范围内，传导干扰电压允许值见表 5-31。

（2）当频率在 30 至 300MH 范围内，测量距离为 10m 的辐射干扰电压允许值见表 5-32。

表 5-31　　传导干扰电压允许值

频　率 （MHz）	峰值允许 dB （μV）	平均值允许 dB （μV）
0.15 ~ 0.50	66 ~ 56	56 ~ 46
0.50 ~ 5	56	46
5 ~ 30	60	50

表 5-32　　辐射干扰电压允许值

频　率 （MHz）	峰值允许 dB （μV）
30 ~ 230	30
230 ~ 1000	37

5. 电压降落和短时中断试验

电能表电压线路加额定电压，

（1）中断电压 $U = 100\%$，

• 电流线路无电流；

• 中断时间 1s；

• 中断次数 3；

• 中断之间恢复时间 50ms。

（2）中断电压 $U = 100\%$

• 电流线路无电流；

• 中断时间 20ms；

• 中断次数 1。

（3）电压跌落 $U = 60\%$

• 电流线路无电流；

• 跌落时间 1min；

• 跌落次数 1。

电压降落和中断时，计度器不应产生大于 XkWh 的变化，测试输出也不应产生大于 XkWh 的信号量。X 计算公式见式（5-7）。

6. 高温试验

在电能表非工作状态下加温至 70 ± 2℃，保持 72h 后恢复至 23℃，电能表不应出现损坏和信息改变，并能准确工作。

7. 低温试验

在电能表非工作状态下降温至—25 ± 3℃，保持 72h 后恢复至 23℃，电能表不应出现损坏或信息改变，并能准确工作。

8. 交变湿热试验

所有电压线路和辅助线路加额定电压，电流线路无电流，在不采取特殊措施排除表面潮气条件下，试验 6 个周期。试验后，电能表应能经受绝缘性能的试验（试验电压应乘以 0.8），并能准确工作。

第四节 数 据 化 整

所有的测试数据都要进行化整处理，判别计量器具是否合格，是以化整以后的数据为判别依据的。那么，数据如何化整呢？本节将阐述有关规则和通用方法。

一、数据修约规则

数据修约规则的制定，主要应遵循二点：一是"舍"和"入"的合理性，二是"舍"和"入"机会的均等性。

对于第一点是很容易理解也很容易掌握的。而对于第二点，当"舍"和"入"处于可舍可入点时，要使"舍"和"入"机会均等，从而在大量数据运算后，避免产生人为系统误差。数据修约规则和数据化整方法都严格遵循了上述两点。具体来讲，数据修约规则规定如下：

（1）保留位右边的数字对保留位来说，若大于保留位最小单位的一半时，舍去保留位右边的数字，保留位加一个最小单位；若小于保留单位最小单位的一半时，舍去保留位右边的数字，保留位不变。

（2）若保留位右边的数字等于保留位最小单位的一半时，保留位是偶数时不变，是奇数时保留位加1。

该规则的第一点体现了舍和入的合理性，即保留位右边的数字对保留位数字一半说，若大于0.5，保留位加1，若小于0.5，保留位不变，如1.2505和1.2491数据修约到小数点后1位，则保留位最小单位为0.1，最小单位的一半为0.05，对于1.2505来说，保留位右边的数字为0.0505，大于0.05，保留位加1，1.2505修约后为1.3；对于1.2491来说，其保留位右边的数字为0.0491，小于0.05，故保留位后边的数字舍去，1.2491修约后变成1.2。

【例5-1】 将以下数据修约到小数点后1位。

$1.485 \rightarrow 1.5$　　　　　　　　$1.048 \rightarrow 1.0$

$0.042 \rightarrow 0.0$　　　　　　　　$0.051 \rightarrow 0.1$

$0.3560 \rightarrow 0.4$　　　　　　　　$0.243 \rightarrow 0.2$

$2.05001 \rightarrow 2.1$　　　　　　　　$1.0499 \rightarrow 1.0$

该规则的第二点体现了在临界状态机会的均等性，即保留位右边的数字对保留位1来说，若等于0.5，保留位是偶数时不变，是奇数时保留位加1。因为保留位为偶数0、2、4、6、8与保留位为奇数1、3、5、7、9的机会均等，故舍和入的机会也均等。

如将数据1.25和1.35修约到小数点后1位，则保留位最小单位为0.1，最小单位的一半为0.05。对1.25和1.35来说，其保留位最右边的数字均为0.05，因为1.25的保留位为2是偶数，则保留位右边的数舍去，保留位不变，1.25修约后变成1.2；而对于1.35来说，其保留位为3，是奇数，保留位加1，1.35修约后变成1.4。

【例5-2】 将以下数据修约到小数点后二位。

$1.405 \rightarrow 1.40$　　　　　　　　$0.315 \rightarrow 0.32$

$0.055 \rightarrow 0.06$　　　　　　　　$0.125 \rightarrow 0.12$

这里需要注意的是，数据修约是属保留位右边的所有数字与保留位最小单位比，而不是属保留位与保留位右边第一个数字比，如数据修约到小数点后一位，1.0501保留位右边的数字为0.0501而不是0.05，因此1.0501修约后为1.1而不是1.0。

二、数据化整的通用方法

不管数据化整间距为多少，数据化整的通用方法如下。

数据除以化整距，所得数值按数据修约规则化整，化整后的数字乘以化整间距所得值，即为化整结果。

如化整间距为0.2，则$1.25 \rightarrow 1.25 \div 0.2 = 6.25 \rightarrow 6 \rightarrow 6 \times 0.2 = 1.2$；

如化整间距为0.5，则$1.25 \rightarrow 1.25 \div 0.5 = 2.5 \rightarrow 2 \rightarrow 2 \times 0.5 = 1$。

上面数据化整的通用方法是放之四海而皆准的方法，但显然完全按这个方法化整，效率又太低。为此，介绍通过数据化整通用方法推导出来的具体化整方法。

1. 化整间距为1时的化整方法

按照数据化整的通用方法，化整间距为1时的化整方法完全等同于数据修约规则。

【例5-3】 1.549化整间距为1时，化整为2；化整间距为0.1时，化整为1.5；化整间距为0.01时，化整为1.55。

【例5-4】 化整间距为0.1时，化整下列数值。

1.084→1.1	1.050→1.0
1.150→1.2	1.049→1.0
1.034→1.0	1.650→1.6

2. 化整间距为 5 时的化整方法

根据化整通用方法，可推导出化整间距为 5 时的化整方法：

（1）保留位与其右边的数，若小于或等于 25，保留位变零；

（2）保留位与其右边的数，若大于 25 而小于 75，保留位变成 5；

（3）保留位与其右边的数，若等于或大于 75，保留位变零而保留位左边加 1。

如化整间距为 0.05，1.5749 的保留位为 7，由于保留位与其右边的数为 74.9，大于 25 而小于 75，保留位变成 5，化整为 1.55。

【例 5-5】 化整下列数值，化整间距为 0.05。

1.3995→1.40	1.375→1.40
1.325→1.30	1.3251→1.35
1.3249→1.30	1.330→1.35

3. 化整间距为 2 时的化整方法

根据化整通用方法，可推导出化整间距为 2 时的化整方法：

（1）保留位是偶数，则不管保留位右边为多少，保留位均不变。

（2）保留位是奇数时，若保留位右边不为零，保留位加 1；若保留位右边为零，则保留位是加 1 还是减 1，以化整后保留位前一位与保留位或减 1 后组成的数值能否被 4 整除决定。

如化整间距为 0.2，因 1.298 的保留位为偶数 2，其化整后为 1.2；而 1.398 的保留位为奇数 3，且保留位右边不为零，其化整后为 1.4；而 1.30 的保留位为奇数，且保留位右边为零，其保留位加 1 是 1.4，减 1 为 1.2，因 12 能被 4 整除，1.3 化整后为 1.2。

【例 5-6】 化整间距为 0.2，化整下列数据。

1.160→1.2	1.260→1.2
1.200→1.2	1.10→1.2
2.10→2.0	1.101→1.2
1.400→1.4	0.499→0.4
0.900→0.8	2.101→2.2

从以上化整情况及化整原理来看，所有化整后的数据必定是化整间距的倍数，否则化整结果一定是错误的。

关于化整过程的叙述方法有很多，但不管采用哪种说法，化整后的数据必定是一样的。

第五节 电能表现场校验仪

一、概况

随着国民经济的高速发展和人民生活水平的不断提高，用电量也以较高速度逐年增加。电费结算自然成为十分重要的问题。电能计量装置是进行电能交易的"秤"，供用电双方都很重视。电能计量是否准确，不只取决于电能表，还与电流互感器、电压互感器的误差，电压互感器二次压降以及计量回路接线是否正确密切相关，其中接线正确性的影响尤为关键。特别在有人蓄意窃电时更是如此。所以电能计量误差的现场测定和电能计量错误的检查就成为必不可少的工作。电能表现场校验仪就是为适应这一需求应运而生的，已有多年的历史。当今的现场校验仪正向着高精度、多功能、小型化、智能化方向发展，但其基本功能——电能表（或电能计量综合误差）现场校验和接线检查两大功能并未改变。

二、工作原理

电能表现场校验仪的工作原理是由它的两大功能决定的。要测量电能误差，就要求它首先是一个标准电能表，而且要方便现场操作；要进行接线检查，就要求它能进行相量分析，显示相量图，识别线路相别。所以电能表现场校验仪是标准电能表与相量分析软件的结合。图 5-16 所示是电能表现场校验仪的原理框图。

图中，被测电压、电流经电压、电流采样器输入电能测量单元，电能测量单元形成功率脉冲送中央处理单元，中央处理单元对脉冲进行计数，形成实际电能值。光电采样器通过电能表转盘光滑边沿及其色标对光线的不同反射作用，将转盘转数转换为电脉冲信号，同时送中央处理器（有脉冲输出的可不需要光电采样器直接送中央处理器）。中央处理器根据被测电

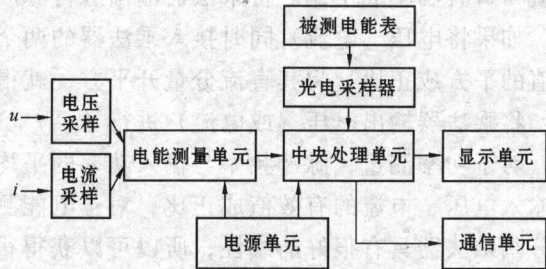

图 5-16　电能表现场校验仪原理框图

能表的常数得出理论电能值，根据理论电能值和实际电能值即可得出被测电能表的误差。同时，中央处理器可根据输入的电压、电流及相位画出相量图，从而判断电能表的接线是否正确。各部分功能说明如下：

电压采样　将外接电压变成电能测量单元能处理的小电压，同时起隔离作用，一般采用电压互感器。

电流采样　将外接电流变成电能测量单元能处理的小电压，一般采用电流互感器加外围电路，在低压校验时根据需要也可采用电流钳。

电能测量单元　根据电压、电流采样信号形成功率、电压、电流值等，是现场校验仪的关键部件。

中央处理单元　进行各种数据处理，是现场校验仪的核心部件。

光电采样器　采集转盘转数和光脉冲数的专用工具。按其用途可分为反射式和接收式，反射式光电头用于校验机械表，接收式光电头用于电子式表，它只有一个接收管，没有光源，对准电能表上的脉冲灯，直接接收光脉冲信号，然后变成电脉冲信号。有些有脉冲输出的电能表可不需要光电采样器。

通信单元　现场校验仪可通过通信单元与外围设备进行数据交换，一般是现场校验仪将测试数据输出，考虑到成本和实际需要，通信一般采用 RS232 口。

显示单元　由于现场校验仪要显示相量图等复杂信息，故显示一般采用 LCD。

电源单元　将外接电源转换成现场校验仪所需工作电源，一般外接电源采用 220V 电源，也有些现场校验仪可采用输入电压 U 作为外接电源，即可采用 100、57.7V 作为外接电源。

由于以上许多单元在介绍电子式表时已做过论述，在此主要讨论电能测量原理和接线检查原理。

1. 电能测量原理

我国标准电能表产品经历了从模拟乘法器技术向采样计算技术发展和转换的过程。目前

采用采样计算技术的产品，凭借其先进的原理和优异的性能已经占据主流位置。采用模拟乘法器原理的产品，在功能方面明显处于劣势，但因其性能稳定、价格低廉，仍然在一些功能单一的电能表检定装置中使用。

（1）模拟乘法器技术。从八十年代中期开始，我国功率电能标准仪表产品出现了一个辉煌时期。一种电子模拟乘法器——时分割乘法器风靡全国，促使我国功率电能测量技术发生了重大进步。

模拟乘法器的两个输入量都是模拟量（例如电压或电流），输出量也是模拟量（电压或电流），而且与输入量的乘积成正比。如果将电压、电流作为乘法器的输入量，则输出模拟量就与瞬时功率成正比。将乘法器输出进行滤波，取其直流分量，就是平均功率。

如果将电压（电流）同时接入乘法器的两个输入端，则输出模拟量就与电压（电流）瞬时值的平方成正比，将其直流分量开平方，就得到电压（电流）的有效值。

将乘法器输出电压（或电流）进行 $U-f$（或 $I-f$）转换，变成方波脉冲，即成为数字量。对于功率测量，脉冲频率与输入功率的平均值成正比；对于电压、电流测量，脉冲频率与输入电压、电流的有效值成正比；对于电能测量，输出脉冲个数与输入电能成正比。由于时分割乘法器具有很好的线性，所以可以获得很高的测量精度，功率测量可以达到 0.005% 的精度，电能测量可以达到 0.01% 的精度。我国成功地使用和发展了这一技术，促使标准电能表制造行业发生了一场革命。尤其是 0.05 级及以下标准功率电能表产品，以席卷之势迅速发展，使用范围遍及全国，取代了进口仪表的地位。

但是，由于测量原理的局限，这种仪表存在着先天不足，主要表现为功能单一。

用作功率电能测量时，电压一般保持额定值，变化范围很小，所以可以在较宽的负荷范围内保证测量精度。但当用作电压、电流测量时，乘法器的两个输入量都在大范围内变化，导致测量线性变差。假定乘法器在输出量的 10% ～ 100% 范围内保证精度，当用作功率电能测量时，允许电流在 10% ～ 100% 范围内变化。当用作电压、电流测量时，只允许其在 31.6%（$\sqrt{10\%}=31.6\%$）～ 100% 范围内变化。反过来说，如果输入电压、电流也在 10% ～ 100% 范围内变化，则输出量将在 1% ～ 100% 范围内变化，乘法器的精度大大降低。所以模拟乘法器只适合于测量有功功率电能，不适合测量电压、电流，也不适合测量无功功率电能。更不适合测量相位、功率因数、频率等参数。

测量功率电能时，输出脉冲难以携带功率方向信息，也就是说，只能测量正向功率电能，难以测量反向功率电能。如果要测量反向功率电能，需要另外设计功率方向判别电路。

模拟乘法器的模拟特性还增大了程控的难度和成本。

综上所述，模拟乘法器技术只能完成电能表现场校验仪两大功能中的一项——电能测量，要进行接线检查还需另辟溪径，设计专门的相位测量电路。所以采用这种技术设计生产电能表现场校验仪实在是勉为其难。但是，限于当时的技术条件，最早的现场校验仪还是采用了模拟乘法器技术。

采样计算技术一经出现，就显露出特别适用于现场校验仪的优势。

（2）采样计算技术。进入九十年代，国外采用采样计算技术的多功能标准表进入我国市场。这种仪表以其多功能、宽量限和智能化的特点受到广大用户的欢迎，对采用模拟乘法器技术的标准功率电能表形成巨大冲击。国内厂家加速开发研究采用新技术的产品，目前不少厂家已经可以生产采用采样计算技术的 0.05 级多功能标准表。但由于对此项技术掌握和运用的深度不一，产品品质良莠不齐。其中深圳科陆公司深得这一技术的精髓，把它发挥得淋漓尽致，率先开发生产了 CL311 系列电子式多功能标准表，产品品质出众，性能优异。其主要功能和技术指标已经达到了进口表的水平，而且对功能进行了进一步扩展，更加适合我国国情，深得用户欢迎。新技术的应用导致标准功率电能表产品发生了更新换代。目前，电子式多功能标准表已经稳居主导地位。

采样计算技术的原理是：采用高精度信号采样电路和高精度、高速度 A/D 转换器，对交流电压、电流信号的瞬时值进行测量，使用高速数字信号处理技术（由 DSP 器件来实现），通过 FFT（快速傅立叶变换）和其他科学算法对数字信号进行分析处理，按被测参数的定义计算出各相电压、电流的幅度和相位，计算分相和总有功功率、无功功率、有功电能、无功电能、功率因数及频率，计算电压、电流各次谐波的含量和失真度。再利用软件校准技术对测量方法和硬件电路带来的误差进行校正。

图 5-17 是运用采样计算式电能表现场校验仪原理框图。

目前的电能表现场校验仪产品几乎全部采用采样计算技术。

2. 接线检查原理

传统的接线检查方法是通过功率表或相位表，测量出不同相别电压、电流组合的功率或相位，据此画出"六角图"，根据"六角图"分析各相电压、电流之间的相位关系，以确定接线方式是否正确以及发生接线错误的原因。这种方法操作复杂，费时费力，还要求测试人员具有较高的电工理论水平和丰富的工作经验，难度较大。

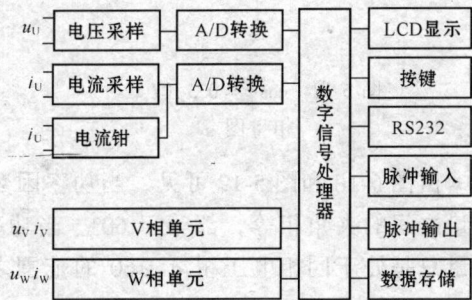

图 5-17　采样计算式电能表现
场校验仪原理框图

当今的电能表现场校验仪都采用了单片机或数字信号处理器，大屏幕 LCD 显示器，界面友好，操作方便。只要按仪器上的标志接好线，不仅能够显示各相电压、电流的相位和相位差，而且能够显示电压、电流相量图，报告相别识别结果。例如深圳科陆公司生产的 CL312 电能表现场校验仪，不仅具备这些基本功能，还能通过配套的计算机软件计算差错电量，使用极为方便。

进行接线识别就是确定三相电压，电流之间的相位关系。相量的位置是由其初相角决定的。初相角就是相量与参考相量之间的夹角，沿逆时针方向为正。相量之间的相位关系与参考相量的选择无关。通常选择 $\dot{U}_U$ 作为参考相量，其初相角为 $0°$。以对称三相四线电路为例，假定功率因数 $\cos\varphi = 0.5$（感性），则各相电压、电流的初相角如式（5-8）、式（5-9）所示；负载阻抗角如式（5-10）、式（5-11）、式（5-12）所示，相量图如图 5-18 所示。

$$\varphi_{UU} = 0°, \quad \varphi_{UV} = 240°, \quad \varphi_{UW} = 120° \tag{5-8}$$

$$\varphi_{IU} = 300°, \quad \varphi_{IV} = 180°, \quad \varphi_{IW} = 60° \tag{5-9}$$

$$\varphi_U = \varphi_{UU} - \varphi_{IU} = 0° - 300° = -300° \quad 60° \tag{5-10}$$

$$\varphi_V = \varphi_{UV} - \varphi_{IV} = 240° - 180° = 60° \tag{5-11}$$

$$\varphi_W = \varphi_{UW} - \varphi_{IW} = 120° - 60° = 60° \tag{5-12}$$

假定功率因数 $\cos\varphi = 0.5$（容性），三相电压的相位依旧，电流的初相角如式（5-13）所示；负载阻抗角如式（5-14）、式（5-15）、式（5-16）所示，图 5-19 是其相量图。

$$\varphi_{IU} = 60°, \quad \varphi_{IV} = 300°, \quad \varphi_{IW} = 180° \tag{5-13}$$

$$\varphi_U = \varphi_{UU} - \varphi_{IU} = 0° - 60° = -60° \tag{5-14}$$

$$\varphi_V = \varphi_{UV} - \varphi_{IV} = 240° - 300° = -60° \tag{5-15}$$

$$\varphi_W = \varphi_{UW} - \varphi_{IW} = 120° - 180° = -60° \tag{5-16}$$

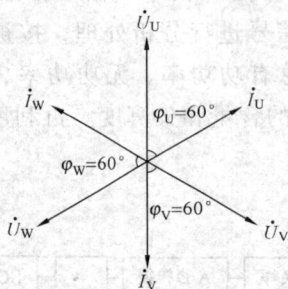

图 5-18　$\cos\varphi = 0.5$（L）
相量图

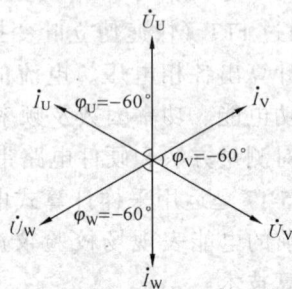

图 5-19　$\cos\varphi = 0.5$（C）
相量图

由图 5-18 和图 5-19 可见，当功率因数为 0.5（L）和 0.5（C）时，电流相量与相邻电压相量之间的夹角相等，都等于 60°。当功率因数在 0.5（L）与 0.5（C）之间变化时，电流相量总是处于同相电压相量 ±60°的范围之内，且各相电压、电流相量不会出现位置交叉的情况。电能表现场校验仪就是根据这一关系来识别接线正确与否的。它将接到它的 U_U 端子上的电压作为 U 相电压 $\dot{U}_U$，并以 $\dot{U}_U$ 作为参考相量，然后测量接到其他电压端子和电流端子上的电压、电流的相位（即与 $\dot{U}_U$ 的相位差），根据式（5-8）识别其他两相电压。电压相别确定之后，比较各相电压、电流的相位，将夹角不大于 60°的一对电压、电流确认为属于同一相，从而确定电流相别。当功率因数 $\cos\varphi$ 接近 0.5（L）或 0.5（C），即 $\varphi \approx \pm60°$时，由于校验仪相位测量误差和分辨力的限制，可能会出现判断错误。为此，校验仪规定了使用条件，即要求用户确定功率因数是否在 0.57（L）与 0.57（C）之间，即 $-55.25° \le \varphi \le +55.25°$；或者在 0（$L$）与 0.43（$L$）之间，即 $-90° \le \varphi \le -64.75°$；或者在 0（$C$）与 0.43（$C$）之间，即 $64.75° \le \varphi \le 90°$。当 $\varphi \approx \pm60°$时，会出现死区。功率因数达此范围的情况较少，不能正确判断的几率很小。

三相四线电路各相的内在性质是没有区别的，相别 U、V、W 纯粹是人为命名的，校验仪无法一一对位识别它们，但可以识别它们之间的相位关系，而影响电能计量结果的也仅是这种相位关系。校验仪认定接到它的 U_U 端子上的电压就是 U 相电压（也可以认定其他相电压），然后根据其他相电压、电流与此电压的相位关系确定其相别。也就是说，如果接到 U_U 端子上的电压不是 U 相电压，那么识别出的各相电压电流的相别也都会与实际相别不同，但是超前滞后的关系不变。例如，假定接到校验仪 U_U 端子上的电压实际是 U_V，而被识别为 U_U，实际的 U_U、U_W、I_U、I_V、I_W 不管如何接入校验仪，都将依次被识别为 U_W、U_V、I_W、I_U、I_V，相别全部向超前方向移动一位。

三、结构

顾名思义，既然是现场校验仪，当然做成便携式，一般体积都比较小，质量比较轻，且应采取防震措施，能耐受旅途颠簸。

为便于现场操作，现场校验仪可采用电流钳接入电流，不需要断开线路。由于电流钳的等级不会很高，一般不超过0.2级，所以现场校验仪的等级一般也以0.2级为限。当采用电流直接接入方式时，等级可以提高，通常可达0.1级或0.05级。

为适应不同负荷的要求，配备的电流钳通常都构成系列，其额定一次电流有1、5、…、1000A等。

为便于接入采样脉冲，现场校验仪一般都配有扣式或吸盘式光电头，通常还配有手动开关，以便进行手动校验。

现场校验仪一般都带有RS232或RS485标准通信接口，可以与PC机连接，将现场校验数据传递给计算机进行数据处理和管理。

四、功能

现在的现场校验仪产品多数以电子式多功能电能表为基础，所以功能非常强大。下面列举一些常用功能，每个产品不一定全部具备。

（一）校验与测量

（1）现场校验电子式和机械式单相、三相有功电能表和无功电能表，包括各种自然无功和人为无功表（三元件90°和二元件60°）。

（2）现场测定包括电能表误差、电流互感器误差、测量线路误差在内的电能计量综合误差。

（3）测定电流互感器的变比。

（4）测量各相电压、电流的幅度、相位和相位差，各相有功、无功、视在功率和总有功、总无功、总视在功率、功率因数、频率等参数。

（5）测量波形失真度和各次（一般为2～21次）谐波含量。

（6）具有直接测量和经电流钳测量两种工作方式。

（7）电压、电流量程自动切换。

（8）保存校验数据，一般不少于100只表的数据。

（9）硬件或软件校准，可对所有电压、电流量限的幅度和相位进行校准。

（10）具有RS232或RS485通信口，可与计算机连接。

（二）接线检查

1. 基本要求

为了进行接线检查，现场校验仪一般应具备以下基本功能：

显示三相电压、电流相量图。

显示三相电压、电流的相位和相位差。

识别三相四线电路和三相三线电路常见各种可能的接线方式，给出三相电压、电流相别和电流极性识别结果。

有的产品还可通过配套的计算机软件计算差错电量。

2. 接线识别结果显示

现场校验仪对接线进行检查后，应显示识别结果。显示方式各有不同，但应包含以下内容：

• 指明实测值为零的电压、电流的相别。

• 给出各相电压、电流线路的相别及电流的极性。

下面以深圳科陆公司 CL312 为例，介绍接线识别结果显示方式。

图 5-20 表示被查线路是三相四线电路，接到校验仪电压端子 U_U 上的线路无电压，接到电流端子 I_U（进、出）上的线路无电流。图 5-21 表示被查线路是三相三线电路，接到电压端子 U_W、U_V 上的线路之间无电压，接到电流端子 I_W（进、出）上的线路无电流。

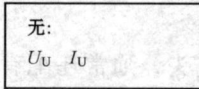

无：U_U I_U

图 5-20　三相四线电路
缺相识别结果

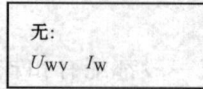

无：U_{WV} I_W

图 5-21　三相三线电路
缺相识别结果

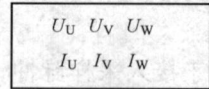

U_U U_V U_W I_U I_V I_W

图 5-22　三相四线电路
正确接线识别结果

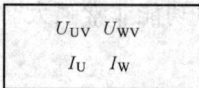

U_{UV} U_{WV} I_U I_W

图 5-23　三相三线电路
正确接线识别结果

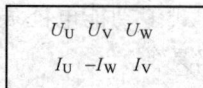

U_U U_V U_W I_U $-I_W$ I_V

图 5-24　三相四线电路
错误接线识别结果

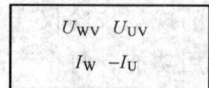

U_{WV} U_{UV} I_W $-I_U$

图 5-25　三相三线电路
错误接线识别结果

图 5-22 表示三相四线电路接线正确，图 5-23 表示三相三线电路接线正确。图 5-24 所示接入电压端子 U_U、U_V、U_W 的电压实际是三相四线电路的相电压 U_U、U_W、U_V，接入电流端子 I_U、I_V、I_W（进、出）的电流实际是 I_U、$-I_W$、I_V。图 5-25 表示接入电压端子 U_U、U_V 之间的电压实际是三相三线电路的线电压 U_{WV}，接入电压端子 U_W、U_V 之间的电压实际是 U_{UV}，接入电流端子 I_U、I_W（进、出）的电流实际是 I_W、$-I_U$。其中电流符号前面的负号表示接入的电流反向。

3. 接线识别结果分析

在三相四线电路和三相三线电路中，究竟可能出现多少种接线方式？理论分析表明，数量相当巨大。当然其中只有一种是正确的，其余都是错误的。所幸的是，在理论上存在的所有可能性中，由于受到其他因素的限制，大部分是不可能出现的。下面分析实际存在的可能性。

（1）三相四线电路识别结果分析。在三相四线电路中，一般认为火线与零线不会发生颠倒，一是因为二者线径不同，区别十分明显，二是因为如果发生颠倒，将导致加到电能表某两相的电压从相电压提高到线电压，电能表将被烧坏，早就造成严重后果，不会留待接线检查来解决。因而不必将此情况列入接线识别范围。

接到测试仪 U_U、U_V、U_W 输入端的电压都有"U_U"、"U_V"、"U_W"、"$-U_U$"、"$-U_V$"、"$-U_W$"6 种可能，因此电压接线方式可能有 $6 \times 6 \times 6 = 216$ 种，接到测试仪 I_U、I_V、I_W 输入端的电流都有 I_U、I_V、I_W、$-I_U$、$-I_V$、$-I_W$ 6 种可能，因此电流接线方式也可能有 $6 \times 6 \times 6 = 216$ 种。这样电压、电流总的接线方式有 $216 \times 216 = 46656$ 种，其中只有一种接线是正确的，其余都是错误的。

如前所述，要进行接线检查，必须确定以某相电压作为基准，通常以校验仪 U_U 输入端作为基准，不管接到该端子上的电压是哪一相电压，极性如何，都认为是 U_U，而对接入其他端子的电压、电流，按其与接到 U_U 端子上的电压的相位关系，确定其相别和极性。因此只要各相电压、电流之间的相位关系相同（超前或滞后的角度相同），不管接到 U_U 端子上的电压是 U_U，还是 U_V、U_W、$-U_U$、$-U_V$、$-U_W$，识别结果都是相同的，引起的差错电量也是相同的，识别结果共有 $6 \times 6 \times 216 = 7776$ 种，代表着 46656 种接线方式。

其实，上述接线方式中的多数也只是理论上存在，实际上是不可能出现的。例如，其中的电压反极性错误（$-U_U$、$-U_V$、$-U_W$），必然是由电压互感器二次绕组或电源变压器低压绕组（无电压互感器时）极性接反引起的，这将造成严重的后果，一通电就会引起继电保护或自动装置动作，不可能平安无事，留到电能计量或监察部门来检查。也就是说，在进行电能计量错误检查时，这种错误是不可能出现的。所以电压接线方式只有 $3 \times 3 \times 3 = 27$ 种，总的接线方式只有 $27 \times 216 = 5832$ 种，识别结果共有 $3 \times 3 \times 216 = 1944$ 种。关于其他因素，分两种情况进行分析。

如果检查的目的是发现窃电，上述 5832 种接线都可能出现，检查后可出现 1944 种识别结果。

如果检查的目的是发现安装时的接线错误，情况比较简单。因为此时只可能出现相别颠倒的情况，不可能出现两根电压线接同一电压，两个电流回路接同一电流的情况。也就是说，接入 U_U、U_V、U_W 端子的电压既不可能出现负极性，也不可能出现相别重复的情况，只可能出现三种正相序电压（U_U、U_V、U_W，U_V、U_W、U_U 和 U_W、U_U、U_V）和三种负相序电压（U_U、U_W、U_V，U_V、U_U、U_W 和 U_W、U_V、U_U），共 6 种方式。接入 I_U、I_V、I_W 端子的电流也不可能出现相别重复的情况，接线方式应为（I_U 或 $-I_U$）、（I_V 或 $-I_V$）、（I_W 或 $-I_W$）三组的排列，共 $2 \times 2 \times 2 \times A_3^3 = 8 \times 6 = 48$ 种，式中 A_m^n 表示在 m 个元素中取 n 个的排列。电压、电流总的接线方式有 $6 \times 48 = 288$ 种，识别结果共有 $2 \times 48 = 96$ 种。也就是说，一种识别结果可能是由三种不同的原因造成的，但它们引起的差错电量是相同的。要想找到唯一的原因，只有在进行接线识别前，先确认 A 相电压。

上面分析的是有互感器的情况，对于无互感器的三相四线电路，接线识别十分简单。因为总共只有四根线，电流就是从电压线上流过的，所以同一根线上的电压、电流肯定同相。线路上的电流也不可能反向，因此等于只对电压线路进行识别。如果认为不会出现相别重复的情况，则有 6 种接线方式，识别结果只有两种。

（2）三相三线电路识别结果分析。三相三线接线识别前应先确认无 I_V 接入，电压互感器二次绕组的极性没有接反。

如果不考虑相别重复的情况，电压的接线方式有 "U_{UVW}"、"U_{VWU}"、"U_{WUV}"、"U_{UWV}"、"U_{WVU}"、"U_{VUW}" 共 6 种。电流接线方式有 "I_U，I_W"、"I_U，$-I_W$"、"$-I_U$，I_W"、"$-I_U$，$-I_W$"、"I_W，I_U"、"I_W，$-I_U$"、"$-I_W$，I_U"、"$-I_W$，$-I_U$" 共 8 种。总的接线方式有 $6 \times 8 = 48$ 种，不仅能识别相序，而且能定相，这是与前面提到的识别前的先决条件有关的。

对于无互感器的三相三线电路，接线识别比较简单。与无互感器三相四线电路相似，接线方式与识别结果都只有 6 种，即正相序 3 种，负相序 3 种。

五、误差来源

现场校验仪的误差来源有两类，一类是仪器硬件电路和软件算法带来的固有误差，另一类是各种影响量引起的误差。

采用时分割乘法器原理的校验仪的固有误差包括电流钳误差、电压互感器误差、电流互感器误差、时分割乘法器误差、$U-f$ 或 $I-f$ 转换器误差、滤波器误差、量程切换误差、误差计算器误差等。采用采样计算原理的校验仪的固有误差包括电流钳误差、采样电路误差

（采样电阻误差或互感器误差）、A/D 转换器误差、数字信号处理中的算法误差、量程切换误差、误差计算器误差等。

各种影响量引起的误差包括温度变化、湿度变化、电压波动、波形畸变、三相电压电流不对称、工作电源电压频率波动、外磁场和外电场变化等引起的误差。

根据误差理论，上述误差可归结为系统误差和随机误差两种性质。系统误差可分为定值系统误差和可变系统误差。定值系统误差在仪器校准时可以剔除，所以决定仪器准确度的误差来源主要是可变系统误差和随机误差。

定值系统误差是指不随时间变化的误差，例如电流钳的比差、角差中的恒定部分，互感器的比差、角差，采样电阻阻值误差，乘法器、A/D 转换器误差中的恒定部分，软件算法误差中的恒定部分等。

可变系统误差是指按已知规律变化的系统误差，例如互感器的比差、角差的非线性，采样电阻的温度误差，乘法器、A/D 转换器的非线性误差，滤波器的频率误差等。

随机误差是指不可预知的误差，例如电流钳比差、角差随钳口结合状态的变化，量程切换误差，软件算法误差中的随机部分，上述各种影响量的随机变化引起的误差等。

随机误差的大小由校验仪的标准偏差估计值指标予以限制。可变系统误差和随机误差的综合影响决定了校验仪的等级。

六、使用注意事项

在校验仪使用过程中，可能会出现各种各样的问题，有的是由于使用不当引起的，有的是由于仪器故障引起的，应仔细查明原因，妥善解决，避免盲目处理，扩大故障。建议注意以下事项：

（1）使用前请仔细阅读使用手册，按要求操作，避免盲目操作。

（2）看清接线端子或插孔上的标志，避免接线错误。

（3）正确选择电流测试线的截面，防止过热。

（4）当仪器保险熔断时，应检查工作电源电压是否合适；被测电压、电流是否超过量程上限；接线是否正确等。

（5）当仪器不能正常工作时，可使仪器复位后重试。

（6）当液晶显示不清晰或暗淡时，可按使用手册要求调整液晶的对比度或亮度。

（7）校准操作供上级计量检定部门检定仪器时使用，其他人请勿使用。

第六节　电能表现场校验

本章第二、三两节主要介绍了在试验室如何检定电能表。在试验室检定合格的电能表在现场运行一段时间后，误差情况也是人们所关心的。实际上电力公司对电能表的现场运行管理是非常严格的，按照电力行业标准《计量装置技术管理规程》的要求，对于月计量电量为500 万 kWh 以上的计费表计，每季度应进行一次电能表现场校验；对于月计量电量为 500 万 kWh 以下 100 万 kWh 以上的计费表计，每半年应进行一次电能表现场校验；对于月计量电量为 100 万 kWh 以下 10 万 kWh 以上的计费表计，每年应进行一次电能表现场校验。现场校验是一项非常有意义的工作，它不但能检验电能表的误差，而且能及时发现计量装置是否准确可靠。

一、现场检验的内容

现场检验的内容不仅仅是检验电能表的误差，还应对计量装置是否准确可靠进行检查，应包括以下一些工作内容：

（1）在实际运行中测定电能表的误差；

（2）检查电能表和互感器的二次回路接线是否正确；

（3）检查计量差错和不合理的计量方式。

现场检验工作至少由两人担任，并应严格遵守《电业安全工作规程》的有关规定。

二、误差的测定

（一）现场检验的条件

为确保现场检验的准确性，一般来讲现场检验条件应符合下列要求：

（1）电压对额定值的偏差不应超过 ±10%；

（2）频率对额定值的偏差不应超过 ±5%；

（3）环境温度应在 0 ~ 35℃ 之间；

（4）通入标准电能表的电流应不低于其基本电流（标定电流）的 20%；

（5）现场校验负载功率应为实际的经常负载。当负载电流低于被检电能表标定电流的 10% 或功率因数低于 0.5 时，不宜进行误差测定；对于已停电的电能表，可采用对电能表施加电源的方式进行校验。

（6）对电压、电流的对称度要求见表 5-33。

表 5-33　　　　　　　　现场校验时电压、电流的对称度要求

被试电能表准确度等级	0.5	有功 1.0 无功 2.0	有功 2.0 无功 3.0
相或线电压与其平均值之差 %（相对于平均值）	± 0.5	± 0.5	± 1.0
各相电流与其平均值之差 %（相对于平均值）	± 1.0	± 2.0	± 2.0
各个相电流与对应电压的相位差之间的差值度	2	2	2

（7）对字轮式计度器，应只有转动最快的字轮在转动。

（8）电能表必须在盖好外壳、所有的封装螺丝紧固后，测定基本误差。

（二）现场校验对标准表的要求

在现场实际运行中测定电能表的误差宜用标准电能表法。标准电能表必须具备运输和保管中的防尘、防潮和防震措施，标准电能表的使用应遵守下列规定：

（1）标准电能表必须按固定相序使用，并且有明显的相别标志。

（2）标准电能表接入电路的通电预热时间，除在标准电能表的使用说明另有明确规定者外，电压线路加电压应不少于 60min，电流线路通以电流不少于 15min 后测定基本误差。

（3）标准电能表和试验端子之间的连接导线应有良好的绝缘，中间不允许有接头，亦应有明显的极性和相别标志。

（4）电压回路的连接导线以及操作开关的接触电阻、引线电阻之总和不应大于 0.2Ω，必要时也可以与标准电能表连接在一起校准。

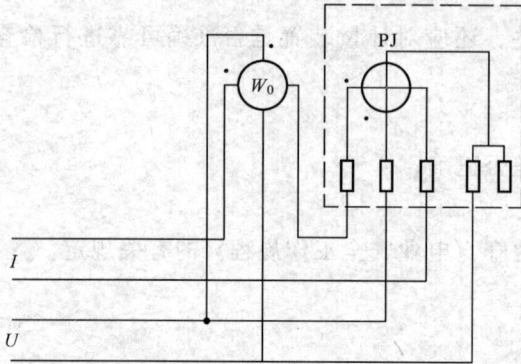

图 5-26　检验单相
有功电能表的接线

（三）现场校验的接线

现场测定误差时，标准电能表应通过专用的试验端子接入电能表回路，其接线方式应满足以下三个基本要求：

（1）标准电能表的接入不应影响被检电能表的正常工作。

（2）标准电能表的电流线应串入被检电能表的电流回路，标准电能表的电压线应并入被检电能表的电压回路。

（3）应确保标准电能表与被检电能表接入的是同一个电压和电流。

具体来讲，标准电能表应按以下的接线方式接入试验端子。

1. 检验单相有功电能表接线

检验单相有功电能表的接线如图 5-26 所示，图中 W_0 是单相标准电能表或功率表。

2. 检验三相三线有功电能表的接线

检验三相三线有功电能表的接线如图 5-27 所示。

3. 检验三相四线有功电能表的接线

检验三相四线有功电能表的接线如图 5-28 所示。

在现场校验时应注意正确接线，特别应确保标准电能表与被检电能表接入的是同一个电压和电流，尤其应注意电压线圈的分流作用。

如有些工作人员反映，现场运行的低压电能表在现场测试时误差很大，达 –10％左右，而将表拆回实验室校验时又都合格，这是什么原因？

经现场调查发现，造成这种现象的主要原因是现场测试时测量方法不对，而表计本身没

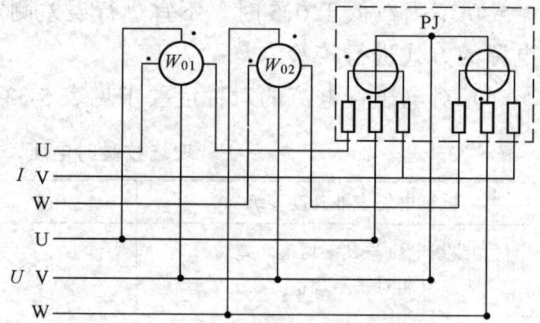

图 5-27　检验三相三线
有功电能表的接线

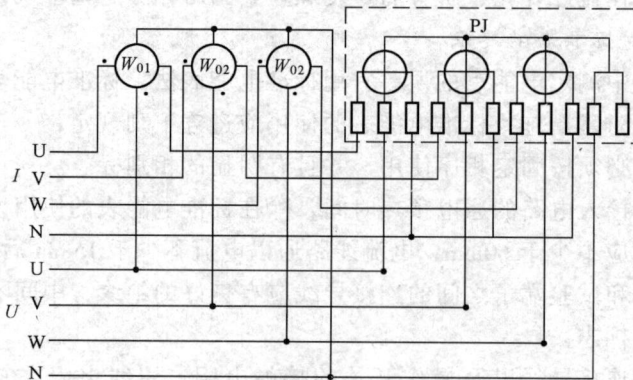

图 5-28　检验三相四线有功电能表的接线

216

有任何问题。

图 5-29 示出了，造成这种错误测试的电路。现场测试时校验仪的工作电源从被试表的电压端子连接（即端子 1 和 3），此时校验仪的工作电流约为 0.1A，钳表夹在电流进线（即端子 1 的进线）L 上，因此校验仪通过的电流 I_0' 为被试表的电流 I_X 和校验仪本身的工作电流 I' 之和，因而误差为 – 10% 左右也就不足为奇了。

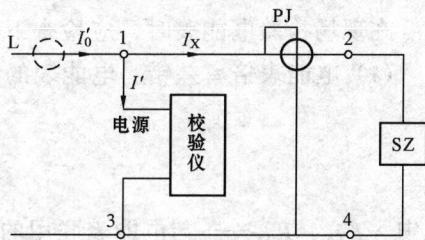

图 5-29　现场校验示范图

纠错措施：

方法 1　将钳表夹在电流出线（即端子 2 的出线）上。

方法 2　现场测试时校验仪的工作电源不从被试表的电压端子接，钳表夹在电流进线或出线上。

（四）现场校验时标准电能表带来的误差

当使用两只单相标准电能表（或功率表）时，标准读数应为两只单相标准表读数的代数和，接线系数 $K_J = 1$。标准表的组合误差按式（5-17）计算。

$$\gamma = \gamma_1 \frac{\cos(30° + \varphi)}{\sqrt{3}\cos\varphi} + \gamma_2 \frac{\cos(30° - \varphi)}{\sqrt{3}\cos\varphi} \quad （\%） \tag{5-17}$$

式中　γ——两只单相标准电能表（或功率表）的组合误差，%；

γ_1、γ_2——分别为接入 U 相电流线路和 W 相电流线路的标准电能表（或功率表）在相应负载下的相对误差，%；

φ——负载功率因数角，（°）。

当使用三只单相标准电能表（或功率表）时，标准表的读数应为三只单相标准表读数的代数和。接线系数 $K_J = 1$，标准表的组合误差为三只单相标准表相对误差的算术平均值。

（五）现场校验误差结果的处理

在规定的现场校验的条件下，运行中的电能表在实际负载下的相对误差在目前应符合相应电能表准确度的要求。实际上，在大多数发达国家，为减少表计投资，允许现场运行的电能表误差比新制造或待装的电能表误差限大，如 2 级单相电能表在现场运行情况下，误差可达 ± 3.5%。为吸收国外先进的经验，我国目前也在准备制订相应标准。

当现场测定电能表的相对误差超过规定值时，一般应更换电能表，当然判断电能表的基本误差是否超过规定值时同试验室检定一样，应以化整后的数据为准。

需要说明的是，现场校验是一种不严格的检验，其检验的外部条件达不到试验室规定的检定条件，因此最终判定电能表是否超差，应以实验室检定为准。在进行纠纷处理时尤其应注意这一点。

三、接线检查

运行中的电能表和测量用互感器二次接线正确性的检查，可以采用作相量图（六角图）的方法，也可以采用其他方法，如相位表法，力矩法等。检查应在电能表接线端处进行。

根据作出的相量图和实际负载电流及功率因数相比较，分析确定电能表的接线是否正确。如有错误，应根据分析的结果在测量表计上更正后重新作相量图，如仍然不能确定其错误接线的实际状况，则应停电检查。

关于接线检查，将《在电能计量装置接线检查》一章作详细介绍。

四、计量差错与不合理计量方式的检查

在现场检验电能表时，应检查下列计量差错：

（1）电能表倍率差错。电能表的计费倍率 K_G 应按公式（5-18）计算。

$$K_G = \frac{K_{TA}K_{TV}}{K'_{TA}K'_{TV}}K_n \tag{5-18}$$

式中 K_{TA}、K_{TV}——与电能表联用的电流互感器和电压互感器的变比；

K'_{TA}、K'_{TV}——电能表铭牌上标示的电流互感器和电压互感器的变比；

K_n——电能表铭牌标示的倍率，未标示者为1。

（2）电压互感器熔断或二次回路接触不良。

（3）电流互感器二次接触不良或开路。

在现场检验电能表时，还应检查下列不合理的计量方式：

（1）电流互感器的变比过大，致使电能表经常在1/3基本电流以下运行的；电能表与其他二次设备共用一组电流互感器的。

（2）电压与电流互感器分别接在电力变压器不同电压侧的；不同的母线共用一组电压互感器的。

（3）无功电能表与双向计量的有功电能表无止逆器的。

（4）电压互感器的额定电压与线路额定电压不相符的。

在新装和改装的电能计量装置投运前，均应在停电的情况下，在安装现场对计量装置进行下列项目的检查和试验：

（1）检查计量方式的正确性与合理性。

（2）检查一次与二次接线的正确性。

（3）核对倍率。

（4）核对电能表的检验证（单）。

（5）在现场实际接线状态下检查互感器的极性（或接线组别），并测定互感器的实际二次负载以及该负载下互感器的误差。

（6）测量电压互感器二次回路的电压降。

该部分具体内容请参阅后面相应章节。

练 习 题

一、填空题

1. 电能表检定装置按其工作原理，可分为_____式电能表检定装置和_____式电能表检定装置两种。

2. 电工式电能表检定装置的电压调节包括_____器和_____器。

3. 电能表检定装置对标方式有_____对标和_____对标两种方式。

4. 用单相电子式电能表检定装置检定电能表时，标准表_____（能或不能）单独占用一个绕组。

5. 光电采样器按用途可分为_____式和_____式。

6. 多路平输出一致性要求对三相检定装置来说相当于提出了_____要求。

7. 检定装置被检表安装位置磁场的要求，$I \leqslant$ _____ A 时，$B \leqslant 0.25\mathrm{mT}$。

8. 常规检验采用的是逐块检验，验收检验的样本采用 _____ 方式。

9. 感应式电能表的常规检验项目包括① _____ ② _____ ③ _____ ④ _____ ⑤ _____ ⑥ _____ 。

10. 电能表通电预热时间的确定的基本原则是：_____ 。

11. 被检电能表为 2 级时，检定装置电压表的准确度等级不应低于 _____ 级。

12. 被检电能表为 1 级时，检定装置的准确度等级不应低于 _____ 级。

13. 感应式电能表的防潜针距防潜钩最近时，其圆盘的色标应在读数窗的 _____ 。

14. 感应式电能表的圆盘色标应为转盘周长的 _____ 。

15. 感应式电能表内部检查有缺陷，应 _____ 抽检，若仍有缺陷，则提交的全部电能表不予检定。

16. 耐压试验中，如出现电晕，噪声和转盘抖动现象，_____ （可以或不可以）认为绝缘已被击穿。

17. 感应式电能表工频耐压试验中，电流线路对地的试验电压为 _____ kV，电流回路与电压线路间的试验电压为 _____ kV。

18. 5 (20) A 1 级感应式电能表的允许起动电流值为 _____ mA。

19. 测定基本误差时，应按负载电流逐次 _____ 的顺序检定。

20. 单宝石轴承单相电能表的检定周期不超过 _____ 年。

21. B 类不合格的权值为 _____ ，A 类不合格的权值为 _____ 。

22. 机械负载影响试验是在电能表加 _____ 电压，通以 _____ I_N 电流，在功率因数为 1 时进行的一种带计度器和不带计度器的试验。

23. 新生产的 0.2 级检定装置允许的标准偏差估计值为 _____ 。

24. 电能表的蜗轮与蜗杆应在齿高的 _____ 处啮合。

25. 3 级无功电能表的化整间距为 _____ 。

26. 检定电子表基本误差时，对其工作位置的垂直性 _____ （有或无）要求。

27. 周期检定电子表时，可用 _____ 伏兆欧表检定绝缘电阻，在相对温度不大于 _____ % 的条件下，输入端子对表壳的绝缘电阻不低于 _____ MΩ。

28. 在参比电压下，负载电流为 $0.06I_V$ 的 0.5 级电子表的允许误差限值为 _____ 。

29. 电能表的标准偏差估计值测定是在 _____ 和 _____ 下，对功率因数为 _____ 和 _____ 两个负载点，分别做不少于 _____ 次的基本误差测量。

30. 电能表的标准偏差估计值计算中的基本误差值数据 _____ （需要或不需要）化整。

31. 电子表 24h 变差测定需在 _____ （首次或周期）时测定。

32. 电子表 24h 误差变化量不得超过基本误差限绝对值的 _____ 。

33. 多功能电能表的转存分界时间应可 _____ 。

34. 多功能电能表应至少能任意编程 _____ 种费率和 _____ 个时段。

35. 多功能电能表在辅助电源失电后，数据保存时间不小于 _____ 天。

36. 多功能电能表输出脉冲的宽度不小于 _____ ms。

37. 多功能电能表的显示位数应不少于 _____ 位。

38. EMC 试验又叫 _____ 试验。

39. 在 EMC 试验时电子表所有需接地的部件 _____ 接地。

40. 在感应式电能表型式试验中 _____（需不需要）做 EMC 试验。

41. 静电放电的试验电压为 _____ kV，高频电磁场抗扰度试验的场强为 _____ V/m。

42. 防窃电仪实际上是一种较低等级的 _____ 仪。

43. 当功率因数角接近 _____ ℃时，现场校验仪可能会出现错误判断。

44. 当现场校验仪不能正常工作时，可使仪器 _____ 后重试。

45. 当现场校验仪液晶显示不清晰或暗淡时，可调整液晶的 _____。

46. 现场校验工作至少要由 _____ 人担任，并应严格遵守《电业安全工作规程》的有关规定。

47. 现场校验时电压对额定值的偏差不应超过 _____ %；频率对额定值的偏差不应超过 _____ %；通入标准电能表的电流不应低于其基本电流的 _____ %。

48. 现场校验时，对于字轮式计度器，应只有 _____ 的字轮在转动。

49. 电能表现场校验时，其外壳 _____（应或不应）盖好。

50. 一般来讲，现场较验时，标准表电压线路加电压不少于 _____ 分钟，电流线路通以电流不少于 _____ min。

51. 一般来讲，现场校验时，标准表电压回路的连接导线以及操作开关的接触电阻、引线电阻之总和不大于 _____ Ω。

52. 现场校验时，应确保标准表和被检表接入的是同一个电压和 _____。

53. 现场校验 _____（能或不能）作为最终判定电能表是否超差的依据。

54. 数据修约规则的制定，应遵循舍和入的 _____ 性及舍和入机会的 _____ 性。

55. 数据化整的通用方法为，数据除以化整间距，所得数值，按 _____ 化整，化整后的数字乘以 _____ 所得值，即为化整结果。

56. 化整间距为 _____ 时的化整方法完全等于数据修约规则。

57. 化整间距为 5 时，保留位与其右边的数，若等于 25，保留位 _____。

58. 化整间距为 5 时，保留位与其右边的数，若等于 75，保留位 _____。

59. 化整间距为 2 时，保留位是偶数，保留位 _____。

二、选择题

1. 以下不属于电工式电能表检定装置中低通滤波器的作用的是：_____。
(a) 滤掉高次谐波；(b) 稳压；(c) 信息波形；(d) 以上都不是。

2. 对于电子式电能表检定装置，以下元件中哪一项并不是非得具有的：_____。
(a) 标准电能表；(b) 标准互感器；(c) 程控电源；(d) 计算机。

3. 12 位 D/A 的数据分辨率为：_____。
(a) 1/256；(b) 1/512；(c) 1/2048；(d)、1/4096。

4. 如果数字移相中波形计数器计数 7200 次合成一个周期，参考相 U 由第 7200 个计数脉冲清零，V 相由第 100 个计数脉冲清零，则 V 相与 U 相的相位关系为：_____。
(a) V 超前 U5°；(b) V 滞后 U5°；(c) V 超前 U10°；(d) V 滞后 U10°。

5. 当 $I = 200A$ 时，检定装置在标准表安装位置磁感应强度不得：_____。
(a) 大于 0.025mT；(b) 大于 0.05mT；(c) 大于 0.25mT；(d) 没有要求。

6．被检表准确度等级为 1 级时，每一相（线）电压对三相（线）电压平均值相差不超过：_____。

(a) ±0.5%；(b) ±1.0%；(c) ±1.5%；(d) ±2.0%。

7．0.1 级电能表检定装置中电流表准确度等级不应低于：_____。

(a) 0.5；(b) 1.0；(c) 1.5；(d) 2.0。

8．检定装置带额定负载和轻负载时，同一相电压回路内，标准表同被检表的电位差之和，与被检表额定电压的百分比，应不超过检定装置准确等级的：_____。

(a) 50%；(b) 30%；(c) 20%；(d) 10%。

9．工频耐压试验时，试验电压升到规定值后，应保持：_____。

(a) 90min；(b) 60min；(c) 30min；(d) 15min。

10．3（6）A 1 级感应式无止逆器电能表的允许启动电流值为：_____。

(a) 15mA；(b) 9mA；(c) 24mA；(d) 12mA。

11．高压 3（6）A 感应式有功电能表在 $\cos\varphi = 1.0$ 平衡负载，应检定的负荷点为：_____。

(a) $0.2I_V$、$0.5I_V$、I_{max}；(b) $0.1I_V$、I_V、I_{max}；

(c) $0.1I_V$、$0.5I_V$、I_{max}；(d) $0.2I_V$、I_V、I_{max}。

12．被检电能表准确度等级为 0.5 时，预置脉冲数的下限值为：_____。

(a) 15000；(b) 6000；(c) 3000；(d) 2000。

13．感应式电能表冲击电压试验的试验电压为：_____。

(a) 0.6kV；(b) 2kV；(c) 4kV；(d) 6kV。

14．以下属于感应式电能表验收检验项目的是：_____。

(a) 电压影响；(b) 机械负载影响；(c) 冲击电压；(d) 短时过电流。

15．按照 GB2829 抽样的型式试验，8 块样表允许 _____ 块不合格。

(a) 0；(b) 1；(c) 2；(d) 3。

16．自热影响试验最少应进行_____。

(a) 120min；(b) 90min；(c) 60min；(c) 45min。

17．0.5 级电子表的最大启动电流不超过：_____。

(a) 0.2% I_V；(b) 0.3% I_V；(c) 0.4% I_V；(d) 0.5% I_V。

18．多功能电能表应至少能存储除本月外_____ 个月的电量。

(a) 1；(b) 2；(c) 3；(d) 4。

19．以下不属于电子表常规检验项目的是：_____。

(a) 冲击电压试验；(b) 停止试验；(c) 工频耐压试验；(d) 数据通信功能试验。

20．以下不属于 EMC 试验内容的是：_____。

(a) 高频电磁场；(b) 电快速瞬变脉冲群；(c) 无线电干扰抑制；(d) 电压跌落。

21．快速脉冲群试验时，电流和电压线路间的试验电压为：_____。

(a) 4kV；(b) 2 kV；(c) 1 kV；(d) 6 kV。

22．220V × 10（40）A 的单相电子表在静电放电试验中，计度器不应产生大于 _____ kWh 的变化。

(a) 0.022；(b) 0.0022；(c) 0.088；(d) 0.0088。

23．电子表的高温试验中的高温是指 _____ ±2℃。

(a) 40；(b) 50；(c) 60；(d) 70。

24. 电子表的低温试验中的低温是指 _____ ±2℃。

(a) −50；(b) −40；(c) −30；(d) −25。

25. 检定 0.2 级电子表时，标准电能表脉冲数不应少于：_____。

(a) 10000；(b) 5000；(c) 2000；(d) 1000。

26. 2 级电子表在 $I = 0.15 I_V$ 时的允许误差限为：_____。

(a) 3%；(b) 2%；(c) 2.5%；(d) 1%。

27. 输出电子表脉冲的宽度应为：_____。

(a) 60ms；(b) 不小于 60ms；(c) 不小于 80ms；(d) 80ms。

28. 以下哪种情况不宜现场校表：_____。

(a) 负载电流为 15% I_V；(b) 功率因数为 0.6；(c) 电压为 85% U_n；(d) 负载电流为 20% I_V。

29. 以下哪种情况进行现场校验是错误的：_____。

(a) 末位字轮在转动；(b) 标准表通以电流 25min；(c) 标准表接入的各种接触电阻为 0.3Ω；(d) 标准表电压回路加电压 70min。

30. 化整间距为 0.1 时，以下化整错误的是：_____。

(a) 10.24 化整为 10.2；(b) 1.25 化整为 1.3；(c) 7.051 化整为 7.1；(d) 0.31 化整为 0.3。

31. 化整间距为 0.2 时，以下化整错误的是：_____。

(a) 4.28 化整为 4.2；(b) 4.3 化整为 4.4；(c) 4.38 化整为 4.4；(d) 4.18 化整为 4.0。

32. 化整间距为 0.5 时，以下化整错误的是：_____。

(a) 2.25 化整为 2.0；(b) 0.40 化整为 0.5；(c) 1.75 化整为 2.0；(d) 2.56 化整为 3.0。

33. 以下化整错误的是：_____。

(a) 化整间距为 0.2、1.5 化整为 1.4；(b) 化整间距为 0.5、1.5 化整为 1.5；(c) 化整间距为 0.1、1.55 化整后为 1.6；(d) 化整间距为 0.2、1.71 化整后为 1.8。

34. 化整间距为 0.05 时，以下化整错误的是：_____。

(a) 1.025 化整后为 1.0；(b) 1.03 化整后为 1.05；(c) 1.01 化整后为 1.00；(d) 1.098 化整为 1.1。

三、问答及计算题

1. 画出电子式三相电能表检定装置原理结构框图。

2. 画出电子式单相电能表检定装置原理结构框图。

3. 单相电子式电能表检定装置为什么要采用隔离电压互感器？使用时应注意哪些事项？

4. 简述程控功率源数字波形合成原理。

5. 简述程控功率源数字调幅原理。

6. 简述程控功率源数字变频原理。

7. 简述程控功率源数字移相原理。

8. 画出采样计算式标准表原理框图。

9. 为什么模拟乘法器式标准表不能保证较高的电压、电流测量精度？

10. 为什么采样计算式标准表能够方便地实现功能扩展？

11. 说明电压对标的原理。

12. 说明电流对标的原理。

13. 简述电能表通电预热时间确定的基本原则。

14. 感应式电能表常规检验项目包括哪几项？

15. 简述外磁场影响的确定方法？

16. 电能表常数为 720r/kWh 的新购入无止逆器的 2.0 级单相 5（20）A 电能表的允许起动电流为多少，在起动试验时，最少应在多少时间内转 1 转？

17. 0.2 级标准检定装置标准表的脉冲常数为 3600P/kWh，标准表的额定电压为 100V，额定电流为 5A，电流档位处于 3A，电压档位处于 220V，被检表常数为 720r/kVA，当取被检表 2 转时，标准表的预置脉冲数为多少？

18. 潜动试验中 220V×5（20）A、2 级电子表在多长时间内，其电能脉冲输出端不产生多于一个的脉冲？

19. 普通电子表在常规检验中应检验哪些项目？对于多功能电子表呢？

20. 电子表外部检查时发现哪些缺陷不予检定？

21. 电子表通电检查时发现哪些缺陷不予检定？

22. 单相电子表在进行误差试验时应检哪些负荷点？

23. 写出计算标准偏差估计值的公式。

24. 简述电子表 24h 变差测量方法。

25. 请写出计度器示值组合误差计算公式。

26. 简述最大需量示值误差的测定方法。

27. 试列举一种测量电子式表日计时误差的方法。

28. 试述计度示值误差的测试方法及判断合格与否的计算公式。

29. 简述反向功率影响试验方法。

30. 说明哪些情况下不宜进行电能表现场校验？

31. 现场校验时标准表的使用应遵守哪些规定？

32. 试画出用标准表对三相三线电能表进行规场校验的接线图。

33. 试推导用两只单相标准进行现场校验时标准表的组合误差公式。

参 考 答 案

一、填空：

1. 电工电子；2. 自调压升压；3. 电压电流；4. 不能；5. 反射接收；6. 电压降；7. 10；8. 抽样；9. 略；10. 略；11. 1.5；12. 0.2；13. 正前方；14. 4%到 6%；15. 加倍；16. 不可以；17. 2 0.6；18. 20；19. 减少；20. 5；21. 0.61；22. 额定 5%；23. 0.02；24. $\frac{1}{2}$ 至 $\frac{1}{3}$；25. 0.2；26. 无；27. 100 080 100；28. 0.75%；29. 额定电压基本电流 1 0.5（L）5；30. 需要；31. 首次；32. 20%；33. 设置；34. 48；35. 180；3680；37. 6；38. 电磁兼容；39. 应；40. 不需要；41. 8 10；42. 现场校验；43. 60；44. 复位；45. 对比度或亮度；46. 2；47. ±10 ±5 20；48. 转动最快；49. 应；50. 6015；51. 0.2；52. 电流；53. 不能；54. 合理性均等性；55. 数据修约规则化整间距；56. 1；57. 变零；58. 变零保留位左边加 1；59. 不变。

二、选择

1.B；2.B；3.D；4.B；5.D；6.B；7.A；8.C；9.B；10.D；11.C；12.B；13.D；14.C；15.B；16.C；17.B；18.B；19.A；20.D；21.A；22.D；23.D；24.D；25.B；26.B；27.C；28.C；29.C；30.B；31.D；32.D；33.A；34.D。

三、问答及计算题

（略）

第六章

测 量 用 互 感 器

测量用互感器在电力线路中用于对交流电压或电流进行变换，以满足高电压或大电流的测量。常用的电压互感器有电磁式和电容式两种；电流互感器为电磁式。采用测量互感器还具有以下好处：

(1) 由于互感器具有对变换前后电路隔离的结构，以及良好的绝缘性能，能够保证测量仪表与测试人员的安全；

(2) 互感器采用统一的标准化输出量：如电压互感器为 100V、$(100/\sqrt{3})$ V，电流互感器为 5、1A 等。从而使从数十伏到数百千伏的电压、数十毫安到上万安的电流经过互感器变换后，进行测量的仪表量程统一为简单的几种，大大简化了仪表系列的生产和使用。

(3) 当电力线路发生故障出现过电压或过电流时，由于互感器铁芯趋于饱和，其输出不会呈正比增加，能够起到对测量仪表设备的保护作用。

因此，测量互感器在电力系统的应用非常广泛。

第一节 电磁式电压互感器工作原理及误差

电磁式电压互感器的结构相当于一台降压变压器。其与变压器的区别，一是电压互感器对电压变换的比例以及变换前后的相位有严格的要求，而降压变压器对这些要求不高；二是前者主要传输被测量的信息，即电压的大小和相位，而后者主要用于传输电能或阻抗变换。

单相电压互感器结构如图 6-1 所示。

一、工作原理

电磁式电压互感器的一次绕组 N_1 连接于高压电力线路，二次绕组 N_2 连接测量仪表，因此，一次绕组 N_1 的匝数远远多于二次绕组 N_2。单相电压互感器在线路图中的符号如图 6-2 所示。其等效电路如图 6-3 所示。

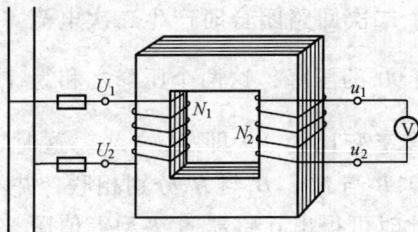

图 6-1 单相电压互感器结构

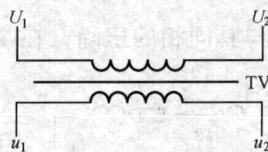

图 6-2 单相电压
互感器符号图

根据电压互感器的等值电路，电网电压 $\dot{U}_1$ 加于一次绕组 N_1，使一次绕组中产生感应电动势 $\dot{E}_1$，从而在二次绕组 N_2 产生感应电动势 $\dot{E}_2$。在互感器绕组的阻抗中包含了电阻和电抗成分,即互感器一次绕组的阻抗 Z_1 中含有电阻 r_1、漏磁电抗 X_1;激磁阻抗 Z_m 则包含互感器铁芯铁损引起的等效电阻 r_m 以及激磁电抗 X_m;二次的阻抗 Z_2 中含有电阻 r_2、漏磁电抗 X_2,还有连接于二次回路中电能表等仪表的阻抗 Z_b 中,一般也存在电阻 r_b 与感抗成份 X_b。

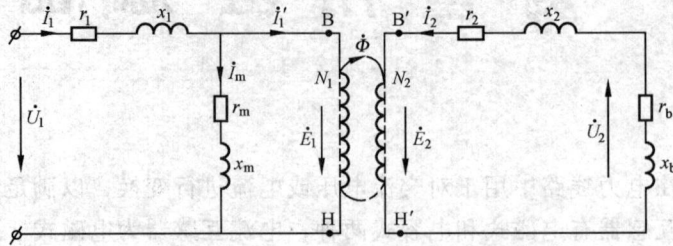

图 6-3　电磁式电压互感器等值电路

$\dot{U}_1$——次电压;　$\dot{E}_1$——次绕组感应电动势;　$\dot{I}_1$——次电流;　r_1——

次绕组电阻;　X_1——次绕组漏抗;　$\dot{I}_m$——空载电流即激磁电流;　r_2——二

次绕组电阻;　X_2——二次绕组漏抗;　r_m——激磁电阻;　X_m——激磁电抗;

$\dot{I}_2$——二次电流;　r_b——负载电阻;　X_b——负载电抗;　$\dot{U}_2$——二次电压;

$\dot{E}_2$——二次绕组感应电动势

1. 电压方程式

根据电工原理,在一次回路中,可得出下式

$$\dot{U}_1 = \dot{I}_1 Z_1 - \dot{E}_1 = \dot{I}_1(r_1 + jX_1) - \dot{E}_1 \tag{6-1}$$

$$-\dot{E}_1 = \dot{I}_m Z_m = \dot{I}_m(r_m + jX_m) \tag{6-2}$$

$\dot{U}_1$ 加于一次绕组 N_1 时,在互感器一次回路产生电流 $\dot{I}_1$,$\dot{I}_1$ 在 r_1 上产生与其同相的压降,在 X_1 上产生与其超前 90° 的压降,这两个压降之和为 $\dot{I}_1 Z_1$。

主磁通 $\dot{\Phi}$ 在一次绕组 N_1 上产生感应电动势 $\dot{E}_1$,等于激磁电流 $\dot{I}_m$ 在激磁阻抗 Z_m 上的电压降。

在二次回路中,根据电工原理,可得出下式

$$\dot{U}_2 = \dot{E}_2 - \dot{I}_2 Z_2 = \dot{E}_2 - \dot{I}_2 (r_2 + jX_2) \tag{6-3}$$

主磁通 $\dot{\Phi}$ 在二次绕组 N_2 产生感应电动势 $\dot{E}_2$,二次回路闭合时产生二次电流 $\dot{I}_2$,$\dot{I}_2$ 在 r_2 上产生与其同相的压降,在 X_2 上产生与其超前 90° 的压降,这两个压降之和为 $\dot{I}_2 Z_2$。

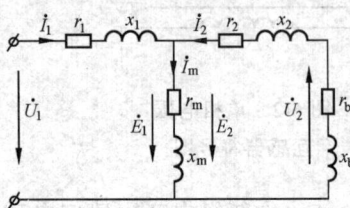

图 6-4　变比为 1 的电压互感器
T 型等值电路图

为便于分析,假定变比为 1,即 $N_1 = N_2$。这时 $\dot{E}_1 = \dot{E}_2$,可将等值电路中的点 B 与 B'、H 与 H' 分别相联,并不影响互感器的测量参数。此时可得出互感器的 T 型等值图,如图 6-4 所示。

实际上,当 $N_1 \neq N_2$ 时,可将二次回路的参数折算成一次回路的参数,折算系数仅与互感器的变比值(理想的情况下,变比值 $K_U = U_1 / U_2 = N_1 / N_2$)有关。二次侧参数折算至一次侧

226

后的各参数为

$$\dot{E}'_2 = K_U \dot{E}_2, \quad \dot{U}'_2 = K_U \dot{U}_2, \quad \dot{I}'_2 = \frac{1}{K_U} \dot{I}_2, \quad r'_2 = K_U^2 r_2, \quad X'_2 = K_U^2 X_2, \quad r'_b = K_U^2 r_b, \quad X'_b = K_U^2 X_b$$

通过折算可将 $K_U \neq 1$ 的互感器二次回路各参数放到互感器 T 型等值图中，使这个等值电路图成为任意变比值的电压互感器等值电路图。

在一、二次回路之间有如下关系：

感应电动势，$\dot{E}_1 = \dot{E}'_2$ (6-4)

$\dot{\Phi}$ 在互感器铁芯内通过电磁感应产生 $\dot{E}'_2$（$= \dot{E}_1$），$\dot{E}'_2$ 形成互感器二次输出电压 $\dot{U}'_2$。

激磁电流 $\dot{I}_m = \dot{I}_1 + \dot{I}'_2$ (6-5)

式中 $\dot{I}_1 = \dot{I}_m + \dot{I}'_1 = \dot{I}_m - \dot{I}'_2$，见图 6-3、图 6-4。

2．电磁式电压互感器相量图

通过以上分析可得出电压互感器的相量图如图 6-5 所示。从式（6-1）～式（6-5）及图 6-4 可看出，互感器的一次和二次电流在其绕组的阻抗上产生了压降，从而使其输出电压（为折算量，下同）不等于输入电压，这是引起电压互感器误差的主要原因之一；另一方面，由于互感器铁芯的磁化需要激磁电流 $\dot{I}_m$，因此，二次电流 $\dot{I}_2$（指折算量，下同）并不等于一次电流 $\dot{I}_1$，从而引起互感器输入和输出电压的相位与比值的差异。可见激磁电流和互感器绕组的阻抗是产生电压互感器测量误差的主要原因。

3．电磁式电压互感器误差

电压互感器误差可用复数误差 $\tilde{\varepsilon}$ 表示，它是反转 180° 的二次电压相量按额定电压比 K_{uN} 折算到一次后，与实际一次电压相量之差的比值，用百分数表示，即

$$\tilde{\varepsilon} = \frac{-K_{uN} \dot{U}_2 - \dot{U}_1}{\dot{U}_1} \times 100\% \tag{6-6}$$

电压互感器误差是互感器输出电压 $\dot{U}_2$ 与输入电压 $\dot{U}_1$ 两个相量的差别，因此分为比值差和相位差两个方面，复数误差也包含了比值差和相位差

$$\tilde{\varepsilon} = f + j\delta \tag{6-7}$$

比值差是额定电压比 K_{uN} 与实际电压比 K_u 之差对实际电压比的百分比，可用下式表示

$$f_u\% = \frac{K_{uN} - K_u}{K_u} \times 100\% = \frac{K_{uN} U_2 - U_1}{U_1} \times 100\% \tag{6-8}$$

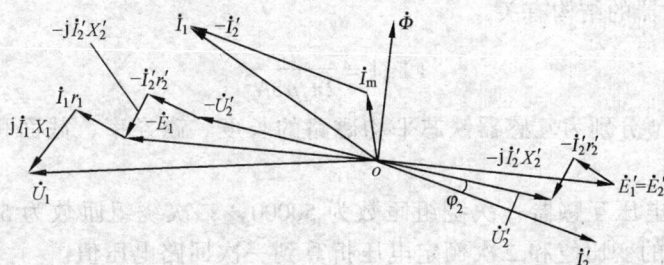

图 6-5 变比为 1 的电磁式电压互感器相量图

相位差为一次电压相量 $\dot{U}_1$ 与二次电压反向后相量 $-\dot{U}'_2$ 的夹角 δ（见图6-6），并且，当 $-\dot{U}'_2$ 相量超前 $\dot{U}_1$ 的相量时，角差为正；滞后时为负。通常相位差是以"分"或"弧度"表示。

通过对式（6-1）～式（6-5）的变换，并令 $r_k = r_1 + r_2$，$X_k = X_1 + X_2$，可以得

$$\dot{U}_1 = \dot{I}_m (r_1 + jX_1) - \dot{I}_2 (r_k + jX_k) - \dot{U}_2 \tag{6-9}$$

式中：r_k 为互感器输出短路电阻；X_k 为互感器输出短路电抗。

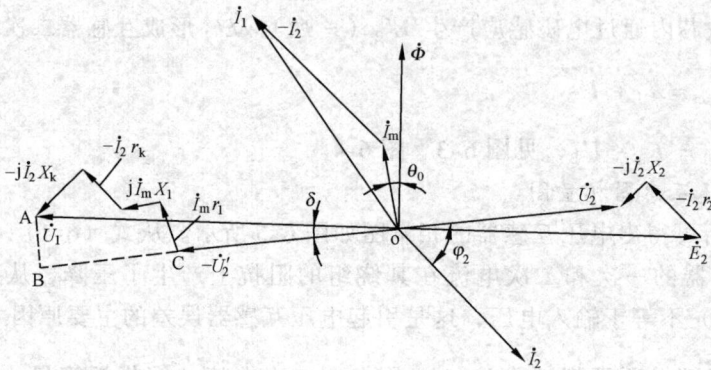

图6-6 确定电压互感器误差的相量图

从电压互感器T型等值图6-4和式（6-9）可作出相量图6-6。这一相量图用来计算电压互感器的误差。

在一般情况下，测量用互感器的相位差 δ 值以及比值差 f 都相对较小（$\delta < 2°$，$f < 1\%$），图中线段 $\overline{OA} \approx \overline{OB}$，$U_2 \approx U_1$，则比值差为

$$
\begin{aligned}
f &\approx -\frac{\overline{CB}}{\overline{OA}} \times 100\% \\
&= -\frac{I_m r_1 \sin\theta_0 + I_m X_1 \cos\theta_0 + I_2 r_k \cos\varphi_2 + I_2 X_k \sin\varphi_2}{U_1} \times 100\% \\
&= -\left[Y_m (r_1 \sin\theta_0 + X_1 \cos\theta_0) + Y_2 (r_k \cos\varphi_2 + X_k \sin\varphi_2) \right] \times 100\%
\end{aligned}
\tag{6-10}
$$

根据近似计算原理，当角度很小时，相位差 $\delta \approx \sin\delta$，即

$$
\begin{aligned}
\delta &\approx -\frac{\overline{AB}}{\overline{OA}} = \frac{I_m r_1 \cos\theta_0 - I_m X_1 \sin\theta_0 + I_2 r_k \cos\varphi_2 - I_2 X_k \cos\varphi_2}{U_1} \times 3438' \\
&= \left[Y_m (r_1 \cos\theta_0 - X_1 \sin\theta_0) + Y_2 (r_k \sin\varphi_2 - X_k \cos\varphi_2) \right] \times 3438'
\end{aligned}
\tag{6-11}
$$

式（6-11）中的第一项为互感器的空载误差，第二项为互感器的负载误差。

式中的 $Y_m = I_m / U_1$，$Y_2 = I_2 / U_2 \approx I_2 / U_1$。$Y_m$ 是互感器的激磁导纳，Y_2 是互感器二次短路导纳。Y_m 与互感器的结构有关

$$|Y_m| = \frac{L}{2\pi f \mu S N^2} \tag{6-12}$$

式中：L、μ、S、N 分别为互感器铁芯平均磁路的长度、磁导率、截面积、一次绕组匝数；f 为电源频率。

【例6-1】 一电压互感器一次绕组匝数为50000，二次绕组匝数为500，二次输出电压为100V，求互感器的变比值和二次额定电压折算到一次回路电压值。

解： 互感器的变比值 $K_u = N_1 / N_2 = 50000/500 = 100$

228

则二次额定电压 100V 折算到一次回路的电压值

$$\dot{U}'_2 = K_U \dot{U}_2 = (N_1/N_2)\ \dot{U}_2 = (50000/500)\ 100 = 100 \times 100 = 10000\ (V)$$

二、电压互感器的主要参数

1. 准确等级

对电压互感器在规定使用条件下的准确度等级，按照 JJG314—1994《测量用电压互感器检定规程》，电压互感器的准确度等级可分为 0.001、0.002、0.005、0.01、0.02、0.05、0.1、0.2、0.5、1 级。互感器的误差包括比值差和相位差，每一个准确等级的互感器都对此有明确的要求。

2. 额定电压比

额定一次电压与额定二次电压的比值即为额定电压比。

$$K_{uN} = U_{1N}/U_{2N} = N_1/N_2 \qquad (6-13)$$

电压互感器额定变比等于匝数比，即与一次匝数正成比，与二次匝数成反比。

3. 额定一次电压

电压互感器输入一次回路的额定电压 U_{1N} 即为额定一次电压。电力系统常用互感器的额定一次电压为：6、$6/\sqrt{3}$、10、$10/\sqrt{3}$、35、$35/\sqrt{3}$、$110/\sqrt{3}$、$220/\sqrt{3}$、$500/\sqrt{3}$ kV 等，其中"$1/\sqrt{3}$"的额定电压值用于三相四线制中性点接地系统的单相互感器。

4. 额定二次电压

电压互感器二次回路输出的额定电压 U_{2N} 即为额定二次电压。电力系统常用二次电压为：100、$100/\sqrt{3}$V。接于三相四线制中性点接地系统的单相互感器，其二次电压额定电压应为 $100/\sqrt{3}$V。

5. 额定二次负荷

额定二次负荷互感器在额定电压和额定负荷下运行时二次所输出的视在功率（VA）。根据国家标准 GB1207—1997《电压互感器》，额定输出的标准值：在功率因数为 0.8（滞后）时，额定输出标准值为 <u>10</u>、15、<u>25</u>、30、<u>50</u>、75、<u>100</u>、150、<u>200</u>、250、300、400、<u>500</u> VA。其中有下横线者为优选值。对三相互感器而言，其额定输出是指每相的额定输出。

电压互感器额定负荷容量 S_N（单位用 VA 表示）与额定负荷导纳 Y_N（单位用 S 表示）之间的关系可用下式表示

$$S_N = U_{2N}^2 Y_N \qquad (VA) \qquad (6-14)$$

对于电力系统用的一般电压互感器，额定二次电压 $U_{2N} = 100V$，因此

$$S_N = 100^2 Y_N \qquad (VA) \qquad (6-15)$$

在不同电压下，额定负荷导纳 Y_N 是常数。这时电压互感器二次输出容量 S 为

$$S = U_2^2 Y_N \qquad (VA) \qquad (6-16)$$

将式（6-16）除以式（6-14）得到

$$S:S_N = U_2^2 : U_{2N}^2 \qquad (6-17)$$

设 $U_2 = (a\%)\ U_{2N}$，则

$$S = (a\%)^2 S_N \qquad (6-18)$$

由此可见，电压互感器的二次输出容量与额定电压百分比的平方及额定二次负荷容量成

正比。

根据检定规程规定，电压互感器的二次负荷必须在 25% ~ 100% 额定负荷范围内，方能保证其误差合格，一般情况下将 25% 额定负荷称作"下限负荷"。具体的情况见互感器检定规程。

【例 6-2】 电压互感器的额定二次电压为 100V，额定二次负荷为 200VA，求其额定二次负荷导纳容量。

解： 由式（6-15）得到

$$Y_N = S_N \times 10^{-4} \quad (S)$$
$$= S_N 10^{-4} \quad (S)$$
$$= 200 \times 10^{-4} \quad (S)$$

由此可见，当额定二次电压为 100V，且额定二次负荷导纳的单位为 $10^{-4}S$（西门子）时，额定二次导纳在数值上就等于额定二次负荷容量。

【例 6-3】 在 ［例 6-2］ 中，当 $U_2 = 80\% U_{2N}$ 时，电压互感器的二次输出容量多大？

解： 由式（6-18）得

二次输出容量 $S = (a\%)^2 S_N = (80\%)^2 \times 200 = 128 \quad (VA)$

6. 额定二次负荷的功率因数

互感器二次回路所带负载的额定功率因数即额定二次负荷的功率因数。

三、电压互感器误差与工作条件的关系

互感器的工作条件是指互感器工作时它的一次电压、二次负荷及其功率因数等的状况。当这些条件偏离额定值时，将对互感器的误差产生影响。

从前面的分析可以看出，当二次电流 $I_2 = 0$ 时，电压互感器的误差主要由一次回路的运行参数决定。因此，它可由空载误差和负载误差两部分组成。

1. 一次电压对误差的影响

从前面分析来看，一次电压的大小似乎与误差无关，但由于互感器铁芯的非线性，其磁导率和损耗角都不是常数，即使电压互感器在正常电压范围运行，如电压升高，铁芯磁密将增大，则磁导率和损耗角均增大。对于空载情况来说，$I_1 = I_m$，这时，I_m/U_1 随着电压的增大而减小且超前，然后增大且滞后；因此，空载比值差 $|f_0|$ 和空载相位差 δ_{0K} 先随着一次电压的增加而减小，然后再随着 U 的继续增加而增大。f 和 δ 与电压 U_1 的关系曲线如图 6-7 所示。

2. 二次负荷对误差的影响

二次负荷对误差的影响形成互感器负载误差，根据式（6-3）可知，当负载电流即互感器二次回路电流增加时，二次漏阻抗上的压降也将增加，从而引起输出电压下降，因此，负载时的误差与二次负荷的导纳成正比。由于互感器绕组内阻抗和二次负荷导纳及电压无关，因此电压互感器负载时的比值差 f_f 和相位差 δ_f 特性均为水平直线，如图 6-8 所示。

电压互感器的误差由空载误差和负载误差组成，即

比值差 $f = f_0 + f_L$ (6-19)

相位差 $\delta = \delta_{0K} + \delta_L$ (6-20)

3. 负荷功率因数对误差的影响

当二次负荷 Y_2 的大小不变时，由式（6-10）、式（6-11）可以得出电压互感器比值差和

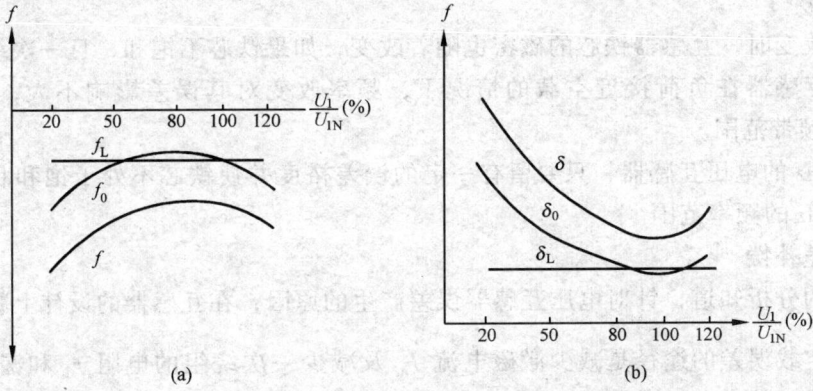

图 6-7 f 和 δ 与电压的关系曲线

（a）f 与电压的关系曲线；（b）δ 与电压的关系曲线

f_L—负载比值差；f_0—空载比值差；δ_L—负载相位差；δ_0—空载相位差

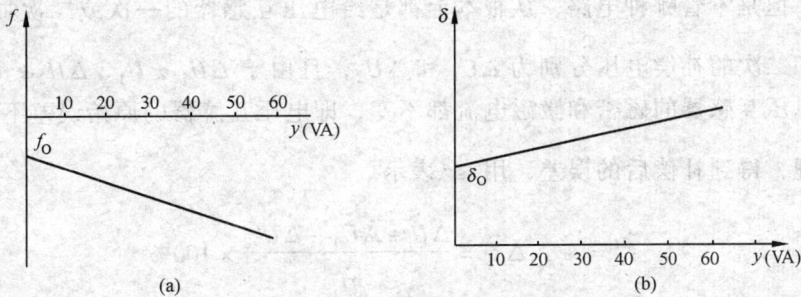

图 6-8 改变负载时误差变化特性曲线

（a）比值差特性曲线；（b）相位差特性曲线

相位差随负载功率因数变化的特性，其曲线如图 6-9 所示。图中的曲线图 1 为 $(X_1 + X_2) \ll (r_1 + r_2)$ 的情况；曲线图 2 为 $(X_1 + X_2) \approx (r_1 + r_2)$ 的情况。两曲线均接近正弦曲线。对于环型铁芯绕制的互感器，一般 $(X_1 + X_2) \ll (r_1 + r_2)$；而对于叠片铁芯的互感器，$(X_1 + X_2)$ 与 $(r_1 + r_2)$ 数值相当。

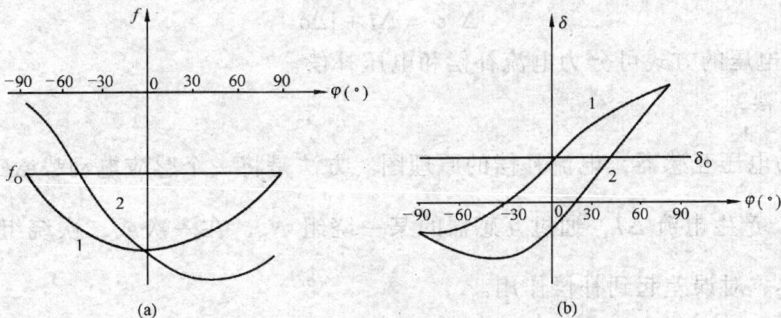

图 6-9 电压互感器误差的负载功率因数特性曲线

（a）比值差特性曲线；（b）相位差特性曲线

$1—x_k \ll r_k$；$2—x_k \approx r_k$

4. 频率影响

当频率改变时，互感器铁芯的磁密也随着改变，如果铁芯不饱和，且一次绕组的漏抗很小，则电压互感器在负荷接近空载的情况下，频率改变对其误差影响不大，可具有 25 ~ 1000Hz 的宽频带范围。

一般 50Hz 的电压互感器，只要留有一定的误差裕度并使铁芯不处于饱和状态，就可以用于 40 ~ 60Hz 的频率范围。

四、误差补偿

由前面的分析知道，针对电压互感器误差产生的原因，在互感器的设计上减少其测量误差，即减少空载误差的途径是减少激磁电流 $\dot{I}_m$ 及减少一次绕组的电阻 r_1 和漏抗 X_1，但这需要采用大截面的铁芯和优质硅钢片，增大导线截面等，从而使互感器体积增大，成本增加。因此，实际运用中往往是采取误差补偿的方法，即在保持电压互感器空载误差不变条件下改善其误差特性。

对电压互感器误差的补偿主要利用增添辅助铁芯和附加线圈以及由 R、L、C 元件组成的各种电路。但是不管哪种电路，从根本上都是给电压互感器的一次或二次加入补偿电压。

设加在一次和二次的补偿电压分别为 $\Delta\dot{U}_1$ 和 $\Delta\dot{U}_2$，且由于 $\Delta U_1 \ll U_1$、$\Delta U_2 \ll U_2$，可以近似认为补偿后电压互感器的磁密和激磁电流都不变，即电压互感器的原始误差不变，因此可以应用叠加原理，得到补偿后的误差，用 $\tilde{\varepsilon}'$ 表示

$$\tilde{\varepsilon}' = \tilde{\varepsilon} + \Delta\tilde{\varepsilon} = \frac{\Delta\dot{U} + \Delta\dot{U}_1 - \Delta\dot{U}'_2}{\dot{U}_1} \times 100\% \tag{6-21}$$

为了便于说明，式（6-21）所示互感器误差包含比值差和相位差，即为互感器的复数误差。式中 $\Delta\dot{U}'_2$ 为折算到互感器一次回路的 $\Delta\dot{U}_2$，即 $\Delta\dot{U}'_2 = \Delta\dot{U}_2 K_{uN}$。

补偿电压对误差的补偿增量为

$$\Delta\tilde{\varepsilon} = \frac{\Delta\dot{U}_1 - \Delta\dot{U}'_2}{\dot{U}_1} \approx \left(\frac{\Delta\dot{U}_1}{\dot{U}_1} - \frac{\Delta\dot{U}'_2}{\dot{U}_2} \right) \times 100\% \tag{6-22}$$

根据互感器复数误差的定义有

$$\Delta\tilde{\varepsilon} = \Delta f + j\Delta\delta \tag{6-23}$$

加入补偿电压的方式可分为电流补偿和电压补偿。

1. 电流补偿

图 6-10 为电压互感器，电流补偿的原理图。方法是将一个感应电动势 $\Delta\dot{E}$ 加在补偿回路总阻抗 Z_{op} 上，产生电流 $\Delta\dot{I}$，通过互感器的某一绕组 N_p，在一次或二次绕组中产生阻抗压降 $\Delta\dot{U}_1$ 或 $\Delta\dot{U}_2$，对误差起到补偿作用。

$\Delta\dot{E}$ 包括外加电动势 $\dot{E}_e$ 以及 N_p 的感应电动势 $\dot{E}_p$；绕组 N_p 可以是部分或整个一次绕组 N_{1p}、部分或整个二次绕组 N_{2p} 以及附加绕组 N_3，也可以是 N_3 与 N_{1p} 或 N_{2p} 的组合。由补偿方法的原理电路图 6-10 可以列出电流补偿的计算公式。

(a) (b)

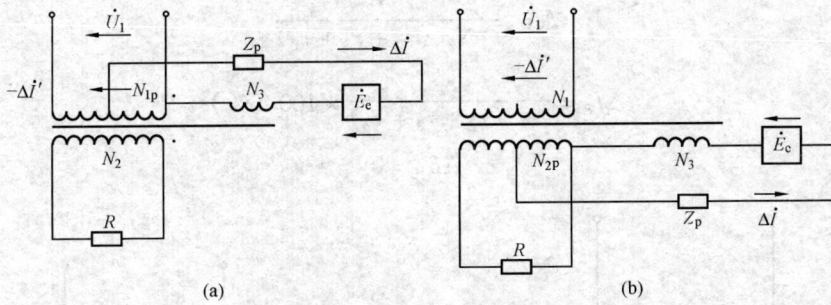

图 6-10　电压互感器电流补偿原理图

(a) 在一次侧电流补偿原理图；(b) 在二次侧电流补偿原理图

(1) 补偿电路在一次绕组，N_p 由 N_{1p} 和 N_3 组合时有

$$\Delta \tilde{\varepsilon} = \left(Z_{1p} - \frac{N_{1p} \pm N_3}{N_1} Z_1 \right) \left(\frac{N_{1p} \pm N_3}{N_1} - \frac{\dot{E}_e}{\dot{U}_1} \right) \frac{1}{Z_{op}} \tag{6-24}$$

式中：Z_{1p} 为 N_{1p} 绕组的内阻抗；Z_{op} 为包括外接阻抗 Z_P 在内的补偿回路总阻抗；Z_1 为一次绕组阻抗；N_3 前的 "±" 号表示在绕组 N_3 以不同极性接入补偿电路时，可作出不同的选择。

(2) 补偿电路在二次绕组，N_p 由 N_{2p} 和 N_3 组合时，

$$\Delta \tilde{\varepsilon} = \left[Z_{2p} + \frac{(N_{2p} \pm N_3) N_2}{N_1^2} Z_1 \right] \left(\frac{N_{2p} \pm N_3}{N_2} + \frac{\dot{E}_e}{\dot{U}_2} \right) \frac{1}{Z_{op}} \tag{6-25}$$

式中：Z_{2p} 为 N_{2p} 绕组的内阻抗。

电压互感器的一次侧电压高或者一次绕组的抽头多，用电流补偿很不方便，因此主要在互感器的二次侧进行电流补偿。最常用的方法有：

1) 在二次绕组并联电容。将图 6-10 (b) 中的 $E_e = 0$，$N_3 = 0$，$N_{2p} = N_2$，$Z_{2p} = Z_2$，$Z_{op} \approx -j / (\omega C)$，得图 6-11 所示二次绕组电容的补偿原理电路图。将条件代入式 (6-25)，得

$$\begin{aligned}
\Delta \tilde{\varepsilon}_c &= -j\omega C (Z'_1 + Z_2) \\
&= -j\omega C (r'_1 + jX'_1 + r_2 + jX_2) \\
&= \omega C (X'_1 + X_2) - j\omega C (r'_1 + r_2)
\end{aligned} \tag{6-26}$$

所以

$$\Delta f_c = \omega C (X'_1 + X_2) \times 100 \quad (\%) \tag{6-27}$$

$$\Delta \delta_c = -\omega C (r'_1 + r_2) \times 3438 \quad (') \tag{6-28}$$

图 6-11　二次绕组并联电容补偿原理图

上列式子中带 "'" 的参数为由互感器一次回路折算的二次回路的参数。电容补偿的误差特性，可以平移电压比值差曲线和相位差曲线得到。

2) 当 N_2 与 N_3 反接，且 $N_3 = N_2 + 1$，$Z_p = r_p$ 时，就是双绕组分数匝补偿，原理线路如图 6-12 所示。

这种补偿方法的误差 $\Delta \tilde{\varepsilon}$ 计算，可将式 (6-25) 中的 $E_e = 0$，$N_{2p} - N_3 = N_2 - N_3 = -1$，$Z_{2p} = Z_2 \approx r_2$，$Z_{op} = Z_2 + Z_3 + Z_p \approx r_2 + r_3 + r_p$，则

$$\Delta \tilde{\varepsilon}_R = \frac{r_2}{N_2 \ (r_2 + r_3 + r_p)} \tag{6-29}$$

$$\Delta f_R = \frac{r_2}{N_2 \ (r_2 + r_3 + r_p)} \times 100 \ (\%) \tag{6-30}$$

$$\Delta \delta_R = 0 \tag{6-31}$$

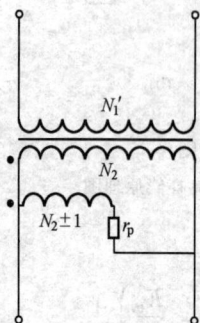

图 6-12　双绕组
分数匝补偿原理图

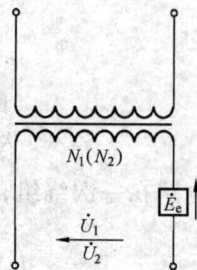

图 6-13　电压补偿
原理图

双绕组分数匝补偿的误差特性可以平移电压比值误差特性曲线。

2. 电压补偿

将外加电压或电势 $\tilde{E}_e$ 直接串联加入一次绕组或二次绕组，原理电路如图 6-13 所示。

$\tilde{E}_e$ 的内阻抗 Z_e 可归入一次绕组的内阻抗 Z_1 或二次绕组的内阻抗 Z_2，作为 Z_1 或 Z_2 的一部分。如 $Z_e \ll Z_1$ 或 $Z_e \ll Z_2$，则可忽略不计。因此，若将 $\dot{E}_e$ 加于一次回路，$\Delta \dot{U}_1 \approx - \dot{E}_e$，则

$$\Delta \tilde{\varepsilon} = - \frac{\Delta \dot{U}_1}{\dot{U}_1} \approx \frac{\dot{E}_e}{\dot{U}_1} \tag{6-32}$$

若将 $\dot{E}_e$ 加于二次回路，$\Delta \dot{U}_2 \approx - \dot{E}_e$

$$\Delta \tilde{\varepsilon} = - \frac{\Delta \dot{U}_2}{\dot{U}_2} \approx \frac{\dot{E}_e}{\dot{U}_2} \tag{6-33}$$

最常用的方法有：

(1) 匝数补偿。在一次绕组少绕 N_x 匝，则 $\dot{E}_e = \frac{- N_x}{N_1} \dot{E}_1$，由式 (6-32) 可得

$$\Delta \tilde{\varepsilon} \approx \frac{\dot{E}_e}{\dot{U}_1} \approx - \frac{\dot{E}_e}{\dot{E}_1} = \frac{N_x}{N_1} \tag{6-34}$$

$$\Delta f = \frac{N_x}{N_1} \times 100 \ (\%) \tag{6-35}$$

$$\Delta \delta = 0 \tag{6-36}$$

当在二次绕组多绕 N_x 匝，则 $\dot{E}_e = \dfrac{N_x}{N_2}\dot{E}_2$，由式（6-33）可得

$$\Delta\tilde{\varepsilon} \approx \frac{\dot{E}_e}{\dot{U}_2} \approx \frac{\dot{E}_e}{\dot{E}_2} = \frac{N_x}{N_2} \tag{6-37}$$

$$\Delta f = \frac{N_x}{N_2} \times 100 \ （\%） \tag{6-38}$$

$$\Delta\delta = 0 \tag{6-39}$$

这种补偿方法的误差特性可平移电压误差曲线。

【例 6-4】 一台 10kV/100V 电压互感器，二次绕组为 160 匝，如二次绕组多绕 1 匝对电压比值误差影响多少？

解 由式（6-38）可得

$$\Delta f = \frac{N_x}{N_2} \times 100 = \frac{1}{160} \times 100 = 0.625 \ （\%）$$

二次绕组多绕 1 匝对电压比值差补偿 +0.625%。

（2）附加小互感器分匝数补偿。在电压互感器上绕制 $N_x = 1$ 匝，并将 N_x 加在一个附加的小互感器上，经小互感器降压后，再串联接入一次或二次绕组，原理如图 6-14 所示。

由于附加的小互感器各参数对主互感器的影响相对很小，可略去其影响。当小互感器的电压比 $K_x = N_{x1}/N_{x2}$ 时，即可得到 $1/K_x$ 匝数补偿。

误差补偿量为

$$\Delta f = \frac{1}{K_x N_{1(2)}} \times 100 \ （\%） \tag{6-40}$$

$$\Delta\delta = 0 \tag{6-41}$$

图 6-14　附加小互感器分匝数补偿原理线路

显然，Δf 的正负号取决于与其所连接的位置以及附加互感器的连接极性，请读者自己推导。

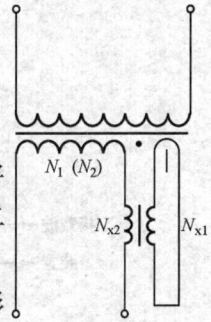

第二节　电容式电压互感器工作原理及误差

电容式电压互感器简称 TVC，在 110kV 及以上的高压电力系统中，通常采用 TVC 作电压、功率测量，还可通过电容式电压互感器进行载波通信。TVC 的运行可靠性比电磁式电压互感器高，但总费用却低些，因此，TVC 成为 110kV 及以上电压互感器推广应用的方向。

TVC 主要由电容分压器和电磁装置组成。电磁装置包括中间变压器、补偿电抗器和谐振阻尼器，原理图如图 6-15 所示。高压电容 C_1（主电容器）和中压电容 C_2（分压电容）串联构成分压器，它将系统的高压 U_1 降为某一中间电压 U_2，加到中间变压器 T 的一次绕组，通过变压器降为额定的 $(100/\sqrt{3})$ V 和 100V 两种电压输出。图中的 L 为补偿电抗器，Z_x 为谐振阻尼器，S 为载波装置保护间隙，1u1 – 1u2、2u1 – 2u2、fu1 – fu2 为中间变压器的三个二次绕组。

一、工作原理

TVC 的工作原理就是利用串联电容分压，高电压加在整个分压器上，再从分压器的分压

元件上按比例取出高电压的一部分作为输出电压。电容分压器原理如图 6-16 所示。

设电容器 C_1 和 C_2 的阻抗为

$$Z_{C1} = r_{C1} + \frac{1}{j\omega C_1}$$

$$Z_{C2} = r_{C2} + \frac{1}{j\omega C_2}$$

式中：r_{C1}、r_{C2} 为电容器 C_1 和 C_2 有功损耗的等效电阻；C_1、C_2 为各自的电容量。

由电路定律可写出

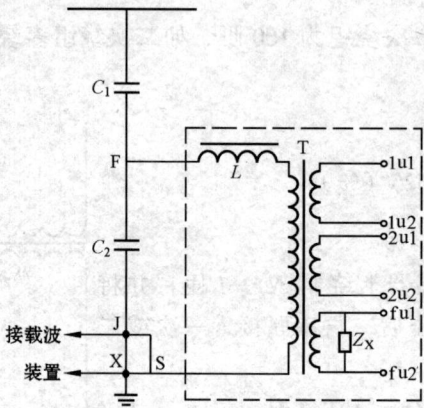

图 6-15 电容式电压互感器原理图

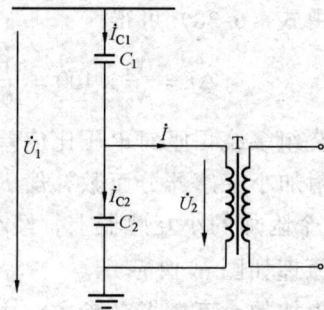

图 6-16 电容分压器原理图

$$\left.\begin{array}{l} \dot{U}_1 = \dot{U}_2 + Z_{C1} \left(I + \dot{I}_{C2} \right) \\ \dot{U}_2 = Z_{C2} \dot{I}_{C2} \end{array}\right\} \tag{6-42}$$

解方程式组（6-42），可得

$$\dot{U}_2 = \frac{Z_{C2}}{Z_{C1} + Z_{C2}} \dot{U}_1 - \frac{Z_{C1} Z_{C2}}{Z_{C1} + Z_{C2}} \dot{I} \tag{6-43}$$

$$\frac{Z_{C2}}{Z_{C1} + Z_{C2}} \approx \frac{C_1}{C_1 + C_2} = K$$

$$\frac{Z_{C1} Z_{C2}}{Z_{C1} + Z_{C2}} = Z_C = r_C + \frac{1}{j\omega C}$$

式中：K 为降压比；Z_C 为分压器的等值阻抗；r_C、C 为等值电阻与等值电容，且 $C = C_1 + C_2$（注意，这里的 C 不是两个电容器串联的总电容量）。

故式（6-43）可写成

$$\dot{U}_2 = K\dot{U}_1 - Z_C \dot{I} \tag{6-44}$$

由式（6-44）可看出：由于 $\dot{I}$ 与负载阻抗有关，当电容器 C_1 和 C_2 固定时（即降压比一定），$\dot{U}_2$ 将随负载阻抗压降而剧烈变化，这是由于容抗 $1/\omega C$ 很大，使变比误差无法满足精度要求，所以必须在分压器回路中串联一只电抗器，以补偿容抗压降。当配合恰当时（$\omega L = 1/\omega C$），$\dot{U}_2$ 的变化只受数值很小的电阻（$r_C + r_L$）压降的影响，这里 r_L 为电抗器线圈的电阻，L 为电抗器的电感 L_L 和中间变压器漏电感 L_K 之和。故电容分压器与电抗器串联的等效电路如图 6-17 所示。图中 $Z_C = r_C + 1/j\omega C$，$Z_L = r_L + j\omega L_L$，Z 为负载阻抗。

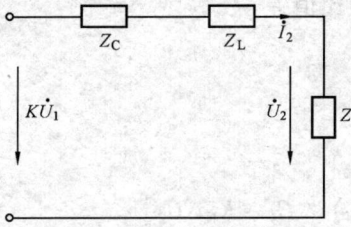

图 6-17 电容分压器与电抗器
串联的等效电路

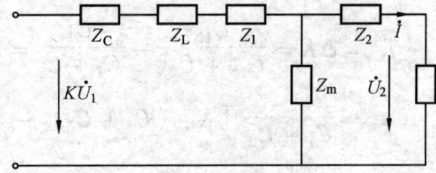

图 6-18 电容式电压互感器等效电路
Z_1、Z_2、Z_m 为电磁互感器的
绕组阻抗和激磁阻抗

电容分压器的输出端（包括串联电抗器）接低压电磁式互感器。当低压电磁式互感器只有一个二次绕组工作时，普通双绕组电磁式互感器的等效电路是大家熟悉的。故电容式电压互感器的等效电路可直接画出，如图 6-18 所示。对应的电压平衡方程式为

$$\dot{U}_2 = K\dot{U}_1 - \left[Z_2 + \frac{Z_m (Z_C + Z_L + Z_1)}{Z_m + Z_C + Z_L + Z_1} \right] \dot{I} \tag{6-45}$$

假如略去低压电磁式互感器的励磁电流，即认为 $Z_m \approx \infty$，则可得电容式电压互感器的简化等效电路如图 6-19 所示。图 6-20 中 $X_c = \dfrac{1}{j\omega C}$，$X_k = j\omega (L_1 + L_{kT})$，$r_K = r_C + r_L + r_{kt}$，而 L_{kT}、r_{kT} 为低压电磁式互感器一对绕组的短路电感和短路电阻。

对应的电压平衡方程式为

$$\dot{U}_2 = K\dot{U}_1 - \left[r_K + j (X_K - X_C) \right] \dot{I} \tag{6-46}$$

式（6-46）常用作电容式电压互感器理论分析与计算的基础。其对应的相量图如图 6-47 所示。

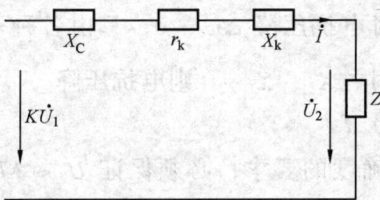

图 6-19 电容式电压互感器
简化等效电路

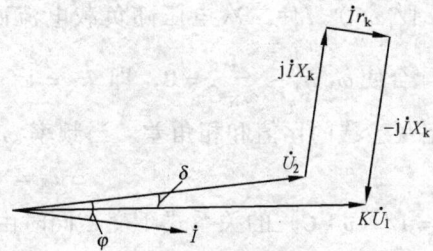

图 6-20 电容式电压互
感器相量图

二、误差特性

1. 电容分压器的误差

构成电容分压器的主电容 C_1 和分压电容 C_2 的实际值与各自的额定值 C_{1N} 和 C_{2N} 往往有差异，这就造成分压比的误差，即分压器的比值差。而当电容 C_1 的介质损耗因数（$\mathrm{tg}\delta_1$）不等于电容 C_2 的介质损耗因数（$\mathrm{tg}\delta_2$）时（电路上表现为 $r_{c1} \neq r_{c2}$），分压器还存在相角差（$\dot{U}_1$ 与 $K\dot{U}_1 = \dot{U}_2$ 间）。可见，分压比 K 为一复数，应分别就比值差与相角差进行讨论。

由于 $1/\omega C \gg r$，故 r 对分电压比的绝对值影响很小，可以认为 $K = \dfrac{Z_{C2}}{Z_{C1} + Z_{C2}} = \dfrac{C_1}{C_1 + C_2}$。令电容差值 $\Delta C_1 = C_{1N} - C_1$，$\Delta C_2 = C_{2N} - C_2$，则分压器的比值差

$$
\begin{aligned}
f_C = \Delta K &= \frac{C_{1N}}{C_{1N} + C_{2N}} - \frac{C_1}{C_1 + C_2} = K_N - \frac{C_1}{C_1 + C_2} \\
&= \frac{1}{C_1 + C_2} \left[K_N \left(C_1 + C_2 \right) - C_1 \right] \\
&= \frac{1}{C_1 + C_2} \left[\left(K_N - 1 \right) C_{1N} + K_N C_{2N} + \left(1 - K_N \right) \Delta C_1 - K_N \Delta C_2 \right] \\
&= \frac{1}{C_1 + C_2} \left[\left(1 - K_N \right) \Delta C_1 - K_N \Delta C_2 \right]
\end{aligned}
\tag{6-47}
$$

电压分压器的相角差由电容器的介质损耗因数（$\mathrm{tg}\delta$）决定，当 $\mathrm{tg}\delta_1 = \mathrm{tg}\delta_2$ 即主电容 C_1 的介质损耗因数等于分压电容 C_2 的介质损耗因数时，相角差 $\delta_C = 0$；当 $\mathrm{tg}\delta_1 \neq \mathrm{tg}\delta_2$ 时，角差可按下式计算

$$
\delta_C = \frac{C_2}{C_1 + C_2} \left(\mathrm{tg}\delta_2 - \mathrm{tg}\delta_1 \right) \times 3437.8'
\tag{6-48}
$$

2. 电磁装置的空载误差和负载误差

联接在电容分压器后面的电磁装置，其电压平衡方程式、等效电路与电磁式电压互感器有着完全相同的形式，所以其误差计算也和电磁式电压互感器的计算方法相同。当只有一个二次绕组工作时，可参照式（6-10）和式（6-11）中第一项空载误差来计算。但应注意此时一次侧电阻 $r_1 = r_L + r_{1T}$，一次侧漏电抗 $X_1 = X_{1T} + \left(X_L - X_C \right)$。这里 r_{1T} 和 x_{1T} 为低压电磁式互感器一次绕组的电阻和漏电抗。低压电磁式互感器一对绕组的短路电阻和短路电抗为 $r_K = r_1 + r_{2T}$，$X_K = X_1 + X_{2T}$。r_{2T} 和 X_{2T} 为低压电磁式互感器二次绕阻的电阻和电抗。

3. 误差与工作条件的关系

（1）电网频率对误差的影响。由图 6-42 可见，互感器有负载电流时，电压降（$r_k + \mathrm{j}\omega L_K + 1/\mathrm{j}\omega C$）$\dot{I}$ 使二次电压随负载电流而变化。通常在额定频率 ω_N（50Hz）时，参数 L_K 与 C 配合使 $\omega_N L_K - \dfrac{1}{\omega_N C} = 0$，即 $L_K = 1/\left(\omega_N^2 C \right)$，此时电抗压降 $\Delta u_x = 0$，只由各种等效电阻决定互感器的比值和相角差。当频率 ω 为非额定值时，$X_L - X_C \neq 0$ 则电抗压降

$$
\Delta u_X = \left(\omega L_K - 1/\omega C \right) I
\tag{6-49}
$$

而 $L_K = 1/\left(\omega_N^2 C \right)$ 的关系式不变，同时由于互感器准确度的要求，必须保证 $U_2 \approx K U_1$，即电流 I 与输出容量 S 之间近似有下述关系式

$$
I = \frac{S}{U_2} \approx \frac{S}{K U_1}
$$

将上述两个条件关系式代入式（6-49）可得

$$
\Delta u_X = \left(\frac{\omega}{\omega_N} - \frac{\omega_N}{\omega} \right) \frac{S}{\omega_N C K U_1}
$$

即

$$
\frac{\Delta u_X}{K U_1} \left(\% \right) = \left(\frac{\omega}{\omega_N} - \frac{\omega_N}{\omega} \right) \frac{S}{\omega_N C K^2 U_1^2} \times 100
\tag{6-50}
$$

根据式（6-50），取 $S = 150\mathrm{VA}$，$K U_1 = 13000\mathrm{V}$，对不同的等值电容 C 所描出的 $\Delta u_X(\%) =$

$f(\omega)$ 曲线如图 6-21 所示。图中曲线①～④代表从大到小的四个不同电容量的频率影响情况。从曲线图可以看出：当互感器的输出容量 S 与电容量 C 一定时，在一定的频率范围内 $\Delta u_X（\%）$ 正比于输出 S，反比于电容量 C。

根据以上分析可得出 TVC 随电源频率变化而引起比值差和相位差计算公式

$$f（\omega） = \frac{\Delta u_X（\%）}{KU_1}\sin\varphi \qquad (6-51)$$

$$\delta_\omega = \frac{\Delta u_X（\%）}{KU_1}\cos\varphi \times 34.38' \qquad (6-52)$$

由于 TVC 误差的频率影响最直接，为保证其测量的准确度，国家标准对运行的频率变动范围，规定在额定频率的 ±1% 以内。

（2）运行温度对误差的影响。分压器中电容器的电容量 C 是随温度变化而改变的，这对 TVC 产生以下两个方面的影响。

图 6-21 $\Delta u_X（\%） = f（\omega）$ 曲线

1）分压值的变化。分压器的压降比 $K = \dfrac{C_1}{C_1 + C_2}$，如果 C_1 和 C_2 的温度系数相同，则由于比值 K 的分子、分母同时具有相近的变化量，因而对 K 值影响较小；但当 C_1 和 C_2 的温度系数不相同时，K 值则随温度的变化而变化，分压器的比值差也随之改变。因此，一般设计中要求两组电容器不但具有相同的温度系数，而且应具有相同的发热和散热条件。所以，采用多级耦合电容器与分压器叠装串联结构是有利的。另外，电容的介质损耗因数 $tg\delta$ 也随温度而改变，故不同的温度系数将导致分压器相位差的变化。

2）容抗压降的变化。温度变化引起分压器中电容量变化，从而导致容抗压降变化。因此，温度影响负载误差变化，其比值差与相位差的计算公式与式（6-10）和式（6-11）有完全相同的形式。

影响 TVC 准确度的因素还有很多，其影响的结果有正有负，可以利用设计参数的搭配，使这些影响相互补偿，在一定程度上能改善误差特性。

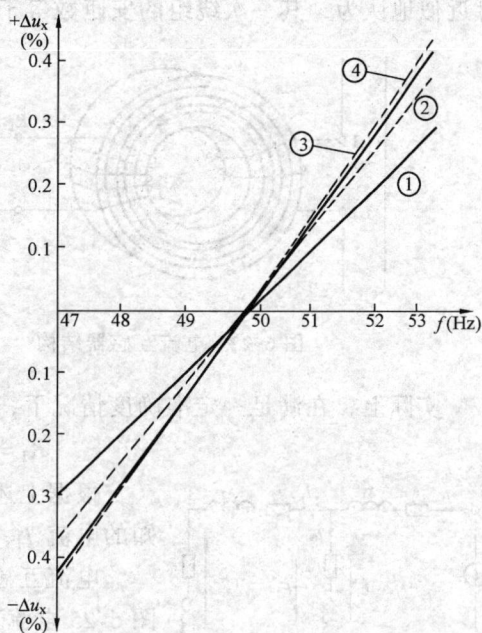

第三节　电流互感器工作原理及误差

一、工作原理

电流互感器相当于一台电流变换器，其与电流变换器的区别：一是互感器对电流变换的比例以及变换前后的相位有严格的要求，而电流变换器对这些要求不高；二是前者主要传输被测电流的有关信息，即电流的大小和相位给测量仪表，后者主要用于改变电路的输出阻抗，为负载提供大小合适的电流。电流互感器结构如图 6-22 所示。在电路图中的符号如图 6-23 所示。

电流互感器二次回路所接仪表的阻抗是很小的，其运行工作状态相当于变压器的短路状态。在设计制造时采取较大的铁芯截面，以降低磁通密度和激磁电流来提高准确度。因此，可近似地认为，其一次绕组的安匝数等于二次绕组的安匝数，即 $I_1 N_1 = I_2 N_2$。

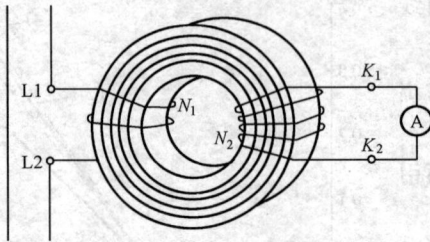

图 6-22　电流互感器结构

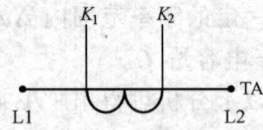

图 6-23　电流互
感器的符号

实际上，在满足一定准确度情况下，可以认为两电流的变比是恒定的，即

$$K_I = I_1 / I_2 = N_2 / N_1 \tag{6-53}$$

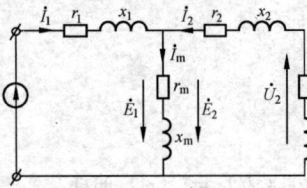

图 6-24　变比为 1 的电流
互感器等值电路

根据上述关系式，可以由二次电流的大小 I_2 来测出一次未知的电流 I_1，即 $I_2 = I_1 / K_I$。

电流互感器的工作原理可用图 6-24 电流互感器等值电路和图 6-25 电流互感器相量图来说明。与电压互感器相一样，电流互感器的等值电路本来也可较直观的画成两个独立的回路，但为便于分析，这里通过类似于电压互感器的方法，将其变换成"T"型等值电路。电网电流 $\dot{I}_1$ 加于一次绕组 N_1，则在二次绕组 N_2 产生感应电动势 $\dot{E}_2$，从而产生二次电流 $\dot{I}_2$。由于互感器二次绕组内存在电阻 r_2 与电抗成分 X_2，连接于二次回路中电能表等仪表也存在电阻 r_b 与电抗成份 X_b。在此，电抗为感性，为便于分析，设互感器变比为 1。实际上当 $N_1 \neq N_2$ 时，可将二次回路的参数折算成一次回路的参数，折算系数与互感器的变比值（理想的情况下，变比值 $K_I = I_1 / I_2 = N_1 / N_2$）有关。折算成一次回路后的各参数为

$$\dot{E}'_2 = K_I \dot{E}_2, \quad \dot{U}'_2 = K_I \dot{U}_2, \quad \dot{I}'_2 = \frac{1}{K_I} \dot{I}_2, \quad r'_2 = K_I^2 r_2, \quad X'_2 = K_I^2 X_2, \quad r'_b = K_I^2 r_b, \quad X'_b = K_I^2 X_b$$

通过折算可将互感器二次回路各参数放到互感器 T 型等值图中，使这个等值电路图成为任意变比值的电压互感器等值电路图，图 6-24 所示等值电路中二次侧的各参数就是经折算后的参数。

在二次回路中，二次电流 $\dot{I}_2$ 一般滞后 $\dot{U}_2$ 一个角度 φ，感应电动势 $\dot{E}_2 = \dot{U}_2 + \dot{I}_2 (r_2 + jX_2)$，电流 $\dot{I}_2$ 在 r_2 上产生与其同相的压降，在 X_2 上产生与其超前 90° 的压降，这两个压降之和为 $\dot{I}_2 Z_2$。因此，$\dot{U}_2$ 落后于 $\dot{E}_2$ 一个角度，$\dot{E}_2$ 由互感器铁芯中的磁通 Φ 产生并滞后磁通 Φ 为 90°。Φ 是由激磁电流 $\dot{I}_m$ 产生。铁芯中存在磁滞和涡流损耗，故 $\dot{I}_m$ 具有有功分量，还有产生磁通 Φ 的无功分量，因此激磁电流 $\dot{I}_m$ 又可分解为有功分量 $\dot{I}_0$ 及无功分量 $\dot{I}_w$，从而使磁通 Φ 滞后 $\dot{I}_m$ 一个角度 θ，一次电流 $\dot{I}_1$ 可由 $-\dot{I}_2$ 及 $\dot{I}_m$ 的相量和求得，在二次回路中，一般 $\dot{I}_2$ 电流落后于电压 $\dot{U}_2$ 一个角度 φ，相量图如图 6-25 所示。

在一、二次回路之间有如下关系：

（1）感应电动势为

$$\dot{E}_1 = \dot{E}_2$$

$\dot{\Phi}$ 通过互感器铁芯的在一、二次绕组中产生的感应电动势 $\dot{E}_1$、$\dot{E}_2$，经折算 $\dot{E}_1 = \dot{E}_2$。在 $\dot{E}_2$ 作用下产生互感器二次输出电流 $\dot{I}_2$。

（2）激磁电流为

$$\dot{I}_1 + \dot{I}_2 = \dot{I}_m \tag{6-54}$$

根据磁势平衡原理，有

$$\dot{I}_1 N_1 + \dot{I}_2 N_2 = \dot{I}_m N_1 \tag{6-55}$$

将等号两边除以 N_1，并将 $\dot{I}_2/k_I$ 以其折算量表示，即可得式 (6-54)。

从式 (6-54) 可看出，由于互感器铁芯的磁化需要激磁电流 $\dot{I}_m$，因此，二次电流 $\dot{I}_2$ 并不等于一次电流 $\dot{I}_1$，从而引起互感器输入和输出电流在相位与比值的差异。可见激磁电流是产生互感器测量误差的主要原因。在电流互感器相量图中，$-\dot{I}_2$ 与 $\dot{I}_1$ 长度不一致是由激磁电流 $\dot{I}_m$ 引起的。电流互感器比值差用 f 表示；$-\dot{I}_2$ 与 $\dot{I}_1$ 的夹角就是电流互感器相位差，用 δ 表示。电流互感器误差是互感器输出电流 $\dot{I}_2$ 与输入电流 $\dot{I}_1$ 两个相量的相对差别，因此分为比值差和相位差两个方面。比值差即是额定变比与实际变比之差对实际变比的百分比。相位差即为为一次电流的相量 $\dot{I}_1$ 与二次电流反向后相量 $-\dot{I}_2$ 的夹角 δ（见图 6-25），并且，当 $-\dot{I}_2$ 相量超前 $\dot{I}_1$ 相量时，角差 δ 为正，滞后时为负。通常相位差是以"分"或"弧度"表示。

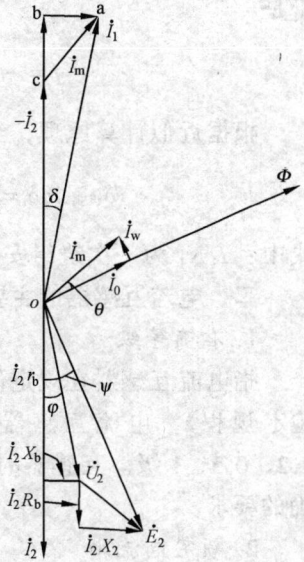

电流互感器的复数误差 $\tilde{\varepsilon}$，是反转 180° 的二次电流相量按额定电流比折算到一次后，与实际一次电流相量之差的比值，用百分数表示，即

$$\tilde{\varepsilon} = \frac{-K_{IN}\dot{I}_2 - \dot{I}_1}{\dot{I}_1} \times 100\% \tag{6-56}$$

复数误差包含比值差和相位差，即

$$\tilde{\varepsilon} = f + j\delta$$

运用电流互感器的等值图 6-24 和相量图 6-25 根据电流互感器误差的定义可以分析计算电流互感器的误差

$$f = \frac{K_{IN} - K_I}{K_I} \times 100\% = \frac{K_{IN}I_2 - I_1}{I_1} \times 100\% \tag{6-57}$$

式中 $K_{IN} = I_{1N}/I_{2N}$ 为互感器额定电流比，K_I 为互感器实际电流比。

在一般情况下，测量用互感器的相位差 δ 值以及比值差 f 都相对较小（$\delta < 2°$，$f < 1\%$），可近似认为图 (6-25) 中 $I_1 = K_{IN}I_2 + \overline{bc} = K_{IN}I_2 + I_m \sin(\theta + \psi)$。将其代入式(6-56)，

图 6-25　电流互感器相量图

于是

$$f = -\frac{I_m}{I_1}\sin(\theta + \psi) = -\frac{I_m N_1}{I_1 N_1}\sin(\theta + \psi) \times 100\% \tag{6-58}$$

根据近似计算原理，当角度很小时，相位差

$$\delta \approx \sin\delta = \frac{\overline{ab}}{I_1} = \frac{I_m}{I_1}\cos(\theta + \psi) = \frac{I_m N_1}{I_1 N_1}\cos(\theta + \psi) \times 3437.8' \tag{6-59}$$

式中：$I_1 N_1$ 为一次绕组安匝数；$I_m N_1$ 为激磁安匝数。

二、电流互感器的主要参数

1. 准确等级

指电流互感器在规定使用条件下的准确度等级。按照 JJG313—1994《测量用电流互感器检定规程》，电流互感器准确度可分为：0.001、0.002、0.005、0.01、0.02、0.05、0.1、0.2、0.5、1 级。互感器的误差包括比值差和相位差，每一个准确等级的互感器都对此有明确的要求。

2. 额定电流比

额定一次电流与额定二次电流的比值即为额定电流比。

$$K_I = I_{1N}/I_{2N} = N_2/N_1$$

与电压互感器不同的是，电流互感器额定电流比与一次匝数成反比，与二次匝数成正比，即与匝数比成反比。

3. 额定一次电流

指测量用电流互感器额定的输入一次回路电流 I_{1N}。根据国家标准 GB1208—1997《电流互感器》，额定一次电流的标准值为：

（1）单电流比互感器为 10、12.5、15、20、25、30、40、50、60、75A 以及它们的十进倍数或小数，有下标线的是优选值；

（2）多电流比互感器为额定一次电流的最小值，采用（1）中所列的标准值。

4. 额定二次电流

指电流互感器额定输出的二次电流 I_{2N}。电力系统常用二次额定电流为：1、5A。1A 规格主要用于高压系统的互感器。

5. 额定负荷和下限负荷

指额定工况下二次回路的阻抗或功率，用欧姆值或视在功率值数表示。负荷通常以视在功率（伏安值）表示。额定负荷是互感器在规定的功率因数和额定负荷下运行时二次所汲取的视在功率（VA），是确定互感器准确级所依据的负荷值。

二次回路额定负载输出的视在功率

$$S_N = I_{2N}^2 Z_N \quad \text{（VA）} \tag{6-60}$$

根据国家标准 GB1208—1997《电流互感器》，额定输出的标准值为 2.5、5、10、15、20、25、30、40、50、60、80、100VA

根据检定规程规定，互感器的二次负荷必须大到 100% ~ 25% 额定负荷范围内，方能保证其误差合格，一般情况下，将 25% 额定负荷称作"下限负荷"。具体的情况见互感器检定规程。

【例 6-5】 额定容量为 20VA，额定二次电流为 5A 的电流互感器，求其额定负荷和下限负荷。

解 由式（6-59）得到

额定负荷
$$Z_N = \frac{S_N}{I_{2N}^2} = \frac{20}{25} = 0.8 \ (\Omega)$$

下限负荷
$$Z_x = 25\% Z_N = 0.25\% \times 0.8 = 0.2 \ (\Omega)$$

6. 额定二次负荷的功率因数

额定工况下互感器二次回路所带负载的功率因数。

三、电流互感器误差与工作条件的关系

电流互感器的工作条件是指互感器工作时它的一次电流、二次负荷及其功率因数等的状况。当这些条件偏离额定值时，将对互感器的误差产生影响。

1. 一次电流对误差的影响

当激磁电流 I_m 与互感器铁芯中磁通 Φ 之间为非线性关系时，在不同 Φ 的数值时互感器有不同的误差，电流互感器在 $I_1 < I_{1N}$ 的范围运行时。如电流升高，铁芯磁密将增大，则磁导率和损耗角 θ 增大。由式（6-58）和式（6-59），导致比值 I_m/I_1 随着电流的增大而减小，$\sin(\theta+\psi)$ 增大，$\cos(\theta+\psi)$ 减小。由于 $I_m \ll I_1$ 且 $\sin(\theta+\psi)$ 和 $\cos(\theta+\psi)$ 都 < 1，因此，当电流增大时，互感器的误差减小，同时，比值差减小得少，相位差减小得多。

2. 二次负荷对误差的影响

（1）二次负荷对误差的影响。由式（6-56）可知

$$\widetilde{\varepsilon} = \frac{-K_{IN}\dot{I}_2 - \dot{I}_1}{\dot{I}_1} = -\frac{\dot{I}_m}{-\dot{I}'_2} = -\frac{-\dot{E}_1/Z_m}{-\dot{E}'_2/Z'_b} = -\frac{Z'_b}{Z_m}$$

从上式可知，互感器误差与二次负荷的大小成正比，实际上当二次负荷增大时，铁芯的磁密增大，导磁率也略为减少，所以，互感器的误差随着二次负荷的增大而增大。但小于成正比的增大。

（2）二次负荷的功率因数对误差的影响。二次负荷 Z_f 的 $\cos\varphi$ 中，功率因数角 φ 为 Z_f 的阻抗角。分析相量图 6-52 及式（6-58）、式（6-59），互感器二次回路的总阻抗角 ψ 的主要成分是 φ 角，φ 角的增大使 ψ 角增大，因此使 $\sin(\theta+\psi)$ 增大，$\cos(\theta+\psi)$ 减小。可见二次负荷的功率因数角 φ 的增大，将引起互感器的比值差增大，相位差减小。

f 和 δ 与电流的关系曲线如图 6-26 所示。图中 Z_N 为互感器额定负荷；Z_x 为互感器下限负荷。

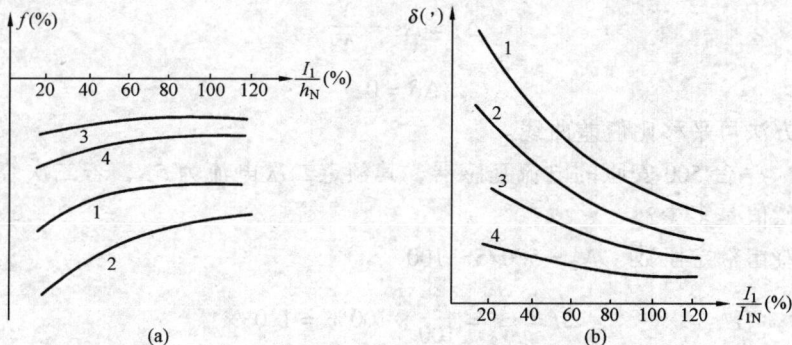

图 6-26 f 和 δ 与电流的关系曲线

(a) f 与电流的关系曲线；(b) δ 与电流的关系曲线

1—Z_n, $\cos\varphi=1$；2—Z_n, $\cos\varphi=0.8$；3—Z_x, $\cos\varphi=1$；4—Z_x, $\cos\varphi=0.8$

3．频率影响

若互感器绕组的漏抗和分布电容都不很大，则频率改变对电流互感器误差的影响也不大，其频率影响具有 25～1000Hz 宽频带的恒定误差特性。

一般 50Hz 的电流互感器，只要留有一定的误差裕度并使铁芯不处于饱和状态，就可以用于 40～60Hz 的频率范围。

四、误差补偿

通过采取一些恰当的措施，使互感器保持较小的体积而具有较高的准确度是很有实用价值的。这些措施一般是通过增设辅助铁芯和附加绕组，以及由绕组和 R、L、C 元件组成各类补偿线路，为减小激磁电流而对电流互感器提供补偿。互感器补偿的方法可分为磁势补偿和电动势补偿两大类。

1．磁势补偿

通过外加的一个绕组 N_3 获得的电流 $\Delta \dot{i}$ 给互感器的某一绕组的一部分 N_P 提供磁势 $\Delta \dot{i} N_P$，用以补偿互感器误差。其补偿原理线路如图 6-27 所示。

补偿电路可以在一次侧，也可在二次侧，但由于高压互感器一次电压高，而精密互感器的一次绕组多，在一次绕组进行补偿不方便，因此，补偿电路通常加在二次。最常用的磁势补偿方法有以下两种。

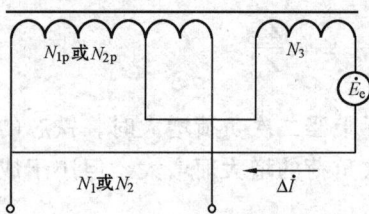

图 6-27　磁势补偿原理线路

补偿的互感器复数误差

（1）匝数补偿。电流互感器的输出电流与二次绕组的匝数成反比，当二次绕组匝数少于额定匝数 N_2 时，二次电流会成反比地增大。设二次绕组减少的匝数为 N_x，二次电流增大了 $\Delta \dot{I}_2$，由式（6-55）可得

$$- \dot{I}_1 N_1 \approx \dot{I}_2 N_2 \approx (\dot{I}_2 + \Delta \dot{I}_2)(N_2 - N_x)$$

于是

$$\Delta \dot{I}_2 N_2 \approx \dot{I}_2 N_x$$

$$\Delta \tilde{\varepsilon} = - \frac{\Delta \dot{I}_2 N_2}{\dot{I}_1 N_1} \approx \frac{N_x}{N_2} \tag{6-61}$$

$$\Delta f = \Delta \varepsilon = \frac{N_x}{N_2} \tag{6-62}$$

$$\Delta \delta = 0 \tag{6-63}$$

这种补偿方法可平移比值差曲线。

【例 6-6】　一台 500 安匝的电流互感器，其额定二次电流为 5A，若二次绕组少绕 1 匝，对比值差的补偿值是多少？

解： 二次绕组额定匝数　$N_2 = 500/5 = 100$

根据式（6-62），有　　　　　　$\Delta f = \frac{N_x}{N_2} = \frac{1}{100} \times 100\% = 1.0\%$

500 安匝互感器二次绕组少绕 1 匝，对比值差的补偿值为 +1.0%。

（2）二次绕组并联阻抗补偿。在电流互感器二次绕组并联阻抗元件 Z_P 的线路如图 6-28 所示。图中 Z 为互感器二次负荷阻抗。由于 $Z_P \gg Z$，可近似认为并联后，铁芯磁密不变，

激磁磁势 $\dot{I}_m N_1$ 不变。

这时，二次绕组端电压 $\dot{E}_2 - \dot{I}_2 Z_2$ 加到 Z_P 上，产生 $\Delta \dot{i}$ 通过二次绕组 N_2，形成磁势 $\Delta \dot{i} N_2$，因此

$$\Delta \dot{i} = \frac{\dot{E}_2 - \dot{I}_2 Z_2}{Z_P} = \frac{\dot{I}_2 Z}{Z_P}$$

补偿的误差为

$$\Delta \tilde{\varepsilon} = -\frac{\Delta \dot{i} N_2}{\dot{I}_1 N_1} \approx -\frac{\Delta \dot{i} N_2}{\dot{i} N_2} = -\frac{Z}{Z_P} \tag{6-64}$$

$$\Delta f = -\frac{Z}{Z_P} \cos\ (\varphi - \varphi_P)\ \times 100\% \tag{6-65}$$

$$\Delta \delta = -\frac{Z}{Z_P} \sin\ (\varphi - \varphi_P)\ \times 3438' \tag{6-66}$$

图 6-28　二次绕组并联阻抗补偿原理线路

式中：φ、φ_P 为 Z 和 Z_P 的阻抗角。

采用这种补偿方法时，必须注意 Z_P 元件的性质。由于 $\Delta \dot{i}$ 是由互感器本身提供的，由式（6-64）式 6-65、式（6-66）可见，若 Z_P 为感性元件，且 $\varphi_P > \varphi$ 时，补偿结果反而使误差增大。

若并联元件为电容时，即 $Z_P = -jx_C$，则由式（6-65）、式（6-66）应为

$$\Delta \tilde{\varepsilon} = -\frac{Z}{-jx_C} = -j\omega CZ \tag{6-67}$$

$$\Delta f = \omega CZ \sin\varphi \times 100\% \tag{6-68}$$

$$\Delta \delta = -\omega CZ \cos\varphi \times 3438' \tag{6-69}$$

二次绕组并联电容补偿，与二次电流的大小无关，因此，可以平移比值差和相位差曲线，且当二次负荷 Z 增大，导致互感器误差增大时，补偿值也随之增大；同时，当二次负荷功率因数改变，引起互感器误差改变时，其对比值差和相位差的补偿也相应改变。可见二次绕组并联电容补偿方法，能够减弱由于二次负荷及其功率因数变化引起的误差改变，是一种效果较好的补偿方法。但是，因为这种方法补偿量较小，大容量的电容器价格也较高等原因，所以一般主要用于 0.2 级及以上精密电流互感器的补偿。

如将 Z_P 并联在二次绕组抽头上的补偿线路，如图 6-29 所示。设并联二次绕组的匝数为 N_{2P}，则

$$\Delta \dot{i} = \frac{\dfrac{N_{2P}}{N_2} \dot{I}_2 Z}{Z_P} = \frac{N_{2P}}{N_2} \frac{Z}{Z_P} \dot{I}_2 \tag{6-70}$$

$\Delta \dot{i}$ 通过 N_{2P} 线圈形成补偿磁动势 $\Delta \dot{i} N_{2P}$，对误差的补偿量为

$$\Delta \tilde{\varepsilon} \approx -\frac{\Delta \dot{i} N_{2P}}{\dot{I}_2 N_2} = -\left(\frac{N_{2P}}{N_2}\right)^2 \frac{Z}{Z_P} \tag{6-71}$$

从而可减少 $\Delta \tilde{\varepsilon}$ 的数值。

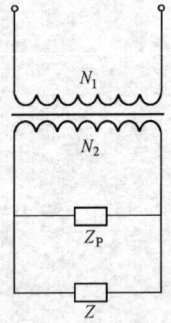

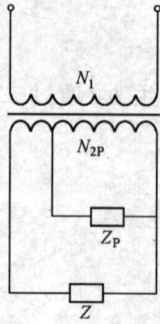

图 6-29　二次绕组抽头并
联阻抗补偿原理线路

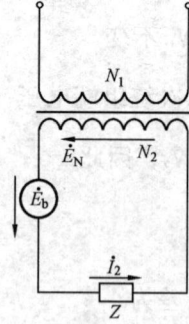

图 6-30　电动
势补偿原理线路

2. 电动势补偿

将外加的电压或电动势 $\dot{E}_b$ 直接串入二次绕组回路，原理线路如图 6-30 所示。$\dot{E}_b$ 的内阻抗可预先计入二次绕组内阻抗 Z_2 中，若很小也可略去不计。经补偿后互感器的二次感应电动势成为 $\dot{E}_u$，且

$$\dot{E}_u = \dot{E}_2 - \dot{E}_b \tag{6-72}$$

由 $\dot{E}_u$ 可以算出补偿后互感器的误差为

$$\tilde{\varepsilon}' = -\frac{\dot{I}_{mu} N_1}{\dot{I}_1 N_1} \tag{6-73}$$

式中　$\dot{I}_{mu} N_1$——经补偿后互感器铁芯的励磁安匝。

最常用的电动势补偿方法有：

（1）磁分路补偿：磁分路补偿原理线路如图 6-31 所示。

在互感器铁芯 1 的外侧，加入一个由 1~3 片硅钢片组成的磁分路铁芯 2，而二次绕组 N_2 在磁分路上只绕了（$N_2 - N_b$）匝，这里的 N_b 叫补偿匝数。

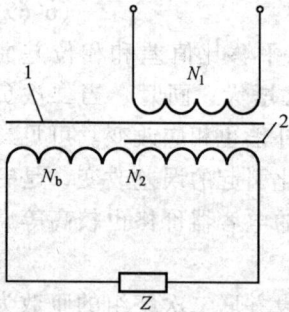

图 6-31　磁分路补偿
原理线路

这样，磁分路由 $-\dot{I}_2 N_b$ 励磁，磁密很高。由励磁安匝即可算出磁分路的磁场强度为

$$H_b = \frac{I_2 N_b}{l_b} \quad (A/cm) \tag{6-74}$$

式中　l_b——磁分路的平均磁路长度，cm。

由 H_b 即可查出磁分路的磁密 B_b 和损耗角 ψ_b，算出二次绕组 $N_2 - N_b$ 匝在磁分路上产生的感应电动势 $\dot{E}_b$，再按式（6-72）和式（6-73）算出磁分路补偿后互感器的误差 $\tilde{\varepsilon}$。但这样计算太复杂，可用如下近似公式计算

$$\Delta \tilde{\varepsilon} = \frac{B_b H S_b l}{B H_b S l_b} \angle (-\psi_b + \psi) \tag{6-75}$$

式中：S、S_b 为互感器铁芯和磁分路的截面；凡是没有角注的为互感器铁芯参数，有角注 b

的为磁分路参数。

$$\Delta f = K_f \Delta\varepsilon\cos\left(-\psi_b + \psi\right) \times 100\% \tag{6-76}$$

$$\Delta\delta = K_\delta \Delta\varepsilon\sin\left(-\psi_b + \psi\right) \times 3438' \tag{6-77}$$

式中 K_f、K_δ——修正系数，$K_f = 0.6 \sim 0.8$，$K_\delta = 0.4 \sim 0.6$，当补偿数值大时取小数，反之取大数。

磁分路补偿要求在下限电流（例如 $5\% \sim 10\% I_N$）时，使 Ψ_b 和磁导率 μ_b 达到最大值，补偿数值最大，这样就能拉平比值差曲线，且部分拉平相位差曲线。

（2）磁分路短路匝补偿。在磁分路上加短路匝，可以人为的加大磁分路的损耗角，加大对相位差的补偿，磁分路短路匝补偿的原理线路如图 6-32 所示。图中 N_k 为磁分路的短路匝。

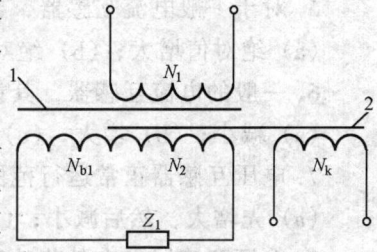

如果预先测好带短路匝的磁分路铁芯的磁化曲线（$B - H$ 和 $\Psi - H$ 曲线），那么所有磁分路计算公式对磁分路短路匝补偿都是适用的。磁分路短路匝补偿在拉平比值差曲线的同时，能更好地拉平相位差曲线。

图 6-32 磁分路短路匝
补偿的原理线路

练 习 题

一、填空题

1．互感器最基本的组成部分是_____和_____以及必要的绝缘材料。

2．电压互感器与变压器相比，二者在_____没有什么区别，电压互感器相当于普通变压器处于_____运行状态。

3．电压互感器输入电压规定的标准值为_____电压；输出电压规定的标准值为_____电压。

4．电流互感器铭牌上标定的额定电流比不仅说明电流互感器的_____电流的比值，同时说明，一次绕组和二次绕组允许_____值。

5．电压互感器的额定二次负荷是指电压互感器二次所接_____和_____等电路总导纳。

6．互感器的准确度等级中规定了_____误差和_____误差两方面的允许值。

7．互感器的二次电压或电流相位反向后的相量超前一次电压或电流相量时，则相位差为_____值，反之为_____值。

8．电流互感器产生误差的主要原因是产生互感器铁芯中_____的_____电流。

9．电压互感器产生空载误差的主要原因是互感器绕组的_____、_____和_____。

10．互感器复数误差的实部表示互感器的_____误差；虚部表示_____误差。

二、选择题

1．电压互感器使用时应将其一次绕组____接入被测线路。

（a）串联；（b）并联；（c）混联。

2．电流互感器工作时相当于普通变压器____运行状态。

（a）开路；（b）短路；（c）带负载。

3．互感器误差的匝数补偿方法时，_____一次绕组的匝数使得比值差向正方向变化。

（a）电压互感器增加；（b）电流互感器增加；（c）电流互感器减少。

4．电流互感器铭牌上的额定电压是指_____电压。

（a）一次绕组；（b）二次绕组；（c）一次绕组对地及对二次绕组。

5．对于一般电流互感器，当二次负荷阻抗角 φ 增大时，其比值差_____，相位差_____。

（a）绝对值增大；（b）绝对值变小；（c）不受影响。

6．一般的电流互感器，其误差的绝对值随着二次负荷阻抗的增大而_____。

（a）减小；（b）增大；（c）不变。

7．电压互感器正常运行范围内其误差通常随一次电压的增大_____。

（a）先增大，然后减小；（b）先减小，然后增大；（c）一直增大。

8．电压互感器二次负荷功率因数减小时，互感器的相位差_____。

（a）变化不大；（b）增大；（c）减小。

9．当电压互感器所接二次负荷的导纳值减小时，其误差的变化是_____。

（a）比值差往正，相位差往正；（b）比值差往正，相位差往负；（c）比值差往负，相位差往正。

10．某测量装置互感器的额定变比：电压为 10000/100、电流为 100/5，该装置所能测量的额定视在功率为_____。

（a）$100 \times 5 = 500\text{VA}$；（b）$10000 \times 100 = 1000\text{kVA}$；（c）$10000/100 \times 100/5 = 2\text{kVA}$。

三、问答

1．简要说明电压互感器的基本工作原理。

2．简要分析电压互感器产生误差的原因。

3．说明电流互感器的工作原理和产生误差的原因。

4．画出电压互感器空载时的等值电路和相量图。

5．画出电流互感器的等值电路和相量图。

6．简述电容式电压互感器结构和基本原理。

7．画出电容式电压互感器的等值电路和相量图。

8．根据等值电路说明电压互感器二次为什么不能短路？

9．电流互感器的误差补偿常用哪些方法？

四、计算题

1．设线路上电压约为 6kV，应怎样测量？如线路电压为 5.7kV，则实际电压互感器二次输出的电压为多少？

2．电压互感器的额定二次电压为 100V，额定二次负荷为 150VA，求其额定二次负荷导纳。

3．一台电压互感器的额定一次电压 $U_{1N} = 10000\text{V}$，额定二次电压 $U_{2N} = 100\text{V}$，如果一次绕组的内阻 $r_1 = 0.484\Omega$，二次绕组的内阻 $r_2 = 0.1\Omega$，求折算到一次后电压互感器的内阻值。

4．已知一台 10000/100V 电压互感器的一次绕组内阻抗 $Z_1 = 4840 + \text{j}968$（Ω），在额定电压时的空载电流 $I_0 = 0.00455\text{A}$，铁芯损耗角 $\psi = 45°$；求互感器空载误差 f_0 和 δ_0。

5．已知一台 220/100V 电压互感器的一次绕组内阻抗 $Z_1 = 0.484 + \text{j}0.098$（$\Omega$），二次绕组内阻抗 $Z_2 = 0.1 + \text{j}0.03$（Ω），额定二次负荷为 10VA，$\cos\varphi = 1$，求互感器的负载误差 f_L 和

δ_L。

6. 一台 10kV/100V 电压互感器，二次绕组为 160 匝，如一次绕组少绕 5 匝，对电压互感器误差补偿多少？

7. 一台电压互感器的 $Z'_1 + Z_2 = 1.2 + j0.2$（Ω），通过在二次绕组上并联 $4\mu F$ 的电容器，求对误差的补偿值。

8. 一台额定二次电流为 5A 的电流互感器，一次绕组为 5 匝，二次绕组为 150 匝，其电流比为多少？要将上述互感器改为 50/5，其一次绕组要改为多少匝？

9. 已知电流互感器二次绕组的内阻 $r_2 = 0.1\Omega$，内感抗 $X_2 \approx 0$，外接负荷 $Z = 0.4\Omega$，$\cos\varphi = 0.8$，求二次总负荷 Z_{02} 的大小及角度。

10. 额定二次电流为 5A，额定负荷为 20VA、功率因数为 0.8 的电流互感器，当采用 $C = 1\mu F$（$= 10^{-6}F$）的电容对互感器并联补偿时，求在额定负荷和下限负荷时的补偿值。

参 考 答 案

一、填空

1. 绕组　铁芯；2. 工作原理　空载；3. 额定一次　额定二次；4. 一次电流对　二次长期通过的电流；5. 电气仪表　二次线路；6. 比值　相位；7. 正　负；8. 磁通　激磁；9. 电阻　漏抗　激磁电流；10. 比值　相位。

二、选择题

1. b；2. b；3. c；4. c；5. a、b；6. b；7. b；8. b；9. b；10. b。

三、问答

1. 答：电压互感器实际上是一个带铁芯的变压器。它主要由一、二次绕组、铁芯和绝缘组成。当在一次绕组上施加一个电压 U_1 时，在铁芯中产生一个磁通 Φ 根据电磁感应定律，则在二次绕组中产生一个二次电压 U_2。改变一次或二次绕组的匝数，可以产生不同的一次电压与二次电压比，这就可组成不同电压比的电压互感器。

2. 答：当在一次绕组上施加一个电压 U_1 时，在铁芯中产生一个磁通 Φ，这就一定要有激磁电流 I_m 存在。由于一次绕组存在电阻和漏抗，所以 I_m 就要在这内阻抗上产生电压降，从而形成了电压互感器的空载误差。当二次绕组接有负荷时，二次绕组中产生负荷电流，为了保持磁通不变，此时一次绕组中也增加一个负荷电流分量，由于二次绕组也存在电阻和漏抗，所以负荷电流就要在一、二次绕组的内阻抗上产生电压降，从而形成了电压互感器的负载误差。由此可见，电压互感器的误差主要由激磁电流在一次绕组内阻抗上产生的电压降和负荷电流在一、二次绕组的内阻抗上产生的电压降所引起。

3. 答：电流互感器主要由一次绕组、二次绕组及铁芯所组成。当一次绕组中通过电流 $\dot{I}_1$ 时，则在铁芯上就会存在一次磁动势 $\dot{I}_1 N_1$（N_1 为一次绕组的匝数）。根据电磁感应和磁动势平衡的原理，在二次绕组中就会产生感应电流 $\dot{I}_2$，并以二次磁动势 $\dot{I}_2 N_2$（N_2 为二次绕组的匝数）去抵消一次磁动势 $\dot{I}_1 N_1$，在理想情况下，就存在以下的磁动势平衡方程式

$$\dot{I}_1 N_1 + \dot{I}_2 N_2 = 0$$

当满足上式时，电流互感器不存在误差，所以称之为理想的电流互感器。以上所述就是

电流互感器的基本工作原理。

在实际中，理想的电流互感器是不存在的。因为，要使电磁感应这一能量转换形式存在，就必须持续提供给铁芯一个激磁磁动势 $\dot{I}_\mathrm{m}N_1$。所以，在实际的电流互感器中，其磁动势平衡方程式应该是

$$\dot{I}_1N_1 + \dot{I}_2N_2 = \dot{I}_\mathrm{m}N_1$$

可见，激磁磁动势的存在是电流互感器产生误差的主要原因。

4．答（略）

5．答（略）

6．答：电容式电压互感器实际上是一个高压电容分压器，主要由一个高压电容分压器、感性电抗器和一个低压电磁式电压互感器组成。其工作原理是高压电容分压器将电网的高电压按分压比降为一个较低的中间电压，通过一个与容抗相等的感性电抗器，提高互感器的带负荷能力；另外，为了降低二次负荷导纳对分压器的影响，通过低压电磁式互感器进行阻抗变换，进一步提高了互感器的带负载能力，并将中间电压降到额定的标准输出值。

7．答（略）

8．答：从电压互感器的等值电路可以看出，当电压互感器二次绕组短路时，一次侧和二次侧都将出现由短路阻抗所限定的短路电流，由于电压互感器为满足测量准确度的要求，短路阻抗很小（≤1%的开路阻抗），因此，稳定短路电流可达额定电流的 100 倍以上。由此引起的损耗和电磁力，可在极短的时间内损坏互感器，故电压互感器不允许二次短路。

9．答：电流互感器的误差补偿有以下几种方法：

（1）磁势补偿是通过外加一个绕组给互感器的另一个绕组提供磁势，用以补偿互感器的误差。常用的磁势补偿有匝数补偿和二次绕组并联阻抗补偿等方法。

匝数补偿：因为电流互感器的输出电流与二次绕组匝数成正比，当二次绕组少于额定匝数时，二次电流会成反比地增大，从而达到补偿比值差的目的。

二次绕组并联阻抗补偿：在电流互感器二次绕组并联阻抗元件，通常是并联电容，产生容性电流磁势，能够补偿由于二次负荷及其功率因数变化引起的比值差和相位差改变。

（2）电动势补偿是将外加的电压或电势直接串入二次绕组回路以补偿互感器的误差，常用的补偿方法有磁分路补偿和磁分路短路匝补偿等方法。

磁分路补偿：在互感器铁芯的外侧，加入一个由 1～3 片硅钢片组成的磁分路铁芯，而二次绕组 N_2 在磁分路上少绕 N_b 匝，这里的 N_b 叫补偿匝数。使磁分路补偿下限电流（例如 5～10% I_N）时，μ_b 和 ψ_b 达到最大值，补偿数值最大，这样就能拉平比值差曲线，且部分拉平相位差曲线。

磁分路短路匝补偿：在磁分路上加短路匝，可以人为地加大磁分路的损耗角，加大对相位差的补偿，磁分路短路匝补偿在拉平比值差曲线的同时，能更好地拉平相位差曲线。

四、计算题

1．解：测量 6000V 线路上的电压，应选用标有 6000/100 变比值的电压表和 6000/100 变比值的电压互感器按图 7-1 接线，就可由电压表的指示读出被测线路的电压值。

设线路电压为 U_1，若线路电压为 5.7kV，则互感器二次输出电压

$$U_2 = U_1 / K_\mathrm{N} = 7400 / 6000 / 100 = 95 \ （V）$$

2．解：$Y_\mathrm{n} = S_\mathrm{n} / U_2^2 = 150 / 100^2 = 150 \ （10^{-4}\mathrm{s}）$

当额定二次电压为 100V，额定二次负荷导纳的单位为 10^{-4}s 时，额定二次负荷导纳在数值上就等于额定二次负荷容量。

3．解： $R'_2 = K^2 R_2 = (10000/100)^2 \times 0.1 = 1000$ （Ω）

所以 $R_1 + R'_2 = 0.484 + 1000 = 1000.484$ （Ω）

4．解：$f_0 = -\dfrac{I_0 R_1 \sin\psi + I_0 x_1 \cos\psi}{U_1} \times 100\%$

$= -\dfrac{0.00455 \times 4840 \sin45° + 0.00455 \times 968 \cos45°}{10000} \times 100$

$= -0.187\%$

$\delta_0 = \dfrac{I_0 R_1 \cos\psi - I_0 x_1 \sin\psi}{U_1} \times 3438$

$= \dfrac{0.00455 \times 4840 \sin45° - 0.00455 \times 968 \cos45°}{10000} \times 3438$

$= 4.282'$

5．解：将 Z_2 折算到一次，则

$Z'_2 = K_n^2 Z_2 = (220/100)^2 (0.1 + j0.03) = 0.484 + j0.145$ （Ω）

$Z_1 + Z'_2 = 0.484 + 0.484 + j(0.0968 + 0.145) = 0.968 + j0.242$ （Ω）

$$I_2 = \frac{S}{U_{2N}} = \frac{10}{100} = 0.1 \text{ （A）}$$

$$I'_2 = \frac{1}{K_N} I_2 = \frac{100}{220} \times 0.1 = 0.0455 \text{ （A）}$$

则

$f_f = -\dfrac{I'_2 (R_1 + R'_2) \cos\varphi + I'_2 (x_1 + x'_2) \sin\varphi}{U_1} \times 100$

$= -\dfrac{0.0455 \times 0.968 \times 1 + 0.0455 \times 0.242 \times 0}{220} \times 100$

$= -0.02$ （%）

$\delta_f = \dfrac{I'_2 (R_1 + R'_2) \sin\varphi - I'_2 (x_1 + x'_2) \cos\varphi}{U_1} \times 3438$

$= \dfrac{0.0455 \times 0.968 \times 0 - 0.0455 \times 0.242 \times 1}{220} \times 3438$

$= -0.172$ （'）

负载比值差 $f_f = -0.02\%$，负载相位差 $\delta_f = -0.172'$。

6．解：一次绕组匝数 $N_1 = K_N N_2 = (10000/100) \times 160 = 16000$ （匝）

当一次绕组少绕 5 匝时对相位差的补偿值

$\Delta f = (N_X/N_1) \times 100 = (5/16000) \times 100 = +0.031\%$

即对电压互感器误差补偿为 +0.031%。

7．解：补偿的复数误差 $\Delta \tilde{\varepsilon} = -j\omega C (Z'_1 + Z_2) = -j100\pi \times 4 \times 10^{-6} \times (1.2 + j0.2) = (0.25 - j1.5) \times 10^{-3}$

$$\Delta f = 0.25 \times 10^{-3} \times 100 = +0.025\%$$

$$\Delta \delta = -1.5 \times 10^{-3} \times 3438 = -5.16'$$

即对比值差的补偿为 +0.025%，对相位差的补偿为 -5.16'。

8．解：这台互感器的变流比 $K_{TA} = N_2/N_1 = 150/25 = 30/5$

互感器的安匝数 $I_1N_1 = I_2N_2 = 5 \times 150 = 750$（安匝）

则一次绕组的匝数应改为

$$N_1' = 750/I_1 = 750/50 = 15 \text{（匝）}$$

即改为 50/5 时，一次绕组匝数应改为 15 匝。

9．解：外接负荷 Z 的电阻和电抗 $r = Z\cos\varphi = 0.4 \times 0.8 = 0.32$（$\Omega$）

$$X = Z\sin\varphi = 0.4 \times 0.6 = 0.24 \text{（}\Omega\text{）}$$

总二次电阻和电抗 $r_{02} = r + r_2 = 0.1 + 0.32 = 0.42$（$\Omega$）

$$X_{02} = X + X_2 = 0 + 0.24 = 0.24 \text{（}\Omega\text{）}$$

总阻抗 $Z_{02} = \sqrt{r_{02}^2 + X_{02}^2} = \sqrt{0.42^2 + 0.24^2} = 0.483$（$\Omega$）

总阻抗角 $\alpha = \arcsin(X_{02}/Z_{02}) = \arcsin(0.24/0.483) = \arcsin 0.496 = 29.7°$

10．解：额定负荷 $Z_N = \dfrac{S_N}{I_{2N}^2} = \dfrac{20}{5^2} = 0.8$（$\Omega$）

下限负荷 $Z_x = 25\% Z_N = 0.2$（Ω）

则额定负荷下的补偿值 $\Delta f_n = 100\pi C X_N = 100\pi C Z_N \sin\varphi \times 100\%$

$$= 100\pi \times 1 \times 10^{-6} \times 0.8 \times 0.6 \times 100\%$$

$$= 0.015\%$$

$$\Delta\delta_n = -100\pi C_N = -100\pi C Z_N \cos\varphi \times 3438 = -100\pi \times 1 \times 10^{-6} \times 0.8 \times 0.8 \times 3438$$

$$= -0.69'$$

下限负荷时的补偿值 $\Delta f_x = 25\% \Delta f_n = 0.25 \times 0.015 = 0.0038\%$

$$\Delta\delta_x = 25\% \Delta\delta_n = 0.25 \times (-0.69) = -0.17'$$

第七章
互感器检验及检验装置

第一节 互感器校验仪

我国常用的互感器校验仪,是按测差原理制成的,其优点是对校验仪本身的精度要求不高,一般只要 1% 或 2% 就可以了。因为它所影响的读数误差,只是被试互感器误差形成的误差,可以略去不计,这样校验仪的制作就相对比较容易。依测差原理制造的互感器校验仪按测量线路原理分为两种,一种称为 RM(电阻和电感)线路,在此基础上制成的是电位差式互感器校验仪,如 HE5、HE11 型;另一种称为 GC(电导和电容)线路,在此基础上制成的是比较仪式互感器校验仪,如 HEG 型。全自动互感器校验仪是在上述测差原理的基础上,将微处理技术引入互感器误差测量,构成智能化测试,功能增加,操作方便,如 HEH-H 型。近几年出现的一种 TA,TV 现场校验仪,如澳大利亚红相公司生产的 590C、590D,则完全摒弃了传统的测量手段,采用了全新的测量方法,下面逐一介绍。

一、电位差式互感器校验仪

它的工作原理是以在工作电流下测量电位差即测小电压为基础的,电位差式互感器校验仪原理图如图 7-1 所示。图中 R_1 为同相盘滑线电阻,接在电流互感器 TA 的二次侧;R_2 为正交盘滑线电阻,接在移相器 BP 的二次侧。当工作电流 $\dot{i}$ 通过 TA 和 BP 的一次侧时,二次侧就相应产生了与 $\dot{i}$ 同相和正交的电流,分别通过 R_1 和 R_2,产生同相和正交的电压降。R_1 和 R_2 的中点 Q1 和 Q2 相连,滑动同相盘的滑动触头 P,就可得到正或负的同相电压,滑动正交盘的滑动触头 N,可得到正或负的正交电压,在 P、N 两点上可以得到一个平衡电压 U_{PN}。这个电压与输入仪器的被测电压 ΔU 进行比较。转动同相盘和正交盘,改变滑动触头 P 和 N 的位置,则 U_{PN} 的大小和相位相应改变。当检流计 P 指零时,则 U_{PN} 与 ΔU 的大小相等,相位相同,其值大小可由同相盘和正交盘的刻度上读取。

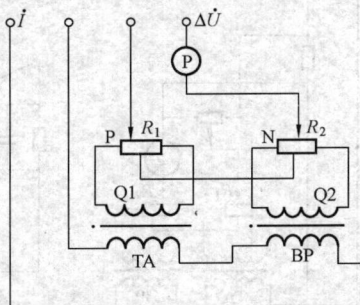

图 7-1 电位差式互感
器校验仪原理图
TA—电流互感器;BP—移相器;
PG—检流计;R_1、R_2—滑线
电阻;Q1、Q2—滑线电阻中点;
P、N—滑动触头

图 7-2 是 HE5 型互感器校验仪检定电流、电压互感器的原理图,图(a)中标准电流互感器 TA0 的二次电流 $\dot{i}_0$ 为工作电流,$\dot{i}_0$ 与被测电流互感器 TAX 的二次电流 $\dot{i}_X$ 的差流为 $\Delta \dot{i} = \dot{i}_0 - \dot{i}_X$,$\Delta \dot{i}$ 流过测量电阻 R 产生被测电位差 ΔU,ΔU 的水平分量 ΔU_X 与垂直分量 ΔU_Y 分别与标准和被测两个电流互感器之间的比差 f_x 和角差 δ_X 成正比。因此,只要将滑动电阻 R_1 和 R_2 刻度调成与比差值和角差值相对应的位置,则

当滑动触头 P 和 N 使校验仪电路平衡时（检流计 P 指零），就可以直接读出被检电流互感器的比差和角差。

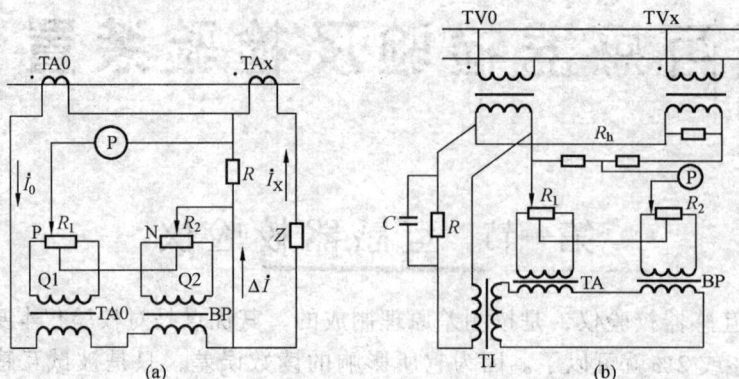

图 7-2　HE5 型互感器校验仪检定电流、电压互感器的原理图
(a) 校验电流互感器原理；(b) 校验电压互感器原理

图 (b) 中，标准 TV 与被测 TV 的二次电压之差加在电阻 R_h 上，同样由滑线电阻 R_1 和 R_2 上的电压分量所平衡，读数即为被检电压互感器的比差和角差。图中与隔离变压器 T1 相串联的 $R - C$ 回路是用于将标准 TV_0 的二次电压转换成合适的电流。

互感器校验仪除了用于测量 TA、TV 误差外，也可用于测量小电流、小电压、TA 负载阻抗和 TV 负载导纳。测量小电流和小电压可以用电流源或者电压源作为工作电源，图 7-1 实际上就是一个以电流源测量小电压的线路；将图 7-2 (b) 与图 7-1 相比较，可以得到用电压源测量小电压的线路；如果将被测小电流通过一个工作电阻转换成被测小电压，这样又可以得到以电流源测量小电流和以电压源测量小电流的线路了。

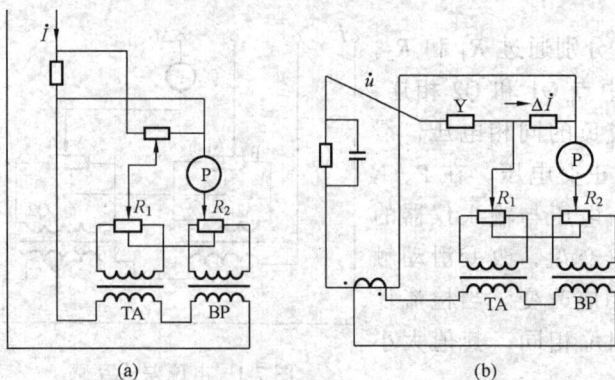

图 7-3　测量阻抗和导纳原理图
(a) 测量阻抗的原理线路图；(b) 测量导纳的原理线路图

图 7-3 (a) 是测量阻抗的原理线路图。电流源在被测阻抗 Z 上产生的压降，由同一电流源在 R_1 和 R_2 上产生的同相和正交电压分量平衡，当检流计 P 指零时，电阻与电抗值可由与 R_1 和 R_2 相连的刻度盘上读出。图中的 R_{fz} 是供测量阻抗时选择量限用的，改变 R_{fz} 的分压比可以选择不同的阻抗量限。

图 7-3 (b) 是测量导纳的原理线路图。电压源经 TI 转换为电流，使 TA 与 BP 在电阻 R_1 和 R_2 上产生电压的同相分量与水平分量，这两个分量与从 R_y 上取得的由同一电压源在导纳 Y 上的压降相平衡，然后由 R_1 和 R_2 的刻度盘上读取电导与电纳值。R_y 是分压电阻，可变档改变分压比，从而改变导纳量限。测量阻抗和导纳，其接线方式可以单独测量，也可以在测量 TA、TV 误差时用开关切换到阻抗或导纳位置进行测量。

HE5 型互感器校验仪实际线路较为复杂，对于不同的被测量都要接特定的端钮。因此仪器盘面接线端钮较多。如图 7-4 所示。

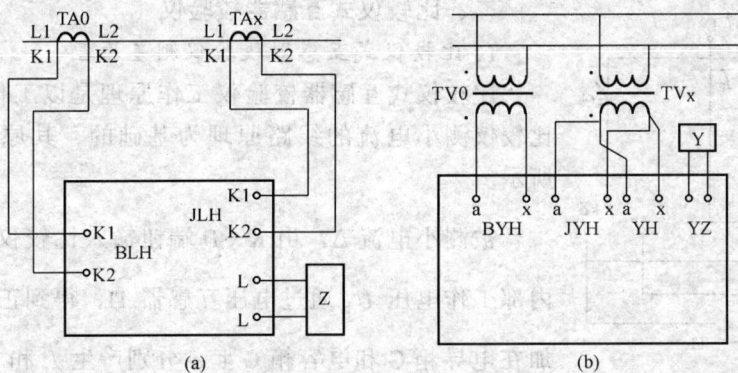

图 7-4　HE5 型校验仪试验互感器接线图

(a) 试验电流互感器接线图；(b) 试验电压互感器接线图

HE11 型互感器校验仪也是采用电位差式测量原理，但线路上比 HE5 有所简化，其外部的测量接线方式设计成与比较仪式互感器校验仪一样，显得较为简洁。另外，其内部还装有电流互感器负载箱，其各档阻抗实际值比标称值少 0.06Ω，是留给被试电流互感器二次连接导线电阻及接触电阻值的。尽管增加了电流负载箱，但其总体积仍比 HE5 小很多，更适宜现场携带作业。

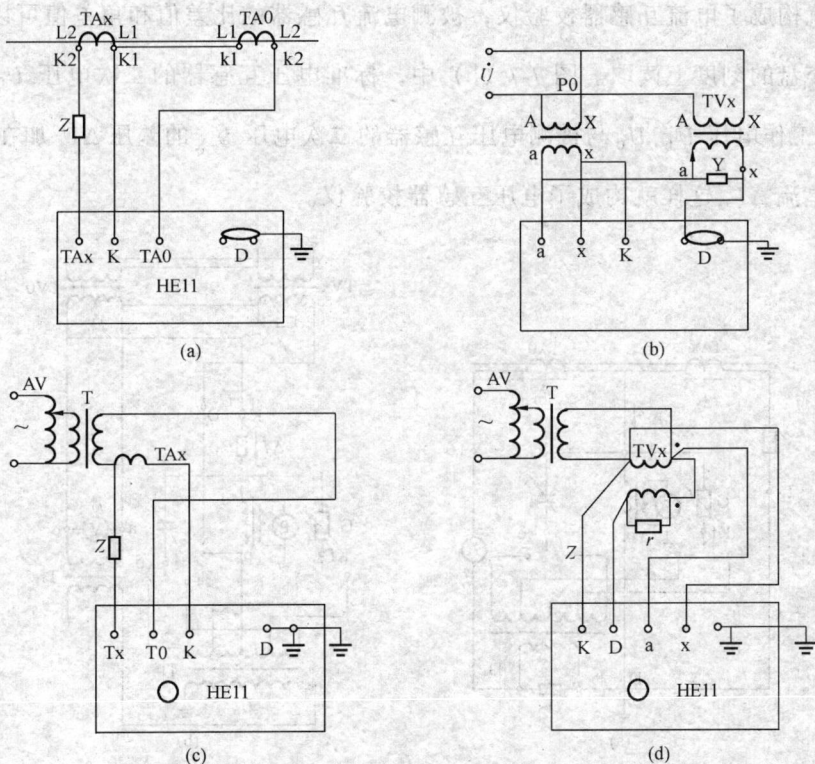

图 7-5　HE11 型互感器校验仪测试电流、电压互感器的外部接线图

(a) 试验电流互感器接线图；(b) 试验电压互感器接线图；(c) TA 自校；(d) TV 自校

图 7-5 是 HE11 型互感器校验仪测试电流、电压互感器的外部接线图。

二、比较仪式互感器校验仪

1. 比较仪式互感器校验仪测差原理

比较仪式互感器校验仪工作原理是以工作电压通过电流比较仪测小电流的线路原理为基础的，其原理线路如图 7-6 所示。

被测小电流 $\Delta \dot{I}$ 由 K、D 端钮输入比较仪 TP 线圈；仪器内部工作电压 $\dot{U}_b$ 通过电压互感器 TI，得到正或负的 $\dot{U}_b$ 电压加在电导箱 G 和电容箱 C 上，分别产生 $\dot{I}_g$ 和 $\dot{I}_c$ 注入 TP 线圈，电流 $\dot{I}_g + j\dot{I}_c$ 称为注入电流。调节电导箱 G 和电容箱 C，使注入电流与被测电流的大小相等、方向相反，使接在 TP 二次侧线圈上的检流计指零。Kf、Kδ 分别为同相盘（G）和正交盘（C）的极性开关，以保证获得与被测电流方向相反的注入电流。工作电压 $\dot{U}_b$ 是工作电流通过仪器内部电阻 r 产生的。图 7-7（a）中，标准电流互感器二次电流 $\dot{I}_0$ 作为工作电流，$\dot{I}_0$ 经过 r 产生工作电压 $\dot{U}_b$，$\dot{I}_0$ 与被测电流互感器的二次电流 $\dot{I}_X$ 的差流 $\Delta \dot{I} = \dot{I}_0 - \dot{I}_X$ 作为被测电流，这样就构成了电流互感器校验仪，被测电流互感器的比差值和角差值可以分别直接由同相盘和正交盘的刻度上读取。图 7-7（b）中，标准电压互感器的二次电压 $\dot{U}_0$ 经辅助变压器 T_b 转换为工作电压 $\dot{U}_b$，$\dot{U}_0$ 与被测电压互感器的二次电压 $\dot{U}_X$ 的差压 $\Delta \dot{U}$ 加在工作电阻 R_0 上产生被测差流 $\Delta \dot{I}$，这样就构成了电压互感器校验仪。

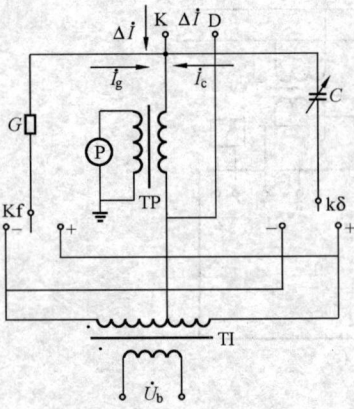

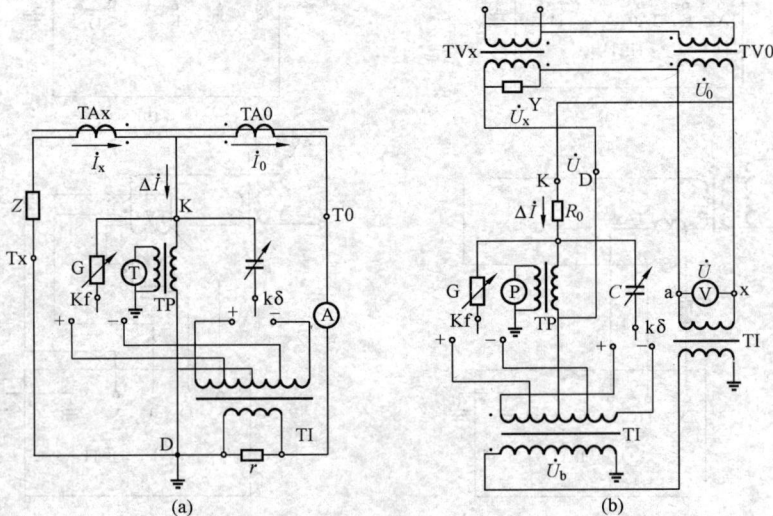

图 7-6 比较仪式校验仪测量原理线路图

图 7-7 比较仪式校验仪测量原理图
(a) 测量电流互感器误差原理图；(b) 测量电压互感器误差原理图

2. HEG 型互感器校验仪

HEG 型互感器校验仪就是按上述比较仪测差原理制成的，它是一种多用途仪器，在全国应用十分广泛。它校验电流、电压互感器的外部接线与 HE11 完全相同，实际上 HE11 的外部接线是按 HEG 设计的。此外，与电位差式校验仪一样，它也可用于测量小电流、小电压、阻抗或电感、导纳或电容等，分述如下：

(1) 测阻抗或电感。如图 7-8 (a) 接线，开关 K0 置小电流档（即测阻抗档），KA 置电流档，KC 置"%"，读数为 $Z = R + jX$；测电感时，KC 置 LC，由正交盘读出电感值（单位 mH）。

(2) 测导纳或电容。如图 7-8 (b) 接线，开关 K0 置小电压档（即测导纳档），KA 置电压档，KC 置"%"，读数为 $Y = G + jB$；测电容时，KC 置 LC，由正交盘读出电容值（μF）。

(3) 测量小电压。图 7-8 (c) 为用电流源测小电压，它的接线方式及开关位置与测阻抗相同，但电流源一定要用准确级别较高的电流表监视，由同相盘及正交盘读出的阻抗 $Z = R + jX$，按下式计算

$$\Delta U = I(R + jX) \quad \text{(V)}$$

(4) 测量小电流。图 7-8 (d) 为用电压源测小电流，它的接线方式及开关位置与测导纳相同，由同相盘及正交盘读出的导纳 $Y = G + jB$ 与电压源的示值 U 按下式计算

$$\Delta I = U(G + jB) \quad \text{(A)}$$

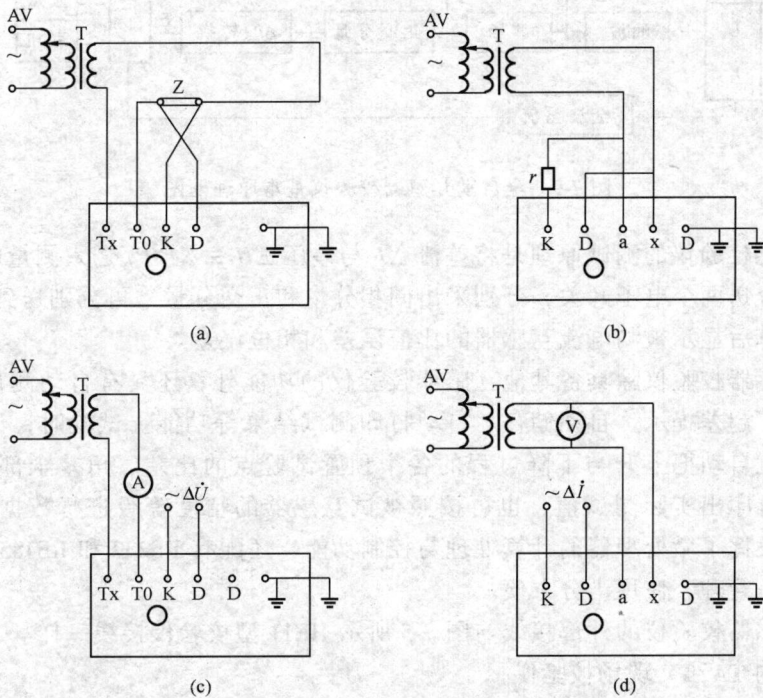

图 7-8　HEG 型互感器校验仪接线

(a) 测量阻抗或电感；(b) 测量导纳或电容；(c) 电流源测小电压；(d) 电压源测小电流

三、全自动互感器校验仪

国内原来大量使用电工式互感器校验仪如 HE5、HE11、HEG 等，80 年代后期出现了数字式、电子式的互感器校验仪，90 年代以来，宁波三维、山西机电研究院、武汉高压研究所等相继推出功能更强的互感器校验仪。

同手动测量式的互感器校验仪相比，电子式互感器校验仪具有测量速度快、体积小、质

量轻、辅助功能强等优点，在测试过程中可大大减轻操作人员的工作强度，提高工作效率，由于读数的直观性，还可很大程度减少人为误差。

在众多电子式互感器校验仪中，武高所的 HEH-H 型与山西机电研究院的 HEW 型全自动互感器校验仪比较突出，具有一定的代表性。它们的主要特点有：

（1）可以直接测量 S 级电流互感器，电压互感器校验可采用高电位测量方法。

（2）根据测量误差大小自动切换量程。

（3）可掉电存贮现场测量数据。

（4）自动化整，超差有汉字提示。

（5）可实现互感器测试全程自动化。

（6）可与计算机联机，传递数据，实现计算机管理。

全自动互感器校验仪基本原理框图如图 7-9 所示。

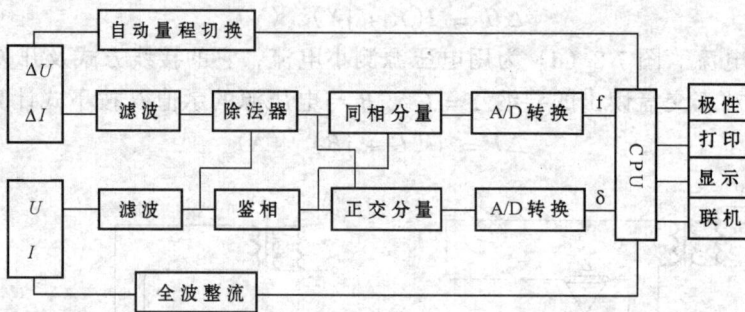

图 7-9　全自动互感器校验仪基本原理框图

全自动互感校验仪的测试原理是将差流 $\Delta \dot{I}$ 与差压 $\Delta \dot{U} = \Delta \dot{I} R_\Delta$ 送入测量电路，经放大、切换、滤波后分送两个电子开关，分别采出同相分量和正交分量，再分别送到两个模数转换器，经适当运算后显示被测电流互感器的比值误差和相位误差。

全自动互感器校验仪除具备其他互感器校验仪的功能外，还具有自动测量、数字显示、数据自动化整、超差提示、自动储存、自动打印测试结果等功能。试验时，试验电流上升、下降只一次，就自动把上升与下降过程的各个预置试验点的比差、角差全部由微机记录下来，并能随时打印出实际测试值，也可按照被试互感器的精度等级进行数据化整后打印出来。仪器充分发挥了微处理器的计算处理与控制功能，还配有 RS232 和 RS485 接口，可实现数据通信和微机管理，使用十分方便。

全自动互感器校验仪的外部接线与图 7-5 所示 HE11 型校验仪接线一样。

四、新型的 TA/TV 现场校验仪

传统的互感器校验装置除校验仪外，还必须使用标准互感器、升压、升流设备以及大电流电缆等，这些设备体积庞大、笨重，给互感器现场校验带来困难，特别是高电压、大变比的互感器，其校验更是难以实现。新型的 TA/TV 现场校验仪与传统的测量手段完全不同，采用了全新的概念，全新的测量方法（低压法），无需使用升流源、升压源、标准 TA、标准 TV、大电缆等，只要有校验仪和几根测试线，即可现场全自动测量功率因数在 0.6 ~ 1.0 之间、额定负载及 1/4 额定负载下，各电流点、电压点的比差、角差；也可以测量特定负载、特定电流点（低达 1%）、电压点下的比差、角差。且测量精度完全符合国家 TA/TV 检定规程的要求，使互感器的现场检验更为方便。目前能生产 TA/TV 现场校验仪的厂家很多，该种产品以澳大利亚红相公司生产的 590C、590D 为代表。

1. TA 测量

现场校验 TA 时，根据 TA 二次测试点（如 5%、20%、100%、120% 的额定电流、额定负荷及下限负荷）先计算出相应的二次侧电压，然后通过在 TA 二次侧加入该电压，模拟 TA 在该测试点的实际工作状态，从而测出 TA 在该状态下的导纳等相关参数，再根据经典的 TA 误差理论公式，计算出 TA 在该测试点的比差、角差。

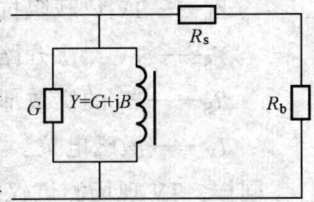

图 7-10 是 TA 的等效电路图，由该电路推出 TA 误差的经典理论公式为

图 7-10　TA 的等效电路图

比差
$$f = -G(R_S + Z_b\cos\varphi) + B(X_S + Z_b\sin\varphi) + (N_H - N)/N \tag{7-1}$$

角差
$$\delta = B(R_S + Z_b\cos\varphi) - G(X_S + Z_b\sin\varphi) \tag{7-2}$$

式中　G——TA 二次电导；

　　　B——TA 二次电纳；

　　　R_S——二次绕组直流电阻；

　　　Z_b——二次负载阻抗；

　　　X_S——二次绕组漏抗；

　　$\cos\varphi$——二次负载功率因数；

　　　N_H——TA 标称变比；

　　　N——TA 实测变比。

上述各项参数都可以由测量得出，TA 现场测试仪的准确度主要取决于这些参数的测量精度，而现代的电子测量技术完全可以给予保证。关于漏抗的测量和处理较为困难，这是这种产品的关键技术所在，厂家一般予以保密。红相公司 590C 测试接线图如图 7-11 所示。

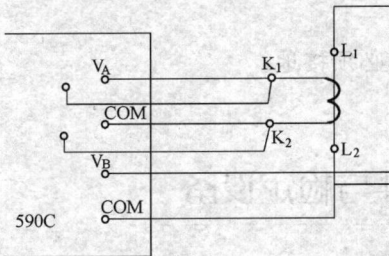

图 7-11　590C 测试接线图

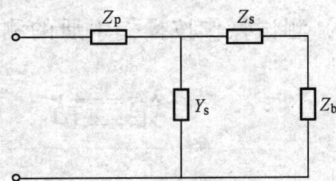

图 7-12　TV 的等效电路图

2. TV 测量

与 TV 测量原理相同。现场测量 TV 时，也是根据 TV 二次测试点（如 80%、100%、120% 额定电压、额定负荷及下限负荷）的计算值，在 TV 二次侧加电压，模拟 TV 的实际工作状态，进而测出 TV 在该状态下的阻抗、导纳等相关参数，再根据经典的 TV 误差理论公式，计算出 TV 在该试点的比差、角差。TV 的等效电路如图 7-12 所示。TV 误差的经典理论公式为

比差
$$f = (1 - N_H/N) + R_S[Z_S \times (Y_S + 1/20)] \tag{7-3}$$

角差
$$\delta = I_M[Z_S \times (Y_S + 1/Z_b)] \tag{7-4}$$

式中　N_H——标称变比；

　　　　N——实际变比；

　　　　Z_S——TV 二次短路阻抗；

　　　　Z_b——TV 负载阻抗；

　　　　Y_S——TV 二次开路导纳；

　　　　R_S——Z_S 的实数部分；

　　　　I_M——激磁电抗。

同样，TV 现场测试仪的准确度取决于公式中各项参数的测量精度，这不难做到，但 TV 中分布电容的测量和处理比较困难，这也是产品的关键技术。

下面以红相公司生产的 590D 为例，说明 TV 的现场测试接线。

使用 590D 测试 TV 时，必须将 590C 一并连上使用，其中操作、显示和数据处理部分都是共用 590C 的。图 7-13 是 590C 和 590D 测试 TV 时的接线图。

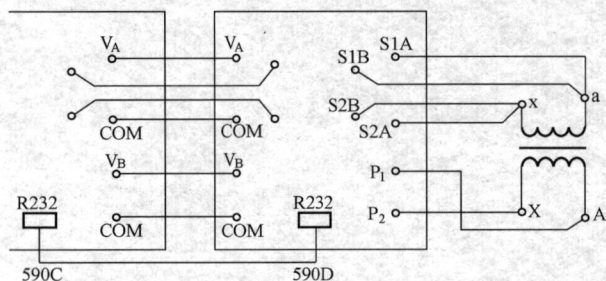

图 7-13　590C 和 590D 测试 TV 时的接线图

必须说明，590C 和 590D 在测试时的所有连接线和测试线，都必须使用随机配置的专用测试导线，连接端子必须整洁，连接紧固，不能使用鳄鱼夹。

还要注意：

（1）被测对象（TA、TV）的一、二次接线端子必须与其回路完全断开。

（2）严格按示意图接线，以免危及设备和人身安全。

（3）测试多绕组的 TA 或 TV 时，不被测绕组必须开路。

（4）现场测试 TA 时，如果 TA 一次端点有一端已接地，则该端点必须接至 590C 上的 V_B 接地端（黑色）。

（5）实验室测试时，设备的 V_B 接地端（黑色）都必须接地。

（6）测试操作按操作手册的测试步骤进行。

第二节　互感器检定条件与检定设备

互感器的准确度受实际工作条件的制约，主要影响量有环境温度与湿度、电源的频率与失真度、一次电流与电压的范围、二次负荷的大小与功率因数等。国家颁布的《JJG313—1994 测量用电流互感器检定规程》与《JJG314—1994 测量用电压互感器检定规程》是检定互感器必须遵守的技术规程。

一、检定实验室的环境及电源条件

实验室应避开高电压大电流干扰源以及有机械震动的设施，保持环境气温 $10 \sim 35℃$，相对湿度不大于 80%，空气中没有腐蚀性气体。电流、电压互感器试验区宜分开，且应有足够的高压安全距离；校验仪和被检互感器之间应有 3m 以上距离，有条件时，装设有闭锁机构的安全遮拦。

检定时使用的交流电源频率应为 $50 \pm 0.5Hz$，波形畸变系数不能大于 5%，电源中性点对地电压不超过 5V，接地系统的接地电阻值不大于 5Ω。规程还要求限制电磁干扰量，环境电磁场对误差测量装置的影响可以用调换互感器一次回路电源极性的方法确定，由外界磁场引起的测量误差应不大于被检互感器允许误差的 1/20。由升流器、升压器、调压器、大电流电缆等所引起的测量误差，应不大于被检互感器误差限值的 1/10。

二、标准电流互感器和标准电压互感器

检定室的标准电流、电压互感器分为最高计量标准器和工作计量标准器。最高计量标准器应根据所辖区域内被检互感器的最高准确度、测量量程和规定的量值传递任务来确定。工作计量标准器的配置，应根据被检互感器的准确度等级来确定。《DL/T448—2000 电能计量装置技术管理规程》对各级供电企业应配置的计量标准器作了具体规定，如网、省级应配置 0.001 级 10～35kV 标准电压互感器及 0～2000A 标准电流互感器；0.005 级 35～220kV 标准电压互感器及 2000～10000A 标准电流互感器。供电企业应配置 0.01 级互感器检定装置（电流、电压量限未规定，可根据工作需要而定）。

根据规程规定，标准互感器应比被检互感器高两个准确度级别；其实际误差应不超过被检互感器误差限值的 1/5；在检定周期内，标准器的误差变化不得大于误差限值的 1/3；如果标准器只比被检互感器高一个级别，则被检互感器的误差应按标准器的误差进行修正。作标准用的互感器与一般测量用的互感器相比，在变差及量值稳定性方面有额外的要求。详见 JJG313 和 JJG314。

我国 10kV 电网还使用着一部分三相电压互感器，实际工作时三相绕组相互有影响，所以应在三相条件下检定。需要注意的是，三相升压时，标准电压互感器一次绕组两端对地电压均为系统相电压，而普通的单相标准电压互感器为半绝缘，一次绕组的 X 端对地绝缘水平只有 2kV，工作时必须接地，不允许施加高电压。因此开展三相电压互感器检定的实验室，还必须配备全绝缘的标准电压互感器，工作时不接地。

三、互感器校验仪

规程规定，误差测量装置（通常为互感器校验仪）所引起的测量误差，不得大于被检互感器误差极限的 1/10。其中，装置灵敏度引起的测量误差不大于 1/20；最小分度值引起的测量误差不大于 1/15；差流（压）测量回路的附加二次负荷引起的测量误差不大于 1/20。

对监视仪表，要求准确度级别不低于 1.5 级，而且，在所有示值范围内，电流（电压）表的内阻抗应保持不变。

四、电流、电压负荷箱

电流（电压）负荷箱用于检定电流（电压）互感器时，给被试互感器提供额定与下限负荷。检定规程规定，电流、电压负荷箱在额定频率下（50Hz）、周围温度为 20±5℃ 时，准确度应达到 3 级，且周围温度变化 10℃ 时，误差变化不超过 ±2%。

1. 电流负荷箱

电流互感器的额定负荷以额定电流下的视在功率表示，即

$$S_N = I_N^2 Z \quad (VA) \tag{7-5}$$

式中：I_N 为电流互感器的额定二次电流；Z 为负荷阻抗。

电流互感器的下限负荷一般为额定负荷的 1/4，但最低不得低于 2.5VA。额定二次电流为 5A、额定负荷为 5VA 和 10VA 的，下限负荷允许为 3.75VA，但必须在铭牌上标注。

电流互感器的负荷也可以用负荷阻抗来表示，由式（7-5）可知

$$Z = S_N / I_N^2 \quad (\Omega) \tag{7-6}$$

当额定二次电流为 5A 时，S_N 分别取为 2.5、3.75、5、10VA…，按上式计算，相对应的阻抗值为 0.1、0.15、0.2、0.4Ω…。因此，对额定二次电流为 5A 的电流互感器，在铭牌上常以额定阻抗的标注来代替额定负荷。

电流负荷箱一般是用阻抗值标度，它是串联在电流互感器二次回路中，因此其开关接触电阻和引线电阻应该考虑进去。开关一般使用旋塞式开关或重压力开关。电流负荷箱每一档实际阻抗值比标称值少 0.05 或 0.06Ω，就是预留给二次引线电阻的。因此，电流负荷箱的连接导线必须专用，且保证导线电阻值为 0.05 或 0.06Ω。

普通使用的电流负荷箱为额定电流 5A，阻抗值 0.1 ~ 2Ω，$\cos\varphi = 0.8$ 和 1.0，其原理图见图 7-14 所示。电流负荷箱是由电阻元件和电感元件串联而成的，当 $\cos\varphi = 1$ 时，每一负荷下只需要一个电阻元件，当 $\cos\varphi = 0.8$ 时，则每一负荷下需要一个电阻元件和一个电感元件。

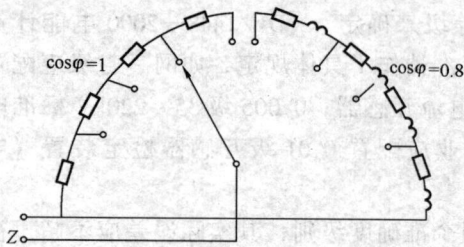

图 7-14　普通电流负荷箱原理图

2. 电压负荷箱

电压负荷箱的额定负荷是以额定电压下的视在功率来表示，即

$$S_e = U_N^2 Y \quad （VA） \tag{7-7}$$

式中：U_N 为电压互感器的额定二次电压；Y 为负荷导纳。

电压互感器的下限负荷为额定负荷的 1/4。由上面公式可以看出，电压负荷箱实际上就是一个导纳箱，一般标明额定电压，并以视在功率的 VA 数和相应的功率因数表示其负载值。

普通的电压负荷箱由导纳构成，采用电阻和电感元件，其原理图见图 7-15 所示。

功率因数为 1 时，每一负荷下需一个电阻，功率因数为 0.8 时，每个负荷下需一个电阻和一个电感元件串联。每档通过金属插头连通，当几个插头同时接通时，负荷导纳并联，负荷伏安数相加。

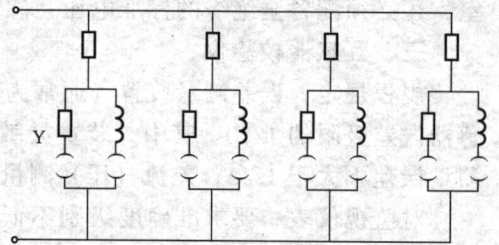

图 7-15　普通电压负荷箱原理图

五、电源及调节设备

电源及调节设备应保证有足够的容量及调节细度，并应保证电源的频率为 50 ± 0.5Hz，波形畸变系数不得超过 5%。

升流器和升压器应有足够的电流与电压输出容量。升流器需要的输出电压与所连接的电流互感器额定安匝数有很大关系，额定安匝数大，回路阻抗也大，通常情况下，1kA 到 3kA 的输出约需 5V 电压，功率容量为 5kVA 到 10kVA。升压器的短路电压一般选 6% ~ 8%，10kV 升压器的容量可选用 1kVA 到 2kVA。

电压调节装置应有足够的细度，一般应有粗调和细调两档，细调电压范围是粗调电压范围的 ±5% 左右。

六、专用连接导线

二次定值导线通常为 0.05Ω 或 0.06Ω。大电流导线由多股软铜线外包绝缘编织制成，线头焊有黄铜或紫铜的接线鼻或接线板。接线时，要与互感器接线端子紧固连接，尽量减少接触电阻。大电流导线一般采用电流密度为 3 ~ 5A/mm² 每米压降约 50 ~ 80mV。

第三节 互感器实验室检定

实验室检定电压互感器有外观检查、工频电压试验、绕组极性检查、误差测量等步骤。检定电流互感器还要增加绝缘电阻测量及退磁两个步骤。

一、外观检查

外观检查时，被检互感器如没有铭牌或铭牌中缺少必要的标记，接线端钮缺少、损坏或无标记，穿芯式电流互感器没有极性标志，多变比互感器未标明不同变比的接线方式，以及其他严重影响检定工作的缺陷时，应修复后再检定。

二、绝缘电阻和工频电压试验

作工频电压试验之前，应先测量绝缘电阻。用 500V 兆欧表测量电流互感器一次绕组对二次绕组及对地间的绝缘电阻应大于 5MΩ；用 2.5kV 兆欧表测量全绝缘电压互感器应不小于 10MΩ/kV；测量半绝缘电压互感器应不小于 1MΩ/kV。

工频耐压试验按 GB311.1—1983 进行。工频耐压试验包括外施工频耐压试验和感应耐压试验。

外施工频耐压试验，试验电压参照下表 7-1 确定。

表 7-1 外施工频耐压试验的试验电压

设备额定电压(kV)	电流、电压互感器耐压试验(kV)	设备额定电压(kV)	电流、电压互感器耐压试验(kV)
6	23(26)	110	185(200)
10	30(42)	220	360(395)
35	80(85)		

注 括号内是对新出厂互感器的试验电压。

试验电压加到短接后的一次绕组和地之间，二次绕组短接后与铁芯、箱壳连接接地。接地电压互感器的一次绕组工频耐压试验可用三倍频发生器提供的 150Hz 试验电压（主要是为了避免励磁电流过大）。

感应耐压试验适用于不接地（全绝缘）电压互感器，激励电压可从二次侧施加，数值为最高电压的两倍，频率 50～350Hz。

工频电压试验前，试验人员应正确设定过流保护限值，并把试验电压值换算成监视仪表示值。监护人确认接线及试验参数无误后方可通电，电压上升到最大值的 80% 时应稍作停顿，观察设备状态正常后，再均匀升到最大值。油绝缘互感器耐压时间为 1min，有机固体材料绝缘互感器为 5min。试验后将电压迅速降至零，然后断开升压器电源。

三、电流互感器的退磁试验

最佳的退磁方法以按厂家规定的退磁方法和要求为宜。厂家未做规定的，可视具体情况从下述方法中选一合适的方法退磁。

1. 开路退磁法

在一次（或二次）绕组中选择其匝数较少的一个绕组通以 10% 的额定一次（或二次）电流，在其他绕组均开路的情况下，平稳、缓慢地将电流降至零。退磁过程中应监视接于匝数最多绕组两端的峰值电压表，当指示值超过 2600V 时，则应在较小的电流值下进行退磁。

2. 闭路退磁法

在二次绕组中接一个相当于额定负荷阻抗 10～20 倍的电阻（应考虑足够容量），对一次绕组通以 1.2 倍的额定电流，然后均匀缓慢地降至零。

对具有两个及以上二次绕组的电流互感器进行退磁时，若所有二次绕组均与同一个铁芯交链，其中一个二次绕组接退磁电阻，其余的二次绕组应开路。

四、互感器的极性试验

互感器绕组的极性规定为减极性。

通常是使用互感器校验仪进行互感器绕组极性检查，并且在测量误差的同时进行。校验仪具有极性指示器，标准互感器的极性是已知的，当按规定的标记接好线通电升流（升压）时，如校验仪的极性指示器动作而又不能排除是由于变比接错所致，则可认为被试互感器的极性与所标记的相反。在停电后更换被检互感器的二次再试，予以确认。

也可用交流法（或直流法）直接检查绕组的极性。图 7-16 是直流法检查互感器极性的接线图。

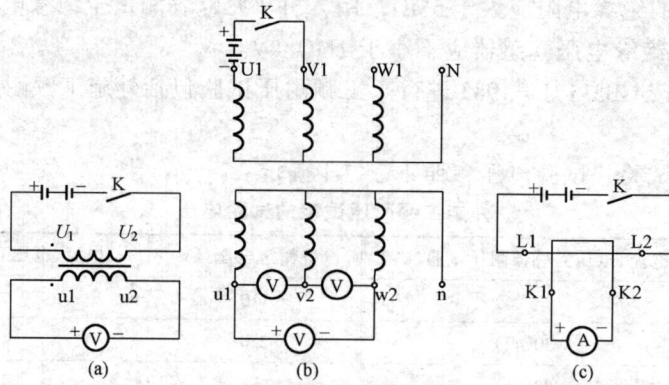

图 7-16　直流法检查互感器极性的接线图

(a) 检查单相电压互感器极性；(b) 检查三相电压互感器极性；(c) 检查电流互感器极性

图 7-16 (a) 中，V 为适当量程的直流电压表，一次加 1.5～12V 直流电压。当 K 接通瞬间，电压表 V 指针向正方向偏转，则线圈为减极性，极性标志正确。

图 7-16 (b) 是检查三相电压互感器组别，依次在 U1V1、V1W1、U1W1 加电压，二次上电压表正向偏转，则记为"＋"号，反之记为"－"号。再对照表 7-2 中列出接线组别为 Y，y0 和 Y，y6 连接时二次端各电压和符号，便可确定其联结组别。

图 7-16 (c) 所示是将适当小量程的直流电流表接在被试互感器二次出线端，一次加 1.5V 直流电源（也可以二次侧供电，一次侧接表），使对应端正负相同，K 接通瞬间，电流表指针正偏转，则互感器为减极性。

表 7-2　　　　　　　　　　　　　二 次 端 各 电 压 和 符 号

一次侧加直流电压	U1V1		V1W1		U1W1	
二次侧电压符号	Y，y0	Y，y6	Y，y0	Y，y6	Y，y0	Y，y6
uv	+	－	－	+	+	－
vw	－	+	+	－	+	－
uw	+	－	+	－	+	－

五、电流互感器的检定

1. 检定接线

测定电流互感器的误差，一般采用比较法，即用一台标准电流互感器与被试互感器相比较，接线图如图 7-17（a）所示。图 7-17（b）是当被检互感器的变比为 1 时的自校线路。

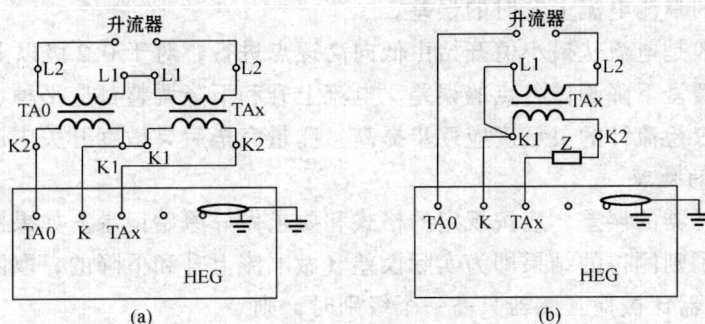

图 7-17 电流互感器检定接线图
(a) 比较线路；(b) 自校线路

2. 误差测试点和误差限值

电流互感器的误差测试点和误差限值按表 7-3 和表 7-4 所列。

表 7-3　　　　　　　　　　　　　　电流互感器误差测量点

用　　途	准确度级别	额定电压的百分数	二次负荷	
			伏安值	功率因数
作标准用	0.01；0.02；0.05；0.1；0.2	1*；5；20；100；120	额定值或实际值	额定值或实际值
		5；100	下限值	
一般测量用	0.01；0.02；0.05 0.1；0.2；0.5；1	1*；5；20；100；120	额定值	额定值
		5；20；100	下限值	

* 对 S 级。

表 7-4　　　　　　　　　　　　　　电流互感器误差限值

准确度级别	比　　差					角　　差					
	被率因数	额定电流（%）				被率因数	额定电流（%）				
		1	5	20	100	120		1	5	20	100	120
0.01			0.02	0.01	0.01	0.01			0.6	0.3	0.3	0.3
0.02			0.04	0.02	0.02	0.02			1.2	0.6	0.6	0.6
0.05			0.10	0.05	0.05	0.05			4	2	2	2
0.1	± %		0.4	0.2	0.1	0.1	±（'）		15	8	5	5
0.2			0.75	0.35	0.2	0.2			30	15	10	10
0.5			1.5	0.75	0.5	0.5			90	45	30	30
1			3.0	1.5	1.0	1.0			180	90	60	60
0.2S		0.75	0.35	0.2	0.2	0.2		30	15	10	10	10
0.5S		1.5	0.75	0.5	0.5	0.5		90	45	30	30	30

3. 测试误差的操作

接线检查无误后，核对校验仪各开关的位置，检查调压器是否在零位并将测量开关放到"极性"位置，再合电源，升电流。若电流升为 10%～20% 时极性指示器动作，应立即将调压器退回零位，切断电源，重新检查校验接线。如接线正确，则说明被试互感器极性标志错误或者二次开路。极性检查正确后，测量开关拨至测量位置，再对被试互感器进行退磁，消除剩磁的影响后，即可进行电流互感器的误差测试。

作一般测量用的 0.2 级及以下的电流互感器，每个测量点只测电流上升时的误差；高于

265

0.2 级作标准用的多变比电流互感器，每个安匝数仅检一个变比的电流上升与下降时各测量点的误差，其余的只测电流上升时的误差。

上升误差一般是电流从最小值开始由低向高逐点进行，对于 0.2 级以上互感器，电流达到最大值后，再缓慢下降测试各点的误差。电流上升和下降调整都应平稳、缓慢地进行。

测试时校验仪检流计的灵敏度应逐步提高，测量完毕后灵敏度开关应退回到零位。

4. 检定结果的处理

测得电流互感器的误差，应按规定的格式和要求做好原始记录。如果标准互感器比被检互感器高两个级别则测得的结果即为实际误差（做电流上升和下降的，取两次误差的算术平均值），如果标准器比被检互感器只高一个级别时，则

$$f_x = f_p + f_N \tag{7-8}$$
$$\delta_x = \delta_p + \delta_N \tag{7-9}$$

式中：f_p、δ_p——分别为测出的比差、角差的平均值；

f_N、δ_N——分别为检定证书中给出的标准器的比差、角差。

判断标准电流互感器的误差是否符合规定限值，应以修改后的数据为准，误差的化整间距见表 7-5。

表 7-5   电 流 互 感 器 误 差 化 整 间 距

准确度级别 修约间距 误差类别	0.01	0.02	0.05	0.1	0.2	0.5
比值差（%）	0.001	0.002	0.005	0.01	0.02	0.05
相位差（′）	0.02	0.05	0.2	0.5	1	2

除首次检定外，允许用户根据实际使用情况对部分功率因数（如仅选 $\cos\varphi = 0.8$ 或 1）申请检定，但未经检定的功率因数，不许在工作中使用。

对多变比的电流互感器，所有的电流比都应检定。若只检定部分电流比的电流互感器，应在检定报告中说明检定情况和结论。

检定穿芯式电流互感器时，可以在每一安匝下只检定一个电流比；如因穿芯导线位置变动引起的误差变化，则以误差大的数据为准；对大变比的穿芯式电流互感器，首次检定时，必须在穿芯导线对称分布和不对称分布两种情况下检定，出据两组数据，标明达到的准确度等级。

周期检定时，允许只做其中一种导线连接方式下的检定，但应在检定报告中说明。

检定合格的互感器，应发给检定证书或标注检定合格标志。只检定部分电流比及专用互感器的检定结果，应在检定证书中说明检定情况和结论。检定不合格的互感器，发给检定结果通知书。

5. 检定周期

作标准用的电流互感器，其检定周期一般为 2 年。如果在连续二个周期三次检定中，最后一次检定结果与前 2 次检定结果中的任何 1 次比较，其误差变化不超过误差限值的 1/3 时，检定周期可延长 50%，即周期为 3 年。如果第 4 次检定仍满足上述要求，检定周期仍可

延长1年，即周期为4年；如果在一个检定周期内误差变化超过限值的1/3，则检定周期缩短为1年。

一般测量用的电流互感器都是电磁式的，长期运行后的误差变化不大。因此，通常电力系统电能计量装置中的低压电流互感器轮换周期（现场检验）为20年，高压电流互感器的轮换周期为10年。

凡配校验台专用的电流互感器，首次检定后可不再单独做周期检定，允许与装置一起整检。

六、电压互感器的检定

1. 检定接线

电压互感器的检定，一般也是采用比较法，接线图如图7-18（a）所示。图7-18（b）是当被检电压互感器的额定变比为1时的自检线路。

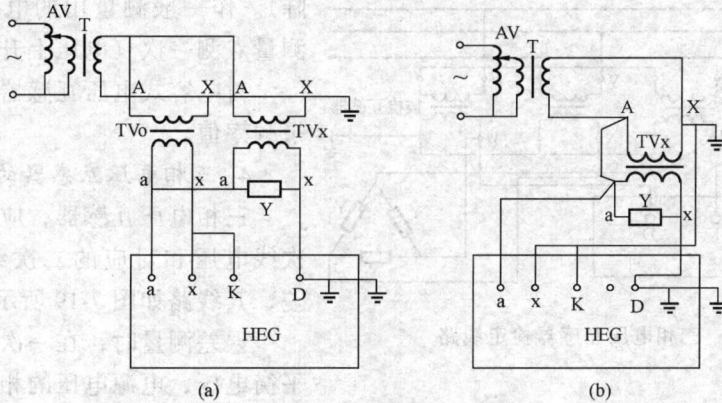

图7-18　电压互感器检定接线图

(a) 比较线路；(b) 自校线路

2. 误差测试点和误差限值

电压互感器误差的测量点和误差限值见表7-6和表7-7。

表7-6　　　　　　　　　　　　　电压互感器误差测量点

用 途	准确度级别	额定电压的百分数	二次负荷	
			伏安值	功率因数
作标准用	0.01；0.02；0.05；0.1；0.2	20；50；80；100；120	额定值或实际值	额定值或实际值
		20；100	下限值	
一般测量	0.01；0.02；0.05；0.1*；0.2*	20；50；80；100；120	额定值	额定值
		20；100	1/4额定值	
	0.5；1	80；100；20	额定值	额定值
		100	1/4额定值	

* 使用在电力系统中的0.1和0.2级电压互感器，额定电压20%和50%两点的误差可不测量。

3. 测试误差的操作

检定电压互感器误差之前，同样应在接线检查无误后，调压器在零位，将测量开关拨至"极性"位置，再通电升压。如升至100%过程中无"极性"显示，则互感器极性正确，可以进行误差测试。

表 7-7　　　　　　　　　　　　电压互感器的误差限值

准确度级别	比　　差						角　　差					
	被率因数	额定电压（%）					被率因数	额定电压（%）				
		20	50	80	100	120		20	50	80	100	120
1				1.0	1.0	1.0				40	40	40
0.5				0.5	0.5	0.5				20	20	20
0.2		0.4	0.3	0.2	0.2	0.2		20	15	10	10	10
0.1	±1%	0.20	0.15	0.10	0.10	0.10	±（'）	10.0	7.5	5.0	5.0	5.0
0.05		0.100	0.075	0.050	0.050	0.050		4	3	2	2	2
0.02		0.04	0.03	0.02	0.02	0.02		1.2	0.9	0.6	0.6	0.6
0.01		0.020	0.015	0.010	0.010	0.010		0.60	0.45	0.30	0.30	0.30

作标准用的电压互感器，除 120% 点误差测一次外，其余每点测两次（电压上升和下降）。作一般测量用的电压互感器，每个测量点测一次（电压上升）。

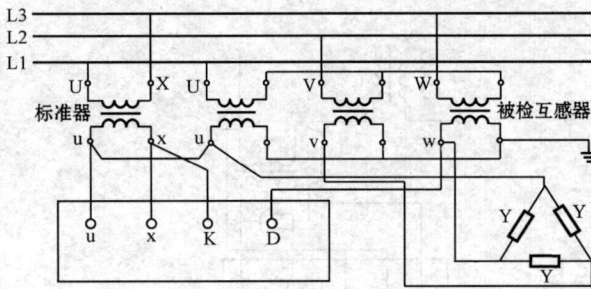

图 7-19　三相电压互感器检定线路

对电容式电压互感器进行检定时需记录频率值。

4. 三相电压互感器的检定

三相电压互感器，应分别测量每个一次线电压和对应的二次线电压之间的误差，其线路如图 7-19 所示。

误差测量时，在一次侧加三相对称的平衡电压，电源电压的相序要和被检电压互感器的相序一致，二次侧负载按星形接法，且各相的负载应为额定负载 的 1/3。

5. 检定结果处理

检定数据应按规定格式和要求做好原始记录。

当标准器准确度等级高于被检电压互感器两个级别时，被检电压互感器的误差即为测出的误差；当标准器比被检互感器只高一个级别时，被检电压互感器的误差为

$$f_x = f_p + f_n (\% \text{ 或 } 10^{-n}) \tag{7-10}$$

$$\delta_x = \delta_p + \delta_n (' \text{ 或 } 10^{-n}\text{rad}) \tag{7-11}$$

式中　f_p、δ_p——分别为测出的比差、角差平均值；

f_n、δ_n——分别为标准器的比、角差。

判断电压互感器是否超差，应以修约后的数据为准。通常，1～0.01 级电压互感器比、角差修约间距见表 7-8 所示。

表 7-8　　　　　　　　　　　　电压互感器修约间距

修约间距　　准确度级别　误差类别	0.01	0.02	0.05	0.1	0.2	0.5	1
比值差（%）	0.001	0.002	0.005	0.01	0.02	0.05	0.1
相位差（'）	0.02	0.05	0.2	0.5	1	2	5

经检定合格的电压互感器，应发给检定证书或标注检定合格标志；作标准用的应在检定

证书上给出最大变差值；只检定部分变比及专用电压互感器的检定结果应给予具体说明。检定不合格的电压互感器，发给检定结果通知书。

6. 检定周期

电压互感器的检定周期一般为 2~4 年，对运行中的电压互感器的现场检定没有明确规定。

关于延长和缩短检定周期的规定参见电流互感器的相应规定。

第四节　互感器现场检验

互感器的现场检验与实验室检定相同的地方，都是对互感器的误差进行测量，判断是否符合准确度等级。但现场检验还有其他内容，它要求测量或计算互感器在实际二次负载下的误差，包括电压互感器二次接线压降引起的误差，并计算出三相电流、电压互感器组整体的合成误差。

一、互感器现场检验的主要设备

(1) 可调电源设备。包括调压器、升流器、升压器、大电流导线及接线夹具等。如采用三相法检验，调压器及升压器应为三相型。一次电流在 600A 以下时，调压器升流器容量可选 3 kVA，600A 以上时可选 5kVA。有时候可利用现场的互感器来代替升压器或升流器。

(2) 标准设备和仪器。计量用的互感器多为 0.5 级和 0.2 级，故标准器的准确度选 0.05 级较合适，如使用三相法检验，应准备不接地型标准电压互感器。互感器检验仪应能抗电磁干扰，并采取措施减缓运输颠震。

(3) 其他仪器设备。万用表、兆欧表、钳形电流表、相位表以及专用的二次试验导线 (导线电阻不大于 0.06Ω)。

二、现场检验的安全措施及注意事项

(1) 现场试验应遵守电业安全工作规程，做好安全措施。试品从高压线路断开后，应先验电，装设接地线，再进行工作。

(2) 升压器、高压引线应连接牢固，布置在不易触及的地方，并与邻近物体保持安全距离，周围悬挂标示牌和装设遮拦。

(3) 校验仪与互感器、升流器（升压器）之间保持一定距离，一般应大于 3m，以防大电流磁场的影响。

(4) 互感器若已接地，则校验仪不再接地。

(5) 试验中，严禁电流互感器二次开路，严禁电压互感器二次短路。

三、电流互感器的现场检验

1. 常规的单相检验法

常规的单相检验法仅适用于二次自成回路的电流互感器，如图 7-20 所示。Z_U、Z_V、Z_W 分别为每相的仪表负载，R 为 TA 二次端子到仪表的导线。这样，每相的实际负载均为 $2R + Z$，且相互不影响，故可用常规单相法检验。该法的优点是简便、需用设备少，缺点是适用范围有限。

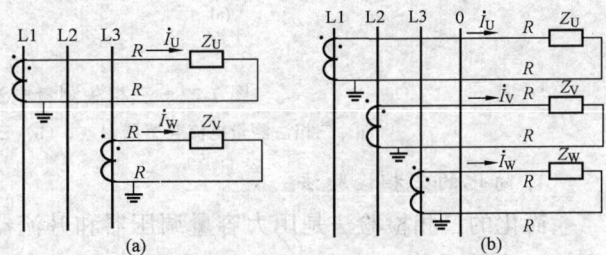

图 7-20　每台 TA 自成回路接线方式

(a) 两台 TA；(b) 三台 TA

2. 特殊接线的单相检验法

此法是利用特殊接线来模拟实际二次负荷，它适用于图 7-21（a）所示接线方式、且运行中三相电流基本平衡对称情况下的电流互感器的检验。

该接线方式中，若三相电流基本平衡对称，则通过中性线的电流 I_o 接近于零，三相电流互感器的二次负载分别为 $R + Z_u$、$R + Z_v$、$R + Z_w$。按图 7-21（b）所示检验 U 相互感器的接线，U 相负载为 $R/2 + R/2 + Z_U$，与实际负载相同。特殊接线单相法的优点是比较简便、需用设备少，缺点同样是适用范围有限。

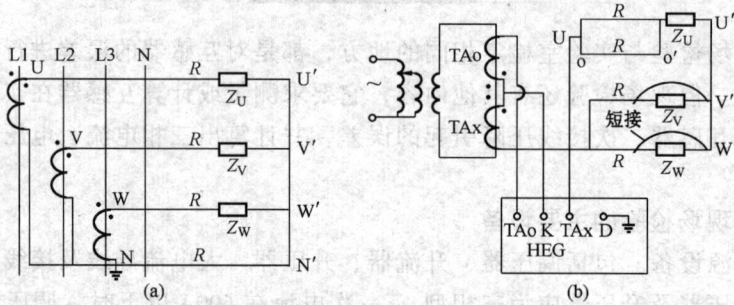

图 7-21　三台 TA 二次四线接线的检验
（a）TA 接线；（b）检验接线

3. 三相检验法

三相检验法是现场升三相电流进行误差测试。适用于一次电流不太大的不完全星形接线的电流互感器组的检验。

该法的优点是：检验时与三相实际运行时的状况完全一致，可直接测出实际二次负载下互感器的比差、角差、二次负载阻抗及功率因数。缺点是：需要三相电源及三相升流器，需用设备多，需调整三相电流平衡对称。三相法检验接线如图 7-22 所示。

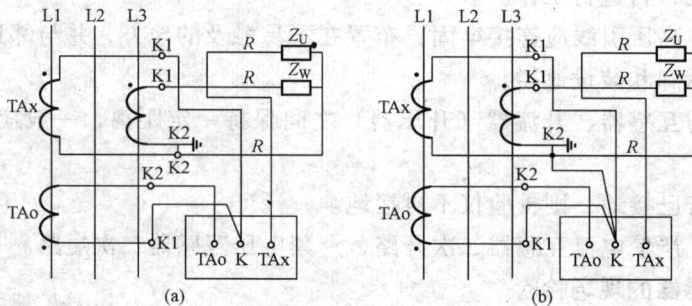

图 7-22　三相法测量电流互感器接线图
（a）三相法测量电流互感器误差；（b）三相法测量电流互感器二次负荷

4. 简化的三相检验法

简化的三相检验法是用大容量调压器和升流器在被测相互感器的一次侧升起大电流；非测相互感器不通电，利用小容量调压器和隔离变压器给非测相的二次回路升起不超过 6A 的二次电流，从而保持三相二次负荷电流平衡对称。该法对一次电流很大和不大的场合均适用。优点是现场需要的设备明显减少。缺点是需要三相电源，需调整三相电流平衡对称。

5．单相计算法

如果是用单相法测量图 7-23 中的不完全星形接线电流互感器的实际二次负载，可以分别测出 Z_{Uo}、Z_{wo}、Z_{Uw}（由图中可知，$Z_{Uo} = 2R + Z_U$，$Z_{wo} = 2R + Z_w$，$Z_{Uw} = 2R + Z_u + Z_w$）再按式（7-12）～（7-16）计算导线电阻 R、仪表阻抗 Z_U（Z_w）和每相实际二次负载阻抗 Z_{Um}（Z_{wm}）。

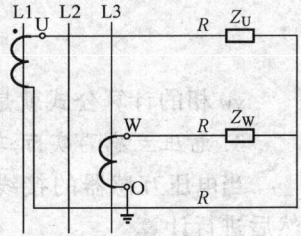

图 7-23　两台 TA 不完全星形接线

$$R = 1/2(Z_{Uo} + Z_{wo} - Z_{Uw}) \tag{7-12}$$

$$Z_U = R_U + jX_U = Z_{Uw} - Z_{wo} \tag{7-13}$$

$$Z_w = R_w + jX_w = Z_{Uw} - Z_{Uo} \tag{7-14}$$

$$Z_{Um} = (R_U + 3/2R) + j(X_U + \sqrt{3}/2R) \tag{7-15}$$

$$Z_{wm} = (R_w + 3/2R) + j(X_w - \sqrt{3}/2R) \tag{7-16}$$

式中　R_U、R_w——仪表的电阻值；

　　　X_U、X_w——仪表的电抗值。

如果能确定电流互感器经常性的一次负荷电流值，还应在这个点测量实际误差。

四、电压互感器的现场检验

1．三相电压互感器的现场检验

三相电压互感器通常是指共用一个铁芯的三相五柱或三相三柱式结构的电压互感器，由于相间绝缘紧凑，只用于 10kV 以下电压。这种互感器工作时铁芯中有三相磁通流通，因此检验时也应在三相条件下进行。现场检验接线与实验室检验相同，可按第三节所述方法进行（接线见图 7-19）。不同的是，现场检验是在实际三相负载下进行，而且检验点取在电能表的接线端子上，这样测得的误差已包含二次回路压降误差。

现场检验只在额定电压下进行。

2．三相电压互感器组的现场检验

电能计量中经常使用的是用两只或三只单相电压互感器连接成 V/V 接线和 Y/Y 线的三相电压互感器组，如果负荷也是相应的 V 形或 Y 形接线，则每台单相电压互感器的二次负载就是它所对应的那一相负载，现场检验时可按三相法逐台检验它们在实际二次负载下的误差。

在不具备三相测量条件时，可以用单相法测量每台互感器在空载时的比差 f_0、角差 δ_0 和额定负载下 $\cos\varphi = 1$ 时的比差 f_N、角差 δ_N，然后通过式（7-17）、式（7-18）求出实际负载下的误差为

$$f = f_0 - S/S_N[(f_0 - f_N)\cos\varphi_2 + 0.0291(\delta_0 - \delta_N)\sin\varphi_2]（\%） \tag{7-17}$$

$$\delta = \delta_0 - S/S_N[(\delta_0 - \delta_N)\cos\varphi_2 - 34.48(f_0 - f_N)\sin\varphi_2]（'） \tag{7-18}$$

式中　S_N——额定二次负荷，VA；

　　　S——实际二次负荷，VA；

　　　φ_2——实际二次负荷的功率因数角。

对 Y/Y 接线的电压互感器当负载为△时，可以先把△负载换算成等效 Y 接负载，然后再按上述方法计算每台单相互感器在实际二次负载下的误差，最后按下式计算各线电压误差

$$f_{uv} = (f_u + f_v)/2 + 0.0084(\delta_v - \delta_v) \ (\%) \tag{7-19}$$

$$\delta_{uv} = (\delta_u + \delta_v)/2 + 9.924(f_v - f_u) \ (') \tag{7-20}$$

vw 相的计算公式就是将上式中的下标 u、v 相应换成 v、w 即可。

3. 电压互感器实际二次负载导纳的计算

当电压互感器的接线与负载接线不对应时，可先分别测量出线间导纳 Y_{uv}、Y_{vw}、Y_{vw}，然后进行计算。

V/V 接线的电压互感器，负载接成△时，按下式计算各相的负载导纳

$$Y_u = Y_{uv} + Y_{wv}e^{-j60} \tag{7-21}$$

$$Y_w = Y_{vw} + Y_{wv}e^{j60} \tag{7-22}$$

Y/Y 接线的电压互感器，负载接成△时，按下式计算各相的负载导纳

$$Y_u = \sqrt{3}(Y_{uv}e^{j30} + Y_{uw}e^{-j30}) \tag{7-23}$$

$$Y_v = \sqrt{3}(Y_{vw}e^{j30} + Y_{uv}e^{-j30}) \tag{7-24}$$

$$Y_w = \sqrt{3}(Y_{uw}e^{j30} + Y_{vw}e^{-j30}) \tag{7-25}$$

Y/Y 接线的电压互感器，负载接成 V 形时，按下式计算各相的负载导纳

$$Y_u = \sqrt{3}e^{j30}Y_{uv} \tag{7-26}$$

$$Y_v = \sqrt{3}(Y_{vw}e^{j30} + Y_{uv}e^{-j30}) \tag{7-27}$$

$$Y_w = \sqrt{3}e^{-j30}Y_{vw} \tag{7-28}$$

电压互感器的实际负载也可以用相位伏安表法测量计算，例如测出 U 相电流为 I_u，电压为 U_{uv}，$\dot{I}_u$ 落后于 $\dot{U}_{uv}$ 角度为 φ，则 U 相实际负载导纳为

$$Y_u = (\dot{I}_u/\dot{U}_{uv})e^{-j\varphi} \tag{7-29}$$

练 习 题

一、填空

1. 电流互感器在进行误差试验之前必须____，以消除或减少铁芯的____。

2. 标准互感器的准确度等级至少应比被检互感器____，其实际误差应____被检互感器误差限值的____。

3. 在____内，标准器的误差变化不得大于误差限值的____。

4. 电流互感器的下限负荷一般为额定负荷的____，但对二次电流为 5A、额定负荷为 10VA 或 5VA 的互感器，其下限负荷允许为____，但在铭牌上必须____。

5. 周围电磁场所引起的测量误差，不应大于被检电流互感器误差限值的____，升流器、调压器、大电流线等所引起的测量误差，不应大于被检电流互感器误差限值的____。

6. 检定电流互感器时要求周围温度为____，相对湿度不大于____。

7. 电流互感器退磁的方法有____和____。

8. 电位差式互感器校验仪的工作原理是以____通过电流比较仪测量____为基础的。

9. 比较仪式互感器校验仪的工作原理是以____通过电流比较仪测量____为基础的。

10. 对于互感器校验仪，要求由其引起的测量误差不得大于____允许误差限的____，

其中由装置 ____ 引起的测量误差不大于 ____ 。

11．检定电压互感器时，标准电压互感器二次与校验仪之间连接导线应保证其 ____ 引起的误差不超过标准电压互感器允许误差限的 ____ 。

12．检定互感器时要求电源及调节设备应具有足够的 ____ 和 ____ ，电源的频率应为 ____ Hz，波形畸变系数不超过 ____ 。

13．检定电流互感器时，电流的 ____ 和 ____ ，均需 ____ 地进行。

14．作标准用的互感器，其检定周期一般为 ____ ，如果在一个检定周期内误差变化超过其误差限值的 ____ 时，检定周期应缩短为 ____ 。

15．当标准互感器只比被检互感器高一个级别时，被检互感器的误差应加上 ____ 进行 ____ 。

16．经检定 ____ 的互感器，应发给 ____ 或标注 ____ 。

17．经检定 ____ 的互感器，应发给 ____ 通知书。

18．多变比电流互感器，允许在每一 ____ 下只检定一个 ____ 。

19．一般测量用的互感器多为 ____ 和 ____ ，故现场检验的标准互感器等级为 ____ 较为合适。

20．现场试验工作前一定要妥善做好 ____ ，在确认 ____ 无误后，方可开始工作。

二、选择题

1．检定电流互感器误差时由测量装置引起的测量误差不得大于被检电流互感器误差限值的 ____ 。

(a) 1/3；　　　　(b) 1/5；　　　　(c) 1/10；　　　　(d) 1/20。

2．检定电流互感器误差时，由校验仪灵敏度引起的误差应不大于被检电流互感器误差限值的 ____ 。

(a) 1/5；　　　　(b) 1/20；　　　　(c) 1/10；　　　　(d) 1/3。

3．检定电流互感器误差时，由周围电磁场所引起的测量误差，应不大于被检电流互感器误差限值的 ____ 。

(a) 1/10；　　　　(b) 1/15；　　　　(c) 1/20；　　　　(d) 1/5。

4．检定互感器时，所用电源的波形畸变系数不得超过 ____ 。

(a) 5%；　　　　(b) 3%；　　　　(c) 2%；　　　　(d) 1%。

5．现场检验电流互感器时，如果一次电流最大为500A，则调压器和升流器应选 ____ 。

(a) 1kVA；　　　　(b) 2kVA；　　　　(c) 3kVA；　　　　(d) 5kVA。

6．实验室检定互感器时，要求环境条件满足：环境温度、相对湿度分别为 ____ 。

(a) 温度23℃，湿度不大于80%；　　　　(b) 温度23℃，湿度不大于70%；

(c) 温度10～35℃，湿度不大于70%；　　　　(d) 温度10～35℃，湿度不大于80%。

7．0.5级电压互感器测得的比差和角差分别为 −0.275% 和 +19′，经修约后的数据应为 ____ 。

(a) −0.25% 和 +18′；　　　　　　(b) −0.28% 和 +19′；

(c) −0.30% 和 +20′；　　　　　　(d) −0.28% 和 +20′。

8．0.2级电压互感器测得的比差和角差分别为 −0.130% 和 +5.5′，经修约后的数据应为 ____ 。

(a) −0.14% 和 +6.0′；　　　　　　(b) −0.12% 和 +6′；

(c) -0.13% 和 $+5.5'$;　　　　　　　　(d) -0.13% 和 $+5'$。

9. 用 2.5kV 兆欧表测量全绝缘电压互感器的绝缘电阻时，要求其绝缘电阻值不小于____。

(a) $1M\Omega/kV$;　　(b) $10M\Omega/kV$;　　(c) $100M\Omega/kV$;　　(d) $500M\Omega/kV$。

10. 用 2.5kV 兆欧表测量半绝缘电压互感器的绝缘电阻时，要求其绝缘电阻值不小于____。

(a) $1M\Omega/kV$;　　(b) $10M\Omega/kV$;　　(c) $100M\Omega/kV$;　　(d) $500M\Omega/kV$。

11. 用 500V 兆欧表测量电流互感器一次绕组对二次绕组及对地间的绝缘电阻值应大于____。

(a) $1M\Omega$;　　(b) $5M\Omega$;　　(c) $10M\Omega$;　　(d) $20M\Omega$。

12. 现场检验互感器时，标准器的准确度等级为 ____ 较为合适。

(a) 0.1 级;　　(b) 0.01 级;　　(c) 0.02 级;　　(d) 0.05 级。

三、问答题

1. 检定电流互感器误差前为什么要进行退磁试验？简述开路退磁和闭路退磁的方法。

2. 电位差式和比较仪式互感器校验仪的工作原理有何不同？试各举出一种型号的校验仪。

3. 检定电流互感器时需要哪些主要设备？

4. 画出用 HEG 型校验仪检定电流互感器的接线图。

5. 画出用 HEG 型校验仪检定电压互感器的接线图。

6. 现场试验互感器时应注意哪些问题？

7. 检定互感器时，对标准器的准确度有哪些要求？

8. 检定电流互感器时，被检互感器的二次引线为什么规定为 0.05Ω 或 0.06Ω？

9. 简述电压互感器与电流互感器的检定项目和程序。

10. 用 590C、D 现场检验互感器与传统方法相比，有什么优点？

参 考 答 案

一、填空

1. 退磁剩磁影响; 2. 高两个等级不超过 1/5; 3. 检定周期 1/3; 4.1/4 3.75VA 标注; 5.1/20 1/10; 6. $+10$— $+35℃$ 80%; 7. 开路退磁法闭路退磁法; 8. 工作电流电位差; 9. 工作电压小电流; 10. 被检互感器 1/10 灵敏度 1/20; 11. 电阻压降 1/10; 12. 容量调节细度 50 ± 0.5 5%; 13. 上升下降平稳而缓慢; 14.2 年 1/3 1 年; 15. 标准器的误差修正; 16. 合格检定证书检定合格标志; 17. 不合格检定结果; 18. 额定安匝电流比; 19.0.5 级 0.2 级 0.05 级; 20. 安全措施安全措施

二、选择题

1. (c); 2. (b); 3. (c); 4. (a); 5. (c); 6. (d); 7. (c); 8. (b); 9. (b); 10. (a); 11. (b); 12. (d)

三、问答题

(略)

第八章

互感器应用

第一节 互感器极性

互感器的极性对电能计量装置的正确运行有着重大影响。目前，我国计量用互感器大多采用减极性，那么什么是减极性呢？

如图 8-1 和图 8-2 所示，如从互感器一次绕组的一个端子与二次绕组的一个端子观察，电流 i_1、i_2 的瞬时方向是相反的，也就是一次瞬时电流流入互感器时，二次瞬时电流从互感器流出，这样的极性关系就称为减极性。凡符合减极性特性的相对应的一、二次侧端钮为同极性端。

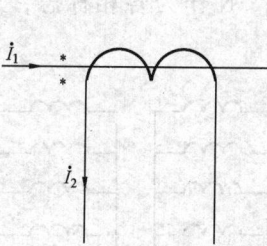

图 8-1 电流互感器

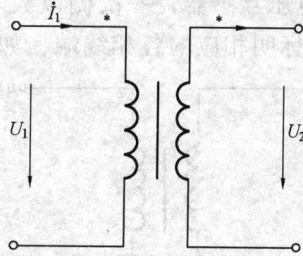

图 8-2 电压互感器

以下介绍互感器极性的标志和同极性端。

一、电流互感器极性标志

（1）单电流比电流互感器，一次绕组首端标示为 L1，末端为 L2，二次绕组首端为 K1，末端为 K2，K1 和 L1、L2 和 K2 为同极性端，如图 8-3 所示。

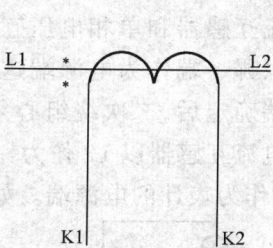

图 8-3 单电流比互感器

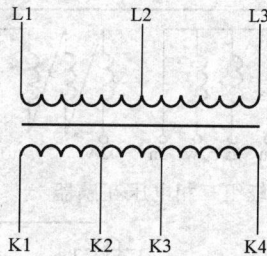

图 8-4 多抽头电流互感器

减极性的电流互感器，当一次电流从 L1 端流入时，二次电流 K1 流出；反之，当一次电流从 L2 端流入，二次电流从 K2 流出。

（2）当多量限一次绕组带有抽头时，首端为 L1，以后依次为 L2、L3 等；二次绕组带有抽头时，首端为 K1，以后依次为 K2、K3 等。如图 8-4 所示。

（3）对于具有多个二次绕组的电流互感器，二个绕组分别绕在各自的铁芯上，应分别在各个二次绕组的出线端标志"K"前加注数字，台 1K1、1K2、2K1、2K2 等。如图 8-5 所示。

（4）对于一次绕组分为两段，可串联或并联后改变电流比的电流互感器，一次绕组的首端标以 L1，中间出线端子用 C1、C2 标注，出线端仍标为 L2，二次绕组两端仍分别标以 K1、K2。如图 8-6 所示。

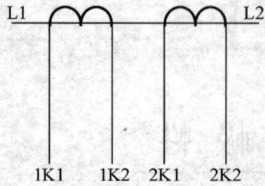

图 8-5　多个二次绕组电
流互感器

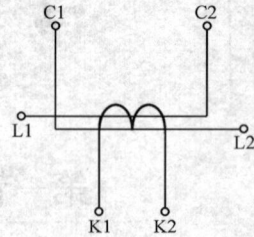

图 8-6　一次绕组分为两
段的电流互感器

二、电压互感器极性标志

（1）单相电压互感器一次侧首端标为 U1，末端标为 U2，二次绕组首端标为 u1，末端标为 u2，如图 8-7 所示。

（2）三相电压互感器，一次侧以大写字 U、V、W、N 作为各相标志，二次侧以小写字母 u、v、w、n 标明相应的各相线端，如图 8-8 所示。

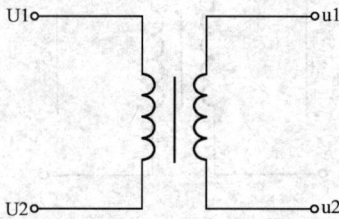

图 8-7　单相电压互感器

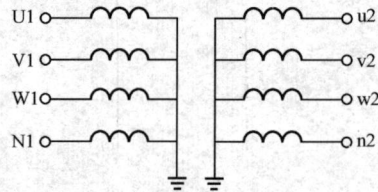

图 8-8　三相电压互感器标志

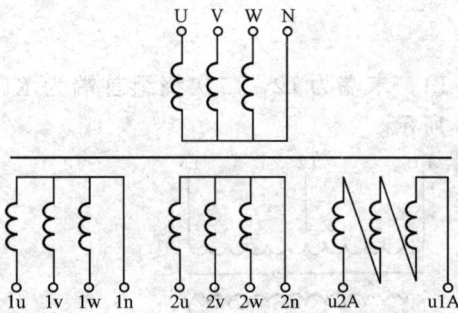

图 8-9　多绕组三相电压互感器

（3）当具有多个二次绕组时，除零序用辅助绕组外，分别在各个二次绕组的出线标志前加注数字，如 1u、1v、1w、1n、2u、2v、2w、2n 等，辅助绕组标为 u1A、u2A、如图 8-9 所示。

在使用电流互感器和单相电压互感器时应注意，互感器一次侧以哪一端作为电源端这是变化的，一旦一次绕组电源端确定后，二次绕组心须以对应端为表计电源端。如电流互感器以 L2 作为一次侧电源端，则二次侧应以 K2 作为表计的电源端。如图 8-10 所示。

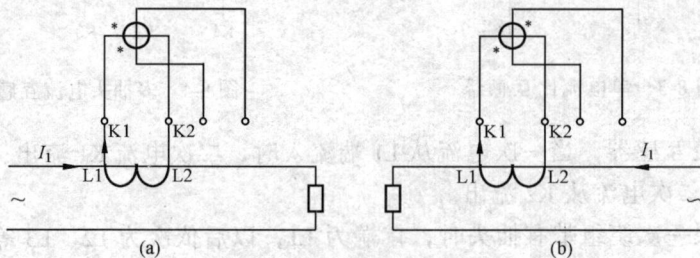

图 8-10　电流互感器接线图
（a）以 L1 为电源端；（b）以 L2 为电源端

第二节　互感器变比和倍率

互感器的变比在铭牌上有明确的标示，但对于穿芯式单相低压电流互感器，其变比随着穿芯的匝数而发生变化。从电流互感器的原理我们知道，一次侧和二次侧安匝数是相等的，即

$$n_1 I_1 = n_2 I_2$$

则

$$\frac{I_1}{I_2} = \frac{n_2}{n_1}$$

由于额定二次电流和 n_2 是不变的，当 n_1 每增加一倍时，I_1 减小一倍，即穿芯匝数越多，变比越小。

例如，一只穿芯 1 匝的电流互感器变比为 600/5，当穿芯二匝时，变比变为 300/5，穿芯三匝时，变比 200/5，穿芯四匝时变为 150/5，穿芯五匝时，变为 120/5。

在使用时，电流互感器额定一次电流的确定，应保证其在正常运行中的实际负荷电流达到额定值的 60% 左右，至少应不小于 30%，否则应选用高动热稳定电流互感器以减小变比。

在选用电压互感器时，其额定电压 U_N 不宜大于系统电压 U_X 的 110%，不小于 U_X 的 90%，即

$$0.9 U_X \leqslant U_N \leqslant 1.1 U_X$$

倍率是指二次侧表计读数换算为一次侧读数时应乘的系数。对于电能表来说，因其测量值为电压与电流的乘积，故其倍率 K 应为电流比和电压比的乘积，即

$$K = K_I K_U$$

式中：K_I 为电流互感器变比，K_U 为电压互感器变比。

当没有电压互感器或电流互感器时，$K_U = 1$ 或 $K_I = 1$。

【例 8-1】　已知电能表抄见电量为 1.62kWh，电流互感器配用 500/5A，电压互感器配用 10000/100V，求电能表的实际结算电量？

解：　$K_I = 500/5 = 100$

$K_U = 10000/100 = 100$

$K = K_I K_U = 100 \times 100 = 10000$

实际结算电量为 $1.62 \times 10000 = 16200$（kWh）。

第三节　电流互感器应用

一、电流互感器的接线方式

1. 两相星形接线

两相星形接线又称不完全星形接线或 V 形接线。如图 8-11 所示。

它由两只完全相同的电流互感器构成。这种接线方式是根据三相交流电路中三相电流之和为零的原理构成的。因为一次电流 $\dot{I}_U + \dot{I}_V + \dot{I}_W = 0$，则

$$\dot{I}_V = -(\dot{I}_U - \dot{I}_W)$$

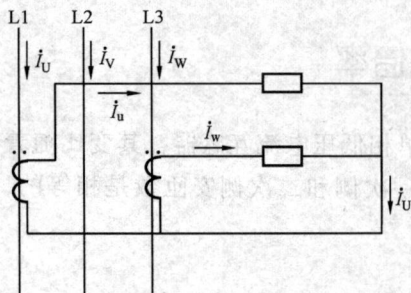

图 8-11　二相星形接法

所以，二次侧 v 相电流为 $-\dot{I}_v=(\dot{I}_u+\dot{I}_w)$，即 $\dot{I}_v$ 由公共点沿公共线流向负载。

此种接法方式的优点是在减少二次电缆芯数的情况下，取得了第三相（一般为 v 相）电流。其缺点是：①由于只有两只电流互感器，当其中一点相性接反时，则公共线中的电流变为其他两相电流的相量差，造成错误计量，且错误接线的机率较多；②给现场单相法校验电能表带来困难。两相星形接线主要是用于小电流接地的三相三线制系统。

2. 三相星形接线

三相星形接线又称为完全星形接线，如图 8-12 所示。

它由三只完全相同的电流互感器构成。此种接线方式适用于高压大电流接地系统、发电机二次回路、低压三相四线制电路。采用此种接线方式，二次回路的电缆芯数较少。但由于二次绕组流过的电流分别为 $\dot{I}_u$、$\dot{I}_v$、$\dot{I}_w$，当三相负载不平衡时，则公共线中有电流 $\dot{I}_n$ 流过。此时，若总公共线断开就会产生计量误差。因此，公共线是不允许断开的。

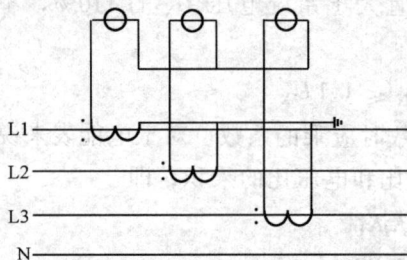

图 8-12　三相星形接法

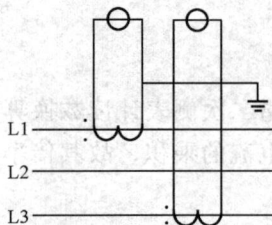

图 8-13　分相接法

3. 分相接线

图 8-13 所示为用于三相三线系统的分相接法。

在三相四线系统中也可采用类似的分相接法，采用分相接线虽然会增加二次回路的电缆芯数，但可减少错误接线的机率，提高测量的可靠性和准确度，并给现场检验电能表和检查错误接线带来方便，是接线方式的首选。在 DL/T447—3—2000《电能计量装置技术管理规程》中将这种接线方式列为标准接线方式。

4. 电流互感器的特种连接

电流互感器除单台使用外，有时在工作现场还需要将两台电流互感器串联、并联或串级连接使用，以达到改变误差特性或电流比等目的。如油断路器内的套管式电流互感器就常常需要采用串联或并联的方法。

（1）电流互感器的串联。流过同一相电流的两个相同额定变流比的电流互感器，其一次、二次绕组分别顺向连接，称电流互感器串联，如图 8-14（a）所示。

串联后的电流互感器额定电流比等于单台电流互感器的电流比，即

$$K=K'=K''=\frac{I_v}{I_U}$$

每台电流互感器的负载功率为

$$W_1 = W_2 = U_u I_u = \frac{1}{2} I^2 (Z_m + 2R_L)$$

每台电流互感器的二次负载阻抗为

$$Z_b = Z_b = \frac{W_2}{I_V^2} = \frac{1}{2}(Z_m + 2R_1)$$

可见两台电流互感器串联后，电流比和单台相同；每台电流互感器负担的二次负载阻抗比单台使用时减少了一半，因此改善了误差特性。

（2）电流互感器的并联。流过同一相电流的两个相同额定电流比的电流互感器，其一次绕组顺向连接，二次绕组并联，称电流互感器并联，见图 8-14 所示。

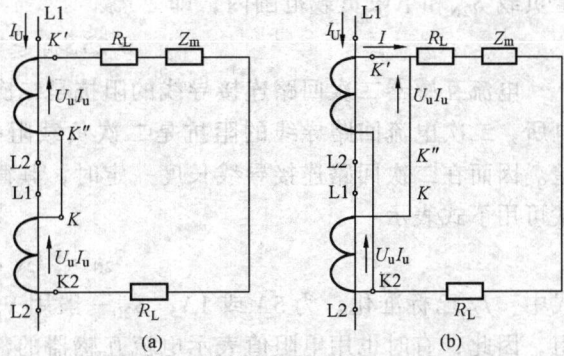

图 8-14　电流互感器的串并联

(a) 串联；(b) 并联

电流互感器并联后，总的电流比为

$$K = \frac{I_U}{I_u} = \frac{I_U}{2I_u} = \frac{1}{2}K' = \frac{1}{2}K''$$

每台电流互感器的负荷功率为

$$S_1 = S_2 = \frac{1}{2} U_u I = 2 I_u^2 (Z_m + 2R_L)$$

每台电流互感器的二次负载阻抗为

$$Z_{b1} = Z_{b2} = \frac{S_2}{I_u^2} = 2(Z_m + 2R_L)$$

可见，两台电流互感器并联后，电流比是单台电流互感器的 1/2；每台电流互感器的二次负载阻抗比单台使用时增加了一倍，因此使电流互感器的固有误差增大，故一般情况下并联方式不可取。但实际工作中，考虑用户负荷的变化或为使电流互感器误差向相反方向变化，有时也采用并联方式。

（3）电流互感器的串级连接。测量电流时，有时需要二台不同电流比的电流互感器将被测电流经过二次电磁转换，以便获得一定的额定二次电流，然后再进行测量，如图 8-15 所示。

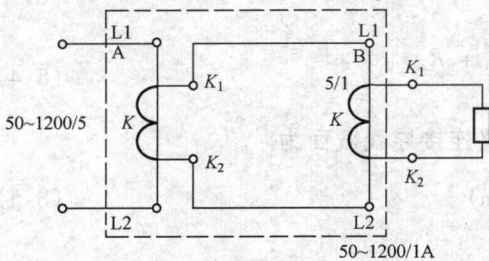

图 8-15　电流互感器的串级联接

K_1、K_2—分别为 A、B 互感器电流比；

K—组合式互感器电流比

这种方法称电流互感器串级连接。测量电流比为两台电流互感器电流比之乘积，即 $K = K_1 K_2$。采用这种方法，可以使用一台额定二次电流为 5A 和一台额定二次电流为 1A 的电流互感器，组成更多变流比的额定二次电流为 5A 或 1A 的组合式电流互感器，扩大了电流互感器的量限。但要将其作为测量用电流互感器使用，须按照测量用电流互感器检定规程检验合格方可使用。

二、电流互感器二次连接导线截面积的选择

电流互感器接入的总二次负载超过额定值时，则准确等级会下降；二次负载过低，误差也偏大，所以，根据国家标准规定，一般测量用电流互感器的二次负载 S（VA）必须在额

定负载 S_{2N} 和下限负载范围内，即

$$0.25 S_{2N} \leqslant S \leqslant S_{2N} \tag{8-1}$$

电流互感器二次回路连接导线的阻抗是二次负载阻抗的一部分，尤其在大型发电厂、变电所，二次电流回路导线的阻抗是二次负载阻抗的主要部分，直接影响着电流互感器的误差。因而在二次回路连接导线长度一定时，其截面积需要经计算确定。电流互感器的额定负载可用下式表示

$$S_{2N} = I_{2N}^2 Z_{2N}(VA) \tag{8-2}$$

式中：I_{2N} 已标准化，为 5A 或 1A；S_{2N} 一般用 VA 数表示；当功率因数为 1.0 时，Z_{2N} 为纯电阻，因此，有时也用电阻值表示电流互感器的额定负载，如电流互感器的额定负载为 5VA，当功率因数为 1.0、二次电流为 5A 时，其对应的 Z_{2N} 为 $5/5^2 = 0.2\Omega$。

从式（8-2）也可看出，$Z_{2N} = S_{2N} / I_{2N}^2$，即 Z_{2N} 与 I_{2N}^2 成反比，很显然当 S_{2N} 一定时，取 1A 与取 5A 相比，Z_{2N} 可增加 25 倍。因此，二次电流为 1A 的电流互感器带负载的能力与二次电流为 5A 的电流互感器相比，带负载的能力更强。目前二次电流为 1A 的电流互感器已逐步得到了更多的应用。

由式 8-2 可知，Z_{2N} 是由电流互感器容量 S_{2N} 决定，故根据式（8-1），要保证电流互感器一定的准确等级，二次允许负载阻抗 Z_2 须满足

$$\frac{1}{4} Z_{2N} \leqslant Z_2 \leqslant Z_{2N} \tag{8-3}$$

二次负载阻抗 Z_2 包括以下三部分：所有仪表串联线圈内总阻抗 Z_m，二次连接导线电阻 R_L 接头的接触电阻 R_K 之和，R_k 一般取 $0.05 \sim 0.1\Omega$，所以

$$Z_2 = Z_m + R_L + R_K$$

电流互感器额定负载时消耗功率可表示为

$$S_{2N} = I_{2N}^2 (Z_m + R_L + R_K)$$

因为电流互感器二次所接仪表已经确定，则上式右端各值，除导线电阻 R_L 外，皆为已知量，故 R_L 可由下式求出

$$R_L \leqslant \frac{S_{2N} - I_{2N}^2 (Z_m + R_K)}{I_{2N}^2} \tag{8-4}$$

若已知导线的材料和长度时，即可求出二次回路连接导线截面为

$$A = \rho \frac{1}{R_L}(mm) \tag{8-5}$$

式中　L——二次连接导线长度，m；

　　　ρ——电阻率，$\Omega \cdot mm^2/m$。

导线的长度决定于电能表与电流互感器之间的连接距离 L 和电流互感器的接线方式。表 8-1 列出了电流互感器不同接线方式时的二次负载阻抗及导线长度的计算公式。表 8-2 列出了一定导线截面、一定额定负载在接不同负载阻抗时，电流互感器与仪表或电能表之间的允许导线长度。

表 8-1　　　　　　　　　　　二次负载阻抗及连接导线长度计算公式

接线方式	二次负荷阻抗计算公式	二次导线计算长度 L
分　　相	$Z_2 = Z_m + 2R_L + R_K$	$2L$
二相星（V）接	$Z_2 = Z_m + \sqrt{3}R_L + R_K$	$\sqrt{3}L$
三相星（V）接	$Z_2 = Z_m + R_L + R_K$	L

表 8-2 电流互感器二相星形接线时二次连接导线允许长度（m）

铜导线截面（mm²）	电流互感器额定负荷（VA）	二次回路实际负载（VA）下导线允许长度（m）								
		实际负载（VA）								
		5	7.5	10	12.5	15	20	25	30	35
1.5	10	5	—	—	—	—	—	—	—	—
	15	15	10	5	—	—	—	—	—	—
	20	25	20	15	10	5	—	—	—	—
	30	45	40	35	30	25	15	5	—	—
	40	65	60	55	50	45	35	25	15	5
2.5	10	8	—	—	—	—	—	—	—	—
	15	25	20	8	—	—	—	—	—	—
	20	40	35	25	15	8	—	—	—	—
	30	75	65	60	50	40	25	8	—	—
	401	105	100	90	80	75	60	40	25	8
4.0	10	13	—	—	—	—	—	—	—	—
	15	40	25	13	—	—	—	—	—	—
	20	65	55	40	25	13	—	—	—	—
	30	120	105	90	80	65	40	13	—	—
	40	170	160	145	130	110	90	65	40	13
6.0	10	20	—	—	—	—	—	—	—	—
	15	60	40	20	—	—	—	—	—	—
	20	100	80	60	40	20	—	—	—	—
	30	180	160	140	120	100	60	20	—	—
	40	255	240	220	200	180	140	100	60	20

注 1. 电流互感器额定二次电流为 5A。

2. 有功电能表消耗功率相限值为：0.5 级为 6VA；1.0 级为 4VA；2.0 级为 2VA；无功电度表消耗功率相限值：2.0 级为 2VA。

三、电流互感器的选择

1. 额定变流比的选择

因为额定变流比为一、二次额定电流之比，且二次电流已标准化定为 5A 或 1A，故选择额定变流比，实际上是选择一次额定电流。一般是按长期通过电流互感器的最大工作电流来选择。但为了保证电流互感器有较好的电流特性，不应使其工作在一次额定电流的 1/3 以下。

一次额定电流是按长期运行能满足允许发热条件确定的。我国国家标准 GB1207—3—1997《电流互感器》中已对一次额定电流规定了系列化标准，有从 1A 到 25000A 等不同规格的电流互感器可供选择。

2. 额定容量的选择

电流互感器的额定容量是指二次额定电流 I_{2N} 通过二次额定负载阻抗 Z_{2N} 时所消耗的视在功率 S_{2N}，可直接用 VA 值表示，也可用二次阻抗 Z_{2N} 的 Ω 值来表示。

$$Z_{2N} = \frac{S_{2N}}{I_{2N}^2} \quad （\Omega） \tag{8-6}$$

选择电流互感器时，其额定容量应满足其式（8-1）的要求。

3. 额定电压的选择

电流互感器的额定电压是指其一次绕组对地或对二次绕组能长期承受的最大电压值（有效值），而不是指一次绕组两端所加的电压。电流互感器的额定电压等级应与电网的额定电压等级一致，故所选电流互感器的额定电压应不低于其安装处的线路额定电压或电气设备额定电压。

4. 准确等级的选择

我国电力行业标准 DL/T447—3—2000《电能计量装置技术管理规程》规定，对Ⅰ、Ⅱ类电能计量装置，应选用 0.2S 的电流互感器，对Ⅲ、Ⅳ、Ⅴ类电能计量装置，应选用 0.5S 的电流互感器。

四、使用电流互感器的一般注意事项

（1）相性连接要正确。电流互感器的相性，一般是按减极性（−）标注的。接线时如果极性连接不正确，不仅会造成计量错误，而且，当同一线路有多个电流互感器并联时，还可能造成短路故障。

（2）二次回路应设保护性接地点。为防止一、二次绕组之间绝缘击穿时，高电压窜入低压侧危及人身安全和损坏仪表，因此，其二次回路应该设置保护性接地点，且接地点只允许有一个，一般是经靠近电流互感器的端子箱内的接地端子接地。

（3）运行中二次绕组不允许开路。根据磁动势平衡原理，我们知道

$$\dot{I}_1 N_1 + \dot{I}_2 N_2 = \dot{I}_m N_1$$

当正常使用时，铁芯中工作磁通密度不大，一般约为 0.6 至 1 特，二次绕组电动势也不大。当电流互感器二次侧开路时，$\dot{I}_2 = 0$，则

$$\dot{I}_1 N_1 = \dot{I}_m N_1$$

也就是一次电流完全变成了激磁电流，铁芯中磁通密度急剧增加，将使铁芯达到饱和，在开路情况下，当一次电流为额定电流时，铁芯中磁通密度达 1.4～1.8 特，这样会在二次侧感应很高的电压，可达几千伏甚至更高，从而产生以下严重后果：

1）二次侧产生很高电压，对设备和人员有危险。

2）铁芯严重发热，互感器有被烧坏的可能。

3）在铁芯中产生剩磁，使电流互感器误差增大。

因此，在互感器使用中，应绝对避免电流互感器开路。如果需要校验或拆换二次回路中的电能表及其他仪表时，应先将电流互感器二次侧短路。同时在接线时应注意将螺丝和端钮拧紧，避免断开。

（4）对于具有两个及以上的铁芯共用一个一次绕组的电流互感器来说，要将电能表接于准确度较高的二次绕组上，并且不应再接入非电能计量的其他装置，以防互相影响。

第四节　电压互感器应用

一、电压互感器的接线方式

电压互感器的接线方式主要有以下几种。

1.V，v（V/V）接法

接线如图 8-16（a）所示。

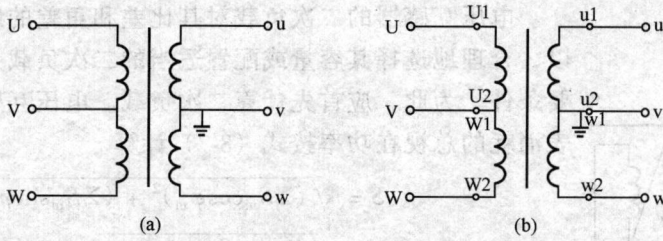

图 8-16　二台单相电压互感器 V，v（V/V）接法的实际接线图

（a）V，v 接法；（b）二台单相电压互感器三相 V，v 接线实际接法

V/V 接法广泛地应用于中性点不接地或经消弧线圈接地的 35kV 及以下的高压三相系统，特别是 10kV 三相系统。因为它既能节省一台电压互感器又可满足三相有功、无功电能表和三相功率表所需的线电压。仪表电压线圈一般是接于二次侧的 u、v 间和 w、u 间。这种接法的缺点是：①不能测量相电压；②不能接入监视系统绝缘状况的电压表；③总输出容量仅为两台容量之和的 $\frac{\sqrt{3}}{2}$ 倍。

如图 8-16（b）是二台单相电压互感器 V，v 接法的实际接线图。

2.Y，yn（Y/Y₀）接法

接线如图 8-17 所示。

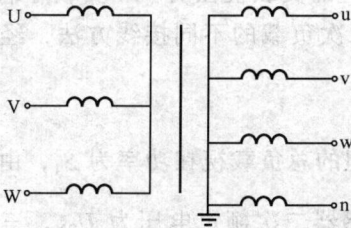

图 8-17　Y，yn（Y/Y₀）接法　　　　　图 8-18　YN，yn 接法

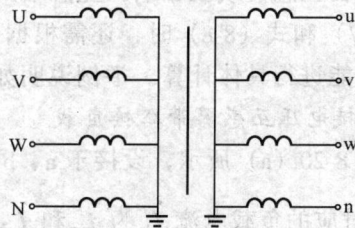

Y，yn 接法可用于一台三铁芯柱三相电压互感器，也可用于三台单相电压互感器构成三相电压互感器组。此种接法多用于小电流接地的高压三相系统，一般是将二次侧中性线引出，接成 Y，yn 接法。此种接法的缺点是：①当二次负载不平衡时，可能引起较大的误差；②为防止高压侧单相接地故障，高压中性点不允许接地，故不能测量对地电压。

3.YN，yn（Y₀/y₀）接法

当 YN，yn 接法用于大电流接地系统时，多采用三台单相电压互感器构成三相电压互感器组，如图 8-18 所示。

它的优点是：①由于高压中性点接地，故可降低线路绝缘水平，使成本下降；②电压互感器绕组是按相电压设计的，可测量线电压，又可测量相电压。

当 YN，yn 接法用于小电流接地系统时，多采用三相五铁芯结构的三相电压互感器，如图 8-19 所示。二次侧增设的开口三角形连接的辅助绕组，可构成零序电压过滤器供继电保护、绝缘监视等用。

此种接法一、二次侧均有中性线引出，故既可测量线电压，又可测量相电压。

二、电压互感器二次负载的计算

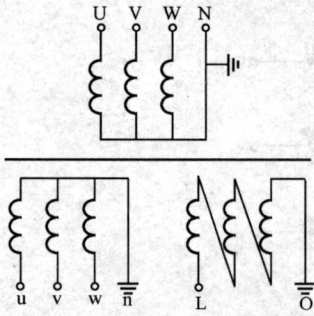

图 8-19　三相五铁芯
柱式 YN，yn，接法

电压互感器的二次负载对其比差和角差的影响是很大的，所以，合理地选择其容量或配置适当的二次负载是提高准确度的重要条件。为此，应首先计算二次负载。电压互感器二次侧所接仪表消耗的总视在功率按式（8-7）计算。

$$S = \sqrt{(\Sigma S_{\mathrm{m}}\cos\varphi_{\mathrm{m}})^2 + (\Sigma S_{\mathrm{m}}\sin\varphi_{\mathrm{m}})^2}$$

$$= \sqrt{(\Sigma P_{\mathrm{m}})^2 + (\Sigma Q_{\mathrm{m}})^2} \quad (\mathrm{VA}) \tag{8-7}$$

式中　S_{m}——二次侧各个仪表电压线圈消耗的视在功率，VA；

P_{m}——二次侧各个仪表电压线圈消耗的有功功率，W；

Q_{m}——二次侧各个仪表电压线圈消耗的无功功率，var；

φ_{m}——二次侧各个仪表电压线圈阻抗角。

二次负载还可以用二次负载导纳表示为

$$Y = \frac{S}{U_{2\mathrm{N}}^2}(\mathrm{S}) \tag{8-8}$$

式中　$U_{2\mathrm{N}}$——电压互感器二次侧额定电压，V。

应指出，用式（8-7）和式（8-8）求负载视在功率 S 和负载导纳 Y 时，式中的二次侧各仪表电压线圈消耗的功率是指每相的数值，则计算所得的 S 或 Y 应理解为三相电压互感器组的每一台互感器或三相电压互感器的每一相绕组所承担的负载视在功率和负载导纳。在运用式（8-7）和式（8-8）时，还需根据电压互感器及其二次负载的不同接线方法，经过具体分析后才能进行具体计算。举例说明如下。

1.V 接电压互感器带△接负载

如图 8-20（a）所示，设接于 a、b 间电压互感器分担的总负载视在功率为 S_1，由电路图可见 S_1 对应的负载电流 $\dot{I}_1$ 为 $\dot{I}_{\mathrm{uv}}$ 和 $\dot{I}_{\mathrm{uw}}$ 两部分。电压互感器二次额定电压为 $U_{2\mathrm{N}}$，三相对称时 $U_{\mathrm{uv}} = U_{\mathrm{wv}} = U_{\mathrm{uw}} = U_{2\mathrm{N}}$，设流过 a、b 间电压互感器 1 承担的负载功率为

$$S_1 = U_{\mathrm{uv}}I_1 = U_{2\mathrm{N}}I_1 \quad (\mathrm{VA}) \tag{8-9}$$

为了求得 S_1 应先求出 $\dot{I}_1$。由图 8-20（b）所示相量图可见 $\dot{I}_1 = \dot{I}_{\mathrm{uv}} + \dot{I}_{\mathrm{uw}}$。若将 $\dot{I}_{\mathrm{uv}}$ 和 $\dot{I}_{\mathrm{uw}}$ 分别分解为以 $\dot{U}_{\mathrm{uv}}$ 为基准的有功分量和无功分量，然后再分别相加，就可得出 $\dot{I}_1$ 的有功分量及无功分量。即

$$I_{1\mathrm{p}} = I_{\mathrm{uv}}\cos\varphi_{\mathrm{uv}} + I_{\mathrm{uw}}\cos(60° + \varphi_{\mathrm{uw}}) \tag{8-10}$$

$$I_{1\mathrm{Q}} = I_{\mathrm{uv}}\sin\varphi_{\mathrm{uv}} + I_{\mathrm{uw}}\sin(60° + \varphi_{\mathrm{uw}}) \tag{8-11}$$

于是

$$I_1 = \sqrt{I_{1\mathrm{p}}^2 + I_{1\mathrm{u}}^2} \tag{8-12}$$

将由式（8-12）求得的 I_1 代入式（8-9）便可求出第一台电压互感器承担的总负载视在功率 S_1（VA）。

如果将式（8-10）和式（8-11）等号两边同乘以二次侧额定电压 $U_{2\mathrm{U}}$，可得第一台电压互感器二次负载的有功功率和无功功率为计算式

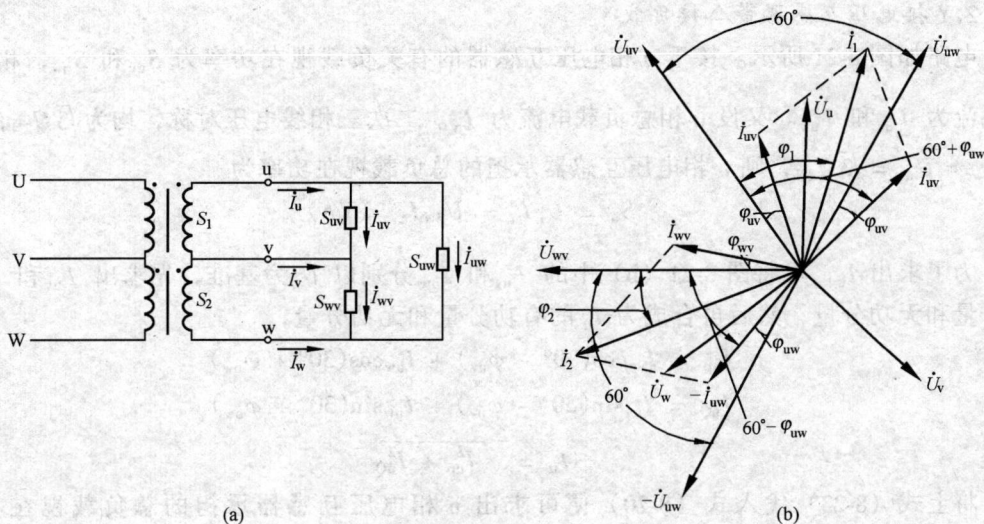

図 8-20 电压互感器 V 接，负载△接时二次负载的计算

（a）接线图；（b）相量图

$$P_1 = S_{uv}\cos\varphi_{uv} + S_{uw}\cos(60° + \varphi_{uw}) \tag{8-13}$$

$$Q_1 = S_{uv}\sin\varphi_{uv} + S_{uw}\sin(60° + \varphi_{uw}) \tag{8-14}$$

于是

$$S_1 = \sqrt{P_1^2 + Q_1^2} \quad (\text{VA}) \tag{8-15}$$

如果已知二次负载的导纳分别为 Y_{uv}、Y_{wv}、Y_{uw}，则式（8-13）和式（8-14）又可分别表示为

$$P_1 = U_{2N}^2 Y_{uv}\cos\varphi_{uv} + U_{2N}^2 Y_{uw}\cos(60° + \varphi_{uw}) \tag{8-16}$$

$$Q_1 = U_{2N}^2 Y_{uv}\sin\varphi_{uv} + U_{2N}^2 Y_{uw}\sin(60° + \varphi_{uw}) \tag{8-17}$$

第一台电压互感器分担的二次负载总导纳和等效功率因数角分别为

$$Y_1 = \frac{S_1}{U_{uv}^2} = \frac{S_1}{U_{2N}^2} \quad (\text{S}) \tag{8-18}$$

$$\varphi_1 = \text{arctg}\frac{Q_1}{P_1} \tag{8-19}$$

按上述同样方法可求出接于 w、v 间的第二台电压互感器承担的总负载视在功率 S_2、总导纳 Y_2 和等效功率因数角 φ_2，即

$$P_2 = S_{wv}\cos\varphi_{wv} + S_{uw}\cos(60° - \varphi_{uw})$$

$$Q_2 = S_{wv}\sin\varphi_{wv} + S_{uw}\sin(60° - \varphi_{uw})$$

或

$$P_2 = U_{2N}^2 Y_{wv}\cos\varphi_{wv} + U_{2N}^2 Y_{uw}\cos(60° - \varphi_{uw})$$

$$Q^2 = U_{2N}^2 Y_{wv}\sin\varphi_{wv} + U_{2N}^2 Y_{uw}\sin(60° - \varphi_{uw})$$

所以

$$S_2 = \sqrt{P_2^2 + Q_2^2} \quad (\text{VA})$$

$$Y_2 = \frac{S_2}{U_{wv}^2} = \frac{S_2}{U_{2N}^2} \quad (\text{S})$$

$$\varphi_2 = \text{arctg}\frac{Q_2}{P_2}$$

2.Y 接电压互感器带△接负载

电路如图 8-21 所示。接于 u 相电压互感器的有关负载视在功率为 S_{uv} 和 S_{uw}，相应的负载电流为 $\dot{I}_{uv}$ 和 $\dot{I}_{uw}$。又设 u 相总负载电流为 $\dot{I}_u$。二次三相线电压对称，均为 $\sqrt{3}\,U_{2N}$，即 $U_{uv} = U_{wv} = U_{uw} = \sqrt{3}\,U_{2N}$，则 u 相电压互感器承担的总负载视在功率为

$$S_u = U_u I_u = U_{2N} I_u \quad (\text{VA}) \tag{8-20}$$

为了求出 I_u，可将图 8-21（b）中的 $\dot{I}_{uv}$ 和 $\dot{I}_{uw}$ 分别以 $\dot{U}_u$ 为基准，先求出 $\dot{I}_{uv}$ 和 $\dot{I}_{uw}$ 的有功分量和无功分量，然后再合成为 I_u 的有功分量和无功分量，

即
$$I_{up} = I_{uv}\cos(30° - \varphi_{uv}) + I_{uw}\cos(30° + \varphi_{uw}) \tag{8-21}$$

$$I_{uQ} = I_{uv}\sin(30° - \varphi_{uv}) + I_{uw}\sin(30° + \varphi_{uw}) \tag{8-22}$$

于是
$$I_u = \sqrt{I_{up}^2 + I_{uQ}^2} \tag{8-23}$$

将上式（8-23）代入式（8-20）便可求出 u 相电压互感器承担的总负载视在功率 S_u （VA）。

如果将式（8-21）和式（8-22）等号两边同乘以 U_{2N}，以则 u 相电压互感器二次负载的有功功率和无功功率分别为

$$P_u = \left[S_{uv}\cos(30° - \varphi_{uv}) + S_{uw}\cos(30° + \varphi_{uw}) \right] \tag{8-24}$$

$$Q_u = \left[- S_{uv}\sin(30° - \varphi_{uv}) + S_{uw}\sin(30° + \varphi_{uw}) \right] \tag{8-25}$$

于是
$$S_u = \sqrt{P_u^2 + Q_u^2} \quad (\text{VA})$$

如果已知二次负载的导纳分别为 Y_{uv}、Y_{wv}、Y_{uw}，则式（8-24）和式（8-25）又可分别表示为

$$P_u = \left[U_{2N}^2 Y_{uv}\cos(30° - \varphi_{uv}) + U_{2N}^2 Y_{uw}\cos(30° + \varphi_{uw}) \right] \tag{8-26}$$

$$Q_u = \left[- U_{2N}^2 Y_{uv}\sin(30° - \varphi_{uv}) + U_{2N}^2 Y_{uw}\sin(30° + \varphi_{uw}) \right] (\text{VA}) \tag{8-27}$$

u 相电压互感器承担的二次负载等效导纳和等效功率因数角分别为

$$Y_u = \frac{S_u}{U_{uv}^2} = \frac{S_u}{U_{2N}^2} \tag{8-28}$$

$$\varphi_u = \text{arctg}\frac{Q_u}{P_u} \tag{8-29}$$

按上述同样方法可求出 v 相和 w 相电压互感器承担的二次负载视在功率 S_v 和 S_w，以及相应的二次负载等效导纳 Y_v 和 Y_w，等效功率因数角 φ_v 和 φ_w，即

$$P_v = \left[S_{uv}\cos(30° + \varphi_{uv}) + S_{wv}\cos(30° + \varphi_{wv}) \right] \tag{8-30}$$

$$Q_v = \left[S_{uv}\sin(30° + \varphi_{uv}) - S_{wv}\sin(30° - \varphi_{wv}) \right] \tag{8-31}$$

$$S_v = \sqrt{P_v^2 + Q_v^2} \quad (\text{VA}) \tag{8-32}$$

$$Y_v = \frac{S_b}{U_{wv}^2} = \frac{S_b}{U_{2N}^2} \quad (\text{S}) \tag{8-33}$$

$$\varphi_v = \text{arctg}\frac{Q_v}{P_v} \tag{8-34}$$

$$P_w = \left[S_{wv}\cos(30° + \varphi_{wv}) + S_{uw}\cos(30° - \varphi_{uw}) \right] \tag{8-35}$$

$$Q_w = \left[S_{wv}\sin(30° + \varphi_{wv}) - S_{uw}\sin(30° - \varphi_{uw}) \right] \qquad (8\text{-}36)$$

$$S_w = \sqrt{P_w^2 + Q_w^2} \quad (\text{VA}) \qquad (8\text{-}37)$$

$$Y_w = \frac{S_c}{U_{uw}^2} = \frac{S_c}{U_{2N}^2} \quad (\text{S}) \qquad (8\text{-}38)$$

$$\varphi_w = \text{arctg}\frac{Q_w}{P_w} \qquad (8\text{-}39)$$

三、电压互感器的选择

1. 额定电压的选择

电压互感器一次绕组的额定电压按满足下式来选择

$$0.9U_x < U_{1N} < 1.1U_x \qquad (8\text{-}40)$$

式中　U_x——被测电压，kV；

　　　U_{1N}——电压互感器一次绕组的额定电压，kV。

电压互感器二次绕组的额定电压可按下表 8-3 选择。

表 8-3　　　　　　　　　　电压互感器二次绕组的额定电压

绕组名称	二　次　绕　组		辅助二次绕组	
一次侧接线方式	一次接入线电压	一次接入相电压	中性点直接接地	中性点经消弧线圈接地
二次绕组额定电压（V）	100	100/√3	100	100/3

2. 额定容量的选择

电压互感器额定容量应满足下式要求

$$0.25S_N < S < S_N \qquad (8\text{-}41)$$

式中　S_N——电压互感器额定容量，VA；

　　　S——二次总负载视在功率，VA。

应注意，由于电压互感器每相二次负载并不一定相等，因此，各相的额定容量均应按二次负载最大的一相选择。

3. 准确等级的选择

我国电力行业标准《电能计量装置技术管理规程》DL/T 447-4-2000 规定，对Ⅰ、Ⅱ类电能计量装置，应选用 0.2 级的电压互感器；对Ⅲ、Ⅳ类电能计量装置，应选用 0.5 级的电压互感器。

4. 接线方式的选择

根据不同的测量目的，可选择图 8-16 ~ 图 8-19 所示的任一种接线方式。电能计量多选用图 8-16 和图 8-17 两种接线方式。

四、电压互感器二次导线电压降对误差的影响与导线截面的选择

电压互感器二次回路的负载电流通过二次连接导线时会产生电压降，这样加在负载上的电压就不等于电压互感器二次绕组的端电压，使负载端电压相对于二次绕组端电压在数值上和相向上发生变化，从而产生了电压、功率和电能的测量误差。由图 8-22 所示电路可知，设每一根二次导线的电阻为 R，则二次导线引起的电压降为

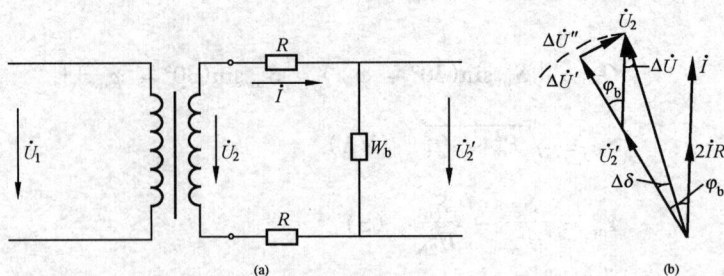

图 8-21 二次导线压降对比、角差的影响

(a) 接线图；(b) 相量图

$$\Delta \dot{U} = \dot{U}_2 - \dot{U}'_2 = 2\dot{I}R = \Delta \dot{U}' + \Delta \dot{U}''$$

式中，$\Delta U' = \Delta U \cos\varphi_b$，$\Delta U'' = \Delta U \sin\varphi_b$。

当负载端电压相位移 $\Delta\delta$ 较小时，为了计算方便，用电压降的有功分量 $\Delta U'$ 表示 ΔU，即

$$\Delta U \approx \Delta U' = -2IR\cos\varphi_b$$

电压降率为：

$$\varepsilon = \frac{\Delta U}{U_2} \times 100\% = \frac{U_2 - U'_2}{U_2} \times 100\% = \frac{\Delta U'}{U_2} \times 100\% = \frac{\Delta U \cos\varphi_b}{U_2} \times 100\%$$

$$= \frac{2IR\cos\varphi_b}{U_2} \times 100\% = \frac{2S_b R\cos\varphi_b}{U_2^2} \times 100(\%) \tag{8-42}$$

电压降率也就是二次导线电阻压降的有功分量，主要影响是引起变比的误差。由相量图还可看出电阻压降的无功分量的影响主要是相位误差，计算式是

$$\Delta\delta = \frac{\Delta U''}{U_2} = \frac{\Delta U \sin\varphi_b}{U_2} = \frac{2IR\sin\varphi_b}{U_2}$$

以"分"为单位来表示，

$$\delta = \frac{2IR\sin\varphi_b}{U_2} \times 3438' = \frac{2W_b R\sin\varphi_b}{U_2^2} \times 3438' \tag{8-43}$$

按照我国电力行业标准 DL/T 447-4-2000《电能计量装置技术管理规程》规定，Ⅰ、Ⅱ类用于贸易结算的电能计量装置中电压互感器二次回路导线电压降应不大于其额定二次电压的 0.2%；其他电能计量装置中电压互感器二次回路导线电压降应不大于其额定二次电压的 0.5%。

若取 $U_2 = 100V$，$\varepsilon = -0.5\%$。铜导线 $\rho = 0.0175$（$\Omega \cdot mm^2/m$），则由式得

$$R = \frac{25}{S_b \cos\varphi_b} \tag{8-44}$$

又因为 $R = \rho \dfrac{L}{A}$，故二次导线截面积必须满足

$$A \geqslant 7LS_b\cos\varphi_b \times 10^{-4} \tag{8-45}$$

由于电压降与负载大小、性质和接线方式有关，所以只能按照不同的接线方式，用类似的方法来选择导线截面积，表 8-4 列出了电压互感器与不同接线方式时的负载与二次连接导线电阻引起的误差的计算公式，可由比差值可计算允许的二次连接导线的截面积。

表 8-4　电压互感器负载及二次连接导线电阻误差公式

			电压互感器 V 接，负载 Y 接	电压互感器 V 接，负载 △ 接
每相负荷公式	UV	有功	$P_{uv} = S_{uv}\cos\varphi_{uv}$	$P_{uv} = S_{uv}\cos\varphi_{uv} + S_{wu}\cos(\varphi_{wu}+60°)$
		无功	$Q_{uv} = S_{uv}\sin\varphi_{uv}$	$Q_{uv} = S_{uv}\sin\varphi_{uv} + S_{wu}\sin(\varphi_{wu}+60°)$
	VW	有功	$P_{vw} = S_{vw}\cos\varphi_{vw}$	$P_{uv} = S_{uv}\cos\varphi_{uv} + S_{wu}\cos(\varphi_{wu}+60°)$
		无功	$Q_{vw} = S_{vw}\sin\varphi_{vw}$	$Q_{uv} = S_{uv}\sin\varphi_{uv} + S_{wu}\sin(\varphi_{wu}+60°)$
误差公式	UV	比差（%）	$\epsilon_{uv} = -\dfrac{2S_{uv}r\cos\varphi_{uv} + S_{vw}r\cos(\varphi_{vw}-60°)}{U_{2w}^2}\times100\%$	$\epsilon_{uv} = -\dfrac{2S_{uv}r\cos\varphi_{uv} + S_{wu}r\cos(\varphi_{wu}+60°) + S_{vw}r\cos(\varphi_{wv}-60°)}{U_{2w}^2}\times100\%$
		角差（分）	$\delta_{uv} = \dfrac{2S_{uv}r\sin\varphi_{uv} + S_{vw}r\sin(\varphi_{vw}-60°)}{U_{2w}^2}\times3438$	$\delta_{uv} = \dfrac{2S_{uv}r\cos\varphi_{uv} + S_{wu}r\cos(\varphi_{wu}+60°) + S_{vw}r\cos(\varphi_{wv}-60°)}{U_{2w}^2}\times3438$
	VW	比差（%）	$\epsilon_{vw} = -\dfrac{2S_{vw}r\cos\varphi_{vw} + S_{uv}r\cos(\varphi_{vw}+60°)}{U_{2w}^2}\times100\%$	$\epsilon_{vw} = -\dfrac{2S_{vw}r\cos\varphi_{vw} + S_{vw}r\cos(\varphi_{wv}-60°) + S_{uv}r\cos(\varphi_{wv}+60°)}{U_{2w}^2}\times100\%$
		角差（分）	$\delta_{vw} = \dfrac{2S_{uv}r\sin\varphi_{vw} + S_{uv}r\sin(60°+\varphi_{vw})}{U_{2w}^2}\times3438$	$\delta_{vw} = \dfrac{2S_{vw}r\sin\varphi_{vw} + S_{vw}r\sin(\varphi_{wv}-60°) + S_{uv}r\sin(\varphi_{uv}+60°)}{U_{2w}^2}\times3438$
每相负荷公式			电压互感器 Y 接，负载 Y 接	电压互感器 Y 接，负载 Y 接
	U	有功	$P_u = \dfrac{1}{\sqrt3}S_{uv}\cos(\varphi_{uv}-30°)$	$P_u = \dfrac{1}{\sqrt3}\left[S_{uv}\cos(\varphi_{uv}-30°) + S_{wu}\cos(\varphi_{wu}+30°)\right]$
		无功	$Q_u = \dfrac{1}{\sqrt3}S_{uv}\sin(\varphi_{uv}-30°)$	$Q_u = \dfrac{1}{\sqrt3}\left[S_{uv}\sin(\varphi_{uv}-30°) + S_{wu}\sin(\varphi_{wu}+30°)\right]$

			电压互感器 Y 接，负载 Y 接	电压互感器 Y 接，负载 Y 接
每相负荷公式	V	有功	$P_v = \dfrac{1}{\sqrt{3}}[S_{uv}\cos(\varphi_{uv}+30°)+S_{vw}\cos(\varphi_{vw}-30°)]$	$P_v = \dfrac{1}{\sqrt{3}}[S_{uv}\cos(\varphi_{uv}+30°)+S_{vw}\cos(\varphi_{vw}-30°)]$
		无功	$Q_v = \dfrac{1}{\sqrt{3}}[S_{uv}\sin(\varphi_{uv}+30°)+S_{vw}\sin(\varphi_{vw}-30°)]$	$Q_v = \dfrac{1}{\sqrt{3}}[S_{uv}\sin(\varphi_{uv}+30°)+S_{vw}\sin(\varphi_{vw}-30°)]$
	W	有功	$P_w = \dfrac{1}{\sqrt{3}}S_{vw}\cos(\varphi_{vw}+30°)$	$P_w = \dfrac{1}{\sqrt{3}}[S_{wu}\cos(\varphi_{wu}-30°)]$
		无功	$Q_w = \dfrac{1}{\sqrt{3}}S_{vw}\sin(\varphi_{vw}+30°)$	$Q_w = \dfrac{1}{\sqrt{3}}[S_{wu}\sin(\varphi_{wu}-30°)]$
误差公式	U	比差(%)	$\varepsilon_{uo} = -\sqrt{3}r\dfrac{S_{uv}r\cos(\varphi_{uv}-30°)}{U_{2w}^2}\times100\%$	$\varepsilon_{uo} = -\sqrt{3}r\dfrac{S_{uv}\cos(\varphi_{uv}-30°)+S_{uw}\cos(\varphi_{uw}+30°)}{U_{2w}^2}\times100\%$
		角差(分)	$\delta_{uo} = \sqrt{3}r\dfrac{S_{uv}r\sin(\varphi_{uv}-30°)}{U_{2w}^2}\times3438$	$\delta_{uo} = \sqrt{3}r\dfrac{S_{uv}\sin(\varphi_{uv}-30°)+S_{uw}\sin(\varphi_{uw}+30°)}{U_{2w}^2}\times3438$
	V	比差(%)	$\delta_{vw} = -\sqrt{3}r\dfrac{S_{vw}\cos(\varphi_{vw}-30°)+S_{uv}\cos(\varphi_{uv}+30°)}{U_2^2}\times100\%$	$e_{vw} = -\sqrt{3}r\dfrac{S_{vw}\cos(\varphi_{vw}-30°)+S_{uv}\cos(\varphi_{uv}+30°)}{U_2^2}\times100$
		角差(分)	$\delta_{vw} = \sqrt{3}r\dfrac{S_{vw}\sin(\varphi_{vw}-30°)+S_{uv}\cos(\varphi_{uv}+30°)}{U_2^2}\times3438$	$\delta_{vw} = \sqrt{3}r\dfrac{S_{vw}\sin(\varphi_{vw}-30°)+S_{uv}\sin(\varphi_{uv}+30°)}{U_2^2}\times3438$
	W	比差(%)	$e_{vw} = \sqrt{3}r\dfrac{S_{vw}\cos(\varphi_{vw}+30°)}{U_2^3}\times100$	$\delta_{we} = \sqrt{3}r\dfrac{S_{vw}\cos(\varphi_{vw}-30°)+S_{wv}\cos(\varphi_{uv}+30°)}{U_2^2}\times100$
		角差(分)	$\delta_{we} = \sqrt{3}r\dfrac{S_{ve}\sin(\varphi_{vw}+30°)}{U_2^2}\times3438$	$\delta_{we} = \sqrt{3}r\dfrac{S_{wv}\sin(\varphi_{vw}-30°)+S_{wv}\cos(\varphi_{vw}+30°)}{U_2^2}\times3438$

这里再介绍一种用"负荷矩法"估算电压互感器二次连接导线截面积的方法。

以图 8-22 为例，从式（8-45）可看出所选导线截面积与负荷矩 LS_v、功率因数 $\cos\varphi_v$ 成正比。这样当确定电压降率为 0.5% 时，便可将不同导线截面积、功率因数时允许的负荷矩计算出来，将它们的关系列成表格以便于使用。互感器及负荷采用不同接线方式，当 $\varepsilon\% = 0.5$ 时的负荷矩见表 8-5 至表 8-8。若三相负载不平衡时，可认为三相均接最大相负荷，然后再查表选择导线截面积的近似值。

表中允许负荷矩是按电压降为 0.5% 计算的，若电压降率要求为 0.25% 时，则只需按表中负荷矩乘 $\frac{1}{2}$ 即可。

【例 8-2】 某电能计量装置的电压互感器和负载均为 V 形接线，仪表负荷为 $W_{UV} = W_{WV} = 24$（VA），$\cos\varphi_V = 0.25$，允许电压降率为 0.25%，电压互感器至仪表导线长度为 100m，求二次连接导线截面。

解： 计算负荷矩 $LW_V = 24 \times 100 = 2400$（m·VA），然后查表 8-5，找到 $\cos\varphi_V = 0.25$ 一行与 2.5mm 一列交叉处的允许负荷矩为 $\frac{1}{2} \times 4880 = 2440$（m·VA），因为大于实际负荷矩 2400 m·VA，故可选用 2.5mm² 铜导线。

表 8-5   **电压互感器与负载均为 V 形接线、二次连接导线**
电压降率为 0.5% 时的允许负荷矩（VA·m）

导线截面 (mm²)	不同负载功率值因数 $\cos\varphi$ 下的负荷矩（VA·m）					
	0.25	0.3	0.35	0.4	0.45	0.5
1.5	2928	2720	2542	2389	2257	2143
2.5	4880	4533	4236	3983	3762	3571
4.0	7808	7252	6778	6372	6020	5714
6.0	11712	10878	10170	9558	9029	8571

表 8-6   **电压互感器 V 形、负载△形接线、二次连接导线电压**
降为 0.5% 时的相间允许负荷矩（VA·m）

导线截面 (mm²)	不同负载功率值因数 $\cos\varphi$ 下的负荷矩（VA·m）					
	0.25	0.3	0.35	0.4	0.45	0.5
1.5	5714	4762	4082	3571	3175	2857
2.5	9524	7937	6803	5952	5291	4762
4.0	15238	12698	10884	9524	8466	7619
6.0	22857	19048	16327	14286	12608	11429

表 8-7   **电压互感器 Y 形、负载 V 形接线、二次连接导线电压**
降率为 0.5% 时的允许负荷矩（VA·m）

导线截面 (mm²)	不同负载功率值因数 $\cos\varphi$ 下的负荷矩（VA·m）					
	0.25	0.3	0.35	0.4	0.45	0.5
1.5	3533	3359	3207	3075	2960	2856
2.5	5888	5598	5345	5125	4933	4760
4.0	9421	8957	8552	8200	7893	7616
6.0	14131	13435	12839	12300	11839	11424

注   表中数字按最严重相 u 相计算，只要 u 相导线截面合乎要求，其他两相也符合要求。

表 8-8　　　　　电压互感器Y形、负载△形接线、二次连接导线电压

降率为 **0.5％** 时的允许负荷矩（VA·m）

导线截面 （mm²）	不同负载功率值因数 cosφ 下的负荷矩（VA·m）					
	0.25	0.3	0.35	0.4	0.45	0.5
1.5	5714	4760	4082	3571	3175	2857
2.5	9524	7937	6803	5952	5291	4762
4.0	15238	12698	10884	9524	8466	7610
6.0	22857	19048	16327	14286	12693	11429

五、使用电压互感器的一般注意事项

（1）电压互感器的额定电压、变比、容量、准确度等应选择适当，否则测量结果将不准确。

（2）使用前应进行检查。在投入使用前应按规程规定的项目进行检查与试验，如核对相序、测定极性和联结组别等。

（3）二次侧应设保护接地。为防止电压互感器一、二次之间绝缘击穿，高电压窜入低压侧造成人员伤亡或设备损坏，电压互感器二次侧必须可靠接地。

（4）运行中二次绕组不允许短路。由于电压互感器内阻抗很小，正常运行时二次侧相当于开路，电流很小。当二次短路时，阻抗接近于零，二次电流急剧增加，相应一次电流会增加很多，且铁芯严重饱和，从而造成电压互感器损坏，严重的会造成一次绝缘破坏，一次绕组短路，影响电力系统的安全运行。因此，在电压互感器运行时，应绝对避免二次侧短路。

练 习 题

一、填空

1. 我国计量用互感器大多采用_____极性。

2. 凡符合减极性标志的互感器相对应的一、二次侧端钮为_____端。

3. 具有多个二次绕组的电流互感器，应分别在二次绕组的各个出线端标志"K"前加注_____。

4. 电流互感器的变比与一次穿芯匝数成_____（正或反）比。

5. 电流互感器 V 形接法需要_____只电流互感器。

6. 电压互感器 V，v 接法需要_____只电压互感器。

7. 电压互感器 Y、yn 接法常用在_____（大或小）接地电流系统中。

8. 电压互感器 YN、yn 接法用在_____（大或小）接地电流系统中。

9. 运行中的电流互感器二次侧不允许_____路，运行中的电压互感器二次侧不允许_____路。

10. 电流互感器二次侧开路时，一次电流完全变成了_____电流，铁芯中_____急剧增加，使铁芯达到饱和，会在二次侧产生_____电压。

11. 电压互感器二次侧短路时，二次_____急剧增加，相应一次_____会增加很多，从而造成电压互感器损坏。

12. 为防止互感器绕组击穿时危及人身和设备安全，互感器二次侧均应有一个

_____。

13. 相同规格的电流互感器串联后，电流比为单台变比的_____倍，每台电流互感器的二次负载阻抗是单台的_____倍。

14. 相同规格的电流互感器并联后，电流比为单台变比的_____倍，每台电流互感器的二次负载阻抗是单台的_____倍。

15. 电流互感器串级连接时，两只互感器的变比分别是 K_1 和 K_2，则串级后的变比 $K =$ _____。

16. 电流互感器额定负载为 10VA，若额定二次电流为 5A，功率因数为 1.0 时，其二次允许最大阻抗为_____欧姆；若额定二次电流为 1A，功率因数为 1.0 时，其二次允许最大阻抗为_____欧姆。

二、选择题

1. 穿芯一匝 500/5A 的电流互感器，若穿芯 4 匝，则倍率变为_____。

(a) 400；(b) 125；(c) 100；(d) 25。

2. 选用电压互感器时，其额定电压 U_N 与系统电压 U_x 的关系是_____。

(a) $0.9U_x \leqslant U_N \leqslant 1.1U_x$；(b) $0.8U_x \leqslant U_N \leqslant 1.2U_x$；(c) $0.9U_x \leqslant U_N \leqslant 1.2U_x$；(d) $0.8U_x \leqslant U_N \leqslant 1.1U_x$。

3. 电流互感器分相连接时，二次负载阻抗公式是_____。

(a) $Z_2 = Z_m + 2R_L + R_K$；(b) $Z_2 = Z_m + \sqrt{3}R_L + R_K$；(c) $Z_2 = Z_m + R_L + R_K$；(d) $Z_2 = Z_m + 2R_L + 2R_K$。

4. 单相连接导线长度为 L，电流互感器 V 形连接时，连接导线计算长度为_____。

(a) L；(b) $2L$；(c) $\sqrt{3}L$；(d) $3L$。

三、问答题

1. 试说明穿芯式互电流互感器当穿芯匝数变化时，变比是如何变化的。

2. 运行中的电流互感器二次侧为什么不允许开路？

3. 运行中的电压互感器二次侧为什么不允许短路？

4. 简述电流互感器 V 形接法和分相接法的优缺点？

5. 试画出电压互感器 V，v 接法接线图。

6. 说明为什么二次电流为 1A 的电流互感器与二次电流为 5A 的电流互感器相比带负载能力更强。

7. 使用电压互感器一般应注意哪些事项？

8. 使用电流互感器一般应注意哪些事项？

9. 试述电压互感器 V，v 接线方式的应用范围以及其优缺点。

10. 试说明电流互感器串联连接后变比和所带负载变化情况。

11. 试说明电流互感器并联连接后变比和所带负载变化情况。

12. 某电力用户进户线电流互感器额定容量为 20VA，变比为 600/54，采用完全星形接线，其二次侧接电流表与电能表。其中 U 相和 W 相电流互感器各负担 8.5VA，V 相负担 4.9VA，互感器安装处距电能表为 80m，若二次导线采用铜导线，接触电阻为 0.1Ω，试选择二次导线截面积。

参 考 答 案

一、填空

1. 减；2. 同极性；3. 数字；4. 反；5.2；6.2；7. 小；8. 大；9. 开、短；10. 激磁电流 磁通密度 很高；11. 电流 电流；12. 接地点；13.1 1/2；14.1/2 2；15.K_1K_2；16.0.4 10。

二、选择题

1.D；2.A；3.A；4.C。

三、问答题

（略）。

第九章
交流感应式电能表的接线

电能表的接线是指电能表或连同测量用互感器与被测电路间的连接关系。电能表的接线方式多种多样，它是由被测电路（单相、三相三线、三相四线等）、测量对象（有功电能或无功电能）以及选用的电能表或电流互感器、电压互感器等多种情况决定的。不管选择哪种接线方式，都必须保证接线的正确性。如果接线不正确，即使电能表和互感器本身的准确度都很高，也达不到准确计量的目的。因为接线错误，常常会使计量的电能值发生错误，甚至无法计量，严重的还可能造成人身伤亡或仪器仪表、设备的损坏。所以，电能表的接线必须按设计要求和规程的规定正确进行。本章将介绍单相电能表、三相三线电能表、三相四线电能表常用的正确接线与不常用的正确接线方式等内容。电能表的接线与功率表的接线基本相同，不同之处仅是电能表所计量的是一段时间内的电能，而功率表则是测量某一瞬时的功率，在计算公式上仅是电能 $W = Pt$ 和功率 P 之差。为了叙述和讨论的方便，本章有关电能的公式均按功率公式方式来表示，将以相量图为主要分析工具，以分析电能表反映的功率是否正确来研讨电能表的接线问题。

由于各类电能表的电压、电流量限各有不同，被测电路又有不同的电压等级和线路电流，因此，电能表在接于被测电路时，一种情况是可以直接接入；另一种情况是必须经互感器接入。因此，电子类电能表的接线方式分为直接接入式和经互感器接入式两类。本章将对这两类接线方式分别介绍。

第一节 单相电能表接线

一、常用单相有功电能表的正确接线

1. 直接接入式

直接接入式接线，就是将电能表端子盒内的接线端子直接接入被测电路。根据单相电能表端子盒内电压、电流接线端子排列方式不同，又可将直接接入式接线分为一进一出（单进单出）和二进二出（双进双出）两种接线排列方式，这两种方式的接线原理都是一样的。

"一进一出"接线排列的正确接线，是将电源的相线（俗称火线）接入接线盒第 1 孔接线端子上，其出线接在接线盒第 2 孔接线端子上；电源的中性线（俗称零线）接入接线盒第 3 孔接线端子上，其出线接在接线盒第 4 孔接线端子上，如图 9-1 (a) 所示。目前国产和德国、捷克、匈牙利及原苏联等国生产的单相电能表都采用这种接线排列方式。

"二进二出"接线排列的正确接线，是将电源的相线接入接线盒第 1 孔接线端子上，其出线接在接线盒第 4 孔接线端子上；电源的中性线接入接线盒第 2 孔接线端子上，其出线接在接线盒第 3 孔接线端子上，如图 9-1 (b) 所示。英国、美国、法国、日本、瑞士等国生产的单相电能表大多数采用这种接线。

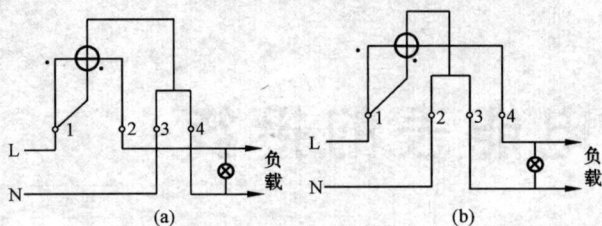

图 9-1　单相电能表接线

(a) 一进一出；(b) 二进二出

从接线盒的结构上可以看到 1 孔和 2 孔之间，3 孔和 4 孔之间的距离较近，而 2 孔和 3 孔之间的距离较远。因此采用"一进一出"接线时，使 1、2 孔和 3、4 孔分别处于同电位，这对防止因过电压引起电表击穿烧坏有一定的作用。具体采用哪种接线方式，应查看生产厂家的安装说明书。

2. 经互感器接入式

当电能表电流或电压量限不能满足被测电路电流或电压的要求时，便需经互感器接入。有时只需经电流互感器接入，有时需同时经电流互感器和电压互感器接入。若电能表内电流、电压同各端子连接片是连着的，可采用电流、电压线共用方式接线；若连接片是拆开的，则应采用电流、电压分开方式接线。图 9-2（a）所示为经电流互感器的电流、电压共用方式接线图，这种接线电流互感器二次侧不可接地。图 9-2（b）所示为经电流经感器的电流、电压分开方式接线图，这种接线电流互感器二次侧可以接地。

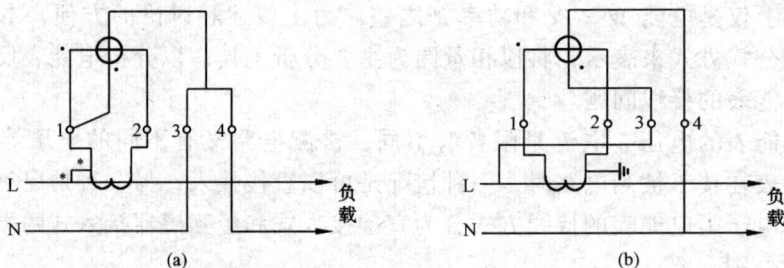

图 9-2　经电流互感器接入单相电能表的接线

(a) 电流、电压线共用方式；(b) 电流电压线分开方式

图 9-3（a）所示为同时经电流、电压互感器的共用方式接线图；图 9-3（b）所示为同时经电流、电压互感器的分开方式接线图。由图可以看出，当采用共用方式时，可以减少从互感器安装处到电能表安装处的电缆芯数，互感器二次侧可共用一点接地，但发生接线错误的

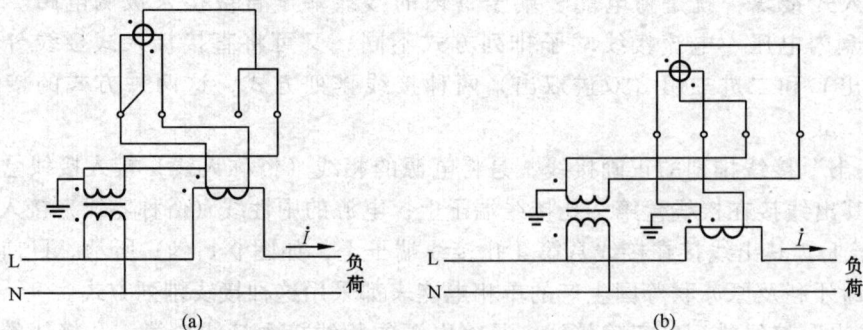

图 9-3　同时经电流、电压互感器接入单相电能表的接线

(a) 同时经电流、电压互感器的共用方式接线图；

(b) 同时经电流、电压互感器的分开方式接线图概率大一些。当采用分开方式时，需增加电缆芯数，电流、电压互感器的二次侧必须分别接地，但发生接线错误的可能性小一些，且便于接线检查。

采用上述接线应注意的事项与须说明的问题如下：

(1) 电能表在正确接线的情况下，其转盘均从左向右转动，一般称为顺走。只有在顺走的情况下，方向准确计量。

(2) 电能表的电流线圈或电流互感器的一次绕组，必须串联在相应的相线上，若串联在中性线上就可能产生漏计电能的现象。

(3) 电压互感器必须并联在电流互感器的电源侧，若将电压互感器并联在电流互感器的负载侧，则电压互感器一次绕组电流必然通过电流互感器的一次绕组，因而使电能表多计了不是负载所消耗的电能。

(4) 为了简化接线图，图 9-3 中电压互感器一次熔断器略去（以后的接线图也有类似情况）。通常，电压互感器一次均装有熔断器保护，其二次由于熔体容易产生接触不良而增大压降，致使电能表计量不准，所以有关规程规定 35kV 及以下电能表用电压互感器二次回路不装熔断器。

3. 单相电能表常用正确接线时的相量图

单相交流电的电功率为 $P = UI\cos\varphi$，而单相交流有功电能表计量的电能为 $W = Pt = (UI\cos\varphi) \cdot t$，电能表转矩与电功率成正比，故可由分析被测电路功率来判断电能表计量的正确性。被测电路功率由其电流、电压及功率因数角来决定，它们之间的关系可用相量表示，图 9-4 示出了不同性质负载的相量图。"一进一出"与"二进二出"的接线排列方式虽然不同，但是电压与电流的相量关系是一致的。

(1) 纯电阻性负载。设 $\dot{U}$ 为参考相量，因电压 $\dot{U}$ 与电流 $\dot{I}$ 同相，即 $\varphi = 0°$，$\cos\varphi = 1.0$。电流相量 $\dot{I}$ 与电压相量 $\dot{U}$ 重合，如图 9-4 (a) 所示。

(2) 纯电感性负载。由于感抗的存在，电流 $\dot{I}$ 滞后电压 $\dot{U}$ 90°，即 $\varphi = +90°$，$\cos\varphi = 0$。仍以电压相量 $\dot{U}$ 为参考相量，电流相量 $\dot{I}$ 应沿顺时针方向旋转 90°。可见，此时 $\dot{I}$ 与 $\dot{U}$ 相互垂直，如图 9-4 (b) 所示。

图 9-4 电流、电压相量图
(a) 纯电阻负载（$\varphi = 0$）；(b) 纯电感负载（$\varphi = +90°$）；(c) 纯电容负载（$\varphi = -90°$）；(d) 电阻、电感混合负载（$0° < \varphi < 90°$）

(3) 纯电容性负载。由于容抗的存在，电流 $\dot{I}$ 超前电压 $\dot{U}$ 90°，$\varphi = -90°$，功率因数 $\cos\varphi = 0$。电流相量 $\dot{I}$ 应自参考相量 $\dot{U}$ 的位置沿逆时针方向旋转 90°。可见，此时 $\dot{I}$ 与 $\dot{U}$ 也是相互垂直，但其方向与纯电感负载情况下相反，如图 9-4 (c) 所示。

(4) 当负载含有电阻、电感、电容时，电流 $\dot{I}$ 究竟是超前或滞后于电压 $\dot{U}$，还是与电压 $\dot{U}$ 同相，则要视这三种负载阻抗的大小而定。若电感的感抗与电容的容抗相等时，就相当于电阻负载，故 $\dot{I}$ 与 $\dot{U}$ 同相，$\varphi = 0$，$\cos\varphi = 1.0$。若感抗大于容抗，这时就相当于电阻、感性

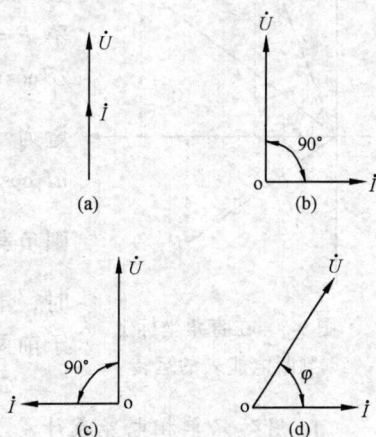

混合负载，则 $\dot{I}$ 滞后 $\dot{U}$，$0° < \varphi < 90°$。如容抗大于感抗，这时相当于电阻、电容性混合负载，则 $\dot{I}$ 超前 $\dot{U}$，$0° > \varphi > -90°$。

一般单相电能表的负载电路中，纯电感性负载或纯电容性负载几乎很少，大多是电阻性负载或电阻、电感混合负载，尤以电阻电感混合负载最为普遍。这时，负载电路中相当于电感性负载 $\dot{I}$ 滞后于 $\dot{U}$ 一个小于 90° 的 φ 角。如，当 $\dot{I}$ 滞后于 $\dot{U}$ 60° 时，$\cos\varphi = 0.3$（滞后），其相量关系如图 9-4（d）所示。

根据电压的相量 $\dot{U}$ 与电流的相量 $\dot{I}$，在直角坐标上的不同位置，可判断电能表的运转情况。若以横坐标 x 轴为 $\dot{U}$ 的参考相量，$\dot{I}$ 位于第 Ⅰ、Ⅳ 象限时，$\cos\varphi$ 均为正值，电能表顺转；当 $\dot{I}$ 位于第 Ⅱ、Ⅲ 象限时，$\cos\varphi$ 为负值，电能表倒转；若 $\dot{I}$ 位于 y 轴上，则不论在 x 轴的上方或下方，$\dot{I}$ 与 $\dot{U}$ 的相角均为 90°，$\cos\varphi = 0$，电能表不转动。

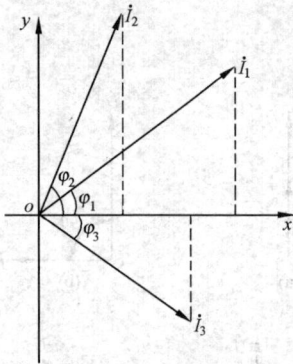

图 9-5　在直角坐标上
判断电能表的运转

至于电能表圆盘转动速度的快慢，当电压不变时，则取决于负载电流 $\dot{I}$ 的大小和 $\dot{I}$ 与 $\dot{U}$ 的相角 φ 的大小。因为负载电路的功率 $P = UI\cos\varphi$，而电能表圆盘的转矩又正比于被测功率，$M \propto UI\cos\varphi$，转矩 M 大，圆盘的转速就快。图 9-5 所示的三个电流相量为 $\dot{I}_1$（φ_1）、$\dot{I}_2$（φ_2）、$\dot{I}_3$（φ_3）。对应的被测电路功率为 $P_1 = uI_1\cos\varphi_1$、$P_2 = uI_2\cos\varphi_2$、$P_3 = uI_3\cos\varphi_3$。由图可见：$P_1 > P_3 > P_2$，则负载电流为 $\dot{I}_1$（φ_1）时电能表的转速快，负载电流为 $\dot{I}_2$（φ_2）时，电能表的转速慢，负载电流为 $\dot{I}_3$（φ_3）时，电能表的转速介于前两种情况下的转速之间。

二、单相有功电能表不常用的正确接线

1. 用两只单相电能表计量单相 380V 负载电能的接线与相量图

交流电焊机为感性负载，在起弧焊接时属金属性短路状态，而停焊时却属空载状态，故其功率因数较低且电流经常在较大的范围内变化。

以"一进一出"接线为例，U、V 两相为相线，分别接入 PJ1 与 PJ2 两只单相电能表接线盒第 1 孔的接线端子上；其出线分别接在两只单相电能表接线盒第 2 孔的接线端子上，负载端与电焊机相连接；电源的中性线接入两只单相电能表接线盒第 3 孔的接线端子上，如图 9-6 所示。

该二只电能表计量电能的代数和就是电焊机所消耗的总电能。

单相电焊机所消耗的功率为

$$P = U_{UV}I_{UV}\cos\varphi - U_L I_L\cos\varphi$$

而 U 相电能表计量的功率为

$$P_1 = U_U I_{UV}\cos(30° - \varphi)$$

V 相电能表计量的功率

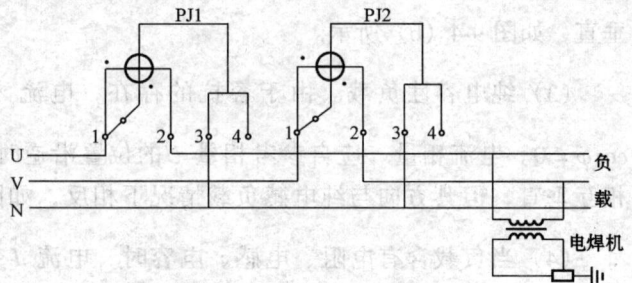

图 9-6　二只单相电能表计量 380V
电焊机负载的接线

298

$$P_2 = U_V I_{VU}\cos(30° + \varphi)$$

各电流、电压的相量关系如图 9-7 所示。因为 $|\dot{I}_{UV}| = |-\dot{I}_{VU}| = I_L$，$|\dot{U}_U| = |\dot{U}_V| = U_{ph}$，所以该两点电能表计量的总功率

$$P = U_{ph} I_L [\cos(30° - \varphi) + \cos(30° + \varphi)]$$

$$= U_{ph} I_L 2\cos 30° \cos\varphi = U_{ph} I_L 2\frac{\sqrt{3}}{2}\cos\varphi$$

$$= U_L I_L \cos\varphi。$$

下面分析该两只电能表在电焊机负载的功率因数变化时的转动情况。

（1）当 $\varphi < 60°$（$\cos\varphi > 0.5$）时，因为 $\cos(30° - \varphi) > 0$，所以 U 相电能表正转；因 $y_1\cos(30° + \varphi) > 0$，所以 V 相电能表正转。

（2）当 $\varphi = 30°$（$\cos\varphi = 0.5$）时，因为 $\cos(30° - \varphi) = 0.866$，所以 U 相电能表正转；因为 $\cos(30° + \varphi) = 0$，所以 V 相电能表不转。

（3）当 $\varphi > 60°$（$\cos\varphi < 0.5$）时，因为 $\cos(30° - \varphi) > 0$，所以 U 相电能表正转；因为 $\cos(30° + \varphi) < 0$，所以 V 相电能表反转。

上述分析情况汇总于表 9-1。

图 9-7　二只单相电能表计量 380V 电焊机负载的向量图

表 9-1　　　　　　两只电能表在电焊机功率因数变化时的转动情况

电　能　表	$\cos\varphi > 0.5$	$\cos\varphi = 0.5$	$\cos\varphi < 0.5$
U 相电能表	正　转	正　转	正　转
V 相电能表	正　转	不　转	反　转

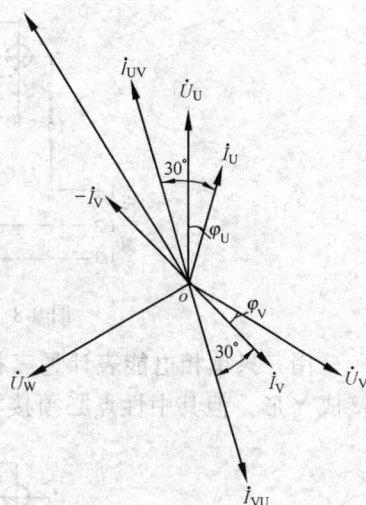

上述分析说明两只电能表的转动方向是随着负载的功率因数不同而变化的，这不是电能表的接线错误造成，因此两只电能表计量电能量的代数和仍是负载所消耗的总电能。但由于电能表只能保证在正转时误差合格，若反转其准确度就不能保证了，因此，这种计量接线方式应尽量少用或不用。在实际工作中，电焊机类单相负以采用三相四线 380/220V、电能表或三相三线 380V 电能表计量为宜。

2．用三只单相电能表计量三相电能的接线与相量图

计量三相电能可用三相电能表，也可以用三只单相电能表。在农电中用三只单相电能表计量三相电能更有其优点。这是因为在农村，由于雷击等原因常使三相电能表损坏或停走，而且农业用电变化较大，电表损坏或停走后，很难推算电量。如用三只单相电能表计量，因为三只单相电能表的相间绝缘比一只三相电能表要高得多，所以雷击损坏发生的可能性较小；同时，三只表一起时损坏的可能性更小，因此，当一只或二只表损坏时，可参考正常运转的一只或二只电能表的电量，对停走的电能表进行电量推算，这种推算比较方便并大多比较接近实际。

用三只单相电能表计量三相三线电路中的电能时，须将三只单相电能表的电压线圈接成 Y 形，其接线如图 9-8 所示。这里要特别强调一点，三只单相电能表电压线圈的阻抗应近似相等，以免引起中性点位移而产生误差。所以在选择电能表时，应采用同一型号和同一厂家

生产的较适宜。

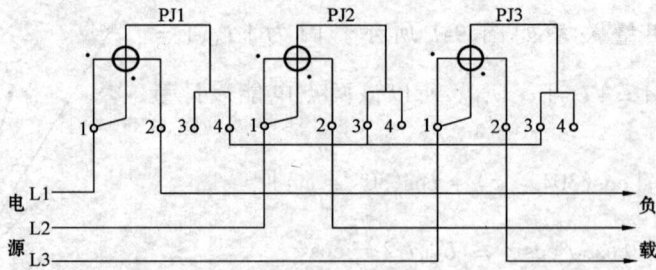

图 9-8　三只单相电能表计量三相三线电能的接线

用三只单相电能表计量三相四线电路中的电能时，同样需将三只单相电能表的电压线圈接成 Y 形，但其中性点必须接零，以免产生误差。其接线如图 9-9 所示。

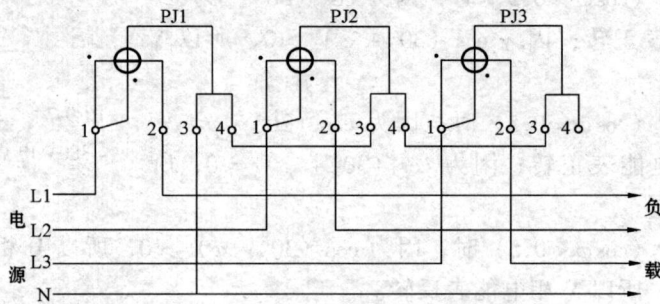

图 9-9　三只单相电能表计量三相四线电能的接线

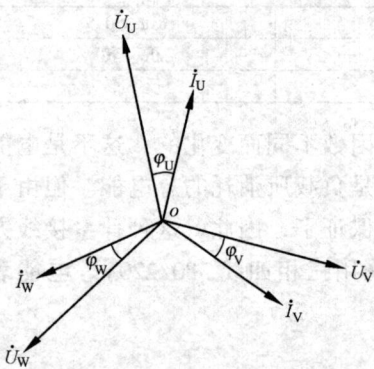

图 9-10　三只单相电能表接成
Y 形感性负载时的相量图

当负载为感性时，其相量图如 9-10 所示。

三只单相电能表计量的功率为

$$P_1 = U_U I_U \cos\varphi_U$$

$$P_2 = U_V I_V \cos\varphi_V$$

$$P_3 = U_W I_W \cos\varphi_W$$

三只单相电能表计量的总功率为

$$P = P_1 + P_2 + P_3$$

$$= U_U I_U \cos\varphi_U + U_V I_V \cos\varphi_V + U_W I_W \cos\varphi_W$$

因此，不论三相电压、电流是否平衡，这种计量方式均

能正确计量其电能。

第二节　三相三线有功电能表接线

三相电路的功率为

$$P = \dot{U}_U \dot{I}_U + \dot{U}_V \dot{I}_V + \dot{U}_W \dot{I}_W \tag{9-1}$$

若 $\dot{I}_U + \dot{I}_V + \dot{I}_W = 0$，则 $\dot{I}_V = -\dot{I}_U - \dot{I}_W$，

300

所以
$$P = \dot{U}_U \dot{I}_U + (-\dot{U}_V \dot{I}_U - \dot{U}_V \dot{I}_W) + \dot{U}_W \dot{I}_W$$

$$= (\dot{U}_U - \dot{U}_V)\dot{I}_U + (\dot{U}_W - \dot{U}_V)\dot{I}_W$$

$$= \dot{U}_{UV}\dot{I}_U + \dot{U}_{WV}\dot{I}_W \tag{9-2}$$

同样，将 $\dot{I}_U = -\dot{I}_V - \dot{I}_W$ 代入式（9-1）可得

$$P = \dot{U}_{VU}\dot{I}_V + \dot{U}_{WU}\dot{I}_W \tag{9-3}$$

将 $\dot{I}_W = -\dot{I}_U - \dot{I}_V$ 代入式（9-1）可得

$$P = \dot{U}_{UW}\dot{I}_U + \dot{U}_{VW}\dot{I}_V \tag{9-4}$$

从式（9-2）、式（9-3）、式（9-4）可以看出，只要满足 $\dot{I}_U + \dot{I}_V + \dot{I}_W = 0$ 这个条件，那么不论负载是否对称，都可以不用其中一相电流就准确计量三相电能。

在没有中性线的三相三线系统中，$\dot{I}_U + \dot{I}_V + \dot{I}_W = 0$，因此可采用只有二相电流的三相三线计量方式计量三相有功电能。下面介绍三相三线有功电能表的接线。

一、常用的正确接线

1. 直接接入式

图 9-11 所示为计量三相三线电路有功电能规定的标准接线方式。此种接线方式适用于没有中性线的三相三线系统有功电能的计量。而且不论负载是感性、或是容性、或是电阻性，也不论负载是否三相对称，均能正确计量。

这种电能表的接线盒有 3 个接线端子，从左向右编号 1、2、3、4、5、6、7、8。其中 1、4、6 是进线，用来连接电源的 L1、L2、L3 三根相线；3、5、8 是出线，三根相线从这里引出分别接到出线总开关的三个进线桩头上；2、7 是连通电压线圈的端子。在直接接入式电能表的接线盒内有两块连接片分别连接 1 与 2、6 与 7，这两块连片不可拆下，并应连接可靠。

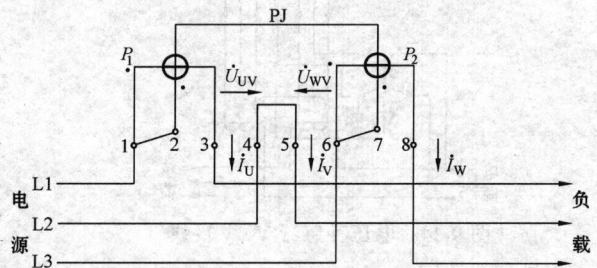

图 9-11 计量三相三线有功电能的标准接线方式

2. 经互感器接入式

三相三线有功电能表经互感器接入三相三线电路时，其接线也可分为电流、电压线共用方式和分开方式两种。图 9-12 为三相三线电能表只经电流互感器接入时的接线。当采用图

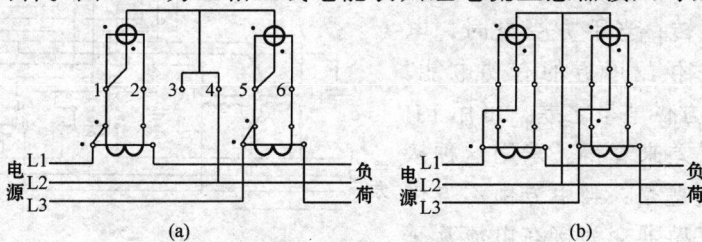

图 9-12 三相三线电能表经电流互感器接入
(a) 电压线与电流线共用的接线方式；(b) 电压线与电流线分开的接线方式

9-12（a）所示的共用方式时，虽然接线方便，还可减少电缆芯数，但当发生接线错误时，例如端子 4 与端子 1、3、5、7 中的任何一个位置互换时，便会造成相应的电流线圈因短路而被烧坏等事故。当采用图 9-12（b）所示的分开方式时，虽然所用电缆芯数增加，但不易造成上述短路故障。而且还有利于电能表的现场检测，所以，分开方式较为多用。

为了既采用分开方式接线又可减少电缆芯数，可将两个电流互感器接成不完全星形，如图 9-13 所示。

采用此种方式应注意，只有当电流互感器二次回路 V 相导线电阻 $R_V \approx 0$ 时，才能保证准确计量。当电阻 R_V 较大（例如 V 相导线过长），并且三相电流差别又较大时，会由于电流互感器误差变大而使计量不准确。

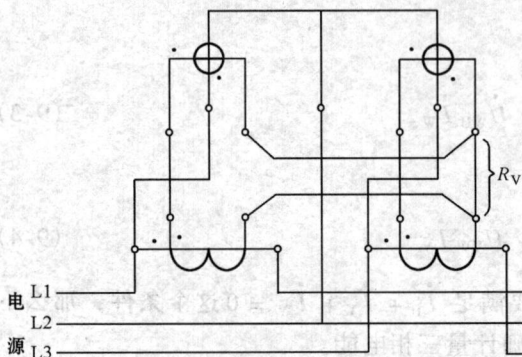

图 9-13　电流互感器接线不完全
星形时的分开式

图 9-14 和图 9-15 都是三相三线有功电能表经电流互感器和电压互感器计量没有中性点直接接地的高压三相三线系统中有功电能的接线图。此两图的不同点是：图 9-14 所示线路中采用的是两台单相电压互感器的三相 V，v 形接线；图 9-15 所示线路中采用的是一台三相或三台单相电压互感器的 Y，yn 形接线。

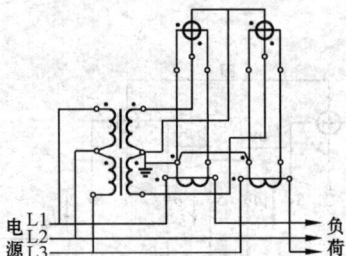

图 9-14　电压互感器 V，v 接线

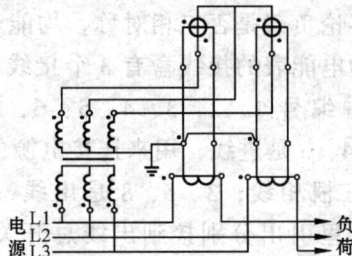

图 9-15　电压互感器 Y，yn 接线

图 9-16 所示是两只具有止逆器的三相三线有功电能表经电流、电压互感器接入的三相三线计量有功电能的接线图。可装于高压联络母线上计量甲方或乙方的受电量。图上的两个箭头表示电能传送方向，当乙方受电时，电能表 PJ1 计量甲方供给乙方的有功电能，PJ2 不转；当甲方受电时，电能表 PJ2 计量乙方供给甲方的有功电能，PJ1 不转。甲乙两方供电量之差，可用 PJ1 与 PJ2 计量的电量差来算得。采用这种接线方式应注意的问题是：当甲方由乙方供电时，因为电压互感器变为接在电流互感器的负荷侧，PJ2 计量的电量包含电压互感器消耗的电能，尤其在负荷功率较低并

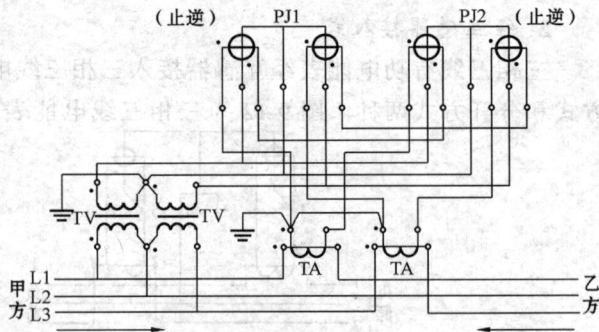

图 9-16　计量高压三相三线系统双向
供电的有功电能的接线

且电流互感器变比较小时，电能表 PJ2 会产生较大的正附加误差，也就是说电能表 PJ2 多计了一些有功电量。

在高压三相三线系统中，电压互感器一般是采用 V 形接线，且在二次侧 V 相接地，这种接线的优点是可等用一台单相电压互感器，同时也便于检查电压二次回路的接线。当然也可以采用 Y 形接线，这时应在二次侧中性点接地。电流互感器二次侧也必须有一点接地。

3．常用的正确接线的相量图

从常用的正确接线图 9-11～图 9-16 可以看出，两元件三相三线有功电能表不论是采用哪种接线用的接线方式，其电能表接线的实质都与图 9-11 所示标准接线方式相同。其电流、电压相量关系如图 9-17 所示。

从相量图可以看出，三相三线（二元件）电能表计量元件 1 的电压为 $\dot{U}_{\mathrm{UV}}$，电流为 $\dot{I}_{\mathrm{U}}$，元件 2 的电压为 $\dot{U}_{\mathrm{WV}}$，电流为 $\dot{I}_{\mathrm{W}}$。故，三相三线（二元件）电能表计量的功率为

$$P_1 = U_{\mathrm{UV}}I_{\mathrm{U}}\cos(30° + \varphi_{\mathrm{U}})$$

$$P_2 = U_{\mathrm{WV}}I_{\mathrm{W}}\cos(30° - \varphi_{\mathrm{W}})$$

所以三相三线（二元件）电能表计量的总功率为

$$P = P_1 + P_2$$
$$= U_{\mathrm{UV}}I_{\mathrm{U}}\cos(30° + \varphi_{\mathrm{U}}) + U_{\mathrm{WV}}I_{\mathrm{W}}\cos(30° - \varphi_{\mathrm{W}})$$

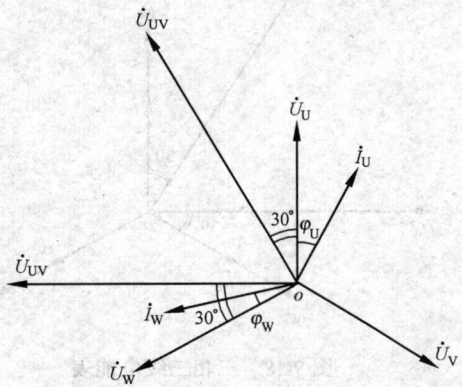

图 9-17　三相三线电能表的相量图

在三相电压及三相负载对称时，$U_{\mathrm{UV}} = U_{\mathrm{WV}} = U_{\mathrm{VW}} = U_{\mathrm{L}}$，$I_{\mathrm{U}} = I_{\mathrm{V}} = I_{\mathrm{W}} = I_{\mathrm{ph}}$，$\varphi = \varphi_{\mathrm{U}} = \varphi_{\mathrm{W}}$，且 $U_{\mathrm{UV}} = \sqrt{3}\,U_{\mathrm{U}} = \sqrt{3}\,U_{\mathrm{ph}}$，$U_{\mathrm{WV}} = \sqrt{3}\,U_{\mathrm{W}} = \sqrt{3}\,U_{\mathrm{ph}}$。将这些关系代入上式，可得

$$P = \sqrt{3}\,U_{\mathrm{ph}}I_{\mathrm{ph}}\left[\cos(30° + \varphi) + \cos(30° - \varphi)\right]$$
$$= \sqrt{3}\,U_{\mathrm{ph}}I_{\mathrm{ph}}2\cos30°\cos\varphi$$
$$= \sqrt{3}\,U_{\mathrm{ph}}I_{\mathrm{ph}} \times 2 \times \frac{\sqrt{3}}{2}\cos\varphi$$
$$= 3U_{\mathrm{ph}}I_{\mathrm{ph}}\cos\varphi = \sqrt{3}\,U_{\mathrm{L}}I_{\mathrm{ph}}\cos\varphi$$

分析说明三相三线电能表接线正确时能正确计量电能。在不同功率因数下，电能表二元件计量的功率是不同的，现采用相量图分析如下。

（1）当 $\varphi = 0°$，$\cos\varphi = 1.0$ 时，电流、电压相量图如图 9-18 所示。二元件计量的功率及总功率是

$$P_1 = U_{\mathrm{UV}}I_{\mathrm{U}}\cos30° = \sqrt{3}\,U_{\mathrm{ph}}I_{\mathrm{ph}} \times \frac{\sqrt{3}}{2} = 1.5U_{\mathrm{ph}}I_{\mathrm{ph}}$$

$$P_2 = U_{\mathrm{WV}}I_{\mathrm{W}}\cos30° = \sqrt{3}\,U_{\mathrm{ph}}I_{\mathrm{ph}} \times \frac{\sqrt{3}}{2} = 1.5U_{\mathrm{ph}}I_{\mathrm{ph}}$$

$$P = P_1 + P_2 = \frac{3}{2}U_{\mathrm{ph}}I_{\mathrm{ph}} + \frac{3}{2}U_{\mathrm{ph}}I_{\mathrm{ph}} = 3U_{\mathrm{ph}}I_{\mathrm{ph}}$$

结论：在 $\cos\varphi = 1.0$ 时，1 元件电流滞后电压30°，2 元件电流超前电压30°，P_1、P_2 均

为正值，且两圆盘转矩相等，总力矩为正向。

（2）当 $\varphi = +60°$，$\cos\varphi = 0.5$（滞后）时，电流、电压相量图如图9-19所示。二元件计量的功率及总功率是

$$P_1 = U_{UV}I_U\cos(30° + 60°) = U_{UV}I_U\cos90° = 0$$

$$P_2 = U_{WV}I_W\cos(30° - 60°) = U_{WV}I_W\cos30° = 1.5U_{ph}I_{ph}$$

$$P = P_1 + P_2 = 0 + 1.5U_{ph}I_{ph} = 1.5U_{ph}I_{ph}$$

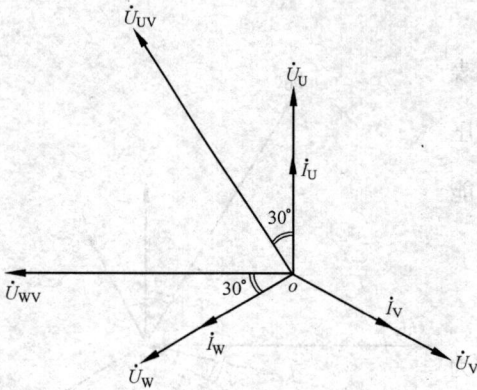

图9-18　三相三线电能表
$\cos\varphi = 1.0$ 时的相量图

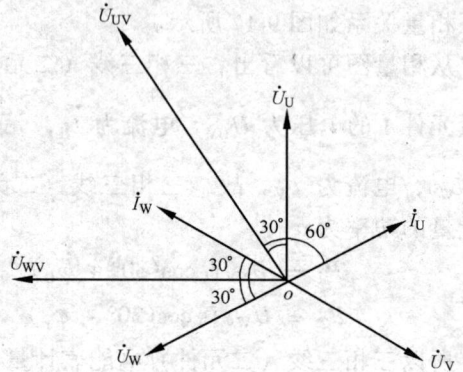

图9-19　三相三线电能表
$\cos\varphi = 0.5$（滞后）时的相量图

结论：在 $\cos\varphi = 0.5$（滞后）时，1元件转矩为零，圆盘不转；2元件电流滞后电压30°，P_2 为正值，圆盘正转。总力矩即是1元件作用于圆盘的力矩，为正向，但 $\cos\varphi = 1.0$ 时，减至一半，故其转速比也减少至一半。

（3）当 $\varphi = 30°$，$\cos\varphi = 0.866$（滞后）时，电流、电压相量图如图9-20所示。二元件计量的功率及总功率是

$$P_1 = U_{UV}I_U\cos(30° + 30°) = U_{UV}I_U\cos60°$$

$$= \sqrt{3}U_{ph}I_{ph} \times \frac{1}{2} = \frac{\sqrt{3}}{2}U_{ph}I_{ph}$$

$$P_2 = U_{WV}I_W\cos(30° - 30°) = U_{WV}I_W\cos0°$$

$$= \sqrt{3}U_{ph}I_{ph}$$

$$P = P_1 + P_2 = \frac{\sqrt{3}}{2}U_{ph}I_{ph} + \sqrt{3}U_{ph}I_{ph}$$

$$= 2.598U_{ph}I_{ph}$$

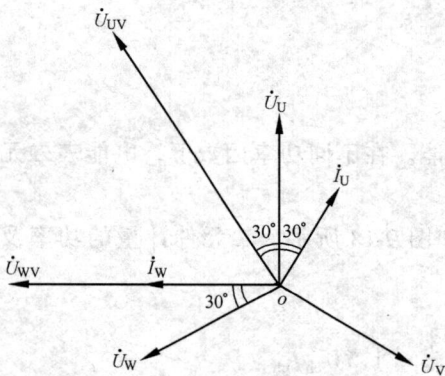

图9-20　三相三线电能表
$\cos\varphi = 0.866$（滞后）时的相量图

结论：在 $\cos\varphi = 0.866$（滞后）时，1元件电流滞后电压60°，2元件电流与电压同相，P_1、P_2 均为正值，力矩都为正向。由于 P_2 比 P_1 大一倍，作用于圆盘的转矩也大一倍，总转矩比 $\cos\varphi = 1.0$ 时减至0.866倍为正向，故其转速应为 $\cos\varphi = 1.0$ 时的0.866倍。

（4）当 $\varphi = 90°$，$\cos\varphi = 0$ 时，电流、电压相量图如图9-21所示。二元件计量的功率及总

功率是

$$P_1 = U_{UV}I_U\cos(30° + 90°) = U_{UV}I_U\cos120°$$

$$= -\frac{\sqrt{3}}{2}U_{ph}I_{ph}$$

$$P_2 = U_{WV}I_W\cos(30° - 90°) = U_{WV}I_W\cos60°$$

$$= \frac{\sqrt{3}}{2}U_{ph}I_{ph}$$

$$P = P_1 + P_2 = -\frac{\sqrt{3}}{2}U_{ph}I_{ph} + \frac{\sqrt{3}}{2}U_{ph}I_{ph} = 0$$

图 9-21　三相三线电能表
$\cos\varphi = 0$ 时的相量图

结论：在 $\cos\varphi = 0$ 时，1 元件电流滞后电压 120°，P_1 为负值，作用于圆盘的力矩为反向；2 元件电流滞后电压 60°，P_2 为正值，作用于圆盘的力矩为正向。两个力矩大小一样大，但方向相反，总力矩为零，故字轮不动。

上述分析汇总见表 9-2。

表 9-2　　　　　　　　　　不同功率因数下三相二元件电能表计量的功率

	φ	0°	30°	60°	90°	-30°	-60°	-90°
P_1	P_1	$1.5UI$	$\frac{\sqrt{3}}{2}UI$	0	$-\frac{\sqrt{3}}{2}UI$	$\sqrt{3}UI$	$1.5UI$	$\frac{\sqrt{3}}{2}UI$
	占 P%	50	33.3	0		66.7	100	
P_2	P_2	$1.5UI$	$\sqrt{3}UI$	$1.5UI$	$\frac{\sqrt{3}}{2}UI$	$\frac{\sqrt{3}}{2}UI$	0	$-\frac{\sqrt{3}}{2}UI$
	占 P%	50	66.7	100		33.3	0	
	P	$3UI$	$2.6UI$	$1.5UI$	0	$2.6UI$	$1.5UI$	0

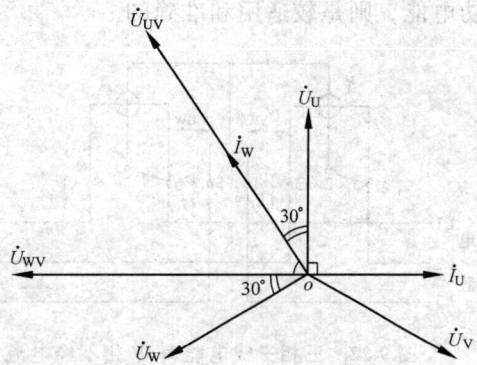

二、不常用的正确接线

1. 直接接入式

除上述图 9-11 所示计量三相三线电路有功电能规定的标准接线方式外，根据式（9-3）和式（9-4），还有图 9-22 与图 9-23 所示计量三相电路有功电能的二种不常用的正确接线方式。该两种接线方式适用于低压三相三线系统或高压三相三线系统有功电能的计量，不论负载是感性或是容性或是电阻性，亦不论负载是否对称，都能正确计量。

这两种接线方式的具体接线与规定的标准接线基本相同，接线盒端子编号 1、4、6 是进线，3、5、8 是出线。所不相同的是：图 9-23 中 1、4、6 三个进线端子分别对应连接电源的 L1、L2、L3 三根相线，而图 9-22 中是 6、1、4 三个进线端子分别对应连接电源的 L1、L2、L3 三根相线，8、3、5 是出线。图 9-23 所示的接线方式是 4、6、1 三个进线端子分别对应连接电源的 L1、L2、L3 三根相线，5、8、3 三个端子为出线，三根相线从这里引出分别接到出线总开关的三个进线桩头上。

三相三线电能表在不常用的正确接线中，除上述两种接线方式之外，还有一种就是采用三相三线电能表计量单相 380V 电焊机的接线。在本章第一节中提到采用两只单相电能表计量单相 380V 电焊机负载的电能时，是以两只单相电能表计量电能的代数和来计算电焊机负载所消耗总电能的，当 $\cos\varphi < 0.5$ 时，有一只电能表会反转，其反转时会增大附加误差，使计量不够准确。如果采用图 9-24 所示的一只三相三线有功电能表来计量电焊机所消耗的有

功电能，则是较适用和准确的。

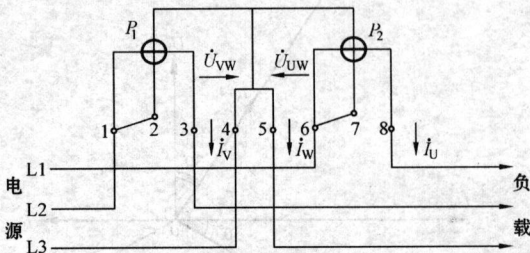

图 9-22 三相三线电能表 W 相不经电流
线圈的接线

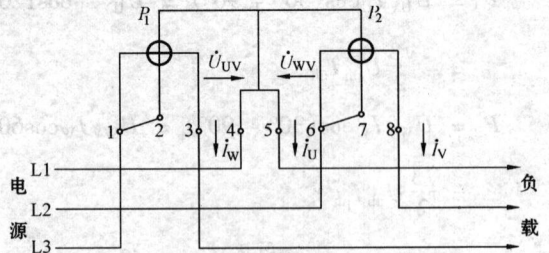

图 9-23 三相三线电能表 U 相不经电流
线圈的接线

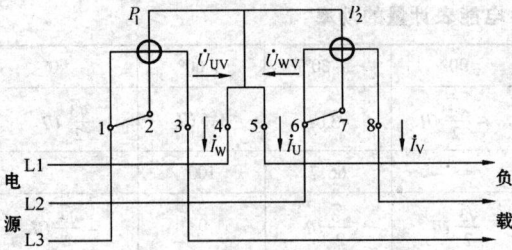

图 9-24 三相三线有功电能表计量
电焊机电能的接线

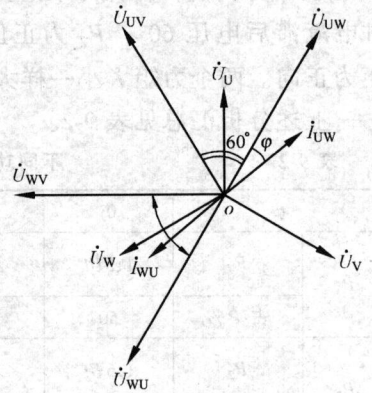

图 9-25 电焊机接
在 U、W 相时的相量图

当电焊机如图 9-24 所示连接在 U、W 两相时，两个元件都有电流通过，都产生转动力矩。由图 9-25 所示相量图可以看出，电能表计量的功率为

$$P_1 = U_{UV} I_{UW} \cos(60° + \varphi)$$

$$P_2 = U_{WV} I_{WU} \cos(60° - \varphi)$$

$$P = P_1 + P_2$$

$$= U_L I_L [\cos(60° + \varphi) + \cos(60° - \varphi)]$$

$$= U_L I_L \cos\varphi$$

当电焊机装接在 U、V 两相或 V、W 两相时，很明显三相三线有功电能表只有一个元件通过电流，这时可以视为 380V 的单相有功电能表，其计量的功率为 $P = U_{UV} I_{UV} \cos\varphi$ 或 $P = U_{WV} I_{WV} \cos\varphi$，即 $P = U_L I_L \cos\varphi$，与电焊机消耗功率完全相等。因此，不论电焊机接在哪两相线之间，计量的电能都是准确的。

2. 经互感器接入式

在不常用的正确接线中的三相三线有功电能表经互感器接入三相三线电路时，其接线方式也可分为电流、电压线共用式，如图 9-26 所示；电流、电压线分开式，如图 9-27 所示；电流互感器接成不完全星形时的分开式，如图 9-28 所示。在高压计量中电压互感器同样可接成 V，v 接线形，如图 9-29 所示，也可接成 Y，yn 接线形，如图 9-30 所示。

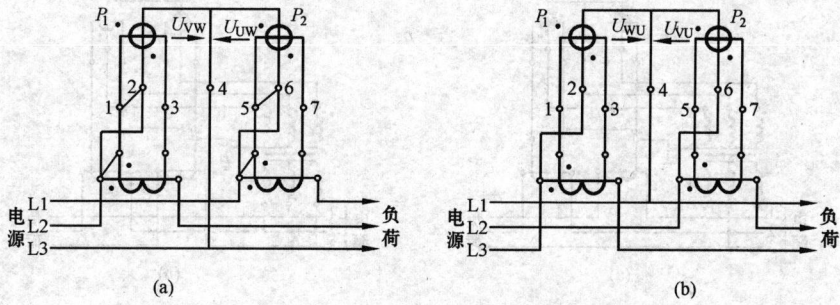

图 9-26　电流、电压线共用式

（a）W 相不经电流线圈；（b）U 相不经电流线圈

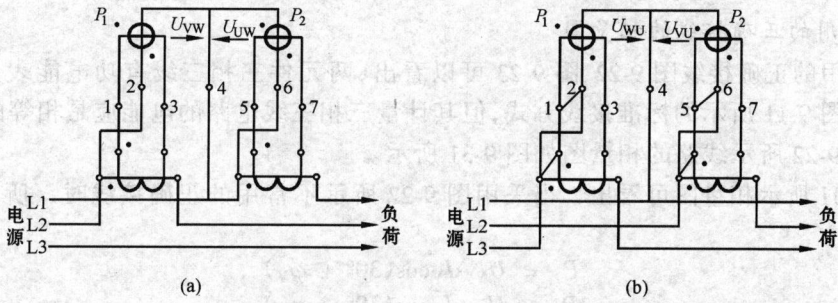

图 9-27　电流、电压线分开式

（a）W 相不经电流线圈；（b）U 相不经电流线圈

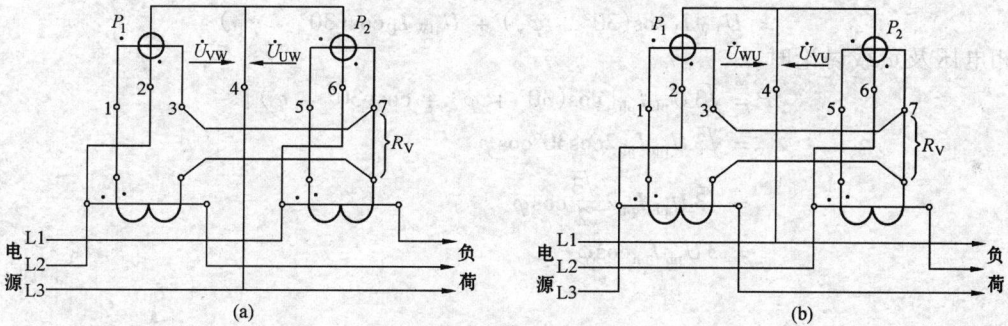

图 9-28　电流互感器接线不完全星形时的分开式

（a）W 相不经电流线圈；（b）U 相不经电流线圈

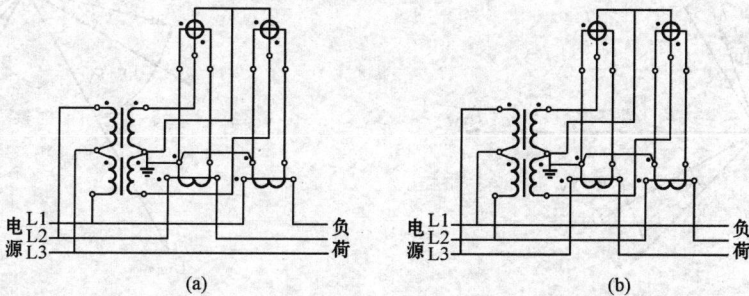

图 9-29　电压互感器 V，v 连接时的接线

（a）W 相不经电流线圈；（b）U 相不经电流线圈

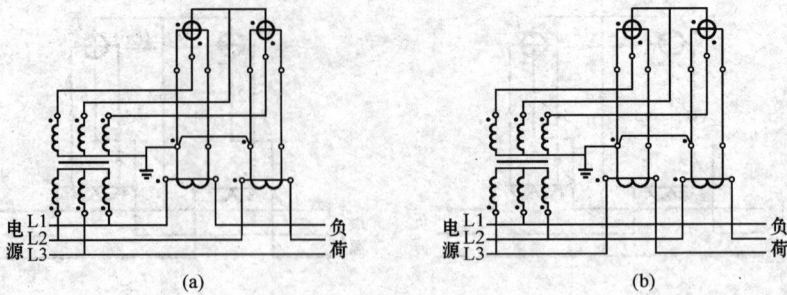

图 9-30 电压互感器 Y，yn 连接时的接线

(a) W 相不经电流线圈；(b) U 相不经电流线圈

3．不常用的正确接线的相量图

从不常用的正确接线图 9-22、图 9-23 可以看出，两元件三相三线有功电能表在接线方式虽然不同于图 9-11 所示的标准接线方式，但其计量三相三线电路的电能应是相等的。

（1）图 9-22 所示线路的相量图如图 9-31 所示。

从图 9-31 所示相量图可看出，当采用图 9-22 所示不常用的正确接线时，所计量的功率为

$$P_1 = U_{VW} I_V \cos(30° + \varphi_V)$$
$$P_2 = U_{UW} I_U \cos(30° - \varphi_U)$$

该表计量的总功率仍为

$$P = P_1 + P_2$$
$$= U_{VW} I_V \cos(30° + \varphi_V) + U_{UW} I_U \cos(30° - \varphi_U)$$

在三相电压及负载讨论时，

$$P = \sqrt{3} U_{ph} I_{ph} [\cos(30° + \varphi) + \cos(30° - \varphi)]$$
$$= \sqrt{3} U_{ph} I_{ph} 2\cos 30° \cos\varphi$$
$$= \sqrt{3} U_{ph} I_{ph} 2 \frac{\sqrt{3}}{2} \cos\varphi$$
$$= 3 U_{ph} I_{ph} \cos\varphi$$

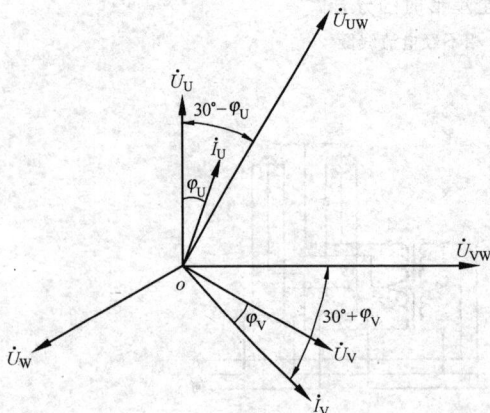

图 9-31 三相三线有功电能表不常用的正确
接线（W 相不经电流线圈）的相量图

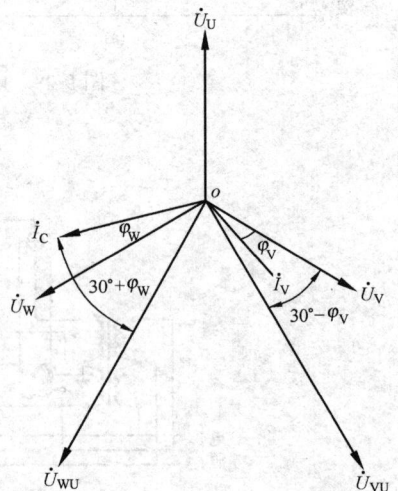

图 9-32 三相三线有功电能表不常用的
正确接线（U 相不经电流线圈）的相量图

通过相量分析表明：三相三线有功电能表在三相三线电路中采用图 9-22 所示不常用的正确接线方式时，所计量的总功率与图 9-11 所示标准接线方式是相等的。

（2）图 9-23 所示线路的相量图如图 9-32 所示。

从图 9-32 所示相量图可看出，当采用图 9-23 所示不常用的正确接线时，所计量的功率为

$$P_1 = U_{WU} I_W \cos(30° + \varphi_W)$$
$$P_2 = U_{VU} I_V \cos(30° - \varphi_V)$$

该表计量的总功率仍为

$$P = P_1 + P_2$$
$$= U_{WU} I_W \cos(30° + \varphi_W) + U_{VU} I_V \cos(30° - \varphi_V)$$

当三相电压及负载对称时，

$$P = \sqrt{3} U_{ph} I_{ph} [\cos(30° + \varphi) + \cos(30° - \varphi)]$$
$$= \sqrt{3} U_{ph} I_{ph} 2\cos30°\cos\varphi$$
$$= \sqrt{3} U_{ph} I_{ph} 2 \frac{\sqrt{3}}{2} \cos\varphi$$
$$= 3 UI\cos\varphi$$

相量图分析表明：三相三线有功电能表在三相三线电路中采用图 9-23 所示不常用的正确接线方式时，所计量的总功率也与图 9-11 标准接线方式是相等的。

第三节　三相四线有功电能表接线

由上节式（9-1）至式（9-4）可知，当 $\dot{I}_U + \dot{I}_V + \dot{I}_W = 0$ 时，只需利用二相电流，采用三相三线接线方式就能准确计量三相电能。但若存在中性线回路或中性点接地，则 $\dot{I}_U + \dot{I}_V + \dot{I}_W = \dot{I}_N$，$\dot{I}_N$ 往往不等于 0，这时 $\dot{I}_V = -\dot{I}_U - \dot{I}_W + \dot{I}_N$，则

$$P = \dot{U}_U \dot{I}_U + \dot{U}_V \dot{I}_V + \dot{U}_W \dot{I}_W$$
$$= (\dot{U}_U - \dot{U}_V) \dot{I}_U + (\dot{U}_W - \dot{U}_V) \dot{I}_W + \dot{U}_V \dot{I}_N$$
$$= \dot{U}_{UV} \dot{I}_U + \dot{U}_{WV} \dot{I}_W + \dot{U}_V \dot{I}_N \tag{9-5}$$

这时若仍采用三相三线计量，则存在一个 $\dot{U}_V \dot{I}_N$ 的误差，误差的大小与 $\dot{U}_V$ 和 $\dot{I}_N$ 的夹角及 I_N 的大小有关。很显然，这时必须根据式（9-5），利用三相电流，采用三相四线的计量方式才能准确计量有功电能。

下面介绍三相四线有功电能表的接线。

一、常用的正确接线

1. 直接接入式

图 9-33 所示是三元件三相四线有功电能表的标准接线方式。电流 I_U、I_V、I_W 分别通过元件 1、元件 2、元件 3 的电流线圈，电压 U_U、U_V、U_W 分别并接于元件 1、元件 2、元件 3 的电压线圈上。这种接线方式，最适用于中性点直接接地的三相四线电路中有功电能的计

量，不论三相电压、电流是否对称，均能准确计量。

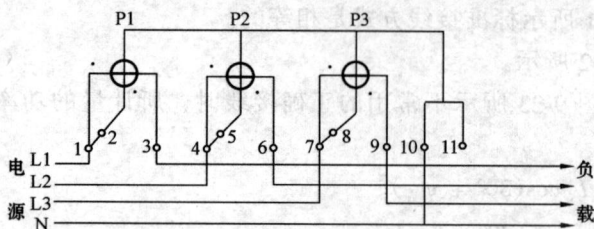

图 9-33　计量三相四线有功电能表的标准接线方式

图 9-33 所示三元件三相四线有功电能表的接线端子共有 11 个，从左向右编号 1、2、3、4、5、6、7、8、9、10、11。其中 1、4、7 是进线，用来连接电源的 L1、L2、L3 三根相线；3、6、9 是出线，三根相线从这里引出后，分别接到出线总开关的三个进线桩头上；10、11 是中性线的进线和出线，是用来连接中性线的；2、5、8 是连通电压线圈的端子，在直接接入式电能表的接线盒内有三块连片，分别连接 1 与 2、4 与 5、7 与 8。因此 2、5、8 不需另行接线，但三块连片不可拆下，并应连接可靠。

2. 经互感器接入式

三相四线有功电能表经互感器接入时，也同三相三线有功电能表一样，可分为电压、电流线共用方式与分开方式两种。图 9-34 所示为经电流互感器接入的电压、电流线共用方式接线。图 9-35 所示为经电流互感器接入的电压、电流线分开方式接线。图 10-36 所示为电流互感器星形接线时的分开式。图 9-37 所示是经电流、电压互感器计量中性点直接接地的高压三相系统有功电能的接线方式。

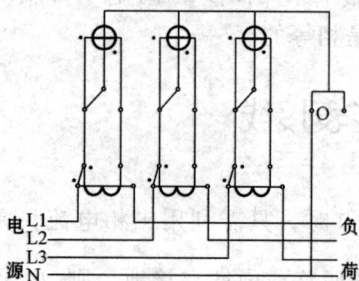

图 9-34　电压、电流线
共用接线方式

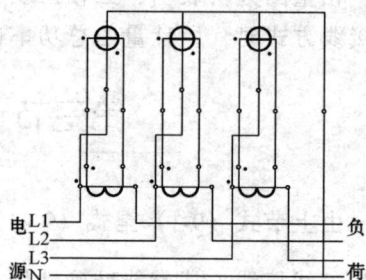

图 9-35　电压、电流线
分开接线方式

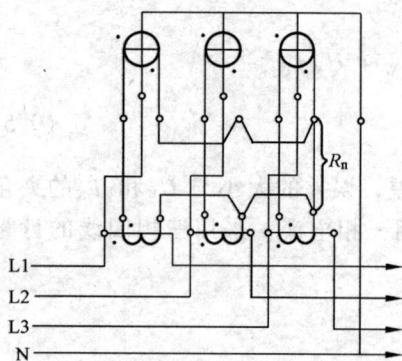

图 9-36　星形接线时的分开方式

图 9-34 所示经电流互感器接入的三相四线有功电能表采用电压、电流线共用方式接线图 9-35 所示的采用电压、电流线分开方式接线的特点，与前一节所述三相三线有功电能表的电压、电流线共用方式与分开方式基本相同，这里就不重述了。

图 9-36 所示是三相四线有功电能表经三个电流互感器接成星形时的电压、电流线分开接线方式。采用这种接线方式时应注意：当二次电流回路中性线电阻 R_n 较大，并且三相电流差别也较大时，这就会使电流互感器的误差改变较大，从而导致计量不准确；当 $R_n \approx 0$ 时，即便三相电流差较大，也不会导致电流互感器误差的增大，所以仍能保证计量精度。

图 9-37 是三相四线有功电能表经 YN，yn 接线的电压互感器和三个电流互感器，计量中

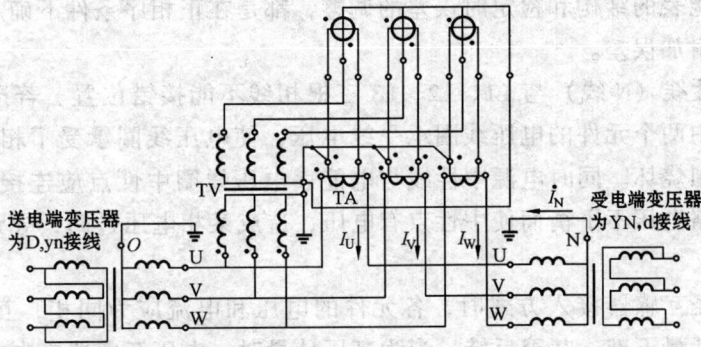

图 9-37　三相四线有功电能表经互感器（TV、TA）

计量中性点直接接地三相系统有功电能的接线图

性点直接接地的高压三相系统有功电能的接线。这种接线因为不受流过中性点电流 I_N 的影响，所以能正确计量中性点直接接地的高压三相系统的有功电能。如果采用三相三线有功电能表按上节中的图 9-14 和图 9-15 的接线来计量其有功电能，由于存在 I_N 的影响，则三相三线有功电能表就会产生计量误差，对于高压三相输电线路的大容量电网，这个误差能达到不可忽视的程度。因此，在中性点直接接地的高压三相系统中，对三相有功电能计量，必须采用三相四线有功电能表按图 9-37 所示的接线方式，才能保证计量准确。

3. 常用的正确接线的相量图

从常用的正确接线图 9-33 ~ 图 9-36 可知，三元件三相四线有功电能表不论采用哪一种接线方式，其电能表的接线都与图 9-33 所示的标准接线方式相同，其相量图如图 9-38 所示。

从相量图可看出，三相四线有功电能表在感性负载

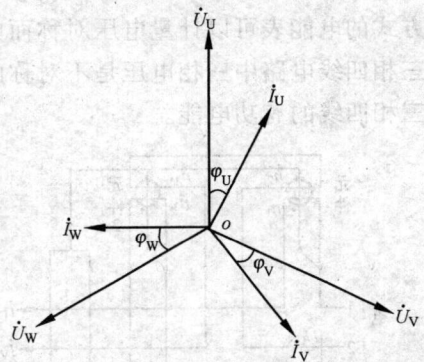

图 9-38　三相四线有功电能表在感性负载时的相量图

时，元件 1 电压 $\dot{U}_U$ 与电流 $\dot{I}_U$ 夹角为 φ_U，元件 2 电压 $\dot{U}_V$ 与电流 $\dot{I}_V$ 夹角为 φ_V，元件 3 电压 $\dot{U}_W$ 与电流 $\dot{I}_W$ 夹角为 φ_W，因此，三相四线有功电能表在常用正确接线时计量的功率为

$$P_1 = U_U I_U \cos\varphi_U$$
$$P_2 = U_V I_V \cos\varphi_V$$
$$P_3 = U_W I_W \cos\varphi_W$$

计量的总功率为

$$P = P_1 + P_2 + P_3$$
$$= U_U I_U \cos\varphi_U + U_V I_V \cos\varphi_V + U_W I_W \cos\varphi_W$$

因此三相四线有功电能表不论三相电压、电流是否平衡，均能正常计量其电能。

当三相功率对称时，则 $U_U = U_V = U_W = U_{ph}$，$I_U = I_V = I_W = I_{ph}$，则上式可写成

$$P = 3U_{ph}I_{ph}\cos\varphi$$

采用上述接线方式时应注意：

（1）应按正相序（U、V、W）接线。反相序（W、V、U）接线时，有功电能表虽然不

反转，但由于电能表的结构和检定时误差的调整，都是在正相序条件下确定的，若反相序运行，将产生相序附加误差。

（2）电源中性线（N 线）与 L1、L2、L3 三根相线不能接错位置。若接错了，不但错计电量，还会使其中两个元件的电压线圈承受线电压，使电压线圈承受了相电压的$\sqrt{3}$倍电压，可能致使电压线圈烧坏。同时电源中性线与电能表电压线圈中性点应连接可靠，接触良好。否则，会因为线路电压不平衡而使中性点有电压，造成某相电压过高，导致电能表产生空转或计量不准。

（3）当采用经互感器接入方式时，各元件的电压和电流应为同相，互感器极性不能接错，否则电能表计量不准，甚至反转。当为高压计量时，电压互感器二次侧中性点必须可靠接地。

二、不常用的正确接线

1. 直接接入式

图 9-39 所示是二元件三相四线有功电能表直接接入方式接线图。三相四线有功电能表采用的是差流线圈（或称附加串联线圈），电流（$\dot{I}_U - \dot{I}_V$）和（$\dot{I}_W - \dot{I}_V$）分别通过元件 1 和元件 2 的电流线圈，电压 $\dot{U}_{UN}$ 和 $\dot{U}_{WN}$ 分别并接于元件 1 和元件 2 的电压线圈上。这种接线方式的电能表可以计量电压对称而电流对称或不对称的三相四线有功电能。但是，因为实际三相四线电路中三相电压是不对称的，所以，这种电能表的接线方式，只能计量简单不对称三相四线的有功电能。

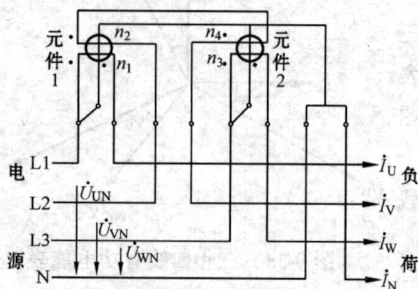

图 9-39　差流圈三相四线有
功电度表的接线方式

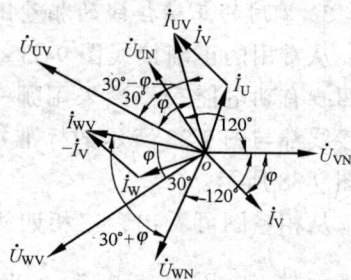

图 9-40　图 9-39 所示线路在
感性负荷三相电压电流
对称时的相量图

由图 9-40 所示相量图可知，元件 1 电压 $\dot{U}_{UN}$ 与电流（$\dot{I}_U - \dot{I}_V = \dot{I}_{UV}$）夹角为 $30° - \varphi$，元件 2 电压 $\dot{U}_{WN}$ 与电流（$\dot{I}_W - \dot{I}_V = \dot{I}_{WV}$）夹角为 $30° + \varphi$。

电能表计量的功率为

$$P_1 = \dot{U}_{UN}(\dot{I}_U - \dot{I}_V) = \dot{U}_{VN}\dot{I}_U - \dot{U}_{UN}\dot{I}_V$$

$$P_2 = \dot{U}_{WN}(\dot{I}_W - \dot{I}_V) = \dot{U}_{WN}\dot{I}_W - \dot{U}_{WN}\dot{I}_V$$

$$P = P_1 + P_2$$

$$= \dot{U}_{UN}\dot{I}_U - \dot{U}_{UN}\dot{I}_V + \dot{U}_{WN}\dot{I}_W - \dot{U}_{WN}\dot{I}_V$$

$$= \dot{U}_{UN}\dot{I}_U + \dot{U}_{WN}\dot{I}_W + (-\dot{U}_{UN} - \dot{U}_{WN})\dot{I}_V$$

当三相电压对称时 $\dot{U}_{UN} + \dot{U}_{WN} + \dot{U}_{VN} = 0$，即

$$\dot{U}_{VN} = -\dot{U}_{UN} - \dot{U}_{WN}$$

则

$$P = \dot{U}_{UN}\dot{I}_U + \dot{U}_{WN}\dot{I}_W + \dot{U}_{VN}\dot{I}_V$$

可见，当三相电压对称时，可准确计量三相电能。

2. 经互感器接入式

利用三点电流互感器二次连接成三角形接入二元件三相电能表来计量三相四线电路的有功电能。其接线图如图 9-41 所示。三相电能表第一元件的电流线圈通过 $\dot{I}_U$ 和 $\dot{I}_B$ 之差的电流，而第二元件的电流线圈通过 $\dot{I}_W$ 和 $\dot{I}_V$ 之差的电流。这种接线的计量原理与前述附加串联线圈三相四线有功电能表相同，也可按图 9-42 所示相量图加以证明。

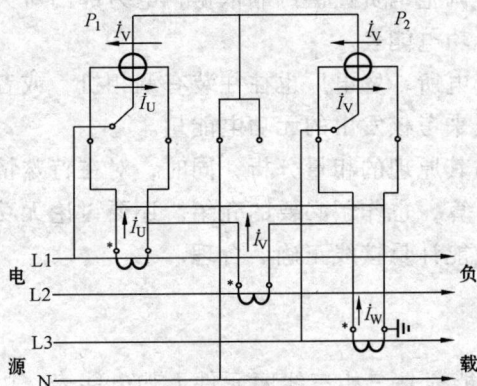

图 9-41　利用三只电流互感器连接
成三角形接入二元件三相
电能表的接线

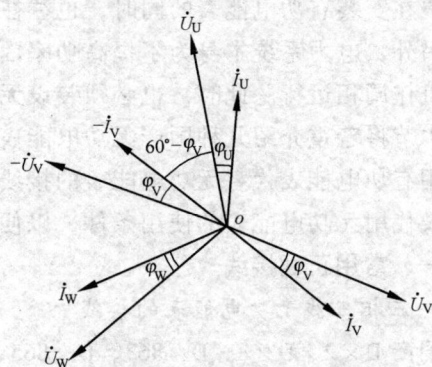

图 9-42　经电流互感器组成三角形
接入二元件三相电能表计量
三相四线有功电能的向量图

由相量图可知，三相电能表每个元件计量的功率为

瞬时值
$$p_1 = u_U(i_U - i_V)$$
$$p_2 = u_W(i_W - i_V)$$

平均值
$$P_1 = U_U I_U \cos\varphi_U + U_U I_V \cos(60° - \varphi_V)$$
$$P_2 = U_W I_W \cos\varphi_W + U_W I_V \cos(60° + \varphi_V)$$

计量的总功率为

$$\begin{aligned}
P &= P_1 + P_2 \\
&= U_U I_U \cos\varphi_U + U_U I_V \cos(60° - \varphi_V) + U_W I_W \cos\varphi_W \\
&\quad + U_W I_V \cos(60° + \varphi_V)
\end{aligned}$$

当三相电压对称时，$U_U = U_V = U_W = U_{ph}$，而 $U_U I_V \cos(60° - \varphi_V) + U_W I_V \cos(60° + \varphi_V) =$

$U_{ph}I_V\cos\varphi_V$，则

$$P = U_{ph}(I_U\cos\varphi_U + I_V\cos\varphi_V + I_W\cos\varphi_W)$$

因此在电压对称时，不论三相负载是否平衡，均能正确计量其有功电能。但这里应注意的是，电能表电流线圈通过的电流为电流互感器二次电流的$\sqrt{3}$倍，若电流互感器二次额定电流是 5A，则通过电能表的电流为$\sqrt{3} \times 5 = 8.66A$。因此，应选用 5（10）A 的宽负载电能表或额定电流为 10A 的电能表。

第四节　三相无功电能计量接线

为了促进用户提高功率因数，我国现行的电价政策规定，对大容量电力用户实行"按力率调整电费"的办法。即不但要考核用户的用电量（有功电能），还要考核它的加权平均力率。当用户的功率因数高于某一规定值时，就适当地减收电费；当用户的功率因数低于这一数值时，就要加收电费，功率因数越低，加收的比例就越大，以期用经济手段促使用户提高功率因数。

为了准确考核用户的加权平均力率，给按力率调整电费提供可靠依据，电力部门对大容量用户在安装有功电能表的同时，也往往要安装无功电能表。

另外，电力系统本身为了提高功率因数，在变电所、发电厂也往往装有调相机，或者将发电机作调相运行。此时，也必须装设无功电能表来考核发出的无功电能量。

本节将着重介绍几种国产无功电能表的接线与其原理的相量分析，同时，对在特殊情况下使用有功电能表代替无功电能表的接线和倍率计算，也作了必要的介绍。还要讨论无功电能表及代用无功电能表的使用条件，以便使无功电能计量接线正确、合理。

一、常用正确接线

1. 三相三线无功电能表的接线

国产 D×2、D×8、D×863、D×865 型无功电能表是三相三线两元件无功电能表。由于在无功电能表的电压线圈回路中串有电阻，使电压线圈所产生的磁通不再滞后电压 90°，而是滞后电压 60°，故称为 60°型无功电能表。图 9-43 为直接接入式接线图；图 9-44 所示为经电流互感器接入式；图 9-45 所示为经电流互感器及 V，v 接线的电压互感器接入的接线图。

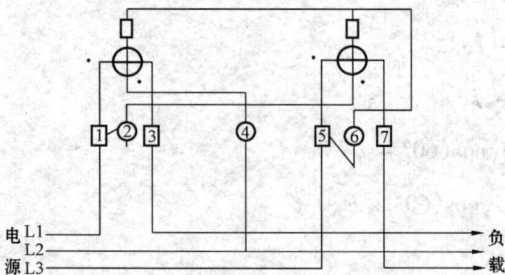

图 9-43　60°型三相三线无功
电能表直接接入式

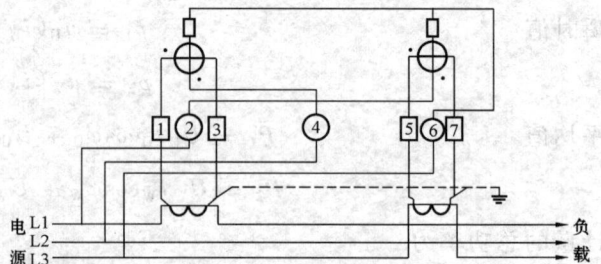

图 9-44　60°型三相三线无功电能表经
电流互感器接入式

图 9-43～图 9-45 所示 60°型三相三线无功电能表计量原理的相量分析，如图 9-46 所示。

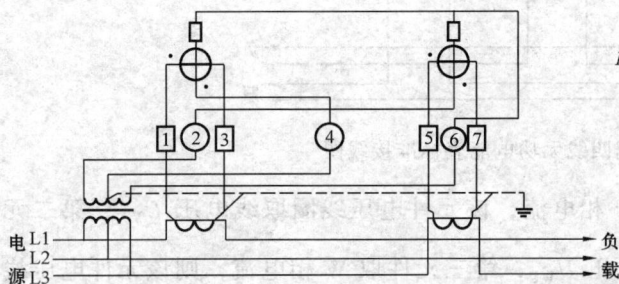

图 9-45　60°型三相三线无功电能表
经电流电压互感器（V，v接线）接入式

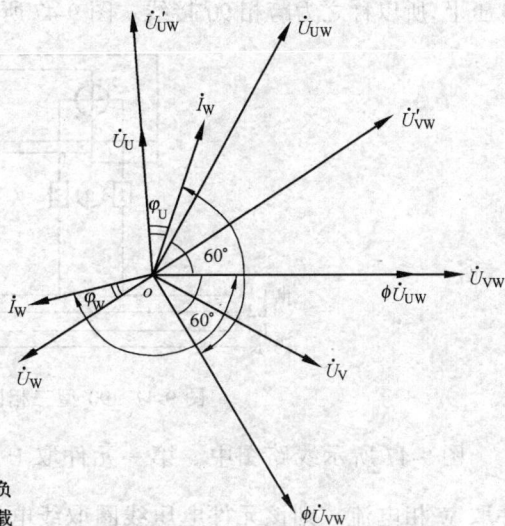

图 9-46　三相三线（二元件）相位
差60°型表的相量图

两个元件计量的功率如下

$$P'_1 = U'_{UW}I_U\cos(60° - \varphi_U)$$

$$P'_2 = U'_{UW}I_W\cos(120° - \varphi_W)$$

电能表计量的总功率为

$$P' = P'_1 + P'_2$$

$$= U'_{VW}I_U\cos(60° - \varphi_U) + U'_{UW}I_W\cos(120° - \varphi_W)$$

设三相电压及负载电流对称，且 $U_{VW} = U_{UW} = U_L$ 时，$U'_{VW} = U'_{UW} = \sqrt{3}U_{ph}$；$I_U = I_W = I_{ph}$；$\varphi_U = \varphi_W = \varphi$，则

$$P' = \sqrt{3}U_{ph}I_{ph}[\cos(60° - \varphi) + \cos(120 - \varphi)]$$

$$= \sqrt{3}U_{ph}I_{ph}\left[\frac{1}{2}\cos\varphi + \frac{\sqrt{3}}{2}\sin\varphi - \frac{1}{2}\cos\varphi + \frac{\sqrt{3}}{2}\sin\varphi\right]$$

$$= \sqrt{3}U_{ph}I_{ph}\left(\frac{\sqrt{3}}{2}\sin\varphi + \frac{\sqrt{3}}{2}\sin\varphi\right)$$

$$= \sqrt{3}U_{ph}I_{ph}2\frac{\sqrt{3}}{2}\sin\varphi$$

$$= 3U_{ph}I_{ph}\sin\varphi = Q$$

电能表元件计量的有功功率及总功率实为仪表圆盘获得的转速，圆盘转速与其成正比。上述分析表明：60°型三相三线无功电能表的圆盘转速与被电路的三相无功功率成正比，故可正确计量无功电能。还可证明，不论三相负载是否平衡，均能正确计量三相三线电路的无功电能。但应指出，它不能计量三相四线电路中的无功电能，且计量三相三线电路无功电能时，三相电压仍需对称或只为简单不对称时才能准确计量，否则将产生附加误差。

2．三相四线无功电能表的接线

（1）跨相90°型无功电能表。国产 DX862、DX864 型无功电能表是三相四线无功电能表。因为它的接线方法是将每组元件的电压线圈，分别跨接在滞后相应电流线圈所接相相电压90°的线电压上,所以称之为跨相 90°接线。图 9-47 所示 90°型三相四线无功电能表的标准接线图。

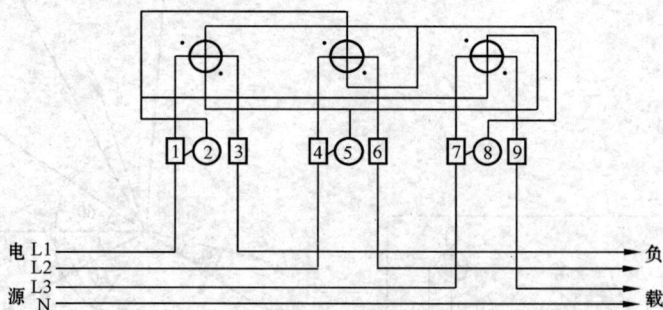

图 9-47　90°型三相四线无功电能表标准接线图

图 9-47 所示线路图中,第一元件取 U 相电流,该元件电压线圈取线电压 $\dot{U}_{VW}$;第二元件取 W 相电流,则该元件电压线圈取线电压 $\dot{U}_{WU}$;第三元件取 W 相电流,则该元件电压线圈取线电压 $\dot{U}_{UV}$。按上述跨相 90°原则接线,之所以能够测量三相电路无功电能,可用图 9-48 所示相量图加以证明。图中各元件计量的有功功率分别为

$$P'_1 = U_{VW}I_U\cos(90° - \varphi_U) = U_{VW}I_U\sin\varphi_U$$
$$P'_2 = U_{WU}I_V\cos(90° - \varphi_V) = U_{WV}I_V\sin\varphi_V$$
$$P'_3 = U_{UV}I_W\cos(90° - \varphi_W) = U_{UV}I_W\sin\varphi_W$$

该表计量的总有功功率为

$$P' = P'_1 + P'_2 + P'_3$$
$$= U_{VW}I_U\sin\varphi_U + U_{WU}I_V\sin\varphi_V + U_{UV}I_W\sin\varphi_W$$

若三相电压及负载电流对称,$U_{UV} = U_{VW} = U_{WV} = \sqrt{3}U_{ph}$,$I_U = I_V = I_W = I_{ph}$　$\varphi_U = \varphi_V = \varphi_W = \varphi$

$$P' = 3\sqrt{3}U_{ph}I_{ph}\sin\varphi = Q$$

被测电路的三相无功功率为 $Q = 3U_{ph}I_{ph}\sin\varphi$,而该表所计量的无功功率比被测电路的无功功率大 $\sqrt{3}$ 倍,这只需在仪表的参数设计上加以调整即可。这样计度器所示的电量即为实际消耗的无功电能。

图 9-49 所示为经电流互感器接入式接线图;图 9-50 所示为经电流互感器及 Y,yn 连接的电压互感器接入的接线图。

(2) 带附加电流线圈的 90°型无功电能表。这种无功电能表的结构特点是:它有两组电磁驱动元件,且每组元件中的电流线圈 2 都是由匝数相等、绕向相同的两个线圈构成。把通以电流 $\dot{I}_U$(或 $\dot{I}_W$)的线圈称为基本电流线圈,通以电流 $\dot{I}_V$ 的线圈称为附加电流线圈。基本电流线圈和附加电流线圈在电流铁芯中产生的磁通是相减的。为此,接线时应使电流 $\dot{I}_U$(或 $\dot{I}_W$)从基本电流线圈的标志端流入,$\dot{I}_V$ 则从附加电流线圈的非标志端流入。其接线图与相量图分别示于图 9-51、图 9-52 中。由图可见,它

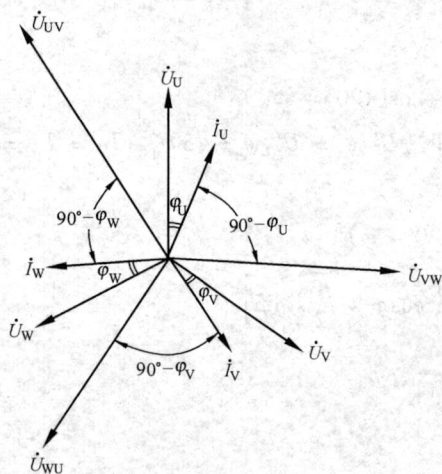

图 9-48　跨相 90°型三相四线
无功电能表相量图

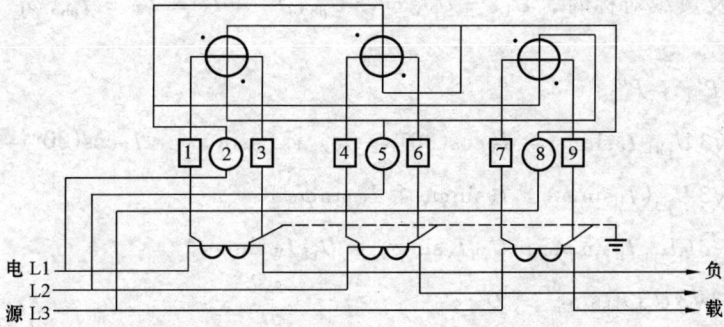

图 9-49　三相四线无功电能表经电流互感器接入式

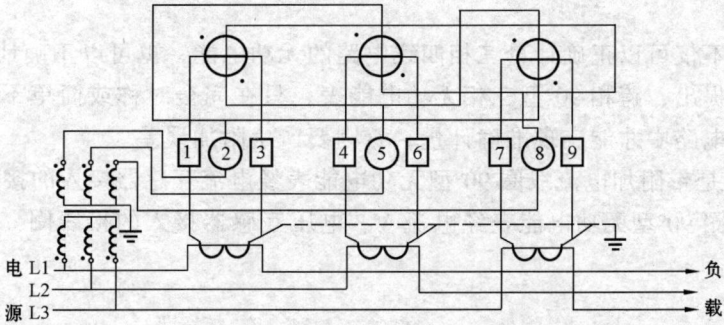

图 9-50　三相四线无功电能表经电流电压互感器接入式

的两个电压线圈是分别跨接于滞后相应电流线圈所接相相电压 90°的线电压上。因此，它也属于跨相 90°型三相四线无功电能表。其对三相无功电能的计量原理，可用相量图加以证明。两组元件计量的有功功率为

$$P'_1 = U_{VW}I_U\cos(90° - \varphi_U) + U_{VW}I_V\cos(150° - \varphi_V)$$
$$= U_{VW}I_U\sin\varphi_U - U_{VW}I_V\cos(30° + \varphi_V)$$
$$P'_2 = U_{UV}I_W\cos(90° - \varphi_W) + U_{UV}I_V\cos(30° - \varphi_V)$$
$$= U_{UV}I_W\sin\varphi_W + U_{UV}I_V\cos(30° - \varphi_V)$$

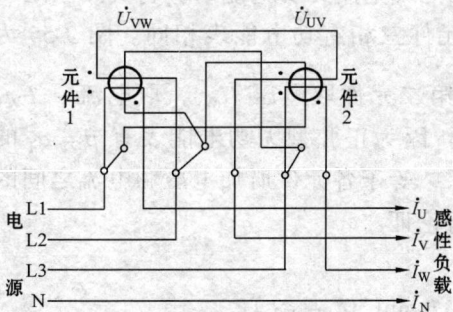

图 9-51　带附加电流线圈的 90°型
无功电能表接线图

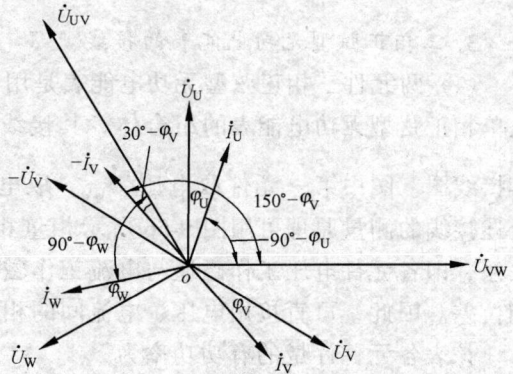

图 9-52　带附加电流线圈的 90°型
无功电能表相量图

当三相电压及负载对称时，$U_{UV} = U_{VW} = \sqrt{3}\,U_{ph}$，$I_U = I_V = I_W = I_{ph}$，$\varphi_U = \varphi_V = \varphi_W = \varphi$。则总功率为

$$P' = P'_1 + P'_2$$

$$= \sqrt{3}\,U_{ph}[\,I_U\sin\varphi_U - I_V\cos(30° + \varphi_V) + I_W\sin\varphi_W + I_V\cos(30° - \varphi_V)\,]$$

$$= \sqrt{3}\,U_{ph}(I_U\sin\varphi_U + I_V\sin\varphi_V + I_W\sin\varphi_W)$$

$$= \sqrt{3}(U_{ph}I_U\sin\varphi_U + U_{ph}I_V\sin\varphi_V + U_{ph}I_W\sin\varphi_W)$$

$$= 3\sqrt{3}\,U_{ph}I_{ph}\sin\varphi = Q$$

可见，计量的有功功率即计度器的示值为被测电路无功功率的$\sqrt{3}$倍。由于设计电能表时已经在电流线圈的匝数中减少至$\sqrt{3}$倍（即已将$\sqrt{3}$扣除在表内），所以计度器的读数就是无功电量。

该型电能表不仅可以正确计量三相四线电路的无功电能，也可以正确计量三相三线电路的无功电能。应提出，跨相90°型三相无功电能表，只在完全对称或简单不对称的三相四线电路和三相三线电路中才能实现准确计量，否则要产生附加误差。

图9-53所示是带附加电流线圈90°型无功电能表经电流互感器接入的接线圈；图9-54所示带附加电流线圈90°型无功电能表经电流V、电压互感器接入的接线圈。它们的计量原理同于直接接入式。

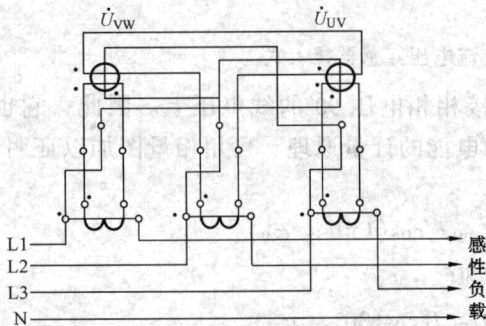

图9-53　带附加电流线圈90°型无功
电能表经电流互感器接入的接线图

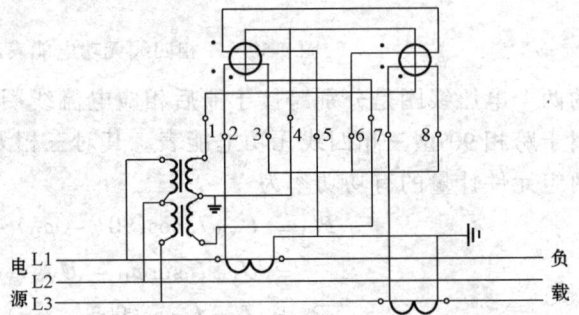

图9-54　带附加电流线圈90°型无功
电能表经电流、电压互感器接入的接线图

3.三相正弦型无功电能表的接线

（1）两元件三相正弦型无功电能表是用于计量三相三线电路无功电能的。它实际上是两只单相正弦型无功电能表的组合体，其接线原则与两元件三相有功电能表相同。图9-55为其接线图，图中第一元件取电压$\dot{U}_{UV}$，取电流$-\dot{I}_U$；第二元件取电压$\dot{U}_{WV}$，取电流$-\dot{I}_W$。上述接线的测量原理可用图9-56所示相量相加以证明。因为正弦型无功电能表有$\beta = \alpha_1$的关系，即各元件电压工作磁通与电流工作磁通的相位差，等于各元件所加电压和电流之间的相位差。因此，可直接用电压、电流间的相位关系进行论证。

该表各元件计量的有功功率为

$$P_1 = U_{UV}I_U\sin(150° - \varphi_U) = U_{UV}I_U\sin(30° + \varphi_U)$$

$$P_2 = U_{WV}I_W\sin(210° - \varphi_W) = -U_{WV}I_W\sin(30° - \varphi_W)$$

总有功功率为

$$P = P_1 + P_2 = U_{UV}I_U\sin(30° + \varphi_U) - U_{WV}I_W\sin(30° - \varphi_W)$$

当三相电压及负载电流对称时，

$$U_{UV} = U_{WV} = \sqrt{3}\,U_{ph}, I_U = I_W = I_{ph}, \varphi_U = \varphi_C = \varphi。则$$

$$
\begin{aligned}
P &= \sqrt{3}\,U_{ph}I_{ph}[\sin(30° + \varphi) - \sin(30° - \varphi)] \\
&= \sqrt{3}\,U_{ph}I_{ph}(\sin30°\cos\varphi + \cos30°\sin\varphi \\
&\quad - \sin30°\cos\varphi + \cos30°\sin\varphi) \\
&= \sqrt{3}\,U_{ph}I_{ph}(2\cos30° \cdot \sin\varphi) \\
&= 3U_{ph}I_{ph}\sin\varphi = Q
\end{aligned}
$$

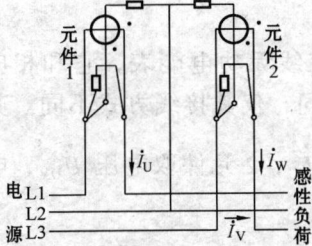

图 9-55　三相三线（二元件）
正弦表的接线

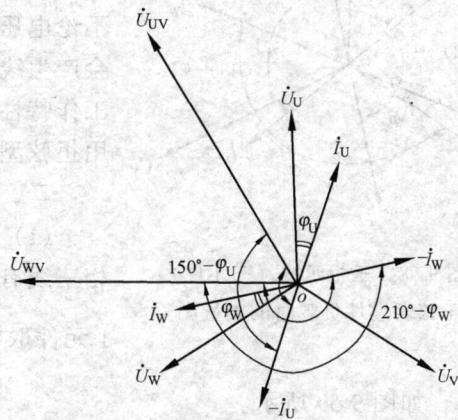

图 9-56　三相三线（二元件）正弦表
感性负载时的相量图

上式证明，两元件三相正弦型无功电能表，能正确计量三相三线电路的无功电能。

（2）三元件三相正弦型无功电能表是用于计量三相四线电路无功电能的。它实际上是三只单相正弦型无功电能表的组合体，其接线原则与三元件三相四线有功电能表相同，图 9-57（a）与图 9-57（b）分别为三元件正弦型无功电能表在感性负载与容性负载时的接线图。

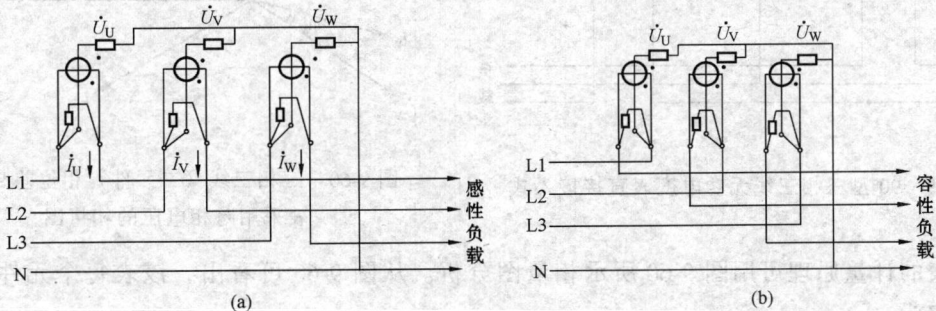

图 9-57　三元件正弦型无功电能表的接线
（a）感性负载时；（b）容性负载时

上述接线的测量原理可用图 9-58 所示相量图加以证明。图 9-57（a）中各元件计量的有功功率为

$$P_1 = U_U I_U \sin(180° - \varphi_U) = U_U I_U \sin\varphi_U$$

$$P_2 = U_V I_V \sin(180° - \varphi_V) = U_V I_V \sin\varphi_V$$

$$P_3 = U_W I_W \sin(180° - \varphi_W) = U_W I_W \sin\varphi_W$$

计量的三相总有功功率为

$$P = P_1 + P_2 + P_3$$

$$= U_U I_U \sin\varphi_U + U_V I_V \sin\varphi_V + U_W I_W \sin\varphi_W$$

当三相电压及负载电流对称时，上式可表达为

$$P = 3U_{ph} I_{ph} \sin\varphi = Q$$

正弦型无功电能表的最大优点是：适用范围广，不论是单相电路还是三相电路均可采用。当用于三相电路时，不论电压是否对称，负载是否平衡，均能正确计量，而不会产生线路附加误差。其主要缺点是：自身消耗功率大，工作特性较差，准确度难以提高。所以，目前我国很少采用正弦型无功电能表。

二、不常用的正确接线

（1）相位差 90°型三相三线无功电能表，它和相应三相三线有功电能表的结构相同，仅其接线方式不同。其中 1 元件取电压 $\dot{U}_{VW}$、电流为 $\dot{I}_U$；2 元件取电压 $\dot{U}_{UV}$、电流

图 9-58 三相四线（三元件）正弦表感性负载时的相量图

为 $\dot{I}_W$，如图 9-59 所示。

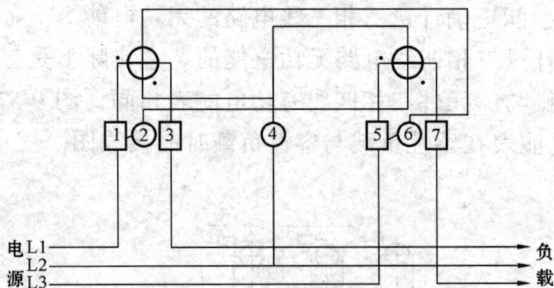

图 9-59 90°型三相三线无功电度表直接接入式

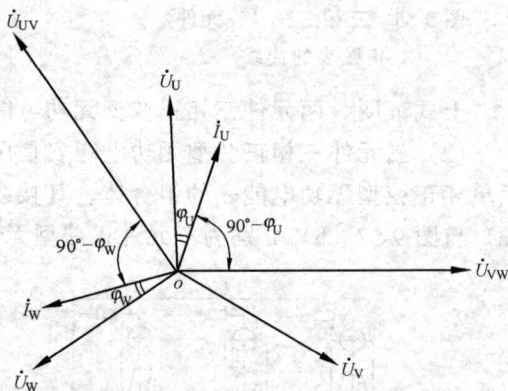

图 9-60 三相三线（二元件）相位差 90°型表采用跨相电压的相量图

该表的计量原理可用图 9-60 所示相量图分析。从图 9-60 可看出，该表每个元件计量的有功功率为

$$P'_1 = U_{VW} I_U \cos(90° - \varphi_U) = U_{VW} I_U \sin\varphi_U$$

$$P'_2 = U_{UV} I_W \cos(90° - \varphi_W) = U_{UV} I_W \sin\varphi_W$$

计量的总无功功率为

$$P' = P'_1 + P'_2$$

$$= U_{VW} I_U \sin\varphi_U + U_{UV} I_W \sin\varphi_W$$

当三相电压及负载电流对称，$U_{UV} = U_{VW} = \sqrt{3}\,U_{ph}$，$I_U = I_W = I_{ph}$，$\varphi_U = \varphi_W = \varphi$，则上式可整理为

$$P' = \sqrt{3}\,U_{ph}I_{ph}(2\sin\varphi)$$
$$= 2\sqrt{3}\,U_{ph}I_{ph}\sin\varphi$$

分析表明：计度器的示值与被测三相电路无功功率（$3\,U_{ph}I_{ph}\sin\varphi$）成正比，为被测电路无功功率的 $\dfrac{2}{\sqrt{3}}$ 倍，为直接显示被测电路的无功电能，该型无功电能表已在常数中乘以 $\dfrac{\sqrt{3}}{2}$，故该型三相无功电能表所计量的无功电能即为电路的无功电能。如果采用三相有功电能表按图 9-59 或图 9-61 的接线方式来计量三相三线电路中的无功电能，则应将计度器读数乘以 $\dfrac{\sqrt{3}}{2}$ 才等于被测电路的无功电能。

从图 9-61 与图 9-62 可知，其中 1 元件取用电压 $\dot{U}_{WV}$ 和电流 $-\dot{I}_U$，2 元件取用电压 $\dot{U}_{UV}$ 和电流 $\dot{I}_W$。$\dot{I}_W$ 与 $\dot{U}_{WV}$ 的相位差为 $90° - \varphi_W$，$-\dot{I}_U$ 与 $\dot{U}_{WV}$ 的相位差也为 $90° - \varphi_U$。此接线方式只适用于对称式近似对称的三相三线电路无功电能的计量。

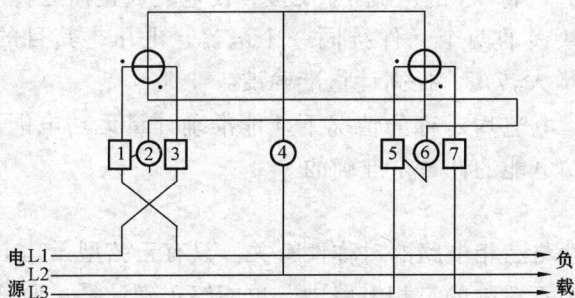

图 9-61　三相三线代用无功电能表接线图　　　图 9-62　三相三线代用无功电能表相量图

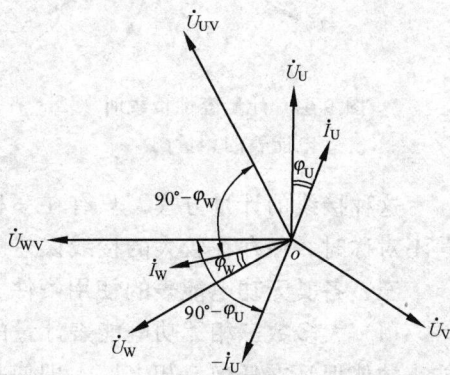

（2）电容器屏、调相机屏上计量有功与无功电能的接线。厂矿变电所为了提高功率因数，往往装有电容补偿器或调相机，并设有专屏。当这些设备投入运行后其电流相当大，但功率因数 $\cos\varphi$ 相当低，无功功率 Q 近似等于视在功率，电流超前于电压近 90°。如果按常规的计量方式，安装一块有功电能表和一块无功电能表，则有功电能表会因为 $\cos\varphi$ 很小而转矩很小，致使表速极慢，带来很大的误差。这样，电容器或调相机运行时所消耗的有功电能很难准确计量。

下面的接线方式可避免这一缺陷。利用二块三相三线有功电能表计量容性负载有功与无功电能的接线如图 9-63 所示。其相量图如 9-64 所示（因是容性负载，各相电流都超前相应的相电压近 90°）。

电能表计量的功率为

$$P'_1 = 2U_{UV}I_U\cos(\varphi_U - 30°)$$
$$P'_2 = 2U_{WV}(-I_W)\cos(150° - \varphi_W)$$

两表读数之和为：$P' = P'_1 + P'_2 = 2U_L I_{ph}\sin\varphi = \dfrac{2}{\sqrt{3}}Q$

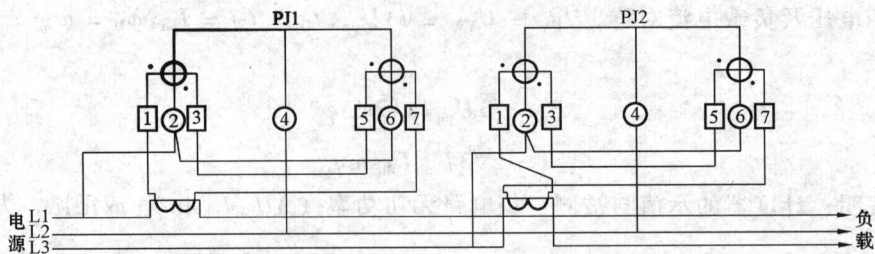

图 9-63　计量容性负载有功与无功电能的接线图

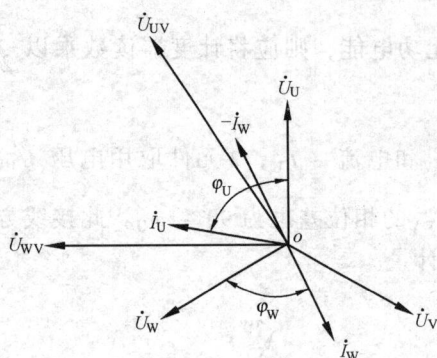

图 9-64　计量容性负载时
电能表的相量图

若将 P' 乘以 $\dfrac{\sqrt{3}}{2}$，则计度器的示值即为被测电路的无功电量。

两表读数之差为

$$P' = P'_1 - P'_2 = 2\sqrt{3}\,U_L I_{ph}\cos\varphi = 2P$$

若将 P' 乘以 $\dfrac{1}{2}$，则计度器的示值即为被测电路的有功电量。

这种接线只不过是将三相三线有功电能表的两个元件拆开，将 P_2 的电流 I_W 反接，使电能表正向运转。

每块表的两个元件接同一个电流、电压，其目的是为了增大转矩，提高计量准确度。

这种接线的计量方式，只有在三相电压、电流均对称的情况下才能准确计量无功电能，若不对称时，便存在较大的接线误差。但有功电能的计量是准确的。

三、各类无功电能表的使用条件

(1) 大多数三相无功电能表计量的正确性与三相电路的对称性有关。只有正弦型无功电能表才能保证在任何三相电路，即使是在复杂不对称的三相电路中，也能够正确计量。而跨相 90°型及 60°型的三相无功电能表等，只有在简单不对称的三相电路或完全对称的三相电路中，才能实现正确计量。

(2) 无功电能表圆盘的转向由相序和负载的性质决定。当正相序时，无功电能表圆盘正转，逆相序时，圆盘反转，所以接线时要注意相序的正确性。当负载性质由感性变为容性或由容性变为感性，或者电力传送方向改变时，则无功电能表的圆盘转向也要改变。所以，在负载性质或电力传送方向经常变化的电路中，应同时安装两块带止逆器的无功电能表，以便记录不同性质负载或不同传送方向的无功电能。

(3) 90°型无功电能表只能用于计量完全对称或简单不对称的三相电路的无功电能，不对称时会产生线路附加误差。其中，三元件跨相 90°型无功电能表和带附加电流线圈的 90°型三相无功电能表，不仅可用于三相四线电路，也可用于三相三线电路，而两元件跨相 90°型无功电能表则只能用于完全对称的三相三线电路。此外，当采用有功电能表按跨相 90°接线测量无功电能时，它的使用条件更为严格。

(4) 60°型无功电能表也只能用于计量完全对称或简单不对称的三相电路的无功电能，不对称时要产生线路附加误差。其中两元件 60°型三相无功电能表只能用于三相三线电路，而不能用于三相四线电路。但三元件 60°型无功电能表则可以用于三相四线电路。

由于机械式无功电能表制造复杂，本身功率消耗较大，计量准确性受被测电路条件影响大，随着科学技术的发展，机械式无功电能表已逐渐被带有计量无功电能功能的全电子多功能电能表所取代，全电子多功能电能表外部接线非常简单，同机械式有功电能表完全一样，安装时只需认真阅读安装说明书即可完成。

第五节　电能表联合接线

一、联合接线的前提

电能表的联合接线系指在电流互感器或电流、电压互感器二次回路中同时接入有功、无功电能表以及其它有关测量仪表。联合接线应满足下列条件：

(1) 电流、电压互感器二次回路的电能计量回路应专用，且回路中不得串接开关辅助接点。

(2) 电流、电压互感器二次回路中应装设专用的试验端子，且应先接入试验端子后接入电能表，以便试验或检修时不影响正常计量。

(3) 电流、电压互感器应有足够的容量与相应的精度，以保证电能计量的准确度。

联合接线应遵守以下基本规则：

(1) 电流、电压互感器二次回路应可靠接地，且接地点应在互感器二次端子至试验端子之间，但低压电流互感器二次回路可不接地。

(2) 各电能表的电压线圈应并联，电流线圈应串联。

(3) 电压互感器应接在电流互感器的电源侧。

(4) 电压互感器和电流互感器应装于变压器的同一侧，而不应分别装于变压器的两侧。

(5) 非并列运行的线路，不许共用一个电压互感器。

(6) 电压、电流互感器二次回路导线应采用单股或多股硬铜线，中间不得有接头，导线在转角处应留有足够的长度。

(7) 电压、电流二次回路导线颜色，相线 U、V、W 应分别采用黄、绿、红相色线，中性线 N 应采用黑色线。电流回路接线端子相位排列顺序为从左至右或从上至下为 U、V、W、N 或 U、W、N；电压回路排列顺序为 U、V、W。

(8) 电压二次回路导线的选择，应保证其 I、II 类的电能计量装置中电压互感器二次回路电压降不大于其额定二次电压的 0.2%；其他电能计量装置中应保证其电压降不大于其额定电压的 0.5%，一般规定导线截面不应小于 $2.5mm^2$。

(9) 电流互感器二次回路导线，其截面一般规定不应小于 $2.5mm^2$。

(10) 连接导线的端子处应有清晰的端子编号和符号。

二、三相三线电路中的联合接线

(1) 图 9-65 所示为三相三线有功电能表与无功电能表经电流互感器分相接入的联合接线图。该种联合接线方式，适用于低压三相三线电路中有功电能与无功电能的计量，广泛应用于实行低压力率调整二部制电价的动力用户的电能计量。

(2) 图 9-66 所示为一块三相三线有功电能表与二块无功电能表经电流互感器分相接入的联合接线图。该种联合接线方式，适用于具有无功补偿的单方向感性负载的低压供电用户三相有功电能与无功电能之计量。二块无功表均装有止逆器，其中一块计量输入无功电能，另一块计量输出无功电能。

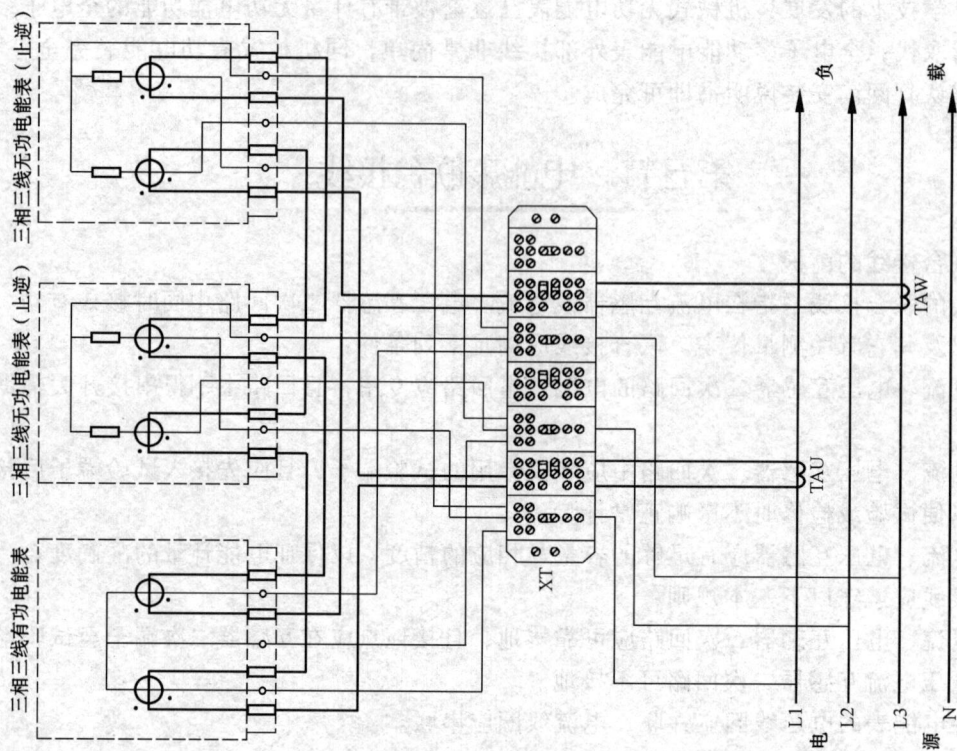

三相有功、二块三相无功电能表经
电流互感器接入的联合接线图

图 9-66 一块三相有功、二块三相无功电能表经

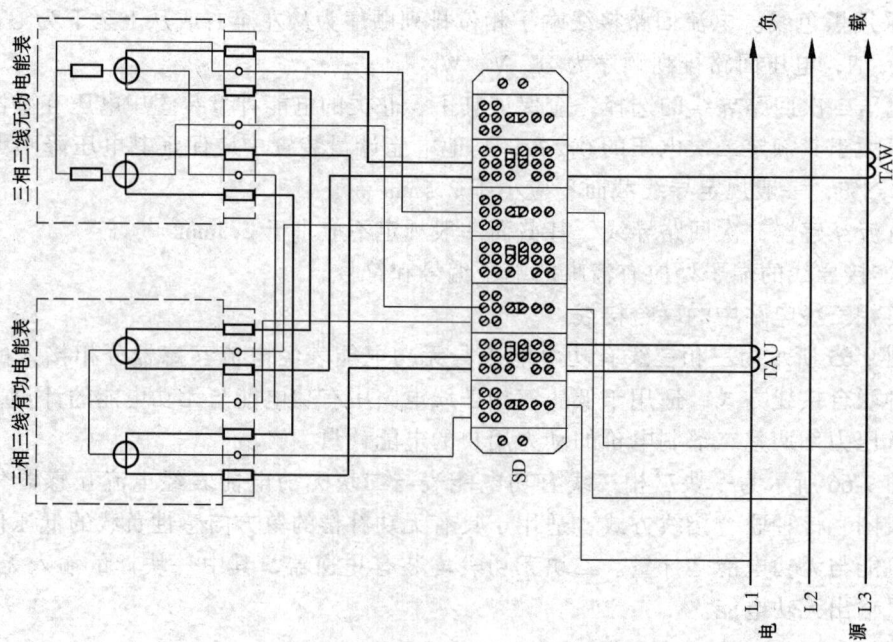

图 9-65 三相三线有功、无功电能表经电流
互感器接入的联合接线图

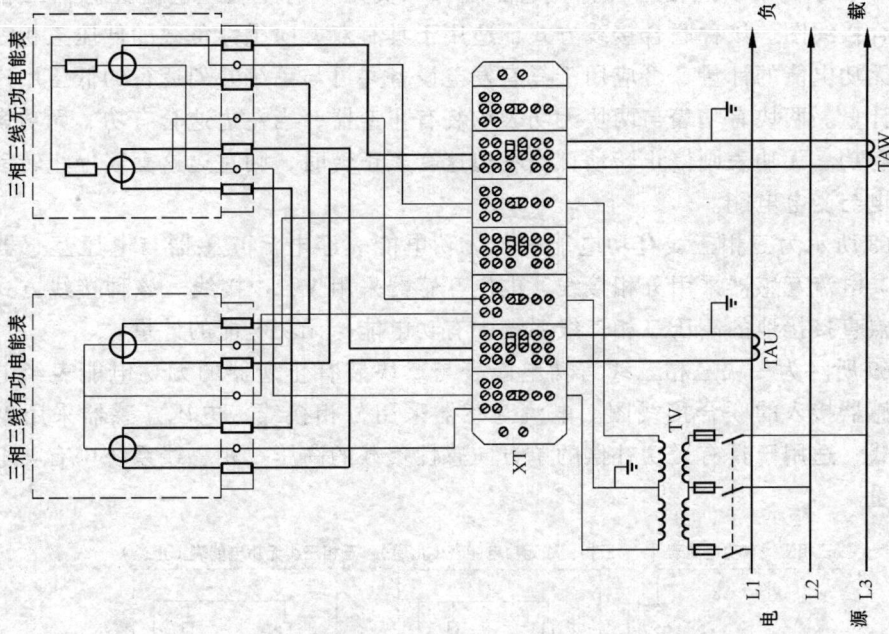

图 9-68 三相三线有功、无功电能表经电流、
电压互感器接入的联合接线图

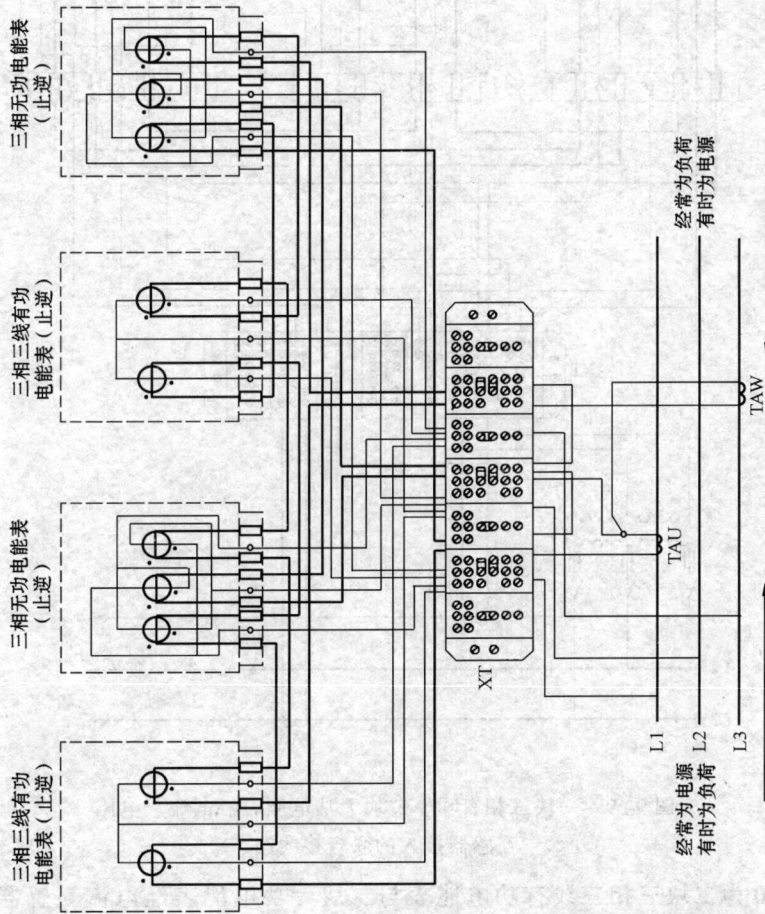

三相三线无功电能表

三相三线有功电能表

XT

TAW

TAU

TV

负

载

电

源

L1

L2

L3

图 9-67 具有双方向送电与受电的三相三线电路中
有功电能与无功电能计量的接线图

三相无功电能表
（止逆）

三相三线有功
电能表（止逆）

三相无功电能表
（止逆）

三相三线有功
电能表（止逆）

XT

TAW

TAU

经常为负荷
有时为电源

经常为电源
有时为负荷

L1

L2

L3

325

（3）图 9-67 所示的二块三相三线有功电能表与二块无功电能表经电流互感器二相星形连接接入的联合接线图。该种联合接线方式，适用于具有双方向感性负载的低压三相三线电路有功电能与无功电能的计量，可应用于具有发电设备并可与系统并列运行的低压用户有功及无功电能的计量。两块有功表与两块无功表均装有止逆器，当左边这套有功、无功表正转时，右边这套有功、无功表则停止转动；当右边这套表正转时，则左边这套表停止转动，以便计量双方送电与受电电能。

（4）图 9-68 所示为三相三线有功电能表与无功电能表经电流互感器与电压互感器接入的联合接线图。电流互感器采用分相接线，电压互感器采用 V，v 接线。该种接线方式，适用于没有中性点直接接地的高压三相三线系统中有功电能与无功电能的计量。

（5）图 9-69 所示为一块三相三线有功电能表与二块装有止逆器的无功电能表经电流互感器与电压互感器接入的联合接线图。电流互感器采用分相接线，电压互感器采用 V/v 接线。该接线方式，适用于具有无功补偿的单方向感性负载的高压三相三线系统中有功电能与无功电能的计量。

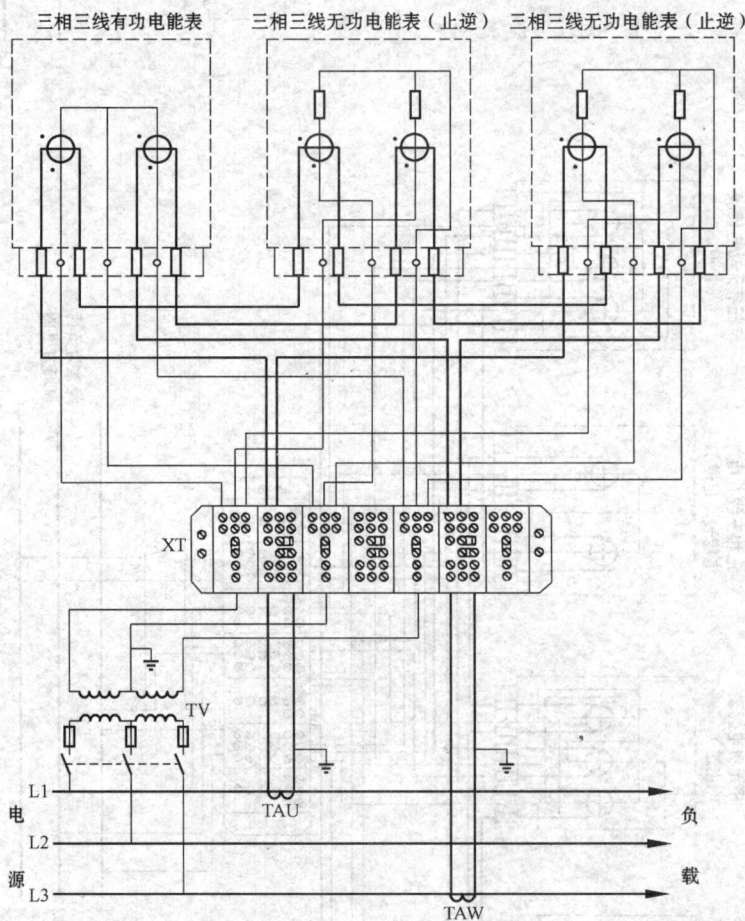

图 9-69　一块三相有功、二块无功电能表经电流、电压
互感器接入的联合接线图

（6）图 9-70 为二块三相三线有功电能表与二块无功电能表经电流互感器与电压互感器

接入的联合接线图。电流互感器为二相星形接线，电压互感器为 V/v 接线。该接线方式，适用于具有双方向感性负载的高压三相三线电路中有功电能与无功电能的计量。

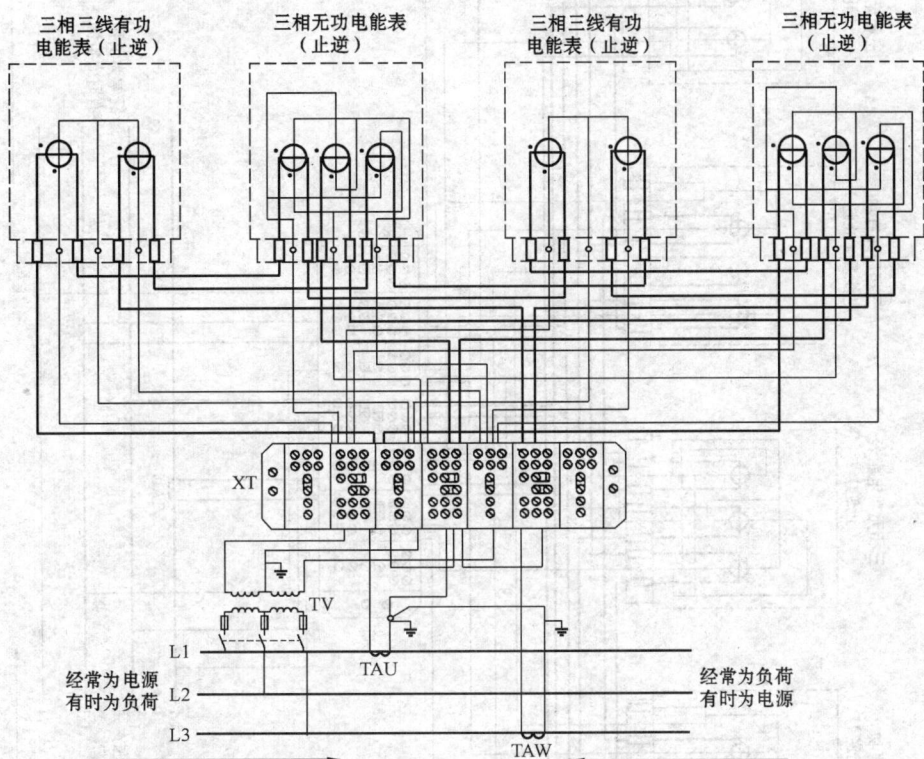

图 9-70　具有双方向送电与受电的高压三相三线电路中
有功电能与无功电能计量的接线图

三、三相四线电路中的联合接线

（1）图 9-71 所示为三相四线有功电能表与无功电能表经电流互感器接入的联合接线图。该接线方式，适用于低压三相四线电路中有功电能与无功电能的计量，它广泛应用于实行二部制电价的动力与生活用电的电能计量。

（2）图 9-72 所示为二块三相四线有功电能表与二块无功电能表经电流互感器接入的联合接线图。该接线方式适用于具有双方向感性负载的低压三相四线电路中有功电能与无功电能的计量。有功电能表及无功电能表均装有止逆器，作用与图 9-67 接线方式基本相同。

（3）图 9-73 所示为三相四线有功电能表与无功电能表经电流互感器与电压互感器接入的联合接线图。电流互感器采用分相接线，电压互感器为 YN，yn 接线。该接线方式，适用于中性点直接接地的高压三相系统中有功电能与无功电能的计量。

（4）图 9-74 所示为二块三相三线有功电能表与二块无功电能表经电流互感器与电压互感器接入的联合接线图。电流互感器采用分相接线，电压互感器采用 YN，yn 接线。它适用于中性点直接接地、且具有双方向感性负载的高压三相系统中有功电能与无功电能的计量。有功、无功电能表均装有止逆器，可计量双方的受电、送电电量。

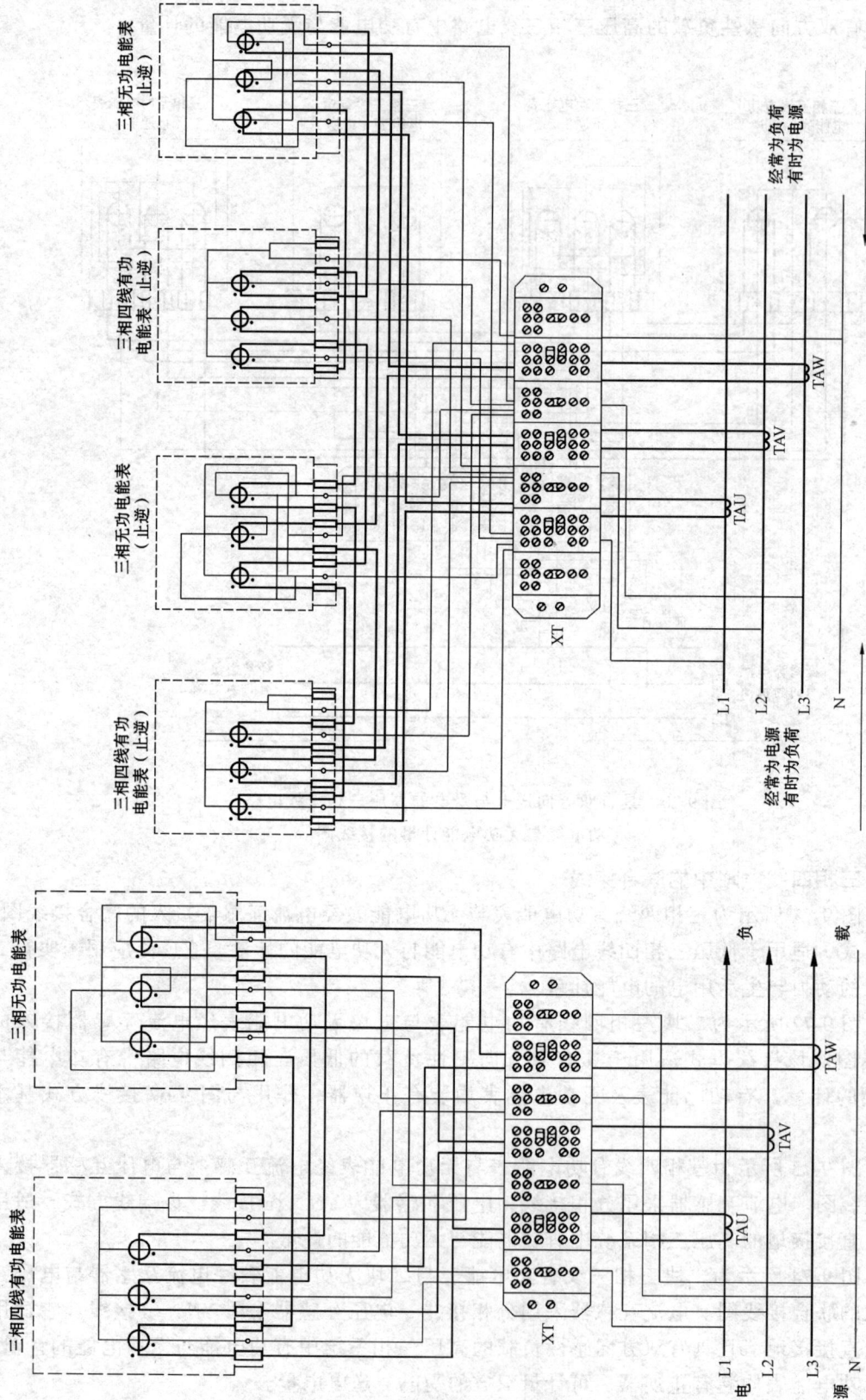

图 9-72　具有双方向送电与受电的三相四线电路中
　　　　　有功电能与无功电能计量的接线图

图 9-71　三相四线有功、无功电能表经
　　　　　电流互感器接入的联合接线图

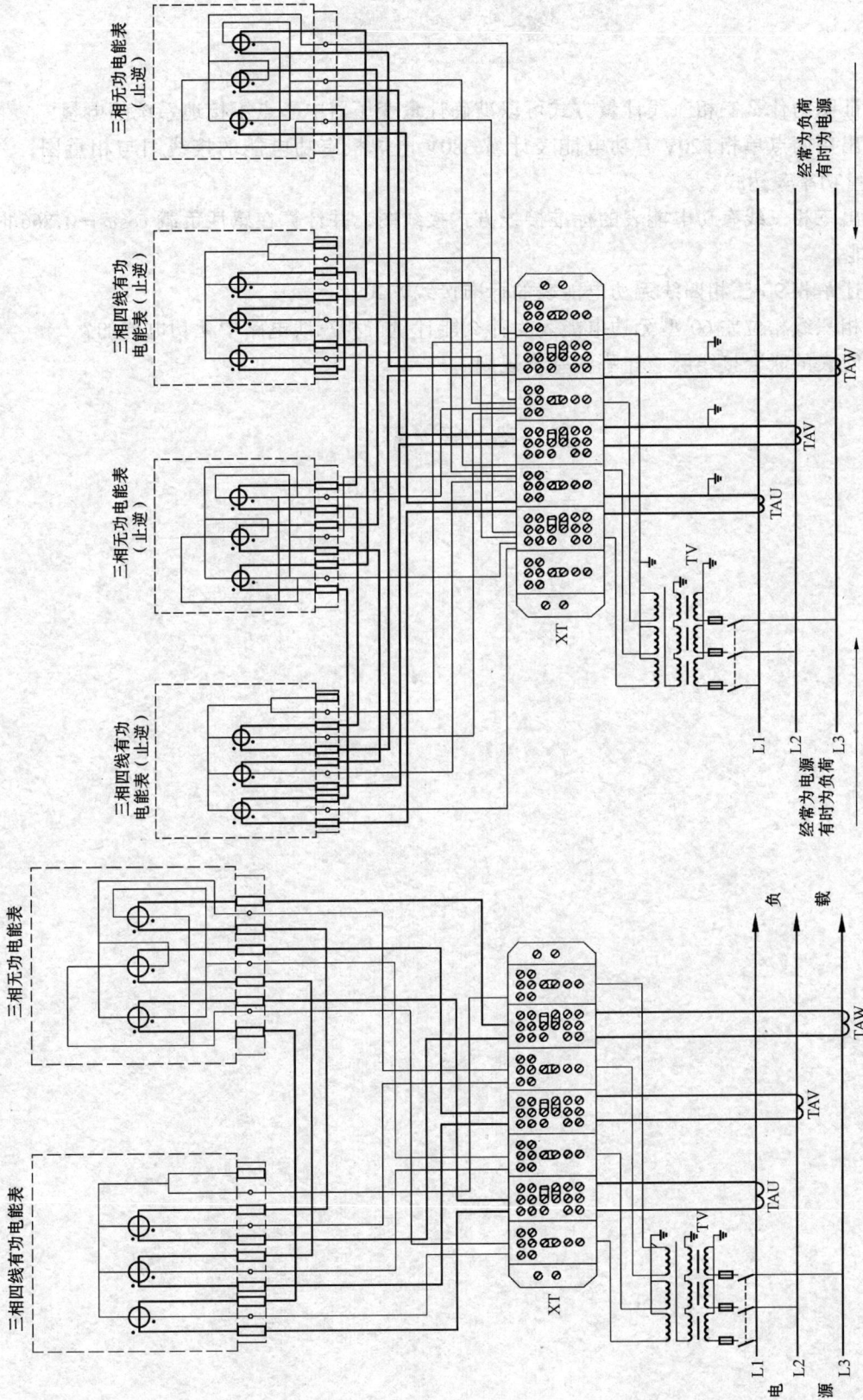

图 9-73 三相四线有功、无功电能表经电流、电压互感器接入的联合接线图

图 9-74 具有双方向送电与受电的高压中性点接地的三相系统中有功电能与无功电能计量的接线图

1. 试证明为什么三相三线计量方式可以准确计量变压器中心点不接地系统的电量?

2. 绘出用两点单相 220V 有功电能表计量 380V 电焊机有功电能的接线图与相量图，并写出其计量功率表达式。

3. 绘出三相三线有功电能表的标准接线方式接线图，并计算在感性负载 $\cos\varphi = 0.866$ 时的计量电能。

4. 简述跨相 90°三相四线无功电能表的标准接线方式。

5. 三相三线相位差 60°型无功电能表为什么能计量三相三线电路中无功电能的?

6. 电能表的联合接线层遵守哪些基本规则。

参 考 答 案

（略）

第十章

二次回路安装

上一章介绍了电能表与互感器的各种接线，本章将主要介绍在具体安装过程中如何看懂和绘制各种接线图。

第一节　二次回路基本知识

一、二次回路的定义和分类

一般，电气设备分为两大类：一次设备和二次设备。前者是指用于传输、分配、控制电能的电气设备，如变压器、开关电器、母线等；后者是指用于对一次设备进行操作、控制、测量、信号、保护等工作的设备，它包括各种监视测量仪表、继电保护装置、控制信号设备、操作电源、控制电缆及导线等。

用导线或控制电缆将二次设备按规定要求连接在一起，用于参数测量、操作控制及信号显示的全部低压回路，称为二次回路。

二次回路依照电源及用途不同可分为以下几种回路：

（1）电流回路——由电流互感器供给测量仪表及继电器的电流线圈的回路；

（2）电压回路——由电压互感器供给测量仪表和继电器的电压线圈及信号器等的回路；

（3）操作回路——由电压互感器或独立的直流电源供电给开关电器的控制设备、开关电器或断路器的信号设备、事故信号或预报信号的信号灯、铃以及备用电源仍动合闸等的回路。

本章只着重介绍交流电流回路、交流电压回路与电能计量有关的部分。

二、二次回路的重要性

二次回路是发电厂、变电所及工业企业中电气设备的重要组成部分，它对电气设备的连续可靠运行具有重要的意义。二次设备及接线比较复杂，如果二次回路未能保证安装质量或不按规定进行检查与试验，当一次设备投入运行后，当测量仪表指示不准确时，若一次电力设备过负荷，可能导致设备过热而损坏；当一次电力设备有故障时，若二次回路有缺陷，可能引起继电保护装置拒动作或误动作而发生电力事故；在电能计量方面，如果二次回路有缺陷，则可能给电力部门或用电方造成经济损失。

为了保证二次回路安全可靠运行，应特别重视二次回路的安装工作。首先要保证安装质量，其次应及时进行定期检验，以保证二次回路经常在可靠与良好的状态下运行。

三、二次回路图的有关规定

对二次回路图中电气设备的图形、文字符号和回路标号的要求为：

（1）二次回路图中电气设备的图形符号。在二次接线图中，需要采用规定的图形来表示各种设备，详见国标 GB/ T 4728.1～4728.8 有关部分。

（2）二次回路图中电气设备的文字符号。在绘制二次接线图时，二次回路的设备不是以它的名称或型号来表示，而是以代表它的文字符号来表示，如电能计量用的 DS862—4 型三相有功电能表，在接线图中以文字符号 PJ 来表示。

（3）二次回路图中的回路标号。在绘制二次回路展开图时，在各个回路上进行标号的目的是为了确定回路的用途、性质、种类等，以便于维护、检查、调试和检修等工作。一般回路标号由二位或三位数字组成，当需要标明回路的相别或某些主要特征时，可在数字标号的前面或后面增注文字标号。

回路标号按"等电位"原则编号，即在回路中连接于一点上的所有导线须标以相同的回路标号。如遇有线圈、触点、电阻等元（部）件，其所间隔的线段，即视为不同的线段，须标以不同的回路标号。

数字标号应采用阿拉伯数字。文字标号采用我国汉语拼音字母，与数字标号并列的字母用大写印刷体；角注的字母用小写印刷体。

四、二次回路图纸的绘制

二次回路图按用途的不同可分为：原理接线图，展开接线图、盘面布置图、安装接线图、安装原理图。

1.原理接线图

原理接线图有单线图和多线图两种。原理接线图的主要用途是表明接线图中的电压互感器、电流互感器、仪表、继电器及其他电器之间的电气联系和它们的动作顺序及工作原理。图 10-1 所示为关口电能量计量系统原理结构图。

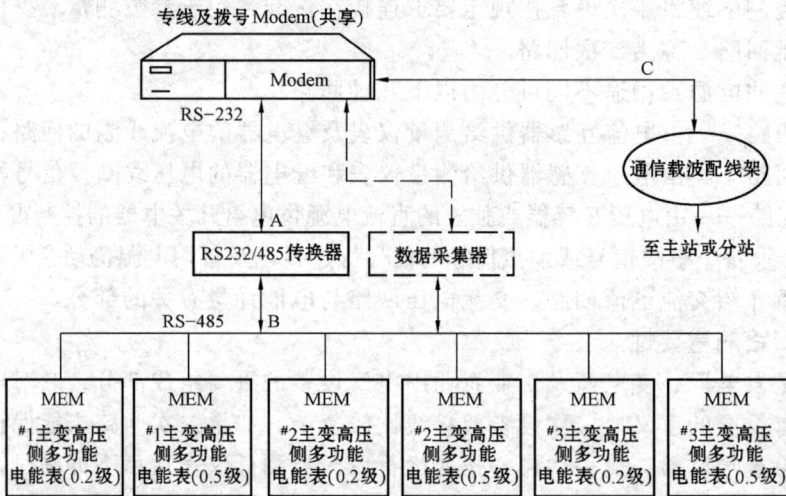

图 10-1 关口电能量计量系统原理结构图

原理接线图是原始的图纸，根据原理接线图才能绘制展开图或安装接线图。

原理接线图的主要特点是：不绘出测量表计及其他电器的内部接线，也不标注它们的端子号码及导线的标号。因此，不能只根据原理接线图来进行二次回路的安装与维护工作。

2.展开接线图

为了弥补原理接线图的不足，把原理接线图按回路电源不同划分单元，表述设备连接关系的二次回路图。它的特点是将不同的回路分开表示，同时将测量仪表的线圈及其他电气元件的线图或触点表示出来。在展开图的右侧还有文字说明栏，注明回路的用途。图 10-2 为展开接线图的实例。

二次设备并不是集中在一个位置，它们之间是用控制电缆或导线连接在一起的。如果只凭

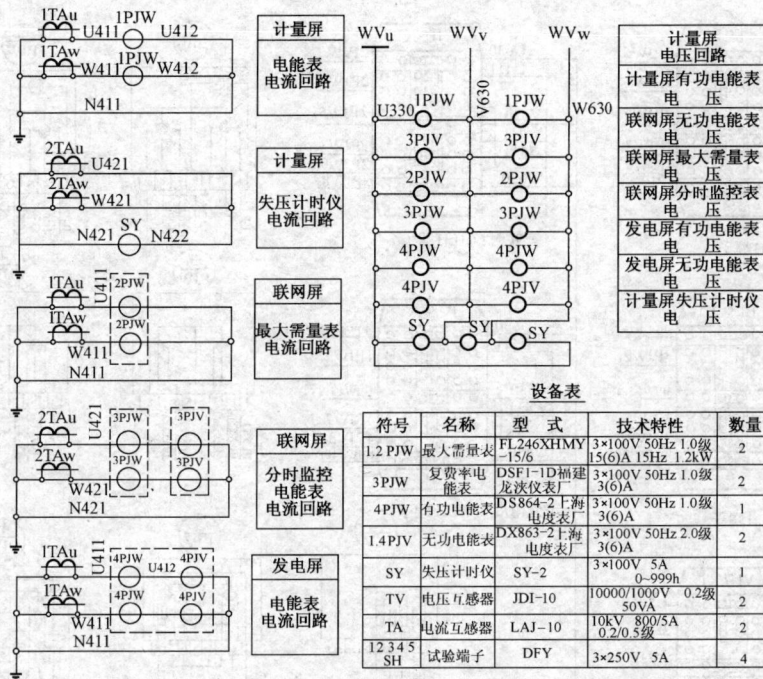

图 10-2 所示的展开接线图相关标注：

左侧电流回路部分：

1TAu U411 1PJW U412 — 计量屏电能表电流回路
1TAw W411 1PJW W412
N411

2TAu U421 — 计量屏失压计时仪电流回路
2TAw W421
N421 SY N422

1TAu U411 2PJW — 联网屏最大需量表电流回路
1TAw W411 2PJW
N411

2TAu U421 3PJW 3PJV — 联网屏分时监控电能表电流回路
2TAw W421 3PJW 3PJV
N421

1TAu U411 4PJW 4PJV U412 — 发电屏电能表电流回路
1TAw W411 4PJW 4PJV
N411

电压回路部分：

WVu WVv WVw
U330 1PJW V630 1PJW W630
3PJV 3PJV
2PJW 2PJW
3PJW 3PJW
4PJW 4PJW
4PJV 4PJV
SY SY SY

计量屏电压回路：
计量屏有功电能表电压
联网屏无功电能表电压
联网屏最大需量表电压
联网屏分时监控表电压
发电屏有功电能表电压
发电屏无功电能表电压
计量屏失压计时仪电压

设备表

符号	名称	型式	技术特性	数量
1.2 PJW	最大需量表	FL246XHMY-15/6	3×100V 50Hz 1.0级 15(6)A 15Hz 1.2kW	2
3PJW	复费率电能表	DSF1-1D福建龙汶仪表厂	3×100V 50Hz 1.0级 3(6)A	2
4PJW	有功电能表	DS864-2上海电度表厂	3×100V 50Hz 1.0级 3(6)A	1
1.4PJV	无功电能表	DX863-2上海电度表厂	3×100V 50Hz 2.0级 3(6)A	2
SY	失压计时仪	SY-2	3×100V 5A 0~999h	1
TV	电压互感器	JDI-10	10000/1000V 0.2级 50VA	2
TA	电流互感器	LAJ-10	10kV 800/5A 0.2/0.5级	2
1 2 3 4 5 SH	试验端子	DFY	3×250V 5A	4

图 10-2 展开接线图

原理接线图和展开接线图来进行安装接线工作，仍是比较困难的，所以还需要安装接线图。

安装接线图包括盘面布置图、二次安装接线图，还有用于简单二次回路的安装原理接线图。

3．盘面布置图

在盘面布置图上决定了各个仪表及其他设备或元器件的排列位置及相互间的距离尺寸。盘上仪表及其他元器件的布置排列，要遵守一定的顺序，应尽量避免盘内导线迂回曲折与纵横交错，以便于安装与检修维护。

4．安装接线图

根据原理接线图、展开接线图及盘面布置图，就可以绘出安装接线图。它的构成是根据盘板结构的特点，使图上仪表、设备的布置尽可能地接近于实际情况，一般有正面安装接线图和背面安装接线图两种。见图 10-4 所示。

5．安装原理接线图

对于单块的电能计量柜或简单的电能计量装置，可绘制安装原理接线图。它是将一次回路的电流互感器、电压互感器等设备与二次回路安装的表计的连接线绘制在一起，这样可以通过一张图纸同时表达与二次回路有关的一次设备及二次回路安装接线的情况，这种接线图给二次接线的检查和定期检验工作带来了方便，如图 10-5 所示。

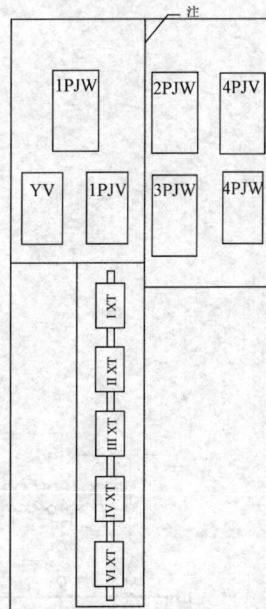

图 10-3 所示盘面布置图标注：

注
1PJW 2PJW 4PJV
YV 1PJV 3PJW 4PJW
IXT IIXT IIIXT IVXT VXT

图 10-3 盘面布置图
注：左、右电能表柜之间不设隔板。

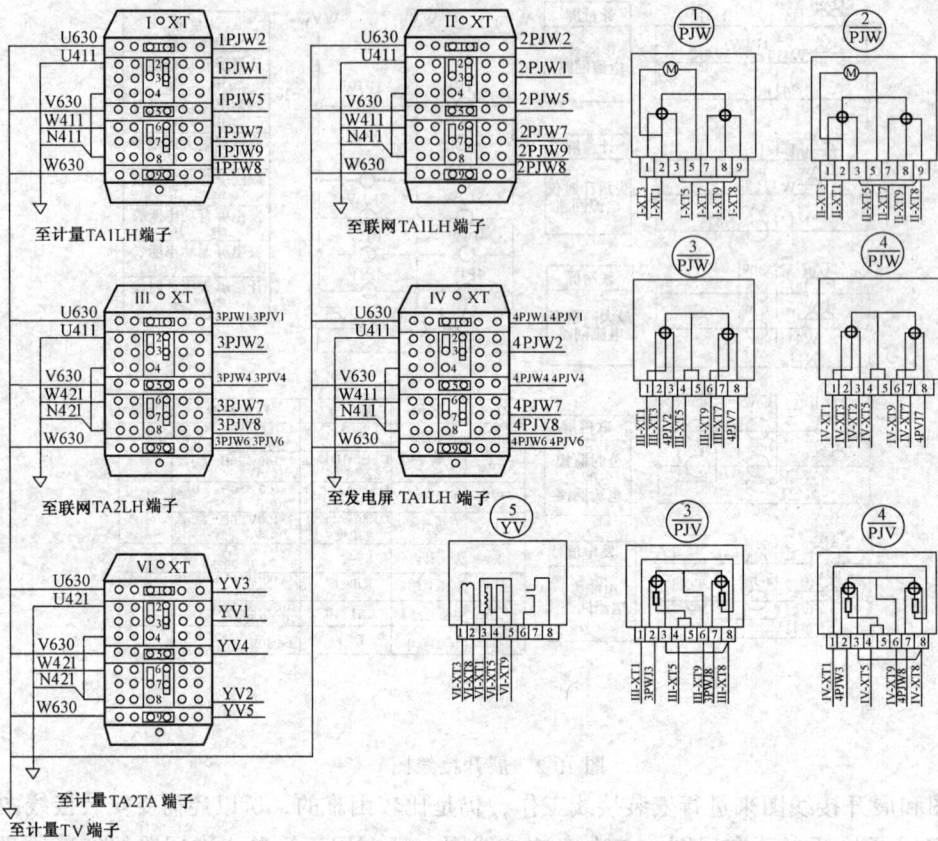

图 10-4 安装接线图

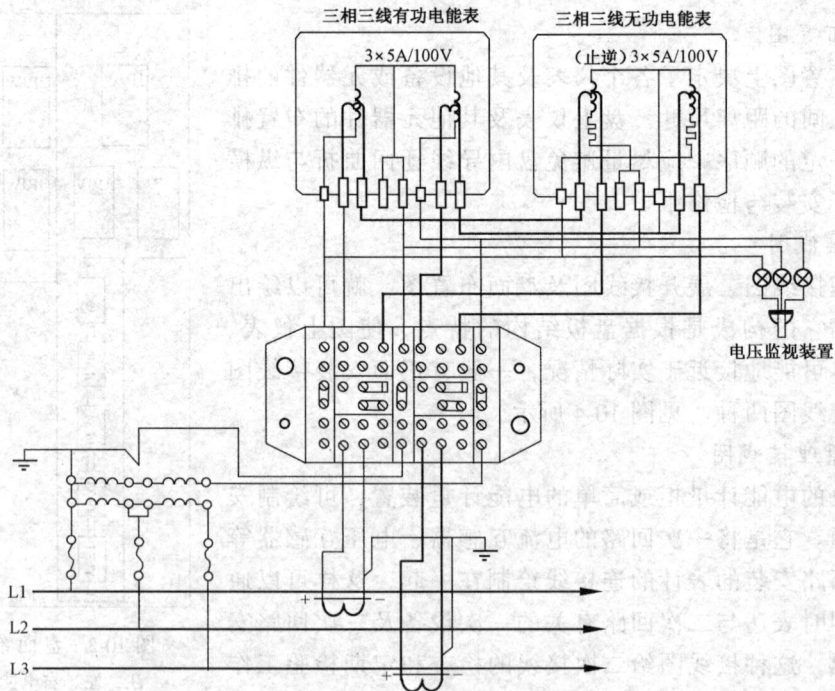

三相三线有功电能表
$3 \times 5A/100V$

三相三线无功电能表
（止逆）$3 \times 5A/100V$

电压监视装置

L1
L2
L3

图 10-5 安装原理接线图

第二节　电流互感器二次回路

电流互感器二次回路，是指交流测量仪表的电流线圈及其他电器的电流线圈，通过电缆或导线与电流互感器二次绕组相连接的电路图。在本节电流互感器二次回路内容中，主要阐述交流电能表的电流线圈与电流互感器二次绕组相连接的电路图。

一、电流互感器的端子排列与极性标志

凡是工作原理与电流（或者是电压）相位条件有关的仪表（如电能表、功率表等），采用经电流互感器接入的，安装、连接二次回路时，都必须注意电流互感器极性与接线是否正确。电流互感器产品出厂时均有明显标志，一般电流互感器的端子排列与极性标志如下。

（1）单电流比电流互感器，一次绕组出线端首端标为 P1（L1），末端为 P2（L2）；二次绕组出线端首端标为 S1（K1），末端为 S2（K2）。如图 10-6。P1（L1）与 S1（K1）同极性。

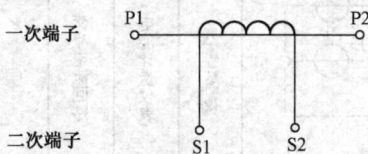

图 10-6　单电流比互感器端头标志

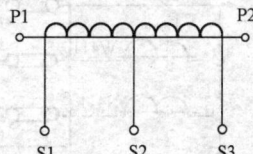

图 10-7　互感器二次绕组有中间抽头的端头标志

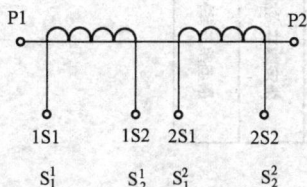

（2）二次绕组带有抽头的多量限电流互感器，二次绕组首端标为 S1（K1），且第一个抽头起依次标为 S2（K2）、S3（K3）……等，直至尾端，如图 10-7 所示。P1 与 S1 同极性。

（3）对于具有多个二次绕组且分别绕在各自的铁芯上的电流互感器，则在每个二次绕组的出线端标志"S"前面加注数字 1、2、……，如 1S（K）1、1S（K）2、2S（K）1、2S（K）2…等。也可将二次绕组序号标在"S"的右上角，而将首（1）尾（2）端标号标在 S 的右下角。如图 10-8 所示。P1 与 S1 同极性。前面（　）内的 L1、L2 及 K1、K2 分别为旧国标中

图 10-8　互感器有两个二次绕组且各有其铁心的端头标志（二次绕组有两种标志方法）

电流互感器一次绕组与二次绕组出线端极性标志。

二、电流互感器二次回路的数字标号

参见表 10-1。

表 10-1　　　　　　　　电流互感器二次回路数字标号举例

回　路　名　称	互感器的文字符号	回　路　标　号　组				
		A　相	B　相	C　相	中性线	零　序
保护装置及测量表计的电流回路	TA	U401 ~ U409	V401 ~ V409	W401 ~ W409	N401 ~ N409	L401 ~ L409
	1TA	U411 ~ U419	V411 ~ V419	W411 ~ W419	N411 ~ N419	L411 ~ L419
	2TA	U421 ~ U429	V421 ~ V429	W421 ~ W429	N421 ~ N429	L421 ~ L429
	……	……	……	……	……	……
	9TA	U491 ~ U499	V491 ~ V499	W491 ~ W499	N491 ~ N499	L491 ~ L499
	10TA	U501 ~ U509	V501 ~ V509	W501 ~ W509	N501 ~ N509	L501 ~ L509
	19TA	U591 ~ U599	V591 ~ V599	W591 ~ W599	N591 ~ N599	L591 ~ L599

表 10-1 所列的二次回路数字标号，回路号采用三位数字表示，在数字标号前面加上电流相别文字符号 U（A）、V（B）、W（C）、N（中性线）、L（零序）。每台电流互感器每相为一组，可编 9 个回路号。以 U（A）相为例，TA 为 U401～U409；1TA 为 U411～U419；2TA 为 U421～U429；10TA 为 U501～U509，直到 U591～U599。V（B）、W（C）相 N 及 L 等的编号同于 U（A）相。

U、V、W 分别为新国标中规定的交流电相序的第一相、第二相、第三相的相别符号，原使用的 A、B、C 分别用括号标在其后。

三、电流互感器二次回路图

电流互感器二次回路图，是指电流互感器二次绕组与电能表的电流线圈以及其他的电器主电流元件相连接的全部电路接线图。电流互感器二次回路图一般是按展开接线图的格式和规定绘制的。图 10-9 所示三相三线计量方式的两种电流回路的二次接线图。

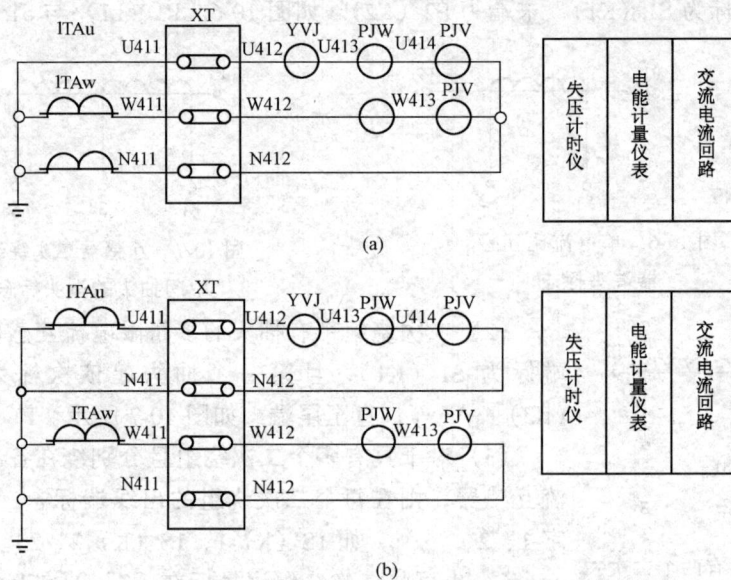

图 10-9　电流互感器二次回路图
（a）电流回路二相三线接线；（b）电流回路二相四线接线

第三节　电压互感器二次回路

电压互感器二次回路，是指交流测量仪表的电压线圈及其他电器的电压元件，通过导线或电缆与电压互感器二次绕组相连接的电路图。本节电压互感器二次回路内容中，主要阐述电压互感器二次绕组与电能表电压线圈相连接的电路，以及由剩余电压绕组供电的全部回路。

一、电压互感器出线端子的排列与极性标志

凡是工作原理与电压（或是电流）相位条件有关的仪表（如电能表、功率表等），经电压互感器接入的，二次回路安装接线时，都必须注意端子的极性及接线是否正确。我国的电压互感器均采用减极性标志，即互感器各绕组（各相及各电压等的绕组）的首端为同极性端。电压互感器的出线端标志在国标《电压互感器》（GB1207—1997）中规定如下。

（1）对于绝缘及有一个二次绕组的单相电压互感器，其一次线圈首端标为大写字母 U1（A），末端为大写字母 U2（B）；二次线圈首端标为小写字母 u1（a），末端为小写字母 u2（b），如图 10-10 所示。

（2）对于一次绕组中性点降低绝缘且有一个二次绕组的单相电压互感器，其一次绕组首端标为大写字母 U（A），末端为大写字母 N；二次绕组首端标为小写字母 u（a），末端为小写字母 n，见图 10-11。

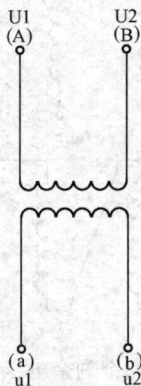

图 10-10　全绝缘及有一个二次绕组
的单相互感器

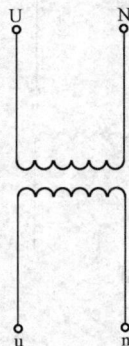

图 10-11　一次绕组中性点降低绝缘且有
一个二次绕组的单相互感器

（3）有一个二次绕组的三相电压互感器，一般一次绕组出线端以大写字母 U（A）、V（B）、W（C）、N 作为各相线端标志；二次绕组各相出线端以小写字母 u（a）、v（b）、w（c）、n 标明相对应的各极，如图 10-12 所示。

（4）对有一个剩余电压绕组的单相电压互感器，一次绕组首端标为大写字母 U（A），末端为大写字母 N；二次绕组首端标为小写字母 u（a），末端为小写字母 n；剩余电压绕组首端标为小写字母 du（da），末端为小写字母 dn，如图 10-13所示。

（5）对有一个剩余电压绕组的三相电压互感器，一次绕组出线端以大写字母 U（A）、V（B）、W（C）、N 作为各相出线端标志；二次绕组出线端以小写字母 u（a）、v（b）、w

图 10-12　有一个二次绕组的
三相电压互感器

（c）、n 标明相对应的各相出线端；剩余电压绕组首端标为小写字母 du（da），末端为小写字母 dn，如图 10-14 所示。

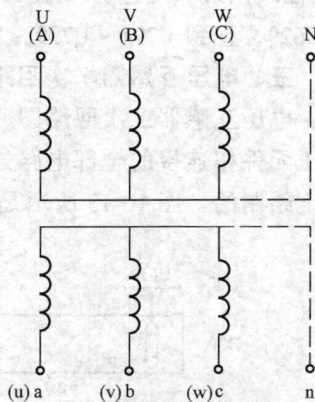

二、电压互感器二次回路的数字标号参见表 10-2。

表 10-2　　　　　　　　　　电压互感器二次回路数字标号举例

回 路 名 称	互感器的文字符号	回 路 标 号 组				
		A 相	B 相	C 相	中性线	零序
保护装置及测量表计的电压回路	TV	A601 ~ A609	B601 ~ B609	C601 ~ C609	N601 ~ N609	L601 ~ L609
	1TV	A611 ~ A619	B611 ~ B619	C611 ~ C619	N611 ~ N619	L611 ~ L619
	2TV	A621 ~ A629	B621 ~ B629	C621 ~ C629	N621 ~ N629	L621 ~ L629

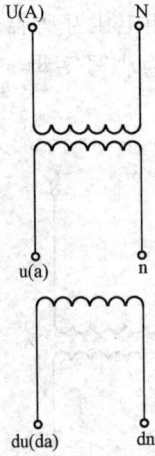

图 10-13　有一个剩余电压绕组的
单相电压互感器

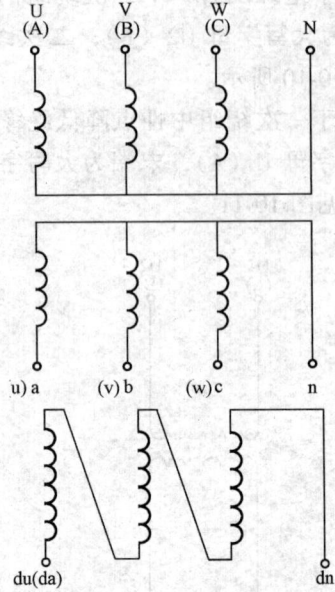

图 10-14　有一个剩余电压绕组的
三相电压互感器

表 10-2 所列的二次回路数字标号，回路号采用三位数字表示，在数字标号前面加上电压相别文字符号每台电压互感器每相为一组，可编 9 个回路号。U（A）、V（B）、W（C）、N（中性线）、L（零序）。现以 A 相为例，TV 为 U601～U609；1TV 为 U611～U619；2TV 为 U621～U629，直到 U791～U799。V（B）、W（C）相及 N、L 等的编号同 U（A）相。

三、电压互感器二次回路图

电压互感器二次回路图，是指电压互感器二次绕组与电能表的电压线圈以及其他电器之电压元件相连接的全部电路连接图。电压互感器二次回路图一般也是按展开接线图的格式及规定绘制的。图 10-15 所示是三相三线计量方式的交流电压回路二次接线图。

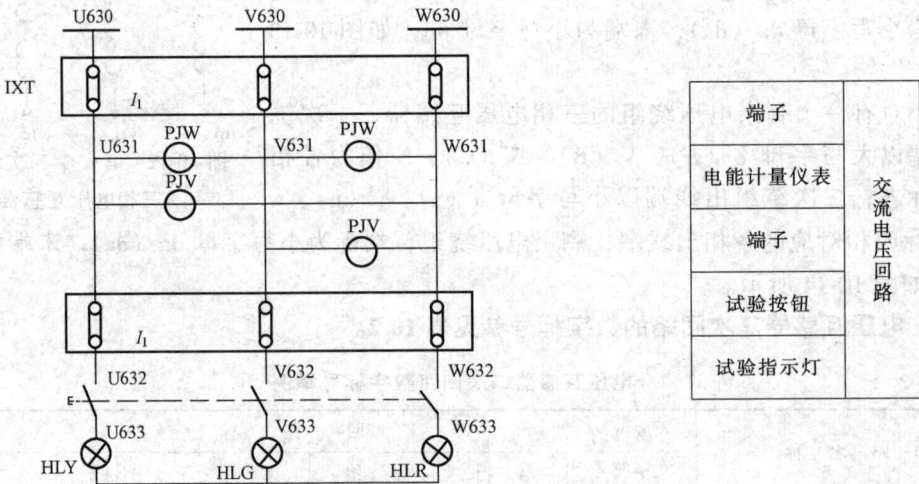

图 10-15　电压互感器二次回路图

1. 什么叫二次回路?
2. 二次回路按照电源和用途可分为哪几类?
3. 什么是电压互感器二次回路?
4. 什么是电流互感器二次回路?
5. 二次回路图按用途可分为哪几种?
6. 二次回路标号应按什么原则进行编号?

参 考 答 案

(略)

第十一章

电能计量装置

第一节　电能计量装置分类及技术要求

用于计量电量的装置叫电能计量装置。电能计量装置包括电能表、计量用电压互感器、计量用电流互感器及其二次回路。按照 DL/T448—2000《电能计量装置技术管理规程》的规定，电能计量装置按其所计电量的多少和计量对象的重要程度分为五类，分类规定如下。

Ⅰ类电能计量装置包括：①用于计量平均月用电量为 500 万 kWh 及以上的计费用户的计量装置；②用于计量变压器容量为 10000kVA 及以上的计费用户的计量装置；③用于计量 200MW 及以上发电机发电量的计量装置；④用于计量发电企业上网电量的计量装置；⑤用于计量电网经营企业之间的电量交换点的计量装置；⑥用于计量省级电网经营企业与其供电企业供电量的计量装置。

Ⅱ类电能计量装置包括：①用于计量平均月用电量为 100 万 kWh 及以上、500 万 kWh 以下的计费用户的计量装置；②用于计量变压器容量为 2000kVA 及以上、10000kVA 以下的计费用户的计量装置；③用于计量 100MW 及以上、200MW 以下发电机发电量的计量装置；④用于计量供电企业之间的交换电量的计量装置。

Ⅲ类电能计量装置包括：①用于计量平均月用电量为 10 万 kWh 及以上、100kWh 以下的计费用户的计量装置；②用于计量变压器容量为 315kVA 及以上、2000kVA 以下的计费用户的计量装置；③用于计量 100MW 以下发电机发电量的计量装置；④用于计量发电企业厂（站）用电量的计量装置；⑤考核有功电量平衡的 110kV 及以上的送电线路的电能计量装置。

Ⅳ类电能计量装置包括：①负荷容量小于 315kVA 的三相计费用户；②发供电企业内部经济技术指标分析及考核用计量装置。

Ⅴ类电能计量装置包括：单相供电的电力用户计费用电能计量装置。

从以上可以看出，计量装置的分类主要是按照计量电量多少和结算性质来划分的，不同类别表明计量装置的重要性也不同。

各类电能计量装置应配置的电能表、互感器的准确度等级不应低于表 11-1 的规定值。

表 11-1　　　　　　电能计量装置中电能表、互感器的准确度最低值

电能计量装置类别	准 确 度 等 级			
	有 功 表	无 功 表	电压互感器	电流互感器
Ⅰ	0.2S 或 0.5S	2.0	0.2	0.2S 或 0.2
Ⅱ	0.5S 或 0.5	2.0	0.2	0.2S 或 0.2
Ⅲ	1.0	2.0	0.5	0.5S
Ⅳ	2.0	3.0	0.5	0.5S
Ⅴ	2.0	—	—	0.5S

在表 11-1 规定中，Ⅰ、Ⅱ类有功表分别推荐采用 0.2S 和 0.5S 电能表，考虑到实际情况，也可分别采用 0.5S 和 0.5 级电能表。S 级电能表与普通电能表的主要区别在于小电流时的特性不同，普通电能表对 5%I_b 以下没有误差要求，而 S 级电能表在 1%I_b 误差即满足要求，提高了电能表轻负载的计量特性。

在表 11-1 规定中，0.2S 级电流互感器仅在负荷比较稳定的发电机出口电能计量装置中配用，其他均采用 S 级电流互感器。S 级电流互感器与普通电流互感器相比，最大的区别在于 S 级电流互感器在低负载时的误差特性比普通电流互感器好，两者差值的对照见表 11-2。

表 11-2   S 级电流互感器与普通电流互感器允许误差对照表

准确等级	比 差 （%）					角 差 （'）				
	1	5	20	100	120	1	5	20	100	120
0.2		0.75	0.35	0.2	0.2		30	15	10	10
0.2S	0.75	0.35	0.2	0.2	0.2	30	15	10	10	10
0.5		1.5	0.75	0.5	0.5		90	45	30	30
0.5S	1.5	0.75	0.5	0.5	0.5	90	45	30	30	30

S 级计量器具的出现，有力地改善了负载变化及季节性负载、冲击性负载、轻负载的计量特性，尤其在目前企业经营状况波动大的情况下，对确保供用电双方的利益起到了良好作用。

在电能计量装置配置中，计量单机容量在 100MW 及以上发电机组上网贸易结算电量的电能计量装置和电网经营企业之间购销电量的电能计量装置，在条件许可下应配置准确度等级相同的主副两套有功电能表。同时为提高低负载计量准确性，应选用允许过载 4 倍及以上的电能表。

电流互感器额定一次电流的确定，应保证其在正常运行中的实际负荷电流达到额定值的 60%左右，至少不应小于 30%，互感器实际二次负载应在 25%～100%额定二次负载范围内。电流互感器额定二次负载的功率因数为 0.8～1.0，电压互感器额定二次功率因数应与实际二次负载的功率因数接近。

Ⅰ、Ⅱ类用于贸易结算的电能计量装置中，电压互感器二次回路电压降应不大于其额定二次电压的 0.2%。其他电能计量装置中，电压互感器二次回路电压降应不大于其额定二次电压的 0.5%。

第二节　互感器合成误差和压降误差

电能计量装置同其他计量器具一样，不可能完全无误地将电能值记录下来，总会存在一定的偏差，这种偏差叫电能计量装置的综合误差或叫整体误差。电能计量装置的综合误差包括电能表的误差，互感器合成误差，二次回路压降引起的误差，即

$$e = e_b + e_h + e_d$$

式中　e_b——电能表误差；

　　　e_h——互感器合成误差；

　　　e_d——电压二次回路压降引起的误差。

当电能计量装置不包含互感器和电压二次回路时，e_h、e_d 为 0。

由于 e_B、e_h、e_d 随着 U、I、$\cos\varphi$ 的变化而变化，因此 e 不是一个确定的值，它也是随着 U、I、$\cos\varphi$ 的变化而变化的。

电能表的误差值可通过检定得到，下面主要介绍二次回路压降误差和互感器合成误差的计算方法。

一、互感器合成误差

当使用互感器时，互感器会存在一定误差，使得互感器二次侧的实际值乘以铭牌变比不等于一次侧的真实值。互感器合成误差 e_h 的大小反映了这种偏差的大小

$$e_h = \frac{P_2 K_I K_U - P_1}{P_1} \times 100\%$$

式中　　P_1——一次侧功率真实值；

　　　　P_2——二次侧功率测量值；

　　　　k_I——电流互感器额定变比；

　　　　k_U——电压互感器额定变比。

以下介绍各种情况下互感器合成误差的计算方法。

为方便介绍，先将各公式中符号含义说明如下：

f_U——电压互感器比差；

f_I——电流互感器比差；

δ_U——电压互感器角差；

δ_U——电流互感器角差；

k_I——电流互感器额定变比；

k_U——电压互感器额定变比；

I_1——电流互感器一次电流；

I_2——电流互感器二次电流；

U_1——电压互感器一次电压；

U_2——电压互感器二次电压。

1. 仅接有电流互感器的单相电路

图 11-1 画出了仅接有电流互感器的单相电路接线图和相量图。

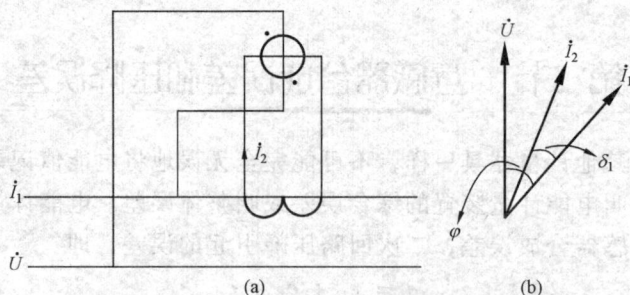

图 11-1　仅接有电流互感器的单相电路接线图和相量图

(a) 接线图；(b) 相量图

相量图 (b) 中 φ 为功率因数角，δ_1 是电流互感器的角差。

一次侧的功率为

$$P_1 = UI_1\cos\varphi \qquad (11\text{-}1)$$

二次侧功率为

$$P_2 = UI_2\cos\varphi(\varphi - \delta_I) \qquad (11\text{-}2)$$

则

$$e_h = \frac{k_I P_2 - P_1}{I_1} \times 100\% \qquad (11\text{-}3)$$

根据电流互感器比差定义，$f_I = \dfrac{K_I I_2 - I_1}{I_1} \times 100\%$，则

$$I_2 = \frac{I_1}{K_I}\left(1 + \frac{f_1}{100}\right) \qquad (11\text{-}4)$$

将式（11-1）、（11-2）、（11-4）代入式（11-31）得

$$
\begin{aligned}
e_h &= \frac{K_I P_2 - P_1}{P_1} \times 100\% \\
&= \frac{UI_1\left(1 + \dfrac{f_1}{100}\right)\cos(\varphi - \delta_I) - UI_1\cos\varphi}{UI_1\cos\varphi} \times 100\% \\
&= \left[\frac{\left(1 + \dfrac{f_1}{100}\right)\cos(\varphi - \delta_I)}{\cos\varphi} - 1\right] \times 100\% \qquad (11\text{-}5)
\end{aligned}
$$

一般来讲 δ_I 很小，$\cos\delta_I \approx 1$，$\sin\delta_I \approx \delta_I$，故有

$$\cos(\varphi - \delta_I) = \cos\varphi\cos\delta_I + \sin\varphi\sin\delta_I = \cos\varphi + \delta_I\sin\varphi$$

将其代入式（11-5）式得

$$e_h = \left[\frac{\cos\varphi + \delta_I\sin\varphi + \dfrac{f_I}{100}\cos\varphi + \dfrac{f_I\delta_I}{100}\sin\varphi}{\cos\varphi} - 1\right] \times 100\%$$

f_I、δ_I 均很小，乘积近似为零。则

$$e_h = \left(\delta_I\,\text{tg}\varphi + \frac{f_I}{100}\right) \times 100\% \qquad (11\text{-}6)$$

δ_I 单位是弧度，考虑到实际测试时 δ_I 是用分表示的，分和弧度的关系是 1 分 $= \dfrac{2\pi}{360 \times 60}$ 弧度 ≈ 0.000291 弧度

故式（11-6）可简化为

$$e_h = f_I + 0.0291\delta_I\,\text{tg}\varphi \quad (\%) \qquad (11\text{-}7)$$

式（11-7）是感性负载时互感器合成误差的计算式。若是容性负载，φ 为负值，以 "$-\varphi$" 代入式（11-7）式中的 φ，可得容性负载时的合成误差计算式

$$e_h = f_I - 0.0291\delta_I\,\text{tg}\varphi \quad (\%) \qquad (11\text{-}8)$$

从式（11-7）和式（11-8）不难看出，互感器合成误差大小不仅与互感器比差、角差有关，还和负载功率因数有关。当 $\cos\varphi = 1.0$ 时，$e_h = f_I$，角差不起作用，这时 $E_h = f_I$。

2. 接有电流电压互感器的单相电路

其相量图如图 11-2 所示。

互感器一次侧功率

$$P_1 = U_1 I_1\cos\varphi$$

互感器二次侧功率

$$P_2 = U_2 I_2 \cos(\varphi - \delta_\mathrm{I} + \delta_\mathrm{u})$$

互感器合成误差为

$$e_\mathrm{h} = \frac{K_\mathrm{u} K_\mathrm{I} P_2 - P_1}{P_1} \times 100\%$$

$$= \frac{K_\mathrm{u} K_\mathrm{I} U_2 I_2 \cos(\varphi - \delta_\mathrm{I} + \delta_\mathrm{u}) - U_1 I_1 \cos\varphi}{U_1 I_1 \cos\varphi} \times 100\% \quad (11\text{-}9)$$

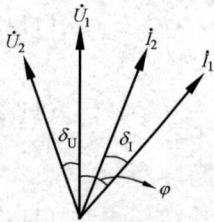

图 11-2　单相电路接
有电流、电压互感器
时的相量图

根据电压互感器比差定义，$f_\mathrm{u} = \dfrac{K_\mathrm{u} U_2 - U_1}{U_1} \times 100\%$，则

$$U_2 = \frac{U_1}{K_\mathrm{u}}\left(1 + \frac{f_\mathrm{u}}{100}\right) \quad (11\text{-}10)$$

将式（11-4）、（11-10）代入式（11-9）整理后可得

$$e_\mathrm{h} = \left[\frac{\left(1 + \dfrac{f_\mathrm{u}}{100}\right)\left(1 + \dfrac{f_\mathrm{I}}{100}\right)\cos(\varphi - \delta_\mathrm{I} + \delta_\mathrm{u})}{\cos\varphi} - 1\right] \times 100\%$$

同样，δ 以分为单位，且忽略式中的微小量以作近似运算，可得

$$e_\mathrm{h} \approx f_\mathrm{I} + f_\mathrm{u} + 0.0291(\delta_\mathrm{I} - \delta_\mathrm{u})\mathrm{tg}\varphi \quad (\%) \quad (11\text{-}11)$$

以上是计算感性负载时互感器的合成误差计算式。若是容性负载，以 $-\varphi$ 代入式（11-11）中，可得容性负载时的合成误差计算式。当 $\cos\varphi = 1.0$ 时，$e_h = f_\mathrm{I} + f_\mathrm{u}$。

在上面所有公式中，φ、δ_I、δ_u、f_I、f_u 均可正可负，当为负时，以负值代入即可。

3. 带电压、电流互感器的三相四线电路

三相四线电路带电压、电流互感器时，相当于三个单相电路带电压、电流互感器。每相电路可按式（11-11）求得合成误差，总的误差为各相误差的代数和除以 3。

根据式（11-11），U、V、W 三个相电路的合成误差及总误差为

$$e_\mathrm{U} = f_\mathrm{IU} + f_\mathrm{UU} + 0.0291(\delta_\mathrm{IU} - \delta_\mathrm{UU})\mathrm{tg}\varphi$$

$$e_\mathrm{V} = f_\mathrm{IV} + f_\mathrm{UV} + 0.0291(\delta_\mathrm{IV} - \delta_\mathrm{UV})\mathrm{tg}\varphi$$

$$e_\mathrm{W} = f_\mathrm{IW} + f_\mathrm{UW} + 0.0291(\delta_\mathrm{IW} - \delta_\mathrm{UW})\mathrm{tg}\varphi$$

$$e_\mathrm{h} = (e_\mathrm{U} + e_\mathrm{V} + e_\mathrm{W})/3$$

$$= \frac{1}{3}(f_\mathrm{IU} + f_\mathrm{IV} + f_\mathrm{IW} + f_\mathrm{UU} + f_\mathrm{UV} + f_\mathrm{UW}) + 0.0097$$

$$\times (\delta_\mathrm{U} + \delta_\mathrm{V} + \delta_\mathrm{W})\mathrm{tg}\varphi \quad (\%) \quad (11\text{-}12)$$

式中，$\delta_\mathrm{U} = \delta_\mathrm{IU} - \delta_\mathrm{UU}$，$\delta_\mathrm{V} = \delta_\mathrm{IV} - \delta_\mathrm{UV}$，$\delta_\mathrm{W} = \delta_\mathrm{IW} - \delta_\mathrm{UW}$。其中 f_IU、f_IV、f_IW 分别为 U、V、W 相电流互感器比差；f_UU、f_UV、f_UW 分别为 U、V、W 相电压互感器比差。

在式（11-12）中，当 $\cos\varphi = 1.0$ 时，e_h 与角差无关，则 $e_\mathrm{h} = \dfrac{1}{3}(f_\mathrm{IU} + f_\mathrm{IV} + f_\mathrm{IW} + f_\mathrm{UU} + f_\mathrm{UV} + f_\mathrm{UW})$。

若三相四线电路只带电流互感器时，则式（11-12）变为 $e_\mathrm{h} = \dfrac{1}{3}(f_\mathrm{IU} + f_\mathrm{IV} + f_\mathrm{IW}) + 0.0097(\delta_\mathrm{IU} + \delta_\mathrm{IV} + \delta_\mathrm{IW})\mathrm{tg}\varphi$。

4. 带电流、电压互感器的三相三线电路

（1）V 形接线互感器合成误差的计算。通常一次三相电压是基本对称的。现讨论一次三

相电压对称系统中 V 形接线互感器的合成误差。

图 11-3 画出了三相一次侧电压对称时 V 形接线的电流、电压互感器的电流、电压相量图。

相量图中，$\dot{U}_U$、$\dot{U}_V$、$\dot{U}_W$、$\dot{U}_{UV}$、$\dot{U}_{WV}$ 为一次侧电压；$\dot{I}_U$、$\dot{I}_W$ 为电流互感器一次侧电流；$\dot{U}_{wv}$、$\dot{U}_{uv}$ 为电压互感器二次侧电压；$\dot{I}_u$、$\dot{I}_w$ 为电流互感器二次侧电流；φ_U、φ_W 为一次侧 U、W 相力率角；δ_{U1} 为 UV 相电压互感器角差；δ_{U2} 为 WV 相电压互感器角差；δ_{I1} 为 U 相电流互感器角差；δ_{I2} 为 W 相电流互感器角差。

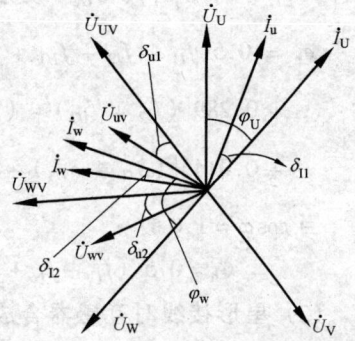

图 11-3　一次三相电压对称时
V 形接线互感器的相量图

互感器一次侧功率为

$$P_1 = U_{UV}I_U\cos(30° + \varphi) + U_{WV}I_W\cos(30° - \varphi) = \sqrt{3}\,U_1I_1\cos\varphi$$

互感器二次侧功率为

$$P_2 = U_{uv}I_u\cos(30° + \varphi - \delta_{I1} + \delta_{U1}) + U_{wv}I_w\cos(30° - \varphi + \delta_{I2} - \delta_{U2})$$
$$= U_2I_2\cos(30° + \varphi - \delta_{I1} + \delta_{U1}) + U_2I_2\cos(30° - \varphi + \delta_{I2} - \delta_{U2})$$

将二次侧功率换算到一次侧

$$P'_2 = K_{U1}K_{I1}U_2I_2\cos\varphi(30° + \varphi - \delta_{I1} + \delta_{U1}) + K_{U2}K_{I2}U_2I_2\cos\varphi(30° + \varphi + \delta_{I2} - \delta_{U2})$$

式中 K_{U1}、K_{U2}、K_{I1}、K_{I2} 分别为第一、二元件所用互感器的额定电压比、电流比。

将式（11-4）、（11-10）上式代入可得：

$$P'_2 = U_1I_1\left(1 + \frac{f_{I1}}{100}\right)\left(1 + \frac{f_{I1}}{100}\right)\cos(30° + \varphi - \delta_{I1} + \delta_{U1})$$
$$+ U_1I_1\left(1 + \frac{f_{U2}}{100}\right)\left(1 + \frac{f_{I2}}{100}\right)\cos(30° - \varphi + \delta_{I2} - \delta_{U2})$$

故合成误差为：

$$e_h = \frac{P'_2 - P_1}{P_1} \times 100\%$$

$$= \left[\frac{U_1I_1\left(1 + \frac{f_{U1}}{100}\right)\left(1 + \frac{f_{I1}}{100}\right)\cos(30° + \varphi - \delta_{I1} + \delta_{U1})}{\sqrt{3}\,U_1I_1\cos\varphi}\right.$$
$$+ \left.\frac{U_1I_1\left(1 + \frac{f_{U2}}{100}\right)\left(1 + \frac{f_{I2}}{100}\right)\cos\varphi(30° - \varphi + \delta_{I2} - \delta_{U2})}{\sqrt{3}\,U_1I_1\cos\varphi} - 1\right] \times 100\%$$

$$= \left[\frac{\left(1 + \frac{f_{U1}}{100}\right)\left(1 + \frac{f_{I1}}{100}\right)\cos(30° + \varphi - \delta_{I1} + \delta_{U1})}{\sqrt{3}\cos\varphi}\right.$$
$$+ \left.\frac{\left(1 + \frac{f_{U2}}{100}\right)\left(1 + \frac{f_{I2}}{100}\right)\cos(30° - \varphi + \delta_{I1} - \delta_{U1})}{\sqrt{3}\cos\varphi} - 1\right] \times 100\%$$

同样，δ_{I1}、δ_{I2}、δ_{U1}、δ_{U2}以分表示，同时约去微小量以作近似运算，可得

$$e_h = 0.5(f_{I1} + f_{I2} + f_{U1} + f_{U2}) + 0.0084[(\delta_{I1} - \delta_{U1}) - (\delta_{I2} - \delta_{U2})]$$

$$+ 0.289[(f_{I2} + f_{U2}) - (f_{I1} + f_{U1})]\text{tg}\varphi$$

$$+ 0.0145[(\delta_{I1} - \delta_{U1}) + (\delta_{I2} - \delta_{U2})]\text{tg}\varphi \quad (\%) \tag{11-13}$$

当 $\cos\varphi = 1.0$ 时

$$e_h = 0.5(f_{I1} + f_{I2} + f_{U1} + f_{U2}) + 0.0084[(\delta_{I1} - \delta_{U1}) - (\delta_{I2} - \delta_{U2})]$$

（2）星形接线时互感器合成误差的计算。如电压互感器是星形接线，测得的是每相比差和角差，则可根据如下计算式换算成线电压的比差和角差

$$f_{U1} = \frac{1}{2}(f_{UU} + f_{UV}) + 0.0084(\delta_{UU} - \delta_{UV}) \quad (\%)$$

$$\delta_{U1} = \frac{1}{2}(\delta_{UU} + \delta_{UV}) + 9.924(f_{UU} - f_{UV}) \quad (\text{分})$$

$$f_{U2} = \frac{1}{2}(f_{UW} + f_{UV}) + 0.0084(\delta_{UW} - \delta_{UV}) \quad (\%)$$

$$\delta_{U2} = \frac{1}{2}(\delta_{UW} + \delta_{UV}) + 9.924(f_{UW} - f_{UV}) \quad (\text{分})$$

式中　f_{UU}、f_{UV}、f_{UW}——U、V、W 各相电压互感器的比差；

　　　δ_{UU}、δ_{UV}、δ_{UW}——U、V、W 各相电流互感器的角差；

　f_{U1}、f_{U2} 及 δ_{U1}、δ_{U2}——分别是 UV 相和 WV 相电压互感器的比差和角差。

将以上折算公式代入式（11-13）便可计算合成误差。

【例 11-1】　一只单相电能表，经过一只电流互感器接入回路，该互感器在 I_b 时的误差为 $f = -0.1\%$，$\delta = -20'$。求功率因数为 1 时的互感器合成误差。

解：$e_h = f + 0.0291\delta\text{tg}\varphi = f = -0.1\%$

【例 11-2】　一只单相电能表通过互感器接于单相电路，互感器的误差试验结果如表 11-3，求以下情况的合成误差①$I = I_b\cos\varphi = 1$；②$I = I_b\cos\varphi = 0.5$（L）；③$I = I_b$，$\cos\varphi = 0.8$（C）。

表 11-3　　　　　　　　　　　　　　　　　　实　验　结　果

	试验项目	误　差		试验项目	误　差
电压互感器		$f_u = -0.2\%$，$\delta_u = 20'$	电流互感器	$I = I_b$	$f_I = +0.2\%$，$\delta_I = 30'$

解：①$\cos\varphi = 1$ 时，$\text{tg}\varphi = 0$，则

$$e_h = f_I + f_u = -0.2 + 0.2 = 0$$

②$\cos\varphi = 0.5$（L）时，$\varphi = 60°$，$\text{tg}\varphi = \sqrt{3}$，则

$$e_h = f_I + f_U + 0.0291(\delta_I - \delta_U)\text{tg}\varphi = -0.2 + 0.2 + 0.0291 \times (30 - 20) \times \sqrt{3}$$

$$\approx 0.5\%$$

③$\cos\varphi = 0.8$（C）时，$\text{tg}\varphi = -0.75$，则

$$e_h = -0.2 + 0.2 + 0.0291 \times (30 - 20) \times (-0.75) \approx 0.1875$$

【例 11-3】 三相四线电路中，各互感器误差试验数据如表 12-4。求①$\cos\varphi = 0.5$，I_b；②$\cos\varphi = 1.0$，I_b 时的互感器合成误差。

表 11-4 **互感器误差试验数据**

	试验项目	误 差			试验项目		误 差	
电压互感器	U	$f_{UU} = -0.2\%$	$\delta_{UU} = 10'$	电流互感器	I_b 时	U	$f_{IU} = -0.2\%$	$\delta_{IU} = 12'$
	V	$f_{UV} = -0.1\%$	$\delta_{UV} = 7'$			V	$f_{IV} = -0.3\%$	$\delta_{IV} = 5'$
	W	$f_{UW} = -0.3\%$	$\delta_{UW} = 8'$			W	$f_{IW} = -0.1\%$	$\delta_{IW} = 18'$

解： ① $\delta_U = 12 - 10 = 2$；$\delta_V = 5 - 7 = -2$；$\delta_W = 18 - 8 = 10$，$\cos\varphi = 0.5$，$\mathrm{tg}\varphi = \sqrt{3}$。代入式 (11-12) 可得

$$e_h = \frac{1}{3}(-0.2 - 0.3 - 0.1 - 0.2 - 0.1 - 0.3) + 0.0097 \times (2 - 2 + 10) \times \sqrt{3}$$

$$\approx -0.4 + 0.17 = -0.23 \ (\%)$$

② $\cos\varphi = 1.0$ 时，$\mathrm{tg}\varphi = 0$。则

$$e_h = \frac{1}{3}(-0.2 - 0.3 - 0.1 - 0.2 - 0.1 - 0.3) = -0.4$$

【例 11-4】 三相三线电路，电压互感器 V 型接线，各互感器试验数据如表 11-5 所示。

求：$0.5 I_b$，$\cos\varphi = 1.0$ 时的互感器合成误差。

表 11-5 **互 感 器 试 验 数 据**

	试验项目	误 差			试验项目		误 差	
电压互感器	UV	$f_{UUV} = -0.3\%$	$\delta_{UUV} = 18'$	电流互感器	$0.5 I_b$ 时	U	$f_{IU} = +0.2\%$	$\delta_{IU} = 12'$
	WV	$f_{UWV} = -0.2\%$	$\delta_{UWV} = 14'$			W	$f_{IW} = -0.1\%$	$\delta_{IW} = 8'$

解： $\cos\varphi = 1.0$ 时，$\mathrm{tg}\varphi = 0$，则

$$e_h = 0.5 \times (-0.3 - 0.2 + 0.2 - 0.1) + 0.0084 \times [(12 - 18) - (8 - 14)]$$

$$= 0.5 \times (-0.4) + 0 = -0.2 \quad (\%)$$

二、电压互感器二次回路压降误差

电能表电压线圈上的电压取自电压互感器，由于回路中熔断器、开关、电缆、接触电阻等的电压降，使电能表端电压和电压互感器出口电压在数值和相位上不一致，造成电压互感二次回路压降误差。

先研究三相三线电路压降引起的电能计量误差。

图 11-4 示出了三相三线电能计量回路的等值电路图。

图 11-4 中 R_L 为回路中的等值电阻，Y_{uv}、Y_{wv} 为三相电能表的二个电压线圈的导纳。TV 出口电压为 U_{uv}、U_{wv}，电能表端电压为 $U_{u'v'}$，$U_{w'u'}$。

回路压降为

$$\Delta \dot{U}_{uv} = \dot{U}_{ab} - \dot{U}_{u'v'} = I_u R_L (\dot{I}_u + \dot{I}_w) R_L$$

$$= 2\dot{I}_u R_L + \dot{I}_w R_L$$

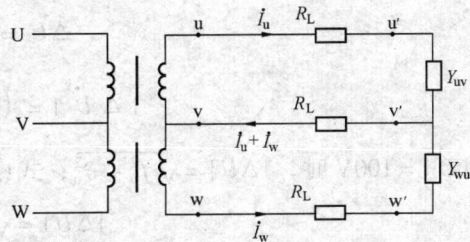

图 11-4 三相三线电能计量回路等值电路

$$\Delta \dot{U}_{wu} = \dot{U}_{wv} - \dot{U}_{w'v'} = \dot{I}_w R_L + (\dot{I}_u + \dot{I}_w) R_L = 2\dot{I}_w R_L + \dot{I}_u R_L$$

电压互感器出口端计量功率

$$P = U_{uv}I_u\cos\varphi \ (30° + \varphi) \ + U_{wv}I_w\cos\varphi \ (30° - \varphi) \ = \sqrt{3}\,UI\cos\varphi$$

电能表端计量的功率

$$P' = U_{u'v'}I_u\cos \ (30° + \varphi + \delta_{uv}) \ + U_{w'v'}I_w\cos\varphi \ (30° - \varphi - \delta_{wv})$$

根据比差定义：$f_{uv} = \dfrac{U_{u'v'} - U_{uv}}{U_{uv}}$; $f_{wv} = \dfrac{U_{w'v'} - U_{wv}}{U_{wv}}$,

则
$$U_{u'v'} = \ (1 + f_{uv}) \ U_{uv}$$
$$U_{w'v'} = \ (1 + f_{wv}) \ U_{wv}$$

将 $U_{u'v'}$、$U_{w'v'}$ 代入 P' 计算式，得

$$P' = \ (1 + f_{uv}) \ U_{uv}I_v\cos \ (30° + \varphi + \delta_{uv}) \ + \ (1 + f_{wv}) \ U_{wv}I_w\cos \times \ (30° - \varphi - \delta_{wv})$$
$$= \ (1 + f_{uv}) \ UI\cos \ (30° + \varphi + \delta_{uv}) \ + \ (1 + f_{wv})$$
$$\times \ UI\cos \ (30° - \varphi - \delta_{wv})$$

回路等值电阻压降引起的电能计量误差为

$$e_d = \frac{P' - P}{P} \times 100\%$$

$$= \frac{(1 + f_{uv})UI\cos\varphi(30° + \varphi + \delta_{uv}) + (1 + f_{wv})UI\cos\varphi(30° - \varphi - \delta_{wv})}{\sqrt{3}\,UI\cos\varphi} \times 100\%$$

$\delta_{uv}\delta_{wv}$ 以分为单位，并略去数值项，可得近似计算式

$$e_d = 0.5 \ (f_1 + f_2) \ + 0.00842 \ (\delta_2 - \delta_1) \ + 0.289 \ (f_2 - f_1) \ \text{tg}\varphi$$
$$- 0.0145 \ (\delta_2 + \delta_1) \ \text{tg}\varphi \quad (\%) \tag{11-14}$$

从该式可以看出，压降误差的公式和电压互感器在忽略电流互感器误差的情况下的公式是完全一致的。这是不难理解的，因为压降是指的二次压降，反映的是二次出口到表的线路压降，其对计量的影响与电压互感器是完全一样的。因此，所有的二次压降误差的计算方法与电压互感器的合成误差的计算公式是完全相同的。通常，可以将测得的二次压降比差、角差与电压互感器的比差、角差代数相加，计算总的合成误差。

从上式我们也可以看出压降和压降引起的误差是两个不同的概念，压降是指电压从 TV 出口到电能表时的压降数值，而压降引起的误差，是指这种压降给电能计量带来的误差，两者的含意显然不同，当然在数值上也不相等。

$$\frac{-\Delta \dot{U}}{\dot{U}} \times 100\% \ = f_u + j\delta_u(\%)$$

则
$$\Delta U = \frac{-\dot{U}}{100}(f_u + j\delta_u)$$

$$|\Delta \dot{U}| = \left(|\dot{U}| \sqrt{f_u^2 + \delta_u^2}\right)/100$$

当 $|\dot{U}| = 100\text{V}$ 时，$|\Delta U| = \sqrt{f_u^2 + \delta_u^2}$; 式中 δ_u 单位是弧度，若改以分为单位，则

$$|\Delta U| = \sqrt{f_u^2 + \ (0.0291\delta_u)^2} \tag{11-15}$$

很显然，$|\Delta U|$ 与 e_d 的含意完全不一样。

【例 11-5】 某三相三线 100V 电压计量二次回路测得的压降误差数据为：$f_{uv} = 0.2\%$, $\delta_{uv} = 10'$, $f_{wv} = -0.3\%$, $\delta_{wv} = 10'$, 求 $\cos\varphi = 1.0$ 时的压降与压降引起的误差。

解：uv 相压降为：

$$\sqrt{f_{uv}^2 + (0.029\delta_{uv})^2} = \sqrt{(-0.2)^2 + (0.029 \times 10)^2} = \sqrt{0.2^2 + 0.29^2} \approx 0.35$$

wv 相压降为

$$\sqrt{f_{wv}^2 + (0.029\delta_{wv})^2} = \sqrt{(-0.3)^2 + (0.029 \times 10)^2} = \sqrt{0.3^2 + 0.29^2} \approx 0.42$$

$\cos\varphi = 1.0$ 时，$\mathrm{tg}\varphi = 0$，则压降引起的误差为

$$e_d = 0.5 (-0.2 - 0.3) + 0.00842 (10 - 10) = -0.25 \quad (\%)$$

【例 11-6】 某三相三线电压计量二次回路测试数据如表 11-6。求 $\cos\varphi = 1.0$ 时的压降及互感器合成误差。

表 11-6 二次回路测试数据

试验项目		误 差		试验项目		误 差	
压 降	uv	$f_{uv} = -0.1\%$	$\delta_{uv} = 2'$	电压互感器	UV	$f_{uUV} = -0.2\%$	$\delta_{uUV} = 3'$
	wu	$f_{wv} = -0.2\%$	$\delta_{wv} = 4'$		WV	$f_{uWV} = -0.3\%$	$\delta_{uWV} = 4'$

解： 压降及电压互感器的比差、角差代数和为 $f_{uv} + f_{uUV} = -0.3\%$；$f_{wv} + f_{uWV} = -0.5\%$；$\delta_{uv} + \delta_{uUV} = 5'$；$\delta_{wv} + \delta_{uWV} = 8'$。

$\cos\varphi = 1.0$ 时，$\mathrm{tg}\varphi = 0$，压降及互感器合成误差为

$$e = 0.5 (-0.3 - 0.5) + 0.00842 \times (8 - 5) + 0 + 0 \approx -0.37$$

第三节 电压互感器二次回路压降测试

在构成电能计量综合误差的各项误差中，电压互感器（以下简称 TV）二次回路压降所引起的计量误差往往是最大的。压降过大，势必造成少计电量。因此，《电能计量装置技术管理规程》规定：Ⅰ、Ⅱ类用于贸易结算的电能计量装置中 TV 二次回路电压降应不大于其额定二次电压的 0.2%；其他电能计量装置中 TV 二次回路电压降应不大于其额定二次电压的 0.5%。否则应采取改进措施。

一、TV 二次压降的测试任务和计算公式

安装在发电厂和变电站中的计量 TV，往往与装于控制室内的电能表相距较远，一般有两种计量方式的接线，如图 11-5 所示。

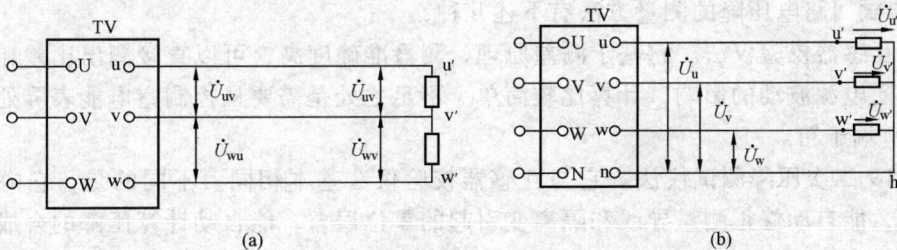

图 11-5 TV 二次回路接线方式
(a) 三相三线电路；(b) 三相四线电路

上图（a）所示三相三线电路中，uv 相和 wv 相二次压降为

$$\Delta U_{uv} = U'_{uv} - U_{uv}$$

$$\Delta U_{wv} = U'_{wv} - U_{wv}$$

图（b）所示三相四线电路中，un、vn、wn 相二次压降为

$$\Delta U_{\mathrm{u}} = U_{\mathrm{u'}} - U_{\mathrm{u}}$$

$$\Delta U_{\mathrm{v}} = U_{\mathrm{v'}} - U_{\mathrm{v}}$$

$$\Delta U_{\mathrm{w}} = U_{\mathrm{w'}} - U_{\mathrm{w}}$$

测试计算的任务就是要求出二次压降 ΔU_{uv} 和 ΔU_{wv}（或 ΔU_{u}、ΔU_{v}、ΔU_{w}）的大小，以及由二次压降所引起的比差 f_{uv} 与 f_{wv}（或 f_{u}、f_{v}、f_{w}）、角差 δ_{uv} 与 δ_{wv}（或 δ_{u}、δ_{v}、δ_{w}）、电能计量误差 e 的大小。

在三相三线计量方式下，测出电能表端电压 $U'_{\mathrm{uv}}(U'_{\mathrm{wv}})$ 相对于 TV 二次端电压 U_{uv}（U_{wv}）的比差 f_{uv}（f_{wv}）和角差 δ_{uv}（δ_{wv}），然后代入下面式（11-16）、（11-17）中，即可求得 TV 二次压降 ΔU_{uv} 和 ΔU_{wv}。再按式（11-18）可求得二次压降引起的计量误差 e。

$$\Delta U_{\mathrm{uv}} = (U_{\mathrm{uv}}/100) \times \sqrt{f_{\mathrm{uv}}^2 + (0.0291\delta_{\mathrm{uv}})^2} \tag{11-16}$$

$$\Delta U_{\mathrm{wv}} = (U_{\mathrm{wv}}/100) \times \sqrt{f_{\mathrm{wv}}^2 + (0.0291\delta_{\mathrm{wv}})^2} \tag{11-17}$$

$$e = \frac{f_{\mathrm{uv}} + f_{\mathrm{wv}}}{2} + \frac{\delta_{\mathrm{uv}} - \delta_{\mathrm{uv}}}{119.087} + \left(\frac{f_{\mathrm{wv}} - f_{\mathrm{uv}}}{3.4641} - \frac{\delta_{\mathrm{uv}} + \delta_{\mathrm{wv}}}{68.755}\right) \times \mathrm{tg}\varphi \quad (\%) \tag{11-18}$$

式中 $\mathrm{tg}\varphi$ 值可由一段时间（几个月）的平均功率因数 $\cos\varphi$ 值求得。

在三相四线计量方式下，测出电能表端电压 $U'_{\mathrm{u}}(U'_{\mathrm{v}}、U'_{\mathrm{w}})$ 相对于 TV 二次端电压 U_{u}（U_{v}、U_{w}）的比差 f_{u}（f_{v}、f_{w}）和角差 δ_{u}（δ_{v}、δ_{w}），然后代入下面式（11-19）、（11-20）、（11-21）中，即可求得 TV 二次压降 ΔU_{u}、ΔU_{v}、ΔU_{w}。再按式（11-22）可求得二次压降引起的计量误差 e。

$$\Delta U_{\mathrm{u}} = (U_{\mathrm{u}}/100) \times \sqrt{f_{\mathrm{u}}^2 + (0.0291\delta_{\mathrm{u}})^2} \tag{11-19}$$

$$\Delta U_{\mathrm{v}} = (U_{\mathrm{v}}/100) \times \sqrt{f_{\mathrm{v}}^2 + (0.0291\delta_{\mathrm{v}})^2} \tag{11-20}$$

$$\Delta U_{\mathrm{w}} = (U_{\mathrm{w}}/100) \times \sqrt{f_{\mathrm{w}}^2 + (0.0291\delta_{\mathrm{w}})^2} \tag{11-21}$$

$$e = 1/3 \, (f_{\mathrm{u}} + f_{\mathrm{v}} + f_{\mathrm{w}}) - 0.0097 \, (\delta_{\mathrm{u}} + \delta_{\mathrm{v}} + \delta_{\mathrm{w}}) \times \mathrm{tg}\varphi \quad (\%) \tag{11-22}$$

二、TV 二次回路电压降的测量方法

TV 二次回路电压降的测量方法有下述几种：

（1）互感器校验仪法。它基于测差原理，测量准确度高，可以直接测出比差和角差，测试结果不受电源波动的影响，计算比较简单。不足之处是需要从控制室电能表屏处引临时长电缆至 TV 端子箱。

（2）TV 二次压降测试仪法。它与互感器校验仪法基本相同。不同的是，它内部附带隔离变压器，能自动修正测量导线和隔离变引起的零位误差，能自动计算压降的合成误差。

（3）钳形相位伏安表法。它是用相位伏安表测出 TV 二次回路的电压、电流及它们之间的相位角；在设备停电时，用互感器校验仪测出二次导线的阻抗；然后计算出二次回路的压降 ΔU 和计量误差 e。该法优点是不需要引临时长电缆，缺点是当 TV 二次回路为有公共电缆线的多分支电路时，计算较麻烦。另外，算得的 ΔU 值中未包括外界磁场在二次回路感生的电势，而当二次线很长，二次回路的分布的面积较大时，此感应电势往往不能忽略不计，这会带来相应的误差。

（4）无线监测仪法。监测仪由主机与辅机两部分组成，主机与辅机分别装于电能表侧和TV侧。辅机测量TV二次端电压的幅值与相位，数据经处理后通过TV二次电缆传送到主机；主机测量电能表端电压的幅值与相位，然后用主机内的单片机计算两端电压间的比差和角差。此方法的优点是不需要敷设临时长电缆，且可以长期自动监测。缺点是由于是间接测量，其准确度难以提高，成本也较高。

（5）高内阻电压表法。它基于测差原理，测量准确度高，可以直接测出二次回路电压降 ΔU 之值，无需进行计算，现场测试时携带的仪器、仪表简单。缺点是得不出计量误差 e；需引临时长电缆。此法可作为判断 ΔU 是否超差的普查测试时用。

（6）数字电压表法。用两台 0.02 级数字电压表同时分别测出 TV 端电压 U 与电能表端电压 U' 之值，取一段时间的平均值作为测量结果，以消除电源波动的影响以及两表测量时间不完全同时的影响。通过比对试验（测同一电压），可测出两表之间的误差，以此进行修正可进一步提高准确度。此法的优点是不需要引临时长电缆，测试简单。缺点是需要高准确度仪表，只能得出比差，得不出角差。

以上介绍的方法中，（1）、（2）是直接测量法，其余是间接测量法。间接测量法准确度不太高，难以满足测量要求，一般不采用。而直接测量法准确度高，测量可靠，因此在实际测量时大都采用此方法。以下详细介绍直接测量的两种方法。

三、互感器校验仪直接测量法

互感器校验仪测量 TV 二次回路压降的测量方式有户外（TV 侧）与户内（表计侧）两种。户外测量方式是将校验仪与隔离标准互感器 TVO 放置在现场 TV_x 附近，它们之间距离很近，用短粗线连接以减少附加误差。户内测量方式是在控制室电能表附近进行。接线方式与三相法校验互感器误差的接线方式相同。图 11-6 为三相三线计量方式下在 TV 侧带电测量 TV 二次压降的接线图，（a）图所示是在 TV 端子上测得的是 $TV_{u.v}$ 相带实际负载时的比差 f_1 和角差 δ_1，（b）图所示是在电能表电压端子上测得的是 $TV_{u.v}$ 相的误差与二次导线压降附加误差之和 f_2 和 δ_2，两数相减即得二次回路压降误差 f_{uv} 和 δ_{uv}，即

$$f_{uv} = f_2 - f_1 \qquad \delta_{uv} = \delta_2 - \delta_1$$

同理可得 $\qquad f_{wv} = f_3 - f_4 \qquad \delta_{wv} = \delta_3 - \delta_4$

上图中 R_o 是一根足够长的双芯屏蔽电缆线，单根导线截面不小于 $4mm^2$，当有外磁场干扰时，采用两芯换位测量，取两次测量的平均值作为测量结果，以消除外磁场影响。TV_o 是标准电压互感器；与 TV_o 相串联的 R_x 是可调限流电阻，接入测量线路时电阻置最大值，然后短接，以免由于涌流使保护装置动作；K1、K2 是试验刀闸开关，用于方便试验的接线和操作。如果不使用标准 TV. 提供工作电压，也可以用一台 100V/100V0.1 级的隔离互感器替代。由于是带电作业，应遵守有关安全规程。测量引线在使用之前应先作绝缘试验。

需要说明的是，在图 11-6（a）与（b）中，测试所得数据中都含有标准互感器和测试电缆引起的附加误差在内，但由于最终结果是两次测量结果相减，因此，这一影响自然得到消除。

如果是在控制室电能表侧测量 TV 二次压降，则采用图 11-7 所示的接线方式。同样是测量进行两次，以（b）图测量结果减去（a）图测量结果即为所求。

以上所述是对三相三线接线方式下 TV 二次压降的测量，三相四线接线方式下 TV 二次压降的测量与此类同，此处不再赘述。

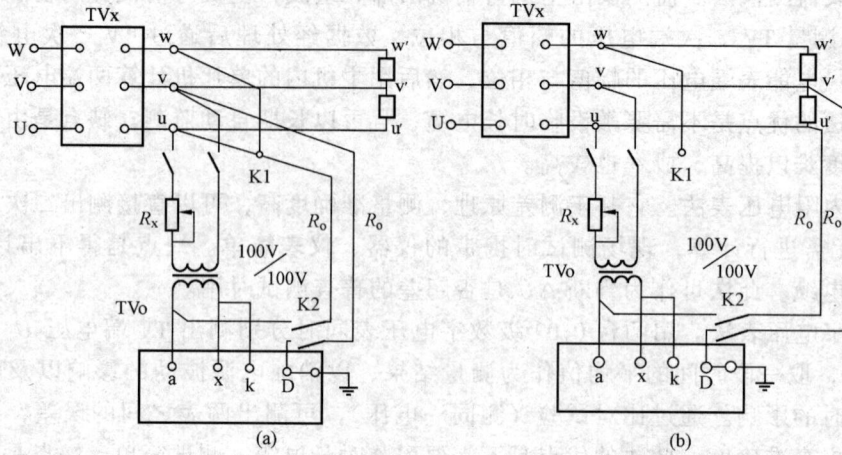

图 11-6　在 TV 侧测量 TV 二次回路压降接线图

(a) 在 TV$_x$ 端子上测量；(b) 在电能表处测量

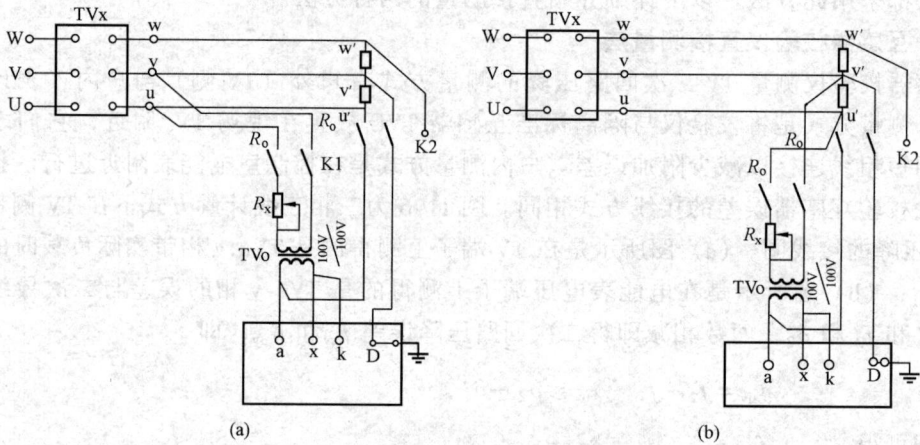

图 11-7　在表计侧测量 TV 二次回路压降接线图

(a) 在 TVx 处测量；(b) 在表计处测量

四、二次压降测量仪直接测量法

目前生产二次压降测试仪的厂家有武高所、靖江计量仪器厂、湖北中试等。用二次压降测试仪测量二次压降同样有户外和户内两种方式。图 11-8 和图 11-9 分别是对三相四线接线方式下 TV 二次压降户外和户内两种测量方式的接线图，图 11-10 是这两种测量方式下的自校接线图。测量时二次压降测量仪先按图 11-10 进行自校，然后按图 11-8 或图 11-9 接线，进行压降测试。该仪器会自动对标准隔离互感器和测试线引入的误差进行修正，显示即为二次压降数据（f、δ）。

以上所述是对三相四线接线方式下 TV 二次压降的测量，三相三线接线方式下 TV 二次压降的测量与自校接线与此类同，此处不再赘述。

使用二次压降测量仪的注意事项如下：

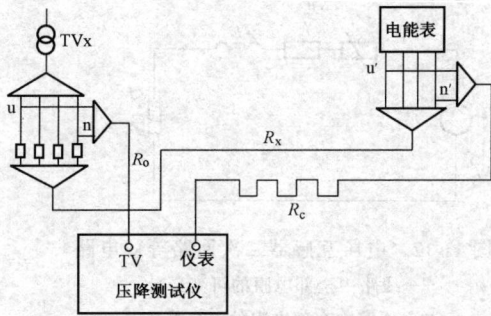

图 11-8　在 TV 侧带电测定三相四线计量方
式 TV 二次压降

R_o—测试导线；R_x—TV 二次回路；
R_c—双芯屏蔽电缆

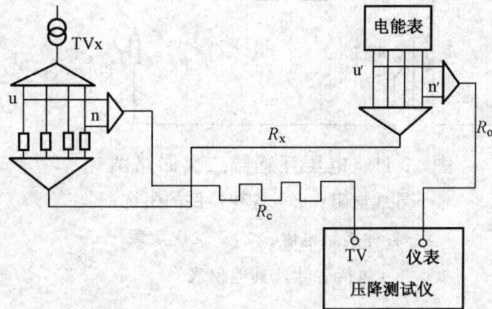

图 11-9　在表计侧带电测定三相四线
计量方式 TV 二次压降

（1）在 TV 侧测量时，电源可由 TVu、v 相 100V 供给，电源开关打到"100V"标志；在表计侧测量时，电源由 220V 交流电源供给，开关打到 ON 位置，此时不能由 TV 电源供电，否则将引起较大误差。

（2）测试导线 R_o 和双芯屏蔽电缆 R_c 都是仪器专配导线，测量时最好使用它们。如果更换了专用导线，可采用自检，将零位误差存储到仪器内部后，按屏幕提示选择修正功能，仪器会自动对测量误差进行修正。

图 11-10　三相四线计量方式下自校接线图
(a) 在 TV 侧自校；(b) 在表计侧自校

（3）测量完成后，按屏幕提示输入 φ 或 $\cos\varphi$ 值，仪器会自动计算合成误差 e，三相三线和三相四线计量方式下的二次压降合成误差是分别按式（11-18）和式（11-22）计算的。

（4）仪器可掉电存储 50～100 档测量数据，包括测量时间、接线方式、误差存储号、计算结果等，以供查阅和浏览。

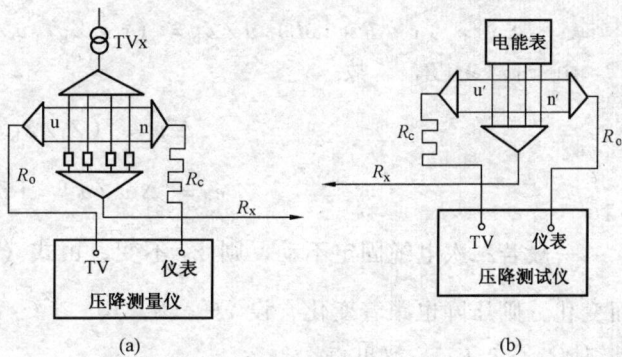

第四节　电压互感器二次回路压降减少方法

一、电压互感器二次回路压降的理论模型及特点

电压互感器二次回路是指从电压互感器二次出口经过二次导线、各种器件及各种接点至电能表电压输入端的整个电压回路，不管计量方式是三相三线还是三相四线，均可表示为图 11-11 所示电路模型。

图 11-11 中，r、Z、r_L 均不同程度地包含有固定部分和变化部分，考虑到 Z 中的电抗基本上是不变的，为了分析方便，可将 r、Z、r_L 之和等效为 r、Z_L 之和，其等效电路如图 11-12 所示。

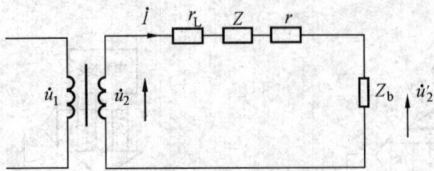

图 11-11 电压互感器二次回路图

r_L—导线电阻；Z—各种器件的阻抗；

r—各种接触电阻；Z_b—二次负载

（包括表计及其他仪表）

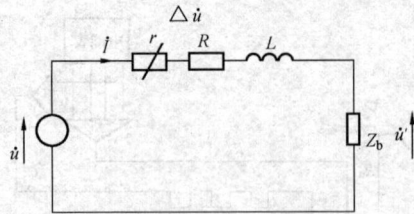

图 11-12 电压互感器二次回路等效电路

r—线路中全部电阻的可变部分；

R—线路中全部电阻的不变部分；

$$Z_L = R + j\omega L$$

则电压互感器二次回路压降

$$\Delta \dot{u} = \dot{u} - \dot{u}' = (r + R + j\omega L)\, \dot{I} = (r + R + j\omega L)\, \dot{u}'/Z_b \tag{11-23}$$

由于一般 $|u| \gg \Delta u$，故 $u' \approx u$

$$\therefore \quad \Delta \dot{u} = (r + R + j\omega L)\, \dot{u}/Z_b = (r + Z_L)\, \dot{u}/Z_b$$

由于 $|r| \ll |Z_L|$，故

$$\Delta \dot{u} \approx (Z_L/Z_b)\, \dot{u} \tag{11-24}$$

$$e_d = |\Delta \dot{u}/\dot{u}| = |Z_L/Z_b| \tag{11-25}$$

一般若二次电缆固定不动，则 Z_L 不变，由式（11-23）可知，r 是变化的，$\dot{I}$ 也随着 Z_b 而变化，则压降也跟着变化，设 $r \in (0, r)$、$\dot{I} \in (\dot{I}_{\min}, \dot{I}_{\max})$，则 $\Delta u_{\min} = Z_L I_{\min}$，$\Delta u_{\max} = (r + Z_L) I_{\max}$，故可得

$$\Delta u = \Delta u_{\max} - \Delta u_{\min} = (r + Z_L) I_{\max} - Z_L I_{\min} \tag{11-26}$$

$$\therefore \qquad \Delta u = \Delta u_{\min} + \Delta u_{变化} = \Delta u_{固定} + \Delta u_{变化} \tag{11-27}$$

若 Z_b 不变，则 $I_{\max} = I_{\min}$，可得

$$\Delta u_{变化} = r I_{\min}$$

$$\Delta u_{固定} = Z_L I_{\min} \tag{11-28}$$

由于 $|r| \ll |Z_L|$，则

$$|\Delta u_{变化}| \ll |\Delta u_{固定}| \tag{11-29}$$

由式（11-23）、（11-24）、（11-25）、（11-26）及式（11-29）可得到如下结论：

（1）压降误差为线路阻抗与负载阻抗之比。

（2）压降大小与线路阻抗成正比，与负载阻抗成反比。

（3）压降大小与回路电流成正比。

（4）在 Z_L、Z_b 不变的情况下，$|\Delta u_{变化}| \ll |\Delta u_{固定}|$，此时只要设法减小 $\Delta u_{固定}$，即能很好地达到减少压降的目的。

（5）在负载阻抗不变的情况下，减小线路阻抗可成正比地减小压降。

（6）在线路阻抗不变的情况下，减小负载阻抗会成正比例地加大压降。

二、减小压降的方法

由上面分析可知，减小压降的方法从理论上可有以下几种方式。

1. 增大 Z_b 法

从式 11-25 中可知，压降与 Z_b 成反比，Z_b 越大，压降越小。由于负载中电能表电压线路的阻抗是一定的，设电能表阻抗为 Z_d，负载中其他器件的阻抗为 Z_t。

则负载等效电路如图 11-13 所示。

$$|Z_b| = \frac{|Z_b||Z_t|}{|Z_b| + |Z_t|} = \frac{|Z_b|}{1 + |Z_b|/|Z_t|}$$

显然当 $|Z_t| = \infty$ 时，$|Z_d|_{max} = |Z_b|$。

即当负载中除接入必须接入的电能表外，不再接入其他负载时，压降最小。实际运用中，就是设立专门的计量回路，减少回路中电能表数量，避免其他负载接入。

此法优点是可以有效地获得较小的压降。缺点是（1）当专门计量回路有多个电能表，特别是当多母线运行，有 TV 检修而将该台 TV 负载转到另一台时，Z_b 减小，从而使压降较大；（2）若 TV 绕组不够时，无法实施。

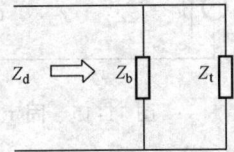

图 11-13　负载等效电路

2. 减小 Z_L 法

从式（11-24）可知，压降与 Z_L 成正比，减小 Z_L 可有效地减小压降。

因为 $Z_L = R + j\omega L$，线路阻抗中电感基本上是不变的，减少 Z_L 主要是减小 R，而 $R = (\rho L)/S$，减小 R 的方法有以下几种：

（1）增大二次回路的线径，可以减小电阻 R。其优点是可以有效降低压降，缺点是线径越大，成本越高，且当线径增大到一定程度时，其对减少压降的作用越来越小。

（2）减小二次回路长度，可将电能表装在 TV 二次侧出口处。此法优点是可以有效降低压降。

缺点是①运行维护不方便；②电能表装在室外，对表计运行有影响。

（3）取消回路中的一些保护器件。优点是可以起到一定的降低压降的作用。缺点是降低了可靠性。

（4）定期对开关、熔断器、端子的接触部分进行打磨、维护，减小接触电阻。优点是可以起到一定的降压作用。缺点是只能在停电时才能进行。

3. 减小 I 法

由式（11-23）可知，二次回路中之所以产生压降，是因为 I 的存在，若 $I = 0$，则不管回路阻抗情况如何，都将使 $\Delta u = 0$，这种使 $I = 0$ 的方法叫做电流跟随补偿法，其原理图 11-14 所示。

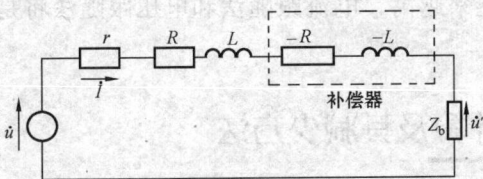

图 11-14　电流跟随补偿法原理图

其原理就是用有源的电子线路在补偿器内产生一个负阻抗，以抵消线路阻抗，从而达到使 $I = 0$ 的效果，但实际上由于 r 是一个变化量，在 r 上的压降是补偿不了的，会产生一个剩余压降，由式（11-28）可得

$$\Delta u_{最大剩余压降} = rI_{max}$$

此法优点是能很好地降低压降，且不受负载变化的影响，不须改变二次回路电缆。缺点是①由于内阻、精度及 r 的存在等原因，会留下剩余压降；②可靠性要求高，否则会产生自激，增大二次回路的高次谐波。

4. 直接补偿电压法

直接补偿电压法可分为固定补偿法和电压跟随补偿法。

（1）固定补偿法。这种方法就是利用自耦变压器和移相器将 Δu 调到零，如图 11-15 所示。

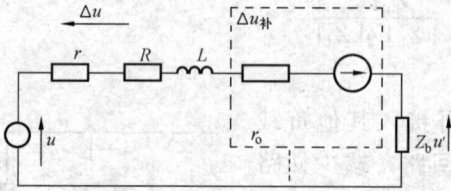

图 11-15　固定补偿法原理图

r_0 是补偿器的内阻。在安装补偿器时，可以调整 $\Delta u_{补}$，使之与 $\Delta u_{固定}$ 大小相等、方向相反。这种补偿方法是无法补偿 $\Delta u_{变化}$ 的。

由于 r_0 的接入，由式（11-26）及式（11-28）可知，$\Delta u_{固定}$ 及 $\Delta u_{变化}$ 都增大，$\Delta u_{固定}$ 可通过调整补偿，而 $\Delta u_{变化}$ 则无法补偿。但只要负载不发生变化或变化很小，电流将不变或变化很小，则 $\Delta u_{变化}$ 将不增加或增加很小。此法的优点是价格低，运行可靠，能较大地降低压降。缺点是受负载影响大，仅适合于负载不变或变化小的场所。

（2）电压跟随补偿法。这种补偿方法就是实时地测量 TV 出口电压及负载端电压的电压差值，并将两个电压差值信号进行处理，得到串联在回路中的一个大小相等、方向相反的补偿电压，从而使 $\Delta u = 0$，如图 11-16 所示。

采样 1 与接收并补偿部分的连接可采用电缆、无线电传输、电力载波等方式实现，由于采取的是实时比较，故对任何原因产生的压降均能较好的补偿。此法的优点是动态补偿，对任何原因引起的压降均有很好的补偿效果。缺点是①成本较高；②可靠性的要求高，否则会产生自激。③对于无线电、电力载波传输方式的，对通信的可靠性要求高。

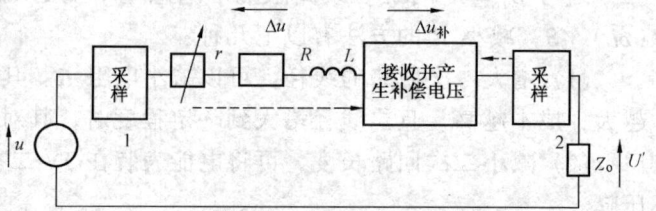

图 11-16　电压跟随补偿法原理图

减小二次回路压降是保障计量装置准确的一个重要环节，减少压降的方法有很多，要具体情况具体分析，合理运用。总的来说，为保证压降达到合格范围，在设计上要设立独立的计量专用回路，二次回路线径的选择应相对加大，回路中的保护器件应尽可能减少，并尽可能采用接触电阻小的保护器件。若压降仍难达到要求，如果二次回路负载变化不大，可采用固定补偿法或电流跟随法。以上方法均不能达到很好效果时，可采用电压跟随法。

电压跟随法和电流跟随法是减小压降的一种有效手段，但关键是其产品的可靠性如何。随着电子技术的飞速发展，电子产品的可靠性将越来越高，电流跟随法和电压跟随法将是解决压降问题的方向。

第五节　综合误差的计算及其减少方法

一、综合误差的计算

电能计量综合误差是由电能表误差、互感器及压降合成误差组成的。这些误差与电流、功率因数、电压有关。因此在计算综合误差时，要注意在相同的情况下才能进行代数相加现通过［例 11-7］来具体说明。

【例 11-7】　某三相三线计量装置测试数据如表11-7所示，求 I_b、$\cos\varphi = 1.0$ 时的综合误差。

表 11-7　　　　　　　　　　　　　　　　**测 试 数 据 表**

试验项目		误　　差		试验项目	误　　差	
电能表	I_b，$\cos\varphi = 1.0$	$e_b = 0.8$		电压互感器 UV	$f_{UUV} = -0.1\%$	$\delta_{UUV} = 6'$
	$0.5I_b$，$\cos\varphi = 1.0$	$e_b = 1.2$		WU	$f_{UWV} = -0.3\%$	$\delta_{UWV} = 4'$
电流互感器 I_b	U	$f_{IU} = -0.1\%$	$\delta_{IU} = 12'$	压降 uv	$f_{uv} = -0.2\%$	$\delta_{uv} = 6'$
	W	$f_{IW} = -0.2\%$	$\delta_{IW} = 10'$	wv	$f_{wv} = -0.2\%$	$\delta_{wv} = 6'$

解：电压互感器与压降的比、角并代数和为

$$f_{UUV} + f_{uv} = -0.1 - 0.2 = -0.3;$$
$$f_{UWV} + f_{wv} = -0.3 - 0.2 = -0.5;$$
$$\delta_{UUV} + \delta_{uv} = 6 + 6 = 12;$$
$$\delta_{UWV} + \delta_{wv} = 4 + 6 = 10。$$

$\cos\varphi = 1.0$ 时，$\operatorname{tg}\varphi = 0$，则压降及互感器合成误差为

$$E_h = 0.5\,(-0.1 - 0.2 - 0.3 - 0.5) + 0.0084\,[\,(12 - 12) - (10 - 10)\,]$$
$$= -0.55\,(\%)$$

则 I_b，$\cos\varphi = 1.0$ 时综合误差为：

$$e = e_h + e_b = -0.55 + 0.8 = 0.25\,(\%)$$

实际上，在现场情况下，很难得到各个元件在同一条件下的误差数据，因此综合误差数据一般是很难得到的，而且得到某一特定条件下的综合误差数据意义也不大。因此，在具体运用时，大多采用尽可能减小电能表误差、互感器误差、减少压降的方法来降低电能计量装置的综合误差。

二、减少综合误差的方法

通常运用如下方法减小电能计量装置综合误差。

1. 尽量选用误差较小的互感器

互感器误差小，则合成误差小。所以应尽量选用误差较小的互感器。在条件许可下，对运行的互感器可进行误差补偿。

2. 根据互感器的误差合理配对

从互感器的合成误差计算式来看，互感器的合成误差与比差、角差有关，所以在安装时应将互感器合理配对，尽量做到接入电能表同一元件的电流互感器、电压互感器的比差符号相反、数值相近或相等；角差符号相同、数值相近或相等，从而得到较小的合成误差。

3. 调整电能表误差时考虑互感器及压降的合成误差

即调整电能表误差与互感器及压降的合成误差数值相近，符号相反，从而部分抵消互感器及压降的合成误差。由于电能表和互感器的误差在不同的负荷和功率因数下是变化的，因此要完全利用电能表的误差来抵消互感器合成误差是不可能的，这种方法只是定性的。同时，互感器及压降误差太大时，应避免使电能表误差超差或调坏电能表误差曲线。

4. 应尽量使互感器运行在额定负载内

如果回路中串入了过多电器，会使互感器运行在非额定负载内，从而降低互感器准确度，增大互感器合成误差。

5．根据电能表运行条件合理调表

即根据现场环境温度、负荷大小、季节变化趋势等因素进行合理调表。

6．减少电压互感器二次回路压降误差

减少电压互感器二次压降的方法有很多，概括来说有两大类，一种是补偿法，在第四节已有非常详细的介绍；一种是自然法，所谓自然法，就是从计量装置本身出发，挖掘减少电压互感器二次回路压降的方法。具体来说，主要有以下几种：

（1）采用专用二次回路；

（2）缩短二次回路长度；

（3）加大导线截面；

（4）减少接触电阻；

（5）尽量少采用辅助接点及熔断器。

一般应尽可能采用自然法，只有在自然法不能完全达到有关要求时，在取得有关部门的许可下，才可采用补偿法。

练习题

一、填空题

1．按照 DL/T448—2000《＿＿＿＿＿＿＿》的规定，电能计量装置可划分为＿＿＿＿类。

2．Ⅰ类电能表计量装置包括①＿＿＿＿　②＿＿＿＿　③＿＿＿＿　④＿＿＿＿　⑤＿＿＿＿。

3．Ⅱ类电能计量装置包括①＿＿＿＿　②＿＿＿＿　③＿＿＿＿　④＿＿＿＿。

4．Ⅲ类电能计量装置包括：①＿＿＿＿　②＿＿＿＿　③＿＿＿＿　④＿＿＿＿　⑤＿＿＿＿⑥＿＿＿＿。

5、Ⅳ类电能计量装置包括：①＿＿＿＿　②＿＿＿＿。

6．Ⅴ类电能计量装置包括：＿＿＿＿。

7．Ⅰ类电能计量装置应至少配＿＿＿＿或＿＿＿＿等级的有功表，＿＿＿＿等级的无功表，＿＿＿＿等级的互感器。

8．Ⅱ类电能计量装置应至少配＿＿＿＿或＿＿＿＿等级的有功表，＿＿＿＿等级的无功表，＿＿＿＿等级的互感器。

9．Ⅲ类电能计量装置应至少配＿＿＿＿或＿＿＿＿等级的有功表，＿＿＿＿等级的无功表，＿＿＿＿等级的互感器。

10．S级电能表与普通电能表的主要区别在于＿＿＿＿时的特性不同，普通电能表在＿＿＿＿I_b 以下没有误差要求，而 S 级电能表在＿＿＿＿I_b 即有误差要求。

11．0.2 级电流互感器仅在＿＿＿＿电能计量装置中配用，其他均采用＿＿＿＿级电流互感器。

12．S级电流互感器与普通电流互感器相比，最大的区别在于 S 级电流互感器在＿＿＿＿（高或低）负荷时误差特性比普通电流互感器好。

13．普通电流互感器在 1% I_b 时误差＿＿＿＿（有或没有）要求。

14．普通电流互感器与 S 级电流互感器在 20% 时的误差要求是＿＿＿＿（相同或不同），在 100% I_b 时的误差要求是＿＿＿＿（相同或不同）的。

15. 在电能计量装置配置中，计量_____的电能计量装置和_____的电能计量装置，在条件许可下应配置二套有功电能表。

16. 为提高低负荷计量准确性，应选用过载_____倍及以上的电能表。

17. 电流互感器额定一次电流的确定，应保证其在正常运行中的实际负荷电流达到额定值的_____左右，至少不应小于_____，互感器实际二次负荷应在_____至_____额定二次负载范围内。

18. Ⅰ、Ⅱ类用于贸易结算的电能计量装置中电压互感器二次回路电压降应不大于其额定电压的_____，其他计量装置不大于其额定二次电压的_____。

19. 电能计量装置综合误差包括①_____②_____③_____。

20. 在单相电路中，互感器的合成误差在_____时，角差不起作用。

21. 互感器的合成误差除与互感器的比差、角差有关外，还与_____有关。

22. 压降引起误差的公式与在忽略_____误差的情况下的_____的合成误差公式是完全一样的。

23. 通常可以将压降的比差、角差与电压互感器的比差、角差_____后计算总的合成误差。

24. 压降与压降引起的误差的含意_____（相同或不同），其数值_____（相等或不等）。

二、选择题

1. 《电能计量装置技术管理规程》是：_____。

(a) DL/T 614—1997；(b) DL/T 725—2000；(c) JJG307—1988；(d) DL/T 448—2000

2. 以下哪一项应属于Ⅰ类电能计量装置。_____。

(a) 用于计量变压器容量为2万kVA的计费用户的计量装置；(b) 用于计量10万kW发电机发电量的计量装置；(c) 用于计量供电企业之间交换电量的计量装置；(d) 用于计量平均月用电量100万kWh计费用户的计量装置

3. 某电网经营企业之间电量交换点的计量装置平均月计量电量为200万kWh，则该套计量装置属于_____类计量装置。

(a) Ⅰ类；(b) Ⅱ类；(c) Ⅲ类；(d) Ⅳ类

4. 省电力公司与地（市）电业局电量交换点的计量装置属于_____类。

(a) Ⅰ类；(b) Ⅱ类；(c) Ⅲ类；(d) Ⅳ类

5. _____电压等级及以上的考核有功电量平衡的线路的电能计量装置属于Ⅲ类装置。

(a) 10kV；(b) 35kV；(c) 110kV；(d) 220kV

6. 用于计量容量为315kVA变压器的计费用户计量装置属于_____类。

(a) Ⅰ类；(b) Ⅱ类；(c) Ⅲ类；(d) Ⅳ类

7. Ⅲ类计量装置应至少采用：_____。

(a) 1.0级有功表，0.5级电流互感器；(b) 0.5级有功表，0.5级电流互感器；(c) 0.5级有功表，0.5S级电流互感器；(d) 1.0级有功表，0.5S级电流互感器

8. 至少应采用0.2级电压互感器的电能计量装置是：_____。

(a) Ⅱ类；(b) Ⅰ类和Ⅱ类；(c) Ⅳ类；(d) Ⅲ类和Ⅳ类

9. S级电能表在_____负荷点的误差没有要求。

(a) $0.5\% I_b$；(b) $2\% I_b$；(c) $5\% I_b$；(d) $10\% I_b$

10. S级电流互感器与普通电流互感器相比，在_____负荷点的误差要求相同。

(a) $1\%I_b$；(b) $5\%I_b$；(c) $20\%I_b$；(d) $100\%I_b$

11. 电流互感器额定一次电流的确定，应保证其在正常运行中的实际负荷电流达到额定值的_____左右。

(a) 70%；(b) 60%；(c) 50%；(d) 80%

12. Ⅱ类用于贸易结算的电能计量装置中电压互感器二次回路电压降不应大于其额定电压的_____。

(a) 0.5%；(b) 0.25%；(c) 0.2%；(d) 0.1%

13. 不能有效降低综合误差的办法是：_____。

(a) 根据互感器的误差合理配对；(b) 减少二次回路压降；(c) 降低负载功率因数；(d) 根据电能表运行条件合理调表

三、计算题及问答

1. 一只单相电能表在功率因数为0.8，I_b时误差为$+0.8$，通过一只电压互感器接入回路，该互感器的比差为$f=-0.6\%$，角差$\delta=+10'$，求①功率因数为0.8时的互感器合成误差；②I_b，$\cos\varphi=0.8$时的综合误差。

2. $3\times220V$，三相四线电路中，在I_b时互感器误差试验数据为：$f_{IU}=-0.1\%$，$\delta_{IU}=10'$，$f_{IV}=-0.2\%$，$\delta_{IV}=5'$，$f_{IW}=-0.3\%$，$\delta_{IW}=5'$，当负荷为I_b时分别求$\cos\varphi=1.0$和$\cos\varphi=0.8$时的互感器合成误差。

3. 三相三线电路中，电压互感器星形接线，各试验数据如下：

	试验项目		误 差		试验项目			误 差	
电压互感器	U	$f_{UU}=+0.1\%$	$\delta_{UU}=2'$	电流互感器	I_b时	U	$f_{IU}=+0.2\%$	$\delta_{IU}=-2'$
	V	$f_{UV}=+0.1\%$	$\delta_{UV}=2'$			W	$f_{IW}=+0.3\%$	$\delta_{IW}=-2'$
	W	$f_{UW}=+0.1\%$	$\delta_{UW}=2'$	电能表	I_b $\cos\varphi=1.0$时		$e_b=+0.6\%$	

在I_b，$\cos\varphi=1.0$时，求①互感器合成误差；②计量装置综合误差。

4. 某$3\times100V$三相三线电路，电压二次回路压降测试数据为：$f_{uv}=-0.1\%$，$\delta_{uv}=1'$，$f_{wv}=-0.2\%$，$\delta_{wv}=2'$，求$\cos\varphi=1.0$时的压降及压降引起的误差。

5. Ⅲ类计量装置包括哪些？

6. 简述S级电能表与普通电能表的区别？

7. 简述降低综合误差的方法？

8. 说明Ⅱ类电能计量装置应配备的最低的计量器具等级？

9. 推导单相电路接入电流、电压互感器时互感器的合成误差计算公式。

参 考 答 案

一、填空题

1. 电能计量装置技术管理规程五； 2. 略；3. 略； 4. 略； 5. 略； 6. 略；7. 0.2S，0.5S，2，0.2； 8. 略； 9. 略；10. 低负载，5%，1%； 11. 负荷比较稳定的发电机出口S； 12. 低； 13. 没有； 14. 不同的，相同的； 15. 单机容量在100MW及以

上发电机组上网贸易结算电量的电网经营企业之间购销电量的； 16.4； 17.60％、30％、25％、100％； 18.0.2％、0.5％； 19.电能表误差互感器合成误差压降误差； 20.$\cos\varphi = 1.0$； 21.负载功率因数； 22.电流互感器电压互感器； 23.代数和相加； 24.不同，不等。

二、选择题

1.d； 2.a； 3.a； 4.a； 5.c； 6.c； 7.d； 8.b； 9.a； 10.d； 11.b； 12.c； 13.c

三、问答及计算题

1. 解：$\cos\varphi = 0.8$，则 $\text{tg}\varphi = 0.75$

① $e_h = -0.6 + 0.0291 \, (-10) \times 0.75 = -0.8 \, （％）$

② $e = e_b + e_h = 0.8 - 0.8 = 0 \, （％）$

2. 解：① $\cos\varphi = 1.0$，则 $\text{tg}\varphi = 0$

$$e_h = \frac{1}{3} \, (-0.1 - 0.2 - 0.3) = -0.2 \, （％）$$

②当 $\cos\varphi = 0.8$，则 $\text{tg}\varphi = 0.75$

$$e_h = -0.2 + 0.0097 \times \, (10 + 5 + 5) \times 0.75 \approx -0.05 \, （％）$$

3. 解：①星形接线换算成线电压的比差和角差

$$f_{ul} = \frac{1}{2} \, (0.1 + 0.1) + 0.0084 \, (2 - 2) = 0.1$$

$$\delta_{ul} = \frac{1}{2} \, (2 + 2) + 9.924 \, (0.1 - 0.1) = 2$$

$$f_{ul} = \frac{1}{2} \, (0.1 + 0.1) + 0.0084 \, (2 - 2) = 0.1$$

$$\delta_{u2} = \frac{1}{2} \, (2 + 2) + 9.924 \, (0.1 - 0.1) = 2$$

$\cos\varphi = 1.0$，则 $\text{tg}\varphi = 0$

则：$e_h = 0.5 \, (0.1 + 0.1 + 0.1 + 0.2) + 0.0084 \, [-4 + 4] = 0.1 \, （％）$

② $e = e_b + e_h = 0.6 + 0.1 = 0.7 \, （％）$

4. 解：uv 相压降为：$\sqrt{0.1^2 + \, (0.029 \times 1)^2} \approx 0.1$

wv 相压降为：$\sqrt{0.2^2 + \, (0.029 \times 2)^2} \approx 0.2$

$E_d = 0.5 \, (-0.1 - 0.2) + 0.0084 \times \, (2 - 1) \approx 0.14 \, （％）$

5～9 题

（略）

第十二章

电能计量装置接线检查及差错电量计算

第一节 概 述

电能计量装置是供用电双方进行电能贸易结算的工具，同时也是企业加强内部管理，实行经济核算必不可少的手段，因此其准确性、正确性越来越受到人们的重视。要确保计量装置准确、可靠，必须确保：

(1) 电能表和互感器的误差合格；

(2) 互感器的极性、组别及变比、电能表倍率都正确；

(3) 电能表铭牌与实际的电压、电流、频率相对应；

(4) 根据电路的实际情况合理选择电能表接线方式；

(5) 二次回路的负荷应不超过电流互感器或电压互感器的额定值；

(6) 电压互感器二次回路电压降应满足要求；

(7) 电能表接线正确。

在试验室修校好的电能表和互感器其基本误差一般都较小，不超过百分之一，但错误的接线所带来的计量误差可能高达百分之几十，甚至百分之几百，从这种意义上讲，正确的接线也是保证准确计量的前提。

在电力系统和电力用户中，计量装置的错误接线是有可能发生的，若有人为窃电的话，错误的接线更是花样百出。除互感器二次开路、短路、熔丝断路等明显造成计量不准确的电路状态外，还有一些常见的错误接线如：一相或二相电流反接；电流二次接线相位错误；电压互感器二次线相位错误；电流和电压相位、相别不对应等。

单相电能表或直接接入式三相电能表，其接线较为简单，差错少，即使接线有错误也比较容易发现和改正；而高压大工业用户所使用的经互感器接入的三相三线电能表，则比较容易发生错误接线。因为是电流、电压二次回路两者的组合，再加上极性接反和断线等就有几百种可能的错误接线方式，所以研究三相三线电能表的接线是具有代表意义的。三相三线接线的检查方法也同样适用于经互感器接入的三相四线电能表接线的检查。

电能计量装置的接线检查分停电检查和带电检查。停电检查主要是新安装和更换互感器后，在一次侧停电时，对互感器、二次接线、电能表接线等按接线图纸进行检查。带电检查是在计量装置投入使用后的整组检查，应是定期的，并应按照有关规程要求结合周期性现场校表同时进行，还要做好接线检查记录。

错误接线的接线方式有几百种，在实际检查和分析错误接线时，一般都采用"逐步逼近法"，逐步排除各种因素，使错误接线的范围缩小在十几或几十种接线方式之内，然后再用相应的方法来进一步分析。

电能计量装置在运行中一旦发生错误接线，在查出错误接线后，应把错误的接线加以纠正，同时还要进行退补电量的计算。这些工作往往是比较复杂的，为了避免这些不必要的工作麻烦，最根本的方法是在安装计量装置时采取一切必要措施防止错误接线的发生。

第二节 停 电 检 查

停电检查是一种安全可靠的检查方法，是保证计量装置接线正确的基础，所以停电检查工作一定要认真细致，决不能草率了事。经验证明，凡是在安装、调试、验收阶段是经过认真按图施工、细致核对接线、严格验收试验的计量装置接线，在投运后往往是正确的。

对运行中的电能计量装置，当带电检查不能判断接线的正确性或需要进一步核对带电检查结果时，也可进行停电检查。

对新装或更换互感器后的计量装置，都必须在不带电的情况下进行接线检查。检查内容包括：互感器变比和极性检查、三相电压互感器接线组别检查、二次接线导通和接线端子标示核对、电能表的接线检查等。

一、互感器变比、极性和接线组别的检查

1．电流互感器极性检查

（1）直流法。直流法检查电流互感器极性的原理如图12-1所示。对电流互感器，当一次电流从 L1 端流进线圈时，二次电流从 K1 端流出，这种极性叫做减极性。图中，在一次线圈通以直流电流，在二次线圈上接入一个直流电压表，当合上开关 K 的瞬间，观察电压表指针由零指向正方向，则电流互感器为减极性，即极性标示正确；反之则极性标

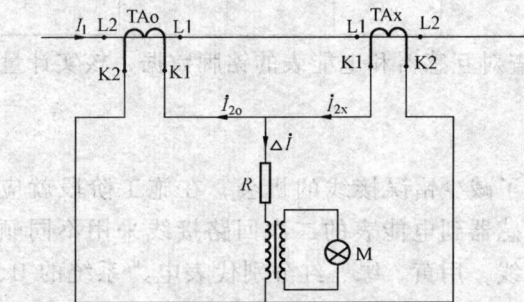

图 12-1　直流法检查电流互感器极性

示错误。试验时，应注意调节可变电阻 R 的大小，使流经线圈的直流电流尽可能小，只要能观察到电压表偏转即可。

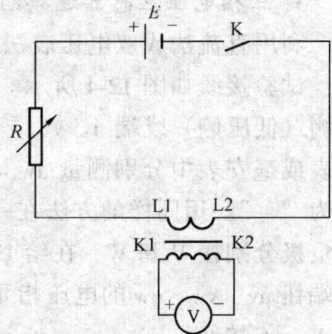

图 12-2　比较法检查电流互感器极性

（2）比较法。比较法就是利用互感器校验仪上所带有的极性指示灯，在测试误差前先进行极性检查，其原理如图 12-2 所示。用作比较的标准电流互感器 TA0 的极性必须是已知的，TA$_x$ 是被检互感器。当两者极性相同时，流过差流支路的电流 $|\Delta \dot{i}| = |\dot{i}_{20}| - |\dot{i}_{2x}|$ 很小，不能启动极性指示器 M，说明被检互感器极性标志正确。当两者极性相反时，$|\Delta \dot{i}|$ $= |\dot{i}_{20}| + |\dot{i}_{2X}|$，极性指示器 M 转动，说明

被检互感器极性标志不正确。

2．电压互感器极性检查

（1）直流法。直流法检查电压互感器极性的原理如图12-3所示。如极性标示正确，在合上开关 K 的瞬间电压表指针应由零向正方向偏转，用直流法检查电压互感器极性时，直流电源应接在电压互感器高压侧。

（2）比较法。和电流互感器一样，检查电压互感器的极性，也可用已知极性的标准电压

互感器在互感器校验仪上相比较，来确定被检互感器的极性。

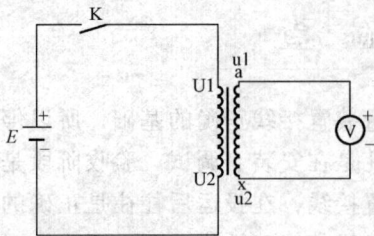

图 12-3　直流法检查电压互感器极性

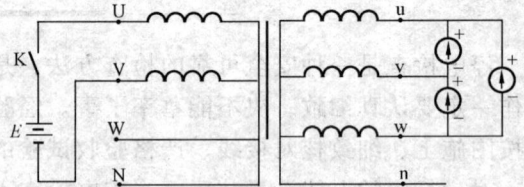

图 12-4　直流法检查电压互感器连接组别

3．三相电压互感器连接组别检查

利用直流法或双电压表法可判定三相电压互感器的连接组别是否为 Y，y0。

试验接线如图 12-4 所示。在电压互感器一次侧（高压侧）线端 U、V 间接入干电池，二次侧（低压侧）线端 u、v、w 间接直流毫伏表或毫安表，当闭合开关 K 的瞬间，从直流毫伏表或毫安表中分别测量 uv、vw、uw 端的电压指示，当指针正方向偏转为"＋"，反方向偏转为"－"。用同样的方法在一次端钮 VW、UW 间加干电池，在给 VW 加电压时，电池正极和负极分别接 V 和 W，在给 UW 加电压时，电池正极和负极分别接 U 和 W。再分别测量二次端钮 uv、vw、uw 的电压指示。如符号满足表 12-1，则为 Y，y0 接线；若满足表 12-2，则为 Y，y6 接线。

表 12-1　　Y，y0 接线直流法试验符号

一	次	UV	VW	UW
	uv	+	－	+
二	次 vw	－	+	+
	uw	+	+	+

表 12-2　　Y，y6 接线直流法试验符号

一	次	UV	VW	UW
	uv		+	
二	次 vw	+	+	
	uw			

另外，还应根据施工图纸和其它文件资料，查对互感器和电能表的铭牌数据，核实计量点的实际倍率。

二、二次接线和接线端标志核对

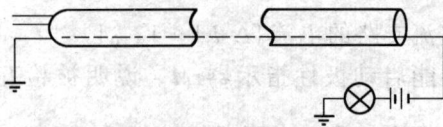

图 12-5　用通灯检查导线通断

为了减少错误接线的机会，在施工阶段就应将从互感器到电能表的二次回路接线采用不同颜色的导线，用黄、绿、红分别代表电力系统的 U、V、W 相。电流和电压二次接线应分别穿在不同的导线管内，以便于停电检查。

停电检查二次接线，使用较多的工具是万用表和通灯。利用通灯进行导线导通检查的原理如图 12-5 所示。

通灯由电池、小灯泡及测试导线组成。在检查时，先将电缆线两端全部拆开，再将电缆线一端的线头逐根接地，通灯测试线的一端也接地，另一端与待查导线相连，若待查导线两端是同一导线，则通灯由接地点构成回路，灯泡亮，否则不亮。当灯泡亮时两头对应线端为同相。从端钮排到电能表端钮间的每根导线都可以用这个方法进行导通试验。

二次回路导线不但要连接正确，而且每根导线之间及导线对地应该有良好的绝缘。导线

间和导线对地的绝缘电阻，可用 500V 或 1000V 的兆欧表来测量，绝缘电阻应符合有关规程的要求（一般不低于 10MΩ）。

第三节　互感器错误接线分析

一、电压互感器一次断线

当电压互感器一次断线时，二次各线电压的值与互感器的接线方式以及所断线的相别有关。电能计量装置所用的电压互感器一般有两种接线方式，一种是用两台单相电压互感器接成 V，v 接线，另一种是用一台三相五柱电压互感器或三台单相电压互感器接成 Y，y 接线。下面分别研究这两种接线方式下电压互感器一次断线时的情况。

（1）电压互感器 V，v 接线时，一次 U 相和 W 相断线。其接线图如图 12-6 所示。

在正常情况下，三个线电压都是 100V，当一次 U 相断线时，UV 间没有电压，二次侧 uv 间也没有感应电势，即 $U_{uv} = 0V$。一次侧 VW 间电压正常，故 $U_{vw} = 100V$。此时，二次 uv 绕组只起一个导线的作用，即 u、v 两点等电位，所以，$U_{wu} = U_{vw} = 100V$。

同理，当一次 W 相断线时，$U_{uv} = 100V$，$U_{vw} = 0V$，$U_{wu} = 100V$。

（2）电压 V，v 接线时，一次 V 相断线。其接线图如图 12-7 所示。

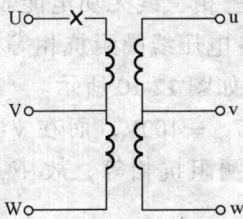

图 12-6　电压互感器
　　V，v 接线时
　　一次 U 相断线

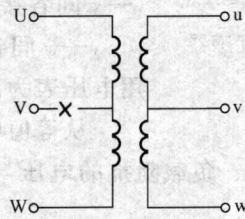

图 12-7　电压互感器
　　V，v 接线时
　　一次 V 相断线

这种情况我们可以看成是在 U、W 相之间加一个单相高压电源，所以，$U_{wu} = 100V$。若两个单相电压互感器励磁阻抗相等，则 UV、VW 两个绕组串联，则二次平均分配 100V 电压，即 $U_{uv} = 50V$，$U_{vw} = 50V$。

（3）电压互感器 YN，yn 接线时，一次断线其接线图如图 12-8（a）所示。

如一次 U 相断线，即一次、二次都缺少了一相电压，二次 u 相绕组无感应电势，此时 u 点和 n 等电位。U_{uw} 还是正常电压 100V，和 U 相有关的两个线电压 U_{uv}、U_{wu} 均降为 $100/\sqrt{3}$ = 57.7V（相电压）。

断 V 相时，$U_{uv} = 57.7V$，$U_{uw} = 57.7V$，$U_{wv} = 100V$。

断 W 相时，$U_{uv} = 100V$，$U_{uw} = 57.7V$，$U_{wu} = 57.7V$。

二、电压互感器二次断线

电压互感器二次断线时，二次线电压值与电压互感器的接线方式无关，但和电压互感器二次是否接有负载及所接负载的情况有关。下面分别研究电压互感器二次空载和带负载的情况下，u 相、v 相、w 相断线时的二次线电压。

1．断 u 相

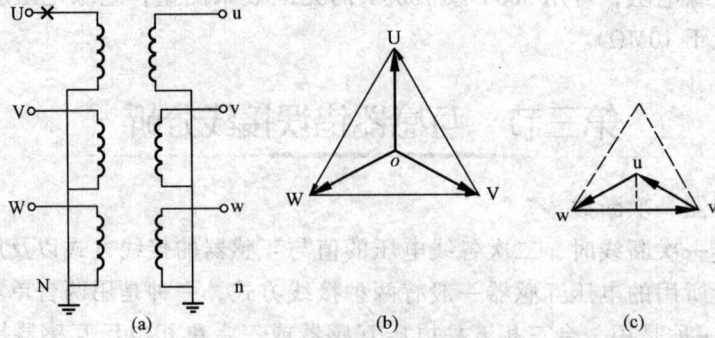

图 12-8　YN，yn 接线电压互感器

(a) 接线图（U 相断线）；(b) 正常时电压相量图；

(c) 断 U 相时二次电压相量图

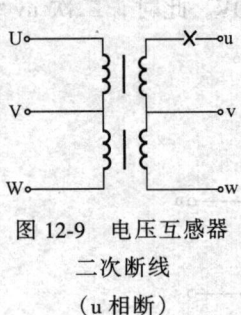

图 12-9　电压互感器
二次断线
（u 相断）

空载时，其接线图如图 12-9 所示。因为 u 相断开，uv 间不构成回路，故 $U_{uv} = 0V$；uw 间为正常电压回路，故 $U_{vw} = 100V$；wu 间也不构成回路，故 $U_{wu} = 0V$。

带负载时，假定所接负载为一只三相三线有功电能表（u—v、w—v 间各接一个电压线圈）和一只 60°型三相三线无功电能表（u—w、v—w 间各接一个电压线圈），并假设各电压线圈阻抗相等，测量用电压表为高内阻，其接线图和等值电路如图 12-10 所示。

从等值电路图中可以清楚地看到，$U_{vw} = 100V$，而在 v→u→w 这个串联支路中，负载阻抗的电压与阻抗值成正比，而各电压线圈阻抗相等，故 $U_{uv} = U_{wu} = 50V$。

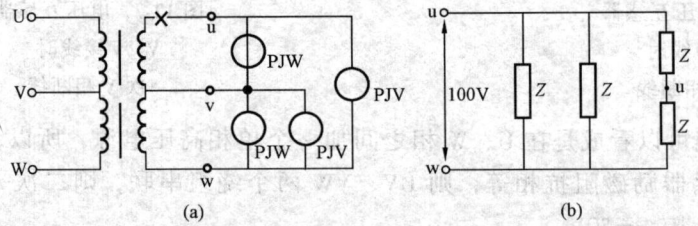

图 12-10　带负载时，u 相断线

(a) 接线图；(b) 等值电路图

2. 断 v 相

空载时，$U_{uv} = 0V$，$U_{vw} = 0V$，$U_{wu} = 100V$。

带负载时，接线图和等值电路如图 12-11 所示。U_{uv} 和 U_{vw} 按阻抗的比例分配 100V 电压，u—v 间为一个电压线圈阻抗 Z，u—w 间为两个电压线圈并联，阻抗为 $Z/2$，故 $U_{uv} = 2U_{vw}$，即

$$U_{wu} = 100(V)$$

$$U_{uv} = \frac{2}{3} \times 100V = 66.7(V)$$

366

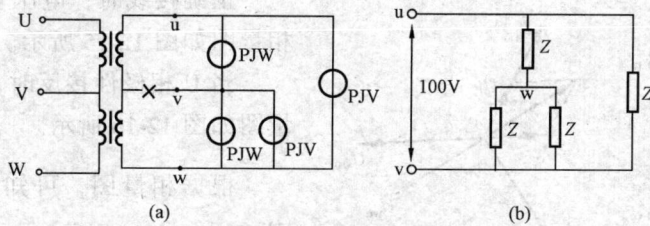

图 12-11 带负载时，u 相断线

(a) 接线图；(b) 等值电路图

$$U_{vw} = \frac{1}{3} \times 100V = 33.3(V)$$

3. 断 w 相

空载时，$U_{uv} = 100V$，$U_{vw} = 0V$，$U_{wu} = 0V$。

带负载时，接线图和等值电路如图 12-12 所示。U_{wu} 和 U_{vw} 按阻抗的比例分配 100V 电压，u—w 间为一个电压线圈阻抗 Z，v—w 间为两个电压线圈并联，阻抗为 $Z/2$，故 $U_{wu} = 2U_{vw}$，即 $U_{uv} = 100V$，$U_{wu} = \frac{2}{3} \times 100V = 66.7V$，$U_{vw} = \frac{1}{3} \times 100V = 33.3V$

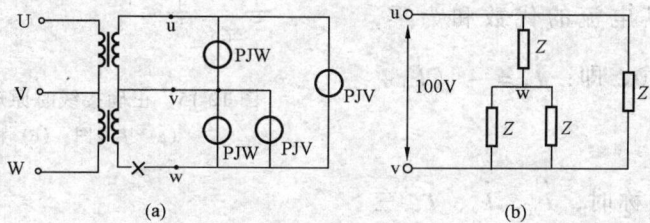

图 12-12 带负载时，w 相断线

(a) 接线图；(b) 等值电路图

三、电压互感器绕组极性接反

1. 电压互感器 V，v 接线

正确接线时，电压互感器原理接线图和相量图如图 12-13 所示。

当一台电压互感器极性接反（uw 相）时，原理接线图和相量图如图 12-14 所示。

因为互感器二次侧 v—w 相极性接反，所以 $\dot{U}_{uw}$ 与 $\dot{U}_{vw}$ 方向相反。$\dot{U}_{wu} = -(\dot{U}_{uv} + \dot{U}_{vw})$，从相量图上看，$U_{wu} = \sqrt{3}\,U_{uv} = \sqrt{3}\,U_{uw} = 173.2V$。由此可知：

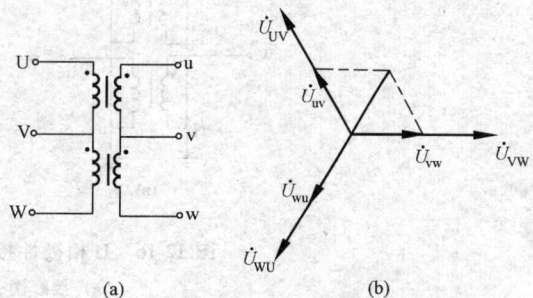

图 12-13 正确接线时原理图和相量图

(a) 接线图；(b) 相量图

vw 相电压互感器极性接反，其结果是 $U_{uv} = U_{vw} = 100V$，$U_{wu} = 173.2V$。

UV 相极性接反时，结果与 VW 相接反时相似。

2. 电压互感器 Y，y 接线

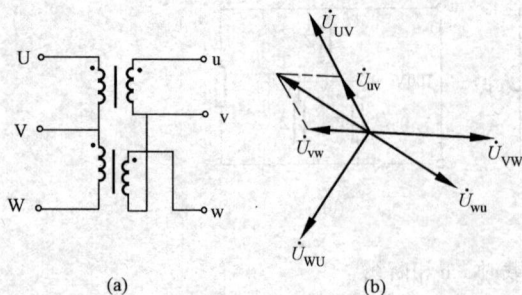

图 12-14 VW 相极性接反

(a) 接线图；(b) 相量图

当 W 相极性接反时，$U_{uv} = 100V$，$U_{vw} = 100/\sqrt{3}V$，$U_{wu} = 100/\sqrt{3}V$。

四、电流互感器绕组极性接反

1. 电流互感器不完全星形接线

正确接线时，原理接线图和相量图如图 12-17 所示。

根据基尔霍夫电流定律，在电路中的任何一个节点，其电流的代数和为零，故：$\dot{I}_u + \dot{I}_v + \dot{I}_w = 0$，即：$\dot{I}_v = -(\dot{I}_u + \dot{I}_w)$

当三相电流对称时，$\dot{I}_u$、$\dot{I}_v$、$\dot{I}_w$ 三

正确接线时，电压互感器原理接线图和相量图如图 12-15 所示。

当 U 相极性接反时，其原理接线图和相量图如图 12-16 所示。

根据相量图，可知 $\dot{U}_u$ 与 U_v 相位相反，则 $U_{vw} = 100V$，$U_{uv} = 100/\sqrt{3}$ V，$U_{wu} = 100/\sqrt{3}V$。

当 V 相极性接反时，$U_{wu} = 100V$，$U_{uv} = 100/\sqrt{3}V$，$U_{vw} = 100/\sqrt{3}V$。

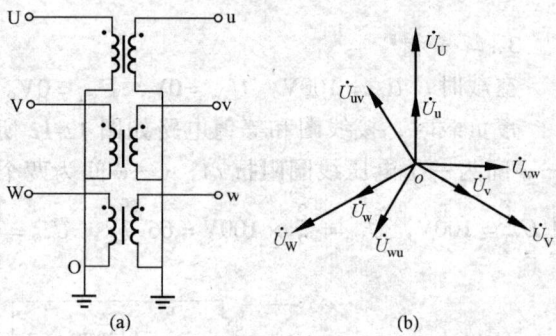

图 12-15 正确接线时原理图和相量图

(a) 接线图；(b) 相量图

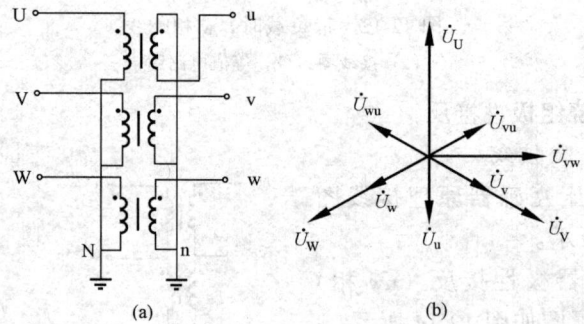

图 12-16 U 相极性接反时原理图和相量图

(a) 接线图；(b) 相量图

者的幅值相等且相位互差 120°。

当 U 相电流互感器极性接反时，其原理接线图和相量图如图 12-18 所示。

此时，U 相电流为 $-\dot{I}_u$，则 $\dot{I}_v = -(\dot{I}_w + \dot{I}_u)$，即公共线电流 $\dot{I}_v$ 是 $-\dot{I}_u$ 和 $\dot{I}_w$ 的相量和，由相量图可见，在三相电流对称的情况下，I_v 值是正常相电流的 $\sqrt{3}$ 倍。

同样，W 相电流互感器极性接反时，公共线电流 I_v 也是正常相电流的 $\sqrt{3}$ 倍。

368

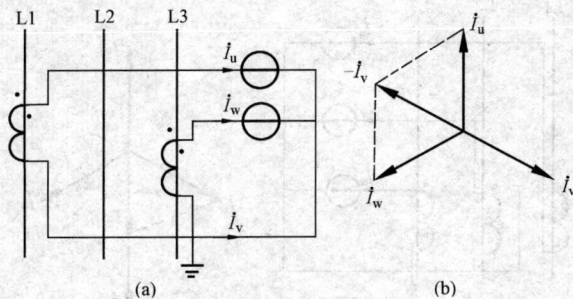

图 12-17 V 形接线

(a) 接线图；(b) 相量图

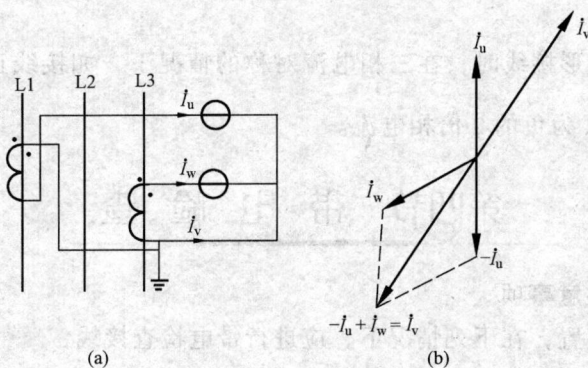

图 12-18 U 相极性接反

(a) 接线图；(b) 相量图

由此可见，电流互感器不完全星形接线时，任一台互感器的极性接反，公共线上电流都要增大至正常值的$\sqrt{3}$倍。

2. 电流互感器星形接线

正确接线时，原理接线图和相量图如图 12-19 所示。由图可见，$\dot{I}_u + \dot{I}_v + \dot{I}_w = \dot{I}_n$，当三相电流对称时，$\dot{I}_u + \dot{I}_v + \dot{I}_w = 0$，所以$\dot{I}_n = 0$。

当 U 相电流互感器极性接反时，其原理接线图和相量图如图 12-20 所示。

因 U 相电流互感器极性接反，U 相电流为$-\dot{I}_u$，而$\dot{I}_v$、$\dot{I}_w$的相量和也是$-\dot{I}_u$，故$\dot{I}_n = -\dot{I}_u + \dot{I}_v + \dot{I}_w = -2\dot{I}_u$。

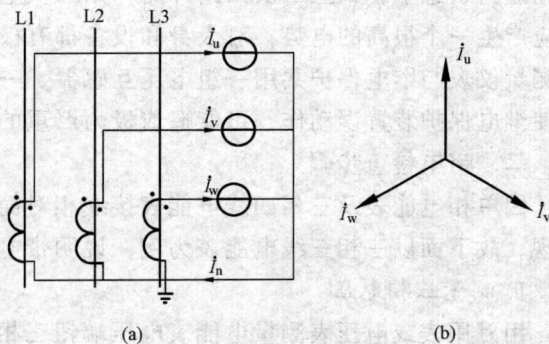

图 12-19 Y 形接线

(a) 接线图；(b) 相量图

同理 V 相电流互感器极性接反时，$\dot{I}_n = \dot{I}_u - \dot{I}_v + \dot{I}_w = -2\dot{I}_v$。

W 相电流互感器极性接反时，$\dot{I}_n = \dot{I}_u + \dot{I}_v - \dot{I}_w = -2\dot{I}_w$。

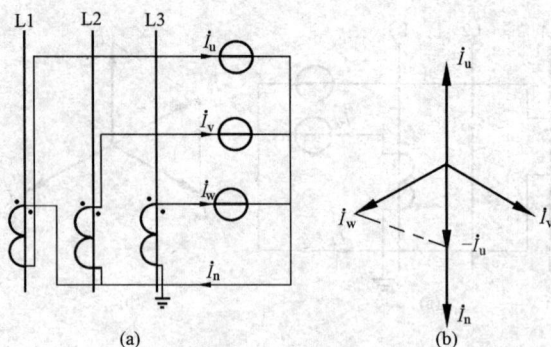

图 12-20　V 相极性接反

(a) 接线图；(b) 相量图

所以电流互感器星形接线时，在三相电流对称的情况下，如接线正确，则 $\dot{I}_n = 0$；如一台互感器极性接反，$\dot{I}_n$ 为负的 2 倍相电流。

第四节　带　电　检　查

一、带电检查的注意事项

对运行中的计量装置，在下列情况下，应进行带电检查接线：

（1）新安装的电能表和互感器；

（2）更换后的电能表和互感器；

（3）电能表和互感器在运行中发生异常现象。

带电检查是直接在互感器二次回路上进行的工作，一定要严格遵守电力安全规程，特别要注意电流互感器二次回路不能开路，电压互感器二次回路不能短路。因为电流互感器是工作在短路状态下，一旦二次回路开路，则二次电流的去磁作用将不存在，这样二次线圈上会感应产生一个很高的电势，对人身和设备都有极大的危险；电压互感器不允许短路是因为有时测量仪表与继电保护共用一组电压互感器，一旦其发生短路，不仅会损坏互感器本身，还会使继电保护装置误动作，可能造成极为严重的后果。

二、带电检查步骤

因单相电能表及三相四线电能表接线相对简单，出现错误接线的机会较少，且比较容易发现，故下面以三相三线电能表为例，说明带电检查的基本步骤：

1. 测量三相电压

用万用表或电压表测量电能表电压端钮三相电压。在正常情况下，三相电压是接近相等的，约为 100V（以高压三相三线表为例，以下相同）。如测得的各相电压相差较大，说明电压回路存在断线或极性接反的情况。各种断线的测试结果见表 12-3。各种极性接反的测试结果见表 12-4。

依据上面两个表中的各种电压数值及相位关系，基本可以判定电压互感器的断线及二次极性接反的各种情况。一般情况下，当判明电压互感器存在断线或极性接反的情况时，在做好记录后可先行改正此类错误，再做其他检查。

表 12-3　　　　　　　　V，v 接法电压互感器断线时的线电压

序号	接 线 图	电压互感器二次线电压（V）									备 注
		二次空载			二次接一只有功表			二次接一只有功表、一只无功表			
		u_{uv}	u_{vw}	u_{wu}	u_{uv}	u_{vw}	u_{wu}	u_{uv}	u_{vw}	u_{wu}	
1		0	100	100	0	100	100	50	100	50	
2		50	50	100	50	50	100	50	50	100	
3		100	0	100	100	0	100	100	33.3	66.7	假定电能表各电压线圈阻抗相同
4		0	100	0	0	100	100	50	100	50	
5		0	0	100	50	50	100	66.7	33.3	100	
6		100	0	0	100	0	100	100	33.3	66.7	

表 12-4 　　　　　　　　　　　V，v 接法电压互感器极性接反的相量图及线电压

序号	极性接反相别	接线图	相量图	二次线电压（V）
1	U 相极性接反	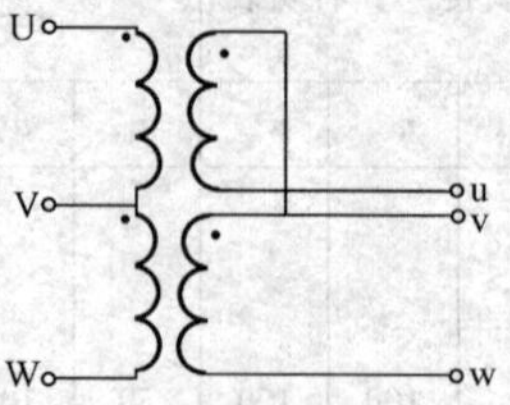	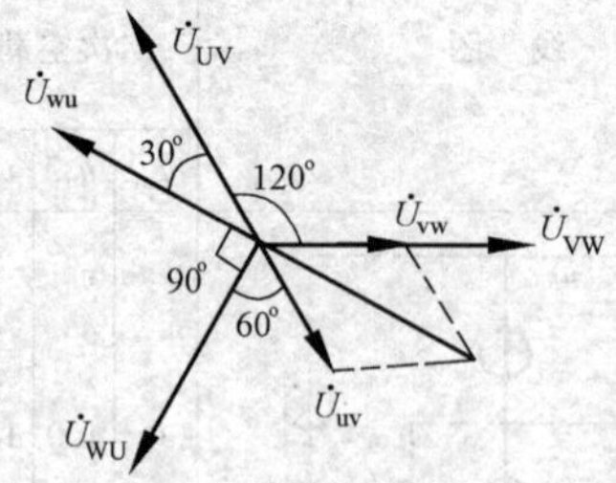	$u_{uv}=100$ $u_{vw}=100$ $u_{wu}=173$
2	W 相极性接反	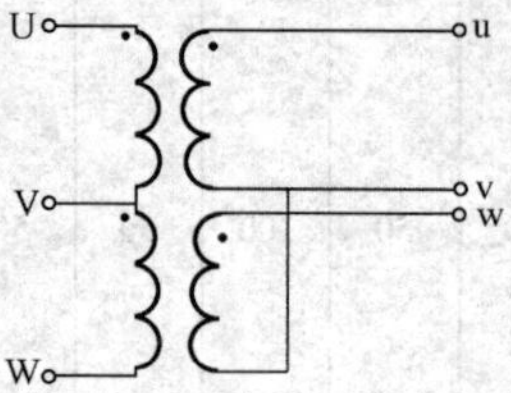	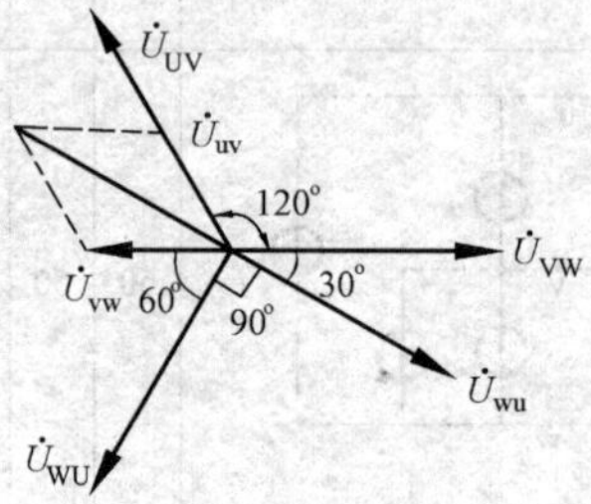	$u_{uv}=100$ $u_{vw}=100$ $u_{wu}=173$
3	U、W 相极性接反	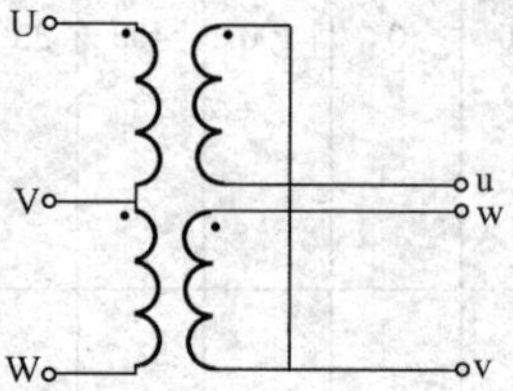	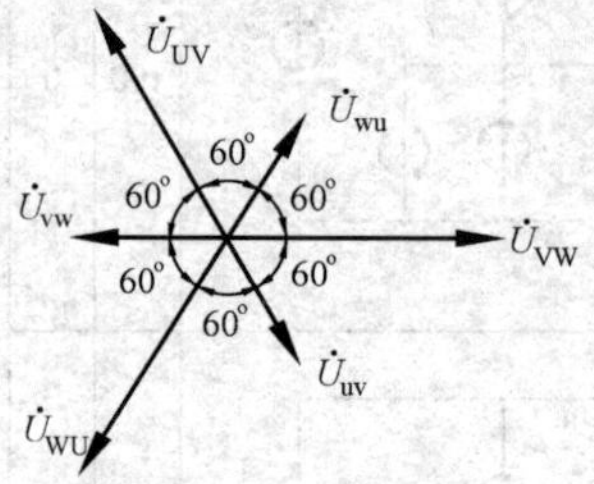	$u_{uv}=100$ $u_{vw}=100$ $u_{wu}=100$

2. 检查电压接地点及判明接线方式

先将电压表的一端接地，另一端依次触及电能表电压端钮，如有两个电压端钮对地电压为 100V，余下一端对地电压为 0，则说明是两台单相电压互感器接线为 V，v 形连接，电压 ≈ 0 相为 V 相，是接地相（$U_{u0}=U_{w0}=100V$，$U_{v0}=0V$）。如各电压端钮对地电压约等于相电压（57.7V），则说明三相电压互感器为 Y，yn 形连接，二次中性点接地。如电压端钮对地无电压或电压数值很小，说明二次电压回路没有接地。

3. 测三相电压相序

用相序表测定三相电压相序，再根据已判明的接地相为 u 相，就能确定其余两相所属相别。在不存在断线和极性接反的情况下，三相电压在正相序时有三种可能的顺序：U_u、U_v、U_w，U_v、U_w、U_u，U_w、U_u、U_v，即相电压 u、v、w 相呈顺时针方向旋转。在逆相序时三相电压也有三种可能的顺序：U_u、U_w、U_v，U_v、U_u、U_w，U_w、U_v、U_u，即相电压 u、v、w 相呈逆时针方向旋转。

4. 检查电流接线

此项检查主要是检查电流二次共用连线是否断开、互感器极性端是否接错以及是否有

I_u 相电流流入电能表电流线圈。

首先查明电流互感器二次回路接地点，可用一根两端带夹子的短路导线来确定。将导线夹子一端接地，另一端依次连接电能表电流端钮，若电能表转速变慢，则该端钮没有接地；若电能表转速无变化，则该端钮就是接地点。当两台电流互感器二次回路共用连线接地断开后，用短路导线接地时，电能表转速变快，此时也可用钳型电流表测量，当公用连线断开接地时电流表无读数，当用短路导线接地时电流表有读数。

当两台电流互感器二次回路公用连线不是接在同一极性端时，会造成 $\sqrt{3}$ 倍相电流（$|\dot{I}_u - \dot{I}_w| = |\dot{I}_{uw}| = \sqrt{3}I$）流入电能表电流线圈。此时用钳型电流表若测得一相电流约为 $\sqrt{3}$ 倍相电流，而用短路导线将另一相的电流出线端接地，则该相电流下降，使三相电流基本平衡。

若接入电能表电流线圈的二次接线端位置接错，就会将 I_u 电流接入电流线圈，所以必须检查电流接地点的公用连线与电能表两个电流线圈的出线端是否连在一起，这样才能避免 I_u 电流接入电流线圈。

5. 测量电流互感器二次电流

用钳型电流表依次测量各相电流是否接近相等，判明有无 $\sqrt{3}$ 倍相电流存在和电流回路有无短路或断路情况。

当电流互感器接成 V 形时，二次回路最好采用四根导线，其优点是减少错误接线机会，不会产生 I_{uw} 或 I_v 电流。这样电流回路的电流只有八种可能，即：I_u、I_w，I_w、I_u，$-I_u$、$-I_w$，$-I_w$、$-I_u$，I_u、$-I_w$，$-I_u$、I_w，I_w、$-I_u$，$-I_w$、I_u。

总之，经过上述检查步骤后，发生错误接线方式的机率将大大降低。如果二次电压回路如果没有断线和极性接反，电压回路只有 6 种可能的错误接线方式；二次电流回路如果没有断线、短路或 $\sqrt{3}I$ 和 I_u 电流接入电能表电流线圈，则电流回路只有 8 种可能的错误接线方式，这样，电压和电流错误接线方式最多可组合为 48 种，其中电压为正相序有 24 种，其中只有一种接线方式是正确的，即 U_u、U_v、U_w，I_u、I_w，电压为逆相序有 24 种，其中只有一种接线方式可正确计量，即 U_w、U_v、U_u，I_w、I_u。

6. 判断电能表接线方式

经过上述检查步骤后，还不能确定电能表电流与电压的对应关系，还不能确定是 48 种接线方式中的哪一种，因此还必须用相应的方法来进一步确定电能表属于哪一种接线方式。常用的方法有断 v 相电压法、uw 相电压交叉法、六角图法、相位表法等等。

（1）断 v 相电压法和 uw 相电压交叉法：

1）在三相电路对称，负荷稳定，而且已知电压相序和负荷性质（感形或容形）情况下，如电能表的 v 相电压断开，电能表转速慢约一半，则电能表接线是正确的。这是因为 v 相电压断开后，$U_{uv} = U_{wv} = \frac{1}{2} U_{uw}$，如图 12-21（a）所示。电能表所测的功率为：

$$P = \frac{1}{2} U_{uw} I_u \cos(30° - \varphi) + \frac{1}{2} U_{wu} I_w \cos(30° + \varphi) = \frac{1}{2} \sqrt{3} UI \cos\varphi$$

先在三相电压下测定电能表转 N 圈所需时间 t_0（s），然后在断 v 相电压后，再测定电能表转 N 圈所需时间 t（s），只要 $t \approx 2t_0$，就表明电能表接线是正确的。考虑到三相电压和电流实际上不可能完全对称，负荷也会有一定的波动，所测得的时间可能有 ±20% 左右的差异。

2）u、w 相电压交叉法。如负荷不够稳定，可用 u、w 相电压交叉法来检查接线。将电能表的电压端钮 u、w 接线相对调，电能表若不转动或只有一点微动，则说明电能表接线是正确的。因为电能表在 u、w 相电压互换后 $\dot{U}_{uv}$ 变为 $\dot{U}_{wv}$，$\dot{U}_{wu}$ 变为 $\dot{U}_{uv}$，如图 12-21（b）所示。则所测定的功率为零，即：

$$P = U_{wv}I_{u}\cos(90° + \varphi) + U_{uv}I_{w}\cos(90° - \varphi) = 0$$

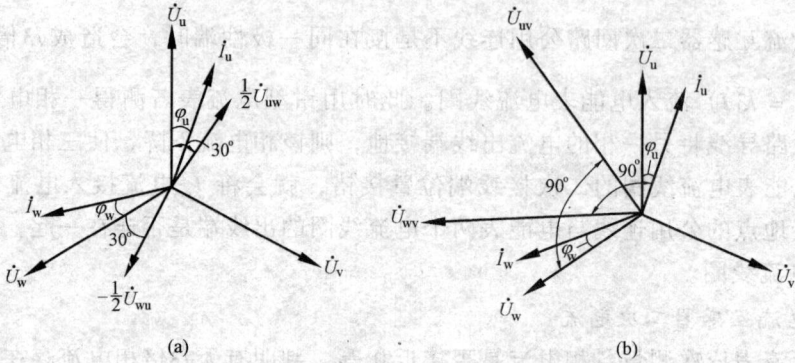

图 12-21 断 V 相电压法和 u、w 相电压交叉法
（a）断 u 相电压；（b）u、w 相电压交换

（2）转动方向法。断 u 相电压法和 u、w 相电压交叉法只能确定电能表接线是否正确，但对错误接线的种类还无法判断，即不能确定是何种错误接线方式。转动方向法则是将这两种方法结合起来，将两只单相标准电能表经过联合接线盒接入电路，标准电能表电流回路与被试电能表电流线圈串联，电压回路与被试电能表电压线圈并联，分别记录三相全电压下、断 u 相电压后以及 u、w 相电压交叉后两只标准电能表的转动方向，据以上情况下的转动方向来判断其接线方式。这种方法仅适用于三相电压、电流平衡，$\cos\varphi = 1.0 \sim 0.5$，并已知功率因数是滞后还是超前的情况。

表 12-5 是在电压正相序时，各种转动方向与对应的接线方式。

表 12-5　　　　　　　　　　三相三线电能表正相序时接线方式与转动方向

序号	接 线 方 式	转动方向（"+"为正转"-"为反转）					
		$\cos\varphi = 1.0 \sim 0.5$（滞后）			$\cos\varphi = 1.0 \sim 0.5$（超前）		
		三相全电压	电压交叉	断 u 相后	三相全电压	电压交叉	断 v 相后
1	I_u、U_{uv}　I_w、U_{wu}	+ +	- +	+ +	+ +	+ -	+ +
2	I_w、U_{uv}　I_u、U_{wv}	+ -	+ +	- -	- +	+ +	- -
3	$-I_u$、U_{uv}　$-I_w$、U_{wv}		+	- +		+ -	
4	$-I_w$、U_{uv}　$-I_u$、U_{wv}	- +		+ +	+ +		+ +
5	I_u、U_{vw}　I_w、U_{uw}	+ +	+	+	+ +	+	
6	I_w、U_{vw}　I_u、U_{uw}	+	- +		+ +		+ +
7	$-I_u$、U_{vw}　$-I_w$、U_{uw}	+	+ +		+ +	+	+ +
8	$-I_w$、U_{vw}　$-I_u$、U_{uw}	+ +	+	+	+ +		
9	I_u、U_{wu}　I_w、U_{vu}	- -	- +	+	- +	+ +	+ -

序号	接线方式	转动方向（"+"为正转 "-"为反转）					
		$\cos\varphi = 1.0 \sim 0.5$（滞后）			$\cos\varphi = 1.0 \sim 0.5$（超前）		
		三相全电压	电压交叉	断 u 相后	三相全电压	电压交叉	断 v 相后
10	I_w、U_{wu}　I_u、U_{vu}	+ −	− −	+ +	+ −	+ −	+ −
11	$-I_u$、U_{wu}　$-I_w$、U_{vu}	+ +	+ −	+ +	+ −	+ −	− +
12	$-I_w$、U_{wu}　$-I_u$、U_{vu}	− +	+ +	− +	− +	− +	− +
13	$-I_u$、U_{uv}　I_w、U_{wv}	− +	− +	− +	− +	+ −	− +
14	I_w、U_{uv}　$-I_w$、U_{wv}	+ +	+ −	+ +	+ −	− +	− +
15	I_u、U_{uv}　$-I_w$、U_{wv}	+ +	+ −	− +	+ +	+ −	− +
16	$-I_w$、U_{uv}　I_u、U_{wv}	− +	+ −	+ +	+ +	+ −	− +
17	$-I_u$、U_{vw}　I_w、U_{uw}	+ −	+ −	+ +	+ −	− −	+ −
18	I_w、U_{vw}　$-I_u$、U_{uw}	+ −	+ −	+ +	+ −	+ −	+ −
19	I_u、U_{vw}　$-I_w$、U_{uw}	+ +	+ +	− −	− +	+ +	+ +
20	I_w、U_{vw}　I_u、U_{uw}	+ +	+ +	+ +	+ +	+ −	− +
21	$-I_u$、U_{wu}　I_w、U_{vu}	+ +	+ +	+ +	+ +	+ +	+ +
22	I_w、U_{wu}　$-I_u$、U_{vu}	+ +	− +	+ +	+ +	+ +	+ +
23	I_u、U_{wu}　$-I_w$、U_{vu}	− +	+ −	− +	− +	− +	− +
24	$-I_w$、U_{wu}　I_u、U_{vu}	+ −	+ +	+ −	+ −	+ +	+ −

三、六角图法确定被检电能表的接线方式

六角图法就是通过测量与功率相关量值来比较电压、电流相量关系，从而判断电能表的接线方式。它适用的条件是：

（1）三相电压相量已知，且基本对称；

（2）电压和电流都比较稳定；

（3）已知负荷性质（感性或容性）和功率因数大致范围，且三相负载基本平衡。

已知三相电压 $\dot{U}_u$、$\dot{U}_v$、$\dot{U}_w$，三相电流 $\dot{I}_u$、$\dot{I}_v$、$\dot{I}_w$，负荷为感性且三相对称，如图 12-22 所示。从 $\dot{I}_u$ 的顶端分别向 $\dot{U}_{uv}$、$\dot{U}_{wu}$ 作垂线，则可得到 $\dot{I}_u$ 对应线电压的水平分量，这个分量可看成是 $\dot{I}_u$ 对应线电压的有功功率分量 P_{uv}、P_{wv}。反过来，如果已知 P_{uv}、P_{wv}，

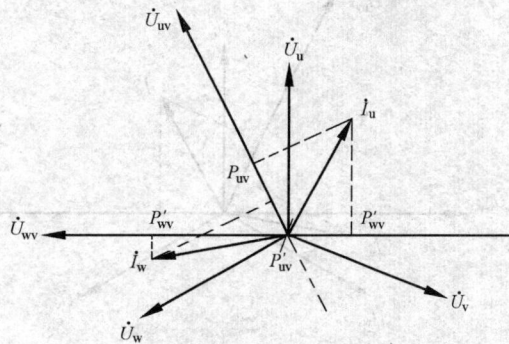

图 12-22　用功率确定电流相量原理

并在相应线电压上作垂线，则两条垂线相交点与原点 0 的连线即为 $\dot{I}_u$。按同样的方法，也可以根据 P'_{uv}、P'_{wv} 确定 $\dot{I}_w$ 的相量。

同样，还可以用标准电能表来测量与电流相量投影成正比的功率：

$$P = UI\cos\varphi = \frac{3600 \times 1000}{At}N$$

式中　A——电能表常数，r/kWh；

t——电能表转 N 圈所需时间，s；

N——被检电能表所选定的转数。

从这个公式中可以看出，选定转数 N 用秒表测定时间 t，或选定测试时间 t 用标准电能表测定转数 N，都可以得到功率 P。因为只求出电流相量投影的相对值，而不需要算出实际功率。由于转数 N 选定后，$P \propto \dfrac{1}{t}$，或当选定时间 t 后，$P \propto N$，因此可以用所测得的时间倒数 $\dfrac{1}{t}$ 或转数 N 来表示电流相量在对应电压相量上投影的功率。

1. 六角图法检查步骤与方法

（1）测量电压端钮间的线电压；

（2）检查接地点，确定 v 相电压线并测定电压相序；

（3）用钳型电流表和短路导线测量电流值，查明二次电流接地点的公用连接线与电能表两个电流线圈出线端相连接，避免 I_v 接入电流线圈；

（4）使电能表接线方式组合在 48 种以内，然后利用标准电能表或相位表检查电流相量。

2. 标准电能表法

用两只标准电能表接入三相电路，选定测试时间或选取被检电能表一定的转数，读取两只标准电能表读数 W_1（$\dot{U}_{uv}\dot{I}_u$）、W_2（$\dot{U}_{wv}\dot{I}_w$）。之后将 u、w 相电压互换，选定相同的测试时间或选取相同的被检电能表转数，再读取两只标准电能表的读数 W'_1（$\dot{U}_{wv}\dot{I}_u$）、W'_2（$\dot{U}_{uv}\dot{I}_w$），从 W_1 和 W'_1 的投影画出 $\dot{I}_u$ 的相位，从 W_2 和 W'_2 的投影画出 $\dot{I}_w$ 的相位，然后根据已知的负荷功率因数分析相量图，从而确定被检电能表的接线方式。

【例 12-1】 已知三相电路对称，负荷为 0.9（滞后）左右，根据上述方法测得 $W_1 = 137$，$W_2 = 235$，$W'_1 = -98$，$W'_2 = 102$。

解： 由已知条件可做出相量图如图 12-23 所示。

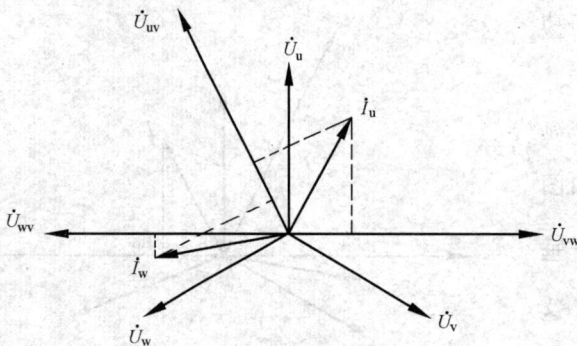

图 12-23 ［例 12-1］图

从图 12-23 的相量图可看出 $\dot{I}_u$ 滞后 $\dot{U}_u$ 约 25°，$\dot{I}_w$ 滞后 $\dot{U}_w$ 约 25°与用户功率因数为 0.9（滞后）相符。再从电压交叉法看，$W'_1 + W'_2 \approx 0$，所测得功率等于零，说明电能表接线正确，接线方式为 $U_{uv} - I_u$、$U_{wv} - I_w$。

3. 相位表法

相位表法其实就是六角图法中的一种，它是利用钳型电流表、电压表、相位表联合测绘六角图。相位表法是以电压为参考相量，测量电流相量与电压参考相量的相位差，确定电压、电流的相位、相序，从而能够确定电能表的接线方式。

相位表法可以直接读出电压与电流之间的相位角度，并画出相应的六角图。

4. 六角图相量分析

利用六角图绘出电压、电流的相量后，还应进一步分析各相量关系以确定电能表的接线方式。要进行上述分析就必须知道功率输送方向、负荷性质（滞后或超前）以及大致的功率因数范围。如果功率因数超前，最好先停运电容器，使功率因数在滞后情况下进行接线检查。要分析电能表属于哪种接线方式，其步骤与方法大致如下：

（1）通过测量三相电压值（相电压或线电压）、电压相序、判定 v 相电压接线等，确定接入电能表电压端钮的电压相序以及接入电能表第一元件和第二元件的线电压；

（2）根据标准电能表的投影功率读数或相位表测得的相位角数值，在电压相量图中绘出第一元件电流 $\dot{I}_1$ 和第二元件电流 $\dot{I}_2$；

（3）分析电流相位。如有一相电流反接，在相量图上 $\dot{I}_1$ 和 $\dot{I}_2$ 的夹角为 60°而不是 120°；如 $\dot{I}_1$ 和 $\dot{I}_2$ 相差 120°，还应进一步分析是正相序还是逆相序。

（4）如电流为逆相序 $\dot{I}_w$、$\dot{I}_u$ 或 $-\dot{I}_w$、$-\dot{I}_u$，应改为正相序，并对调 $\dot{I}_w$、$\dot{I}_u$；

（5）若电流为正相序，是属于 $\dot{I}_u$、$\dot{I}_w$ 还是 $-\dot{I}_u$、$-\dot{I}_w$，取决于电流是否滞后于就近相电压，滞后则为 $\dot{I}_u$、$\dot{I}_w$，超前则为 $-\dot{I}_u$、$-\dot{I}_w$；

（6）最终确定电能表接线方式。

【例 12-2】　用标准电能表法对一三相三线用户进行电能表接线检查，通过测量知各线电压均为 100V，测试电压相序和 v 相电压接线后知接入电能表电压端钮的电压相序为 v、w、u，同时测得 $W_1 = 473$、$W'_1 = 320$、$W_2 = -488$、$W'_2 = -158$，已知用户功率因数为 0.8（滞后），问该用户电能表属哪种接线方式？

解：1）先确定电压相序为正相序 v、w、u，接入电能表一、二元件的电压分别为 $\dot{U}_{wu}$、$\dot{U}_{uv}$。

2）按 W_1 和 W'_1 的投影值画出 $\dot{I}_1$ 相位，按 W_2 和 W'_2 的投影值画出 $\dot{I}_2$ 相位；

3）分析电流相位，$\dot{I}_1$ 和 $\dot{I}_2$ 为逆相序，应为 $\dot{I}_w$、$\dot{I}_u$；

4）$\dot{I}_w$、$\dot{I}_u$ 分别超前于相应的相电压，与用户功率因数为 0.8（滞后）不符，故电流应倒相为 $-\dot{I}_w$、$-\dot{I}_u$；

5）电能表接线方式为 $\dot{U}_{wv}$、$-\dot{I}_w$、$\dot{U}_{uv}$、$-\dot{I}_u$。

在例题 12-2 中，若不能先判明接入电能表电压端钮的电压相序，则可先假定电压相序为 u、v、w，接入电能表一、二元件的电压为 $\dot{U}_{uv}$、$\dot{U}_{wv}$，根据 W_1、W'_1 的投影值画出 $\dot{I}_1$ 相位，根据 W_2、W'_2 的投影值画出 $\dot{I}_2$ 相位，如图 12-25 所示，再分析电流相位可得 $\dot{I}_1$ 和 $\dot{I}_2$ 为逆相序，应为 $\dot{I}_w$、$\dot{I}_u$，$\dot{I}_w$、$\dot{I}_u$ 分别超前于相应的相电压，与用户功率因数为 0.8（滞后）不符，故电流应倒相为 $-\dot{I}_w$、$-\dot{I}_u$，根据就近于相电压的原则，$\dot{I}_w$ 就近的相电压 $\dot{U}_v$ 应为 $\dot{U}_w$。使 $\dot{I}_w$ 滞后于 $\dot{U}_w$、$\dot{I}_u$ 就近的相电压 $\dot{U}_w$ 应为 $\dot{U}_v$，使 $\dot{I}_u$ 滞后于 $\dot{U}_u$，重新确定接入电能表电压端钮的电压相序为 v、w、u，接入电能表一、二元件的电压为 $\dot{U}_{wv}$、$\dot{U}_{uv}$，电能表接线方式为 $\dot{U}_{wv} - \dot{I}_w$、$\dot{U}_{uv} - \dot{I}_u$。

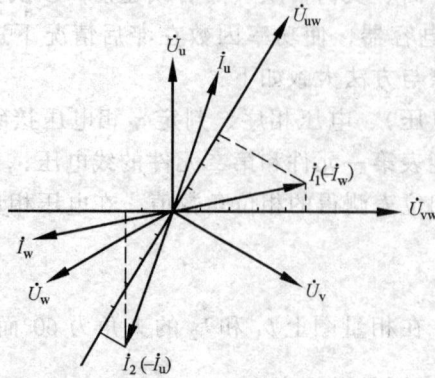

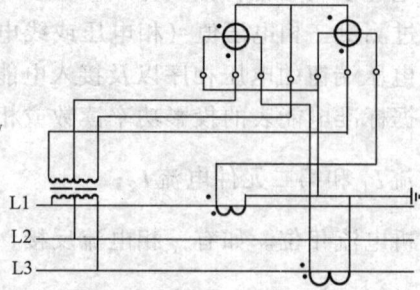

图 12-24　[例 12-2] 图（一）

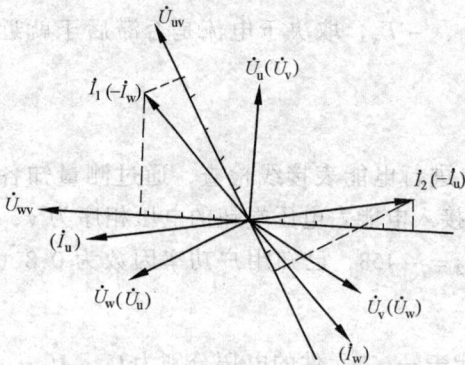

图 12-25　[例 12-2] 图（二）

随着现代电子技术的不断发展，各厂家已生产出各种新型多功能测量仪器，有的仪表不仅能测量电压、电流的幅值，还能测量电压电流之间以及电压与电压间、电流与电流间的相位，同时还可以测定三相电压相序，该类测量仪器为我们现场运用相位表法进行错误接线检查提供了极大的方便。下面以一个现场实例来说明相位表法进行接线检查的具体方法 [假定用户功率因数为 0.8～0.9（滞后）]。

1）首先用测量仪器电压档测量电能表电压端钮间线电压，得 $U_{uv} = U_{vw} = U_{wu} = 100V$，说明电压回路无断线和极性接反情况。

2）测得三相电压相序为正相序，测量各电压端钮对地电压，$U_u = 99.7V$，$U_v = 100V$，$U_w = 0V$，说明接入电能表 W 相电压端钮的是 v 相电压，实际接入电能表三相电压相序为 w、u、v，即接入电能表第一元件电压为 U_{wu}，接入电能表第二元件电压为 U_{vu}。

3）用钳型电流表测得一元件电流为 2.6A，二元件电流为 2.5A，电流基本平衡，说明电流回路无断线。

4）测得电能表第一元件电压与电流间相位差为 62.9°，第二元件电压与电流间相位差为 243°（测量时应注意电压极性端的连接以及电流的方向，否则测得的相位差值不对）。

5）画出相量图，电流相量的长度应正比于所测得的电流值。如图 12-26（a）所示。

6）从相量图分析，$\dot{I}_1$、$\dot{I}_2$ 相差 120°，为逆相序，即 $\dot{I}_1$ 应为 $\dot{I}_w$，$\dot{I}_2$ 应为 $\dot{I}_u$。

7）电能表接线方式为 $U_{wu}I_w$、$U_{vu}I_u$，其接线图如图 12-26（b）所示。

在应用相位表法时，若先不能判明接入电能表电压端钮的电压相别，也可采用与标准电能表法相同的办法，在正相序时假定电压相序为 u、v、w，接入电能表一、二元件的电压为 $\dot{U}_{uv}$、$\dot{U}_{wv}$；逆相序时为 u、w、v，接入电能表一、二元件的电压为 $\dot{U}_{uw}$、$\dot{U}_{vw}$，再根据一、二元件电压电流相位关系画出 $\dot{I}_1$、$\dot{I}_2$ 相位，分析电流相位，得出 $\dot{I}_1$ 和 $\dot{I}_2$ 所接入的实际电流相别，根据就近于相电压的原则，与 $\dot{I}_u$ 就近的相电压即为 $\dot{U}_u$，与 $\dot{I}_w$ 就近的相电压即为 $\dot{U}_w$，最

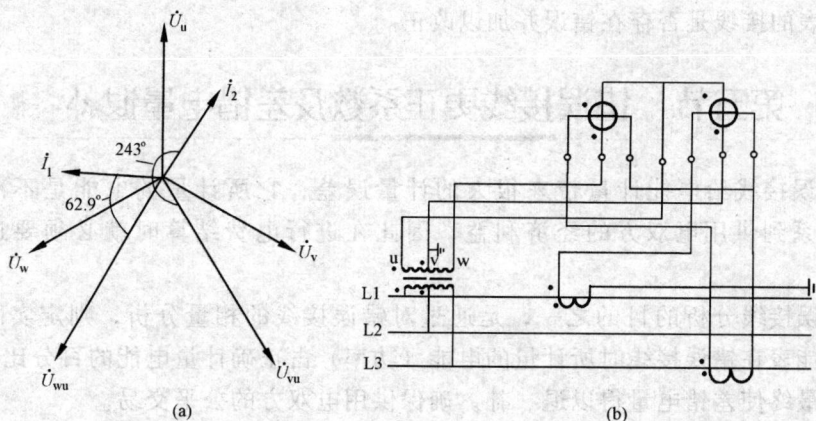

图 12-26 用相位表法进行接线检查实例

(a) 相量图；(b) 接线图

后确定接入电能表电压端钮的电压相序和电流相别，即可得电能表的接线方式。

【例 12-3】 在某三相三线用户处进行电能表接线检查，测得各线电压均为 100V，接入电能表的电压为逆相序，三相电流平衡，一元件电压电流夹角为 280°，二元件电压电流夹角为 160°，已知负荷性质是感性，且 $\varphi < 60°$，试确定其接线方式。

解： 首先画出三相电压相量 $\dot{U}_u$、$\dot{U}_v$、$\dot{U}_w$，由于测定的电压相序为逆相序，接入电能表一、二元件的电压分别为 $\dot{U}_{uw}$、$\dot{U}_{vw}$，并根据各元件电压电流夹角画出相量图，如图 12-27 所示。

由于 $\dot{I}_1$ 与 $\dot{I}_2$ 相差 60°，且 $\dot{I}_1$ 超前于就近相电压，与负荷性质和功率因数不相符，$\dot{I}_1$ 应倒向是 $-\dot{I}_u$，$\dot{I}_2$ 是 $\dot{I}_w$，倒向后的 $\dot{I}_u$ 与 $\dot{I}_w$ 是逆相序，应对调，即 $\dot{I}_1$ 为 $-\dot{I}_w$，$\dot{I}_2$ 为 $\dot{I}_u$。

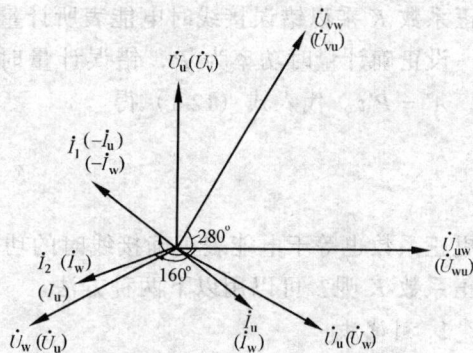

图 12-27 ［例 12-3］图

根据负荷性质和功率因数值，$\dot{I}_u$ 就近的相电压 $\dot{U}_w$ 应为 $\dot{U}_u$，$\dot{I}_w$ 就近的相电压 $\dot{U}_v$ 是 $\dot{U}_w$，即实际接入电能表电压端钮的电压相序是 u、v、w。

判断结果：电能表接线方式为 $U_{vu} - I_w$、$U_{wu} - I_u$。

四、错误接线的改正

当我们绘出电压、电流的相量图，并经过分析，判明电能表的接线方式后，应改正接线，使电能表接线改为正确接线方式，以便准确计量电能。在改正接线时要注意安全，特别要防止电流互感器二次回路开路和电压互感器二次回路短路。在改正接线过程中，要认真做好记录。接线改正后，还应进行一次全面的检查，测定电压值和相序、测量电流相位，绘制相量图再进行分析，直至确认电能表接线正确无误。然后还要测试电能表在实际负荷下的误差。

对无功电能表的接线一般不做相量图分析，只要根据有功电能表的接线方式，完全可以知道无功电能表的接线是否存在错误并加以改正。

第五节　错误接线更正系数及差错电量退补

电能表错误接线给电能计量带来很大的计量误差，它所计量的电能是不准确的，而电费的结算关系到供用电双方的经济利益，因此在进行电费结算时就必须要进行电量的更正。

电能表错误接线分析的目的之一，是通过对错误接线的相量分析，判定实际的接线方式，推导出电能表在错误接线时所计量的电能（功率）占正确计量电能的百分比，从而得出实际电能值，最终使差错电量得以退、补，确保供用电双方的公平交易。

一、错误接线更正系数

电量的更正是基于对错误接线和相量图的正确分析。因此，当发现错误接线后，应如实地绘出错误接线相量图和错误接线图，同时进行功率因数测定（也可根据有功电能和无功电能计算平均功率因数），了解错误接线发生的时间，这些都是进行电量更正计算的重要条件。

更正系数 K 是在同一功率因数下，电能表正确接线应计量的电能值 A 与错误接线时电能表所计量的电能值 A' 之比，即：

$$K = \frac{A}{A'} \tag{12-1}$$

更正系数 K 乘以错误接线时电能表所计量电能即为实际电能值。

设正确计量时功率为 P，错误计量时的功率为 P'，发生错误接线的时间为 t，则 $A = Pt$，$A' = P't$。代入式（12-1）得

$$K = \frac{Pt}{P't} = \frac{P}{P'} \tag{12-2}$$

即更正系数也等于电能表正确接线时的功率 P 与错误接线时的功率 P' 之比。那么如何求出更正系数 K 呢？可以用以下两种方法。

1. 测试法

用标准表测出错误接线时电能表计量的功率 P'，再用标准表测出更正后电能表所计量的正确功率 P，代入式（12-2）得更正系数为

$$K = \frac{P}{P'}$$

2. 计算法

先求出错误接线时的功率表达式，再利用式（12-2）算出更正系数

$$K = \frac{正确接线功率表达式}{误接线时功率表达式}$$

错误接线时电能表所记录的功率可先按元件计算，每一元件实际所接电压、电流及电压与电流间夹角的余弦的乘积即为该元件的功率，再将两元件功率相加就可得到总的功率，即

$$P' = P'_1 + P'_2$$
$$= U_1 I_1 \cos\varphi_1 + U_2 I_2 \cos\varphi_2 \tag{12-3}$$

需要注意的是，若有的元件电流流入的是反相电流，即 $-\dot{I}_u$、$-\dot{I}_v$ 或 $-\dot{I}_w$ 时，其负号不参与运算，该元件功率的正负仅取决于元件电压电流间夹角的余弦值。

【例 12-4】 有一电能表错误接线为 $U_{uv}-I_w$、$U_{wv}-I_v$，若平均功率因数为 0.9（滞后），求更正系数 K。

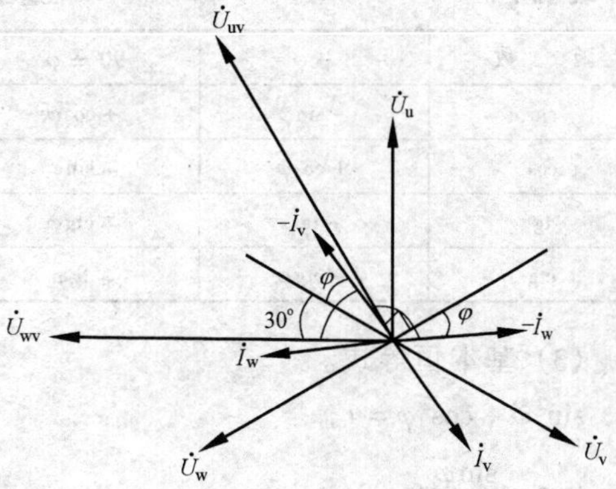

图 12-28 ［例 12-4］图

解：根据错误接线方式，画出相量图如图 12-28 所示。

电能表错误接线时功率表达式为

$$
\begin{aligned}
P' &= P_1' + P_2' \\
&= U_{uv} \mid -I_w \mid \cos(90° + \varphi) + U_{wv} \mid -I_v \mid \cos(30° + \varphi) \\
&= UI(-\sin\varphi + \cos30°\cos\varphi - \sin30°\sin\varphi) \\
&= \sqrt{3}UI\left(\frac{1}{2}\cos\varphi - \frac{\sqrt{3}}{2}\sin\varphi\right) \\
&= \sqrt{3}UI(\cos60°\cos\varphi - \sin60°\sin\varphi) \\
&= \sqrt{3}UI\cos(60° + \varphi)
\end{aligned}
$$

电能表正确接线时功率表达式为

$$P = \sqrt{3}UI\cos\varphi$$

则更正系数为

$$K = \frac{P}{P'} = \frac{\sqrt{3}UI\cos\varphi}{\sqrt{3}UI\cos(60° + \varphi)} = \frac{\cos\varphi}{\cos(60° + \varphi)}$$

已知 $\cos\varphi = 0.9$，$\varphi = 25.8°$，代入上式得：

$$K = \frac{\cos25.8°}{\cos85.8°} = \frac{0.9}{0.0725} = 12.41$$

从上例我们看到，在计算更正系数 K 时，需要应用大量的三角函数式为方便读者，现将一些常用的三角函数公式罗列如下。

（1）四个象限中 φ 角的三角函数符号见表 12-6。

表 12-6　　四个象限中 φ 角的三角函数符号

象　限	$\sin\varphi$	$\cos\varphi$	$\mathrm{tg}\varphi$	$\mathrm{ctg}\varphi$	象　限	$\sin\varphi$	$\cos\varphi$	$\mathrm{tg}\varphi$	$\mathrm{ctg}\varphi$
Ⅰ	+	+	+	+	Ⅲ	−	−	+	+
Ⅱ	+	−	−	−	Ⅳ	−	+	−	−

（2）任意角的三角函数见表 12-7。

函　数	$-\varphi$	$90° \pm \varphi$	$180° \pm \varphi$	$270° \pm \varphi$	$360° - \varphi$
sin	$-\sin\varphi$	$+\cos\varphi$	$\mp\sin\varphi$	$-\cos\varphi$	$-\sin\varphi$
cos	$+\cos\varphi$	$\mp\sin\varphi$	$-\cos\varphi$	$\pm\sin\varphi$	$+\cos\varphi$
tg	$-\mathrm{tg}\varphi$	$\mp\mathrm{ctg}\varphi$	$\pm\mathrm{tg}\varphi$	$\mp\mathrm{ctg}\varphi$	$-\mathrm{tg}\varphi$
ctg	$-\mathrm{ctg}\varphi$	$\mp\mathrm{tg}\varphi$	$\pm\mathrm{ctg}\varphi$	$\mp\mathrm{tg}\varphi$	$-\mathrm{ctg}\varphi$

（3）基本恒等式。

$$\sin^2\varphi + \cos^2\varphi = 1;$$

$$\mathrm{tg}\varphi = \frac{\sin\varphi}{\cos\varphi};$$

$$\mathrm{ctg}\varphi = \frac{\cos\varphi}{\sin\varphi}$$

（4）和（差）、倍、半角公式。

$$\sin(\alpha \pm \beta) = \sin\alpha\cos\beta \pm \cos\alpha\sin\beta;$$

$$\cos(\alpha \pm \beta) = \cos\alpha\cos\beta \mp \sin\alpha\sin\beta;$$

$$\mathrm{tg}(\alpha \pm \beta) = \frac{\mathrm{tg}\alpha \pm \mathrm{tg}\beta}{1 \mp \mathrm{tg}\alpha\,\mathrm{tg}\beta};$$

$$\mathrm{ctg}(\alpha \pm \beta) = \frac{\mathrm{ctg}\alpha\,\mathrm{ctg}\beta \pm 1}{\mathrm{ctg}\alpha \pm \mathrm{ctg}\beta};$$

$$\sin2\alpha = 2\sin\alpha\cos\alpha$$

$$\cos2\alpha = \cos^2\alpha - \sin^2\alpha = 1 - 2\sin^2\alpha = 2\cos^2\alpha - 1;$$

$$\mathrm{tg}2\alpha = \frac{2\mathrm{tg}\alpha}{1 - \mathrm{tg}^2\alpha};$$

$$\mathrm{ctg}2\alpha = \frac{\mathrm{ctg}^2\alpha - 1}{2\mathrm{ctg}\alpha};$$

$$\sin\frac{\alpha}{2} = \pm\sqrt{\frac{1 - \cos\alpha}{2}};$$

$$\cos\frac{\alpha}{2} = \pm\sqrt{\frac{1 + \cos\alpha}{2}};$$

$$\mathrm{tg}\frac{\alpha}{2} = \pm\sqrt{\frac{1 - \cos\alpha}{1 + \cos\alpha}} = \frac{1 - \cos\alpha}{\sin\alpha} = \frac{\sin\alpha}{1 + \cos\alpha}$$

【例 12-5】 某用户电能表接线方式如图 12-29（a）所示，若平均功率因数为 0.85，问更正系数是多少？

解： 从电能表接线图可知，其一元件所接电压电流为 $U_{vu} - (-I_u)$，二元件所接电压电流为 $U_{wu} - I_w$，相量图如图 12-29（b）所示。

$$\begin{aligned}
P' &= P_1' + P_2' \\
&= U_{ua}(|-I_u|)\cos(30° + \varphi) + U_{wu}I_w\cos(30° + \varphi) \\
&= UI\cos(30° + \varphi) + UI\cos(30° + \varphi) \\
&= 2UI\cos(30° + \varphi)
\end{aligned}$$

$$P = \sqrt{3}\,UI\cos\varphi$$

更正系数

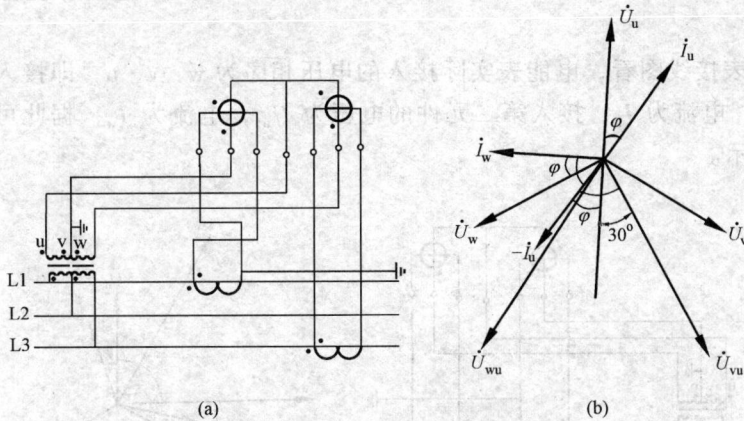

图 12-29 [例 12-5] 图

(a) 接线图；(b) 相量图

$$K = \frac{P}{P'} = \frac{\sqrt{3}\,UI\cos\varphi}{2\,UI(\cos30° + \varphi)} = \frac{\sqrt{3}\cos\varphi}{2\cos(30° + \varphi)}$$

已知 $\cos\varphi = 0.85$，$\varphi = 31.78°$，故得

$$K = \frac{\sqrt{3} \times 0.85}{2 \times \cos 61.78°} = \frac{1.472}{0.945} = 1.558$$

二、差错电量的退、补

前面我们曾说过，对电能表错误接线进行分析的目的之一就是依据错误接线的计量情况求出实际电能值，使差错电量得以退、补。

从式（12-1）可看出 $A = K \times A'$，它表示更正系数 K 乘以错误接线时电能表所计量电能即为实际电能值。这样应退、补的电量 ΔA 就是实际电能值与错误接线时电能表所计电能值之差，即：

$$\Delta A = A - A' \tag{12-4}$$

计算结果，当 ΔA 为正值，表示电能表少计了电量，为用户应补交的电量；当 ΔA 为负值，表示电能表多计了电量，为应退还用户的电量。要注意，若电能表在错误接线时反转，则所计电量应取负值。

【例 12-6】 某用户电能表发生错误接线，经检查分析，其错误接线的功率为 $P' = 2UI\sin\varphi$，电能表在错误接线情况下累计电量为 15 万 kWh，该用户的功率因数为 0.87（滞后），求实际电能量并确定退、补电量。

解：更正系数为：

$$K = \frac{P}{P'} = \frac{\sqrt{3}\,UI\cos\varphi}{2\,UI\sin\varphi} = \frac{\sqrt{3}\cos\varphi}{2\sin\varphi}$$

$\cos\varphi = 0.87$，$\varphi = 29.5$，$\sin\varphi = 0.49$，则得

$$K = \frac{\sqrt{3} \times 0.87}{2 \times 0.49} \approx 1.54$$

实际电能量 $A = K \times A' = 1.54 \times 15 = 23.1$ 万 kWh

$\Delta A = A - A' = 23.1 - 15 = 8.1$ 万 kWh

即电能表少计了电能 8.1 万 kWh，用户应按规定电价补交电费。

【例 12-7】 某用户电能表错误接线如图 12-30（a）所示，试进行相量分析和差错电量的退、补。

解： 从电能表接线图看，电能表实际接入的电压相序为 w、v、u，即接入电能表第一元件的电压为 U_{wv}，电流为 I_u；接入第二元件的电压为 U_{uv}，电流为 I_w，据此可作出相量图如图 12-30（b）所示。

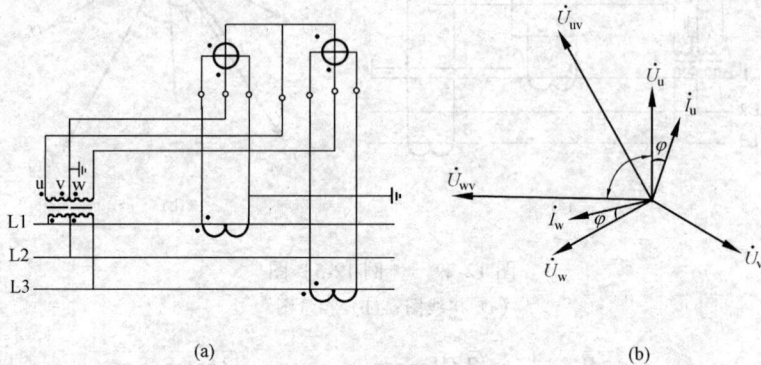

图 12-30 ［例 12-7］图
（a）接线图；（b）相量图

由相量图可知电能表错误接线时的功率表达式为

$$P' = P_1' + P_2'$$
$$= U_{wv}I_u\cos(90° + \varphi) + U_{uv}I_w\cos(90° - \varphi)$$
$$= -UI\sin\varphi + UI\sin\varphi = 0$$

从功率表达式的推导结果看，在此种错误接线情况下电能表不转。这样，其更正系数是无穷大，或者说更正系数无法求出，在这种情况下再根据更正系数来确定退补电量已不可能。此时应认真复核分析，弄清发生错误接线的时间，再与用户充分沟通，以错误接线前的平均用电量作参考来进行电量的退补。

还应注意的是，错误的接线方式有许多种，特别是功率表达式是负值时电能表反转所带来的附加误差是相当大的，有时因功率因数的变化电能表转向不定，有的不能肯定发生错误接线的时间以及三相电路严重不对称的影响等等。这些情况只能根据相关规程的规定与用户协商来确定退补电量。

第六节　三相三线电能表常见错误接线更正系数

一、U、W 两相电流反接

其接线图和相量图如图 12-31 所示。其接线方式为 $\dot{U}_{uv}$——$\dot{I}_u$、$\dot{U}_{wv}$——$\dot{I}_w$。
错误接线时功率为

$$P' = P_1' + P_2' = U_{uv}(-I_u)\cos(150° - \varphi) + U_{wv}(-I_w)\cos(150° + \varphi)$$
$$= -UI\cos(30° + \varphi) - UI\cos(30° - \varphi)$$
$$= -UI(\cos30°\cos\varphi - \sin30°\sin\varphi + \cos30°\cos\varphi + \sin30°\sin\varphi)$$
$$= -\sqrt{3}\,UI\cos\varphi$$

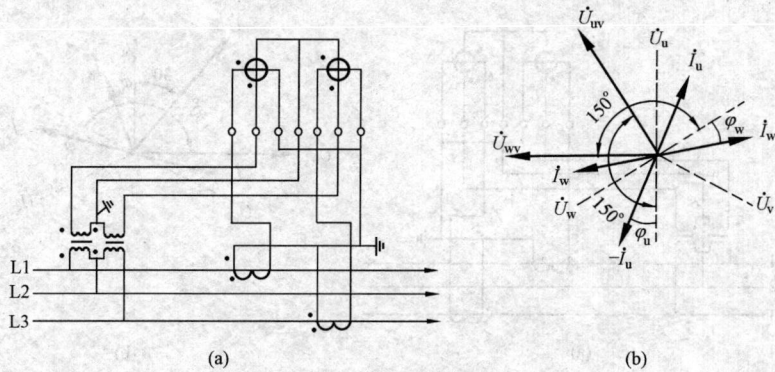

图 12-31　U、W 两相电流反接

(a) 接线图；(b) 相量图

更正系数为

$$K = \frac{P}{P'} = \frac{\sqrt{3}\,UI\cos\varphi}{-\sqrt{3}\,UI\cos\varphi} = -1$$

二、V 相电流反接

其接线图和相量图如图 12-32 所示。其接线方式为 $\dot{U}_{uv}——\dot{I}_u$、$\dot{U}_{wv}—\dot{I}_w$。

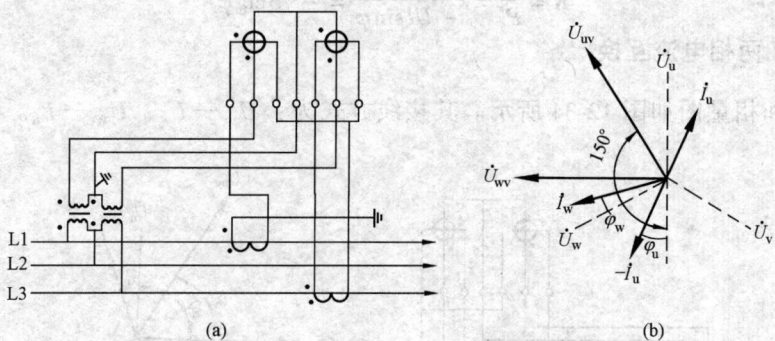

图 12-32　U 相电流反接

(a) 接线图；(b) 相量图

错误接线时功率为

$$
\begin{aligned}
P' = P_1' + P_2' &= U_{uv}(-I_u)\cos(150° - \varphi) + U_{wv}I_w\cos(30° - \varphi) \\
&= -UI\cos(30° + \varphi) + UI\cos(30° - \varphi) \\
&= UI(-\cos30°\cos\varphi + \sin30°\sin\varphi + \cos30°\cos\varphi + \sin30°\sin\varphi) \\
&= UI\sin\varphi
\end{aligned}
$$

更正系数为

$$K = \frac{P}{P'} = \frac{\sqrt{3}\,UI\cos\varphi}{UI\sin\varphi} = \sqrt{3}\,\mathrm{ctg}\varphi$$

三、W 相电流反接

其接线图和相量图如图 12-33 所示。其接线方式为：$\dot{U}_{uv}—\dot{I}_u$、$\dot{U}_{wv}—(-\dot{I}_w)$。

错误接线时功率为

$$P' = P_1' + P_2'$$

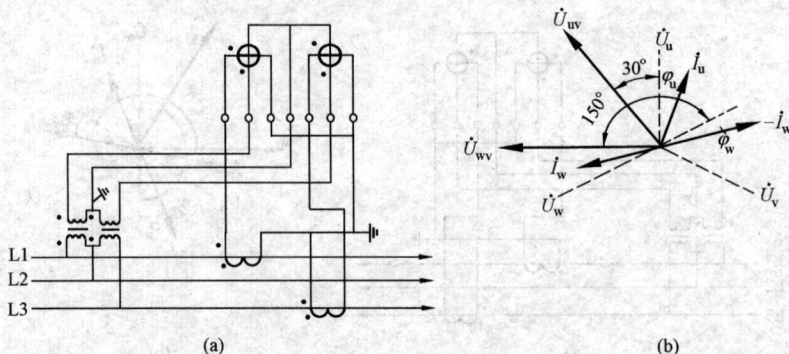

图 12-33　W 相电流反接

（a）接线图；（b）相量图

$$= U_{uv}(I_u)\cos(30° + \varphi) + U_{wv}(-I_w)\cos(150° + \varphi)$$
$$= UI\cos(30° + \varphi) - UI\cos(30° - \varphi)$$
$$= UI(\cos30°\cos\varphi - \sin30°\sin\varphi - \cos30°\cos\varphi - \sin30°\sin\varphi)$$
$$= -UI\sin\varphi$$

更正系数为
$$K = \frac{P}{P'} = \frac{\sqrt{3}\,UI\cos\varphi}{-UI\sin\varphi} = -\sqrt{3}\,\text{ctg}\varphi$$

四、U、W 两相电流互换

其接线图和相量图如图 12-34 所示。其接线方式为：$\dot{U}_{uv}—\dot{I}_w$、$\dot{U}_{wv}—\dot{I}_u$。

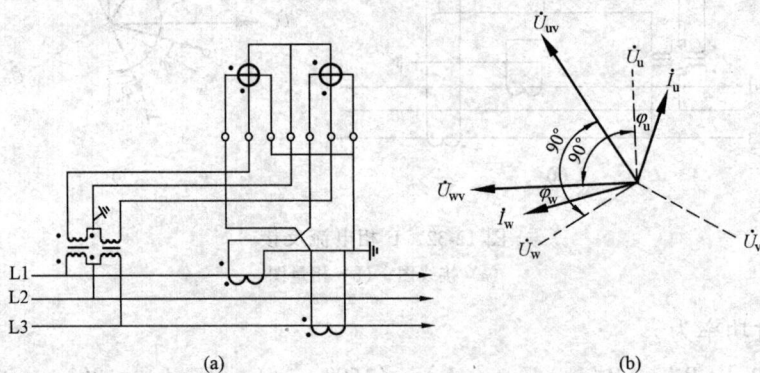

图 12-34　U、W 两相电流互换

（a）接线图；（b）相量图

错误接线时功率为
$$P' = P_1' + P_2' = U_{uv}I_w\cos(90° - \varphi) + U_{wv}I_u\cos(90° + \varphi)$$
$$= UI\cos(90° - \varphi) - UI\cos(90° - \varphi)$$
$$= 0$$

五、接入电能表电压端钮相序为 v、w、u

其接线图和相量图如图 12-35 所示。其接线方式为：$\dot{U}_{vw}—\dot{I}_u$、$\dot{U}_{uw}—\dot{I}_w$。

错误接线时功率为

386

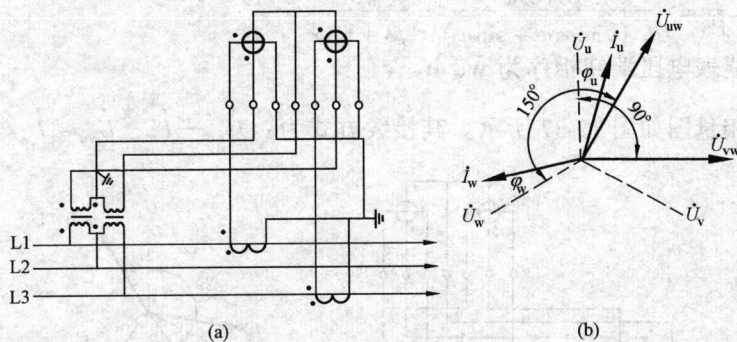

图 12-35　电压端钮相序为 v、w、u

(a) 接线图；(b) 相量图

$$P' = P_1' + P_2' = U_{vw}I_u\cos(90° - \varphi) + U_{uw}I_w\cos(150° - \varphi)$$

$$= UI\cos(90° - \varphi) - UI\cos(30° + \varphi)$$

$$= UI\left(\sin\varphi - \frac{\sqrt{3}}{2}\cos\varphi + \frac{1}{2}\sin\varphi\right) = -\sqrt{3}\,UI\left(\frac{1}{2}\cos\varphi - \frac{\sqrt{3}}{2}\sin\varphi\right)$$

$$= -\sqrt{3}\,UI\cos(60° + \varphi)$$

更正系数为　$K = \dfrac{P}{P'} = \dfrac{\sqrt{3}\,UI\cos\varphi}{-\sqrt{3}\,UI\cos\,(60° + \varphi)} = \dfrac{\cos\varphi}{\dfrac{\sqrt{3}}{2}\sin\varphi - \dfrac{1}{2}\cos\varphi} = \dfrac{2}{\sqrt{3}\,\text{tg}\varphi - 1}$

六、W 相电流线接地错误

其接线图和相量图如图 12-36 所示。其接线方式为：$\dot{U}_{uv} — \dot{I}_u$、$\dot{U}_{wv} - (\dot{I}_w - \dot{I}_u)$。

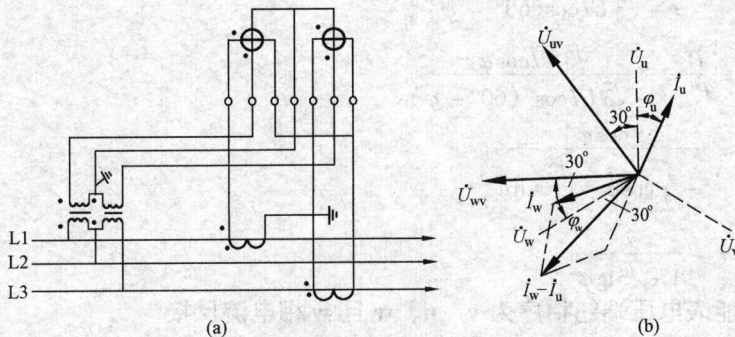

图 12-36　W 相电流线接地错误

(a) 接线图；(b) 相量图

错误接线时功率为

$$P' = P_1' + P_2' = U_{uv}I_u\cos(30° + \varphi) + U_{wv}(I_w - I_u)\cos(60° - \varphi)$$

$$= UI\cos(30° + \varphi) + \sqrt{3}\,UI\cos(60° - \varphi)$$

$$= UI(\cos30°\cos\varphi - \sin30°\sin\varphi + \sqrt{3}\cos60°\cos\varphi + \sqrt{3}\sin60°\sin\varphi$$

$$= UI(\sqrt{3}\cos\varphi + \sin\varphi)$$

更正系数为 $K = \dfrac{P}{P'} = \dfrac{\sqrt{3}\,UI\cos\varphi}{UI\,(\sqrt{3}\cos\varphi + \sin\varphi)} = \dfrac{\sqrt{3}}{\sqrt{3} + \mathrm{tg}\varphi}$

七、接入电能表电压端钮相序为 w、u、v

其接线图和相量图如图 12-37 所示。其接线方式为：$\dot{U}_{wu} - \dot{I}_u$、$\dot{U}_{vu} - \dot{I}_w$。

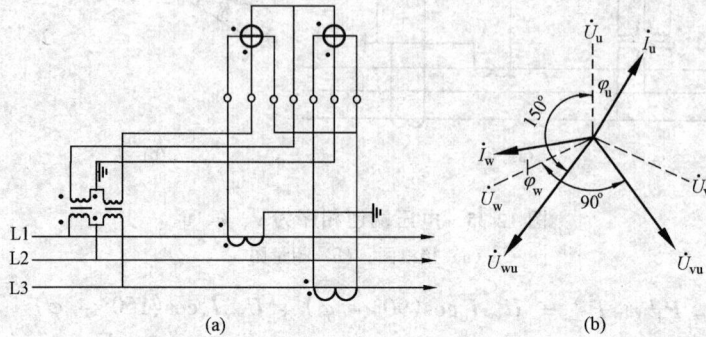

图 12-37 接入电压端钮的相序为 w、u、v

（a）接线图；（b）相量图

错误接线时功率为

$$P' = P_1' + P_2' = U_{wu}I_u\cos(150° + \varphi) + U_{vu}I_w\cos(90° + \varphi)$$

$$= - UI\cos(30° - \varphi) - UI\sin\varphi$$

$$= - UI\left(\frac{\sqrt{3}}{2}\cos\varphi + \frac{1}{2}\sin\varphi + \sin\varphi\right)$$

$$= - \sqrt{3}\,UI(\cos60°\cos\varphi + \sin60°\sin\varphi)$$

$$= - \sqrt{3}\,UI\cos(60° - \varphi)$$

更正系数为 $K = \dfrac{P}{P'} = \dfrac{\sqrt{3}\,UI\cos\varphi}{-\sqrt{3}\,UI\cos\,(60° - \varphi)}$

$$= \frac{\cos\varphi}{-\dfrac{1}{2}\cos\varphi - \dfrac{\sqrt{3}}{2}\sin\varphi}$$

$$= -\frac{2}{1 + \sqrt{3}\,\mathrm{tg}\varphi}$$

八、接入电能表电压端钮相序为 v、u、w 且 w 相电流反接

其接线图和相量图如图 12-38 所示。其接线方式为：$\dot{U}_{vu} - \dot{I}_u$、$\dot{U}_{wu} - (\dot{I}_w)$。

错误接线时功率为

$$P' = P_1' + P_2' = U_{vu}I_u\cos(150° - \varphi) + U_{wu}(- I_w)\cos(150° - \varphi)$$

$$= - UI\cos(30° + \varphi) - UI\cos(30° + \varphi)$$

$$= - 2\,UI\cos(30° + \varphi)$$

更正系数为 $K = \dfrac{P}{P'} = \dfrac{\sqrt{3}\,UI\cos\varphi}{-2\,UI\cos\,(30° + \varphi)}$

$$= \frac{\sqrt{3}\cos\varphi}{-\sqrt{3}\cos\varphi + \sin\varphi}$$

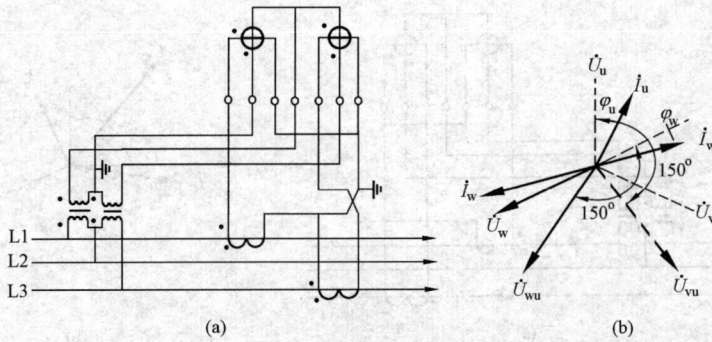

图 12-38　电压端钮相序为 u、v、w 且 w 相电流反接
(a) 接线图；(b) 相量图

$$= \frac{\sqrt{3}}{\mathrm{tg}\varphi - \sqrt{3}}$$

九、接入电能表电压端钮相序为 u、w、v

其接线图和相量图如图 12-39 所示。其接线方式为：$\dot{U}_{uw}—\dot{I}_u$、$\dot{U}_{vw}-\dot{I}_w$。

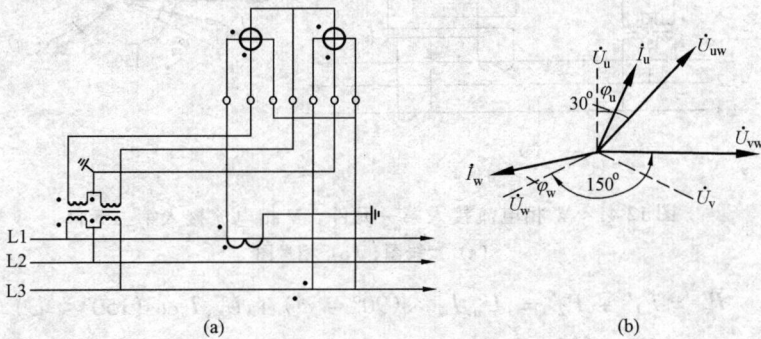

图 12-39　电压端钮相序为 u、w、v
(a) 接线图；(b) 相量图

错误接线时功率为

$$P' = P_1' + P_2' = U_{uw}I_u\cos(30° - \varphi) + U_{vw}I_w\cos(150° + \varphi)$$
$$= UI\cos(30° - \varphi) - UI\cos(30° - \varphi) = 0$$

十、接入电能表电压端钮相序为 w、v、u

其接线图和相量图如图 12-40 所示。其接线方式为：$\dot{U}_{wv}—\dot{I}_u$、$\dot{U}_{uv}-\dot{I}_w$。

错误接线时功率为

$$P' = P_1' + P_2' = U_{wv}I_u\cos(90° + \varphi) + U_{uv}I_w\cos(90° - \varphi)$$
$$= -UI\cos(90° - \varphi) + UI\cos(90° - \varphi) = 0$$

十一、W 相电流接入第一元件，V 相电流接入第二元件

其接线图和相量图如图 12-41 所示。其接线方式为：$\dot{U}_{uv}—\dot{I}_w$、$\dot{U}_{wv}—\dot{I}_v$。
错误接线时功率为

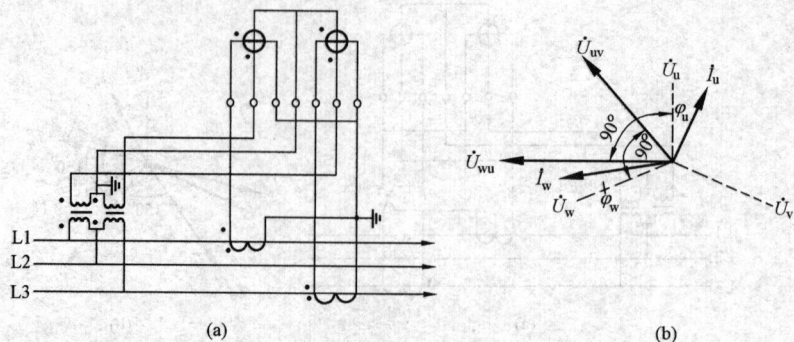

图 12-40 电压端钮相序为 w、v、u

(a) 接线图；(b) 相量图

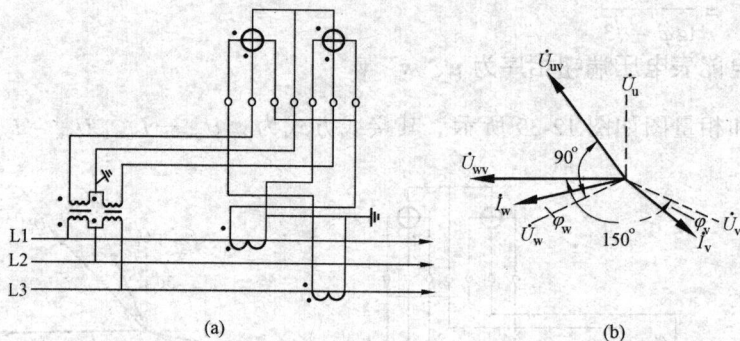

图 12-41 W 相电流接入第一元件，V 相电流接入第二元件

(a) 接线图；(b) 相量图

$$P' = P_1' + P_2' = U_{uv}I_w\cos(90° - \varphi) + U_{wv}I_v\cos(150° - \varphi)$$

$$= UI\cos(90° - \varphi) - UI\cos(30° + \varphi)$$

$$= UI\left(\sin\varphi - \frac{\sqrt{3}}{2}\cos\varphi + \frac{1}{2}\sin\varphi\right)$$

$$= -\sqrt{3}UI(\cos60°\cos\varphi - \sin60°\sin\varphi)$$

$$= -\sqrt{3}UI\cos(60° + \varphi)$$

更正系数为 $K = \dfrac{P}{P'} = \dfrac{\sqrt{3}UI\cos\varphi}{-\sqrt{3}UI\cos(60° + \varphi)}$

$$= \frac{\cos\varphi}{\dfrac{\sqrt{3}}{2}\sin\varphi - \dfrac{1}{2}\cos\varphi}$$

$$= \frac{2}{\sqrt{3}\text{tg}\varphi - 1}$$

十二、WV 相电压互感器极性反接、W 相电流接入一元件、V 相电流接入二元件

其接线图和相量图如图 12-42 所示。其接线方式为：$\dot{U}_{uv} - \dot{I}_w$、$\dot{U}_{vw} - \dot{I}_v$。

错误接线时功率为

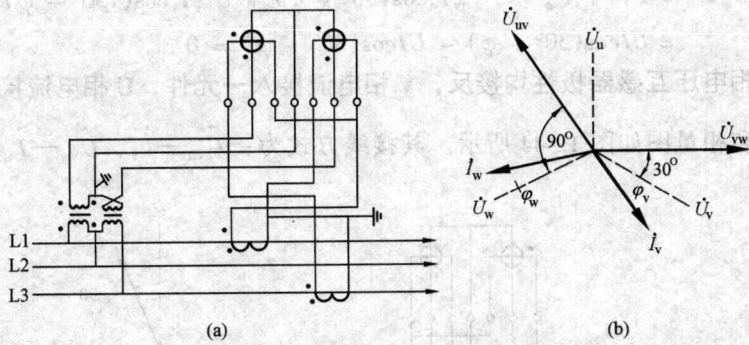

图 12-42　WV 相电压互感器极性反，
W 相电流接元件 1，V 相电流接元件 2
（a）接线图；（b）相量图

$$P' = P_1' + P_2' = U_{uv}I_w\cos(90° - \varphi) + U_{vw}I_v\cos(30° + \varphi)$$

$$= UI\left(\sin\varphi + \frac{\sqrt{3}}{2}\cos\varphi - \frac{1}{2}\sin\varphi\right)$$

$$= UI\cos(30° - \varphi)$$

更正系数为 $K = \dfrac{P}{P'} = \dfrac{\sqrt{3}\,UI\cos\varphi}{UI\cos\,(30° - \varphi)}$

$$= \frac{\sqrt{3}\cos\varphi}{\frac{\sqrt{3}}{2}\cos\varphi + \frac{1}{2}\sin\varphi}$$

$$= \frac{1}{0.5 + 0.288\text{tg}\varphi}$$

十三、V 相电流接入二元件

其接线图和相量图如图 12-43 所示。其接线方式为：$\dot{U}_{uv}—\dot{I}_u$、$\dot{U}_{wv}—\dot{I}_v$。

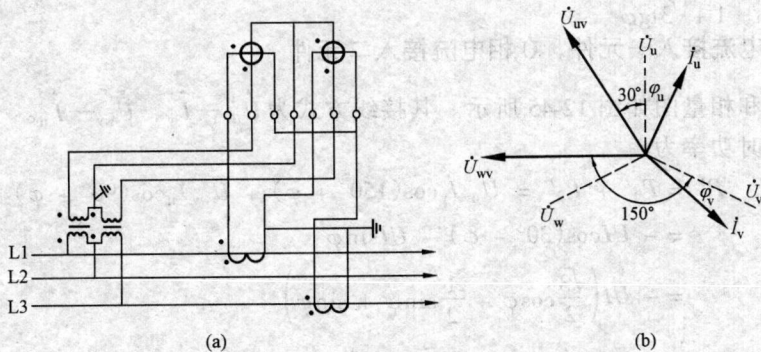

图 12-43　V 相电流接入二元件
（a）接线图；（b）相量图

错误接线时功率为

$$P' = P_1' + P_2' = U_{uv}I_u\cos(30° + \varphi) + U_{wv}I_v\cos(150° - \varphi)$$
$$= UI\cos(30° + \varphi) - UI\cos(30° + \varphi) = 0$$

十四、两相电压互感器极性均接反，V相电流接入一元件，U相电流接入二元件

其接线图和相量图如图 12-44 所示。其接线方式为：$\dot{U}_{vu}—\dot{I}_v$、$\dot{U}_{vw}—\dot{I}_u$。

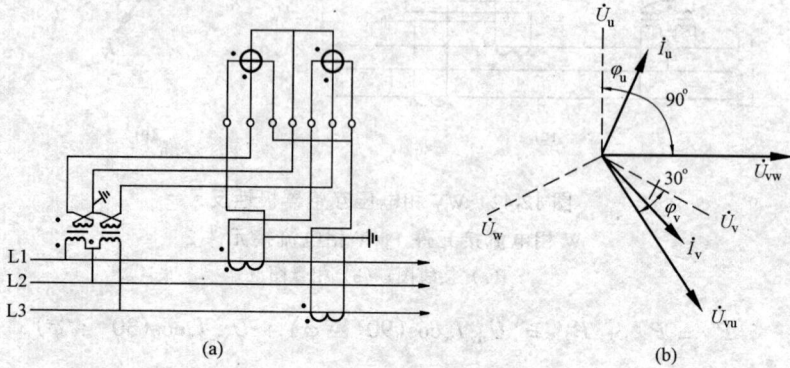

图 12-44　两电压互感器极性反，V 相电流进元件 1，U 相电流进元件 2
（a）接线图；（b）相量图

错误接线时功率为

$$P' = P_1' + P_2' = U_{vu}I_v\cos(30° - \varphi) + U_{vw}I_u\cos(90° - \varphi)$$
$$= UI\left(\frac{\sqrt{3}}{2}\cos\varphi + \frac{1}{2}\sin\varphi + \sin\varphi\right)$$
$$= \sqrt{3}\,UI\cos(60° - \varphi)$$

更正系数为 $K = \dfrac{P}{P'} = \dfrac{\sqrt{3}\,UI\cos\varphi}{\sqrt{3}\,UI\cos\ (60° - \varphi)}$

$$= \frac{\cos\varphi}{\frac{1}{2}\cos\varphi + \frac{\sqrt{3}}{2}\sin\varphi}$$
$$= \frac{2}{1 + \sqrt{3}\,\text{tg}\varphi}$$

十五、V 电流接入一元件，U 相电流接入二元件

其接线图和相量图如图 12-45 所示。其接线方式为 $\dot{U}_{uv}—\dot{I}_v$、$\dot{U}_{wv}—\dot{I}_u$。
错误接线时功率为

$$P' = P_1' + P_2' = U_{uv}I_v\cos(150° + \varphi) + U_{wv}I_u\cos(90° + \varphi)$$
$$= - UI\cos(30° - \varphi) - UI\sin\varphi$$
$$= - UI\left(\frac{\sqrt{3}}{2}\cos\varphi + \frac{1}{2}\sin\varphi + \sin\varphi\right)$$
$$= - \sqrt{3}\,UI\left(\frac{1}{2}\cos\varphi + \frac{\sqrt{3}}{2}\sin\varphi\right)$$
$$= - \sqrt{3}\,UI\cos(60° - \varphi)$$

更正系数为 $K = \dfrac{P}{P'} = \dfrac{\sqrt{3}\,UI\cos\varphi}{- \sqrt{3}\,UI\cos\ (60° - \varphi)}$

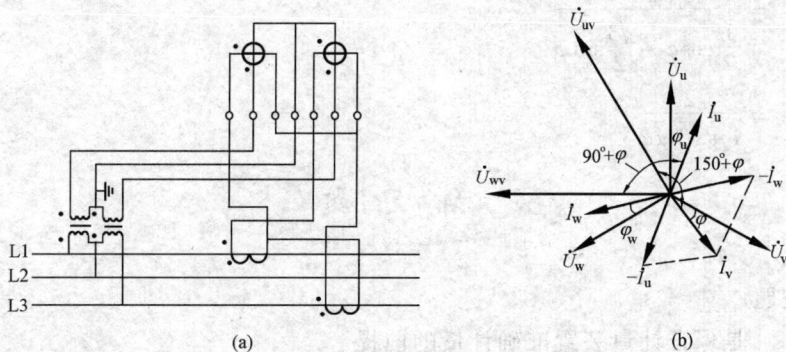

图 12-45　V 相电流进元件 1，U 相电流进元件 2

(a) 接线图；(b) 相量图

$$= -\frac{\cos\varphi}{\frac{1}{2}\cos\varphi + \frac{\sqrt{3}}{2}\sin\varphi}$$

$$= -\frac{2}{1 + \sqrt{3}\operatorname{tg}\varphi}$$

十六、接入电能表电压端钮相序为 v、w、u，W 相电流反向接入一元件，V 相电流反向接入二元件

其接线图和相量图如图 12-46 所示。其接线方式为：$\dot{U}_{vw} - (-\dot{I}_w)$、$\dot{U}_{uw} - (-\dot{I}_v)$。

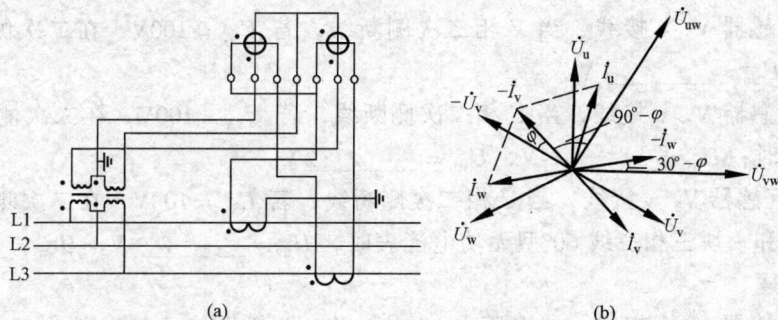

图 12-46　电压端相序为 v、w、u，W 相电流进元件 1，V 相电流进元件 2

(a) 接线图；(b) 相量图

错误接线时功率为

$$P' = P_1' + P_2' = U_{vw}(-I_w)\cos(30° - \varphi) + U_{uw}(-I_v)\cos(90° - \varphi)$$

$$= UI\left(\frac{\sqrt{3}}{2}\cos\varphi + \frac{1}{2}\sin\varphi + \sin\varphi\right)$$

$$= \sqrt{3}\,UI\left(\frac{1}{2}\cos\varphi + \frac{\sqrt{3}}{2}\sin\varphi\right)$$

$$= \sqrt{3}\,UI\cos(60° - \varphi)$$

更正系数为 $K = \dfrac{P}{P'} = \dfrac{\sqrt{3}\,UI\cos\varphi}{\sqrt{3}\,UI\cos(60° - \varphi)}$

$$= \frac{\cos\varphi}{\frac{1}{2}\cos\varphi + \frac{\sqrt{3}}{2}\sin\varphi}$$

$$= \frac{2}{1 + \sqrt{3}\,\text{tg}\,\varphi}$$

练 习 题

一、填空题

1. _____是保证计量装置准确计量的前提。

2. 电能计量装置的接线检查分_____和_____。

3. 电压互感器 Y，y 接线，$U_u = U_v = U_w = 57.7V$，UA 相极性接反，则 $U_{uv} = $ _____ V，$U_{vw} = $ _____ V，$U_{wu} = $ _____ V。

4. 电压互感器 V，v 接线，线电压为 100V，当 U 相极性接反时，$U_{uv} = $ _____ V，$U_{vw} = $ _____ V，$U_{wu} = $ _____ V。

5. 电压互感器 V，v 接线，线电压为 100V，当 W 相极性接反时，$U_{uv} = $ _____ V，$U_{vw} = $ _____ V，$U_{wu} = $ _____ V。

6. 电压互感器 V，v 接线，当 V 相一次侧断线，若 $U_{uw} = 100V$，在二次侧空载时，$U_{uv} = $ _____ V，$U_{vw} = $ _____ V。

7. 电压互感器 V，v 接线，当 U 相一次侧断线，若 $U_{vw} = 100V$，在二次侧空载时 $U_{uv} = $ _____ V，$U_{wu} = $ _____ V。

8. 电压互感器 V，v 接线，当 V 相二次侧断线，若 $U_{uw} = 100V$，在二次侧空载时 $U_{uv} = $ _____ V，$U_{wu} = $ _____ V。

9. 电压互感器 V，u 接线，当 U 相二次侧断线，若 $U_{vw} = 100V$，在二次侧带一块三相三线有功电能表时，$U_{uv} = $ _____ V，$U_{wu} = $ _____ V。

10. 电压互感器 V，v 接线，当 U 相二次侧断线，若 $U_{vw} = 100V$，在二次侧带一块三相三线有功电能表和一块三相三线 60°型无功电能表时，$U_{uv} = $ _____ V，$U_{wu} = $ _____ V。

二、选择题

1. 电压互感器 V，v 接线，线电压为 100V，当 U 相极性接反时，则_____。

（a）$U_{uv} = U_{vw} = U_{wu} = 100V$；（b）$U_{uv} = U_{vw} = 100V$，$U_{wu} = 173V$；（c）$U_{uv} = U_{wu} = 100V$，$U_{vw} = 173V$；（d）$U_{uv} = U_{vw} = U_{wu} = 173V$。

2. 电压互感器 V，v 接线，当 V 相二次侧断线，若在二次侧带一块三相三线有功电能表时，各线电压是_____。

（a）$U_{uv} = U_{vw} = U_{wu} = 100V$；（b）$U_{uv} = U_{vw} = U_{wu} = 50V$；（c）$U_{uv} = U_{vw} = 50V$，$U_{wu} = 100V$；（d）$U_{uv} = U_{wu} = 100V$，$U_{vw} = 50V$

3. 电压互感器 Y，y 接线，一次侧 U 相断线，二次侧空载时，则_____。

（a）$U_{uv} = U_{vw} = U_{wu} = 100V$；（b）$U_{uv} = U_{vw} = U_{wu} = 57.7V$；（c）$U_{uv} = U_{vw} = 50V$，$U_{wu} = 100V$；（d）$U_{uv} = U_{wu} = 57.7V$，$U_{vw} = 100V$

4. 电压互感器 Y，y 接线，$U_u = U_v = U_w = 57.7V$，若 V 相极性接反，则

（a）$U_{uv} = U_{vw} = U_{wu} = 100V$；（b）$U_{uv} = U_{vw} = U_{wu} = 173V$；（c）$U_{uv} = U_{vw} = 57.7V$，$U_{wu} = $

100V；（d）$U_{uv} = U_{vw} = U_{wu} = 57.7V$

5. 电流互感器不完全星形接线，U相极性接反，则公共线电流 I_v 是每相电流的 _____ 倍。

（a）1；（b）2；（c）3；（d）$\sqrt{3}$

三、问答与计算题

1. 一电能计量装置错误接线如下图所示，请说明其错误接线方式，绘出相量图，并求更正系数。

2. 经现场检查，某电能计量装置错误接线为 $\dot{U}_{uv}$—（$-\dot{I}_u$）、$\dot{U}_{wv}$—$\dot{I}_w$。请画出错误的接线图和相量图，求更正系数。

3. 某用户电能表检查错误接线，测得电压为 U—V—W 正相序，用标准表法测得的功率值见表 12-8，已知用户功率因数为 $0.7 \sim 0.9$（滞后），试分析该错误接线。

表 12-8　标准法测得的功率值

	I_1	I_2
U_{uv}	150	-307
U_{wv}	461	167

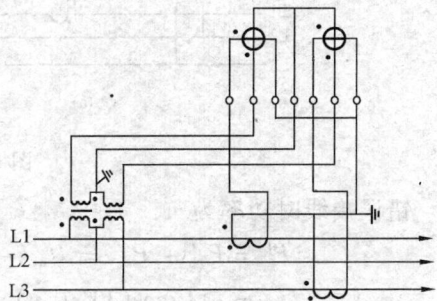

图 12-47　题 3·1 图

4. 某用户用一块三相三线电能表计量，原抄见底码为 3250，一个月后抄见底码为 1250，经检查错误接线的功率表达式为 $-2UI\cos(30° + \varphi)$，该用户月平均功率因数为 0.9，电流互感器变比为 150/5A，电压互感器变比为 6600/100V，请确定退补电量。

参　考　答　案

一、填空题

1. 正确接线；2. 停电检查　带电检查；3. 57.7　100　57.7；4. 100　100　173；5. 100　100　173；6. 50　50；7. 0　100；8. 0；9. 100；10. 50　50

二、选择题

1. B；2. C；3. D；4. C；5. D

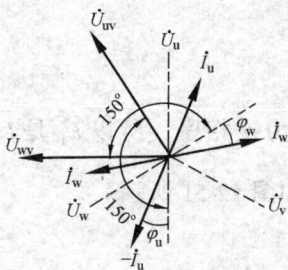

图 12-48　题 3·1 答案图

三、问答与计算

1. 相量图如图 12-48 所示。

错误接线时功率为

$$P' = P_1' + P_2'$$
$$= U_{uv}(-I_u)\cos(150° - \varphi)$$
$$\quad + U_{wv}(-I_w)\cos(150° + \varphi)$$
$$= -UI\cos(30° + \varphi) - UI\cos(30° - \varphi)$$
$$= -UI(\cos30°\cos\varphi - \sin30°\sin\varphi$$
$$\quad + \cos30°\cos\varphi + \sin30°\sin\varphi)$$

$$= -\sqrt{3}\,UI\cos\varphi$$

更正系数为
$$K = \frac{P}{P'} = \frac{\sqrt{3}\,UI\cos\varphi}{-\sqrt{3}\,UI\cos\varphi} = -1$$

2. 接线图和相量图如图 12-49 所示。

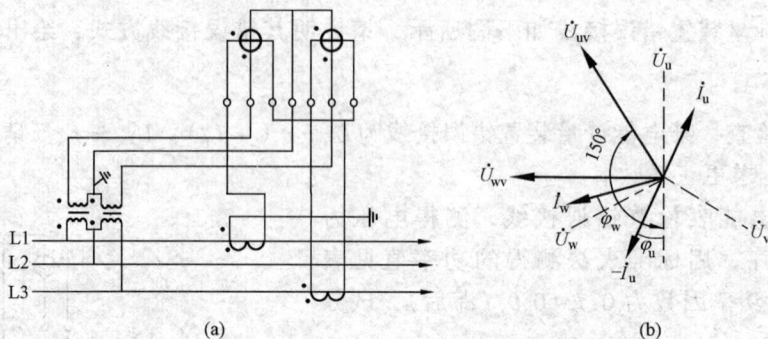

图 12-49　题 3·2 答案图

错误接线时功率为

$$\begin{aligned}
P' = P_1{}' + P_2{}' &= U_{uv}(-I_u)\cos(150^\circ - \varphi) + U_{wv}I_w\cos(30^\circ - \varphi)\\
&= -UI\cos(30^\circ + \varphi) + UI\cos(30^\circ - \varphi)\\
&= UI(-\cos30^\circ\cos\varphi + \sin30^\circ\sin\varphi + \cos30^\circ\cos\varphi + \sin30^\circ\sin\varphi)\\
&= UI\sin\varphi
\end{aligned}$$

更正系数为　　$K = \dfrac{P}{P'} = \dfrac{\sqrt{3}\,UI\cos\varphi}{UI\sin\varphi} = \sqrt{3}\,\mathrm{ctg}\varphi$

3. 根据题意，画出电流电压相量图如图 12-50 所示。

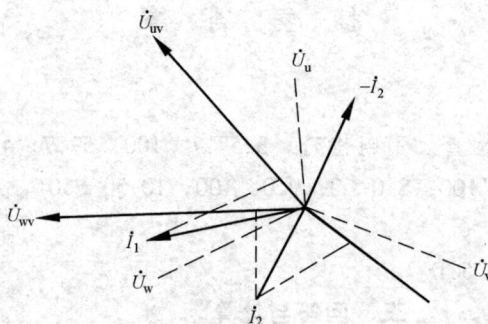

图 12-50　题 3·3 答案图（一）

从相量图上看，$\dot{I}_1$、$\dot{I}_2$ 相差 60°，将 $\dot{I}_2$ 倒相 180°，$\dot{I}_1$、$-\dot{I}_2$ 为逆相序，所以 $\dot{I}_1$ 是 $\dot{I}_w$，$-\dot{I}_2$ 是 $\dot{I}_u$，即该用户错误接线方式为 $\dot{U}_{uv}\dot{I}_w$、$\dot{I}_{wv}-\dot{I}_u$。其接线图如图 12-51 所示。

错误接线时，功率表达式为

$$\begin{aligned}
P' &= U_{uv}I_w\cos(90^\circ - \varphi) + U_{wv}(-I_u)\cos(90^\circ + \varphi)\\
&= UI\sin\varphi - UI\sin\varphi\\
&= 0
\end{aligned}$$

即在该错误接线方式下，电能表不转。

4. 根据错误接线时的功率表达式可求出更正系数为

$$K = \frac{\sqrt{3}\,UI\cos\varphi}{-2UI\cos(30° + \varphi)}$$

$$= \frac{\sqrt{3}\cos\varphi}{-\sqrt{3}\cos\varphi + \sin\varphi}$$

$$= -\frac{\sqrt{3}}{\sqrt{3} - \text{tg}\varphi}$$

$\cos\varphi = 0.9$，$\varphi = 25.8°$，则

$$K = -\frac{\sqrt{3}}{\sqrt{3} - \text{tg}25.8°} = -1.39$$

因此实际应计的有功电量为

$$A = K \cdot A' = -1.39 \times (1250 - 3250) \times \frac{150}{5} \times \frac{6600}{100}$$

$$= -1.39 \times (1250 - 3250) \times \frac{150}{5} \times \frac{6600}{100}$$

$$= -1.39 \times (396 \times 10^4) = 550.44 \text{ 万(kWh)}$$

$$= 550.44 \text{ 万(kWh)}$$

确定退补电量为

$$\Delta A = A - A' = 550.44 - 396 = 154.44 \text{ 万（kWh）}$$

即少计了 154.44 万（kWh）的电量，用户应补交电费。

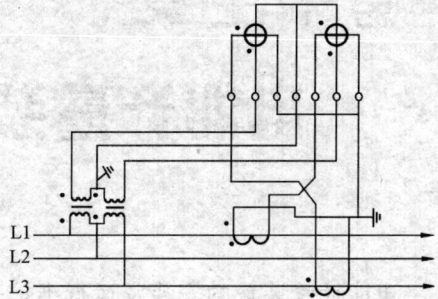

图 12-51　题 3·3 答案图（二）

L1
L2
L3

第十三章

电能计量装置安装及运行维护

电能计量装置的安装及运行维护是电能计量工作中很重要的一个方面。在实际工作中，因为电能计量装置选择不合理、安装不正确、运行维护不规范等，都将给电能计量的准确性和可靠性带来较大影响。为此，本章着重介绍电能计量装置的设计审查及订货、计量点及计量方式、计量器具的选用、计量器具的安装及竣工验收、计量器具的运行管理、防窃电技术应用等内容。

第一节 电能计量装置设计审查及订货

一、电能计量装置设计审查

设计审查是电能计量装置全过程管理中一个非常重要和关键的环节，是电能计量装置全过程管理的源头。如果没有电能计量技术人员参与电能计量方案的确定和审查，可能会造成电能计量装置的计量性能达不到要求。一旦设备订货、安装施工完成后，就很难得到更改，即使更改也会造成资金浪费和工期延误，而投运后再进行改造还要影响正常的电力生产。若电能计量装置在有缺陷的情况下运行，就直接影响电能计量的准确性和可靠性。由于电能计量工作专业性很强，电能计量法律、法规和技术标准繁多，设计人员很难完全掌握，为从根本上保证电能计量装置的准确性和可靠性，各类电能计量装置的设计方案必须经有关的电能计量专业人员审查通过。

（1）设计审查的依据。电能计量装置设计审查的依据是 DL/T448—2000、GBJ63、SDJ9 及用电营业方面的有关管理规定。

电能计量的标准、规程很多，涉及到计量管理的规程有四类，即《检定规程》、《设计规程》、《电能计量装置技术管理规程》、《装表接电工作规程》。这些规程中个别条文可能存在不一致的地方，要注意把握好它们之间的关系。《检定规程》是国家强制性标准，具有法律效应，任何规程与之冲突，都应以《检定规程》为准。《电能计量装置技术管理规程》是行业标准，也是专业规程，高于《设计规程》，两者相冲突时，以《电能计量装置技术管理规程》为准。《装表接电工作规程》是地方标准，低于《电能计量装置技术管理规程》，两者不一致时，以《电能计量装置技术管理规程》为准。

（2）设计审查的内容。电能计量装置设计审查的内容包括计量点、计量方式（电能表与互感器的接线方式、电能表的类别、装设套数）的确定；计量器具型号、规格、准确度等级、制造厂家、互感器二次回路及附件等的选择、电能计量柜（箱）的选用；安装条件的审查等。

（3）设计审查的权限。发电企业上网电量计量点、电网经营企业之间贸易结算电量计量点、省级电网经营企业与其供电企业供电关口计量点的电能计量装置的设计审查，应由电网经营企业的电能计量专职（责）管理人员、电网经营企业电能计量技术机构和有关发、供电企业电能计量管理或专业人员参加。其他电能计量装置的设计审查应由有关的供电企业和发电企业的电能计量管理机构管理或专业人员参加。

用电营业部门在与客户签订供用电合同、批复供电方案时，对电能计量点和计量方式的确定以及电能计量器具技术参数等的选择，应由电能计量技术管理机构或有关技术机构专职（责）工程师会签。

（4）设计审查结果的处理。电能计量装置的设计审查，应由参加审查的人员写出审查意见并由各方代表签字。凡审查中发现不符合规定的部分，应在审查结论中明确列出，并由原设计部门进行修改设计。

设计部门在进行电能计量装置设计时，应考虑装置的特殊性和重要性，严格按《电能计量装置技术管理规程》（DL/T448—2000）及其他有关规程、规范的要求设计，并经运行主管部门审查通过，以免增加后阶段的整改工作量或延误客户送电时间。

二、电能计量器具的订货

（1）电能计量技术机构应根据行业发展和正常轮换的需要编制常用电能计量器具的订货计划。

（2）电力建设工程中电能计量器具的订货，应根据审查通过的电能计量装置设计所确定的厂家、型号、规格、等级等组织订货。

（3）订购的电能计量器具应具有制造计量器具许可证、进网许可证（行业已发证的产品）和出厂检验合格证。

（4）订货合同中电能计量器具的各项性能和技术指标，应符合相应国家或电力行业标准的要求。

在订货合同中应明确：长寿命技术电能表的精度储备能力要求达到 2 倍，如 2.0 级表，其误差应控制在 1.0％之内；86 系列感应式电能表的精度储备能力要求达到 1.4 倍，如 2.0 级表，其误差应控制在 1.4％之内。各省公司（地区）可根据实际情况提出高于国家或电力行业标准的特殊要求，如多功能表要求具有 RS485 数据接口，通信规约应符合客户的要求等。

（5）为了验证电能计量器具的各项性能和技术指标，凡首次在当地供电企业使用的电能计量器具应先进行小批量试用。各供电企业可根据本企业的具体情况确定批量的大小，建议单相电能表以不超过 500 只、三相电能表以不超过 100 只为宜。

三、电能计量器具的验收

（1）发、供电企业应制定电能计量器具订货验收管理办法，购进的电能计量器具应严格验收。

（2）验收的内容包括：装箱单、出厂检验报告（合格证）、使用说明书、铭牌、外观结构、安装尺寸、辅助部件、功能和技术指标测试结果等，均应符合订货合同的要求。

（3）发、供电企业订购的电能计量器具或装置，应由其电能计量技术机构根据验收管理办法进行验收；建设单位或电力客户的订货，有关功能和技术指标的测试或检定，宜由当地供电企业的电能计量技术机构进行，也可委托上级电力部门的电能计量技术机构进行。

（4）首次购入的电能计量器具，应先随意抽取 3 只以上进行全面检测，检查工艺质量，以评价其质量水平，合格后再按有关规程要求进行验收。

（5）新购入的 2.0 级电能表，应按 GB3925 和国家电力行业的有关规定进行验收。1 级和 2 级直接接入静止式交流有功电能表，应按 GB/T17442 和国家电力行业的有关规定进行验收；其他新购入的电能表、互感器的验收，参照 GB3925 或 GB/T17442 抽样方法抽样，其检验项目和技术指标参照相应产品的国际、国家或行业标准的验收检验项目或出厂检验项目进行。

(6) 经验收的电能计量器具应出据验收报告，合格的由电能计量技术机构负责人签字接收，办理入库手续并建立计算机资产档案。验收不合格的，应由订货单位负责更换或退货。

第二节 计量点及计量方式

一、电能计量点的设置

电能计量点是输、配电线路中装接电能计量装置的位置。在电网中若电能计量点不完善，便不能准确计算发、供、用电电量，这会遇到不少麻烦，给供电企业的经营工作带来较严重的负面影响。一个计量点一般只装设一套电能计量装置，但根据计量的重要性也可装设二套计量装置。

确定电能计量点的基本原则：贸易结算用电能计量装置，原则上应设置在供用电设施产权分界处；如果产权分界处不具备装设电能计量装置的条件或为了方便管理将电能计量装置设置在其他合适位置的，其线路损耗由产权所有者负担。高压供电，在受电变压器低压侧计量的，应加计变压器损耗。

(1) 高压客户的电能计量，计量点的电压等级应尽可能与供电电压相符。变压器容量为 315kVA 及以上用户的计量宜采用高供高计。其计量点的选择可以有两种方案：

1) 计量点设在用户变电站的电源进线处，有几路电源安装几套计量装置，这种方案较适合按最大需量计收基本电费的用户。

2) 对于一个变电站内有多台主变的用户，也可在每台主变的高压侧安装一套计量装置，这种方案较适用于按变压器容量计收基本电费的用户。

对 35kV 公用配电网供电、容量在 500kVA 以下的，或 10kV 供电、容量在 315kVA 以下的，可在低压侧计量，即采用高供低计方式。

(2) 110kV 及以上电压等级供电的电力用户，宜装设分体电能计量柜；6~10kV 电压等供电的电力用户，应安装整体式电能计量柜（或高压计量箱）；35kV 电压等级供电的电力用户，视整个变电站配电装置的安装情况，选用相应地整体式或分体式电能计量柜。

(3) 当采用整体式计量柜时，若屋内配电装置为成套开关柜，则计量柜宜布置在进线柜之后（即第二柜）；若配电间不设进线断路器，而采用屋外跌落式熔断器方式，则计量柜宜布置在第一柜。为了合理计量电压互感器损耗，高压计量装置的电压互感器应装设在电流互感器的负荷侧。

(4) 低压用户和居民用户的计量点应设置在进户线附近的适当位置。

(5) 变电所（站）的计量点应设置在所有输入电能线路的入口处和所有输出电能线路的出口处，以满足准确计量输入的全部电能和输出的全部电能。在变电所（站）内部用电的线路或变压器上也应设置计量点，以便准确计算内部用电量，以此为计算母线电量不平衡度、变压器损耗电能和输电线路损耗电能提供准确数据。

(6) 发电厂每一台发电机发出的电量、每一条线路送给电网的供电量和电厂内的自用电量均应设置相应的计量点，为电厂的经营管理和成本核算创造必要条件。

二、电能计量方式的类型

电能计量方式与供电方式和电费管理制度有关，因而世界各国的电能计量方式也有少量差异。我国目前的主要计量方式有：

（1）单相供电的用户装设单相电能计量装置，三相供电的用户装设三相电能计量装置。用户单相供电容量超过 10kW 时，宜采用三相供电。

（2）实行两部制电价的用户，当受电变压器负载率约在 67% 及以上时，应装设最大需量表或有计量最大需量功能的多功能电能表。

需量表有区间式和滑差式两种。滑差式需量表的原理是在设定的需量周期（如 15min）内，以小于该周期 1/5 的时间（如 1min）递推来测量每需量周期内的平均功率，较能真实捕捉用户实际负荷。因此，对负荷变化大的用电单位，宜用滑差式需量表。

（3）对须考核用电功率因数的用户，应装设两只具有止逆装置的感应式无功电能表或一只可计量感性无功和容性无功的静止式无功电能表；需要供、受电双向计量时，应分别装设两只具有止逆装置的感应式无功电能表或一只可计量感性无功和容性无功的静止式无功电能表，也可装设一只四象限多功能电能表（即有功正、反向；无功正向感性、容性；无功反向感性、容性）。

《功率因数调整电费办法》规定用户功率因数的计算公式为

$$\cos\varphi = \frac{P}{\sqrt{(|Q_{\mathrm{L}}|+|Q_{\mathrm{C}}|)^2+P^2}}$$

感性无功 Q_{L} 和容性无功 Q_{C} 的传送方向是相反的，计算时应采用绝对值相加。因此无功电能表应当止逆。同理静止式无功电能表的感性无功 Q_{L} 和容性无功 Q_{C} 也应设置成绝对值相加的计量方式。四象限多功能电能表中的无功计量方式也按上述原则设置。

（4）低压供电线路的负荷电流为 50A 及以下时，宜采用直接接入式电能表；低压供电线路的负荷电流为 50A 以上时，宜采用经电流互感器接入式的接线方式。

实践证明，由于电能表的结构质量限制，直接接入式电能表的额定最大电流超过 60A 时，接线盒进表线不易固牢，形成接触电阻，大电流通过时会产生较大热量，从而又使接触电阻加大，如此恶性循环，常常造成大容量电能表接线端子过热受损。

（5）实行分时电价的用户和要考核负荷曲线的并网小水、火电站，应装设具有分时计量功能的复费率电能表或多功能电能表。

（6）带有数据通信接口的电能表，其通信规约应符合 DL/T645 的要求。

当需要进行数据传输时，应装设 RS232 或 RS485 串行接口。由于脉冲在数据传输过程中可能会产生丢失现象，而 RS232 接口只能"一对一"，即一台设备只能与一台设备通信，且通信距离又较近，只能达到十几米，因此一般情况下应尽可能不采用 RS232 接口。RS485 接口有"一对多"的特性，即一台设备可与多台设备联网通信，且传输距离较远，可达一公里以上，因此需要多点通信时，应选择 RS485 接口。

（7）有两路及以上线路分别来自两个及以上的供电点，或有两个及以上受电点的用户，应分别装设电能计量装置。

（8）用户的一个受电点内若有不同用电类别的用电，应按照国家电价分类，分别安装计费用电能计量装置。在用户受电点内难以按用电类别分别装表时，可安装计费总表，采用其他方式分算电费。

（9）对有供、受电量的地方电网和有自备电厂的用户，应在并网点分设计量供、受电量的电能计量装置或采用四象限计量有功、无功电能的电能表等。

(10) 城镇居民生活用电，可根据居住情况，装设专用或公用计费电能表。装设公用计费表的各用户，可自行装设分户电能表，此时低压装表接电人员应在技术上给予指导。用户临时用电，一般应装设临时计费电能表。

三、电能计量装置的配置原则及要求

(一) 电能计量装置配置的原则

(1) 具有足够的准确度。对于高压电能计量装置，不但电能表、互感器的等级要满足《电能计量装置技术管理规程》（DL/T448—2000）的要求，而且整套装置的综合误差应满足《电能计量装置检验规程》（SD109—1983）的要求。

(2) 具有足够的可靠性。要求电能计量装置故障率低，电能表一次使用寿命长，能适应用电负荷在较大范围变化时的准确计量。

(3) 功能能够适应营抄管理的需要。一般情况下，电量计量装置应设置以下基本功能：记录有功、无功（感性及容性）电量，多费率计量，最大需量，失压计时以及为负荷监控系统而设置的脉冲量或数字量传输。具体到某一用户，可以根据供用电合同中关于计量方式的规定，选用其中一部分（或全部）功能。

(4) 有可靠的封闭性能和防窃电性能，封印不易伪造，在封印完整的情况下，做到用户无法窃电。

(5) 装置要便于工作人员现场检查和带电工作。

(二) 电能计量装置配置的要求

(1) 接入中性点绝缘系统的电能计量装置，应采用三相三线有功、无功电能表。接入非中性点绝缘系统的电能计量装置，应采用三相四线有功、无功电能表或 3 只感应式无止逆单相电能表。

目前，我国 110kV 及以上电力系统一般采用中性点直接接地方式，因此，为了确保电能计量装置的准确性，应采用三相四线制计量方式，以免产生因三相负荷不平衡造成的附加误差而漏计电量的现象。

当采用 3 只感应式单相电能表接入非中性点绝缘系统时，为什么必须配置无止逆装置的单相感应式电能表？其原因之一是因为有单相电焊机接入回路时，一相的电流方向可能会反向，该相的电能表出现反转属正常现象，若有止逆则会造成计量不准；其原因之二是采用静止式单相电能表时，因为无论电流方向正或反，静止式单相电能表都计量，且记录的电量是累加的。当出现类似于上述单相电焊机负荷时，会造成多计电量。

(2) Ⅰ、Ⅱ、Ⅲ类贸易结算用电能计量装置，应按计量点配置计量专用电压、电流互感器或者专用二次绕组。电能计量专用电压、电流互感器或专用二次绕组及其二次回路，不得接入与电能计量无关的设备。

在重要的电能计量点配置专用电流、电压互感器的计量方式，在国外已较为普遍，近些年的一些外资电源建设项目中，外方投资者也提出此项要求。影响电能计量装置安全、可靠计量的最重要的环节是互感器的二次负载和二次回路中的接点等等，当电能计量、继电保护和测量回路共用一组母线电压互感器时，易使电压互感器二次回路压降超差，影响电能计量的准确性。同时，由于共用电压、电流互感器，不同专业在同一二次回路上工作，影响电能计量的可靠性和安全性，由此引起的电能计量故障也是常见的。因此，对于Ⅰ.Ⅱ.Ⅲ类贸易结算用电能计量装置，在设计中应考虑采用专用电压、电流互感器。

（3）对于Ⅰ类计量装置，在设计中应考虑安装主、副两套准确度等级相同或不相同的电能表。当采用准确度等级不同的电能表时，主表原则上应为准确度等级高的表，并应以合同的形式明确。

对安装了主、副电能表的电能计量装置，主、副电能表应有明确标志，运行中主、副电能表不得随意调换，两只表记录的电量应同时抄录。对主、副表的现场检验和周期检定要求相同。

具有主、副电能表的电能计量装置结算原则：当两套表计所计电量之差与主表所计量的相对误差小于两表准确度等级值之和时，以主表计量电量为准。否则应对主、副电能表进行现场校验，只要主电能表不超差，仍以其所计电量为准；若主表超差而副表不超差则以副表所计电量为准；两者都超差时，以主表的误差计算退补电量。并及时更换超差表计。也可以以合同的形式明确其他结算方式。

（4）35kV以上贸易结算用电能计量装置中电压互感器二次回路，应不装设隔离开关辅助接点，但可装设熔断器；35kV及以下贸易结算用电能计量装置中电压互感器二次回路，应不装设隔离开关辅助接点和熔断器。

因为隔离开关辅助接点的接触电阻大而且不稳定，会严重地影响电能计量装置的计量性能。通常的处理方法是用隔离开关辅助接点控制一个中间继电器，再由中间继电器的主触点控制电能表的电压回路。由于35kV以上电网的短路容量大，二次侧必须有熔断器保护，以免造成主设备事故。35kV以下电网的短路容量小，可以不装熔断器。

（5）安装在用户处的贸易结算用电能计量装置，10kV及以下电压供电的用户，应配置全国统一标准的电能计量柜或电能计量箱；35kV电压供电的用户，宜配置全国统一标准的电能计量柜或电能计量箱。

（6）贸易结算用高压电能计量装置应装设电压失压计时器。未配置计量柜（箱）的，其互感器二次回路的所有接线端子、试验端子应能实施铅封。

（7）互感器二次回路的连接导线应采用铜质单芯绝缘线。对电流二次回路，连接导线截面积应按电流互感器的额定二次负荷确定，至少应不小于 $4mm^2$。对电压二次回路，连接导线截面积应按允许的电压降计算确定，至少应不小于 $2.5mm^2$。

（8）互感器实际二次负荷应在 25%~100% 额定二次负荷范围内；电流互感器额定二次负荷的功率因数应为 0.8~1.0。

通常情况下，静止式电能表电流回路的负载功率因数近似为1，而感应式电能表电流回路的负载功率因数近似为0.8，同一电流互感器应能适用上述两种电能表。而且对110kV及以上电压等级的电能计量装置而言，当电流互感器二次回路距离较长时，其功率因数一般均在0.95以上，有的甚至近似为1。因此设计部门应根据TA二次负载的功率因数选配TA的额定功率因数或选配功率因数为0.8~1.0的产品，以满足计量准确性的要求。

电压互感器额定二次功率因数应与实际二次负荷的功率因数接近。因为通常感应式有功电能表和内相角为90°的无功电能表电压绕组的功率因数为0.2~0.3，内相角为60°的无功电能表电压绕组的功率因数为0.4~0.5，而静止式电能表与感应式电能表的电压回路负载的功率因数相差较大。目前静止式电能表在我国已被普遍使用，一般静止式电能表作为电压互感器二次负荷呈现出高功率因数，有些甚至还呈现容性负载，使得电压互感器额定二次功率因数复杂多变。这些情况给生产厂家提出了更高的要求。

（9）Ⅰ、Ⅱ类用于贸易结算的电能计量装置中电压互感器二次回路电压降应不大于其额定二次电压的 0.2%；其他电能计量装置中电压互感器二次回路电压降应不大于其额定二次电压的 0.5%。

(10) 经电流互感器接入的电能表，其基本电流（标定电流）宜不超过电流互感器额定二次电流的 30%，其额定最大电流应为电流互感器额定二次电流的 120% 左右。直接接入式电能表的基本电流（标定电流）应按正常运行负荷电流的 30% 左右进行选择。为提高低负荷计量的准确性，应选用过载 4 倍及以上的电能表。

第三节 计量器具选用

一、电能表的选择

(1) 电能表的容量用基本电流（标定电流）I_b 表示，电能表基本电流（标定电流）I_b 按以下方法确定：

1) 直接接入电能表，其基本电流（标定电流）应根据额定最大电流和过载倍数确定。其中额定最大电流按经核准的用户申请报装负荷容量计算电流确定。

过载倍数的确定：对正常运行中的电能表，实际负荷电流达到额定最大电流的 30% 以上的，宜选用过载 2 倍及以上的电能表；为提高低负荷计量的准确性，负荷电流低于 30% 的，应选用过载 4 倍及以上的电能表。

2) 电流互感器额定二次电流一般有 5A 和 1A 两种。以 5A 为例，在选择经互感器接入式电能表基本电流（标定电流）时，可以先计算其取值范围 5A 的 30% 为 1.5A，电能表最大额定电流的取值范围 5A 的 120% 为 6A，则可选择 1.5（6）A 或 3（6）A 的电能表。当互感器额定二次电流为 1A 时，其基本电流（标定电流）可采用 0.3（1.2）A 或 1A。负荷变动特大的用户则推荐选用 S 级电能表。

一般应保证：最大负荷电流不超过电能表额定最大电流，经常性负荷电流，应不低于电能表基本电流（标定电流）的 20%。

(2) 电能表的额定电压，应与供电线路电压相适应，否则将无法正确计量。

(3) 电能表应在准确度及功能方面满足营业计费的需要。电能表应选用符合国家标准、并经有关部门鉴定质量优良、准许进入电力系统的产品应淘汰使用年久、绝缘老化、机械磨损的电能表。

随着"一户一表"改造工作的全面实施，个别单相居民用户反映：新装的表计比原表"跑得快"。其实它是"快"出有因：

1) 原表绝大部分是七、八十年代生产的 DD28 型表计，由于当时的设计及生产工艺较落后，造成表计质量、灵敏度、精度都较低，又因机械磨损大，表计越跑越慢。

2) 原表绝大部分是用户自备表，表计长期超周期运行，随着运行时间的推移，表计的机械磨损越来越大，超差现象非常严重，且一般都是负误差。

3) 新装的表计一般为长寿命技术电能表，采用磁悬设计，机械磨损很小；原材料质量和制造工艺水平也大大提高，因此表计的灵敏度和精度都较高，在小负荷电流下能准确计量。

由此可见，并非新装的表计比原表"跑得快"，而是新装的表计比原表计得准，原表跑得太慢。当然，也不排除个别表计由于质量问题确实有"跑得快"的情况存在。

(4) 新购入单相电能表一般应使用长寿命技术电能表；对于需要实行分时计量的用户，

可选用电子式表；对于"一户一表"工程中旧房改造户可选用与房屋寿命相当的表计；对于收费难度很大、临时用电等特殊用户，可选用预付费电能表。

二、互感器的选择

（1）电流互感器额定一次电流的确定，应保证其在正常运行中的实际负荷电流达到额定值的 60% 左右，至少应不小于 30%。否则应选用高动热稳定电流互感器，以减小变比。

按照 JJG313—1994《测量用电流互感器》规程规定，0.2 级和 0.5 级 TA 在 20% I_e 时比差各为 0.35% 和 0.75%，达不到 0.2% 及 0.5% 的要求，因此规定在选用 TA 时，正常运行的一次侧电流不得低于 30%。

（2）二次侧额定电流必须与电能表额定值对应。

（3）实际二次负荷必须在互感器额定负荷的 25%~100% 的范围内。若互感器接入二次负荷超过额定值时，则其准确度等级下降。

同一组电流互感器应采用制造厂、型号、额定电流比、准确度等级、二次容量均相同的互感器。不宜使用可任意改变一次绕组匝数以改变变比的穿芯式电流互感器（一次绕组制造厂已固定好或一次只绕一匝的穿芯式电流互感器除外）及变压器套管型电流互感器。

穿芯式电流互感器因无一次绕组接头已被广泛采用，但如用改变一次匝数的办法来改变变比，常造成管理上的混乱，且运行的准确性较难保证，故不宜采用；变压器套管 TA 系装于变压器内部，不便维护，且运行状况受变压器磁场影响，也不宜采用。

（2）电压互感器的额定电压，应与供电线路电压相适应，否则将无法正确计量。

（3）电压、电流互感器应选用符合国家标准，并经有关部门鉴定质量优良，准许进入电力系统的产品。

（4）按规程要求，Ⅰ类计量装置应配置 0.2S 级的电流互感器，当电流互感器至电能表距离较长时，建议采用二次额定电流为 1A 的电流互感器，以便于适应二次回路阻抗较大的情况。

用不断加大互感器二次回路导线截面的办法来减小误差，是在设备就位后不得已采取的办法，并不可取。因为它不仅使改造、测试工作较为繁琐，而且因导线太粗给二次端子接线带来困难，还增加了不必要的费用。

（5）对一年当中负荷随季节变化较大的用户，宜采用二次侧有抽头、变比可以改变的电流互感器。

三、二次回路的选择

（1）二次回路必须使用铜质单芯绝缘导线，转动部分必须有足够长的裕度，低压电能表和电流互感器二次回路导线截面至少不得小于 2.5mm²。

（2）二次回路中，均不得装设熔断器及切换开关，且中间不允许有接头。因为熔断器、切换开关及导线接头存在较大的接触电阻，且常随接触的紧密度和接触面是否洁净而有变化，尤其当运行期较长时，阻值都有增加，使计量准确性得不到保证。

（3）Ⅲ类及以上计量装置的二次回路中，宜装有能加封的专用接线端子盒，安装位置应便于现场带电工作。

电能表专用接线盒应具有带负荷现场校表（不漏计电量）、带负荷换表、防窃电三种功能，要求其性能是阻燃、耐压强度高（各端子间应能承受交流 2500V、1min），绝缘电阻高（用 1000V 摇表，绝缘电阻不小于 30MΩ），通流容量大（电流回路连接片通 10A、电压回路连接片通 5A 情况下能可靠断开或闭合），并要求热稳定性能达到相应的规定值。接线盒类型有 PJ 型接线式和 FY 型插接式两种。

四、计量屏及计量箱的选择

（1）计量屏（箱）的设计应符合国家有关标准、电力行业标准及有关规程对电能计量装置的要求。

（2）电能计量装置，应具有可靠的防窃电措施。电能表、互感器及二次回路，必须安装在封闭可靠的电能计量屏或计量箱内。计量装置电源进线，必须采用电缆或穿管绝缘导线，且不得有破口或裸露部分。

（3）计量屏（箱）内，应留有足够的空间来安装电能表、互感器及一、二次接线，并使其保持足够的安全距离及操作空间距离。

（4）计量屏（箱）内电能表、互感器的安装位置，应考虑现场检查及拆换工作的方便。

（5）计量屏（箱）的活动门必须能加封，门上应有带玻璃的观察窗，以便于抄表读数与观察表计运转情况。

对于需要对电能表面盘进行操作（如设置参数、需量复零等）的计量柜（箱），应在其观察窗处设便于开启的小门，且小门能加铅封。

（6）计量箱与墙壁的固定点应不少于三个，使箱体不能前后左右移动。

（7）计量屏（箱）内在电源与计量器具之间宜装熔断器（或自动开关）。

进户线进入计量屏（箱）时首先应接至熔断器（或自动开关），用来保护电能表及防止因用户电气装置的故障而影响电网安全运行。单相电能表在一相上装设一只熔断器，三相四线电能表在 U、V、W 三相上分别装设熔断器，但在任何情况下中性线不能装设熔断器。

（8）计量屏（箱）的金属外壳应有接地端钮。

（9）计量配电合一的开关屏，安装的开关电器应具有防震措施。

第四节　计量器具安装及竣工验收

电能计量装置的安装应严格按通过审查的施工设计或用户业扩工程确定的供电方案进行。

（1）安装的电能计量器具必须经有关电力企业的电能计量技术机构检定合格。

（2）使用电能计量柜的用户或发、输、变电工程中的电能计量装置，可由施工单位进行安装，其他贸易结算用电能计量装置均应由供电企业安装。

（3）电能计量装置安装应执行电力工程安装规程《电能计量装置技术培训规程》的有关规定和其他相关规定。

（4）电能计量装置安装完工应填写竣工单，整理有关的原始技术资料，做好验收交接准备。

一、电能计量装置安装前的准备工作

装表接电人员接到装接工单后，应做以下准备工作：

（1）核对工单所列的计量装置是否与用户的供电方式和申请容量相适应，如有疑问，应及时向有关部门提出。

（2）凭工单到表库领用电能表、互感器，并核对所领用的电能表、互感器是否与工单一致。

（3）检查电能表的校验封印、接线图、检定合格证、资产标记是否齐全，校验日期是否在 6 个月以内，外壳是否完好，圆盘是否卡住。

（4）检查互感器的铭牌、极性标志是否完整、清晰，接线螺丝是否完好，检定合格证是否齐全。

（5）检查所需的材料及工具、仪表等是否配足带齐。

（6）电能表在运输途中应注意防震、防摔，应放入专用防震箱内；在路面不平、震动较大时，应采取有效措施减小震动。

二、电能表的安装

1. 电能表的安装场所应符合的规定

（1）周围环境应干净明亮，不易受损、受震，无磁场及烟灰影响。

（2）无腐蚀性气体、易蒸发液体的侵蚀。

（3）运行安全可靠，抄表读数、校验、检查、轮换方便。

（4）电能表原则上装于室外的走廊、过道内及公共的楼梯间，或装于专用配电间内（二楼及以下）。高层住宅一户一表，宜集中安装于二楼及以下的公共楼梯间内。

（5）装表点的气温应不超过电能表标准规定的工作温度范围，即对 P.S 组别为 $0 \sim +40℃$；对 A.B 组别为 $-20 \sim +50℃$。

2. 电能表的一般安装规范

（1）高供低计的用户，计量点到变压器低压侧的电气距离不宜超过 20m。

（2）电能表的安装高度，对计量屏，应使电能表水平中心线距地面在 $0.6 \sim 1.8m$ 的范围内；对安装于墙壁的计量箱宜为 $1.6 \sim 2.0m$ 的范围。

（3）装在计量屏（箱）内及电能表板上的开关、熔断器等设备应垂直安装，上端接电源，下端接负荷。相序应一致，从左侧起排列相序为 U、V、W 或 U（V、W）、N。

（4）电能表的空间距离及表与表之间的距离均不小于 10cm。

电能表安装必须牢固垂直，每只表除挂表螺丝外至少还有一只定位螺丝，应使表中心线向各方向的倾斜度不大于 1°。

当装用或校验感应式电能表时，由于安装位置偏离中心线而倾斜一定的角度时，将会引起附加误差，其原因有两个：

1）由于圆盘对于电磁铁的相对位置发生变化，引起了转动力矩的改变。当电磁铁对于圆盘的相对位置两边不对称时，就会产生一个附加的力矩。其作用原理和低负荷补偿力矩相似。

2）由于转动体对上下轴承的侧压力随着电能表的倾斜而增大，引起了摩擦力矩的增大，使得电能表出现负误差。

倾斜引起的表计误差在轻负荷时会大得多，对磁力轴承的电能表倾斜引起的误差更为严重。因此感应式电能表安装时不能倾斜，以减少倾斜误差。

（5）安装在绝缘板上的三相电能表，若有接地端钮，应将其可靠接地或接零。

《交流有功和无功电能表》（JB/T5467—1991）规定：对在正常条件下连接到对地电压超过 250V 的供电线路上，外壳是全部或部分用金属制成的电能表，应该提供一个保护端。因此，单相 220V 电能表一般不设接地端；三相电能表有的也未设接地端。但对设有接地端钮的三相电能表，应可靠接地或接零。

（6）在多雷地区，计量装置应装设防雷保护，如采用低压阀型避雷器。

当低压配电线路受到雷击时，雷电波将由接户线引入屋内，危害极大。最简单的防雷方法是将接户线入户前的电杆绝缘瓷瓶铁脚接地，这样当线路受到雷击时，就能对绝缘的瓷瓶铁脚放电，把雷电流泄掉，从而使设备和人员不受高电压的危害。在多雷地区，安装阀型避雷器或压敏电阻，较为适宜。

（7）在装表接电时，必须严格按照接线盒内的图纸施工。对无图纸的电能表，应先查明内部接线。现场检查的方法可使用万用表测量各端钮之间的电阻值，一般电压线圈阻值在 kΩ 级，而电流线圈的阻值近似为零。若在现场难以查明电能表的内部接线，应将表退回。

（8）在装表接线时，必须遵守以下接线原则：

1）单相电能表必须将相线接入电流线圈；

2）三相电能表必须按正相序接线；

3）三相四线电能表必须接零线；

4）电能表的零线必须与电源零线直接联通，进出有序，不允许相互串联，不允许采用接地、接金属外壳等方式代替；

5）进表导线与电能表接线端钮应为同种金属导体。

直接接入式电能表导线截面，应根据正常负荷电流选择，参见表 13-1。

表 13-1   **常用绝缘导线允许连续电流表**

芯线截面积（mm²）	芯线直径芯线	允许电流（A）		芯线截面积（mm²）	芯线直径芯线	允许电流（A）	
		铜芯	铝芯			铜芯	铝芯
2.5	1/1.76	15	12	35	7/2.49	150	116
4	1/2.24	25	19	50	19/1.81	190	145
6	1/2.73	35	27	70	19/2.14	240	185
10	7/1.33	60	46	95	19/2.49	290	225
16	7/1.68	90	69	120	37/2.01	340	260
25	7/2.11	125	96	150	37/2.24	390	300

（9）进表线导体裸露部分必须全部插入接线盒内，并将端钮螺丝逐个拧紧。线小孔大时，应采取有效的补救措施。带电压连接片的电能表，安装时应检查其接触是否良好。

3. 零散居民户和单相供电的经营性照明用户电能表的安装要求

（1）电能表一般安装在户外临街的墙上，临街安装确有困难时，可安装在用户室内进门处。装表点应尽量靠近沿墙敷设的接户线，并便于抄表和巡视的地方，电能表的安装高度，应使电能表的水平中心线距地面 1.8～2.0m。

（2）电能表的安装，采用表板加专用电能表箱的方式。每一用户在表板上安装单相电能表一块，封闭电能表的专用表箱一个，瓷插式熔断器二个，单相闸刀开关一只。

（3）专用电能表箱应由电业局统一设计，其作用为：①保护电能表；②加强封闭性能，防止窃电；③防雨、防潮、防锈蚀、防阳光直射。

（4）电能表的电源侧应采用电缆（或护套线）从接户线的支持点直接引入表箱，电源侧不装设熔断器，也不应有破口、接头的地方。

（5）电能表的负荷侧，应在表箱外的表板上安装瓷插式熔断器和总开关，熔体的熔断电流宜为电能表额定最大电流的 1.5 倍左右。

（6）电能表及电能表箱均应分别加封，用户不得自行启封。

4. 高层住宅居民户电能表的安装要求

（1）对于居民户集中的高层住宅，宜以单元为单位，集中安装电能表。在高层住宅每单元的一楼（或 2 楼，或 1、2 楼之间的楼梯间）安装公用电能表箱 1~2 个，将该单元所有用户的电能表均集中装于其中。表箱的安装高度一般为 1.6~2.0m。

（2）表箱应有便于抄表的观察窗。电能表及电能表箱均应分别加封，用户不得自行启封。

（3）表箱内应装有总进线熔断器及专用接线盒，电源进入电能表箱后，先进入总熔断器，然后通过专用接线盒，再分配到各用户的电能表。

（4）由电能表箱至各用户的线路上，必须装设瓷插熔断器。熔体的熔断电流宜为电能表额定最大电流的 1.5 倍左右。

5．用三块单相电能表代替一块三相四线电能表计量

一般农村配电所很少有完整的负荷记录及经常抄录的表码数，在电能表发生故障后，难以找到确实的根据计算退补电量。对此，可采用三块单相电能表代替一块三相四线电能表计量的接线方式。因为三相表发生故障后一般还继续转动，只是转慢一些，这在用电负荷变化较大的农村，很难断定有无故障，以致拖延处理时间。发现故障后，由于故障时间、平均负荷等都不了解，很难确定退补电量，有时只好不了了之。安装三块单相表，只要其中一块停转，就可以迅速发现；而且细心的抄表员可由正常情况下三表电量比例分析电能表是否运行正常，确定补退电量亦可参考正常比例估算。农村抄表在途时间较多，抄表周期较长，采用这种方式有管理相对方便的特点。另外从安全运行角度考虑，安装三只单相表增大了相间绝缘距离，对防雷也有好处。

三、进户装置的选择及安装

（一）接户线

（1）从低压配电线路到用户室外第一支持点的一段线路，或由一个用户接到另一个用户的线路，称为接户线。每一路接户线，支持进户点应不多于 10 个，线长应不超过 60m。超过 60m 时，应按低压配电线路架设。

安装接户线之前要确定好进户点，一建筑物内部互相连通的房屋、高层住宅每一单元、同一围墙、同一用户的所有相邻建筑物，只允许装设一个进户点。选择进户点时应综合考虑到进户点处的所有相邻建筑物是否牢固且不漏水，是否接近供电线路，是否接近用电负荷中心，是否与临近房屋的接户点协调一致。

（2）接户线的档距不应大于 25m，超过 25m 时应装设接户杆，超过 40m 时应按低压配电线路架设。沿墙敷设的接户线，档距不应大于 6m。同杆架设的接户线横担与架空线横担的最小距离为 0.3m。

（3）接户线的对地距离，不应小于 2.5m。

对街道的垂直距离，不应小于表 13-2 的数值。

表 13-2　　接户线对街道的最小垂直距离（m）

分　类	城　镇	农　村
通车街道	6	5
通车困难的街道人行道	3.5	3
小街巷	3	

（4）接户线与建筑物有关部分的距离不应小于下列数值：

与接户线下方窗户的垂直距离：0.3m；

与接户线上方阳台或窗户的垂直距离：0.8m；

与窗户或阳台的水平距离：0.75m；

与墙壁构架的距离：0.05m。

（5）接户线与通信线或广播线等弱电线路交叉时，两线间的垂直距离不应小于下列数值：

接户线在上方时：60cm；

接户线在下方时：30cm。

（6）接户线的线间距离应符合表13-3的要求。

表13-3　　　　　　　　　　　　　　低压接户线的线间距离

架 设 方 式	档 距	线间距离（mm）	架 设 方 式	档 距	线间距离（mm）
自杆上引下	25m及以下	150	沿墙敷设	6m及以下	100
	25m以上	200		6m以上	150

（7）接户线应采用绝缘导线。导线的截面按允许载流量和机械强度选择（见表13-1），但不应小于表13-4的数值。用户增加用电容量时，应对接户线进行验算，导线截面过小时，应予以更换。

表13-4　　　　　　　　　　　　　低压接户线最小允许截面（mm²）

接户线架设方式	档　　距	铜　　线	铝　　线
自电杆引下	25m及以下	4.0	10.0
沿墙敷设	6m及以下	4.0	6.0

三相四线制零线的截面不宜小于相线截面，单相制零线的截面与相线截面相同。

当接户线的材料与低压配电线路的材料不一致时，应采取铜、铝过渡措施。

（8）在人口密集的城市和有特殊要求的场所，接户线可采用电缆的方式。电缆的敷设应做到：

1）电缆防护措施齐全，外皮无损伤，各部位防腐措施符合要求；

2）敷设整齐美观，固定牢固；

3）电缆与各种设施之间的距离符合规定；

4）分支和终端处，应装设牢固可靠的地面接线箱，箱内装有开关和保护熔丝；

5）电缆沟及隧道内清洁无杂物、无积水。

（9）用户接户线的金具必须镀锌，其表面不应有锌皮脱落及锈蚀等现象。

装置在接户线上的瓷瓶，其工作电压不应低于500V。瓷釉表面应光滑，无裂纹、破损现象。

（10）自电杆上引下的接户线，两端均应绑扎在绝缘瓷瓶上，绝缘瓷瓶和进户线支架应按下列规定选用：

1）导线截面在16mm²以下时，宜采用针式绝缘子，支架宜采用不小于50×5mm的扁钢；

2）导线截面在16mm²及以上时，应采用蝴蝶绝缘子，支架宜采用不小于50×50×5mm的角钢。

（11）装置在建筑物上的接户线支架必须固定在建筑物的主体上，不应固定在建筑物的抹灰层或木结构房屋的板壁上。

接户线支架应端正牢固，支架两端水平差不应大于5mm。

（12）在低压配电线路接入单相负荷时，应考虑配电线路电流平衡分配。现场查勘供电方案时，应确定单相接户线接电的线路具体相别。

（13）城镇商居小区开发建设、改造，应作好公用供电设施建设、改造规划，一步到位，避免重复建设。

（二）进户线

（1）由接户线引到计量装置的一段导线称为进户线。

进户线应采用护套线或硬管布线，其长度一般不宜超过 6m，最长不得超过 10m。

进户线应是绝缘良好的铜芯导线，其截面的选择应满足导线的安全载流量，即大于或等于表计容量（见表 13-1）。

（2）同一用电单位，在同一受电点的照明、动力等不同电价的各种用电，以及居民集中的高层住宅需要安装多只照明电能表时，原则上只允许一个进户点统一进户（但安装备用电源或厂区统一控制照明用电等特殊情况除外）。

（3）进户点的选择应符合下列条件：

1）进户点处的建筑物应坚固，并无漏水情况；

2）便于进行施工、维修和检修；

3）靠近供电线路和负荷中心；

4）尽可能与附近房屋的进户点取得一致。

（4）进户线穿管引至电能计量装置，应符合下列条件：

1）管口与接户线第一支持点的垂直距离宜在 0.5m 以内；

2）金属管或塑料管在室外进线口应做防水弯头，弯头或管口应向下；

3）穿墙硬管的安装应内高外低，以免雨水灌入，硬管露出墙部分不应小于 30mm；

4）用钢管穿线时，同一交流回路的所有导线必须穿在同一根钢管内，且管的两端应套护圈；

5）管径选择，宜使导线截面之和占管子总截面的 40％；

6）导线在管内不准有接头；

7）进户线与通信线、广播线进户点必须分开。

（5）进户线引入到用电计量装置前，相线宜装进户熔断器（或自动开关），零线不装熔断器。进户熔断器应装在封闭式进户保险（开关）箱内或计量箱（屏）内，安装位置应便于维护操作。进户熔断器的选择，应略大于表后熔体的容量，一般熔断电流可按电表额定最大电流的 1.5～2 倍选用。

四、电流互感器的安装

低压电流互感器的安装，一般应遵循以下安装规范：

（1）电流互感器安装必须牢固。互感器外壳的金属外露部分应可靠接地。

（2）同一组电流互感器应按同一方向安装，以保证该组电流互感器一次及二次回路电流的正方向均为一致，并尽可能易于观察铭牌。

（3）电流互感器二次侧不允许开路，对双次级互感器只用一个二次回路时，另一个次级应可靠短接。

（4）低压电流互感器的二次侧可不接地。这是因为低压计量装置使用的导线、电能表及互感器的绝缘等级相同，可能承受的最高电压也基本一致；另外二次绕组接地后，整套装置一次回路对地的绝缘水平将要下降，易使有绝缘弱点的电能表或互感器在高电压作用时（如受感应雷击）损坏。从减小遭受雷击损坏出发，也以不接地为佳。

五、二次回路的安装

（1）电能计量装置的一次与二次接线，必须根据批准的图纸施工。二次回路应有明显的标志，最好采用不同颜色的导线。

二次回路走线要合理、整齐、美观、清楚。对于成套计量装置，导线与端钮连接处，应有字迹清楚、与图纸相符的端子编号排。

（2）二次回路的导线绝缘不得有损伤，不得有接头，导线与端钮的连接必须拧紧，接触良好。

（3）低压计量装置的二次回路连接方式：

1）每组电流互感器二次回路接线应采用分相接法或星形接法。

2）电压线宜单独接入，不与电流线公用，取电压处和电流互感器一次间不得有任何断口，且应在母线上另行打孔连接，禁止在两段母线连接螺丝上引出。

（4）当需要在一组互感器的二次回路中安装多块电能表（包括有功电能表、无功电能表、最大需量表、多费率电能表等）时，必须遵循以下接线原则：

1）每块电能表仍按本身的接线方式连接；

2）各电能表所有的同相电压线圈并联，所有的电流线圈串联，接入相应的电压、电流回路；

3）保证二次电流回路的总阻抗不超过电流互感器的二次额定阻抗值；

4）电压回路从母线到每个电能表端钮盒之间的电压降，应符合《电能计量装置技术管理规程》（DL/T448—2000）中条款5.3 b）的要求。

六、计量屏（箱）的安装

1．低压非照明电能计量装置的安装要求

（1）由专用变压器供电的低压计费用户，其计量装置可选用以下两个方案之一：

1）将变压器低压侧套管封闭，在低压配电间内装设低压计量屏的计量方式。低压计量屏应为变压器过来的第一块屏；变压器至计量屏之间的电气距离不得超过20m，应采用电力电缆或绝缘导线连接，中间不允许装设隔离开关等开断设备，电力电缆或绝缘导线不允许采用地埋方式。

2）对于严重窃电，屡查屡犯的农村用户，可采取将变压器低压侧套管封闭，在变压器低压封闭套管侧装设计量箱的计量方式。

（2）由公用变压器供电的动力用户，宜在产权分界处装设低压计量箱计量。

（3）对实行电量承包试点的农电站，一般应采用高压计量箱计量。

2．农村及小容量高压用户，宜采用高压计量箱

目前高压计量箱电能表的安装方式有两种：一种是电能表箱附在组合互感器箱的侧面，这样电能表一般距地面较高，且距高压带电部分很近，运行维护及抄表问题可采用遥控、遥测方式。另一种是电能表箱与组合互感器分离，通过电缆引下，另外安装，这种方式便于抄表与监视，但需要注意的是由于电流互感器二次负载容量相对较小，故电能表与组合互感器之间的电缆不宜过长，另外，电缆必须穿入钢管或硬塑管内加以保护。采用高压计量箱，结构简单，体积不大，安装方便，价格低廉，且基本上能满足计量要求，尤其在农村降损防窃方面，效果明显。

七、电能计量装置的竣工验收

电能计量装置投运前应由相关管理部门组织专业人员进行全面的验收。其目的是：及时发现和纠正安装工作中可能出现的差错；检查各种设备的安装质量及布线工艺是否符合要求；核准有关的技术管理参数，为建立用户档案提供准确的技术资料。

验收的项目及内容应包括：技术资料、现场核查、验收试验、验收结果的处理。

1. 验收的技术资料

（1）电能计量装置计量方式原理接线图，一、二次接线图，施工设计图和施工变更资料。

（2）电压、电流互感器安装使用说明书、出厂检验报告、法定计量检定机构的检定证书。

（3）计量柜（箱）的出厂检验报告、说明书。

（4）二次回路导线或电缆的型号、规格及长度。

（5）电压互感器二次回路中的熔断器、接线端子的说明书等。

（6）高压电气设备的接地及绝缘试验报告。

（7）施工过程中需要说明的其他资料。

2. 现场核查（即送电前检查）

（1）计量器具型号、规格、计量法定标志、出厂编号等应与计量检定证书和技术资料的内容相符。

（2）产品外观质量应无明显瑕疵和受损。

（3）安装工艺质量应符合有关标准要求，检查电能表、互感器安装是否牢固，位置是否适当，外壳是否根据要求正确接地或接零等。

（4）电能表、互感器及其二次回路接线情况应和竣工图一致。检查电能表、互感器一、二次接线及专用接线盒，接线是否正确，接线盒内连接片位置是否正确，连接是否可靠，有无碰线的可能，安全距离是否足够，各接点是否坚固牢靠等。

（5）检查进户装置是否按设计要求安装，进户熔断器熔体选用是否符合要求；检查有无工具等物件遗留在设备上。

（6）按工单要求抄录电能表、互感器的铭牌参数数据，记录电能表起止码及进户装置材料等，并告知用户核对。

3. 验收试验（即通电检查）

（1）检查二次回路中间触点、熔断器、试验接线盒的接触情况。对电能计量装置通以工作电压，观察其工作是否正常；用万用表（或电压表）在电能表端钮盒内测量电压是否正常（相对地、相对相），用试电笔核对相线和零线，观察其接触是否良好。

（2）进行电流、电压互感器实际二次负载及电压互感器二次回路压降的测量。通过对某220kV用户变电所计量装置的测评实例发现，当电流互感器带额定二次负载时，测得其比差和角差均能满足规程要求；而当电流互感器带实际二次负载时，虽然此时二次实际负载值在额定范围之内，但其角差仍超标。由此可见，高压互感器必须经现场实际负载下误差试验合格。

（3）接线正确性检查。用相序表核对相序，引入电源相序应与计量装置相序标志一致。带上负荷后观察电能表运行情况；用相量图法核对接线的正确性及对电能表进行现场检验（对低压计量装置该工作需在专用端子盒上进行）；

（4）对计量电流、电压互感器按规程进行现场误差及二次负荷等试验。

（5）对最大需量表应进行需量清零，对多费率电能表应核对时针是否准确和各个时段是否整定正确。

（6）安装工作完毕后的通电检查，有时因电力负荷很小，使有些项目（如六角图法分析等）不能进行，或者是多费率表、需量表、多功能表等比较复杂的计量装置，均需在竣工后三天内至现场进行一次核对检查。

4. 验收结果的处理

（1）经验收的电能计量装置应由验收人员及时实施封印。封印的位置为互感器二次回路的各接线端子、电能表端钮盒、封闭式接线盒、计量柜（箱）门等；实施铅封后应由运行人员或用户对铅封的完好签字认可。

（2）检查工作凭证记录内容是否正确、齐全，有无遗漏；施工人、封表人、用户是否已签字盖章。以上全部齐整后将工作凭证转交营业部门归档立户。转交前应将有关内容登记在电能计量装置台账上，填写电能计量装置帐、册、卡。

（3）经验收的电能计量装置应由验收人员填写验收报告，注明"计量装置验收合格"或者"计量装置验收不合格"及整改意见，整改后再行验收。验收不合格的电能计量装置禁止投入使用。

（4）在进行竣工检查的同时，应按《高、低压电能计量装置评级标准》对计量装置进行等级评定工作，达不到 I 级装置标准，不能投入使用。电能计量装置评级是计量技术管理的一项基层工作，通过评级既可全面掌握设备的技术状况，又可加强对设备的维修和改进。所有验收报告及验收资料应归档。

5. 对成套电能计量装置，验收时应重检查的项目

（1）计量装置的设计应符合《电能计量装置技术管理规程》的要求。

（2）计量装置所使用的设备、器材，均应符合国家标准和电力行业标准，并附有合格证件。各种铭牌标志清晰。

（3）电能表、互感器的安装位置应便于抄表、检查及更换，操作空间距离、安全距离足够。

（4）计量屏（箱）可开启门应能加封。

（5）一、二次接线的相序、极性标志应正确一致，固定支持间距、导线截面应符合要求，引入电源相序应与计量装置相序标志一致。

（6）核对二次回路导通情况及二次接线端子标致是否正确一致、计量二次回路是否专用。

（7）检查接地及接零系统。

（8）测量一次、二次回路绝缘电阻，检查绝缘耐压试验记录。

（9）各种图纸、资料应齐全。

第五节　计量器具运行管理

一、运行档案管理

电能计量技术机构应应用计算机对投运的电能计量装置建立运行档案，实施对运行电能计量装置的管理并实现与相关专业的信息共享。

运行档案应有可靠的备份和用于长期保存的措施。并能方便地进行分用户类别、分计量方式和按计量器具分类的查询统计。

电能计量装置运行档案的内容包括用户基本信息及其电能计量装置的原始资料等。主要有以下具体内容：

（1）互感器的型号、规格、厂家、安装日期；二次回路连接导线或电缆的型号、规格、长度；电能表型号、规格、等级及套数；电能计量柜（箱）的型号、厂家、安装地点等。

（2）Ⅰ、Ⅱ类电能计量装置的原理接线图和工程竣工图。

（3）Ⅰ、Ⅱ类电能计量装置投运的时间及历次改造的内容、时间。

（4）安装、轮换的电能计量器具型号、规格等内容及轮换的时间。

（5）历次现场检验误差数据。

（6）故障情况记录等。

二、电能计量资产管理

发、供电企业应建立电能计量装置资产档案，制订电能计量资产管理制度，内容包括电能表、互感器、标准装置、标准器具、试验用仪器仪表、工作计量器具等的购置、入库、保管、领用、转借、调拨、报废、淘汰、封存和清查等。

（一）资产档案

发、供电企业电能计量技术机构应用计算机建立资产档案，专人进行资产管理并实现与相关专业的信息共享。资产档案应有可靠的备份和用于长期保存的措施。保存地点应有防尘、防潮、防盐雾、防高温、防火和防盗等措施。

（1）资产档案应按资产归属和类别分别建立，并能方便地分类、分型号、分规格等进行查询和统计。

（2）资产档案内容应有资产编号、名称、型号、规格、等级、出厂编号、生产厂家、价格、生产日期、验收日期等。

（3）资产编号应标注在显要位置。供电企业建立的资产编号宜采用条形码形式。

（4）每季（年）应对资产和档案进行一次清点，做到档案与实物相一致。

（二）库房管理

（1）在同一库房空间内，电能计量器具应区分不同状态（待验收、待检、待装、淘汰等）分区放置，并应有明确的分区线和标志。

电能计量器具库房的分区标志线宽度为10cm，推荐的分区色标为：待验收区——白色；待检验区——黄色；待安装区——绿色；淘汰区域——黑色。

（2）电能计量器具在试验室也应划分区域定位放置。待装电能计量器具还应分类、分型号、分规格放置。分区标志线宽度为10cm，推荐的分区色标为：待检区域——黄色；合格区域——绿色；不合格区——红色。

此外，电能计量器具存放或摆放的不同区域还应有标示牌。

（3）库房应有专人负责管理，并建立严格的库房管理制度。

（4）待装电能表应放置在专用的架子或周转车上，不得叠放，取用应方便。

（5）电能表、互感器的库房应保持干燥、整洁，空气中不含有腐蚀性气体。库房内不得存放电能计量器具以外的其他任何物品。

（6）电能计量器具出、入库应及时进行计算机登记，做到库存电能计量器具与计算机档案相符。

在出入库计算机管理中，提供只需要数量和规格即可以入库的功能，出入库全部采用条形码输入方式，操作简单；应能根据工单的配表要求自动选择在库的表；在批量领表时还可以使用整箱条形码管理，可大大提高工作效率。

（三）电能计量器具的报废与淘汰

下列电能计量器具应予淘汰或报废：

（1）在现有技术条件下，调整困难或不能修复到原有准确度水平的，或者修复后不能保证基本轮换周期（以统计资料为准）的器具。

（2）绝缘水平不能满足现行国家标准的计量器具和上级明文规定不准使用的产品。

（3）性能上不能满足当前管理要求的产品。

经报废的电能计量器具应进行销毁，并在资产档案中及时销帐，注明报废日期。

三、电能计量装置的运行维护

（一）现场检验

对运行中的高压电能计量装置，应定期进行现场检验。

（1）电能计量技术机构应制订电能计量装置的现场检验管理制度。编制并实施年、季、月度现场检验计划。现场检验应执行 SD109 和 DL/T448—2000 的有关规定。现场检验应严格遵守《电业安全工作规程》。

（2）现场检验用标准器准确度等级至少应比被检品高两个准确度等级，其他指示仪表的准确度等级应不低于 0.5 级，量限应配置合理。电能表现场检验标准器具应至少每三个月在试验室比对一次。

（3）现场检验电能表应采用标准电能表法，利用光电采样控制或被试表所发电信号控制开展检验。宜使用可测量电压、电流、相位和带有错接线判别功能的电能表现场检验仪。现场检验仪应有数据存储和通信功能。

（4）现场检验时不允许打开电能表罩壳和现场调整电能表误差。当现场检验电能表误差超过电能表准确度等级值时，应在三个工作日内更换。

在现场检验电能表时，因受现场运行条件的限制，如环境条件、负荷大小和功率因数等不符合电能表检定的条件，不能进行误差调整。现场检验电能表只能是监督考核电能表的实际运行工况。如果打开电能表的罩壳和现场调整电能表误差，则存在以下问题：

1）无法保证电能表的真实误差。现场检验仅能测定某一特定工况下的误差，其他运行工况下的误差情况是否超差难以判断。

2）难以监督现场检验工作质量，造成电能计量装置封印权限管理混乱，责任不清。

3）现场打开电能表罩壳和现场调整电能表误差后，电能表制造厂的封印也会被破坏，会丧失对制造厂产品质量追究的权利。

（5）新投运或改造后的Ⅰ、Ⅱ、Ⅲ、Ⅳ类高压电能计量装置应在一个月内进行首次现场检验。

（6）Ⅰ类电能表至少每 3 个月现场检验一次；Ⅱ类电能表至少每 6 个月现场检验一次；Ⅲ类电能表至少每年现场检验一次。

（7）高压互感器每 10 年现场检验一次，当现场检验互感器误差超差时，应查明原因，制定更换或改造计划，尽快解决，时间不得超过下一次主设备检修完成日期。

（8）运行中的电压互感器，二次回路电压降应定期进行检验。对 35kV 及以上电压互感器二次回路电压降，至少每两年现场检验一次。当二次回路负荷超过互感器额定二次负荷，或二次回路电压降超差时，应及时查明原因，并在一个月内处理。

（9）运行中的低压电流互感器宜在电能表轮换时进行变比、二次回路及其负载检查。

（10）现场检验数据应及时存入计算机管理档案，并应用计算机对电能表历次现场检验数据进行分析，以考核其变化趋势。

（二）现场巡视检查

对运行中的高、低压电能计量装置，进户装置应定期组织进行巡视检查，以便掌握其运行状况，及时消除缺陷，预防计量故障、差错及事故的发生。

巡视检查周期为：Ⅲ类及以上三相计量装置每年一次。

接户线每三个月一次，大风、冰冻等灾害天气应加强巡视检查。

巡视检查的主要内容为：

（1）周围环境是否影响计量装置安全运行，计量屏（箱）内各种电气元件是否清洁，有无损坏，安装是否牢固，各种铅封是否齐全完好。

（2）电能表电气和机械部分有无故障，有无卡字、倒转、擦盘、跳字、潜动、过负荷烧坏；对多功能电能表，应检查计量、数据监控壮态等各种显示是否齐全、清晰，电池是否欠压，有记录失压、失压计时、窃电功能的，应检查相应记录，并告知用户核对，作好有关记录。对复费率电能表，应核对所示时间是否准确和各个费率时段是否设置正确，工作是否正常。

（3）二次回路导线绝缘是否老化变质，接线端子是否锈蚀和接触不良；一、二次回路导线接点的接触是否发热和松动，有无放电痕迹。

（4）核对计量装置倍率。通过试验核对电流互感器铭牌倍率是否与实际相符；对于原已采用的穿心式电流互感器一次绕组绕制匝数应仔细核对；对双次级或多变比电流互感器，应检查计量二次接线是否对应接入电能表。

（5）核对用电设备装接容量，了解经常性用电负荷是否与计量装置匹配。

（6）用钳形功率表法测量负荷功率，与用"瓦秒法"测算的表计功率对照，判断电能表计量的准确性。

"瓦秒法"应在负荷电流比较平稳的情况下进行，其方法简介如下。先用钳形功率表测得负载瞬间功率 P_1（kW），或用钳形电流表测得负载电流，根据负载功率因数、电压，计算得到 P_1。然后用秒表测定有功电能表铝盘每转一圈或数圈所需的时间 t（s），再按下式计算出负载瞬间功率 P_2（kW）。

$$P_2 = N \times 3600 K_{TA} K_{TV} / Ct$$

式中　P_2——测定负载瞬间有功功率，kW；

　　　C——电能表常数，r/kWh；

　　　N——自定电能表铝盘转动的圈数；

　　　t——电能表转 N 圈所需的时间，s；

　　K_{TA}——电流互感器变比；

　　K_{TV}——电压互感器变比。

电子式电能表采用定时测量法，记下在测定的一段时间内电能表累计的电能值，换算为瞬时功率 $P_2 =$（止码—起码）$\times 3600 K_{TA} K_{TV} / t$。

如果 $P_1 : P_2$ 的值在 0.95 ~ 1.05 之间，可判断计量装置接线正确，电能表计量准确。否则说明计量可为接线错误，应停电予以更正。如经检查确认接线无误，那就是电能表故障了。

（7）接户线、进户线是否老化变质、损伤，连接处有无松动、发热现象，安全距离是否足够，支持物是否牢固及其铁件锈蚀情况，进户熔断器是否完好。在巡视检查中发现的缺陷，应做好记录，并及时处理。

（三）周期轮换与抽检

（1）电能计量技术机构应根据电能表运行档案、本规程规定的轮换周期、抽样方案和地理区域、工作量情况等，应用计算机制定出每年（月）电能表的轮换和抽检计划。

（2）运行中的Ⅰ、Ⅱ、Ⅲ类机械电能表的轮换周期定为3年，运行中的Ⅳ类机械电能表的轮换周期定为4年。电子式电能表的轮换周期为5年。到周期按同厂家、同型号抽检10%，若修调前检验合格率满足下列第4条的要求，则该批运行表计允许延长一年使用，待第二年再抽检，直到不满足下列第4条要求时全部轮换。

Ⅴ类单宝石电能表的轮换周期为5年，Ⅴ类双宝石电能表的最长轮换周期不得超过10年。

（3）对所有轮换拆回的Ⅰ—Ⅳ类电能表应抽取其总量的5%～10%（不少于50只）进行修调前检验，且每年统计合格率。

（4）Ⅰ、Ⅱ类电能表的修调前检验合格率为100%，Ⅲ类电能表的修调前检验合格率应不低于98%。Ⅳ类电能表的修调前检验合格率应不低于95%。

（5）按照DL/T448－2000的规定，运行中的Ⅴ类双宝石电能表及磁力轴承机械表，在运行的第六年开始每年应进行分批抽样做修调前检验，以确定整批表是否继续运行。抽样方法参照GB/T15239进行，程序如下：

当批量为501～3200只时，第一次抽样32只，如果有4只不合格，则判定整批不合格，如果只有1只不合格，则判定为整批合格；否则，要进行第二次抽样，也是32只，如果两次抽样检验不合格数超过4只，则判定整批不合格，如果两次抽样检验不合格数不多于4只，则判定整批合格。

批量为500只及以下时，第一次抽样20只，如有2只不合格，则判定整批不合格，如果没有不合格的，则判定为整批合格，如果有1只不合格，应进行第二次抽样，也是20只，如果两次抽样检验不合格数超过1只，则判定整批不合格，如果两次抽样检验不合格数不多于1只，则判定为整批合格。

判定为合格批的，该批表可以继续运行；判定为不合格批的，应将该批表全部拆回。

电能计量管理机构专责人应根据电能表运行档案确定批量，并用随机方式确定样品，监督抽样检验结果，统计抽检合格率。

根据运行Ⅴ类电能表抽样方案，第一次抽样的样本量是32只，第二次抽样的样本量也是32只，两次抽样最多允许的不合格表数是4只，由此可计算出Ⅴ类电能表运行合格率应大于94%，最低合格率计算公式为

$$[1-(4/64)]\times100\%=94\%$$

为方便Ⅴ类电能表的抽样检定，各地区局计量所及各县（市）电力局宜对同一类计量器具集中选用1～2个生产厂家的产品，且应分区、分片有计划地安装。抽样可以以市电业局为一个抽样单位，也可以以县（市）电力局为一个抽样单位。

（6）低压电流互感器从运行的第20年起，每年应抽取10%进行轮换和检定，统计合格率应不低于98%，否则应加倍抽取、检定、统计合格率，直至全部轮换。

（四）电能计量器具的运输

（1）待装电能表和现场检验用的计量标准器、试验用仪器仪表，在运输中应有可靠有效

的防震、防尘、防雨措施。经过剧烈震动或撞击后，应重新对其进行检定。

（2）电能计量技术机构应配置进行高、低压电能计量装置安装、轮换和现场检验所必需的具有良好减震性能的专用电力计量车。专用电力计量车不准挪作他用。

四、电能计量器具的检定，临时检定及修调前检定

（一）电能计量器具的检定

（1）电能计量检定应执行计量检定系统表和计量检定规程。对尚无计量检定规程的，省级电网经营企业应根据产品标准制订相应的检定方法。对大批量同厂家、同型号、同规格互感器的检定，经长期使用，根据误差曲线特性，确认在全部有效负荷范围内符合计量检定规程的要求，可适当减少误差测量点。电能表的检定不能减少误差测量点。

（2）对新购入的电能表不应调整误差，并应保留原制造厂封印，检定合格的另加检定封印，以明确责任、体现依法公正检定、不合格的应退货，不应将产品质量问题揽为电能计量检定的责任，且有利于促进制造厂重视产品出厂检验、提高质量。对轮换拆回的电能表应进行调整，使其实际误差控制在规程规定基本误差限的70%以内，否则应予报废。

（3）电能表、互感器的检定原始记录应逐步实现无纸化，并应及时存入管理计算机进行管理。原始记录至少保存三个检定周期。

（4）经检定合格的电能表在库房中保存时间超过6个月应重新进行检定。这是针对感应式电能表在库房中保存时间的特殊规定，因为感应式电能表在库房存放6个月以上误差可能会发生变化，必须重新检定。

（5）电能计量技术机构应指定人员，对检定合格的电能表每周随机抽取一定比例，用指定的同一台标准装置复检，并对照原记录考核每个检定员的检定工作质量、所选用电能表的质量和核对标准装置的一致性。

（6）各类计量器具的检定，必须符合相应的部颁检定规程要求。严禁使用不合格的计量标准检定装置，严禁未经检定或不合格的计量器具挂网运行。

（二）电能计量器具的临时检定

临时检定是指当用户对电能计量装置准确性提出异议或当电能计量装置故障需要检定电能表，以便计算退补电量时所进行的检定工作。一般情况下都是临时提出的，不是按规定周期进行的检定。

（1）电能计量技术机构受理用户提出有异议的电能计量装置的检验申请后，对低压和照明用户，一般应在7个工作日内将电能表和低压电流互感器检定完毕；对高压用户，应根据SD109规定在7个工作日内先进行现场检验。现场检验时的负荷电流应为正常情况下的实际负荷。如测定的误差超差时，应再进行实验室检定。

（2）电能表临时检定时，按下列用电负荷确定误差。对高压用户或低压三相供电的用户，一般应按实际用电负荷确定电能表的误差，实际负荷难以确定时，应以正常月份的平均负荷确定误差，即

平均负荷 = 正常月份用电量（kWh）/正常月份的用电小时数（h）

对照明用户一般应按平均负荷确定电能表误差，即

平均负荷 = 上次抄表期内的月平均用电量（kWh）/30×5（h）

照明用户的平均负荷难以确定时，可按下列方法确定电能表误差，即

误差 = I_{max}时的误差 + 3×I_b时的误差 + 0.2I_b时的误差/5

式中　I_{max}——电能表的额定最大电流；

I_b——电能表的基本电流（标定电流）。

注：各种负荷电流时的误差，按负荷功率因数为 1.0 时的测定值计算。

（3）临时检定电能表、互感器时不得拆启原封印。临时检定的电能表、互感器暂封存 1 个月，其结果应及时通知用户，备用户查询。

（4）电能计量装置现场检验结果应及时告知用户，必要时转有关部门处理。临时检定均应出具检定证书或检定结果通知书。

（三）电能计量器具的修调前检验

修调前检验是计量管理工作过程中的正常工作环节和内容，它与临时检定有明显的区别。修调前检验的目的是为了对运行电能表的质量进行监督。如修调前检验后发现表计超差，应按下列误差判定方法及有关规定进行电量追补。同时应按《电能计量装置技术管理规程》（DL/T448—2000）要求进行修调前合格率统计，因此各电能计量技术机构必须认真做好修调前检验工作。

（1）修调前检验的负荷点为：$\cos\varphi = 1.0$ 时，I_{max}、I_b 和 $0.1I_b$ 三点。

（2）修调前检验的判定误差为

$$误差 = I_{max}时的误差 + 3 \times I_b 时的误差 + 0.1I_b 时的误差/5$$

式中　I_{max}——电能表的额定最大电流；

　　　I_b——电能表的基本电流（标定电流）。

误差的绝对值应小于电能表准确度等级值。

（3）修调前检验电能表不允许拆启原封印。

五、电能计量故障处理及纠纷仲裁

（一）电能计量故障处理

（1）电能计量装置故障和计量差错种类。电能计量装置故障和计量差错多种多样，归纳起来主要有以下几个方面：

1）构成电能计量装置的各组成部分（电能表、互感器等）本身出现故障，如电能表电气和机械部分故障（包括卡字、倒转、擦盘、跳字、潜动）；

2）电能计量装置接线错误；

3）人为抄读电能计量装置或进行电量计算出现的错误；

4）窃电行为引起的计量失准；

5）外界不可抗力因素造成的电能计量装置故障，如雷击、过负荷烧坏等。

电能表、互感器常见故障和故障处理见表 13-5、表 13-6、表 13-7。

表 13-5　　　　　　　　　　　　电能表常见故障和故障处理

故障情况	可能的原因	处理方法
1. 吱吱叫声	上下轴承松动或损伤、转盘轴杆歪斜，轴承摩擦力过大	应修理或更换
2. 嗡嗡叫声	电压线圈、铁芯和相位调整器固定不牢或螺丝松动	应修理或更换
3. 不用电时表转动超过一周正转很慢	①表潜动；②电网电压过高	②重新调整或更换；②适当降低电压或换宽电压电能表
4. 不用电时单相电能表正转较快	电流铁芯右边柱上的电流线圈内部有短路或接线错误	更换单相电能表或消除错接线

故 障 情 况	可 能 的 原 因	处 理 方 法
5. 用电时单相电能表反转较快	电流铁芯左边柱上的电流线圈内部有短路或接线错误	更换单相电能表或消除错接线
6. 单相电能表在轻负荷少计电量或不转动	①计度器卡字；②轴承阻力过大；③磁铁间隙中有异物	更换单相电能表
7. 电能表在较大负荷时多计电量	磁铁失磁或接线错误	检修纠正错接线
8. 三相电能表明显少计电量	①接线错误；②TA 一、二次绕组短路或二次开路③TA 二次端子接线松动；④TV 高压熔体熔断或一、二次接线断路；⑤互感器变比或倍率错误	应纠正或维修
9. 倍率或大或小	①计算错误；②互感器实际变比与铭牌变比不一致；③计度器的齿轮传动比错误	①认真计算；②认真核对记录、试验报告，与铭牌核对是否相符；③检验传动比和常数

表 13-6 **电流互感器的常见故障和故障处理**

故 障 情 况	可 能 的 原 因	处 理 方 法
1. 油浸电流互感器或电压电流组合互感器的绝缘不良	①气温过低，经常运行在 −30℃左右，油的绝缘性能差；②油面在正常油位以下，绕组引线露出油面，吸入潮气	①更换为耐低温绝缘油；②干燥，消除潮气，补充相应绝缘油
2. 电流互感器一次端子烧坏且绕组短路	①一次端子接触电阻过大发热，损坏绕组绝缘；②电流过大烧坏绝缘	①更换优质的铜铝过渡联接片，以防发热；②防止电流过大或更换变比适当的电流互感器
3. 电流互感器一次绕组匝间短路	①雷电击穿一次绕组绝缘；②操作过电压击穿一次绕组绝缘	①加强防雷保护措施；②在一次进出端子间加装过电压保护器
4. 电流互感器二次端子烧伤	二次开路，电压升高，放电打火花	接线要牢固，要细心检查
5. 电流互感器二次绕组匝间短路	①二次开路，电压升高数千伏击穿匝间的绝缘；②绕组匝间绝缘被外力损坏	重新绕制或更换二次绕组
6. 电流互感器发出较大叫声	①外壳钢板内补垫松动、外壳受电磁力而振动；②铁芯固定螺丝松动、硅钢片振动；③瓷套涂漆层不匀或部分脱落，瓷层不匀	①夹层衬垫；②扭紧螺丝；③向厂家了解瓷套漆的配方，重涂专用漆

表 13-7 **电压互感器的常见故障和故障处理**

故 障 情 况	可 能 的 原 因	处 理 方 法
1. 电压互感器高压熔断器的熔体时常熔断	①铁磁谐振一、二次电压升高；②空载母线投入高压电容器，操作过电压；③五柱式三相电压互感器，当发生故障一次中点接地或单相接地	①采用抗铁磁谐振措施或更换抗铁磁谐振 TV；②母线先带负荷，后投高压电容器；③高压侧中点串接电阻或氧化锌避雷器或压敏电阻
2. 电压互感器接线端子引线断路	①扭紧螺母时螺杆跟着转动，扭断引线；②接触不良，发热烧断引线	①防止螺杆转动；②保证引线接触良好
3. JSJB 型三相电压互感器的误差超过误差限	JSJB 型 6～10kV 三相电压互感器必须保持正相序接线才能准确。相序接反则其误差会超过范围。	保证电源与电压互感器为正相序接线
4. 电压互感器在运行中壳体突然爆炸	油浸式电压互感器的自动排气阀失灵，当绕组高温引起气体膨胀时，不能排出气体，导致其壳体爆炸	安装维修时务必确保自动排气阀灵活好用
5. 电压互感器在运行中烧损	①熔断器的熔体过大不能熔断；②极性接错，一、二次电流过大；③三相系统的某一相长时间接地；④铁磁谐振、操作过电压和雷电压冲击损坏绕组的绝缘	①采用合格的熔断器；②严防极性接错；③尽快消除接地原因；④加强防谐振、防操作过电压和预防雷击的措施

（2）电能计量装置故障和电量差错的预防措施。为了减少电能计量装置故障和电量差错的发生，找出电能计量装置管理中的薄弱环节，电能计量技术机构对发生的计量故障应及时处理，对造成的电量差错，应认真调查、认定，分清责任，提出防范措施。一般的预防措施可从技术和管理制度两个方面考虑。具体措施有：

1）推广使用性能优良的产品。如推广使用长寿命技术电能表、品质优良的静止式电能表，淘汰使用年久、绝缘老化、技术性能差的电能表以及七部委已明令淘汰的电能表和部分质量低劣的 86 系列电能表；在电压互感器二次回路推广使用快速自动空气开关，淘汰快速熔断器。

2）封闭电能计量装置的关键部位，包括封闭电压互感器的隔离开关操作把手，电压、电流互感器的二次接线端子和电能计量柜（箱）等，用于封闭的封印应具有强的防伪性能。

3）采用电能计量专用电压、电流互感器。

4）对经常落雷地区安装的电能计量装置，在其进线处装设避雷器。

5）制定电能表检定、检修工作质量标准，加强各工序工作质量监督，严格电能表走字试验。

6）严格电能计量装置的设计审查、安装、验收，防止出现互感器错发、错装或者同一组互感器变比不同等差错。

7）严格电能计量装置倍率管理。计量装置倍率的计算应由专人负责，安装前必须经过复核；如改变互感器变比，应重新计算倍率；电能计量装置的倍率必须在电能表的标示牌中明确标示，字迹应清晰、工整、不退色。

8）制定电力系统变电站的电能计量装置二次回路管理制度，强调必须由电能计量技术机构负责电能计量装置二次回路的管理，防止任意接入、改动、拆除、停用电能计量装置二次回路。

9）加强电能表、互感器及其二次回路、二次负荷的现场检验。

10）改善电能表、互感器的运输条件等。

（3）安装在发、供电企业生产运行场所的电能计量装置，运行人员应负责监护，保证其封印完好，不受人为损坏。安装在用户处的电能计量装置，由用户负责保护封印完好，装置本身不受损坏或丢失。

（4）当发现电能计量装置故障时，应及时通知电能计量技术机构进行处理。贸易结算用电能计量装置故障，应由供电企业的电能计量技术机构依照《中华人民共和国电力法》及其配套法规的有关规定进行处理。

《供电营业规则》第 80、81 条对不同类型的差错处理，在计算及时间上均有具体的规定，如：互感器或电能表误差超出允许值，以"0"误差为计算退补电量基准；二次压降超出允许值，按实际值与允许值之差补收电量；计量装置接线误差，保护熔体熔断，倍率不符等造成差错时，以电量为基数，按理论计算法算出更正系数退补电量。对计量差错的"取证"，如供用电双方认可的故障现象或检定结果，应进行技术分析计算，出具双方签章的"通知单"，以取得技术鉴定的法律依据，为电费的退补提供技术证明书。

（5）对于窃电行为造成的计量装置故障或电量差错，用电管理人员应注意对窃电事实依法取证，应当场对窃电事实写出书面认定材料，由窃电方责任人签字认可。

（6）对造成电能计量差错超过 10 万 kWh 及以上者；应及时上报省级电网经营企业用电

管理部门。

(7) 装表接电人员对所发生的计量故障差错及用户窃电，应认真调查与认定，分析原因，分清责任，及时处理。处理前应填写责任与技术分析报告，并经用户认可后转有关部门处理。发现属于电能表内部故障，现场无法认定时，应将故障电能表拆下，及时送计量检定室处理。

计量故障的核实应先在现场进行，现场无法认定时，才将故障表拆送校表室检定。这是因为有些表运行时确实存在故障，但在拆下送至校表室的过程中，因受外力影响，故障却消失了。如常常发现计度器齿轮卡住，尘粒阻止盘转使表停走或误差大等类故障，就有这种现象出现的可能。

(8) 装表接电人员发现供电网络相序改变时，应查明原因，及时向上级报告，恢复网络正常运行。

供电网络相序改变后，有功电能表转向及计量功率虽然没有变化，但却带来了相序附加误差。而无功表在相序改变后表盘将要反转。为了保持良好的表计准确性能，不允许供电网络相序改变。

(二) 电能计量纠纷仲裁

电能计量纠纷是指因计量器具或装置准确度所引起的电量纠纷。电力企业将政府职能移交后，电能计量纠纷的调解、仲裁属于政府职能，供电企业应毫无保留地将该职能移交给当地质量技术监督部门。

电能计量纠纷应区别于电能计量故障，供电企业接到电能计量投诉后，应及时进行故障分析和处理，经检测确属电能计量故障，应按有关规定向用户追或退补电费；若用户对处理有异议，供电部门应主动将计量纠纷交由当地技术监督部门进行调解、仲裁。

根据我国《计量法》及《水利电力部门电测、热工计量仪表和装置检定、管理的规定》中处理电能计量纠纷的基本原则，电力企业政府职能移交后电能计量纠纷的一般处理方法是：

电力部门所属供电单位与其他部门用电单位因电能计量准确度发生纠纷时，双方应先向当地质量技术监督部门申请进行第一次复核、调解，对第一次调解不服的，可由双方再向上一级质量技术监督部门申请第二次调解，对调解后仍未达成一致的问题，由相应人民政府计量部门主持仲裁检定。处理计量纠纷的程序是：先调解，再仲裁。处理计量纠纷的依据，是以国家计量标准或社会公用计量标准检定、测试的数据为依据。特别应当注意的是：在调解、仲裁及案件审理过程中，任何一方当事人均不得改变与计量纠纷有关的计量器具的技术状态。

供电企业是电能表的消费者，凡安装前已检定合格并在规程规定的周检、轮换周期内的电能表，如运行中出现表计超差，属于表计质量问题。按照《产品质量法》、《消费者权益保护法》和《计量法》的有关规定，质量技术监督部门不应为此对供电企业处以罚款，而应监督供电企业按照《供电营业规则》做好追、退补电费工作。

六、电能计量印证管理

(一) 电能计量印、证的种类

(1) 检定证书；

(2) 检定结果通知书；

(3) 检定合格证；

（4）测试报告；

（5）封印（检定合格印、安装封印、现校封印、管理封印及抄表封印等）；

（6）注销印。

各类证书和报告应执行国家统一的标准格式。各类封印和注销印的格式、式样应由省级电网经营企业统一规定。电能计量管理机构应制订电能计量印证的管理办法。

（二）计量印、证的制做

（1）计量印、证应定点监制，由电能计量技术机构负责统一制作和管理。

（2）所有计量印、证必须编号（计量钳印字头应有编号）并备案。编号方式应统一规定。

（3）制作计量印、证时，应优先考虑选用防伪性能强的产品。

（三）计量印、证的使用

（1）电能计量印、证的领用、发放只限于电能计量技术机构内从事计量管理、检定、安装、轮换、检修及检查人员，领取的计量印证应与其所从事的工作相适应。其他人员严禁领用。

（2）计量印、证的领取必须经电能计量技术机构负责人审批，领取时印模必须和领取人签名一起备案。使用人工作变动时，必须交回所领取的计量印、证。

（3）从事检定工作的人员只限于使用检定合格封印，限于对电能表大盖和接线盒加封；从事安装和轮换的人员只限于使用安装封印，限于对电能表接线盒、计量箱（柜）门及互感器二次接线端子的加封；从事现场检验的人员只限于使用现校封印，限于计量装置现场校验或检查时对所有计量装置加封；抄表人员及抢修人员，限于对必须开启柜（箱）才能进行抄表的人员，且只允许对电能计量柜（箱）门和电能表的抄读装置进行加封；用电检查人员，限于对计量箱（柜）门、用户违约用电和窃电设备，用户严重危及电网安全运行设备的加封；业务主管人员，限于对用户减容、暂停设备的加封。

（4）电能计量技术机构的主管和专责工程师（技术员）有权使用管理封印。运行中计量装置的检定合格印和各类封印未经本单位电能计量技术机构主管和专责工程师（技术员）同意，不允许启封（确因现场检验工作需要，现场检验人员可启封必要的安装封印）。注销印适用于对淘汰电能计量器具的封印。

（5）当安装和维护远方集中抄表系统，需要打开电能计量装置相关封印时，必须由电能计量工作人员进行，以避免因电能计量装置管理责任不清，而发生故障原因复杂难辩的事件。

（6）现场工作结束后应立即加封印，并应由用户或运行维护人员在工作票封印完好栏上签字。实施了各类封印的人员应对自己的工作负责，日常运行维护人员应对检定合格印和各类封印的完好负责。

（7）经检定的标准计量器具或装置，应在其显著位置粘贴标记；合格的，粘贴检定合格标记；不合格的，粘贴检定不合格标记。对暂时停用的应粘贴停用或封存标记。

（8）经检定的工作计量器具，合格的，检定人员加封检定合格印，出具"检定合格证"；对计量器具检定结论有特殊要求时，合格的，检定人员加封检定合格印，出具"检定证书"，不合格的，出具"检定结果通知书"。

（9）"检定证书"、"检定结果通知书"必须字迹清楚、数据无误、无涂改，且有检定、核验、主管人员签字，并加盖电能计量技术机构计量检定专用章。

（10）电能计量技术机构应根据本单位的具体情况，制订出详细的印、证管理办法，明确本单位电能计量印、证的发放范围及使用权限，以及违反管理规定的处罚办法等。

（四）计量印、证的年审、更换

（1）各单位应明确专（兼）职管理员，负责本单位的计量印、证管理，对各工种领用的计量印、证，应登记造册，实行统一领用、统一发放、统一调换和统一回收管理。凡领用计量印、证的人员，因工种变动、调离、外借和退休时，应及时办理退还手续。

（2）各单位专（兼）职管理员，应至少每半年对发放的计量印、证进行一次检查核对，如计量印、证出现残缺、磨损，印模字迹不够清晰等异常现象，应立即停止使用并及时登记收回，并报告主管部门更换和处理。

（五）计量封印的实施要求

（1）各单位封印钳及铅封使用人员，应严格遵守使用范围的规定，不得越规使用。严格按要求加封到位，不得随意错封或漏封。工作人员完成加封和拆封工作后，一律在工单上作好记录，并请用户签字。

（2）凡因工作需要拆封时，工作人员应将拆下的铅封如数回收交还保管人，并在工单上作好详细记录备查。各单位保管员每季末应将回收铅封交上级主管部门，主管部门将对回收情况进行抽查。

（3）工作人员如现场发现计量装置有失封现象时，应立即作好现场记录，核对原封印及签字记录，并及时通知主管部门和用电检查人员进行核实和处理。

（4）工作人员应妥善保管好封印钳和铅封，不得丢失，不得将封印钳和铅封转借他人使用。如因保管不善造成封印钳或铅封丢失者，责任单位应立即采取有效补救措施，并将丢失经过及处理意见书面报告主管部门。

七、技术考核与统计

（一）电能计量装置管理情况的考核与统计指标

1. 计量标准器和标准装置的周期受检率与周检合格率

$$周期受检率 = （实际检定数/按规定周期应检定数） \times 100\%$$

$$周检合格率 = （实际检定合格数/实际检定数） \times 100\%$$

周期受检率应不小于100%；周检合格率应不小于98%。

2. 在用计量标准装置周期考核（复查）率

$$周期考核率 = （实际考核数/到周期应考核数） \times 100\%$$

在用计量标准装置周期考核（复查）率为：100%。

3. 运行电能计量装置的周期受检（轮换）率与周检合格率

（1）电能表的周检指标为

$$周期轮换率 = （实际轮换数/按规定周期应轮换数） \times 100\%$$

$$修调前检验率 = （修调前检验数/实际轮换回的电能表数） \times 100\%$$

$$修调前检验合格率 = （修调前检验合格数/实际修调前检验数） \times 100\%$$

$$现场检验率 = （实际现场检验数/按规定周期应检验数） \times 100\%$$

$$现场检验合格率 = （实际现场检验合格数/实际现场检验数） \times 100\%$$

对于长期处于备用状态或现场检验时不满足检验条件［负荷电流低于被检表基本电流（标定电流）10%或低于标准表额定电流20%等］的电能计量装置，经实际检测，可计入实际检验数，但应填写现场检验记录。统计时视为合格。

周期轮换率应达 100%；现场检验率应达 100%；Ⅰ、Ⅱ类电能表现场检验合格率应不小于 98%。Ⅲ类电能表现场检验合格率应不小于 95%。

（2）电压互感器二次回路电压降周期受检率应达 100%。

周期受检率 =（实际检定数/按规定周期应检定数）×100%

4. 计量故障差错率

计量故障差错率 =（实际发生故障差错次数/运行电能表、互感器总数）×100%

计量故障差错率应不大于 1%。

（二）统计与报表

各级电能计量技术机构应根据本单位的实际情况，对评价电能计量装置管理情况的各项统计与考核指标、用户计量点和计量资产，至少每季（年）全面统计一次，并报上级主管部门。根据《电能计量装置技术管理规程》对电能计量报表内容的要求，同时结合本省计量工作实际情况，湖南省电力公司制订了电能计量报表格式，见表 13-8、表 13-9、表 13-10。在此，简单介绍该省公司的报表格式，供读者参考。

1. 湖南省电力公司电能计量装置管理考核指标统计表（见表 13-8）

（1）关于表 GI 工作指标栏，有如下内容：

1）Ⅰ、Ⅱ、Ⅲ、Ⅳ、Ⅴ类表的分类按照 DL448—2000 的规定划分，对于电量有较大变化的用户应定期进行类别调整。

2）计费表是指与用户结算的表计，指标表是指装于系统变电站用于内部考核或承包结算的表计。资产属省公司或省公司控股、参股电厂（站）的省级关口表计属指标表，资产不属于省公司的电厂（站）的表计属计费表。

3）"有功表"为只具有计量有功功能的表计。"无功表"为只具有计量无功功能的表计。"多功能表"为具有计量有功及无功功能的表计。

4）"不宜校表数"指因为负荷太轻或其它特殊原因而不能现场校验的表计数。

5）Ⅳ、Ⅴ类表不需要现场校验，不统计（现场）校验率和合格率。

$$校验率 = \frac{实校数 + 不宜校表数}{应校数} \times 100\%$$

应校数、应换数为到规定周期应进行现场校验的表计数、应轮换的表计数，考核到天。（Ⅴ类表抽检不合格的应在抽检后一年内轮换完）。

6）故障或变更用电发生的的校、换表，如该表属本季应校、应换的可计入实校、实换数；如该表属本季以后应校、应换的除计入本季实校数、实换数外，还要在本季应校数、应换数中增加相应数量。

7）修调前检验

实际修调前检验数：从轮换回来的表计中随机抽取 10% 的表计做修调前检验。

8）G1 栏不包括农网电能表，农网电能表单独填在 G5 栏内。

（2）G2Ⅴ类表抽检情况栏，有如下内容：

1）按照 DL/T448—2000 的规定，Ⅴ类电能表在运行的第六年开始，每年应进行分批抽样，做修调前检验。

2）抽检可以以市局、也可以以县局为单位进行。

3）抽样应按不同厂家、型号、投运年份进行。

表 13-8

湖南省电力公司电能计量装置管理考核指标统计表

表计类别	运行表总数（具）计费表 有功	无功	多功能	指标表 有功	无功	多功能	应校数（具）	实校数（具）	不宜校数（具）	合格数（具）	应换数（具）	实换数（具）	校验率（%）	合格率（%）	轮换率（%）	修调前检验 抽检数	合格数	合格（%）
G1.1 Ⅰ类电能表																		
G1.2 Ⅱ类电能表																		
G1.3 Ⅲ类电能表																		
G1.4 Ⅳ类电能表																		
G1.5 Ⅴ类电能表																		
G1.6 合计																		
G1.7 35kV及以上 TV 二次压降检验（系统）																		
G1.8 35kV及以上 TV 二次压降检验（用户）																		
G1.9 标准装置主标准器周期检定（电能表）																		
G1.10 标准装置主标准器周期检定（互感器）																		
G1.11 现场检验用标准器具周期检定（电能表）																		
G1.12 现场检验用标准器具周期检定（互感器）																		
G1.13 在用电能计量装置考核（复查）率																		

G2. Ⅴ类电能表抽检情况

厂家及型号	投运年份	运行数	应抽数	实抽数	合格数	合格率
G2.1						
G2.2						
G2.3						
G2.4						
G2.5						
G2.6						
G2.7						
G2.8						
G2.9						
G2.10						
G2.11						
G2.12						
G2.13						
G2.14						
G2.15						
G2.16						
G2.17						
G2.18						

G3. 计量故障情况

G3.1	故障差错电量（万 kWh）
G3.2	电能计量电量差错次数
G3.3	电能计量故障差错率
G3.4	电能计量故障差错率
G3.5	电能表死机
G3.6	高压 TA 匝间短路
G3.7	电能表电气、机械故障
G3.8	多功能表电池故障
G3.9	多功能表功能故障
G3.10	表脉冲采样错误
G3.11	表通信功能故障
G3.12	接线错误
G3.13	倍率错误
G3.14	TA 开路
G3.15	TV 断熔丝
G3.16	雷击烧表
G3.17	过负荷烧表
G3.18	过负荷烧 TA
G3.19	其他

G4. 计量装置（套）

G4.1	计量装置总数
G4.1.1	主副表计量装置
G4.2	考核关口计量装置
G4.2.1	省级关口装置
G4.2.2	省间关口装置
G4.2.3	地级关口装置
G4.3	计费计量装置

G5 农网电能表

备注：

表 13-9 　　　　　　　**电能计量检测设备资产管理统计表**

设备类别		在用	封存	报废	总量
1. 标准电能表（台）					
1.1	0.05 级标准电能表				
1.2	0.1 级标准电能表				
1.3	0.2 级标准电能表				
2. 标准互感器（台）					
2.1	0.01 级电压互感器				
2.2	0.02 级电压互感器				
2.3	0.05 级电压互感器				
2.4	0.1 级电压互感器				
2.5	0.01 级电流互感器				
2.6	0.02 级电流互感器				
2.7	0.05 级电流互感器				
2.8	0.1 级电流互感器				
3. 电能表标准装置（套）					
3.1	0.05 级单相校表台				
3.2	0.05 级三相校表台				
3.3	0.1 级单相校表台				
3.4	0.1 级三相校表台				
3.5	0.2 级单相校表台				
3.6	0.2 级三相校表台				
3.7	0.3 级单相校表台				
3.8	0.3 级三相校表台				
3.9	0.05 级现场校验标准				
3.10	0.1 级现场校验标准				
3.11	0.2 级现场校验标准				
4. 互感器标准装置（套）					
4.1	电压互感器检定装置　35kV 以上				
	35kV 及以下				
4.2	电流互感器检定装置				
4.3	互感器现场校验仪				
5. 电能表走字试验装置（套）					
6. 电能表耐压试验装置（套）					
7. 电能表走字耐压试验装置（套）					
8. 压降测试设备（套）					

表 13-10　　　　　　　　　　**电能计量装置资产及人员管理统计表**

计 量 人 员								
1.1.1	大专及以上		1.2.3	技师		2.1.3	校表人员	
1.1.2	中专及高中		1.2.4	助工		2.1.4	装校人员	
1.1.3	初中及以下		1.2.5	工人		2.2.1	电能表持证人员	
1.2.1	高工		2.1.1	管理人员		2.2.2	互感器持证人员	
1.2.2	工程师		2.1.2	装表人员		2.3	计量人员总数	

电能计量器具（只、台）									
3	器具类别	运行		库存	总量	器具类别	运行		库存	总量
		电业资产	客户资产				电业资产	客户资产		
3.1	电能表					3.1.3	三相预付费电能表			
3.1.1	单相电能表					3.1.4	三相感应式无功表			
3.1.1.1	普通感应式单相表					3.1.5	电子式多功能表			
3.1.1.2	长寿命技术电能表					3.2	互感器			
3.1.1.3	普通电子式单相表					3.2.1	电流互感器			
3.1.1.4	单相分时表					3.2.1.1	高压电流互感器			
3.1.1.5	单相预付费表					3.2.1.2	低压电流互感器			
3.1.2	三相有功					3.2.2	电压互感器			
3.1.2.1	感应式有功表					3.2.2.1	电磁电压互感器			
3.1.2.2	电子式有功表					3.2.2.2	电容电压互感器			
3.1.2.3	机电式有功表					3.2.3	组合互感器			

（3）关于 G3 计量故障栏，电量差错率为

$$电量差错率 = \frac{差错电量}{上一年供电量} \times 100\%$$

1）所有的计量故障都应进行统计，并按 G3.5 ~ G3.19 所列原因进行统计。

2）在故障摘要栏中仅填写 1 万 kWh 以上的故障。

（4）G4 计量装置栏，有如下内容

1）计量装置包括表计、互感器，一套计量装置中可能有多块电能表，一个用户可能有多个计量点，计量点之间可能共用一组互感器。如：某一个用户有动力和照明两个计量点，两个计量点为两套计量装置，动力计量装置可能有一块感应式有功表，一块无功表，一块多功能电能表。又如系统变电所的每条出线都可能装有表计，但它们共用一台 TV，则每条出线算一套计量装置。

2）双表计量装置指具有主、备表的计量装置。

3）省级关口计量装置指省公司对电业局、省公司对网局、省公司对外省公司、电业局对电业局、省公司对电厂、站的计量装置。

4）省间关口计量装置指省公司对网局及省公司与其他省公司结算的计量装置。

5）G4.1 = G4.2 + G4.3

6）G4.2 > G4.2.1 + G4.2.2 + G4.2.3

2．电能计量装置资产及人员管理统计表（见表 13-9）

（1）人员结构统计所有人员，包括管理人员、校表人员、装表人员、装校人员。

（2）管理人员指专门从事电能计量管理的工作人员，与计量无关的管理人员不统计在内，各单位计量专责（兼责）属管理人员，计量所领导、计量所生技股成员、表计资产管理人员都属计量管理人员；装表人员指只从事装接的人员，校表人员指只从事室内校验的人员；既装表又校表的为装校人员。各电能计量班长均统计在相应的专业人员中。

（3）普通感应式单相表是指非长寿命技术的机械表，普通电子式单相表是指不具备分时和预付费功能的电子式表，单相分时表是指不具备预付费功能的分时表。

$$G3.1.1 = G3.1.1.1 + G3.1.1.2 + G3.1.1.3 + G3.1.1.4 + G3.1.1.5$$

（4）三相有功表是指凡具有计量有功功能的三相表，按结构的不同分感应式、电子式和机电一体式三相有功表。

$$G3.1.2 = G3.1.2.1 + G3.1.2.2 + G3.1.2.3$$

（5）三相预付费表是指具有并使用预付费功能的三相有功表；三相感应式无功表指的是计量无功的三相机械表；电子式多功能表是指具有计量有功和无功的电子式电能表。

3．电能计量检测设备资产管理统计表（见表14-10）

（1）互感器标准装置指检验互感器的整套标准装置，包括标准互感器、互感器校验仪和校验台。

（2）互感器现场校验仪指不需要专门标准互感器及升流升压设备的互感器校验设备，目前主要指红相的校验仪。

（3）同时具有电能表走字和耐压功能的试验台作为电能表走字耐压台进行统计。

（4）报废栏只统计当年报废的电能计量检测设备资产。

表一为季报，一年四次共五份（四季度含年报）；表二和表三为半年报，每年二季度和四季度填报，一年两次共两份。上报时间分别为每季第一个月的5日前（到达地区局时间）、10日前（到达省公司时间）。

第六节　反窃电技术应用

严重的窃电现象是与用户的法制观念、道德观念，社会经济发展水平、电价及客户承受能力、电能计量装置的防窃可靠性、电力营销管理水平、营销人员素质、对窃电行为的处理方式等密切相关的，是诸多因素聚集一起而形成的。

窃电行为具有多发、主体多元、手段隐蔽的特点。窃电行为发生的比例远远高于其他危害社会的行为，呈现出普遍性的特点。过去窃电行为主体基本局限于居民，而近年来这种违法犯罪行为的主体已变得多元化，居民、个体和私营经济组织、集体和国有企业、事业单位、甚至个别政府机关和部队也有窃电。

一、常见的窃电方法举例及分析

1．绕越电能计量装置窃电

【实例1】　有一盖新房的用电户，自行安装室内电路时，从电能表前的进户线分出两条"暗线"，专供养畜取暖，用电绕越电能表达一年之久。供电部门分析该用户电能表走字太少，可能有窃电行为，于是采用"暗线查找器"发现其暗墙内有3000W电炉丝接在暗线上，绕越电能表窃电。

2．故意损坏电能表窃电

【实例2】　一用电户家用电器比邻居多，而每月的电能表走字比邻居少，在现场检查未找到窃电迹象。将表拆回在校表室检验，电能表启动、潜动、误差均合格，检查计度器发现有一齿轮齿损伤一部分，虽圆盘转速正常，可累计电量却少计约25%。由此得知，该用户是损坏电能表计度器窃电的。

3. 伪造电能计量装置封印窃电

【实例3】 在查窃中，发现一用电户电能表的表盖封印是伪造的，计量人员打开表盖检查电压线圈接线、电流线圈接线和计度器均未发现异常情况，经仔细观察发现其永久磁钢间隙有很多铁屑，经检验该表在轻负荷误差为–36%，而少计电量。

4. 改变电压线路窃电

【实例4】 在单相电能表的接线端钮与零线之间装开关，断开开关表即不转；或将单相电能表电压线圈连接片断开使表不转；或在单相电能表零线上串联电容使表反转；或在单相电能表内部零线上串联电阻使表慢走；或利用变压器使三相四线有功电能表电压中性点N产生位移窃电。由此可见供电部门务必对电能表的零线严加管理。

5. 改变电流线路窃电

【实例5】 一居民用电户在电能表电流进、出线端钮间巧妙地塞进一块铜片或钢锯条片，使电流线圈接近短路，分流负荷电流的一部分，使该表少计电量40%～60%，少计电量大小与金属片连接端钮的接触电阻大小有关。

6. 谎报熔断器熔体断开时间企图窃电

【实例6】 某10kV动力用电户，其计量用电压互感器因铁磁谐振导致一次熔体断开10h，可该厂电工却向供电部门谎报熔体断开4h，本来当时是两班生产用电却报一班生产用电，这样以少报熔体断开时间和少报用电量，企图达到多用电少交纳电费的目的。

7. 私自断开电压互感器一次开关窃电

【实例7】 某变电所值班人员发现供电给某乡镇的电能表读数异常，经现场检查电能计量装置正常，于是计量人员和检查人员突然进入该乡镇配电间，发现电压互感器一次开关切断，造成电能表少计电量。因平时该配电间无人看守，一般运行事宜由供电所代管，电压互感器一次开关操作把手没有加封印，这样给窃电留下了机会。

8. 松动电流互感器二次端子窃电

【实例8】 计量专业人员现场发现某高压供电户计量屏的三相电能表的三相电流差为30%左右，于是停电检查计量屏，发现电流互感器二次接线端子螺丝帽松动，经过进一步检测和计算得知，因电流互感器二次接线端子松动而大大增加了负荷电阻，电流互感器产生很大的负误差，导致电能表少计电量20%左右。这种窃电手段隐蔽，不容忽视。

9. 偷换电流互感器窃电

【实例9】 某三相四线低压用电户，装有三台变比为200/5A的低压电流互感器，但核算该客户的用电情况发现，当年每月用电量比往年同期按相同比例减少，经现场检验查出有一台电流互感器虽然铭牌标记为200/5A，可实为300/5A，因而少计电量而达到窃电的目的。

10. 大负荷窃电

【实例10】 某单相用电户故意经常使用大功率电器，使电能表长时间超过额定负荷运行，导致电流线圈烧坏内部匝间短路，因为匝间短路圈数在电流铁芯上分布不对称，使得该表转盘在不用电时倒转较快，用电较少时该表转盘不转，用电较多时该表转盘正转较慢。这是供电企业电能不明损耗加大的重要因素之一。

11. 在家用线路上接电焊机窃电

【实例11】 某用电户未经供电部门批准，将 10kVA 电焊机接在室内照明用电插座上用电，焊接钢窗架，大量超负荷导致电能表烧坏，少计用电量而窃电。

12. 利用"事故表"窃电

【实例12】 某用电户装表时电能表示数为 0000.00，抄表员推算每月用电量为 110kWh，到第十个月该客户累计实际用电量为 2200 kWh，与推算累计用电量（1100 kWh）相差 1100 kWh，于是抄表员将该表报称跳字的"事故表"，拆回该表消除表码，达到内外勾结窃电的目的。

上述列举的常见窃电方法是过去查获较多的案例，大部分方法较暴露，比较容易查获。但近几年利用改变 TA 变比、电压线虚接或反接或压皮接线、隐蔽处安装过流开关或双头刀闸控制表外线，利用营销工作人员工作上的疏忽或与营销人员相勾结积攒电量后事故换表而消除表上电量等手法更为多见。

综上所述，常见的窃电方式可以归纳为以下六类：

(1) 在供电设施上擅自接线用电；

(2) 绕越电能计量装置用电；

(3) 伪造或开启电能计量装置封印用电；

(4) 故意损坏电能计量装置；

(5) 故意致使电能计量装置失准或失效；

(6) 采用其他方式窃电。

二、关于"窃电器"、"节电器"和"高科技窃电"

(一) 关于"窃电器"

"窃电器"从原理上非常简单，实际上是一个自耦变压器，利用升流器的原理，对电能表的电流线圈倒灌大电流，使电能表在短时间内快速反转，从而达到窃电的目的。这种窃电方式只需在表前接一根线（对于零线和火线接反的单相电能表，可不需要再接线），在表后接几根线，由于表前一般都存在裸露的地方，而表后是负载侧，因此，这种窃电方式实施起来非常简单易行，且隐蔽性很强，危害性极大。

采用"窃电器"窃电的主要是居民用户、个体工商业、个体企业及乡镇企业，尤以个体企业为甚，个体企业又以用电大户的小轧钢厂、小化工厂、小冶炼厂等小加工厂为多。这些小加工厂设备落后，产品能耗大，只有通过窃电来降低能耗，减少成本，来增强与国营企业的竞争能力，而窃电是最行有之有效的办法。湖南某地一个体轧钢厂，通过窃电使其产品单耗低得令人不敢相信，后经计算，即使按全国顶尖水平算，在短短二十八个月内，其窃电金额亦达 220 多万元。

这种窃电方式能得逞的前提条件是计量装置没有很好地封闭或我们的计量人员没有完全按照有关规定安装计量装置。

(二) 关于"节电器"

最近一段时间在一些地方有人公开销售"节电器"，他们故弄玄虚，声称这是一种高科技产品，能把"从家用电器中流入零线的无功电子旁路，整流后从火线变成有功电子，反馈成电流形成电压，再次为家用电器所利用，而形成循环节电效果"。他们还提供伪造的产品专利号及制造厂名，同时用一块单相表和一个灯泡在现场演示：将"节电器"和灯泡"并联"，电表立即走得慢了，眼见为实，似乎很有说服力，于是不少人纷纷掏钱买一个或几个"节电器"。

"节电器"真的节电吗？现场表演时电表为什么走得慢？

经测试，"节电器"实际上是一个电容器，而电容器只能储存能量，将它与负载并联不能起到任何节电的作用。并且任何想不改变负载功率，而在负载两端并联一个元件的作法都是不可能达到节电的目的的。

我们知道电能

$$E = Pt$$
$$= U \times (U/Z) \times t$$
$$= U^2 t / Z$$

在负载两端并联一个元件，只会使 Z 减小，从而使 E 增大，达不到节电的目的。

那么现场表演时电表为什么会走得慢呢？

图 13-1 是表演者在表演节电时表面上的实物接线图。

从图 13-1 看，这是一个典型的正常供电实物图，似乎没有任何问题。但经认真察看其接线板和导线后，就发现了问题所在，原来其导线大多采用屏蔽线，即线中有线。它的电源零线没有象表面上那样接到电表的零线端，而是经过一个藏在灯泡底座下的电容器串接到电表的零线端（见图 13-2）。此时电表电压线圈上的电压加上电容器上的电压才是负载的电压，从而造成电表计量不准，少计电量，实已构成了窃电。

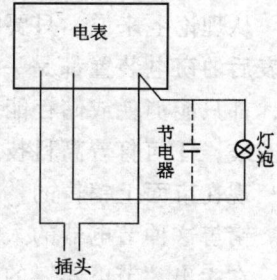

图 13-1　"节电器"现场演示接线图

当把"节电器"并到负载上时，由于电表的电流线圈阻抗很小，实际上是并到电表的电压线圈上。我们再将整个电压回路简化，得到图 13-3 所示的电路（设电压线圈的电阻为零，电感为 L，"节电器"的电容为 C）。

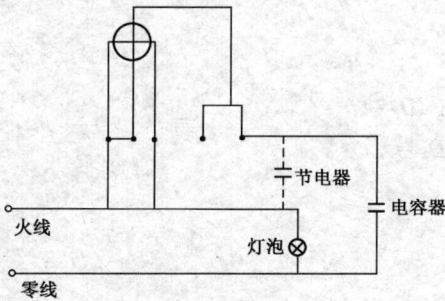

图 13-2　表演者在表演节电时实际的接线图

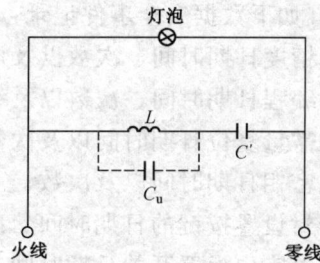

图 13-3　原理电路图

由图可知，无"节电器"时，电压线圈的阻抗为　$z = j\omega L$，

$$u_2 = \left[\omega L \Big/ \left(\omega L + \frac{1}{\omega C'} \right) \right] \times u$$

$$\omega L \Big/ \left(\omega L + \frac{1}{\omega C'} \right) < 1$$

由于 $\dfrac{1}{\omega C'}$ 不为零，则

$$u_2 < u$$

故此时已窃电。

有"节电器"时，电压线圈的阻抗为

$$z' = j\omega L \times [1/(j\omega C)]/[(j\omega L + 1/j\omega C)] = j\omega L/(1 - \omega^2 LC)$$

当 C 取不同的值时，z' 的值也跟着变化，当 $\omega^2 LC > 2$ 时，z' 的模小于 z 的模，使得电压线圈在与 C' 分压时，分得的电压值更小，窃电更多，表当然就走得慢了。

从以上分析可知，这是一个典型的将电度表的电压线圈分压的窃电线路，按《供电营业规则》第 101 条，属于"故意使供电企业用电计量装置不准或者失效"的窃电行为。

按照有关规定的要求，电表及其之前应为全封闭，而该窃电线路能够实现的前提是必须能变动电表前的零线，若不能变动电表前的零线，则该窃电线路就不能实现。

从理论上来说，只要电表及其之前为全封闭，只要不动电表及其之前的线路，任何接入电表后的窃电装置都是一种负载，而这种负载要么是容性的，要么是感性的，或纯电阻性的，都只能消耗或储存能量，而不可能达到窃电的目的。因此，只要我们的计量装置按照要求安装，任何打着高科技旗号的形形色色的窃电装置都是不可能达到目的的。

现在市面上销售的"节电器"是不能节电的，而是利用分压原理进行窃电的一种窃电工具。销售这种节电器的人若仅仅是通过表演来迷惑市民达到谋取暴利的目的，则犯了欺诈罪，在卖出"节电器"的同时告诉市民窃电，则犯了教唆罪。而市民若用这种"节电器"来窃电，则犯了盗窃国家财产罪。

（三）关于"高科技窃电"

所谓"高科技窃电"目前主要是指通过破译密码，从而实现与电能表的通信，通过通信改变电能表内部数据，达到窃电的目的。防止这种窃电方式，一般可以在表计制造中进行权限管理或事件记录，也可通过远方抄表对电表数据进行监控。在表计制造中进行权限管理或事件记录可采取以下措施：

（1）采用双备份数据区加校验技术，保证电表电量数据以及运行参数在各种情况下不发生突变。

（2）具有如下数据安全事件记录：

1）调校精度日期时间、次数以及调校精度的 ID 号；

2）参数编程日期时间、次数以及编程人的 ID 号；

3）最大需量复位日期时间以及次数；

4）设置密钥日期时间以及次数；

5）按铅封设置按键的日期时间、次数；

6）闭合电表内设置开关日期时间、次数；

7）电表数据复位日期时间、次数、操作人 ID 号；

8）设置电表时钟日期时间、次数；

9）打开表端盖日期时间、次数；

10）打开电表上盖日期时间、次数。

（3）安全级别分 4 级，各级权限如下：

1）级别 1：可以访问和抄读电表电量、需量、瞬时量等数据，无须密码；

2）级别 2：诊断访问，可以访问全部的设置参数、事件记录、负荷曲线数据、电表状态字、运行状态字、有调节幅度以及次数限制的时钟设置等；

3）级别 3：设置访问，可以进行电表数据复位、需量复位、负荷曲线记录复位、设置参数（包括时段参数、设置时钟、显示设置参数等）；

4）级别4：管理访问，可以设置电表工作模式、调校电表精度。

（4）铅封设置按键。电表具有外部可触及的铅封设置按钮，在设置访问时需要按下或按下10min内有效。

（5）表内设置开关。电表内部具有设置开关，打开表盖才可以触到，在进行管理访问时，需要开关闭合。

（6）密码的设置和使用，

1）电表出厂时为默认密码，由用户在挂网前重新设置；

2）密码分三级：管理访问1、设置访问2、诊断访问3；

3）用高级密码可以设置低级密码，但设置时必须在铅封设置按键按下时进行；

4）高级密码恢复为默认，必须在接收到超级秘密并且表内设置开关闭合时进行；

5）密码校验如果连续3次不正确，将闭锁密码校验访问、设置访问或管理访问，使用高级密码设置正确后才可以开锁。如果最高级密码锁死，必须闭合表内设置开关才可以开锁。

三、反窃电技术应用

通过窃电方式分析，绝大部分窃电方式是通过破坏计量装置的准确运行来实现的。其前提是窃电者能够触及到计量装置和计量回路。在没有发明接线盒、计量箱（屏）之前，表计、TA、TV及计量回路都是裸露的，用户可以随时触及到计量装置，这就使得窃电者有机可乘。反窃电的措施可分为技术措施和组织措施。

（一）反窃电的技术措施

制定反窃电技术措施的原则：确保电能计量装置有可靠的封闭性能和防窃电性能，封印不易伪造；在封印完整的情况下，用户无法或很难窃电。在进行电能计量装置安装和改造时，应始终贯彻"线进管、管进箱、箱加锁"的思想。

（1）广泛使用计量柜（箱）。计量柜（箱）具有抄表、维护、监视、测试、安全和方便的优点，在生产实践中被广泛使用。

（2）封瓷咀。这是针对挂瓷咀窃电所采取的对策，适用于高供低计的配电变压器。用一个特制的铁箱罩住配电变压器的低压瓷咀，不打开铁箱门是无法触及到低压瓷咀的。铁箱留有玻璃窗，通过该窗可观察到低压瓷咀的情况。

（3）封闭计量二次回路。对于小容量变压器，瓷咀到计量箱一段可用三相四线电缆。用塑料管将火线和零线套住。在查窃电时，可根据电缆、塑料套管的完好程度来发现有无窃电线索。对于低压用铝排出线的大容量配电变压器，可在铝排上刷漆，通过铝排上漆的完好程度，判断有无窃电发生。

（4）采用具有防窃电功能的电能表和电能计量装置。对新装的电能计量装置要严格把关；对原有的计量装置要进行整改，达到准确计量，并具有防窃电功能。

（5）采用远程负荷监控系统和抄表系统等先进的技术手段，来分析和发现用户的用电异常情况。

（二）反窃电的组织措施

1.反窃电的三级管理制度

（1）局级管理。基层供电局是推动反窃电工作顺利进行的关键，要使各项反窃电的技术措施和组织措施落到实处。如加强线损管理，建立健全线损管理制度；做好营业普查；严格奖惩制度等。

(2) 班组管理。一是根据具体情况,实行分线专人管理,责任到人,并根据具体执行情况,及时调换有关人员。二是实施各项反窃电的组织措施,严格执行抄表监督制度。三是完善计量整改工作,落实反窃电技术措施。

(3) 个人管理。电力营销工作人员应严格按业务流程和工作规范办事。现场工作人员要掌握各种简单的查电技术,如负荷测试法、电炉测试法、电容测试法、灯泡法等方法,分析计量装置运行是否正常。

2. 建立抄表监督制度

抄表时互相监督,提高抄见电量的真实性、准确性,是防止抄表不同步、不到位,防止内外勾结窃电的有效手段。可采用用户监督、抄表人员互相监督、领导监督等方式。

3. 实行表卡审核制度

抄见电量是供电部门收费的原始依据之一,通过审核各用户的抄见电量来寻找窃电线索的工作称为审表卡,常用的审核方法有以下几种:

(1) 自然规律法。生活用电具有极强的自然规律,除季节不同略有变化,一般抄见电量应较为平稳。

(2) 自比法。把各配变的本月电量与上几个月或去年同期相比,分析有无异常。

(3) 比对法。把生活用电量相同的用户放在一起比对。

(4) 产品单耗法。对工业用户,把其月用电量除以产品产量,求出产品单耗,与国家规定的产品单耗相比较,若明显偏低,说明异常。

4. 实施封印管理制度

管好用好电能计量装置的封印是防窃电的重要措施之一。但它的作用往往被忽视,进而给用户窃电留下可乘之机,很多窃电案件都是因为封印管理不善而造成的。因此,供电企业如果制定严格的封印管理制度和考核制度,并设计技术性强的"加密封印",将使窃电量大幅度下降。

5. 建立查窃制度

查窃电是取得反窃电成功的必要手段,否则无法获取窃电的证据。常用的查窃方法有以下几种:

(1) 重点查窃。对于用电量异常的用户,进行重点查窃;对于反窃电技术措施完备的用户,可在白天进行,对于反窃电技术措施不完备的用户,应在夜晚进行。

(2) 突击查窃。对群众举报有窃电嫌疑的用户,突击对被举报户查窃。

(3) 抽查。主要针对与抄表人员关系密切的用户。

(4) 普查。一个季度至少进行一次,对所辖用户进行全面、彻底的用电检查。普查是对付破坏计量装置窃电最有力的手段,防止个体承包企业承包期一到溜之大吉或只补半年电量,对于内外勾结窃电者也很难得逞。

(三) "打防结合,多策并举" 是反窃电工作的必由之路。

(1) 要广泛深入地开展《电力法》及其配套法规的宣传。由于宣传力度不够,很多用户对电的商品属性、窃电的违法性和应受处罚性了解甚少,一些专业部门认识也不够,致使窃电者心安理得,逍遥法外。加大宣传力度,营造一个强大的舆论氛围,教育广大用户依法用电,也借此引起有关国家机关对窃电违法犯罪现象的关注。

(2) 要加强对供电企业职工的教育,完善电力营销监督管理措施。供电企业的职工是供电企业利益的维护者，然而个别职工却与用户勾结窃电，这无疑是一种严重的违法犯罪行为有的职工工作不负责任，任凭电能流失而无动于衷，这是一种渎职行为，情节严重也构成犯罪。对上述行为不仅要从行政上、法律上予以追究，更重要的是要加强对电力营销职工的法制教育和职责教育，增强他们的守法意识和工作责任感。同时要加大对营销各环节的监督检查力度，发挥各环节间的相互监督制约作用，堵塞漏洞；不给非法之徒以可乘之机。

（3）认真做好防窃电改造工作，增强供电计量设施的防窃可靠性，最大程度地的遏制窃电的发生，同时要充分发挥负荷控制系统的监控作用，及时发现问题，减少因窃电造成的损失。防窃电改造是加强电力营销管理、防止窃电、降低线损的一项非常重要的措施，这项工作必须做，而且要做好，要见实效。防窃电改造要保证工程质量，目前已经发现有改造完的计量装置出现线相反接、电压线虚接等造成电能流失的情况，这种改造不但不能防窃电，而且还给窃电者提供了狡辩的理由，给案件查处工作增加了难度。要坚决杜绝只重速度和完成投资额而忽视改造质量的情况，要防止改了又改、一改再改；在改造中要做到：改前有计划，改前有标准，改中有检查，改后有验收。

（4）要坚决依法打击窃电违法犯罪行为。供电企业在做好正常用电检查的同时，要注重运用法律武器，凭借国家法律强制力，维护供电企业的合法权益。这一点，在电力企业将行政职能移交给政府后显得尤为重要。多年来供电企业在防窃电改造、用电检查等方面都做了大量的工作，但是窃电问题仍没有得到有效遏制，一个重要的原因就是对窃电行为打击的手段单一，缺乏力度。追补电费和收取违约使用电费，实际上是对窃电行为的一种经济上的制裁，这种办法由于没有实际可靠的法律保障，在执行过程中显得极为软弱且带有极大的随意性，这种单一的方式已不能适应当前电力市场形势和反窃电工作的需要。

练 习 题

一、填空题

1. 对实行两部制电价的客户，应装设_____电能表（按变压器容量计算基本电费的客户除外）；对实行按功率因数调整电费的客户，应装设_____电能表，其中对有无功补偿的客户，应装_____电能表或两块_____电能表；对实行分时电价的客户，应装设_____电能表。

2. 电能表在安装前，应检查其校验日期是否在_____个月以内。

3. 接户线档距不应大于_____；同杆架设的接户线横担与架空线横担的最小距离为_____米；接户线导线截面应按_____选择。

4. 我国《计量法》从_____年_____月_____日开始实施，用于贸易结算的计量器具属_____计量器具范畴。

5. 导线截面在 16mm² 以下时，宜采用_____绝缘子，支架宜采用不小于_____mm 的扁钢。导线截面在 16mm² 及以上时，应采用_____绝缘子，支架宜采用不小于_____mm 的角钢。

6. 每一路接户线，支持进户点不多于_____个，线长不超过_____m。超过60m时，应按_____架设。

7. 进户线应采用_____布线，其长度一般不宜超过_____m，最长不得超过_____m。

8．接户线不应跨越_____和穿越_____。

9．三相四线制中性线，不得加装_____及_____。

10．Ⅰ、Ⅱ类用于贸易结算的电能计量装置中电压互感器二次回路电压降应不大于其额定二次电压的_____；其他电能计量装置中电压互感器二次回路电压降应不大于其额定二次电压的_____。

11．选择电流互感器时，应根据下列几个参数确定：_____、_____、_____、_____。

12．电能表选型的基本原则是_____和_____。

13．在小街巷中，接户线对街道的最小垂直距离不少于_____m。

14．电能计量装置原则上应设置在供用电设施_____，否则其_____由_____承担。高压供电在受电变压器低压侧计量的，应加计_____损耗。

15．带电断线应先断_____，后断_____；接火时应先接_____，后接_____。

16．变压器容量为_____kVA及以上用户的计量宜采用高供高计方式。

17．选择线路导线截面必须考虑_____、_____、_____。

18．选择电能表容量，要求通过的最大工作电流不大于_____，最低工作电流不低于基本电流（标定电流）的_____，特殊情况不低于_____，否则误差较大。

19．计费用高压电流互感器二次回路，连接导线截面积应按电流互感器的_____确定，至少应不小于_____mm^2。计费用电压互感器二次回路，连接导线截面积应按_____确定，至少应不小于_____mm^2。

20．接户线与通信线或广播线等弱电线路交叉时，两线间的垂直距离：接户线在上方时不应小于_____mm；接户线在下方时不应小于_____mm。

21．接入非中性点绝缘系统的电能计量装置，应采用三相四线有功、无功电能表或3只_____单相电能表。

22．互感器实际二次负荷应在_____额定二次负荷范围内；电流互感器额定二次负荷的功率因数应为_____。电压互感器额定二次功率因数应与实际二次负荷的功率因数_____。

23．电能计量装置竣工验收的项目及内容应包括：_____、_____、_____、_____。

24．电能计量器具库房的分区标志线宽度为_____cm，一般来讲分区色标为：待验收区—_____；待检验区—_____；待安装区—_____；淘汰区域—_____。

25．运行中的Ⅰ、Ⅱ、Ⅲ类机械电能表的轮换周期定为_____年，运行中的Ⅳ类机械电能表的轮换周期定为_____年，电子式电能表的轮换周期定为_____年。Ⅴ类单宝石电能表的轮换周期为_____年，Ⅴ类双宝石电能表的最长轮换周期不得超过_____年。

26．根据Ⅴ类电能表运行抽样方案，当批量为501～3200只时，第一次抽样的样本量为_____只，第二次抽样的样本量为_____只，两次抽样最多允许的不合格表数是_____只，由此可计算出Ⅴ类电能表运行合格率应大于_____。

27．供电网络相序改变后，有功电能表转向及计量结线功率虽然没有变化，但却带来了

_____。而无功表在相序改变后表盘将要_____。

28. 在计量纠纷的调解、仲裁及案件审理过程中，任何一方当事人均不得改变与计量纠纷有关的计量器具的_____。

29. 供电企业在新装、换装及_____校验后，应对计量装置加封，并请用户在_____上签章。

30. 客户认为电能表不准时，有权向供电企业提出校验申请，供电企业应在_____天内检验，并将检验结果_____客户。

二、选择题

1. 电能计量装置包括（　　）。

(a) 电能表、互感器；(b) 电能表、互感器、二次回路；(c) 进户线、电能表、互感器。

2. 开启授权的计量检定机构加封的电能计量装置封印用电的，属于（　　）。

(a) 破坏行为；(b) 违章用电行为；(c) 窃电行为

3. 进户熔断器熔断电流可按电能表（　　）电流的 1.5～2 倍选用。

(a) 基本电流（标定电流）；(b) 实际负荷电流；(c) 额定最大电流

4. 感应式电能表安装时，表计垂直中心线向各方向的倾斜度不大于（　　）。

(a) 1°；(b) 2°；(c) 3°

5. 单相供电容量超过（　　）kW 时，宜采用三相供电。

(a) 20；(b) 15；(c) 10

6. 用钢管穿线时，同一交流回路的所有导线，必须（　　）。

(a) 穿在同一根钢管内；(b) 每根导线穿一根钢管；(c) 零线可单独穿一根钢管

7. 用户若需要装设备用电源时，可（　　）。

(a) 另设一个进户点；(b) 共一个进户点；(c) 选择几个备用点

8. 改变电能计量装置接线，致使电能表计量不准，称为（　　）。

(a) 窃电；(b) 违章用电；(c) 正常增容

9. 用于进户线的绝缘线穿过的钢管（　　）。

(a) 必须多点接地；(b) 可不接地；(c) 一点接地

10. 若电力用户超过报装容量私自增加电气容量，称为（　　）。

(a) 窃电；(b) 违章用电；(c) 正常增容

11. 选择进户点时，应考虑尽量接近（　　）。

(a) 用电设备；(b) 用电负荷中心；(c) 用电线路

12. 35kV 及以下贸易结算用电能计量装置中电压互感器二次回路，（　　）。

(a) 应装设熔断器；(b) 可装设隔离开关辅助接点，但不应装设熔断器；(c) 应不装设隔离开关辅助接点和熔断器

13. 电能计量二次回路的连接件、接线盒导电部分应采用（　　）。

(a) 镀锌铁材；(b) 铜材；(c) 铝材

14. 15min 最大需量表指示的是（　　）。

(a) 计量期内最大的一个 15min 的平均功率；(b) 计量期内最大的一个 15min 间隔内功率瞬时值；(c) 计量期内日最大 15min 平均功率的平均值

15. 接户线跨城镇通车街道对地的最小垂直距离为（　　）。

(a) 3.5m；（b）5m；（c）6m

16．低压电能表的进出线（铜芯线）和电流互感器二次导线的最小截面为（　　）。

（a）1.5 mm²；（b）2.5 mm²；（c）4 mm²

17．对 35kV 及以上电压互感器二次回路电压降，至少每（　　）现场检验一次。

（a）一年；（b）二年；（c）三年

18．电能表、互感器的检定原始记录应至少保存（　　）个检定周期。

（a）一个；（b）二个；（c）三个

19．新投运或改造后的Ⅰ、Ⅱ、Ⅲ、Ⅳ类高压电能计量装置应在（　　）内进行首次现场检验，并检查二次回路接线的正确性。

（a）十个工作日；（b）半个月；（c）一个月

20．运行中的电流互感器二次侧不允许（　　），否则会引起高电压，危及人身及设备安全。

（a）开路；（b）短路；（c）极性接反

三、问答题

1．电能计量装置设计审查的基本内容有哪些？

2．电能计量装置在送电前应检查哪些主要内容？

3．电流互感器额定电流应如何确定？

4．为什么选择电流互感器的变流比过大时将严重影响电能表的准确计量？

5．常见的窃电方式有哪些？

6．选择进户点有哪些要求？

7．电能计量装置配置的基本原则是什么？

8．对零散居民户和单相供电的经营性照明用户电能表的安装有何要求？

9．进户线穿管引至电能计量装置应符合哪些条件？

10．为什么低压电流互感器的二次侧可不接地？

11．电能计量装置竣工验收中，对验收结果的处理包括哪些内容？

12．在现场校验电能表时为什么不能进行电能表误差调整？

13．电能计量器具为何要进行修调前检验？

14．电能计量印、证的种类包括哪些？

四、计算题

1．某化工厂建有一配电室，供电电压 $U = 10$kV，频率 $f = 50$Hz，全厂平均负载功率 $P = 900$kW，$I = 61.2$A，计算功率因数。现准备将功率因数提高到 0.95，请计算该厂需要加多少补偿电容？

2．某电力用户，已知全厂的三相动力装见总容量为 260kW，运行的功率因数为 0.85，并以低压三相四线两部制计量电能，试求该户电能计量装置应如何选配？

3．某 35kV 电力用户，变压器装见总容量为 5000kVA，并采用 35kV 侧计量方式，试求该户的计量用电流互感器及电能表应如何选配？

4．某低压客户报装容量为单相 220V、2kW 电动机 2 台和 200W 的照明负荷，问该户应配用多少安的电能表和至少多大截面的接户线？

5．电流互感器额定容量为 15VA，接三相有功、无功电能表各一只，每只电流线圈 2VA，电流互感器至电能表距离为 40m，四线连接。忽略导线接头电阻，试确定二次电流线截面。

$(\rho = 57 \mathrm{m}/\Omega \cdot \mathrm{mm}^2)$

6. 某客户实际用电负荷为100kW，安装三相四线有功表的常数为1000r/kWh，TA变比为150/5A。用秒表法测得圆盘转10圈的时间为15s，试求该套计量表计的误差为多少？

参 考 答 案

一、填空题

1. 最大需量　无功　双向无功　带止逆器的无功　多费率；2. 6；3. 25m　0.3　允许载流量和机械强度；4.1986、7、1　强制性检定；5. 针式　50×5　蝴蝶　50×50×5；6.10　60　低压配电线路；7. 护套线或硬管　6　10；8. 铁路　树木；9. 熔断器　开关；10.0.2%　0.5%；11. 额定电压　准确度等级　额定变比　二次容量；12. 正确计量　合理计费；13. 3；14. 产权分界处　线路损耗　产权所有者　变压器；15. 火线　零线　零线　火线；16. 315；17. 机械强度　发热条件　电压损失；18. 电能表额定最大电流　20%　10%；19. 额定二次负荷　4　允许的电压降计算　2.5；20.600　300；21. 感应式无止逆；22. 25%～100%　0.8～1.0　接近；23. 技术资料　现场核查　验收试验　验收结果的处理；24. 10　白色　黄色　绿色　黑色；25. 3　4　5　5　10；26. 32　32　4　94%；27. 相序附加误差　反转；28. 技术状态；29. 现场　工作凭证；30. 七天通知

二、选择题

1.b；2.c；3.c；4.a；5.c；6.a；7.a；8.a；9.b；10.b；11.b；12.c；13.b；14.a；15.c；16.b；17.b；18.c；19.c；20.a

三、问答题

1. 答：电能计量装置设计审查的基本内容包括计量点、计量方式（电能表与互感器的接线方式、电能表的类别、装设套数）的确定；计量器具型号、规格、准确度等级、制造厂家、互感器二次回路及附件等的选择、电能计量柜（箱）的选用、安装条件的审查等。

2. 答：电能计量装置在送电前应检查以下主要内容：

（1）计量器具型号、规格、计量法制标志、出厂编号应与计量检定证书和技术资料的内容相符；

（2）产品外观质量应无明显瑕疵和受损；

（3）安装工艺质量应符合有关标准要求。检查电能表、互感器安装是否牢固，位置是否适当，外壳是否根据要求正确接地或接零等；

（4）电能表、互感器及其二次回路接线情况应和竣工图一致。检查电能表、互感器一、二次接线及专用接线盒，接线是否正确，接线盒内连接片位置是否正确，连接是否可靠，有无碰线的可能，安全距离是否足够，各接点是否坚固牢靠等。

（5）检查进户装置是否按设计要求安装，进户保护熔体选用是否符合要求；检查有无工具等物件遗留在设备上。

（6）按工单要求抄录电能表、互感器的铭牌参数，电能表起止码及进户装置材料等，并告知客户核对。

3. 答：电流互感器额定电流一般按以下方法确定：

（1）电流互感器额定一次电流的确定，应保证其在正常运行中的实际负荷电流达到额定值的 60% 左右，至少应不小于 30%。

（2）二次侧额定电流必须与电能表额定值对应。

（3）实际二次负荷必须在互感器额定负荷的 25%～100% 的范围内，互感器若接入二次负荷超过额定值时，则其准确度等级下降。

4. 答：如果选择电流互感器的变比过大时，则当一次侧负荷电流较小时，电流互感器二次电流很小，小于电能表的启动电流，圆盘转不起来，使电能表出现很大的负误差。因此在选用电流互感器时，变比不宜过大，应尽量保证负荷电流达到电流互感器额定电流的 1/3 以上，最好能经常达到额定电流的 2/3 左右。

5. 答：常见的窃电方式有：

（1）在供电设施上擅自接线用电；

（2）绕越电能计量装置用电；

（3）伪造或开启电能计量装置封印用电；

（4）故意损坏电能计量装置；

（5）故意致使电能计量装置失准或失效；

（6）采用其他方式窃电。

6. 答：选择进户点有下列要求：

（1）进户点处的建筑物应坚固，并无漏水情况；

（2）便于进行施工、维修和检修；

（3）靠近供电线路和负荷中心；

（4）尽可能与附近房屋的进户点取得一致。

7. 答：电能计量装置配置的基本原则为：

（1）具有足够的准确度。

（2）具有足够的可靠性。

（3）功能能够适应营抄管理的需要。

（4）有可靠的封闭性能和防窃电性能。

（5）装置要便于工作人员现场检查和带电工作。

8. 答：（1）电能表一般安装在户外临街的墙上，临街安装确有困难时，可安装在室内用户进门处。装表点应尽量靠近沿墙敷设的接户线，并便于抄表和巡视的地方，电能表的安装高度，应使电能表的水平中心线距地面 1.8～2.0m。

（2）电能表的安装，采用表板加专用电能表箱的方式，每一用户在表板上安装单相电能表一块，封闭电能表的专用表箱一个，瓷插式熔断器二个，单相闸刀开关一只。

（3）专用电能表箱应由电业局统一设计，其作用为：①保护电能表；②加强封闭性能，防止窃电；③防雨、防潮、防锈蚀、防阳光直射。

（4）电能表的电源侧应采取电缆（或护套线）从接户线的支持点直接引入表箱，电源侧不装设熔断器，也不应有破口、接头的地方。

（5）电能表的负荷侧，应在表箱外的表板上安装瓷插式熔断器和总开关，熔体的熔断电流宜为电能表额定最大电流的 1.5 倍左右。

（6）电能表及电能表箱均应分别加封，用户不得自行启封。

9. 答：（1）管口与接户线第一支持点的垂直距离宜在 0.5m 以内；

（2）金属管或塑料管在室外进线口应做防水弯头，弯头或管口应向下；

（3）穿墙硬管的安装应内高外低，以免雨水灌入，硬管露出墙部分不应小于30mm；

（4）用钢管穿线时，同一交流回路的所有导线必须穿在同一根钢管内，且管的两端应套护圈；

（5）管径选择，宜使导线截面之和占管子总截面的40%；

（6）导线在管内不准有接头；

（7）进户线与通信线、广播线进户点必须分开。

10. 答：因为低压计量装置使用的导线、电能表及互感器的绝缘等级相同，可能承受的最高电压也基本一致；另外二次线圈接地后，整套装置一次回路对地的绝缘水平将要下降，易使有绝缘弱点的电能表或互感器在高电压作用时（如受感应雷击）损坏。从减小遭受雷击损坏出发，也以不接地为佳。

11. 答：（1）经验收的电能计量装置应由验收人员及时实施封印。封印的位置为互感器二次回路的各接线端子、电能表端钮盒、封闭式接线盒、计量柜（箱）门等；实施铅封后应由运行人员或用户对铅封的完好签字认可。

（2）检查工作凭证记录内容是否正确、齐全，有无遗漏；施工人、封表人、用户是否已签字盖章。以上全部齐整后将工作凭证转交营业部门归档立户。转交前应将有关内容登记在电能计量装置台账上，填写电能计量装置帐、册、卡。

（3）经验收的电能计量装置应由验收人员填写验收报告，注明"计量装置验收合格"或者"计量装置验收不合格"及整改意见，整改后再行验收。验收不合格的电能计量装置禁止投入使用。

（4）在进行竣工检查的同时，应按《高、低压电能计量装置评级标准》对计量装置进行等级评定工作，达不到I级装置标准，不能投入使用。所有验收报告及验收资料应归档。

12. 答：因为（1）无法保证电能表的真实误差。现场检验仅能测定某一特定工况下的误差，其他运行工况下的误差情况是否超差难以判断。

（2）难以监督现场检验工作质量，造成电能计量装置封印权限管理混乱，责任不清。

（3）现场打开电能表罩壳和现场调整电能表误差后，电能表制造厂的封印也会被破坏，会丧失对制造厂产品质量追究的权利。

13. 答：修调前检验是计量管理工作过程中的正常工作环节和内容，修调前检验的目的是为了对运行电能表的质量进行监督。如修调前检验后发现表计超差，应按有关规定进行电量追补。同时《电能计量装置技术管理规程》（DL/T448—2000）要求进行修调前合格率统计，因此各电能计量技术机构必须认真做好修调前检验工作。

14. 答：电能计量印、证的种类包括：①检定证书；②检定结果通知书；③检定合格证；④测试报告；⑤封印（检定合格印、安装封印、现校封印、管理封印及抄表封印等）；⑥注销印。

四、计算题

1. 解：

（1）视在功率

$$S = \sqrt{3}\,UI = \sqrt{3} \times 10 \times 61.2 = 1059.98\ (\text{kVA})$$

则功率因数 $\qquad \cos\varphi = P/S = 900/1059.98 = 0.85$

（2）因为 $C = P/\left[\omega U^2/(\text{tg}\phi_1 - \text{tg}\phi_2)\right.$，由 $\cos\varphi_1 = 0.85$、$\cos\varphi_2 = 0.95$，求得：$\text{tg}\phi_1 =$

0.62、$\text{tg}\varphi_2 = 0.33$，代入公式得

$$C = P \times (\text{tg}\varphi_1 - \text{tg}\varphi_2)/\omega U^2$$
$$= 900 \times 10^3 \times (0.62 - 0.33)/314 \times 10^2 = 8.3 \text{（F）}$$

则该厂需要加多少补偿电容 8.3 法的电容。

2．解：

负荷电流

$$I = 260/(\sqrt{3} \times 0.38 \times 0.85) = 465 \text{（A）}$$

选用 0.5S 级、变比为 500/5 的低压电流互感器；

选用 2.0 级有功、3.0 级无功、$3 \times 380/220\text{V}$、1.5（6）安的三相四线电能表。

3．解：

负荷电流

$$I = 5000/(35 \times \sqrt{3}) = 82.48 \text{（A）}$$

选用 0.2S 级变比为 100/5 的高压电流互感器；

选用 0.5 级有功、2.0 级无功、$3 \times 100\text{V}$、1.5（6）A 的三相三线电能表。

4．解：

电动机负载电流　$I = 2 \times 2 \times 1000/220 = 18.2 \text{（A）}$

照明负载电流　$I = 200/220 = 0.9 \text{（A）}$

总负载电流　$I = 18.2 + 0.9 = 19.1 \text{（A）}$

根据最大负载电流可知，应选配 5（20）A 或 5（30）A 的单相 220V 电能表和至少 4mm^2 铜芯或 10mm^2 铝芯接户线。

5．解：

已知 $S_n = 15\text{VA}$，二次接仪表负载 $\sum S_2 = 2 \times 2 = 4\text{VA}$。则在不超出电流互感器额定负载情况下，在允许接的接线电阻为

$$R = (S_n - \sum S_2)/I^2 = 15 - 4/5^2 = 0.44 \text{（}\Omega\text{）}$$

计算导线截面积　$S = L/\rho R = 2 \times 40/57 \times 0.44 = 3.19\text{mm}^2$

故可选标称截面为 4mm^2 的铜芯线。

6．解：（1）计算负载瞬间功率 P_2（kW）

$$P_2 = N \times 3600 \times K_{TA} \times K_{TV}/C \times t$$
$$= 10 \times 3600 \times 30/1000 \times 15$$
$$= 72 \text{（kW）}$$

（2）求该套计量表计误差 r

$$r = [(P_2 - P_1)/P_1] \times 100\%$$
$$= [(72 - 100)/100] \times 100\%$$
$$= -28\%$$

故该套计量表计的误差为 -28%。

第十四章

现代化电能计量管理

随着电力工业的发展和电力体制改革的深入以及电力商业化运行的需要，电力企业对于现代化电能计量管理的建设非常重视，目前现代化电能计量管理主要包括电能表数据的自动抄读和计量管理信息系统的应用等。本章将主要介绍这两方面的内容。

第一节　本地抄表技术

抄表是电力企业运营的基础环节，获得抄表数据的及时性和准确性，直接关系到电力企业的切身利益。而近年来电力企业大力推行的计算机管理系统和优质服务等社会服务承诺，其大量基本数据的来源正是以抄表为基础的，电费结算核收、负荷控制管理和线损分析等工作，均和抄表工作息息相关，抄表环节的完善，正是电力企业创一流的重要考核指标。

抄表技术的发展也伴随电力系统新技术的应用和改革的不断深入而变化，它也是一个循序渐进和不断完善的过程。从电表抄表技术的分类来看，可以大致分成两种抄表方式，即本地抄表技术和远程抄表技术。而这两种抄表方式并不是完全分立的，在一个电力管理系统中，两种方式可能是同时存在的，互为补充，各有侧重。在电力计量管理系统的不同层次和不同历史发展阶段，两种抄表技术有不同的意义和作用。

一、本地抄表技术

顾名思义，所谓本地抄表技术就是指计量仪表的抄表数据是在表计运行的现场或本地一定范围内通过人工或自动方式而获得。这种抄表方式根据抄收手段的不同可以大致分为本地人工抄表和本地自动抄表。

（一）本地人工抄表

本地人工抄表方式是电力企业长期以来普遍采用的抄表手段之一，它的运行方式较为简单，即电力营销企业或电力公司下属抄表班专职抄表人员或委托专人定期到自己的辖区上门抄收表计读数，然后将抄表数据返回电力营销企业处理。

该种抄表方式在早期电力系统管理水平较低的时期和一些中小型供电区域中，应用比较广泛，系统构成也相对简单。

1. 本地人工抄表系统

本地人工抄表系统示意图如图 14-1 所示。

该种抄表方式的特点是系统构成简单，管理体系容易建立，在人工成本较低的水平上整个系统配置成本相对较低。但该种抄表方式本身存在较明显的缺陷：

（1）抄表周期相对较长。

（2）上门抄表容易给用户带来不便，老式家用电表有的是安装在用户室内，抄表员上门抄表时必须要求用户在家。

（3）抄表员素质和责任心对抄表准确性影响较大，漏抄、估抄和虚抄现象很难避免。

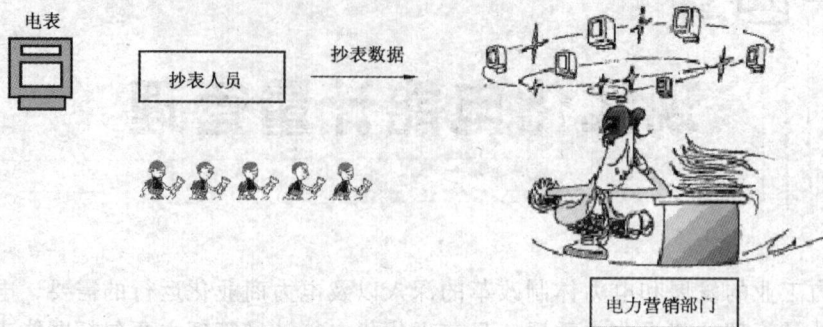

图 14-1　本地人工抄表系统示意图

（4）数据反复录入，过程复杂，容易出现差错。

随着电力系统应用技术水平的提高，近年来一些地区采用了抄表器抄表方式。抄表员到现场后，根据抄表器内部存储的表号将电量信息填入抄表器内，抄表完成后，在电脑上将本次抄表数据传送至管理电脑中。这种抄表方式的改进一定程度上解决了漏抄和减少数据录入过程，但其他的抄表弊病同样无法避免，如仍存在抄表周期相对较长、上门抄表容易给用户带来不便等问题，但总体来讲它是抄表手段的一个进步。但是这种进步是以表计本身不变为基础的，从某种意义上讲节省了投资，因此在一些地区能够得到推广和应用。

2．抄表器介绍

抄表器又叫抄表微机，也叫手持式数据终端。抄表器外形图如图 14-2 所示。它的使用大大提高了工作效率，降低了工作强度，减少了工作差错，在电费管理信息系统和抄表之间建立了一条高速数据通道，使得电力企业的用电管理信息系统成为真正意义上的完全的现代化微机管理信息系统。由于抄表器在电力系统使用非常广泛，下面将作较详细的介绍。

（1）抄表器的基本原理与功能。抄表微机的主要功能是实现现场记录（手工键入或自动抄表）仪表数据、对智能仪表的特定参数或原始数据进行现场设置、并能够和中心站计算机系统进行通信，以送回所采集的数据，从而实现用电管理信息系统的全面自动化。

抄表微机从本质上讲属于一种微型计算机，在国内通常称这种微机型计算机为掌上型电脑。掌上型电脑一般应具有以下一些特点或功能：

1）"掌上型"指它在外观上与普通微机的最显著的区别是体积小，比一般的笔记本电脑都小得多，一般都可单手握持。

2）"电脑"则说明了它的本质仍然是微机。它拥有与微机相同的基本结构，也包括处理器、存储器和输入输出设备（I/O 设备）三大部件。其中处理器是微机的心脏，它按照存储器中存储的指令工作，从而完成用户的使用要求；存储器

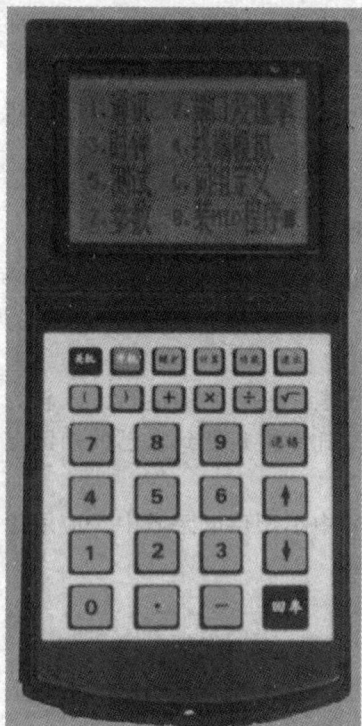

图 14-2　抄表器外形图

446

主要用于存储程序和数据；输入输出设备一般指键盘和显示屏。

3）这种掌上型电脑一般由厂家提供裸机和基于裸机的操作系统，由用户实现二次开发。

4）掌上型电脑一般都要求对数据进行一定的处理，因此它的 CPU 应采用速度较快、处理能力较强的处理芯片；另一方面它只需实现特定的要求，功能较普通微机要简单得多，因此它的 CPU 多采用 8051、8086、80186 等芯片。

5）掌上型电脑一般都需显示较多的数据或信息，只显示一行已基本上不能满足使用的需要。另一方面它又受体积的限制，因此它多采用较大的点阵式图形液晶显示屏，一屏可显示多行信息。另外，它还应具有汉字显示的功能，以适应国内用户的实际需要。

6）掌上电脑一般应有一个适合于用户使用的数据存储区，便于用户数据的处理和储存，它的大小通常为 64/128/256kB，有的产品可达到 1 ~ 2MB。

7）掌上电脑应有一定的数据保持能力，以保证数据区中抄录的数据不会在关机或突然掉电后丢失。

抄表微机实际上就是能够实现抄录电能表数据的掌上型电脑。因此，除了以上掌上型电脑通常所具有的特点以外，一般它还应具有以下一些功能和特点，以适应抄表的特定需要：

1）抄表微机多用于户外现场操作，因此它应采用电池供电，并且功耗应尽可能降低，以确保可连续工作较长时间。

2）体积小，质量轻，以易于抄表员携带。

3）抄表微机应具有一定的抗震和抗干扰能力，能够承受突然跌落或频繁移动中较大的振动和冲击，还能承受一定的辐射性和传导性的电磁干扰及静电干扰，正常使用状态下，人手经常触及的按键、开关、和其他部分应对幅值为 15kV 的静电电压不敏感。

4）抄表微机的工作温度应较为宽松，基本上不受地域和气候的影响或影响较小。

5）抄表微机一般都需和电能表进行对时操作以及记录抄表的时间及日期，因此抄表微机内部应具有一个较高精度的实时时钟，关机以后，时钟仍能照常工作。

6）在系统软件方面，由于电力系统的用电管理信息多采用 DBF 结构的数据库操作语言编定，因此，抄表微机也应具有一定的数据库操作能力，可处理 DBF 结构的数据文件，同时还能处理 TXT 文本结构的数据文件，以适应大型数据库的要求。为了便于抄表程序的开发和使用，抄表微机所使用的语言应既有高级语言的条件分支、循环、子程序等程序结构控制语句，也应有赋值、运算等语句和一些常用函数，还应有一些基本的数据录入、修改、查询、显示等数据库操作语句。

7）功能复杂的多功能电能表中存储的数据项多达几十个甚至上百个，单靠手工键入抄表已很难适应这种情况，而必须采用自动抄表的方式。抄表微机至少应能提供一个前面所述的标准通信接口，这样抄表微机可实现与电能表间进行数据通信。一台抄表微机上应能够与各种不同类型的电能表通信采集数据。

8）在抄表的实际工作中，许多部门希望能及时的在现场计算电费，并同时打印出收费通知单。为达到此要求，抄表微机最好应配有一个微机打印机，由抄表微机供电并直接驱动打印收费通知单。

（2）用抄表微机实现现场抄表与编程。前面提到，抄表微机的主要功能是实现现场记录（手工键入或自动抄录）并存储仪表数据，对智能仪表的特定参数或原始数据进行现场设置，并能够和中心站计算机系统进行通信，以送回所采集的数据，从而实现用电管理信息系统的全面自动化。简单的说就是具有抄表、编程、回传数据三项功能，作为一个完整实用的抄表微机，此三项功能缺一不可。

　　但是在实际操作中，仅有这三项功能是远远不能满足抄表员及各省市供电营销企业的需要的，它至少还应具有查询、工作检查、特殊情况处理等一系列功能，由于各供电营销企业管理的流程、考核的内容、抄表员实际操作的习惯等均不相同，这就造成了所需的抄表程序千差万别，在这里只介绍一个通常的抄表程序应具有的功能：

　　1）抄表程序的基本要求是：符合实际工作需要，可读性强，结构清晰，可扩充性强，完全汉字菜单提示，傻瓜化操作，屏幕显示美观大方，在微机上能够得到 DBF 或 TXT 结构抄表数据库。

　　2）具有汉字显示或图形的操作提示信息，保证抄表员准确迅速地完成抄表工作。

　　3）可显示当前日期及时间，提示抄表员对时，以确保时间准确，满足用电管理考核及多功能电能表对时的要求。

　　4）各抄表员应设置各自的开机密码，以确认使用权限。

　　5）主菜单一般应包括抄表、编程、查询、测试、设置密码等功能。

　　6）设置密码：密码通常应包括开机密码和编程密码两个。开机密码主要用于确认抄表员的使用权限；编程密码一般用于判断抄表微机的使用者是否有权对电能表进行参数设置。

　　此项功能提供了修改和设置密码的功能，应注意必须先输入原密码方可对原密码进行修改，且在输入新密码时，需两次输入以避免手误。

　　7）通信测试：在自动抄表中，使用通信和电能表进行联系，从而实现抄表。通信是双方面的，通信能不能成功可能与软件方面和硬件方面的多种原因有关，当自动抄表不能实现时，使用此功能用以确定通信错误的原因。

　　一般通信测试主要进行通信协议中的握手部分，握手成功后即中断通信。它主要测试硬件线路是否连通、当前抄表微机是否有权对此电能表进行操作、此电能表是否在抄表微机中存储等等方面的错误原因。在进行通信测试的过程中，对每一步的成功与否都应进行记录并显示相应提示信息，以确定故障发生的位置及原因。

　　8）抄表。抄表是抄表微机的主要和关键的功能，此功能应实现手工键入或自动记录电能表中的费率数据和部分参数数据，并在数据库的相应位置存储。

　　自动抄表一般用于多功能电能表，它的数据较多，一般是循环显示费率数据，有时只显示部分数据。因此必须使用自动抄表，即和电能表进行通信，要求电能表传送数据到抄表微机，自动抄表通信时一般应完成以下一些步骤：①握手，请求通信，如失败根据返回的错误码报错。为了清楚的知道到那一步出错，报错时除了报错误原因外，还应报出发生错误的具体位置。②握手成功后，应马上封锁关机命令，以确保数据抄录及回填的完整性。③依次下发命令回送相应费率数据。因为大多数的电能表对命令帧都有时间限定，因此不能接收一个数据就马上处理，应先将所有的数据存放起来，当全部通信结束后再依次处理，否则就有可能发生超时错误。④抄表结束后，一般电能表都要求发自动对时命令，以调整电能表内部的时钟。此项要求也决定了此类抄表微机必须在每次开机后马上要求抄表员对时。⑤很多程序员都认为通信结束令无关紧要，实际上这是错误的。只有发了通信结束命令后才算真正结束，否则电能表中的某些数据（如抄表次数）不能被及时修改。

　　在抄表结束后，应马上回填数据库，首先应根据抄回的电能表表号，确定其在数据库中的位置，数据库中如无此表号应判断是漏装电能表还是用电户换表，并根据不同情况处理。

　　在抄表过程中，经常会出现一些异常情况。一般异常情况包括：无人、表号错、未封、表烧坏、表停表、倒表、失表、表箱坏、移位、拆表、换表、过周等，对于自动抄表不定期包括通信过程中的一些错误。一个完整的抄表程序应具有记录并处理相应异常情况的功能，因此在数据库中应有错误和警报字段以记录相应异常情况。具体的处理办法可根据各电力管理部门的实际情况进行，例如不能通信是否手工抄表，无人是否估抄还是发抄表留人通知等等。

为了考核抄表员实际抄表的情况，抄表程序通常还应具有记录抄表时间的功能。

当抄表回填结束后，应对已抄表中的异常表分别加以标识，以便于查询，然后即可恢复关机封锁。

抄表后可根据需要，在现场计算电费，并使用微型打印机当场打印收费通知单，通知用户于何时到何处交多少费用。

9）编程设置。对于多功能电能表，一般均要求进行参数设置，通常称为对电能表进行编程。它的通信方法基本同于抄表。

编程一般分为集中编程和单项编程两部分，集中编程一般指一次性将所有的参数设置项全部修改；单项编程一般指只修改电能表参数中的某一项或几项。修改结束后，应询问是否全库修改。另外，一般抄表微机屏幕、键盘较小，不适于大量直接在抄表微机上进行参数修改，大多数的参数均事先设好，下装到抄表微机的数据库中，只需一次性通信下发到电能表中，因此在编程功能中应将编程和发送分离开来，由抄表员选择使用。

10）查询。查询时数据库的定位要求抄表员手工操作，因此应提供多种方法以方便抄表员使用。

定位后首先应显示当前表信息，包括表号、用户名称、地址、电能表类型、上月电能表状态、是否已经抄录、正常还是异常、记录号等在数据库中的相应位置。

然后逐项显示抄表数据。显示时，由于抄表微机一般屏幕较小，不能一屏全部显示所有的数据，所以应合理的分配显示的内容和结构，例如，费率数据和参数数据应分开并选择显示；显示费率数据或参数数据时也应将同一性质的数据显示在一屏内（如本月电量数据高峰、峰、平、谷在一屏）。以方便查阅者观看。

另外，查询还应包括工作情况的查询，即显示此抄表微机应抄多少块表、已抄多少块表、其中出现异常的为多少块。

11）抄表微机在编程上与上位机的联系。主要的联系指是下装和上装，实质的问题是数据库的处理方法。这主要的原因是一般抄表微机的存储容量较小，不可能将微机信息管理数据库中的所有数据都下装到抄表微机中，必须有选择的下装部分记录的与抄表有关的字段，选择的基本原则如下：①在横向上数据库结构的确定：多功能电能表数据内容较多，一般分两大类，费率数据和参数数据，大多数情况下只要求抄录费率数据，因此设计数据库时应将费率数据和参数数据分为两个数据库存储。②应选择与抄表有关的字段，一般数据库应具有以下字段：A、表号、用户名称、地址、电能表类型、抄表时间、上月费率数据、上月电能表状况（下常、异常）、本月费率数据、本月电能表状况。B、表号、参数数据。③微机中的软件除实现选择抄表数据内容（即确定掌上电脑数据库中有那些字段）外，还应具有从电费管理信息数据库中选择某些特定属性的记录（如按路选择）的功能。④上传后应形成 DBF结构的数据库，并将各抄录库回填到用电管理信息系统的数据库中。

具备上述功能的抄表程序，功能齐全，操作界面友好，能够满足多数部门抄表编程工作的要求。

（二）本地自动抄表

本地自动抄表技术是建立在通信技术发展基础上的，近年来红外通信技术和无线通信技术得到长足发展，另外自动读表技术和 RS485 通信技术也逐渐应用于本地抄表系统中。

1. IC 卡和非接触卡抄表技术

近年来在我国城乡推广应用的预付费电表，在某种意义上讲也是一种本地抄表技术。

（1）预付费电表外形。预付费电能表外形如图 14-3 所示。

（2）预付费抄表系统构成。预付费抄表系统构成示意图如图 14-4 所示。

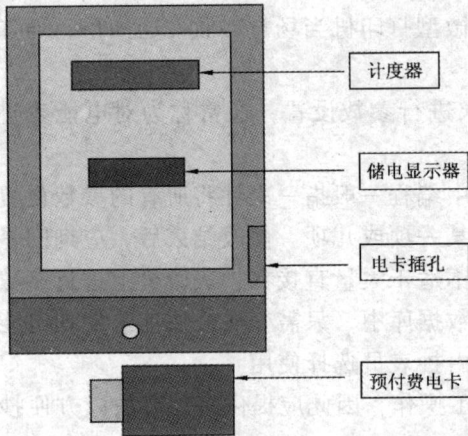

图 14-3　预付费电能表外形图

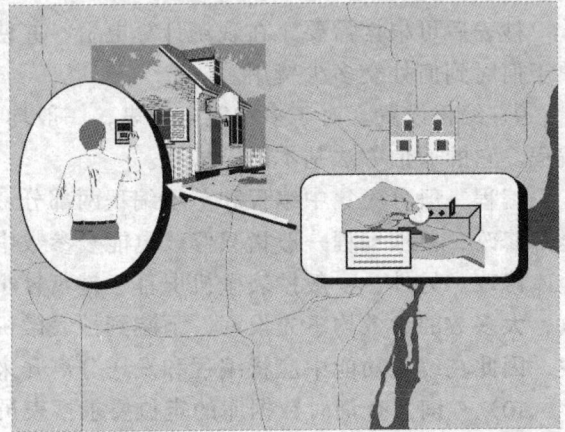

图 14-4　预付费抄系统构成示意图

预付费方式实现本地抄表实际上是用户充当抄表员的角色，用户安装预付费电表后持卡到电力营销企业购电，用户每次购电的过程也是电力营销企业抄表的过程。预付费抄表技术的优越性主要有：

1）用户自抄表，节省了电力企业的人员配备；

2）抄表数据准确，无漏抄现象（用户不购电，电表将自行拉闸）；

3）配套微机运行，数据自动录入，用户信息资料统计方便；

4）电费回收及时。

预付费抄表也存在一些弊端，主要有：

1）抄表数据回笼时间不统一，供电部门无法掌握准确数据；

2）电表成本较高；

3）电表卡口外露，容易被外力攻击破坏；

4）电力企业线损分析困难；

5）电价调整时用户有囤积电量造成电费损失；

6）大型城市抄表管理投资较大，为了方便居民购电，必须设立较多购电点；

（3）预付费管理流程。预付费管理流程如图 14-5 所示。

2. 本地红外抄表技术

本地红外抄表技术是利用红外通信技术实现强度较低的现场抄表方案。现有的红外通信速率一般在 9600 波特率/11920 波特率，通信距离在室内一般在 4～10m 左右，同时红外通信需要的器件成本有大幅度降低，已经能够实现现场应用。

（1）系统构成和组网方式。本地红外抄表实现方法是在表计内加装红外发射和红外接收

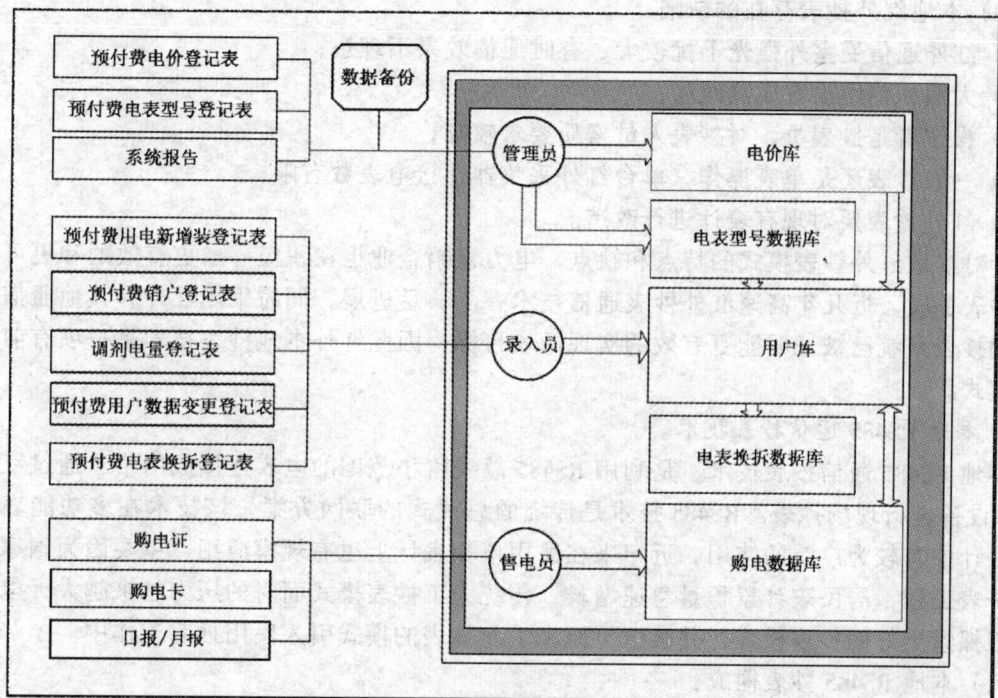

图 14-5　预付费管理流程

设备（或者采用红外采集器的方式，一个红外采集器带多块电表，系统成本更有优势），利用红外抄表器由人工现场操作，抄收表内数据。

目前较多的带功能表计如民用复费率电表和多功能电表本身都具有红外通信接口，并且有相应的国家标准（IEC1107），为本地红外抄表技术的应用提供了基础条件。一些率先使用民用多费率电表的地区，已经开始推广应用该项技术。

红外抄表技术组网方式如图 14-6 所示。

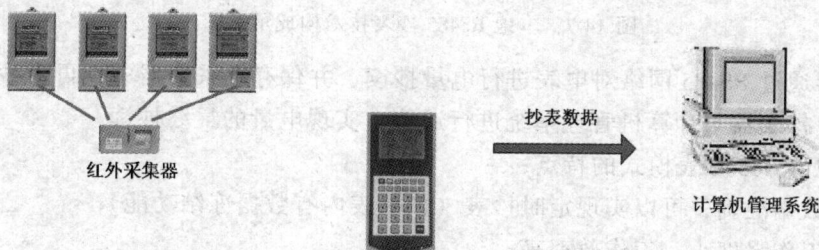

图 14-6　红外抄表技术组网方式

（2）本地红外抄表技术特点有：

1）抄表数据准确，可以实现定时抄表（如果表内有数据冻结功能）；

2）抄表强度小，工作效率高；

3）采用掌上电脑和微机管理，自动化程度高，差错率较低；

4）抄收数据项可以很多，适合多功能表计抄录；

5）上层软件自动配置抄表程序，杜绝漏抄、估抄和虚抄现象。

（3）本地红外抄表存在的缺陷：

1）红外通信受室外强光干扰较大，有时通信效果不理想；

2）大面积使用没有成熟经验；

3）操作者是抄表员，对抄表人员素质要求较高；

4）一般抄表还是单表操作，单台红外采集器连接电表数有限；

5）红外抄表要对现有表计进行改造。

针对本地红外抄表模式的特点和缺点，电力营销企业也在积极寻求更有效的和更可靠的红外抄表手段。近几年高速红外抄表通信技术有了长足进展，同时采用红外和其他通信技术混合的抄表系统已被证明能更有效的实现插表目标，因此红外本地抄表技术是一项有前途的抄表模式。

3．本地 RS485 通信抄表技术。

本地 RS485 通信抄表技术，是利用 RS485 总线将小范围的电表连接成网络，通过红外或 RS485 设备进行现场抄表。RS485 技术是传统的总线式的联网方案，该技术在多功能表计和关口表计中有较为广泛的使用，近年来在民用单相表计上也有规模应用，主要因为国家推行一户一表工程，居民表计累积量急速增长，传统人工抄表模式面对的压力越来越大，电力企业积极探索更好的抄表模式，并尝试将原来工业抄表的模式引入民用抄表工作中。

（1）本地 RS485 抄表构成：

本地 RS485 抄表技术构成示意图如图 14-7 所示。

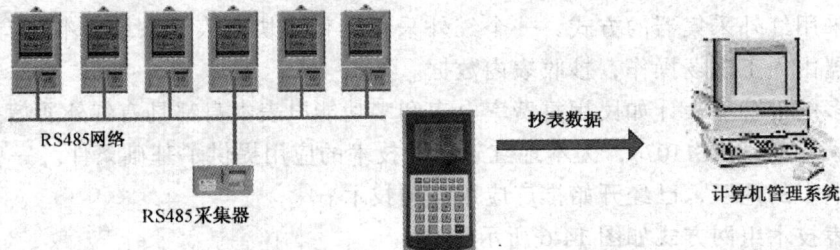

图 14-7　本地 RS485 抄表技术构成示意图

由采集器通过 RS485 网络对电表进行电量抄读，并保存在采集器中，再由抄表器抄读采集器内数据，抄表器与计算机管理系统进行通信，实现电量的最终抄读。

（2）本地 RS485 抄表模式的特点：

1）抄表数据准确，可以实现定时抄表（如果表内有数据冻结功能）；

2）抄表工作强度小，工作效率高；

3）采用掌上电脑和微机管理，自动化程度高，差错率较低；

4）抄收数据项可以很多，适合多功能表计抄收；

5）上层软件自动配置抄表程序，杜绝漏抄、估抄和虚抄现象。

6）RS485 总线式抄表技术可以很容易的和其他抄表手段相结合，能更有效的实现抄表目的；

7）RS485 本地抄表可以通过现场通信手段的改造较容易的实现远程抄表。

（3）本地 RS485 抄表模式的缺陷：

1）RS485 通信技术是基于有线传输模式的通信技术，因此现场布线的工作相对烦琐；

2）RS485 网络的现场维护工作量比较大；

3）RS485 网络对环境要求比较高,布线和维护时应当考虑温度和静电、雷击等因素影响；

4）操作者是抄表员,对抄表人员素质要求较高；

5）RS485 抄表要对现有表计进行改造。

针对 RS485 本地抄表技术的特点和缺点,提高现场网络布线的水平和加强运行维护是提高 RS485 本地抄表准确性和可靠性的主要手段,但这种提高带来了系统安装、运行成本的提高和对管理水平提出了较高要求。从技术上来说,与其他抄表技术的结合应用是提高抄表及时率的可行手段。

4. 本地无线通信抄表技术

本地无线通信抄表技术是利用无线通信设备进行现场抄表。无线通信技术是传统的数据抄收手段,该技术在多功能表计和关口表计中有一定程度的使用,近年来因居民单相表计数量上的增加和对抄表及时性的要求,无线通信技术也有规模应用的需求。无线通信包括传统的固定频点的通信手段和新兴的 GSM、GPRS 数据通信和实时短信息抄表技术的应用,相关技术已经较为广泛的应用于短途和小范围通信场合。随着第三代数据通信技术的兴起,利用 GSM、GPRS 数据 MODEM 和实时短消息技术的不断完善,现场抄表技术也部分采用了相关的技术,目前在一些发达地区和抄表实时性要求较高的场合,相关技术已经有商业化应用趋势。

（1）本地无线抄表系统构成。本地无线通信抄表技术构成的示意图如图 14-8 所示。

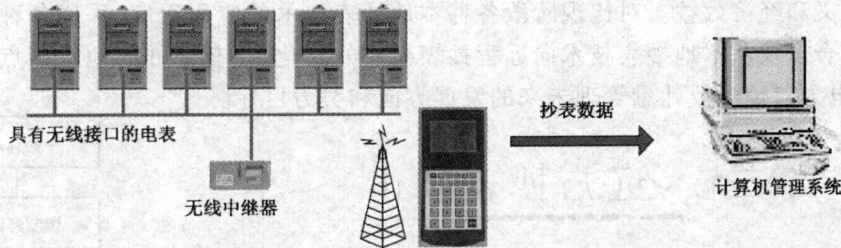

图 14-8　本地无线通信抄表技术构成示意图

具有无线接口的电能表将数据传送给无线中继器,由无线中继器将数据转发给计算机管理系统。

（2）本地无线抄表模式的特点：

1）抄表数据准确,可以实现定时抄表（如果表内有数据冻结功能）；

2）抄表工作强度小,工作效率高；

3）自动化程度高,差错率较低；

4）抄收数据项可以很多,适合多功能表计抄收；

5）上层软件自动配置抄表程序,杜绝漏抄、估抄和虚抄现象。

6）无线抄表技术可以很容易的和其他抄表手段相结合,能更有效的实现抄表目的；

7）无线抄表可以通过现场通信手段的改造较为容易的实现远程抄表。

（3）本地无线抄表模式的缺陷：

1）无线本地抄表模式受现场环境的影响较大；

2）操作者是抄表员,对抄表人员素质要求较高；

3）无线本地抄表模式需要对现有表计进行改造。

针对无线本地抄表技术的特点和缺点，采用合适的无线通信手段是提高无线本地抄表准确性和可靠性的主要手段，但这种提高伴随的是系统安装、运行成本提高和管理水平提高的要求，同时与其他抄表技术的结合应用也是提高抄表及时率的可行手段。

（4）无线抄收实现的示例。图14-9所示是实现无线抄表技术的一个示例。

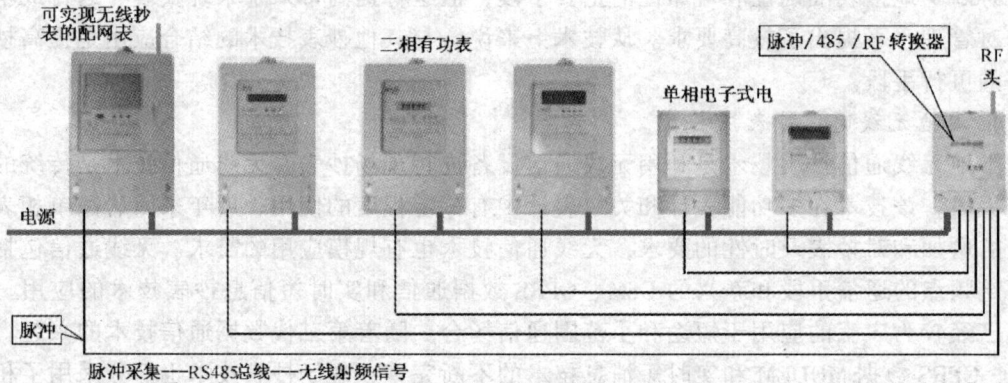

图 14-9 实现无线抄表技术的示例

随着通信技术的不断发展及完善,各种本地抄表技术肯定会不断涌现和实施应用,从我国电力营销企业管理现状和今后一段时间的发展来看,实施有效的、可靠的现场抄表系统具有较大的现实意义和经济效益。对比现阶段各种本地抄表技术的应用程度,采用各种本地抄表技术的适当组合以及从本地抄表技术向远程抄表模式的转化,在有条件的地区试点使用进而逐步推广,是电力营销企业计量管理未来的发展方向和努力目标。

第二节 远方抄表技术

一、概述

远方抄表技术是近年来随着通信技术的不断发展而兴起的抄表技术的变革，它从高端表计的应用开始，逐渐向民用和电网商业化推进。因为远方抄表技术的实时性、高效性、准确性而得到电力营销企业、特别是计量管理人员的欢迎。

所谓远方抄表技术就是利用特定的通信手段和远程通信介质将表计抄收数据内容实时传送至远端的电力营销计算机网络系统或其他需要抄表数据的系统。

远方抄表系统是新兴的、先进的抄表手段，它融合了当今计算机通信技术的最先进的部分，并随着通信技术系统的软件和硬件不断发展而更新，因此可以讲它是一项发展中的技术。原则上并没有相对固定的方式和概念，我们在实际应用中更多看到的是多种通信技术的综合使用，以达到最理想的目标。

远方抄表系统虽然种类很多，但一般来讲，其系统框图如图14-10所示。图中，n个具有自动抄表功能的电能表通过网络1将

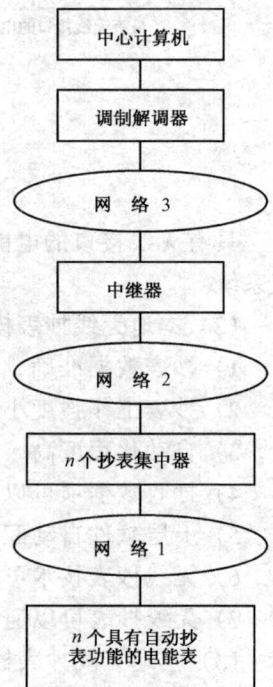

图 14-10 远方抄表系统原理框图

表内电量等信息传输到抄表集中器，不同的 n 个抄表集中器通过网络 2 可将有关数据送中继器，中继器通过网络 3 将数据送主站，主站通过调制器解调，然后将数据送中心计算机进行处理。

1. 具有自动抄表功能的电能表

远方抄表系统中最底层的是计量用电能表，它是整个系统最基本的单元，应具有自动抄表功能。它通常由普通的电能表外加一块电子电路板构成，可将电能表计量的数据存贮并发送出来。有自动抄表功能的电能表原理框图如图 14-11 所示。

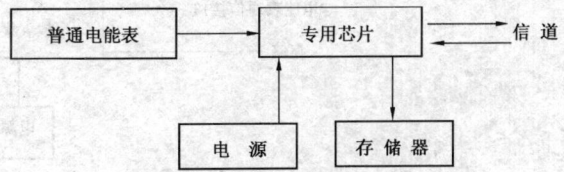

图 14-11 具有自动抄表功能的电能表

2. 网络

网络也叫信道，即数据传输的通道。目前使用的信道主要有电话网、电力网、RS485、无线通信网、有线电视网等。远方抄表系统中涉及的网络有 3 段，每段可以相同，也可以完全不一样，因此可以组合出各种不同的远方抄表系统。

（1）网络 1。其信道可采用 RS485 方式、低压载波方式、脉冲输出方式、无线发射方式、RS232 方式等。一般采用前二种方式，后三种方式较少采用，特别是后二种方式。

（2）网络 2。可采用电话网、电力网、RS485、无线通信网、有线电视网等。当采用无线通信时，抄表集中器可直接向主站传送信息。

（3）网络 3。可采用电话网、电力网、无线通信网等。

3. 抄表集中器和中继器

远程自动抄表系统中抄表集中器将多台电能表连成本地网络，将电能表数据集中后再通过中继器与公共电话网络或无线电台连接，将数据传送至中央计算机。抄表集中器也可具有红外接口，可利用红外手持表器抄读本地网络中的电能表数据，这样可使远程自动抄表系统在建设初期采用这种半自动方式抄表，亦可在远程网络出现故障时将系统降级使用，这种方式可大幅度降低抄表人员的工作量。抄表集中器和中继器结构如图 14-12 所示。抄表集中器也具有联网功能，在需要时可将多台抄表集中器再用中继器连接到公共电话网，中继器内部含有 MODEM 可方便地与公共电话网或无线电台连接。在某些时候，抄表集中器和中断器可合为一体。

4. 调制解调器

调制解调器（调制/解调）是一类通信设备的统称，英文简称 Modem（modulator - demodulator 的缩写）。由于其英文发音类似于"猫"，有时也称"猫"。其作用是调制接收的数字信号信息并将其转化为模拟方式，然后在专线上有效的传输。同时还可以解调从电话线传来地模拟信息，将其转化成数字信号后进行传输。很显然，调制解调器充当了数字信号和模拟信息之间翻译的角色。正是它实现了基于数字信号的计算机与基于模拟信号的专线系统之间的连接，完成了一个从调制到解调的过程，因此得名调制解调器。

Modem 通常有三个接口：与 PC 机的接口①，称为 ITU T V.24 的 25 孔标准接口；与电话机的接口②，其旁边通常标有"Phone"的字样；与普通电话交换网的接口③，通常旁边标有"Line"或是"Wall"的字样，把普通电话线插入这个接口就可上网。其典型的连接方式如图 14-13 所示。

（1）调制解调器的种类。调制解调器的种类有很多，但总体上可按照如下三种分类方法

（a）

（b）

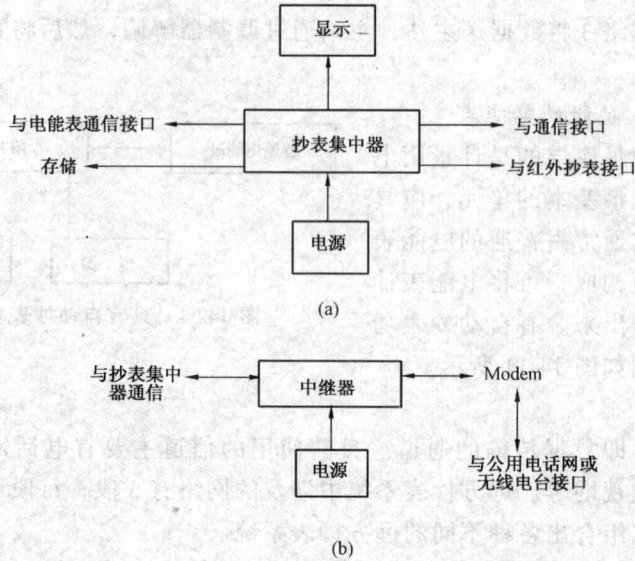

图 14-12　抄表集中器和中继器结构

（a）抄表集中器；（b）中继器

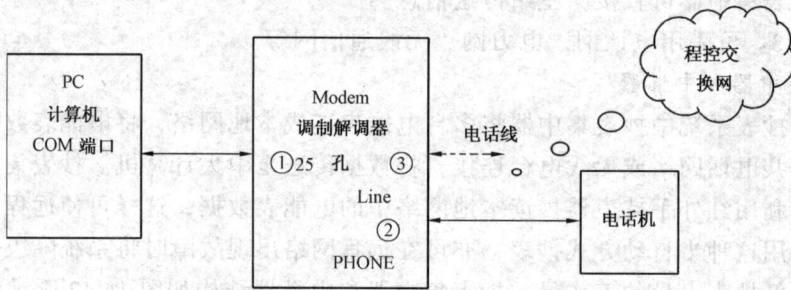

图 14-13　PC 与 Modem 连接示意图

分类。一是从工作模式上可分为同步和异步两种；二是从外观结构上可分为内置和外置两种；三是从核心原理上可分为"硬猫"、"软猫"和"半软猫"三种。下面分别进行介绍。

1）同步和异步调制解调器。①同步调制解调器：主要用在两个点到点连接的场合，一个点到点连接类似于用一条线连接起来的两个端头，你仅仅能够由连接到你的端头的一端到另一个端头。这就是它的唯一性。同步调制解调器的主要优点是使用分离的端子携带定时信息。为将信息从一处传输到另一处需要较少的数据比特。因此速度更快，但需要更高的模拟线路质量。②异步调制解调器：主要用于拨号环境下建立的连接，它是最广泛使用的调制解调器类型。异步调制解调器的标准速率是 1200bps、2400bps、9600bps。正如所期望的那样，调制解调器的速率不断提高，最大吞吐率高达 57.6kbps，目前市场上主流产品是 33.6kbps 和 57.6kbps 的 Modem。从理论上来说，Modem 的速率越快越好，但还是应根据实际情况来选择，因地制宜。速率越高，接收同样大小的信息需要的时间和花费就比较少，工作效率也能得到提高。不过要想 Modem 一直工作在其最理想的状态下是很不容易的，它要受到很多因素的制约，比如当时 ISP（服务提供商 Internet Service Provider）能提供的速率、当前上网的人数、电话机的质量、外界的干扰等。现在国内 ISP 的 Modem 并不一定都是 56K 的。仅仅你的 Modem 跑得快是不够的，因为你的 Modem 是通过电话线与 ISP 的 Modem 建立连接的，你们之间的传输速率是一样的。换句话说，如果你拿 56K 的 Modem 去和 33.6K 的 Modem 通信，那么你的 56K 也只能作 33.6K 用。当然如果在北京、上海这样的大城市，那么尽可以放心地购买一个 56K 的 Modem，因为这些城市的市内电话网基本上能够承受 56K 甚至更高速率的数据传输。倘若所在地没有 ISP，那就需要通过长途电话连接外地 ISP。这种情况下，线路质量不能保证，此时 Modem 会自动降速，高速的 Modem 便发挥不了快速作用。

2）外置和内置调制解调器。①外置式：又称外接式，是一种独立的设备，可以象鼠标、键盘那样直接连接在计算机的一个接口上，拆装十分方便，也不需要打开机箱，而且其工作状态可以通过一系列指示灯指示出来，可靠性也相对好一些，携带十分方便。不过使用外置式 Modem 需要专门的整流电源，而且需要一个可用的串口资源，每次使用前后必须关闭电源，不像内置式能随机通断电，当然它还占有一定的空间。②内置式：内置式 Modem 的体积很小，可以象声卡、显卡那样直接安装在计算机内部的一个扩展槽上，不需要专门的通信电缆、电话线和电源，但是安装时要打开机箱，找到一个可用的扩展槽，对中断和 COM 口进行设置，这对非计算机专业人士可能显得比较复杂。但 Modem 销售商或计算机服务公司都可为你提供这项安装服务。而且它没有显示状态的指示灯，其工作状态只能通过软件来监控，同时增加了整机的工作（如散热、功耗）负担。不过由于其价位相对便宜，占用体积空间小，正变得越来越流行。

3）"硬猫"、"软猫"、"半软猫"调制解调器。①"硬"猫：Modem 的核心结构主要由负责 Modem 指令控制的处理器及负责 Modem 底层算法的数据泵组成，而硬猫指的就是把这两部分都做在卡上，这样做的好处是 Modem 不需要占用系统资源，缺点是成本提高了，价格自然也就贵了。所有老式 ISA 接口的 Modem 以及接串口的外置 Modem 都是硬猫（USB 的不是）。②"软"猫：有硬就有软，所谓软 Modem 就是指把处理器和数据泵都省掉了，通过软件控制，交给 CPU 来完成。这样做的好处是减少了 Modem 电路板上的电子元件，从而大大降低成本。不过这样一来，CPU 的负担就加重了，一些主频比较低的 CPU 可能会导致连接速度降低，一般 300MHz 以上的 CPU 都不会有问题。一般软猫的连接速度会比硬猫略低。最近推出的 PCI 接口的内置 Modem 几乎都是软猫。③"半软"猫：这是一种介乎于以上两种 Modem 之间的半软 Modem，之所以称它为"半软"是因为这种 Modem 没有处理器却具备数据泵，底层算法仍然由 Modem 来完成，而指令控制就交给 CPU 了。这样一来成本与软猫相比增加得不太多，也能少占用一些 CPU 资源，可算是一种折中的解决办法。

（2）调制解调器的通信，包括通信命令和通信协议。

1）通信命令。调制解调器通信标准已经被广泛地接受和使用，目前大多采用 AT 命令集。许多调制解调器制造商将 AT 命令集作为它们调制解调器可编程功能的核心。AT 命令由 Hayes 公司发明，现在已成为事实上的标准并被所有调制解调器制造商采用的一个调制解调器命令语言。每条命令以字母"AT"开头，因而得名。AT 后跟字母和数字表明具体的功能，例如"ATDT"是拨号命令，其它命令有"初始化调制解调器"、"控制扬声器音量"、"规定调制解调器启动应答的振铃次数"、"选择错误校正的格式"等等，不同牌号调制解调器的 AT 命令并不完全相同，请仔细阅读 Modem 用户手册，以便正确使用 AT 命令。

2）通信协议。通信协议也可以称为"数据传输标准"。目前通用的 56kbps 数据传输标准就是 ITU 指定的 V.90 协议，它允许调制解调器能够在标准的电话交换网上实现 56Kbps 的数据传输率。Modem 的协议都是装载在 BIOS 中的，所以通过刷新 BIOS 中的内容能实现有限的升级。在网络通信时，数据是以数据包的形式发送的，因为信号衰减以及线路质量欠佳，或者受到干扰等问题，经常会有传输中数据包丢失或受损的现象。纠错协议的作用就是侦测收到的数据包是否有错误，一旦发现错误，纠错协议将努力重新获得正确的数据包或通过算法来尝试修复受损的数据包。常见的纠错协议有 V.42 和 MNP 系列。V.42 是 ITU-T（国际通信联盟）推出的纠错协议，它的作用是一旦发送端发送的数据包丢失，接收方能立即要求对方重新发送该数据包。MNP 则是微软公司提出的一系列协议，分 MNP1—MNP10 一共 10 个级别，级别越高功能就越强，并且能够向下兼容。MNP 的作用是一旦 V.42 未能完成申请出错数据包重新发送的任务，它将尝试纠错。这两种纠错协议都是 Modem 普遍支持的。V.42 协议还另外负担数据压缩的任务。

（3）有关 Modem 通信术语，分别介绍如下：

1）波特率（Baud Rate）。模拟线路信号的速率，也称调制速率，以波形每秒的振荡数来衡量。如果数据不压缩，波特率等于每秒钟传输的数据位数。如果数据进行了压缩，那么每秒钟传输的数据位数通常大于调制速率，使得交换使用波特和比特/秒偶尔会产生错误。

2）专线/拨号线。专线指的是普通的两根无源（或有源）电线。在专线上拨号没有拨号音，因而需专门硬件支持。拨号线就是普通电话线，通过电话系统拨号。常见的调制解调器都支持拨号线，而不一定支持专线。

3）数据位和流量控制。Modem 在传输数据时，每传送一组数据，在数据包中都要含有相应的控制数据，不同的通讯环境下都有不同的数据位和结束位标准。流量控制是用于协调 Modem 与计算机之间的数据流传输的，它可以防止因为计算机和 Modem 之间通信处理速度的不匹配而引起的数据丢失。流量控制分硬件流量控制（RTS/CTS）和软件流量（XON/XOFF）控制两种形式。

4）数据/语音同传（SVD）。所谓数据/语音同传，就是在 Modem 进行数据通信的同时还可以利用普通电话机通话。根据具体实现方式的不同，数据/语音同传有模拟数据/语音同传（ASVD：Analog Simultaneous Voice and Data）和数字数据/语音同传（DSVD：Digital Simultaneous Voice and Data）两种。

从以上介绍可知，远方抄表系统是很复杂的，但我们可以将远方抄表系统进行大致的分类。

从通信介质上划分，可以大致分为有线的远方抄表和无线的远方抄表；从通信手段可以大致分为载波远方抄表和总线式远方抄表；而从抄收的对象上可以分为网络抄表和单表抄收；当然还可以分为单一手段抄表和综合远方抄表系统。下面介绍目前应用相对较多的几种抄表方式。

二、总线式远方抄表系统

随着计算机技术、网络技术、控制技术的不断发展，传统的远传控制自动化系统的技术也发生了质的变化，其可靠性、可维护性有了长足的进步，成本也不断降低。这类技术目前已广泛应用于工业自动化、楼宇自动化、家庭自动化等各领域，把分散的设备连成网络，实现信息共享，集中管理，已成为"数字化生活"的重要环节。集中抄表系统本质属于网络互联，即把每个电表用网络连接起来，以便统一管理，因此可以说该系统代表了一种技术方向，符合国际的技术发展潮流。

目前国际上的集中抄表技术也蓬勃发展，方案很多，但一般致力于单表单传，通过独立的网络线连接，这和住宅比较分散，网络建设比较完备有关。而我国的国情是，住宅高度集中（小区，多层），电表集中安装，这就为数据统一采集、集中后再以其他方式远传提供了便利条件，大大降低了平均费用。当然，我们的住宅也有比较分散的情况，比如别墅小区，农村住宅。目前流行的 BitBus，Hart，Arcnet，CANbus，Lonwork 等现场总线，Lonwork 总线技术由 3000 多家 OEM 厂家支持（包括摩托罗拉，东芝），提供开发系统到接口设备的各级产品。1994 年美国的 374，000 个现场网络接点中，有 45.5％采用了 Lonwork 技术。

在 Lonwork 技术得到规模应用以前，总线式远方抄表系统主要采用 RS485 网络通信方式。相关的技术在我国电力行业中有一定程度的使用，实际上二者在系统结构上也基本类似。

图 14-14 所示是一个常见的总线式抄表系统（也叫集中抄表系统）的系统构架框图。

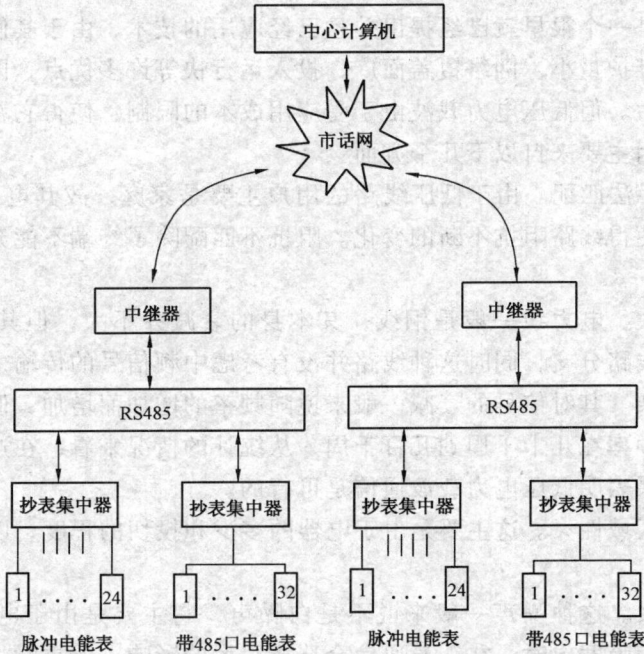

图 14-14　总线式抄表系统构架框图

抄表集中器可采集脉冲电能表的脉冲，并进行计数，形成电能量，也可通过 RS485 采集带 RS485 口的电能表的电量，抄表集中器可通过 RS485 专线传送给中继器，由中继器通过电话网将有关数据传给中心计算机。

（1）数据采集终端，主要完成电表脉冲和数据的采集。

1）电表计数脉冲的产生——目前的某些电能表（如全电子表）自带脉冲输出，可以直接利用；对传统表计，可利用电压或电流环方式加装脉冲产生模块。

2）采集端口个数的确定——考虑住宅单元构造，设立 32 个数据端口，每 8 个一组，每组可以有不同的常数，即可满足大多数场合的应用，对多余的端口，还可以挂接脉冲式水表，气表。

3）控制芯片 Neuron（神经元芯片）的控制程序设计——完成数据采集、电量累加、电力线通信控制、内部参数、原始数据初始化等功能。

（2）数据集中器，完成电表数据的汇总、处理、远传。同时通过电话线或红外方式与控制中心联系。

（3）电话线传输，数据集中器抄收的数据，可以通过电话线（MODEM）传送至更远电力数据中心或计量所。

总线式抄表系统主要的特点是数据信道稳定，传输速率快，不受外界温度等环境变量或负载变化的干扰。

总线式抄表系统的缺点可从它的结构模式明显看出：需要借助专用的另外铺设的通信信道，前期投资较大，在改造项目中实施的难度非常大；并且人为或动物等对信道的破坏非常致命而且难以很快的找到故障点，因此运行维护的工作和费用非常大，只能通过对通信线路加装额外的防护措施来提高运行寿命，同时雷击对总线式抄表系统影响很大，完好的地线和防雷措施必不可少。

三、载波式远方抄表系统

电力载波通信是一个很早就已经提出并且已经应用的技术，由于其使用电力线作为传输介质，有投资少，维护量小，网络覆盖面广，投入运行快等许多优点，国内外在这方面均投入了巨大的人力物力。但低压电力载波由于受应用成本的限制，使得它在应用中的可靠性普遍不是很高，其原因主要来自以下几个方面：

（1）线路阻抗无法匹配。由于低压线路的用户主要是家庭，故其电器的应用变数很大，并且不断的投切，使得线路阻抗不断的变化。阻抗不匹配除了终端不能充分吸收能量外，还将产生反射。

（2）线路衰减大。电力线一般是铜线，其本身的衰减并不大，但其上面挂了许多的电器，并且有许多的线路分支，同时这种线路并没有考虑中频信号的传输，对于中频信号来说该线路变得十分复杂。其对信号的衰减一般来说随频率的增加而增加，但并非是线性的。低压电力载波使用的频率在几十千周到几百千周，从统计的情况来看，在这个频段上并非都不可用，这个统计结果表明低压电力载波通信是可行的。

（3）时变性和区域性大。这主要是由于电器的多少和投切的程度，以及线路的分支太多造成的。

（4）线路噪声大。这种噪声一般来说不是白噪声，它主要是由于电器对线路的污染形成，当噪声落在通信带宽内时，往往对通信会造成很大的影响，严重时将无法通信。特别是线路有脉冲干扰时，由于其频带很宽，往往会造成很大的干扰。在如此干扰严重的电力线上要实现数据的可靠传输并非是一件容易的事情。

目前，为实现在低压电力线上可靠传输数据，采用了多种方法，主要有：①窄带通信方式，由于其使用的带宽小，其通信速率低，特别是在超窄带方式下，其通信速率将不可容忍。②过0点调制技术，它利用电压和电流过0点实现下行与上行通信，很明显其速率也将很低。它能穿过变压器，这对于远传是个优点。③扩频通信方式，它是用扩展频带的方法以获得信噪比的提高，由于频带的扩展，将会有更多的干扰落入带宽内，但只要该干扰不足以使其期望值发生逆转，其通信可以获得成功，并且其通信速率和信噪比在一定的范围内很容易调整。

下面将主要介绍过零点调制技术和直序扩频通信技术。

1. 直序扩频通信

扩频通信传输是这样的一种方式：其信号所占用的频带远大于所传信息必须的最小带宽。频带的展宽通过编码和调制来实现，与所传输的信息无关，接受端使用与发送端相同扩频码进行相关解调，恢复所传输的信息。其理论依据是香农的信道容量理论。

$$C = W\log\left(1 + p/n\right)$$

式中 C 为信道容量，位/秒；p/n 是信噪比。

从上式可知，对于相同的 C，当 W 增大时 p/n 可以变小。换句话说，此时可以用于更恶劣的环境。

扩频通信有多种方式，如直序扩频、跳频等等．无论哪种方式，其基本的理论依据都是一样的（不同的方法其效果和实现的难易程度将有很大的不同），具体使用哪种方法需看具体的情况（成本，指标的高低，实现的难易程度…）。

直序扩频调制是用高速的伪随机码序列与信息码模 2 相加后的复合码序列去控制载波而获得直序扩频信号。在发送端其信号的加工过程是：将信号调制在伪随机码序列中——再通过伪随机码对载波进行调制（加扩）——然后将其发送出去。在接收端其信号的加工过程是：接收来的信号经过前站（放大，滤波，…）——经过相关器（解扩）——解调器——数据。

直序扩频一般使用调相方式，这是由于在同等情况下其误码最小，但应用该方法时必须再生一个与发送端同频通相的时钟，否则接收端将无法解调。但在计算机的干预下还有其他的方法可以完成该过程。

关于伪随机码码长的选取，应在可靠性与通信速率之间作出选择，目前常用的是 63 位的伪随机码。

图 14-15 所示是一个采用直序扩频通信技术的远方抄表系统。

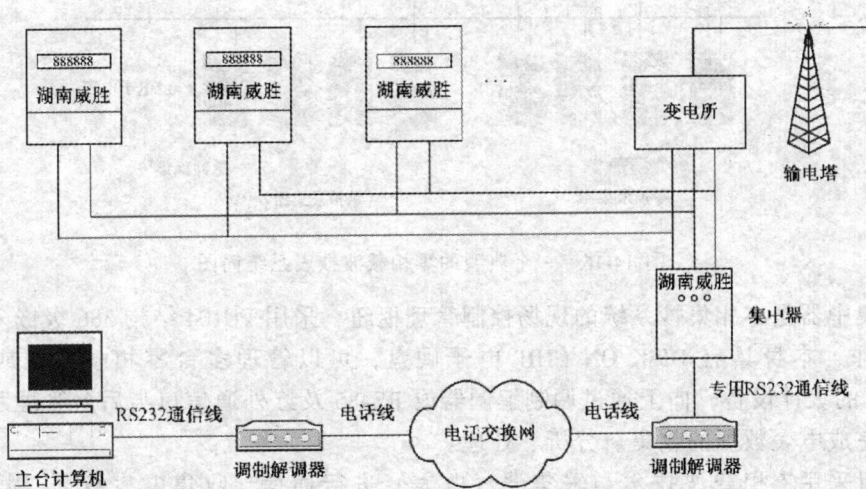

图 14-15　采用直序扩频通信技术的远方抄表系统

图中电表内和集中器内装有电力载波模块，该模块应用直序扩频方法进行通信，载波频率 280 千周，接收灵敏度 3mW，传输距离 1.5km，含有 2 级中继功能，传输范围在变压器侧，通信速率 9.6 位/s。1 个集中器可以管理 700 个用户，双向通信。集中器通过电话网远传，主台计算机有管理程序，并且有连网功能。

2．零相载波通信

图 14-16 是一个典型的零相载波抄表系统构成示意图。系统各部分构成简述如下：

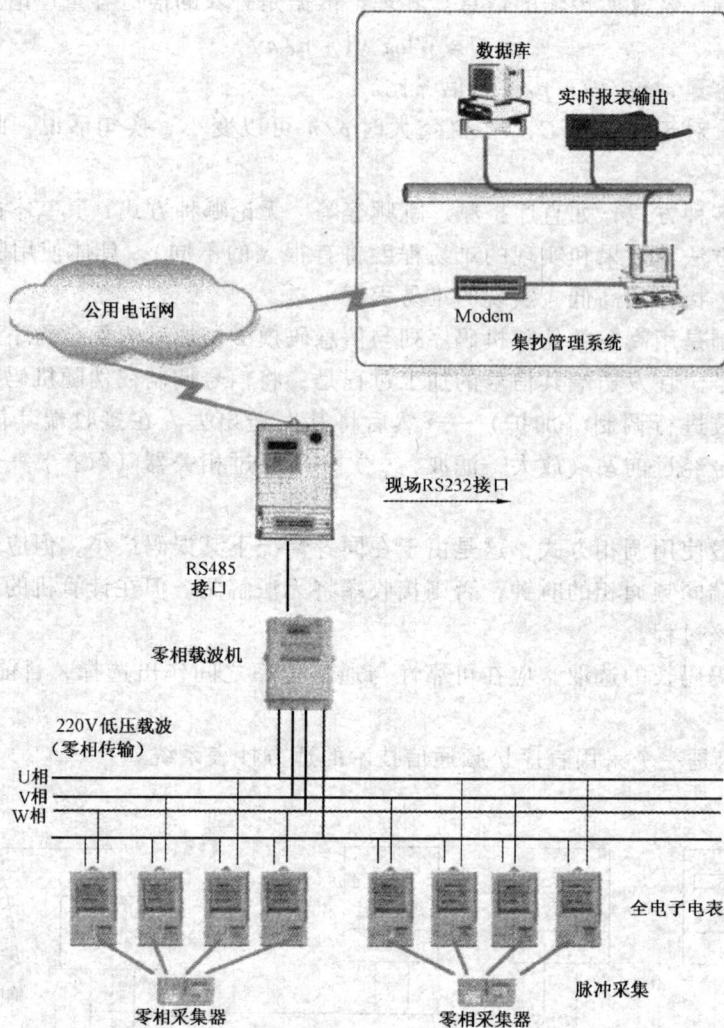

图 14-16　一个典型的零相载波抄表系统简图

　　载波集中器是零相集抄系统的现场控制管理枢纽，采用 PC104 结构 386 级嵌入式工控机设计、制作，本身具有 DISK ON CHIP 电子硬盘，可以管理多台零相载波机或其他具有 RS485 接口的表计设备，向上通过调制解调器或 RS485 及红外通信口与后台管理系统进行数据交换，完成电表数据的收集、分析、处理。

　　载波机采用零相载波技术与采集器（电表）进行通信，收集电表数据。载波机具有 RS485 通信接口和现场红外通信接口。

　　零相采集器（一带四）可以同时采集 4 块单相全电子电能表的脉冲信号，并将其保存转化成电量数据，通过电力线传输到集中器或通过掌上电脑现场抄收。

　　零相中继器是用于载波信号整形的设备，当某些线路上存在干扰或信号衰减时，可以适量加装中继器，以改善通信效果。

　　四、其他远程抄表技术

　　远程抄表的技术还有很多，随着通信技术的不断发展，下面一些通信方式也逐渐应用于电表数据的远方抄读：

（1）远程无线抄收；

（2）GSM/GPRS 数字数据通信；

（3）短信息抄表；

（4）有线电视（CABLIE MODEM）载波抄表；

（5）宽带网抄表。

这些技术的应用，丰富了电能表抄收技术，但是这些技术的实施一般要求对电能表表计进行改造，或增加通信转换装置，同时要求计算机系统配置较复杂，对操作者的素质要求也相对较高，电力系统一般在使用这些技术时比较慎重，一般来说主要是应用于高端表计的抄收。

图 14-17 是一个设想中的远程抄表系统构成的示意图，在这个抄表结构中，容纳了几种不同的通信方式，如上面提到的总线式、载波和无线等。

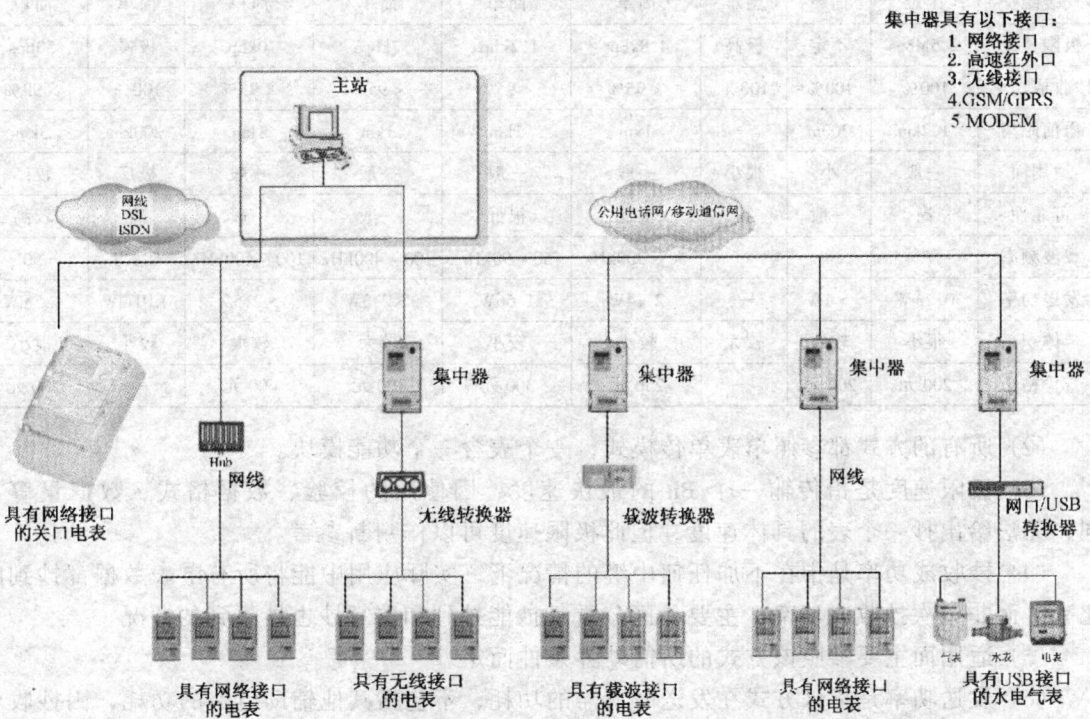

图 14-17　具有多种通信方式的远程抄表系统构成的设想

五、几种远方抄表系统的分析

集中抄表系统产生于 80 年代初，到现在已经历了二十几年，采用的方式多种多样，实现的自动化程度也不尽相同。现在国际上安装的集中抄表系统的总量已相当多，但是目前任何一种方式都因其自身存在的缺点，导致没有任何一种方式占绝对优势。不过，越来越多的公用事业公司希望采用智能化的集中抄表系统，同时，越来越看重其传输可靠性，而对其他参数显示更少的兴趣。

集中抄表系统有很多种方式，但使用量较大的主要集中在专线方式（以 RS485 总线为代表）、无线传输方式（以车载抄表为代表）、租借信道方式（以有线电视网络为代表）、电力线载波方式等。在传输信道或媒介的模式中，电力线载波方式又分为窄带调频方式、扩频通信方式、工频通信方式、超窄频通信方式等。

在所有的传输方式中，因电力线普及最广、人为破坏因素少等因素最受欢迎，是最有前途的集中抄表模式，尤其是在电表抄表领域，更是前途无限。表 14-1 是各种主要的和流行的集中抄表方式的性能指标比较：

对表 14-1 的性能比较说明如下：

（1）以上各方式是以家用电表的集中抄表进行的比较，对于水、气的抄表没有纳入比较。

表 14-1　　　　　　　　　　　　各种远方抄表方式性能指标比较表

	RS485总线	车载抄表	有线电视网络	LM 1893	ST 7536	Lon Work	Intel Lon	Turtle System	零相集抄
所属类别	专线	无线	租用信道	窄带载波	窄带载波	扩频载波	扩频载波	超窄频载波	工频载波
安装维护	困难	简单	困难	简单	简单	简单	简单	简单	简单
极限速度	2.5Mbps	不定	极高	4.8kbps	1.2kbps	7kbps	10kbps	极慢	50bps
抄收成功率	100%	100%	100%	<95%	<95%	<95%	<95%	100%	>99%
通信距离	1.2km	300m	—	1km	1km	1km	1km	200km	3km
适用面	一般	小	很小	一般	一般	一般	一般	极广	较广
可靠性	高	一般	高	很低	很低	一般	一般	高	较高
载波频率	—	—	—	50~300kHz	50~90kHz	100~400kHz	100~400kHz	60±1	50
发送功率	0.2mW	>1W	—	2.14W	1.66W	>2.3W	>2.5W	0.01mW	1.5mW
体积	很小	较大	较大	较小	较小	较大	较大	较小	很小
价格	200元	200元	—	250元	300元	700元	400元	—	200元

（2）所有的方式都参照单表单传模式，一个表含一个功能模块。

（3）极限速度是指传输一个 Bit 的最快速度，因使用的校验、数据格式、数据量等不同，无法给出抄一个表的具体速度，但此极限速度可以作判断参考。

（4）抄收成功率是指在不加任何中继的情况下，实际应用中能将所有电表数据都抄到的比率。而非一次抄收成功率。主要是区分重复抄能抄到和重复抄也抄不到的情况。

（5）适用面主要参照该方式的所需外界条件而定。

（6）发送功率是指该方式在发送时所需的功耗，不包括其他辅助电路的功耗，因抄收可靠性不同、抄收的频繁度不同，所以实际的平均功耗也不同。

（7）体积是指实现该部分功能的电路的体积。

（8）价格参照市场价格平均到每户，且不包含计量部分。

（9）上述对照并不是完全动态的分析，某种抄表技术的各项性能并非是一成不变的。

电力系统应用中的抄表技术是多样化的，在电力系统发展的不同阶段，抄表技术的发展也是不一样的，从某种意义上讲，某些抄表技术的应用和整个社会发展水平相适应的，不能简单的理解高科技通信技术就一定（绝对）能够提高抄表水平。

实际上，在我国现阶段经济发展水平条件下，某些大城市还出现了专职的"抄表公司"，虽然也是采用人工抄表的方式，但是由于人工成本相对较低，并且可以解决劳动力过剩的矛盾，所以该方式较为可行；另一方面，有些地区在前几年着手在居民用户中试用了一些远程自动抄表技术，但是因为管理水平和技术水平的限制，抄表系统非但没有起到提高抄表准确率、提高生产效率的目的，相反的甚至影响了正常的抄表收费工作，在一定程度上引起混乱，从而浪费部分前期投资，又不得不回到人工抄表老路上来。

所以我们对待抄表技术的观念应当是辨证的和发展的，任何一种技术并不是孤立的、片面的，追求实效性和社会效益最大化，是电力企业商业化运行的前提条件。不同抄表技术综合使用是一个发展趋势，可以取长补短，互通有无，不但可以节约实际投资，而且有相当强的可实施性和可操作性。

目前，国家相关部门正在 IEC 国际标准基础之上组织专家和研究部门及生产厂家制订我国的远程抄表技术国家标准，整个标准的框架也是强调互联性和开放性，相信这个国标出台推广后，能够加速我国电力系统抄表技术改革的进程。

第三节　电能计量信息化管理

电能计量工作是电力企业一项非常重要的工作，也是电力企业和用户建立信任关系的关键。电能计量管理在电力企业的作用随着电力体制改革发展日益突出，它涉及到成千上万套用户计费计量装置的运行管理、标准量值传递、电费回收等，其具有业务信息内容多、专业性强、内部分工细、业务联系紧密、工作流程复杂、相互关联交错重叠等特点。电能计量传统的管理模式采用手工传递工单，手工登记计量装置的装、拆、换等业务，人为参与过多，工作效率低、易出错，难以适应当前电力用户量迅猛增加和企业现代化管理的要求。

电力市场的快速发展要求电能计量工作必须提高管理水平，保证计量的准确、可靠，而这一切都是必须要依靠科技的进步和发展才能实现的。当前，各种数据库技术和计算机操作系统飞速发展，特别是因特网网络技术广泛的应用，使我们在计量管理上采用新的技术手段来进行管理具有更宽的选择空间。网络化的计量管理信息系统在技术上的实用性和维护性上面都有其可行性，对电能计量工作采用信息化管理可以真正实现完全意义上的信息共享，使我们管理的计量装置、计量器具准确可靠的运行。

一、电能计量信息管理目标

电能计量管理部门应建立电能计量装置计算机管理信息系统并实现与用电营业及其他有关部门的联网。电能计量管理信息系统在功能设计上，各功能模块应形成一个有机联合的整体，互相关联，又各自独立，满足电能计量各业务功能需求。电能计量管理作为用电 MIS 的基础组成部分，必须预留数据接口。

电能计量数据管理以电能计量装置为主线，计量器具资产为辅线，对电能计量装置的运行状况实现全过程管理。应作到各项业务处理的独立性与业务流程的连贯性相统一；数据共享性高，一致性好；系统查询方式灵活多样；系统维护简便。具体来讲，应达到：

（1）整个计量管理工作采用微机进行管理，实现计量信息共享。

（2）计量资产的流转过程实现微机管理，跟踪计量资产在入库、校验、装拆、报废过程中的状态，采用口令和 IC 卡（或其他方式）双重控制工作人员处理业务的权限，减少人为因素的影响。

（3）用微机建立各种电能计量资产的台帐，逐步做到在计量资产的流转过程中使用条码进行识别。

（4）实现用电业务工作的自动化传输，逐步取消手工传递业务工作单的工作联系方式。

（5）使用部分定制的表格，使报表标准化。同时也提供动态报表接口，在系统运行期间，各计量管理部门可根据需要建立一些有特色的报表。

（6）能方便查询计量业务进行的过程、用户的档案资料、计量器具的资料及其更新、轮换情况，查询电能计量的各统计数据。

（7）采用 WEB 发布的方式，为相关部门和用户提供一个简单、方便的信息共享工具。

二、电能计量信息化管理应实现的基本功能

1.电能计量器具资产管理

电能计量器具包括电能表、TA、TV、及计量箱（屏）等在内的电能计量设备。该模块应能实现电能计量器具资产的动态管理，即对各种计量器具进行入库造册，实现的功能有增加、删除、修改、打印资产卡片及查询等功能。处理的数据主要包括计量器具铭牌参数、技术数据及室内检定数据。由于单相电能表的资产所属比较复杂，数量巨大，出入库管理特殊，低压计量器具资产管理模块主要是对单相电能表（V类表）、低压互感器进行资产管理。故该模块也可单列于表计的资产管理模块之外。该模块管理的数据应能实现运行单相电能表的分批抽样，修调前检验数据管理，以监测各种型号电能表的运行质量。考虑到单相电能表的特殊性，可对其资产编号采用条码管理。

2.电力用户档案管理

电力用户用电基本信息等资料管理，包括新增用户、修改、删除用户信息；打印用户基本信息；浏览、查看用户清单。该模块要处理的信息主要包括用户的属性参数、供电方式、计量方式、用户用电设备一次接线图等。该功能模块必须预留和用电 MIS 系统及其他系统的接口。

3.计量点信息管理

计量点信息管理包括新增用户计量点，修改、删除用户计量点，打印用户计量点信息；该模块要处理的信息包括用户的计量点的属性参数、计量倍率、计量屏（箱）和进户线接户线及二次回路的技术参数，并能绘制二次接线图；能设置同一计量点的主、备表相关 TA、TV 的倍率及同一电压等级公用 TV 的倍率。

4.计量业务管理

该模块应实现用户计量点电能计量设备的异动情况的登记，主要包括：

（1）有、无功及多功能电能表的新装、拆除、轮换、倍率分界等业务，并记录应换应校日期、工作人员、工作日期，根据计量点和电能表的情况记录有关的总、尖峰、峰、平、谷的起止码及换表时因二次回路短路少计电量等信息。

（2）根据计量点的具体情况最多可记录三相 TA、TV 的相关业务，对计量点上的 TA、TA 的新装、拆除、轮换业务的各项数据记录。包括各相 TA、TV 的编号、应换应校日期、工作人员、工作日期等。

（3）失压计时仪的新装、拆除、轮换等业务发生的相关数据记录。

（4）高压计量箱的新装、拆除、轮换等业务，并记录各种业务数据。

5.计量点设备现场校验

现场校验包括电能表的现场校验和互感器的现场校验。在实际工作中无功表一般不作现场校验。记录电能表的现场校验数据，包括功率因数、误差、短路电量、UIP 等，并自动设置下次校表日期等；打印电能表的历次校验记录；记录 TA、TV 的比差、角差及二次压降等；计算计量点的互感器、电能表的合成误差；查询和打印电能表、互感器当前及历次的校验情况。

6. 电能计量标准信息管理

标准设备资产管理用于登记所属标准设备资产，包括各项铭牌参数和技术数据及标准设备的历次送检记录等。打印、查询标准设备台帐、清单等。

7. 计量故障信息管理

登记用户计量点故障发生的各项数据，如故障类型、差错电量等；打印、查询故障登记表、故障明细表。

8. 统计报表管理

电能计量器具、计量标准清单、流转登记表、电能计量器具分类帐等；电力用户清单；电力用户计量装置台帐；电能计量常规工作年计划；电能表现场校验计划；电能表轮换计划；标准设备年送检计划；计量业务工单；标准设备统计表；Ⅴ类电能表抽样检验考核统计表；省公司电能计量工作季（年）报表。

9. 计量人员管理

包括计量人员档案管理、培训记录、受奖情况，打印计量人员登记表和人员清单等。

整个系统流程以资产管理为核心，计量工单管理为纽带，计量业务为工具，紧密围绕计量装置管理为目的，将整个电能计量管理组合成一个有机体。同时以系统管理模块管理系统的安全运行及业务流程的规范化运转，各个工作环节以口令和 IC 卡为工作人员身份标志，环环相扣，逐步实现无纸化管理，业务流程如图 14-18 所示。

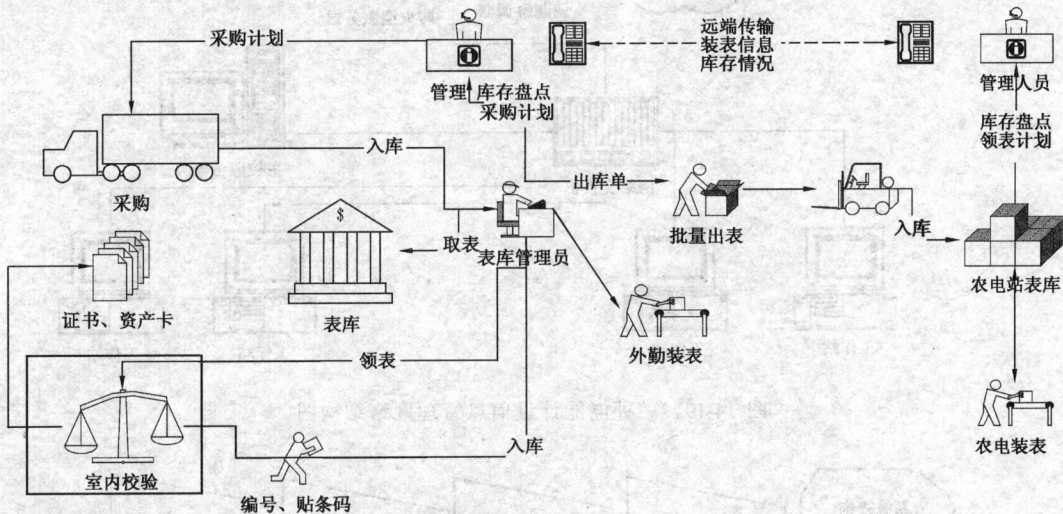

图 14-18 一种电能计量管理信息系统资产管理流程图

计量资产的管理在整个业务流程中显得格外重要，是整个计量管理中的重中之重。以一个计量器具从入库、室内校验、领用、安装（轮换）、退库、报废等一系列流程为例，来说明计量资产管理的整个流程。管理员首先将各类计量器具的铭牌参数输入计算机，并编好局编号，此时计量器具的状态为在库未校。室内检定人员就可领用"在库未校"的计量器具，在流转登记中履行领用手续后，可将器具从库中领出进行室内检定。此时器具的状态为"校验领用"。室内检定人员经过室内检定和走字、耐压试验、合格后退回表库，履行和领用时同样的手续后，计量器具的状态为"在库已校"。经过以上程序，该计量器具就可进入现场。外勤工作人员凭工单（包括故障工单）到资产管理员处领计量器具，办理和室内校验领用（轮换领用、新装领用、故障领用、备用领用等）相同的手续后，此时计量器具的状态由"在库已校"变成"领用"。在外勤人员将计量器具装出并将有关数据录入系统后，计量器具的状态变为"在装"。在这里要说明一点：故障领用和备用领用由于特殊原因在一定的时间内必须将实际未装的计量器具退回表库（履行无处理退库手续）。在装的计量器具到了轮换周期，由外勤人员根据工作计划所生成的工单（或生产调度下发工单）到资产管理员那里领用轮换表（履行手续、插卡），在外勤人员将表拆下并输入微机后，表的状态变为"在库未校"。在装的计量器具经过一定的轮换周期达到了报废的年限或由于其他原因不能使用，退回库中由资产管理员统一办理报废申请后，由领导审批（以 IC 卡代替手写签名）后报废。至此，一个计量器具在系统的使命就此完结。

三、电能计量管理信息系统各种流程图

图 14-18 示出了一种电能计量管理信息系统资产管理流程图。图 14-19 所示是电能计量管理信息系统网络结构图。图 14-20 所示是一种电能计量信息管理系统总体数据流程图。图 14-21 所示是一种电能计量信息管理计量工单流程图。图 14-22 所示是电能计量微机管理系统业务及数据流程图。

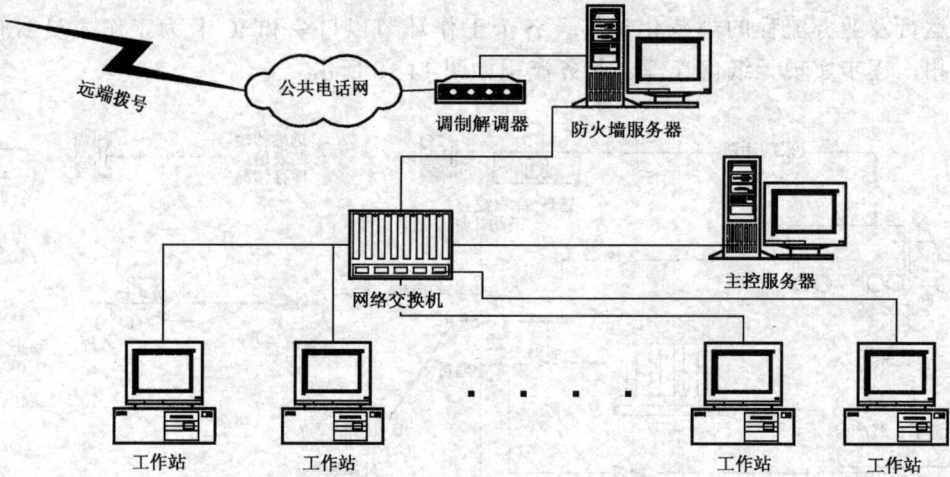

图 14-19　一种电能计量信息管理网络结构图

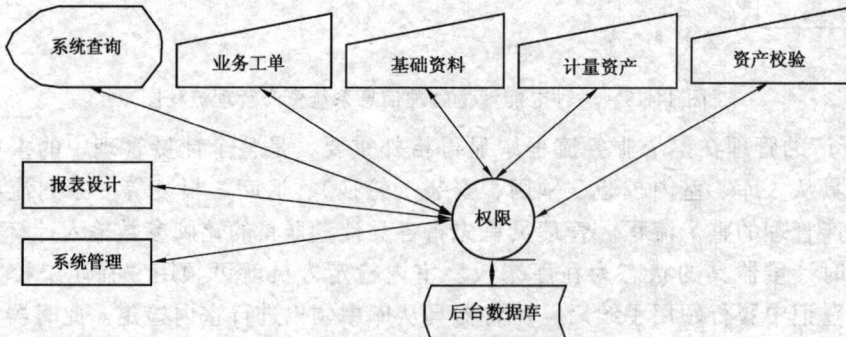

图 14-20　一种电能计量信息管理总体数据流程图

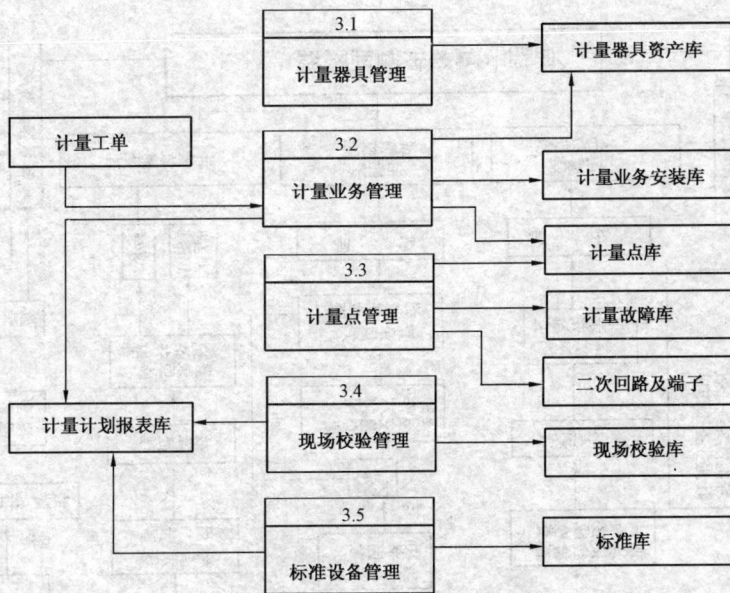

图 14-21 一种电能计量信息管理计量工单流程图

四、计算机网络在电能计量信息管理中的应用

计量管理信息系统结构可采用浏览器/服务器（B/S）或客户/服务（C/S）两种方式。

B/S 方式属于被动式受访的系统，在处理业务时，必须人为的操作干预才能执行，对操作人员的要求比较高，操作也比较烦琐。优点是只需要在服务器上安装系统软件，工作站不需要安装应用软件。但计量系统查询基于远程拨号访问，在现有的广域网上运行并不能充分利用现有的网络速度，这是 B/S 方式不足的地方。

C/S 方式优点是速度快，稳定可靠。不足的地方是每一台工作站都需要安装应用软件，维护工作量大。

和前几年相比较，目前的网络传输技术和网络软件技术有了更进一步的发展，在电能计量管理信息系统中可以采用以下的一些新技术：

1. 决策支持

在系统中引入决策支持系统，建立决策支持数据库，存入人为指定的一些规则，计算机按照这些规则给每个操作员分配任务。采用这种方式整个计量系统可以像人一样主动执行一些业务，而操作员只要按照计算机的安排输入数据、进行工作即可。采用这种技术可以简化操作，让操作人员更轻松。

2. 网络寻呼机（OCIQ）技术

网络寻呼机是目前最流行的网上聊天软件的主要技术，将这种技术引入到计量系统中，可以将计算机以及人为安排的任务主动传送给执行这项任务的操作员，并引导操作人员完成该项任务。同时，和网页完全融合，让操作员在上网和网上聊天中完成工作。

3. 条码识别

按照新《电能计量装置技术管理规程》的要求，采用条码识别技术可以简化许多环节的工作，系统可以自动对每块表计自动编码，自动识别。

4. 多连接方式

系统采用局域网、广域网、拨号方式、公文包等多种连接模式，在各种情况下都能够使

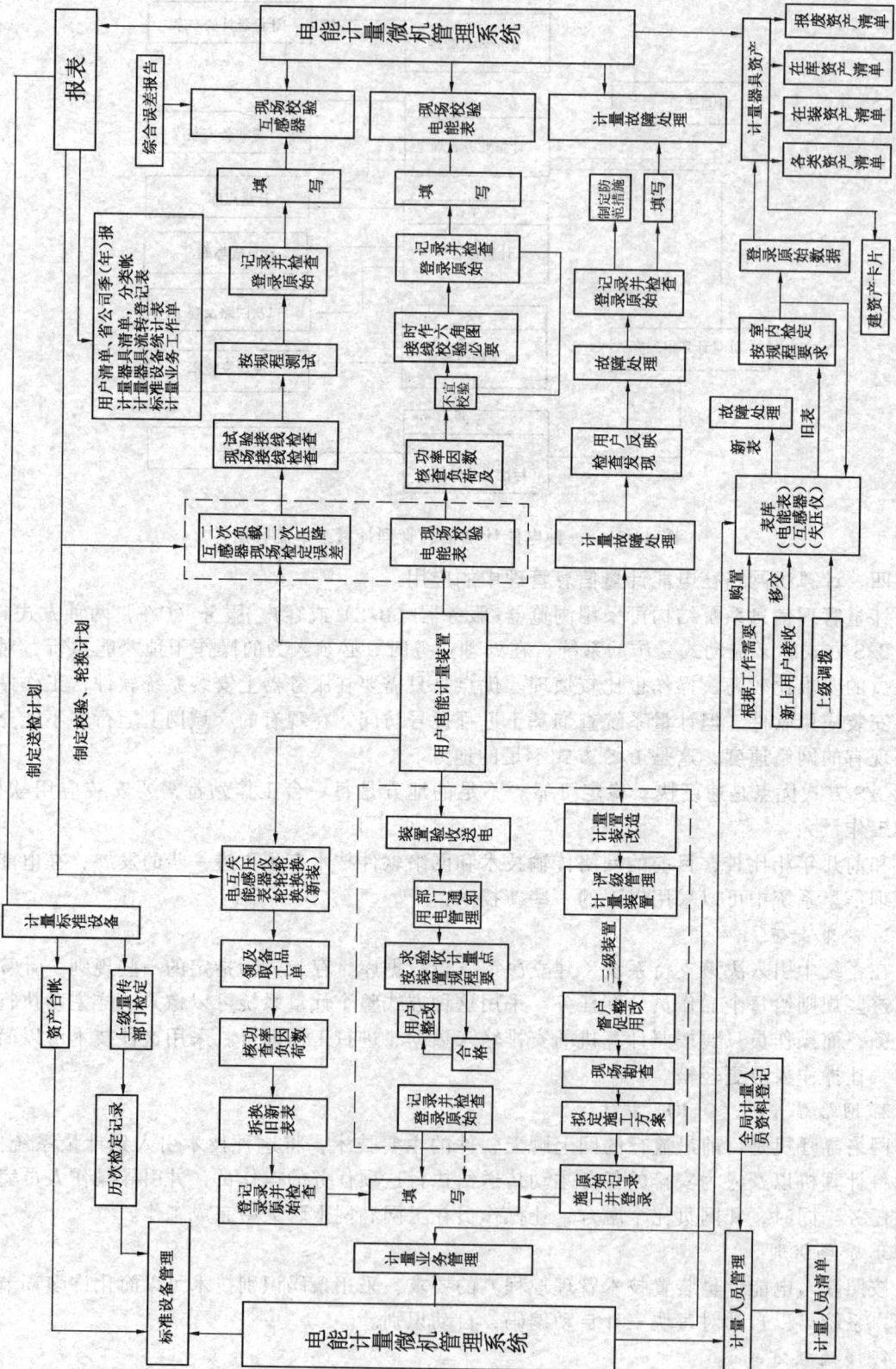

图 14-22　电能计量微机管理系统业务及数据流程图

用，提供广泛的使用范围。

5. 进销存管理模式

升级后的系统应提供一整套进销存管理流程，可以随时分类统计库存情况，制作采购计划等。系统还应完善计量器具的进货、入库、库存盘点、批量领表等功能。

6. 数字化接线图

通过对接线图进行数字化处理，在接线图上存储相关的计量信息，在编制和查看接线图时可以阅读和编辑计量装置的相关内容。

练 习 题

1. 简述装用预付费电能表的优缺点。

2. 简述采用铺设 RS485 专线进行本地抄表的优缺点。

3. 简述采用本地红外抄表的优缺点。

4. 试画出远方抄表系统的一般原理框图。

5. 试设计一种总线式远方抄表系统的组网方案。

6. 试设计一种载波式远方抄表系统的组网方案。

7. 试设计一种总线式、载波式混用的远方抄表系统的组网方案。

8. 试述零相载波的技术特点。

9. 试述直序扩频载波的技术特点。

10. 什么叫调制解调器？其作用是什么？

11. 调制解调器从工作模式上可分为哪几类？

12. 简述调制解调器中"硬猫"、"软猫"、"半软猫"的优缺点。

13. 什么叫波特率？

14. 流量控制的作用是什么？

15. 什么叫数据/语音同传？其可分为哪两类？

16. 简述电能计量信息化管理系统应具备的基本功能。

17. 试设计一种电能计量信息化管理系统数据流程图。

18. 试设计一种电能计量信息化管理系统资产流程图。

19. 试设计一种电能计量信息化管理系统网络结构图。

20. 试设计一种电能计量信息化管理系统工单流程图。

21. 试设计一种电能计量信息化管理系统业务流程图。

22. 什么叫抄表器？

23. 抄表器一般应具有哪些功能？

24. 抄表器一般具有哪几个主菜单？

25. 请写出香农公式，并进行说明。

参考答案

（略）